研究生用书

遥感技术与农业应用

TECHNOLOGY OF REMOTE SENSING AND AGRICULTURE APPLICATION

严泰来　王鹏新　主编

中国农业大学出版社
CHINA AGRICULTURAL UNIVERSITY PRESS

主　　编　严泰来　王鹏新
编写人员　（按姓氏笔画排序）
万雪梅　邓淑娟　王鹏新　刘志刚
孙　威　李凤琴　李民赞　严泰来
张　峰　张　超　赵冬玲　颜　凯

内容简介

本书系统、全面地阐述了遥感原理及其在农业的应用。第1章对遥感技术进行综述；第2章至第5章分别叙述遥感的物理基础以及航空遥感、卫星遥感、微波遥感的原理；第6章、第7章从色度学开始对于遥感图像处理以及遥感图像识别与分类技术进行阐述；第8章对遥感反演理论及其前沿问题和综合分析方法等进行论述；第9章阐述农情包括水、旱灾情以及作物长势监测的原理及方法；第10章介绍地物光谱测试技术；第11章和第12章分别叙述遥感在精确农业和国土资源调查领域的应用。

本书力求理论系统，叙述深入浅出，应用方法贴近实际，具有一定的前瞻性。读者对象设定为农业高等院校、科研院所的研究生，也可以作为综合大学相关专业研究生、本科生教学参考书，并为遥感、特别是农业以及国土资源管理的信息科技工作者提供技术参考。

出 版 说 明

我国的研究生教育正处于迅速发展、深化改革时期，研究生教育要在研究生规模和结构协调发展的同时，加快教学改革步伐，以培养高质量的创新人才。为加强和改进研究生培养工作，改革教学内容和教学方法，充实高层次人才培养的基本条件和手段，建设研究生培养质量基准平台，促进研究生教育整体水平的提高，中国农业大学通过一系列的改革、建设工作，形成了一批特色鲜明的研究生教学用书，本书是其中之一。特别值得提出的是本书得到了"北京市教育委员会共建项目"专项资助。

建设一批研究生教学用书，是研究生教育教学改革的一次尝试，这批研究生教学用书，以突出研究生能力培养为出发点，引进和补充了最新的学科前沿进展内容，强化了研究生用书在引导学生扩充知识面、采用研究型学习方式、提高综合素质方面的作用，必将对提高研究生教育教学质量产生积极的促进作用。

中国农业大学研究生院

2008 年 1 月

序

1957 年第一颗人造地球卫星升空标志着人类进入了太空时代，人类开始以全新的视角和手段认识自身赖以生存的地球，开启了信息时代的序幕。社会需求是科学与技术发展的主要驱动力。几十年来，遥感技术在强烈的社会需求驱动下获得长足的发展。随着应用领域的拓宽与应用需求的深入，对遥感技术的要求也在相应提高。为使遥感技术在现有状况下有所突破，就必须解决一系列相关遥感基础研究的问题，以提高遥感的定量反演精度，使之能够最大限度地满足各部门、各领域遥感应用的需求。

农业是遥感技术的重要应用领域。我国农业遥感应用工作起步较早，从 20 世纪 70 年代末开始，原北京农业大学（中国农业大学的前身）根据全国土壤普查和农业区划工作的要求，在国家计委、国家科委和农业部的支持下，由联合国粮农组织（FAO）和联合国开发计划署（UNDP）提供资助，聘请国外遥感专家，组织多期培训班，培训了一批遥感应用科技人员，并于 1983 年 5 月成立了全国农业遥感培训与应用中心。此后，遥感在农作物估产、农业气象、国土资源调查、灾情监测、生态环境变迁等诸多领域的应用全面展开。目前我国的遥感技术应用已初步进入到实用化和国际化阶段，具备了为国民经济建设服务的实用化能力，在作物长势以及农业灾情监测、国土资源调查等重要领域提供基础信息和技术支持，为国民经济可持续发展提供科学管理决策依据。我国遥感工作者全方位开展国际合作，研究探索遥感技术前沿，使我国在国际上已经成为遥感领域技术先进的国家之一。

由严泰来和王鹏新为主编编写的《遥感技术与农业应用》教材包括了遥感的基本内容，全书可分为两部分，即遥感理论与技术基础和遥感应用。在遥感理论与技术基础部分，编者主要对遥感概论、遥感物理基础、航空航天遥感和遥感数字图像处理等进行较为详尽的介绍和论述。在遥感应用部分，编者从农业生产的实际出发主要对作物长势及旱情监测、国土资源监测、精确农业生产以及遥感发展前沿等进行了讲解。

该书作为研究生教材，最大特点是以农业应用为驱动组织教材各章节内容，体现理论联系实际的原则。以该书第 10 章为例，编者在定量遥感反演、混合像元分解和尺度效应与尺度转换等节中充分吸收了近几年来国家“973”项目、国家自然科学基金项目和“863”课题等所取得的理论和应用成果，特别是对他们开发的干旱监测方法，在理论基础和应用成果方面均进行了论述，有不少新的内容。

遥感农业应用是遥感应用领域的最大用户之一，本教材的出版为研究生和本科生的教育提供了可选书目，也为从事遥感基础研究、应用研究的人员和技术人员提供了参考资料。由于遥感的学科交叉性和前沿性，它为我们提供了自主创新的巨大空间。遥感的理论研究与应用研究是密不可分的，《遥感技术与农业应用》一书在遥感理论与应用结合上做了有益的工作，我们希望有更多的论著问世，以繁荣遥感技术这块园地并促进学科健康发展。

李小文

中国科学院院士

2008 年 1 月

前　言

遥感技术是20世纪60年代后期兴起的一种以大面积获取地表信息为工作目标并以影像图件作为最终产品的信息技术。遥感技术是诸多高新技术，包括航天航空技术、无线电测控技术、电子技术、摄影测量技术、计算机技术等，综合发展到一定阶段的产物。遥感技术一经出现，立即在农业、地质、海洋、水利、气象、国土资源管理以及军事等诸多领域引起人们广泛的关注，并成功地获得了许多应用。遥感技术是在社会迫切需要快速、大面积地获取地表信息的驱动下应运而生的；同时，它又有力地推动了社会信息化的进程，迅速成为信息技术的重要组成部分。2007年11月我国探月卫星“嫦娥一号”获取月球清晰影像数据，表明我国的遥感技术已由对地球观测发展到对宇宙星体观测。

遥感极大地扩大了人类的视野，使人类第一次在地球之外，几乎在同一时间断面上观测人们自身所在的地球环境，不仅在各个专业领域发现了大量的自然现象，引发了深刻的技术变革，而且对于人们的自然观、宇宙观也产生了重大影响，可持续发展理念直至科学发展观、和谐社会理论的产生都与包括遥感在内的信息技术支持有重要的联系。

农业是遥感技术最先投入应用的国家基础产业领域之一。农业是一个受着多种自然条件约束，在与洪涝、干旱、病虫害等自然灾害抗争中生产的产业，这就决定着农业对于信息与信息技术的强烈需求。遥感技术为人们采集气象、土壤、植被、生境等农业信息提供了全新的技术手段，对农业生产的信息服务质量提升到从未有过的高度。遥感可以提供多种自然灾害的信息，为农业灾情预报、监测以及灾后评估创造了条件；遥感又可以提供作物长势信息，用以指导农业灌溉、施肥与杀虫等耕作管理；遥感还可以进行大面积、多种作物的估产，增强国家对于农业经济的调控能力以及农业在国际市场上的竞争能力。

本书是作者在大量遥感应用实践基础上为研究生特别是农科院校研究生编著的一本教材，大量的内容是作者在长期的研究生教学实践中积累形成的。理论系统性、前瞻性、实践性以及力求叙述深入浅出是本教材编写中追求的目标。为了增强理论系统性，本书对于卫星遥感地面覆盖周期分析、雷达遥感成像误差讨论、图像处理的机理、农情监测等内容做了有一定创意的探讨，补充了一般教科书中未曾叙述的空白；为了体现前瞻性与实践性，本书在精确农业、农业遥感灾情监测、国土资源调查等方面增加了一些遥感应用的前沿内容。

本书在每一章后面都有小结，小结力求站在较高的高度，以结论式的语言对全章内容进行概括、总结。为了使读者便于查阅相关参考文献，每一章都附有参考文献。此外，为适应教科书的特点，每章还附有思考题，借以引导读者对本章内容进行深入思考。全书备有两个附录：附录 1，遥感图像处理软件介绍，以一种常用软件系统为例，对其基本功能做简略介绍；附录 2，遥感主要名词术语，包括中英文对照名词术语和中文简要解释。

本书是在中国农业大学研究生院研究生精品教材项目的支持下写成的。全书共分 12 章，第 1 章和第 5 章由严泰来编写，第 2 章由张峰编写，第 3 章由赵冬玲编写，第 4 章由颜凯编写，第 6 章由李凤琴和严泰来编写，第 7 章由刘志刚和邓淑娟编写，第 8 章和第 9 章由王鹏新编写，第 10 章由孙威编写，第 11 章由李民赞和严泰来编写，第 12 章由万雪梅、张超和严泰来编写。附录 1 由张超编写，附录 2 由严泰来编写。本书参编人员除北京师范大学刘志刚副教授外，其余均为中国农业大学教师。严泰来和王鹏新整理、统稿，增删、编辑，四易其稿。应当说所有本书的参编人员工作是认真的，为本书付出了大量的劳动。

遥感技术发展十分迅速，由于作者知识水平有限，书中难免有缺陷与错误，敬请读者及各位同行批评指正。

编　者

2008 年 1 月

目　录

第1章　绪　　论

1.1　遥感的概念

1.1.1　遥感学科的内涵与外延

遥感是人们用来对地(包括其他星体的星地)观测并获取地球及宇宙的其他星体表面时空信息的科学技术。它是借助于太阳及地表辐射的电磁波或人工发射的电磁波经地表物体及大气多种形式的反射(散射)、折射及吸收作用,最终被传感器截获而获得地表面状信息的一门科学技术。它是人们快速、大面积、非接触式获取地物信息的技术手段,最终的产品是一幅幅图像,反映地表(包括大气)面状信息。这里所谓的面状信息有两方面的含义:其一,遥感图像表达的是一个地域中各种地物空间分布的信息;其二,遥感图像上的每个像元(像素),即图像上不可分割的最小单元,对应地面也是一个"面",不是一个点,像元反映对应地面的这个面的综合信息,如生物量、土壤性状、地物质地等。由于遥感产品是图像,反映地表的面状信息,因而它有别于遥测。尽管遥测也是非接触式测量,遥测也可以用电磁波(不一定都用电磁波,也可以用声波等其他类型的波)作为信息获取的媒介,但是遥测获取的是点状信息,它不能用图像的方式展示于人们面前。

随着遥感应用的深入,遥感内涵不断扩大,有人将一些用电磁波以非图像方式获取地面点状的信息或点状信息集合的技术手段也纳入遥感技术的范畴,如地磁场测量、重力测量、高程测量、大气电离层多参数测量等遥测手段,测试结果的数据集也以分布图的方式表达,这类技术也被认为是遥感。可将这些技术认为是遥感技术的外延,但这些并不是遥感技术的主流。

遥感是信息科学与技术的重要组成部分,是一门综合性、应用型的科学技术。从学科内涵分析,它涉及辐射物理学、计量光谱学、天体运动学、测量学、数理统计、计算机图形学以及数字信号处理等学科的相关领域。它的外延可以延伸到农学、气象学、地质学、地理学、计量化学、天体物理学、信息学、电磁场论、电子技术等基础科学与应用科学的相关领域。尽管遥感是一门应用型的科学技术,但是它的理论性很强，它是航空航天技术、电子技术、计算机技术发展的结果，受制于这些学科的发展，同时又对这些学科的发展具有重要的推动作用。

1.1.2 遥感工作系统

遥感从工作系统上大致可分为传感器（sensor）、载体（vehicle）或称作平台（platform）、指挥系统（command system）、应用系统（application system）等 4 个组成部分。

所谓传感器，就是一种器件，它通过某种媒介，“感受”被测目标物的某种信息，并将这种信息以一定方式表达出来。遥感传感器以电磁波为媒介，截获目标物体反射（散射）外来的以及自身辐射的电磁波，或者兼有发射电磁波并接受目标物体反射（散射）的这种电磁波，借此测试并记录目标物的几何、理化信息，最后以图像形式表达出来。不同的遥感技术类型使用不同的遥感传感器，最常见的遥感传感器是摄像机，它用胶片或磁带记录信息，最后呈现出目标物的图像。多波段光谱扫描仪（MSS）、电荷耦合器件（CCD）、合成孔径雷达（SAR）等都是遥感技术经常使用的传感器。

所谓平台，就是装载传感器的工具。遥感通常要求这种平台运动，在运动中获取大面积地物的图像，因而遥感平台实际上就是装载遥感传感器的飞行器。遥感常用的飞行器有卫星、航天飞机、一般飞机、航模飞机（无人驾驶飞机）、气球，另外地面遥感车也是一种遥感平台。

所谓指挥系统，就是指挥与控制遥感平台连同遥感传感器工作的指挥部，它主要由计算机系统与无线电通信系统构成，负责控制遥感平台的飞行轨道、传感器姿态以及成像工作模式、扫描成像时间等。对于卫星遥感系统，它还负责指令卫星向指定的遥感地面站发送图像数据。地面站接收到遥感图像数据后，在计算机支持下，经一定的处理后，生成遥感图像，包括模拟图像与数字图像，提供给用户。

所谓应用系统，是指用户处理、存储并开发、应用遥感图像数据为某些决策提供依据的系统。当前，应用系统通常是指用户构建的计算机系统。它需要在计算机软、硬件支持下，根据设定的应用目标，对遥感原始图像进行一系列的处理，将需要的信息从海量的、复杂的数据，包括含有大量噪声的数据中提取出来。作为遥感应用技术，工作的重点就是对于遥感应用系统的研究开发，特别是对于从遥感图像提取相应信息的研究。当然，应用系统的研究与开发，需要在充分理解遥感传感器成像机理、平台运行规律以及指挥系统的工作原理基础上才能进行。

1.1.3 遥感学科内容组成

遥感在学科内容上,大致可划分为遥感物理基础、遥感技术基础、遥感图像处理、遥感技术应用等4大组成部分。遥感物理基础包括辐射理论、物理光学、几何光学、天体运动学、微波电磁场理论(雷达理论)等相关内容。遥感技术基础包括遥感平台及传感器技术。遥感物理基础和遥感技术基础为遥感图像的生成过程分析、遥感图像的几何误差与辐射误差的产生机理分析、遥感图像的目视解译与计算机解译奠定了理论与技术的基础,同时又为界定遥感图像处理的工作目标与工作任务创造了条件。遥感图像处理包括光学图像处理与数字图像处理,包含色度学、图像几何校正、图像增强、数字滤波、数字图像融合、纹理分析、图像分类与识别等内容,这一部分是为遥感技术的各种应用做好前期的准备,是将遥感数据转化为遥感信息的必经途径。遥感技术的主要应用范围有农业、林业、地质、气象、水利、国土资源管理、环境、海洋以及国防等领域。这些领域各有不同的应用需求,因而在技术上各有其特点,涉及的理论及技术也各有所不同。本教材主要针对遥感在农林、国土资源管理方面的应用展开叙述。遥感多方面的应用提高了遥感在诸多学科中的地位,同时也促进了遥感理论与技术的发展。

1.2 遥感分类体系

遥感有多种分类技术体系。

从遥感成像机理划分,可分为被动遥感与主动遥感。被动遥感一般使用的是自然光源,包括太阳光(可见光及近、中、远红外光)以及地物自身的辐射光(热红外光),个别情况下使用微波,前者被称作可见光-多光谱遥感,后者被称为被动微波遥感。主动遥感使用的是人工发射的光源,即雷达电磁波,波长处于微波(0.3~100 cm)范围。微波可以穿透云层,又是人工发射,因而这种遥感技术不分白天夜晚、晴天雨天都可以成像,主动遥感的这种技术特点称之为全天时、全天候。可见光-多光谱遥感的工作波段设定在可见光至远红外波长(0.3~14 μm)范围内,由于常温的地物在远红外波长下辐射电磁波能量达到峰值,红外遥感截获这一波长范围的电磁波成像,因而工作在这一波段的遥感传感器可以夜间成像。但是,可见光以及红外光不能穿透云层,因而,可见光-多光谱遥感不能做到全天候成像。被动遥感多用于农业、林业、地质、国土资源管理、气象、海洋等领域;主动遥感因其具有全天时、全天候的技术优势,又有一些特殊的技术性能,如对干燥土壤有一定穿透能力,对金属地物、地形起伏敏感等,多用于水利、地质、海洋、考古、国防等领域，而在农业、林业、国土资源管理等领域目前还只是作为被动遥感的数据补充。

从遥感空间分辨率（参见第 2 章 2.4 节）划分，可分为低、中、高三种空间分辨率的遥感。空间分辨率的高、中、低并无统一严格的界定，一般来说，空间分辨率在 30 m 以上的称为低空间分辨率遥感，在 30～10 m 之间的称为中空间分辨率遥感，而 10 m 以内的称为高空间分辨率遥感。高空间分辨率遥感图像看起来都较清晰，但数据覆盖范围较小，并且单位面积的数据价格一般都较高，而低空间分辨率遥感图像对地物的反映较粗糙、模糊，但数据覆盖面积较大，更宏观，适于表现云、水体、草原、森林等类型地物，一幅图像可反映较大占地面积的地物，从图像上可以看出它们整体的轮廓，连续时相的图像放在一起观察，可以分析它们的变化过程与发展趋势。实际工作中，空间分辨率的选择完全取决于应用目标，并非空间分辨率越高越好。评价遥感图像质量的高低有多项指标，空间分辨率只是其中一项指标。

从载荷遥感传感器的平台划分，可分为卫星遥感、航空遥感以及遥感车遥感。卫星可搭载被动遥感传感器，也可搭载主动遥感传感器，甚至一颗卫星同时载荷两种传感器。卫星遥感以其图像数据价格相对低廉、供应有保障、尺度（空间分辨率）与波段选择范围大、时效性强而获得用户的青睐。航空遥感是指用飞机包括低空航模飞机作为载荷平台的遥感，遥感飞机可以装载被动遥感传感器，也可装载主动遥感传感器（即机载侧视雷达——SLAR）。总体而言，航空遥感图像清晰度高、机动性强，成图质量好，特别适于在批量制图、水灾灾情监测（SLAR）、泥石流灾情监测（低空航模飞机）等特殊的应用场合。而遥感车遥感是指地面专用汽车装载雷达遥感天线，实施对地下探测、绘制地下管道分布图的遥感技术手段。地下探测这种功能只有车载雷达遥感才具有，不能被其他遥感手段替代。

从遥感应用领域划分，又可分为农业遥感、林业遥感、气象遥感、国土资源（涵盖地质）遥感、海洋遥感、军用遥感等系列。农业遥感与林业遥感应用范围较广，使用的遥感技术手段也较多，其中包括耕地资源调查、农作物估产、森林的木材储蓄量检测、农林灾情（水、火、旱、病虫害）监测、作物长势监测、精确农业中的作物营养亏缺信息获取、农林区划等农林生产与管理的场合，使用多尺度、多时相、多技术手段的遥感图像。气象遥感应用包括气象云图制作（天气预报），水、火、旱等气象灾情监测，大气环流监测等，一般使用大尺度遥感图像。国土资源（涵盖地质）遥感应用包括土地利用监测、地质灾害监测、国土资源调查、农村与城镇地籍调查等国土资源管理的场合，一般使用中、高空间分辨率的卫星遥感图像，部分场合使用航空遥感图像。海洋遥感应用包括海情监测、海洋污染监测（海色分析）、渔场定位、海潮监测等海洋资源开发与管理的场合，一般使用专门的海洋遥感卫星数据。军用遥感应用包括军事测绘、空中侦查、军用气象测报、军事指挥等，一般多使用高精度、多种手段获取的遥感图像，特别是雷达遥感影像，其遥感平台有专用的军用遥感卫星与遥感飞机等。

1.3 遥感对于推动科技进步、国民经济发展的重大意义

1.3.1 遥感技术的发展史

遥感是信息科学的重要组成部分，是获取人类生存空间信息的主要技术手段。遥感(Remote Sensing)一词，出现在20世纪60年代人造卫星上天之后。就遥感学科内容实质而言，遥感可追溯到20世纪初叶飞机发明之后。当时，人们以飞机作为巡天的工具，利用飞机在高空做高速运动的特点，便捷地观察地面，并用摄影器材将观察到的景物记录下来，用来大地测量与绘制地图，这就是航空摄影测量的开始。这一技术一经出现，立即被用于军事。第二次世界大战以后直到现在，航空摄影测量成为地图制作的主要技术手段。1957年，前苏联第一颗人造地球卫星发射成功，以此标志着卫星遥感的开始。为遥感提供载荷平台是卫星发射的主要目的之一。1972年7月美国发射了第一颗地球资源技术卫星，简称为ERTS，两年后改称MSS，以陆地卫星(Landsat)卫星上装载的MSS传感器而得名。此后，1975年、1978年相继发射了Landsat2，Landsat3，遥感传感器仍为MSS，其技术性能基本上与Landsat1的MSS相同。1982年、1985年又相继发射了Landsat4与Landsat5，载荷的传感器除MSS以外，又增加了TM，其空间分辨率由MSS的80 m提高到TM的30 m，而后其全色波段空间分辨率达到15 m(Landsat7)，其辐射分辨率(即对电磁波的能量的敏感程度)也有提高。1986年法国发射了SPOT遥感卫星，其全色波段空间分辨率达到10 m，2000年又发射了SPOT-5，全色波段空间分辨率达到2.5 m，传感器的多种性能又有较大的提高。

以上都是基于可见光与红外的被动遥感，而主动遥感，即雷达遥感，沿着另一个发展历程也在同时迅速发展。雷达技术最早出现在第一次世界大战中期，20世纪初叶，用于地面对空中飞机的侦查。这种雷达与这里的雷达遥感的本质区别在于雷达只是从地面到空中的监测，不能成像。第二次世界大战以后，人们将雷达设备由地面“搬到”空中，增加了成像的功能，这就是雷达遥感。20世纪50年代已经出现了能够成像的机载侧视雷达(SLAR)，60年代高空间分辨率的机载合成孔径雷达(SAR)发明成功，并用于高空军事侦察。1978年美国发射了“先驱者金星

一号”和“海洋卫星一号”,空间分辨率达到 25 m。1981 年美国装载在航天飞机上的雷达遥感传感器 SIR-A 获取了反映埃及西北部沙漠地区地下古河道的遥感影像,这一科学成就轰动了世界。此后多个国家的多种雷达遥感卫星不断升空,多种空间分辨率的雷达遥感数据源源不断。雷达遥感的全天候、全天时以及能够穿透土壤(干燥土壤)等多种技术优势成为遥感技术中不可替代的一种对地观测技术。

到了 20 世纪 90 年代,主动遥感与被动遥感并行发展,甚至在一颗卫星上搭载两种遥感传感器同时工作。现在地球外层空间,大约有 1 500 颗遥感卫星在工作。卫星的空间分辨率最高可达 0.3 m(美国军用雷达遥感卫星),商业化的 QUICK－BIRD 可见光-多光谱遥感卫星的空间分辨率可达 0.6 m。

我国遥感科学技术起步较晚,但是发展很快。1964 年我国土壤工作者利用航空影像进行土壤制图试验。1974 年中国科学院地理所在云南腾冲进行航空测图试验,开始了遥感技术的系统研究。1979 年原北京农业大学,即现在的中国农业大学的前身,在联合国粮农组织(FAO)支持下,聘请国外遥感专家,应用卫星遥感技术辅助全国第二次土壤普查,并组织多期培训班,培训了一批遥感应用科技人员。此后,遥感在农作物估产、农业气象、地质调查、水利等领域的应用研究全面展开。1983 年我国机载雷达遥感系统试验成功,获取了首批机载侧视雷达遥感影像。1989 年我国使用回收式“尖兵一号”卫星,进行航天遥感试验获得成功。1988 年我国首次成功发射“风云一号”气象遥感卫星,开拓了我国自行研制遥感卫星的先河,此后中国与巴西联合研制的中巴地球资源卫星、“风云”气象遥感卫星系列多颗卫星相继发射成功,我国有了自己的卫星遥感图像数据。目前我国遥感工作者参加了多项重大国际遥感项目研究,在国际遥感科学技术的研究领域发挥重要作用。

1.3.2 遥感技术的重大意义

遥感是在地球以外的太空获取地球地面信息,它在很短的时段内获取大面积甚至全球的地表及大气环境的信息。遥感技术的出现是人类文明史上第一次人们从地球以外观测地球,遥感将广袤浩瀚的地球空间发生的种种信息几乎在同一时段实时地、全面而又准确地表达在一幅幅图像上,由此人们对自身所处的空间环境的认识产生了巨大的冲击,促使人们重新审视传统的认识与观念,从宏观整体上研究地球上出现的各种自然现象,甚至包括一些社会现象,审视与约束自身在开发自然环境上的种种行为。例如,全球大气的厄尔尼诺现象、地球表层的碳与氧物质循环问题、世界范围的粮食安全问题、污染造成的臭氧层空洞问题等,以及由此引发的人们对人口控制、环境保护、可持续发展等重大问题的思考，无一不是在遥感技术的支持下进行研究发现的。遥感技术帮助人们加深对自然的认识，在哲学层面上，促使人们改变“征服自然”、“自然为我所用”、与自然相对立的错误观念，变为与自然协调、“天人合一”、遵从自然规律的科学理念。遥感对于人类的生存与发展、对于科学发展的贡献无疑是巨大的，意义是深远的。

遥感科学与技术的深刻科学内涵在于：它不仅能够实时、准确提供地表的表象信息，如土地覆盖的空间信息，即各类土地类型的几何位置、面积、相互位置关系等，还可以提供土地以及大气的潜在信息，如地面与海洋表面温度、作物长势、地面生物量、作物营养亏缺、大气污染等，并且还可以连续地对地面进行长期观测，构成时间、空间一体化的多维信息集合。这种大面积、实时准确的多维时空信息对于深刻认识地球自然环境、各种自然现象的发生发展以及人与自然相互作用产生的各种问题的演化是必不可少的先决条件。这种条件在遥感技术出现以前是不具备的，人们认识的局限性与缺乏地学空间的必要信息以及不掌握获取这类信息的技术手段有着密切的关系。科学自然观、科学发展观应当在包括遥感技术在内的信息科学技术的支持下，不断提升与进步。

遥感在推动社会信息化进程中起到了关键性的作用。遥感图像反映的信息是多尺度、多层面的时空信息，是人们社会活动、生产活动的基础信息。据统计，国民经济部门有80%的领域都需要以遥感手段提供的时空信息为基础构建本行业的信息系统。1998年1月美国提出“数字地球”战略，由此在世界上掀起了社会信息化的热潮，在半年时间内，有50多个国家都先后提出数字地球战略，我国也在1998年6月提出发展数字地球战略。所谓数字地球是在遥感技术的支持下，适时采集全球地表信息，在计算机网络上构建一个虚拟地球，反映现势性很强的地学空间信息，实施经济、政治、科学研究的全球战略。此后，数字地球概念又衍生出数字农业、数字林业、数字国土、数字国防等等，社会信息化进程呈现加速的发展态势。遥感技术的发展与普及为信息化社会的到来与发展创造了必要条件。

目前，国家提出了建立和谐社会的宏伟发展战略。和谐社会包括了人与自然的和谐共处，这就要求人们应当严格规范自己的生产活动与社会活动，以一种审慎的态度利用自然资源，坚持自然资源可持续利用的开发战略，开发与保护并重，实施节约经济、循环经济。迄今为止，人类仍然还处在必然王国，尚未进入自由王国，这就需要国家以行政手段管理、协调、约束人们开发利用自然资源的行为。遥感技术正是各级政府实施管理职能的技术保障，它以提供及时、准确信息的方式辅助政府监控各个单位直至个人对于自然资源开发的行为。和谐社会的建设需要包括遥感技术在内的信息技术的支持。

“科学技术是第一生产力”。遥感对于多种类型、多种行业的生产，特别是与自然关系密切、受自然条件约束紧密的农、林业生产，具有非常重要的意义。它为传统农、林业生产方式的改造提供了一种有力的技术支撑，从盲目的生产行为变为在信息指导下的有针对性的生产行为，从粗放的农林管理变为精细的科学管理，使农林生产走上信息化、科学化的轨道。农作物遥感估产、国土资源监测与耕地保护、土地利用规划以及农林业防灾与救灾、精确农业、精确林业等，都是遥感应用于现代化农业、林业，并对农业、林业的现代化产生重要影响的研究应用领域。

1.4 遥感与全球定位系统、地理信息系统的关系

遥感(remote sensing，RS)、全球定位系统(global positioning system，GPS)，以及地理信息系统 (geographic information system，GIS)的集成，合称“3S”技术。它们的相互结合，构成了一个技术整体，完成了时空数据采集、数据校正与整理、分析判译与信息提取、数据存储、数据管理，直到综合分析、信息表达的全过程。

遥感是地学信息采集与处理工作系列的源头。它自动、及时地采集多种几何精度的、客观准确的时空信息数据，在全球定位系统提供的准确精密的点位坐标数据支持下，进行几何校正、辐射数据校正、影像增强、数据融合、图像分类与判译、彩色合成、图斑边沿提取，生成以地物为单元的土地覆盖数字化图件，最后交付地理信息系统存储与管理。尽管遥感不是地学空间信息获取的唯一技术手段，但它确实是主要的技术手段。它的特点是客观性强、实时性强、信息集成度高，经过数十年的技术发展，已形成了多尺度、多角度、多层次的地球空间信息供应体系。

全球定位系统是以无线电测距以及高精度授时为基础，在计算机支持下，在地球上的任何一个地点、任何一个时间自动获取点位坐标数据的一种技术手段。它依靠与地球外层空间均匀分布的 24 颗卫星中的 4 颗或 4 颗以上的卫星联络，自动测其距离，用计算机计算，得到待测点的位置坐标数据。近十多年来，这项技术获得巨大发展，其测试精度达到米数量级，使用差分全球定位系统(DGPS)，定位精度可达到亚厘米数量级；测量速度可达到 0.1 s；而仪器设备质量却在 500 g 以内。目前全球定位系统设备可以装载在汽车、飞机等移动平台上，沿着一个线路实时自动采集沿线的点位信息数据。用全球定位系统测试的数据可以用来精确校正遥感图像数据，并可以对遥感数据做必要的补充。

地理信息系统是以解析几何、拓扑学为理论基础，利用计算机存储量大、计算速

度快的特点构建的计算机系统。它存储来自遥感经图像处理过的信息数据、全球定位系统数据以及其他测绘手段获取的数据，结合相应的属性数据，统一其数据格式，支持各种空间与属性一体化分析，自动量算距离、面积、体积及其他各种几何量，进一步完成多种信息数据分析工作，自动制作各种图件与表册，给人们提供定位、定量、可视化的信息数据，辅助多种目标的决策。遥感数据是地理信息系统的主要数据源，遥感数据质量的好坏决定着地理信息系统工作成果的质量，而地理信息系统也有力地扩大了遥感信息的应用面，在更深的层次上展示空间信息的作用。

多种技术集成是现代科学技术发展的一种趋势。遥感、全球定位系统以及地理信息系统的有机融合是多门类现代高新技术融合一个成功范例。

1.5　遥感工作模型

遥感系统获取的地物电磁波辐射数据，源自太阳辐射、遥感系统发射的电磁波或大地辐射。太阳或遥感系统发射的电磁波经过大气吸收、折射、散射到达地面，同时到达地面的还有大气辐射的电磁波。

地表不同地物或同一种地物处于不同的状态，如不同长势的作物，不同形状的岩石，不同含水量的土壤等，对于这些电磁波以不同的反射率向外反射(散射)，地物本身也向外辐射电磁波。这些电磁波再次经过大气作用，包括散射、折射、吸收等，到达遥感平台，同时到达遥感平台也还有大气本身辐射的电磁波。这些电磁波被遥感传感器截获，按获取的能量不同转换成相应的数据并做初步处理，再转换成无线电信号传送到遥感地面站。经地面站的数据处理，形成数字图像或光学影像，提供给用户使用。这一过程称为遥感工作模型(图 1-1)。

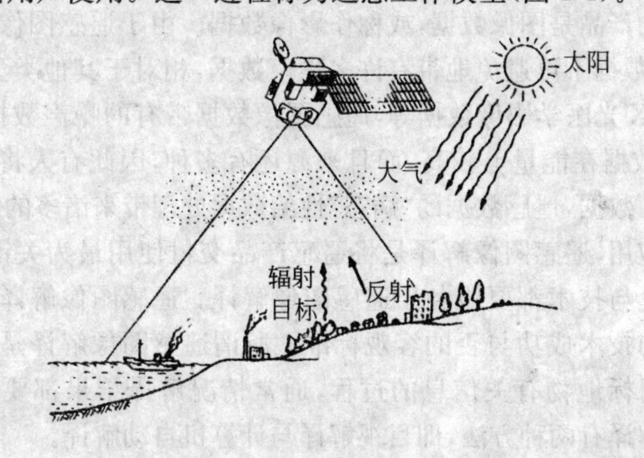

图 1-1　遥感工作模型示意图

由遥感工作模型可以看到：

——遥感传感器接收到的电磁波中混杂着多种噪声信号，这些噪声包括电磁波从太空到地面、再由地面返回太空的路途中大气自身辐射的电磁波，大气散射的来自地面或太阳辐射的电磁波。这两种噪声都是电磁波传输路程中出现的噪声，因而称作程辐射噪声，又称作背景噪声。另外，传感器工作还要产生热噪声，传感器温度越高，热噪声越大。为减小热噪声，卫星遥感平台上一般将传感器置于液态氮中，保持在－80℃恒温环境中。当然，雷达遥感自身发射电磁波，这种发射的电磁波本身就带有噪声，这种噪声被反射回来仍然是噪声，因而雷达遥感中噪声比被动遥感还要大许多。在一些情况中，地物信号可能会被“淹没”在噪声中，在这种情况下就很难识别出地物的信息。

——遥感影像的反差通常比一般摄影影像要小，遥感平台飞行越高，其影像反差就越小。地面上对电磁波吸收作用强、反射率小而呈现暗色调的地物，在遥感影像中对应像元本应呈暗色，但由于程辐射的作用，对应像元并不十分暗；反之，地面上对电磁波吸收作用弱、反射率大而呈现亮色的地物，在遥感影像中对应像元本应呈亮色，由于大气对电磁波吸收衰减的作用，对应像元并不十分亮。综合以上这两种原因，遥感原始影像的反差不理想，特别是卫星遥感更是如此，因为卫星遥感中，电磁波穿越大气的光程长，大气效应明显。遥感影像反差的降低，不利于人们使用图像对地物的识别，因而使用一些图像处理的方法，加大目标地物与背景的反差，是遥感图像处理的一个任务。

1.6 遥感应用技术研究方法论

遥感技术的产品是图像数据，或称作影像数据。由于遥感图像成像过程的复杂性，遥感图像数据不可避免地带有许多噪声数据，相对于其他类型的数据，比如地面测绘数据、X光医学影像数据等，遥感图像数据带有的噪声数据相对较强，不但相对于信号数据在能量上较高，而且来源还有多种，因此有人将遥感数据这一特点称为“病态”数据，遥感数据的“病态”性给数据处理带来诸多的复杂性。

作为遥感应用，遥感图像解译是将遥感产品交付使用最为关键的一个环节。遥感的各种理论与技术都要服务于遥感图像解译。遥感图像解译得准确与否是检验遥感理论与技术成功与否的客观标准。所谓遥感图像解译是指从遥感图像数据中提取出目标地物有关信息的过程，通常情况解译结果都要生成解译线划图。遥感图像解译有两种方法，即目视解译与计算机自动解译。

目视解译是遥感应用人员对图像上的各个图斑逐个判读，分析当前图斑的色调、纹理、几何形状以及当前图斑与周边图斑的位置关系，必要时还要参照其他信息，比如图像的时相、对应地区的地理位置、地面实地调查资料等信息，以及地形图、土地利用图等图件信息，根据专业知识以及经验进行判断，得出该图斑为何种地物以及该种地物处于什么状态。比如，识别出耕地，进一步判断出该块耕地上的作物长势旺盛、土壤湿度偏小等。理论与实践都证明，彩色图像的信息量要比黑白图像大得多，目视解译的准确率也要大得多。目视解译的效果取决于图像的质量、图像时相与波段选择合理与否，还要取决于图像解译员的经验与工作水平。

计算机自动解译是图像解译员根据解译目标，在计算机的支持下，按照计算机相应软件的要求与工作程序，在一系列图像处理的基础上以人机交互的方式进行的。计算机自动解译的一个关键工作环节是图像分类，即计算机根据实际应用需要对图像覆盖的地物进行类别划分，比如根据土地利用监测需要，将图像识别划分出耕地、水面、森林、草地、道路、居民与工矿用地等土地覆盖类别；再比如，应旱情监测的要求，划分地面旱情的级别分布区域，有时还可以自动提取出地块的边界。在一些情况下，还要求从地类中进一步提取出更深层次的信息，如耕地上的作物长势、作物单产、土壤侵蚀等信息。计算机自动解译的效果与遥感图像解译员的工作水平有相当大的关系。对于使用同一套遥感图像数据、同一遥感图像处理软件，不同图像解译员的工作结果可能大相径庭。这是因为在计算机自动解译过程中解译实施方案的设计、各工作步骤中的参数选择等，对解译工作的结果有很大的影响。

遥感图像处理是图像解译，包括人工目视解译与计算机自动解译的基础。遥感图像处理分为光学模拟影像处理与数字影像处理。目前，数字影像有取代模拟影像的趋势，因此遥感数字图像处理技术成为图像处理的主要技术，以后如果不加特别说明，图像处理都是指数字图像处理。图像处理有多个技术环节、多个处理步骤。在一个技术环节中，也有多种方法提供选择。选择合理的技术路线，采用合理的技术方法是准确获取信息的关键。需要看到，在任何情况下，信息都是不能凭空制造的。事实上，每一图像处理的步骤都要损失信息，信息量在图像处理中只能减少，而不可能增加。不能企图用什么特殊的图像处理方法，获取遥感图像以外的信息。比如，从 2 m 空间分辨率的图像要想获取 1 m 精度的土地利用分类信息。所谓图像处理的合理技术路线就是要以牺牲某些信息为代价，突出某些信息，其中的关键在于确定哪些信息可以牺牲，哪些信息需要保留。为了准确地从遥感图像中提取更多的信息，需要外加一些必要的信息，比如控制点坐标数据、图像分类规则信息等，以提高信息提取的正确概率与可信度。

目视解译与计算机自动解译在实际工作中常常是结合进行的。目视解译是基础，事实上，计算机自动解译中的计算机软件程序的算法思想常常来自于目视解译。计算机自动解译的确可以减轻大量的劳动，但是，即使计算机自动解译使用的图像处理软件功能再强大，目视解译也还不能完全被取代。这是因为遥感图像包含的信息非常复杂，地物状态多变，人们对信息的要求又是在不断向前推进。目视解译的基础是遥感地面实地调查与解译人员的知识经验。从这个意义上来说，遥感地面实地调查以及专业知识在任何时候都是不可取代的。遥感图像的计算机解译模型是否合理、解译结果准确与否、准确到什么程度都需要遥感地面实地调查。应当强调的是随着遥感技术的发展，会使人们产生一种错觉，即以为可以不需任何实地调查，只凭计算机工作，就可得到所有地面信息，这种错觉往往会给遥感应用带来危害。事实上，在任何情况下，计算机总可以得到一个数据，但是这个数据是否准确，必须要进行检验。对于遥感数据的检验就是遥感地面实地调查，将调查结果与计算机自动解译结果相对照。从遥感地面实地调查结果去修正遥感图像处理的模型以及工作程序方案。

遥感地面实地调查有多种方法，也需要使用多种高新技术，如全球定位技术、测绘技术、计量化学分析技术、采样统计技术等。问题的复杂性在于遥感的信息往往存在着不确定性，很多信息不存在真值，即使有真值，也在随时间而迅速改变。比如，大面积的遥感作物估产信息、生物量统计信息就没有真值。对于遥感检测地面墒情信息，即使有真值，该值也是随着时间迅速改变，获取信息的客观环境不可重复，检验数据的时刻往往是遥感采集数据滞后一段时间的某个时刻，检验遥感得到的土壤墒情信息准确程度就存在相当的困难。

全方位地考虑各种地物电磁波各个波段的反射与辐射光谱特征与信息表达量是遥感应用技术研究方法论的另一个要点。应当看到，可见光这一光谱波长范围在电磁波整个光谱波长范围中只是很窄的一个范围，由反射与辐射光谱所表现的地物性状特征在可见光光谱波长范围内只是其中的一部分，往往只是一小部分，因此可见光以外的广大波长范围所表现的光谱特征不容忽视，甚至有时还是判断识别某些地物或地物某些性状的主要依据。以判别植被或作物长势及营养状况为例，红外，特别是近红外波长的光谱数据隐含着大量的植被或作物长势及营养状况信息。人们用眼睛判别各种地物及其性状，使人容易产生一个错觉，以为遥感中仅使用可见光的几个波段影像就可以代替红外或紫外其他波段影像数据。事实上，红内(750～780 nm)、近红外(780～1 400 nm)波长范围内，植被的反射光谱反映出植物光合作用强弱、植株含水量多少以及氮、磷、钾营养匮缺等多种信息，如果忽略了这些光谱信息，只用遥感可见光几个波段影像数据获取植被长势等信息的可靠性要受到很大的影响。近期有人使用简单的普通数码相机数据来检测作物长势与营养状况，在遥感技术研究方法论上就存在重要缺陷，因为仅以植物的可见光反射光谱信息是不够的，不足以充分反映长势与营养状况的信息。遥感技术之所以相比人的眼睛在获取地物信息的多个指标上具有巨大的优势，其中一个重要原因就是可以获取包括可见光在内的、广阔得多的地物光谱数据，由这些数据可以挖掘出更多的地物潜在信息。

1.7 遥感应用技术的前沿问题

遥感是信息科学与技术的一个重要分支。信息领域永远存在着供与求的矛盾：信息的供给水平指标达到"1"，信息的需求指标是"2"；而信息技术的发展使信息的供给水平提高，指标达到"2"，信息的需求指标立即会改变为"4"。如此不断推进递增，信息供给永远满足不了需求。随着遥感技术的发展，人们对遥感技术的要求也越来越高，遥感前沿问题也越来越多，问题也越来越深刻。这里我们不讨论遥感数据采集、成像方面的问题，仅从应用，特别是农林应用方面讨论其中的一些亟待解决的学科前沿问题，一些问题还涉及基础理论。提出这些问题的目的是提请读者在以下的学习中给予充分的注意，以增进学习的效果，并不奢望涵盖遥感应用的全部前沿问题。

1.7.1 遥感数据挖掘问题

遥感信息是一种复杂信息。当前，遥感每天采集的数据量逐日剧增，遥感卫星发射成本大幅度降低，小卫星的出现使很多单位自己都可以筹措经费、发射卫星；卫星遥感的光谱分辨率提高、工作波段增多又从另一个方面加大了遥感数据的累积量。遥感数据的增加、数据质量的改善，人们过去不曾寄希望遥感解决的问题现在提出来了。遥感监测植物的营养亏缺状况，以指导智能化施肥；在农田里区分作物与杂草，调控机器人除草，遥感监测有害动植物种群的分布与数量，遥感测报泥石流，遥感对地球表面碳与氧物质的循环监测，等等。这些问题要求从大量遥感时空数据中提取目标物信息，有些是非常宏观的信息，又有些是非常精细的信息；有些只需一景遥感影像（多波段）数据即可，又有些需要多年、每天、大尺度的海量时间序列数据。但是问题又有共性，即从大量的含有"噪声"的数据中提取隐含很深的信息。当前的主要问题是大量的信息没有从现有的遥感数据中挖掘出来，大量的工作是在做统计模型的研究，精确度不够，置信度不高，难以推广实用化，而很少从遥感目标物本身与电磁波相互作用的机理分析，优化算法，提高精度与置信度，以提取高质量的深层次信息。因而，需要大量基础性的理论与实验的研究工作，包括电磁场理论、电磁波与各种地物的相互作用机理、不同物质的辐射光谱等基础理论，以解决构建机理模型的问题。

1.7.2 时空数据压缩问题

目前遥感数据呈几何级数的增长态势在快速增加，但磁性物质的计算机数据存储空间却呈算术级数的增长态势在缓慢增加。大量遥感的历史数据处于使用效率很低却难以舍弃的状态。对于大至一个国家、小至一个单位都有这个问题，数据累积势必要造成“数据灾难”。遥感时空数据的利用与数据压缩的研究势在必行。问题是如何让人方便地利用，如何实施数据压缩，以何种标准压缩。比较理想的方式是按所谓“时空隧道”的方式组织构建海量的遥感时空数据(仓)库。这种数据库首先是一种分布式网络数据库，因为任何计算机单机都无法存储如此海量的数据。这里所谓“时空隧道”的方式是指允许用户穿越时空，如同星外来客，在任何一个时段，以任何一个比例尺观察地球，即遥感数据以某种比例尺解压，将指定的观察时间与空间尺度的地学信息呈现于用户面前。这种功能对于计算机网络现行的数据结构与数据管理是一个挑战。

即使有很好的遥感时空数据压缩方案，部分遥感数据的舍弃也还要进行，因为新陈代谢、吐故纳新是自然界的普遍规律，遥感数据肯定也需要新陈代谢。以何种标准检定哪些数据可以舍弃，哪些数据不可以舍弃，笼统的原则标准恐怕难以具备可操作性，要对具体应用领域作具体分析，针对具体应用目标制定具体的标准，以舍弃过时且无用的数据。这种舍弃可以是整幅的遥感数据，也可以是按区域舍弃对应的遥感数据。还有些复杂的情况，比如对变化的区域数据占总量较小，数据库仅保留变化前后的遥感数据，只舍弃不变的数据，系统支持随时根据需要恢复或基本恢复任意时段的数据。这种舍弃实质上又是时空数据的压缩了。

1.7.3 物体微波特性的研究

微波作为无线通信技术的研究已有相当长的历史了，但是作为遥感技术的电磁波信息媒介来研究的时间却不长。人们对地物微波光谱特性的研究还很不够，至今地物微波后向散射光谱数据库(参见第 5 章 5.4 节)还远未完整地建立起来。微波遥感技术复杂，对于研究条件要求较高，因而人们在微波遥感理论与技术方面的人力、物力与财力投入相对较少，地物微波辐射与散射的机理还存在着许多未知领域，而这些领域却很可能是极有发展前景的领域。但是主动微波遥感，即雷达遥感宝贵的特种性能以及由此产生的广阔应用前景却是人所共识、毋庸置疑的事实。作为农业应用，对于不同作物以及同一作物处于不同营养状态的微波后向散射系数的研究，对于高秆作物条件下微波体散射模型的研究，对于不同土壤以及同一土壤处于不同湿度、不同植物营养组分状态下的微波后向散射系数的研究，微波遥感信息数据噪声抑制问题，等等，一些基础性问题需要解决，雷达遥感影像内涵的丰富信息还未充分挖掘出来。现在，雷达遥感影像数据渐渐多了起来，相对于可见光-多光谱遥感，雷达遥感影像信息的提取率还很小，雷达遥感数据的使用远未达到充分。

1.7.4 遥感数据的不确定性问题

遥感数据存在着相当大的不确定性，即实际上无真值，也有人将这种数据称作“病态”数据。遥感数据的不确定性来自两个方面：一方面数据本身就没有真值，或很难得到真值。比如，海岸线长度、山体表面积、生物量、作物产量，前两个量属于从理论上就无真值的类型，后两个量属于实际无法测到真值的类型，获取后两个量在测试上存在相当大的实际困难。另一方面是由于数据获取过程中存在一个或多个不确定的干扰因素，而这些因素又是随机动态的，具有不可重复性，这就造成遥感测试数据的不确定性与数据验证的困难。遥感数据获取过程中存在的不确定因素主要有：传感器随机噪声、遥感平台的姿态、大气状态、太阳及地物辐射的变化、遥感目标物的变化等等。对于数据本身的不确定性问题有人已做过大量工作，开拓出“不确定数学”理论，对于图形问题，又开拓出分形理论；针对遥感数据的不确定性，国内外也都有人开始研究。但是遥感不确定性问题的研究尚未引起广泛足够的重视，研究的结果还只是初步的，尚未形成完整的理论体系。

从实际应用出发，对于遥感数据不确定性的研究，至少在理论上应当研究出：在给定的遥感工作状态与工作参数情况下，得到的遥感测试量的误差范围，即测试量最大不大于某一个数值，最小又不小于某一个数值；数据的置信度为多少。对于遥感数据的检验也应当有一个标准化的范式。遥感数据作为当今信息时代的一种重要的数据，应当确保其准确性与可靠性，承担起相应的社会责任。

1.7.5 遥感技术的工程化问题

遥感技术无疑是当代具有广阔应用前景的技术。由于这项技术发展、更新很快，技术复杂，涉及面广，从这项技术研发的初始直到现在，一直处于应用研究阶段，未能实现工程化。具体表现在：没有整套的技术标准，包括遥感影像质量标准、遥感图像处理工程技术标准、“3S”一体化的基础数据集标准等；没有长时间系列、多尺度、覆盖大范围的遥感数据集；缺乏各个应用领域的标准参数数据库，如农作物反射光谱数据库、农作物雷达多波段后向散射系数数据库等。这一基础性的工作对于遥感大规模的应用显然是非常必要的。事实上,这方面工作的滞后已经对于大型的信息工程项目,如国家正在或将要实施的金农(农业信息)工程、金土(国土资源信息)工程带来潜在性的影响。同时,这一基础性工作的缺乏对于遥感在一些领域的研究也已构成影响,如大尺度地球时空图谱的研究、生态环境时空演化研究、气象演变研究等。

遥感技术工程化研究工作技术含量高、工作量大,一个部门、一个单位难以完成,需要在遥感技术发展达到一个相对稳定的阶段,在国家的组织下,集中相当大的科研技术力量经过一段时间才能完成。这一工作对遥感应用以及国家信息化进程会有重要推动作用。

小　结

本章对于遥感技术进行了全面的、概括性的介绍。

遥感是一种非接触式对地观测、以图像的方式快速提供大面积地面信息的技术。遥感与遥测有重要的区别,遥感技术提供的是面状信息,所谓"面状"有两个含义:其一是大面积的一个地域的信息,其二是每幅遥感影像的每个像元都对应地面一个面积单元;而遥测提供的是点状信息。

遥感是一门理论性很强的应用技术型学科。遥感学科的主要内容包括遥感物理、遥感图像处理以及遥感多领域的应用。遥感物理为后两个内容奠定理论基础。

遥感有多种技术类型,就其工作机理来分,可分为被动遥感与主动遥感,其典型的技术分别为可见光-多光谱遥感与雷达遥感;还可以从遥感的传感器载荷平台、空间分辨率、应用领域等不同角度对遥感技术类型进行划分。

遥感属于高新技术,发展时间不长。但是这门技术对于人们正确的自然观、宇宙观以及科学发展观有重大的作用,对于国民经济产生重大影响,是获取地球生态环境宏观信息不可缺少的技术手段。

遥感、全球定位系统以及地理信息系统的集成称作"3S"技术,遥感在"3S"技术中以数据源头的地位出现。遥感,包括被动遥感与主动遥感,遥感工作的媒介——电磁波要两次穿越大气,大气对于遥感影像有重要影响,抑制遥感影像噪声、充分提取影像信息是遥感技术的主要任务。

遥感信息提取有两种方法:目视解译与计算机自动解译。地面调查是遥感信息提取中的不可缺少的技术步骤。遥感提取的信息一定要进行检验,以保证信息数据的可靠与准确,实际检验可采取多种不同的方法。

遥感技术发展十分活跃,学科前沿包括遥感数据挖掘、遥感时空数据压缩、用于遥感的物体微波特性研究、数据不确定问题、遥感技术工程化等方面。

总而言之，遥感技术是一门理论基础深厚而又有广阔发展前景的应用技术。

思 考 题

1. 强调遥感技术提供的是面状信息在实际应用中有什么实际意义？

2. 非接触式的测量对于保证测量的准确、快速、大面积有何作用？

3. 如何理解遥感是一门理性很强的应用技术学科？

4. 就目前对被动遥感与主动遥感机理的理解，试分析在影像获取与应用上各有哪些优势与劣势。

5. 就个人理解，遥感技术对于人们形成正确的自然观、宇宙观以及科学发展观有何重大的作用？

6. 举例说明遥感对于国民经济生产产生的重大影响，进而深刻理解"科学技术是第一生产力"的论断。

7. 在遥感获取影像的过程中，遥感工作的媒介——电磁波要两次穿越大气，大气对于遥感影像噪声的生成有什么作用？当人们研究大气时，这种大气对电磁波的作用又可以如何加以利用？

8. 为什么在任何时候，地面调查都是遥感信息提取中不可缺少的技术步骤？

9. 为什么说使用数码相机获取作物营养匮缺信息存在着重要技术缺陷？

10. 人的眼睛也可以说是一种遥感传感器，到目前为止，就个人的思考，分析人的眼睛与一般遥感传感器有哪些优势与劣势。

11. 就个人目前的理解，遥感技术中应当如何进行数据挖掘、遥感时空数据压缩、用于遥感的物体微波特性等方面的研究？

12. 为什么说遥感数据是不确定性很强的数据？数据不确定性与数据精度是一对矛盾，如何看待这一对矛盾？

13. 应当如何着手遥感技术的工程化建设？

参 考 文 献

[1] 马蔼乃. 遥感概论. 北京：科学出版社，1984.

[2] 林培. 农业遥感. 北京：北京农业大学出版社，1990.

[3] 朱述龙，张占睦. 遥感图像获取与分析. 北京：科学出版社，2000.

[4] 承继成，郭华东，史文中. 遥感数据的不确定性问题. 北京：科学出版社，2004.

[5] 戴昌达，姜小光，唐伶俐等. 遥感图像应用处理与分析. 北京：清华大学出版社，2004.

第 2 章　遥感物理基础

2.1 辐射与反射

一般来说,任何温度高于绝对零度的物体每时每刻都在不间断地向外辐射电磁波,所以,现实世界中的任何一个物体都可以称为辐射源,例如太阳、地球、人体、植物等。同时,当电磁波遇到任何物体时都要被吸收、反射(再发射)。由于物体的表面不同,反射又可以分为镜面反射与散射两种,所谓镜面反射,即反射的电磁波能量集中于一个方向的反射,这个方向遵从入射角等于反射角的规律;所谓散射,即反射的电磁波能量不集中于一个方向、向空间各个方向的反射,典型的散射是在各个方向反射的电磁波能量分布均匀,这种散射称作漫散射,又称作朗伯散射。大多数地物表面的反射是介于镜面反射与漫散射之间,即反射的电磁波能量基本上还集中于一个方向,但在其他各方向都有大小不等的分布。对于一些物体,如大气、水、玻璃等,允许电磁波从中穿过,这就是透射,在透射过程中,由于物质质地疏密的不同,电磁波的传播方向不再是直线,这就产生折射。遥感就是利用传感器来接收并记录由物体反射、透射或物体自身辐射的这些电磁波,形成影像数据,然后通过一定的综合与分析,提取所需要的信息。

2.1.1 有关基本概念

在遥感的许多应用中,需要对物体辐射的电磁波信息进行定量的分析,为了能更清晰、更准确地表述物体电磁波的辐射情况,必须先了解一些基本的电磁波辐射的名词术语。

1. 立体角和截面

立体角是以锥或类锥体的顶点为球心、半径为 1 的球面被锥面所截得的面积来度量的,即辐射球面上的一个面元占全部球面的比例,其度量单位为球面度(sr, steradian),又称为立体弧度,用公式表示为:

$$\omega=\frac{A\times 4\pi}{4\pi\times R^2}=\frac{A}{R^2} \tag{2-1}$$

式中：A 为与 R 垂直的某面元的面积，m^2；R 为点源 S 至面元 A 的距离，m。由公式可知，一个球体所张的立体角为 4π 球面度。理论上面元 A 应当是一个曲面（球面），而当 R 充分大，$R^2 \gg A$ 时，比如遥感中 R 就为数千米甚至数百千米，面元 A 即地面一个单元，仅数平方米或 $1km^2$，此时面元 A 就可以用平面代替。

立体角表达点状地物向各方向辐射的能量，即在以点状地物位置为球心的球面上的某一局部球面上获取的辐射能比例。同样道理，立体角可以表达球上局部面向外辐射的能量，即在其垂直方位上的一个点接收到的能量比例。所以，遥感传感器（包括人肉眼）距离地物越近，则地物相对于传感器立体角越大，收到地物辐射能越多，地物辨别越清楚。

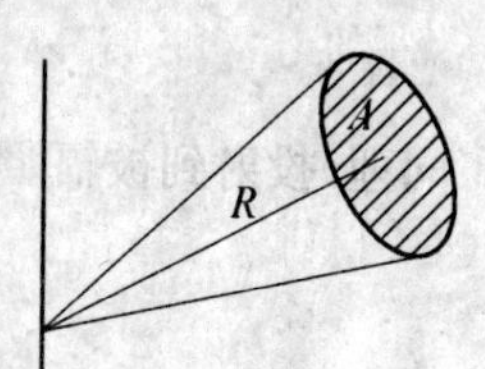

图 2-1　立体角

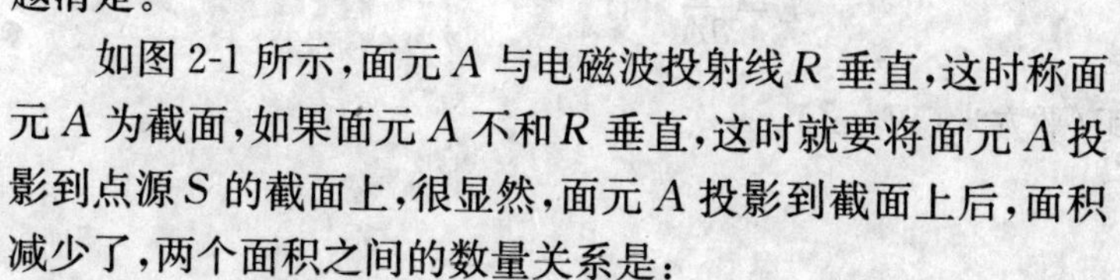

如图 2-1 所示，面元 A 与电磁波投射线 R 垂直，这时称面元 A 为截面，如果面元 A 不和 R 垂直，这时就要将面元 A 投影到点源 S 的截面上，很显然，面元 A 投影到截面上后，面积减少了，两个面积之间的数量关系是：

$$S = A \times \cos\alpha \tag{2-2}$$

式中：A 为被辐射物体表面面积，S 为截面面积，m^2；α 为被辐射面法线与电磁波投射线的夹角，(°)或 rad。

这里给出截面定义的意义在于同样的物体与投射过来的电磁波处于不同角度情况下，实际接收到的电磁波能量是不一样的。显然，在遥感中，除特殊情况外，一般都是正视地物，这样在同样大的视场立体角情况下可以获取最大的地物散射截面；这也就是为什么在夜间用夜视眼镜观察物体也会有立体感的原因，尽管地物表面温度可能各处相等，但对于眼睛各个微小面单元的辐射截面是不一样的。

2. 辐射能 Q

物体辐射的电磁波具有能量，它可以使被辐射的物体温度升高、改变组成物体的微粒子的运动状态等，辐射能的单位为焦耳(J)。

3. 辐射能通量

它是指单位时间内通过任意某个面（平面或曲面）的辐射能量，常用符号 Φ 表示：

$$\Phi = \frac{\partial Q}{\partial t} \tag{2-3}$$

单位为瓦特(1 W=1 J/S)。

4. 通量密度

单位面积上的辐射能通量称为辐射通量密度，辐射体表面的辐射通量密度称为辐射出射度 M。

$$M=\frac{\partial \Phi}{\partial A} \tag{2-4}$$

同理，投射到被辐照物表面的辐射通量密度称为辐照度 E。

$$E=\frac{\partial \Phi}{\partial A} \tag{2-5}$$

通量密度的单位为瓦/平方米(W/m^2)。

5. 辐射强度 I

点辐射源在单位立体角内发出的辐射通量，称为辐射强度，常用 I 表示，它常常用来描述点辐射源的辐射特性。

$$I=\frac{\partial \Phi}{\partial \omega} \tag{2-6}$$

式中：ω 为立体角，辐射强度的单位为 W/sr。

由于辐射强度是表征点辐射源向某个方向辐射的物理量，所以 I 有方向性，可以表示为 θ 的函数 $I(\theta)$，各向同性的辐射源的辐射强度 $I=\varphi/4\pi$。

6. 辐射亮度 L

同辐射强度相对应，辐射亮度是用来描述面辐射源的辐射强度，它加入了辐射源的面积因素，指辐射源在某一个方向的单位投影截面面积上单位立体角内的辐射通量(图 2-2)。

$$L(\theta)=\frac{\partial^2 \Phi}{\partial \omega(\partial A \cdot \cos \theta)}=\frac{\partial I}{\partial A \cdot \cos \theta} \tag{2-7}$$

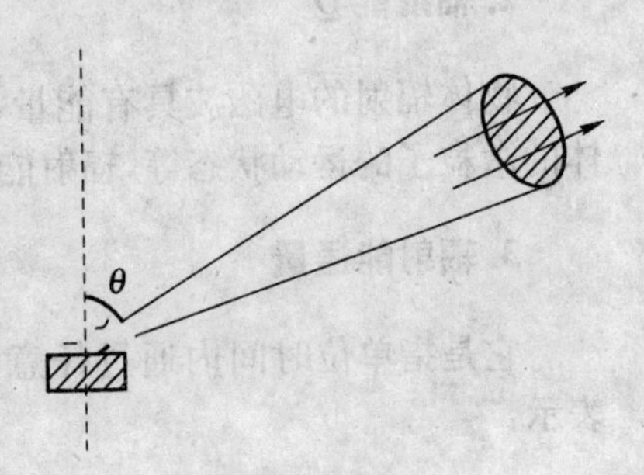

图 2-2 辐射亮度

式中：θ 为面辐射源的法线和辐射方向之间的夹角；辐射亮度 L 的单位为 $W/(m^2 \cdot sr)$。

从式(2-7)中也可以看出，辐射亮度也是具有方向性的，而对于那些和 θ 无关的面辐射源，称之为朗伯源。在成像系统中,成像面上的照度或输出信号与物体的辐射亮度成正比。

7. 分谱辐射通量

单位波长间隔内的辐射通量称为分谱辐射通量:

$$\Phi_\lambda = \frac{\partial \Phi}{\partial \lambda} \tag{2-8}$$

单位是瓦/米(W/m)或者瓦/微米(W/μm)。

在遥感实际工作中,传感器都是截取某一波段间隔内的地物反射(或散射)以及辐射的能量 $\varphi(\lambda_1 - \lambda_2)$,它与分谱辐射通量的关系如下式所示:

$$\varphi(\lambda_1 - \lambda_2) = \int_{\lambda_1}^{\lambda_2} \Phi_\lambda(\lambda)\,d\lambda \tag{2-9}$$

显然,该式的积分区间越小,能量就越小。遥感是分波段成像的,分得波段越窄,即这里的积分区间越小,辐射通量的绝对值就越小。在同一遥感传感器的视场范围,对于遥感传感器电磁波能量敏感度的挑战就越大。

而在所有波长范围的总辐射通量可表示为:

$$\Phi = \int_0^\infty \Phi_\lambda(\lambda)\,d\lambda \tag{2-10}$$

注意,以上分谱辐射通量与总辐射通量都是矢量,因为辐射具有方向性。

8. 反射率、吸收率、透射率

当物体受到辐射源的辐射后,表现为反射电磁波、吸收电磁波、透射电磁波三个特性行为,分别用反射率(ρ)、吸收率(α)和透射率(τ)来表征这三个特性行为的强弱。

反射率定义为物质表面的反射能量与入射波能量强度之比,即由反射引起的发射与入射到表面的辐照度之比,不同的材料表面具有不同的反射率,同一材料对于不同的波长,其反射率也不同,这种现象称“选择性反射”。通常的物体对入射电磁波都是选择性反射。选择性反射导致白光(太阳光)照射到这样的物体表面后,人们看上去呈现不同的颜色。反射率数值还与物体表面状况、周围的介质以及入射角有关。对一特定表面,常称“反射比”。对于给定的物体,其反射率是入射电磁波波长的函数,实际工作中常需要给出一个波长区段中物体对于各个波长对应的反射率,这一反射率称作“光谱反射率”。遥感图像分析的根据之一就是不同地物在不同谱段(即波段)具有不同的反射率。

吸收率定义为物质吸收的辐射通量与总入射辐射通量之比。对于同一物体，吸收率是波长的函数。

透射率定义为透过物体的电磁波强度与入射波强度之比,对于同一物体,透射率也是波长的函数。例如,可见光对清水的透射率,随波长增加而迅速减少。

反射率、吸收率、透射率反映的都是比值,所以也都是无量纲的物理量,数值都处在 0～1 之间,根据能量守恒定律,它们之间的关系满足下式:

$$\rho+\alpha+\tau=1 \tag{2-11}$$

对非透明体,如果 $\alpha\equiv1$,则 $\rho\equiv0$,这种物体称为绝对黑体;而 $\alpha\equiv0,\rho\equiv1$ 的物体称为白体;如果 α 处于 0～1 之间,则称此物体为灰体。

2.1.2 黑体辐射及实际物体辐射

遥感的自然辐射源中主要是太阳,多数的被动遥感传感器都是接收物体反射太阳辐射的电磁波,包括可见光、近红外波段,其次是地物自身作为辐射源,探测地物辐射主要使用热红外波段。但无论哪种方式都是接收辐射源辐射的电磁波,所以,要想获得遥感探测中物体真实、精确的信息,需要对物体辐射特性进行深入的研究。然而,现实世界是复杂多变的,各种各样的辐射源有着不尽相同的特性,这就为研究带来了困难。基于以上原因,需要对千差万别的辐射源进行理想化、抽象化,将理想的、标准的辐射源辐射规律研究清楚,然后再根据实际情况作一些修正,推向一般,这样就有必要引出理想化的辐射源一绝对黑体这一概念。

所谓绝对黑体是指一个物体对于任何波长的电磁波辐射都全部吸收。绝对黑体是一种理想状态的物体,在现实生活中几乎是找不到的,黑色的烟煤,因其吸收系数接近 99%,被认为是最接近绝对黑体的自然物质;太阳也被看作是接近黑体辐射的辐射源,因为绝对黑体可以达到最大的吸收,也可以达到最大的发射。

在实际的黑体辐射研究中,可以利用一个空腔人为仿制绝对黑体,如图 2-3 所示,一个带小孔的不透明等温空腔,当入射光线经过小孔进入空腔后,经过空腔内壁的多次反射,只要空腔内壁的反射率不为 1,每反射一次,能量都会减少一些,经过这样多次的反射后,当光线再从小孔射出时,能量已经大大减弱,几乎接近于零,即空腔的吸收率约为 1,这样的一个带小孔的不透明空腔就可以认为是

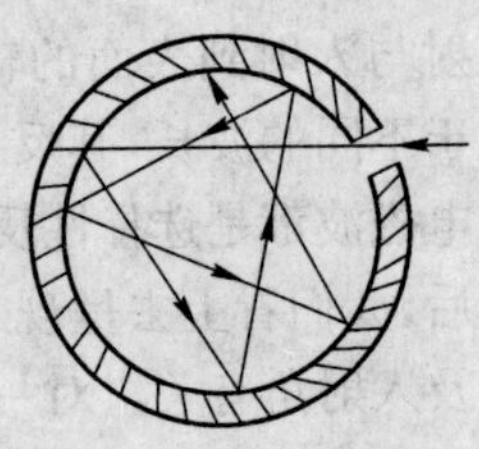

图 2-3 绝对黑体模型

一个理想的黑体。

运用量子力学的理论，普朗克(Planck)推导出黑体辐射通量密度的表达式为：

$$M_\lambda = \frac{2\pi c h^2}{\lambda^5} \cdot \frac{1}{e^{ch/\lambda kT} - 1} \tag{2-12}$$

式中：M_λ 为光谱辐射通量密度，W/(cm^2 · μm)；λ 为波长，μm；h 为普朗克常数，$h=6.625\ 6\times10^{-34}$ W · s^2；c 为光速，$c=3\times10^{10}$ cm/s；T 为绝对温度，K；k 为波尔兹曼常数，$k=1.38\ 054\times10^{-23}$ W · s/K。

普朗克公式给出了黑体辐射通量密度同温度和波长的关系以及按波长分布的情况，这里的通量是指辐射能(量)流通量。图 2-4 给出了不同温度条件下黑体辐射的波长分布特性曲线的示意图，其中的虚线与实线相交的点代表黑体在各个温度下辐射最大值所在的位置。从该图中可以看出，首先，黑体辐射的能量只与波长、温度有关，与物质组成无关，发射能量是一个连续的波长谱；其次，温度越高，辐射通量密度也越大，构成了一个以绝对温度为参数的曲线族，每条曲线只有一个峰值，不同温度的曲线是不相交的，这就是说，温度高的黑体在任意波长段，其辐射的能量都要比温度低的黑体辐射能量要大；再有，随着温度的升高，辐射最大值所对应的波长移向短波方向。

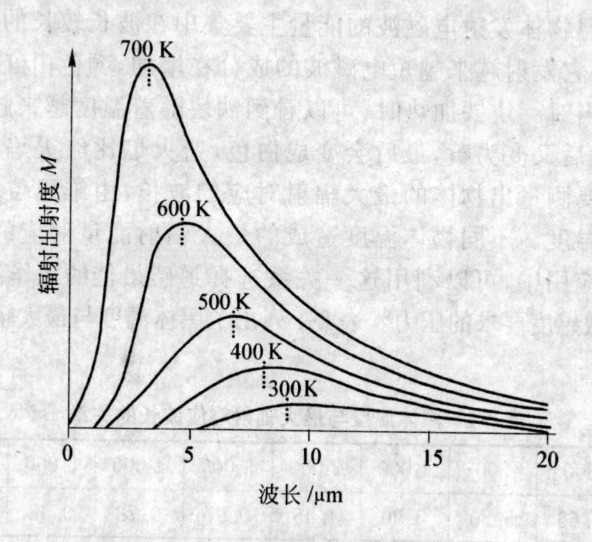

图 2-4 不同温度的黑体辐射特性曲线

可以对全部波长范围内的辐射通量密度进行积分，也就是计算对应某一温度的曲线下与横坐标轴围成的面积，以求得黑体辐射的总辐射通量密度，其结果就是斯忒藩-波尔兹曼(Stefan-Boltzmann)定律：

$$M=\sigma T^4 \tag{2-13}$$

式中：M 为黑体辐射通量密度，W/cm^2；σ 为斯忒藩-波尔兹曼常数，$\sigma=5.669\ 7\times 10^{-12}$ W/(cm^2·K^4)。

从斯忒藩-波尔兹曼定律可以看出，辐射通量密度随温度的增加而迅速增大，它与温度的四次方成正比，温度发生微小的变动就会引起辐射通量密度很大的变化，这就给遥感精确测试物体表面温度带来可能。在传感器对辐射通量具有同样敏感度情况下，物体温度越高，温度测试就越准确。现在比较流行的红外线体温计就是利用斯忒藩-波尔兹曼定律的原理设计的。

从图 2-4 也可以发现，对应于每一个温度的曲线，都有一个峰值，并且，黑体的温度越高，峰值越往短波长的方向偏移，这一现象可以用维恩(Wien)位移定律来表示：

$$\lambda_{max}\cdot T=A \tag{2-14}$$

式中：λ_{max}为辐射通量密度达到峰值的波长，μm；A 为常数，$A=2\ 897.8$ μm·K。

维恩位移定律表明，高温物体发射的电磁波，其能量主要集中在波长较短的区域；反之，低温物体发射电磁波的能量主要集中在波长较长的区域。随着物体温度的升高，它发射越来越短电磁波的成分在增加，颜色由红外到红色再逐渐变蓝变紫。当对一块铁加热时，可以看到铁块随着温度越来越高，颜色也从暗红变为橙、然后又变为黄，最后会变成白色，蓝火焰比红火焰温度高也正是这个道理。只要测量出物体的最大辐射对应的波长，由维恩位移定律就可以计算出物体的温度。不同物体温度造成的最大辐射能量对应的波长不同，在遥感技术实际应用中，可以利用这一关系选择遥感最佳的工作波段，以减轻传感器对能量高敏感度要求的压力。表 2-1 列出了黑体温度与最大辐射对应波长的关系。

表 2-1 黑体温度与最大辐射对应波长的关系

温度/K	300	500	1 000	2 000	3 000	4 000	5 000	6 000	7 000
波长/μm	9.66	5.80	2.90	1.45	0.97	0.72	0.58	0.48	0.41

太阳和地球以及其他星体都可以近似看作黑体，根据维恩位移定律就能够推断出太阳和地球的有效温度。太阳的 λ_{max}是 0.47 μm，用式(2-14)可估算出太阳有效的温度是 6 150 K。地球表面在温暖季节的白天温度约为 300 K，λ_{max}约

为 9.66 μm，而 9.66 μm 是在红外波段，所以地球表面主要辐射不可见的热红外电磁波，这部分能量人眼虽然看不见，但能被特殊的测量仪器，如辐射计、辐射扫描仪所感应。这也是获取植被、地表温度状况等信息主要利用热红外波段的原因。

对波长较长的辐射区，也就是相对频率较低的波段，如果满足 $hc/\lambda \ll kT$，普朗克公式可以化为比较简单的形式。由于 $hc/\lambda \ll kT$，所以

$$e^{hc/\lambda kT} \approx 1 + hc/\lambda kT \tag{2-15}$$

则普朗克公式可以化简为：

$$M_\lambda = \frac{2\pi hc^2}{\lambda^5} \cdot \frac{1}{(1 + hc/\lambda kT) - 1} = \frac{2\pi c}{\lambda^4} kT \tag{2-16}$$

上式称为瑞利-金斯定律。在 $\lambda \gg \lambda_{max}$ 时，瑞利-金斯的结果与普朗克公式的结果一致。例如物体在常温下的 $\lambda_{max} \approx 10$ μm，其微波辐射（λ 从 1 mm 到1 m）适用瑞利-金斯定律。

然而，现实中几乎不存在这样的黑体，为了要对实际物体辐射特性进行定量的研究，就需要引入比辐射率的概念。比辐射率也可以称为发射率，记作 ε，用来表示实际物体辐射出能量射度 M_e 与同温度下的黑体辐射出能量射度 M_b 之比。早在 1860 年，基尔霍夫就发现物体的辐射出射度 M_e 和物体的吸收率 α 之间有一定的关系，吸收率越高的物体，其辐射出射度也越大，用定量的关系式可表示为：

$$\frac{M_e(\lambda T)}{\alpha(\lambda T)} = M_b(\lambda T) \tag{2-17}$$

物体的吸收率 α 也就是等于同温度、同波长下物体的比辐射率，在物体的吸收率 α 等于 1 时，也就是物体的比辐射率等于 1 的时候，那么这个物体就是黑体。通常物体的比辐射率在 0 和 1 之间，它是物体的固有物理性质，对于具体某一物体，只与其温度和辐射的波长有关，并且和吸收率一样，也是一个无量纲的物理量。

图 2-5 和图 2-6 分别对比了一定温度下石英和水体的辐射出射度与相同温度下的黑体辐射出射度，从图中可以看出，实际物体的辐射出射度比相同条件下的黑体辐射出射度要弱。随着波长的不同，石英的比辐射率有一定的变化，而水体的比辐射率则相对稳定。

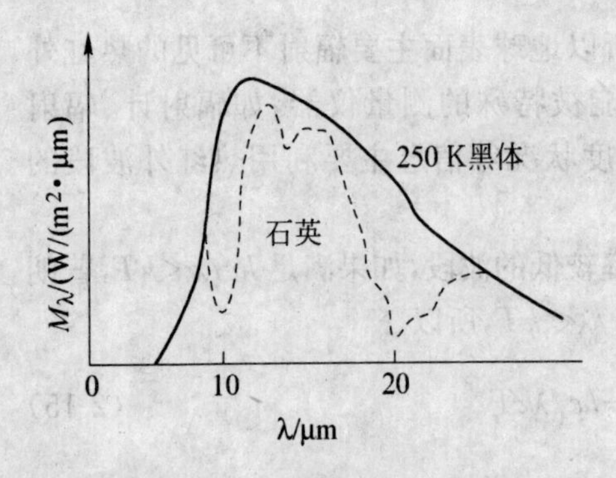

图 2-5 石英和黑体的光谱辐射出射度对比曲线

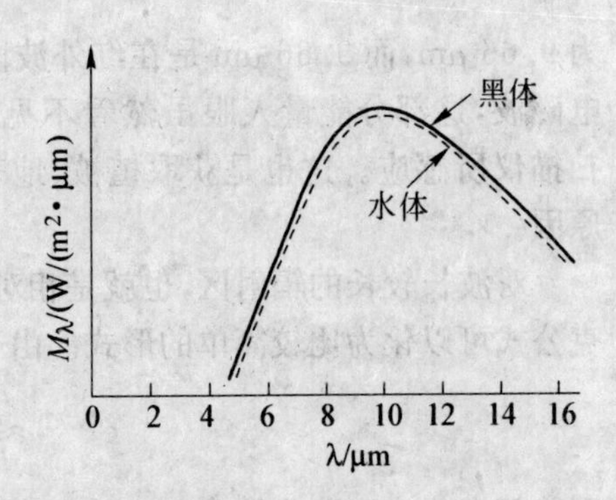

图 2-6 水体和黑体的光谱辐射出射度对比曲线

表 2-2 列出了常温(20℃)状态下在波段 8～14 μm 的一些常见的自然物体的比辐射率。

表 2-2 不同物体的比辐射率

物体	温度	比辐射率	物体	温度	比辐射率
橡木平板	常温	0.900	石英	常温	0.627
蒸馏水	常温	0.960	长石	常温	0.819
光滑的冰	－10℃	0.960	花岗岩	常温	0.780
雪	－10℃	0.850	玄武岩	常温	0.906
沙	常温	0.900	大理石	常温	0.942
柏油路	常温	0.930	麦地	常温	0.930
土路	常温	0.830	稻田	常温	0.890
混凝土	常温	0.900	黑土	常温	0.870
粗钢板	常温	0.820	黄黏土	常温	0.850
碳	常温	0.810	草地	常温	0.840
铸铁	常温	0.210	腐殖土	常温	0.640
铝	常温	0.040	灌木	常温	0.980

物体辐射的功率与辐射的光谱特性都与温度密切相关。温度确定后，从普朗克公式可以确定辐射源的光谱分布也就是物体的“颜色”，从斯忒藩-波尔兹曼定律可以知道辐射的总能量。反过来，从物体的光谱分布及辐射总功率，也可以推算

出物体的实际温度。这些结论对黑体是严格成立的，存在互易关系，而对于非黑体，由于比辐射率的影响，并不存在互易关系。但在实际的应用中，仍应用物体总辐射功率来定义物体的温度，称为亮温。亮温是指当某灰体辐射功率等于某一黑体辐射功率时，该黑体的绝对温度。由于对于黑体，其总辐射功率与其温度有互易性，亮温实质上是表征黑体总辐射功率。自然界绝大多数物体不是完全黑体，但是多数接近黑体，所以习惯上用亮温来表征物体。

实际物体辐射的辐射亮度 $L(\lambda T)$ 与同温度黑体的辐射亮度 $L_b(\lambda T)$ 之间满足下面的关系式：

$$L(\lambda T)=\varepsilon(\lambda)L_b(\lambda T) \tag{2-18}$$

如果有一个温度为 T_b 的黑体的辐射亮度 $L_b(\lambda T_b)$ 与 $L(\lambda T)$ 相同，则称此物体的亮温为 T_b，即

$$L(\lambda T)=L_b(\lambda T_b) \tag{2-19}$$

由于 ε 是小于 1 的，物体的亮温 T_b 就一定小于实际温度 T。因为 $\varepsilon(\lambda)$ 是波长 λ 的函数，所以亮温 T_b 也是波长的函数。当 $\lambda \gg \lambda_{max}$ 时，即在瑞利-金斯近似条件下，L_b 的表达式是简单的：

$$L_b=\frac{2\pi c}{\lambda^4}kT \tag{2-20}$$

由式(2-18)和式(2-19)可得：

$$L(\lambda T)=\varepsilon(\lambda)L_b(\lambda T)=L_b(\lambda T_b) \tag{2-21}$$

把式(2-20)代入式(2-21)可得：

$$T_b=\varepsilon T \tag{2-22}$$

上式说明在 $\lambda \gg \lambda_{max}$ 时，亮温 T_b 等于实际温度 T 与比辐射率 ε 的乘积。

在微波遥感中，微波亮温是指在给定方向上和一定微波带宽内，能提供与被探测物体相同辐射强度的等效黑体温度。

2.1.3 太阳辐射和大地辐射

太阳与我们生活息息相关，几乎地球上所有能源都直接或间接来源于太阳，而太阳本身是一个炽热的球体，是一个巨大的能源库，时时刻刻在向周围发射电磁波。在被动遥感中，大部分情况都是利用太阳作为辐射源，探测物体对太阳辐射的反射能量来获取物体的信息。

地球绕太阳公转的轨道是个椭圆，太阳位于地球椭圆轨道的一个焦点，一般取太阳和地球的日地平均距离为 1.4960×10^{11} m，以此作为一个天文单位(AU)。由于日地平均距离和太阳的直径远远大于地球的直径，所以，太阳对地球的张角仅为 8.79″，也就可以认为从太阳发射到地球上的光线为平行光线。

太阳是遥感的主要电磁波能源，作为一个炽热气体球的太阳，其中心温度为 15×10^6 K，表面温度约为 6 000 K，太阳辐射以电磁波的形式，辐射的总功率为 3.826×10^{26} W，电磁波通过茫茫的宇宙空间，到达地面需要 499.0 s。由于地球是个球体，并且还在围绕椭圆形轨道进行公转，所以，不同时间太阳到达地球表面的辐射能量是不太相同的，当地球和太阳的距离处于日地平均距离时，在地球大气顶端，垂直于太阳辐射方向上的单位面积、单位时间内接受到的太阳辐射通量密度是1 360 W/m²，这个数值称为太阳常数。太阳常数是遥感探测中经常用到的一个物理量，由于它是在大气顶端接受的太阳能量，所以没有大气的影响，其数值基本稳定，即使变化也变化很小，在计算中也常常把太阳常数作为一个常量看待。有了太阳常数，再把日地平均距离作为半径，就可以计算出太阳在这个距离球面上的所发射的总辐射通量。

太阳的辐射光谱为连续光谱，它与温度为 6 000 K 的绝对黑体的辐射光谱曲线很相似，图 2-7 对比了 6 000 K 温度下的黑体和两种情况下测得的太阳的辐射光谱曲线。

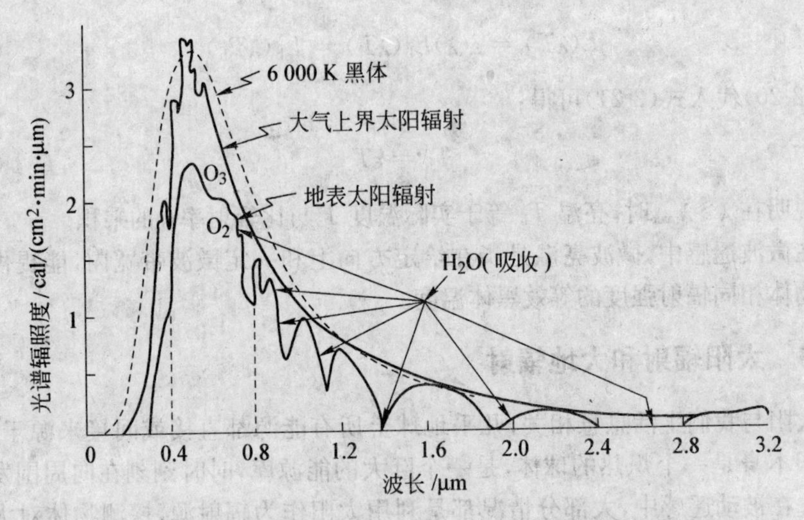

图 2-7　太阳辐照度曲线和黑体辐照度曲线对比示意图

从图 2-7 中可以看出，在大气层顶端测得太阳辐照度光谱曲线和 6 000 K 温度下的绝对黑体的光谱曲线很接近，这也说明了可以近似地把太阳当作黑体的原因。在可见光波段(0.38～0.76 μm)集中了几乎太阳辐射能量的 46%，其次在近红外和中红外(0.76～5.6 μm)波段也集中了大约 37%的太阳辐射能，这也是我们感觉到阳光很温暖的原因。而在 X 射线、γ 射线、远紫外及微波波段，太阳的辐射能量小于 1%，但它们受太阳周期性活动(黑子和耀斑)的影响，强度变化很大，有时甚至相差几个数量级。表 2-3 列出了不同波段太阳辐射能量的百分比。所以在遥感应用中，主要是利用太阳辐射能量比较大的可见光、近红外、中红外波段，因为不但这些波段的能量较大，而且相对其他波段来说很稳定，受大气影响相对较小，太阳光强度变化也较小。

表 2-3　太阳辐射各波段能量百分比

波长/μm	射线波段	百分比/%	波长/μm	波段	百分比/%
＜0.001	X 射线、γ 射线	0.02	0.76～1.5	近红外	36.80
0.00～0.2	远紫外		1.5～5.6	中红外	12.00
0.2～0.31	中紫外	1.95	5.6～1 000	远红外	0.41
0.3～0.38	近紫外	5.32	＞1 000	微波	
0.3～0.76	可见光	43.50			

地面接受的太阳辐照度与太阳的高度角 θ 有关，所谓太阳高度角是指阳光射线与投射点水平面的夹角。测得的太阳常数，是假设太阳的高度角为 90°。在平时计算有关太阳辐照度的时候，要考虑到太阳高度角的影响。假设太阳的高度角为 θ，垂直于太阳入射方向的辐照度为 E_0，实际的地面辐照度为 E，则它们之间有如下的关系：

$$E = E_0 \times \sin\theta \tag{2-23}$$

这也说明了为什么中午的时候(θ 此时最大)感觉太阳光比早上和晚上更加明亮，同理也可以解释为什么在不同季节会感觉太阳光温暖程度不一样的现象。需要指出，尽管中午太阳的高度角 θ 为最大，但是中午并不是一天最热的时候，这是因为地面由上午的吸收热量到向外辐射热量有一个滞后时间。

太阳作为辐射源，到达地球上的能量主要集中在波长较短的波段，可以说太阳是一个短波辐射源；而大地作为辐射源，其辐射的波段要分为两个部分来进行讨论。

大地辐射可以分为短波部分(0.3～2.5 μm)及长波部分(6 μm 以上)，因为大地辐射接近温度为 300 K 的黑体辐射，其最大辐射的对应波长为 9.66 μm，所以，大地的短波辐射部分主要是地球表面对太阳辐射的反射，其自身的短波辐射可以忽略不计；而在长波部分，太阳辐射的影响微小，这时主要是大地自身的热辐射。需要指出，这里提到的在长波部分太阳辐射影响微小并非因为太阳辐射比大地自身热辐射能量小，从普朗克黑体辐射通量密度曲线簇（参见图 2-4）可以看出，不管任何波长，温度高的曲线总是在温度低的曲线的上面。据此，长波部分，太阳辐射仍然比大地辐射大，但是太阳长波辐射能量大部分被大气吸收，部分到达地面的辐射能量主要被地表吸收；在 2.5～6 μm 这一中红外波段，白天大地对太阳辐射的反射和大地自身的辐射对遥感探测都有影响，所以在应用时都必须考虑在内。表 2-4 列出了大地辐射各波段能量的百分比。

表 2-4 大地辐射各波段能量百分比

波长/μm	百分比/%	波长/μm	百分比/%
0～3	0.2	14～30	30
3～5	0.6	30～100	9
5～8	10	>100	0.2
8～14	50		

对于大地的短波辐射，影响辐射亮度的因素主要有太阳辐照度（E）和地物的反射率（ρ）。辐照度又由两部分组成，一部分为太阳的直射光，它与直射光的强度、光线的入射角度、光谱分布有关；另一部分为天空的漫入射光，它是天空对太阳光均匀散射所致，因而是从空中各点向着各个方向射向地球。不同地物的反射率 ρ 有很大的差别，遥感或人们眼睛就是根据这些差别来判断各种物体的。物体的反射率 ρ 是波长的函数，同一物体对不同波长的反射率是不同的。对于非朗伯体，其反射率同入射方向和观测方向也有相当的关系。

由基尔霍夫定律可知，实际地物的辐射是由比辐射率、温度、波长 3 个因素决定的。这里所指的温度是大地的表面温度，而不是地面上的气温，更不是地表以下的温度，图 2-8 为一天中不同时间内大地表面、大气和地下温度分布的情况，从图中可见地表的温度与大气的温度是有差别的：中午的时候，受到太阳辐射的能量大于地表自身发射的能量，所以地表温度一直在上升，并大于大气的温度；而在夜间，太阳的辐射能量为零，地表自身又在不断地辐射能量，温度也就逐渐地下降，午夜时分，地表的温度又比气温低了。地表温度变化的幅度比气温变化的幅度要大，并且地表温度的变化有周期性的变化规律，这个周期有日变化周期，也有年变化周期。在遥感探测时，要了解这些地表温度的相应变化，选择合适的时机，遥感中称作“时相”，以及相应的波段，来获取地物的信息数据，避免获取一些质量不高的数据。

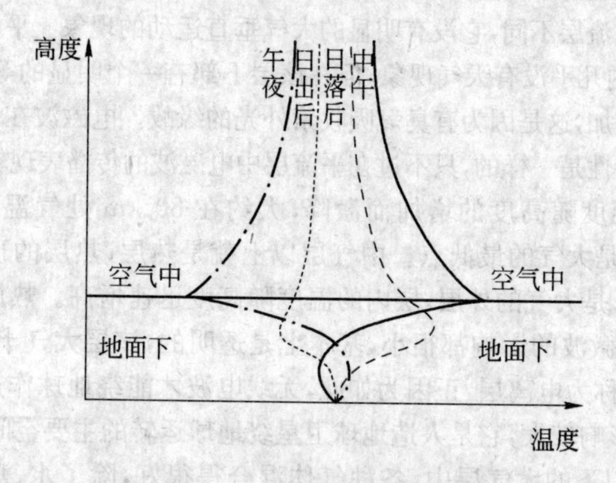

图 2-8　一天内地表附近的温度分布

遥感探测就是利用物体对太阳辐射的反射和自身辐射的特性，而获得物体的比辐射率随波长变化的特征，经过一系列的处理和纠正，来反映地面物体本身的特性，包括物体本身的组成成分、温度和表面粗糙度等理化特性。

2.2　大气效应

无论是太阳作为辐射源还是大地作为辐射源，遥感传感器最后所接受到的电磁波，都要经过地球大气层，因而不可避免地要受到大气的影响，称之为大气效应，大气效应主要表现在大气的吸收、散射和透射作用。

大气是由许多种气体、水蒸气和悬浮的微粒混合组成。在大气主要组成中，氮(N_2)和氧(O_2)约占 99%，水分子(H_2O)、二氧化碳(CO_2)、臭氧(O_3)以及其他的一些气体约占 1%；悬浮在大气中的微粒有尘埃、冰晶、盐晶、水滴等，这些弥散在大气中的悬浮物呈胶体状态，称为气溶胶，它们形成霾、雾和云。气溶胶对于大气的能见度有重要影响，当然对遥感影像，特别是可见光-多光谱遥感影像中有重要影响。

在垂直方向上，大气层按热力学性质可分为对流层、平流层、中气层和热层，它没有一个确切的界限，其总体厚度约为 1 000 km，并且离地面越高大气越稀薄。

对流层是最底层的大气，空气在对流层作垂直方向的运动，它向上伸展的高度与纬度有关，高度在 7～19 km 之间，主要的大气现象几乎都集中在这一层，并且在此层内，高度每增加 1 km，温度下降 6.5 K。在对流层内，由于大气气体及气溶胶的吸收作用，使电磁波传播受到衰减，而该层又是航空遥感主要活动的区域，因此，在遥感中，研究电磁波在大气中的传播特性，主要是研究电磁波在该层内的传播情况。

平流层与对流层不同，它没有明显的大气垂直运动的现象。平流层顶部平均距地面 50 km，层内几乎没有天气现象，但在该层下部有一个明显的等温层，从等温层向上温度缓慢增加，这是因为有臭氧吸收紫外光的缘故。电磁波在该层内的传播特性与对流层的特性是一样的，只不过在平流层中电磁波的传播表现较为微弱。

中气层的温度随高度的增加而激降，大约在 80 km 处气温降到最低点，约为－95℃，这也是大气的最低点。中气层以上就是热层，热层的顶部位于距地面 800 km 的高度，是大气的外层，层内的温度随高度迅速增高。热层对遥感使用的可见光、红外和微波的影响都很小，基本上是透明的，该层大气十分稀薄，处于电离状态，故又可称为电离层，正因为如此，无线电波才能绕地球作远距离传递。热层受太阳活动影响较大，它是人造地球卫星绕地球运转的主要空间层。

在 80 km 以下的大气层中，各种气体混合得很好，除了水、臭氧等少数气体外，每种气体所占的比例几乎保持不变，所以称为均匀层。在辐射的传输过程中，大气的影响主要来自均匀层，是使辐射能衰减的主要原因。

2.2.1 大气吸收

大气中的各种成分对太阳辐射的不同波段的电磁波有一定的选择性吸收作用，使有些电磁波不能够到达地面或者到达地面的能量很少，它们把吸收的太阳辐射转换为本身的热能，使气温升高。不同的气体和固体颗粒对太阳辐射的电磁波的吸收作用是不相同的，图 2-9 表示了大气中几种主要成分对紫外、可见光和红外波段的吸收导致透过率变化的情况。

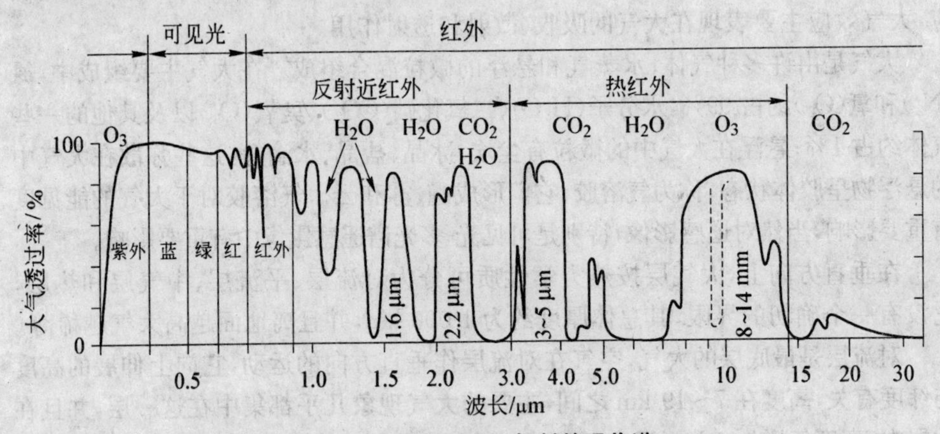

图 2-9 大气对太阳辐射的吸收谱

从图 2-9 中可以看出，臭氧虽然在大气中含量很少(只占 0.01%～0.1%)，但对太阳辐射能量的吸收很强，臭氧有两个吸收带，一个在波长 0.2～0.36 μm 处，另一个是在波长 0.6 μm(可见光部分)附近，另外，在 9.6 μm 处也有很强的吸收作用。水在大气中以气态和液态形式存在，主要的吸收带是处于红外线和可见光中的红波段，其中红外部分吸收最强，在 0.5～0.9 μm 有 4 个窄吸收带，在 0.95～2.85 μm 有 5 个宽吸收带。此外，在 6.25 μm 附近也有 1 个强吸收带，因此，水汽在从可见光、红外直至微波波段，到处都有吸收带，它是吸收太阳辐射能量最强的介质；二氧化碳的吸收主要集中在红外区内，在 1.35～2.85 μm 有 3 个宽吸收带，另外，在 2.7 μm、4.3 μm 和 14.5 μm 处为强吸收带。由于太阳辐射在中红外区能量较小，因此对遥感而言，这一吸收带可忽略不计。氧气的主要吸收带集中在波长 0.2 μm 以下的波段，在 0.155 μm 处吸收最强，由于氧的吸收，在低层大气内几乎观测不到小于 0.2 μm 的太阳辐射，在 0.69 μm 和 9.6 μm 附近氧也各有一个窄的吸收带；大气中的其他气体和微粒虽然也有一定的吸收作用，但吸收量较少，不起主导作用，当有沙暴、烟雾和火山爆发等现象发生时，大气中的尘埃急剧增加，这时它的吸收作用才比较显著。

大气吸收的作用致使太阳和地球辐射的实际曲线与黑体辐射的曲线有一定差别。大气中各种成分对太阳辐射吸收的明显特点是，吸收带主要位于太阳辐射的紫外和红外区，而对于可见光基本上是透明的，但当大气中含有大量的云、雾(雾天)、小水滴(阴天)时，这些物质的散射作用，致使可见光区也变得不透明。

2.2.2　大气散射

大气散射是指太阳辐射的电磁波在大气中传播时，受到大气中气体、水蒸气、和悬浮微粒的影响，改变原来的传播方向。散射后的电磁辐射传播方向在与原入射方向小于 90°的方位有分布的散射称为“前向散射”，90°～180°之间分布的散射称为“后向散射”。雷达遥感就是使用地物对雷达电磁波后向散射的原理(参见第 5 章)。

根据入射波的波长与散射微粒的大小之间的关系，大气散射作用在理论上可分为 3 种：瑞利散射、米氏散射、非选择性散射。

1. 瑞利散射

大气粒子尺度(直径)远小于入射电磁波波长引起散射的现象称作瑞利散射。它是由大气中的原子和分子，如氮、二氧化氮、臭氧和氧分子对可见光的散射引起的，这些大气中的物质，其颗粒直径远小于可见光波长，其特点是散射强度与波长的四次方成反比，即波长越短，散射越强。当波长大于 1 μm 时，瑞利散射基本上可以忽略，如公式(2-24)所示。

$$I \propto \lambda^{-4} \tag{2-24}$$

式中：I 为散射电磁波强度。

瑞利散射的前向散射与后向散射的强度相同，是一种漫散射。大气中分子运动的涨落所引起的散射属于这种散射。在天空无云，能见度极好的情况下，辐射衰减几乎全是由瑞利散射引起的，所以对于可见光中波长较短的蓝光波段，瑞利散射的强度也较大，这也是晴朗而又无污染的天空呈现蔚蓝色的原因。瑞利散射是造成遥感影像辐射变形、图像模糊的一个原因，它加大了背景噪声干扰，降低了图像的清晰度或对比度。对于彩色合成图像则夸大了蓝色成分，特别是对高空摄影图像影响更为明显。因此，全色摄影机等遥感仪器多利用特制的滤光片，阻止蓝紫光透过以减少蓝光成分，提高影像的灵敏度和清晰度。遥感影像假彩色合成(参见第 6 章)通常也不使用蓝色波段。当然也有某些特定的遥感专门使用紫外波段。

2. 米氏散射

如果大气中的颗粒物直径与入射波长相近，则发生另一种散射，这种散射称为“米氏散射”。它是由大气中的微粒如云、雾、烟、尘埃及气溶胶等悬浮粒子所引起的，主要特点是米氏散射的散射强度与波长的二次方成反比，如公式 2-25 所示。

$$I \propto \lambda^{-2} \tag{2-25}$$

米氏散射的前向散射远大于后向散射，方向性比较明显，它主要是对红外波段(0.76～15 μm)的电磁波进行散射。米氏散射的强度受气候影响较大，散射强度也很难估算。

3. 非选择性散射

如果引起散射的粒子直径远大于入射波长，则是“非选择性散射”，其散射强度是各向同性的，强度与波长无关。因为散射粒子直径和波长的大小比较是相对的，所以对于大气中的一些微粒，对不同波长的散射类型是不同的，我们所看到的云和雾都是由微小的水滴组成的，它们的直径虽然和红外线波长很接近，但是和可见光比起来，就大很多，所以它们对可见光的散射属于非选择性散射，与波长无关，因此云和雾看起来都是白色的。

需要指出，瑞利散射、米氏散射以及非选择性散射之间并非以电磁波波长严格界定的，随电磁波波长的加长，有一个渐变的过程。

在大气窗口内，太阳辐射的衰减主要是由散射造成的，如在可见光波段，大气吸收的能量只占衰减能量的 3%。大气散射的类型及强度和波长密切相关，在近红外和可见光波段，瑞利散射是主要的，当波长超过 1 μm 时，瑞利散射的影响就大大地减弱了，基本可以忽略不计了。米氏散射对近紫外直到红外波段的影响都存在，因此，在短波中瑞利散射与米氏散射基本相当，但当波长大于 0.5 μm 时，米氏散射就超过了瑞利散射的影响。在微波波段，由于波长比云中的小雨滴的直径还要大，所以小雨滴对微波的散射属于瑞利散射，根据瑞利散射的规律，散射强度与波长的四次方成反比，而微波波长比可见光波长长 1 000 倍以上，散射强度要弱至 10%以下，因此微波有极强的穿透云层的能力。红外辐射穿透云层的能力虽然不如微波，但比可见光的穿透能力大 10 倍以上。

大气的散射对遥感影像的生成影响较大。由于大气散射的存在，传感器接收到的辐射能量不仅仅有地物直接反射的太阳辐射能，还有一部分是受大气的散射影响而导致的漫入射成分，这一部分能量对遥感影像来说，属于背景噪声，一种干扰信号，造成遥感影像模糊不清。所以在选择遥感的工作波段时，必须考虑到大气层的散射影响。当然，事物总是有它的两面性，如果遥感测试目标集中于大气，如研究大气污染、沙尘暴，这种“背景噪声”又可以成为信号，从中可以“挖掘”出相应信息来。

2.2.3　大气窗口

太阳辐射通过大气层时，受到大气的吸收、散射、反射作用，使部分波段的能量到达地面时已经变得微弱，只有某些波段的透过率较高，称这些透过率较高的波段为大气窗口。图 2-10 为大气窗口分布范围图。

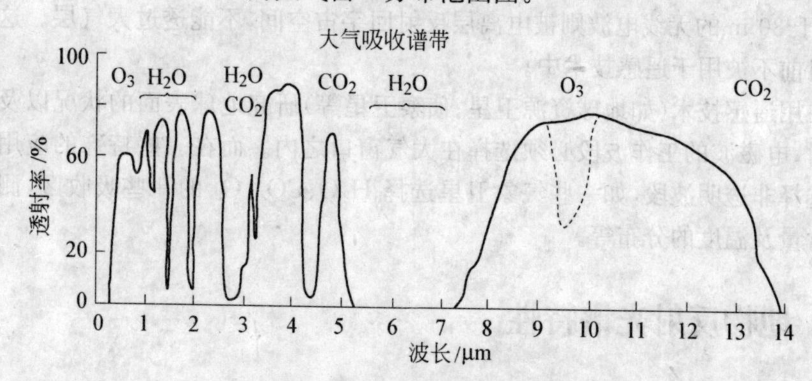

图 2-10　大气窗口示意图

大气窗口的光谱波段主要有：

0.3～1.3 μm：这个窗口包括了部分紫外（0.3～0.38 μm）、可见光全部（0.39～0.76 μm）和部分近红外波段（0.76～1.3 μm），属于地物的反射光谱。这个窗口内对电磁波的透射率高达90%以上，是摄影成像的最佳波段，也是许多卫星传感器成像的常用波段。如Landsat卫星的TM的1～4波段，SPOT卫星的HVR波段等。

1.3～2.5 μm：这个窗口位于近红外波段。这一波段仍然属于地物反射光谱，在白天日照条件好的情况下，扫描成像常用这些波段。该窗口又可分为1.5～1.8 μm和2.0～2.4 μm两个窗口，它们的透射率都接近80%。这些波段在对区分蚀变岩石有较好的效果，因此在遥感地质应用方面有很大的用途。如Landsat卫星的TM的5、7波段就是利用1.55～1.75 μm和2.08～2.35 μm这两个波段来探测植物含水量以及云、雪，或用于地质制图等。

3.5～4.2 μm：这个窗口属于中红外波段，物体的热辐射较强，通过这个窗口的可以是地物反射光谱，也可以是地物辐射光谱，属于混合光谱范围。如NOAA卫星的AVHRR传感器用3.55～3.93 μm探测海面温度，获得白昼或夜晚气象云图以及海面温度场图。

8～14 μm：即远红外波段，是热辐射光谱波段。在这个波段内由于臭氧、水汽以及二氧化碳的影响，使窗口的透射率仅为60%～70%，由于这个窗口是地物在常温下热辐射能量最集中的波段，可以夜间成像，来测量探测目标的地物温度。

0.8～80 cm：这个窗口属于微波窗口。由于微波对大气层有极强的穿透能力，几乎不受大气的影响，所以可以全天候地工作，微波波段主要用于主动遥感。如侧视雷达影像、Radarsat的卫星雷达影像等，常用的波段为0.8 cm，3 cm，5 cm，10 cm，30 cm等。

波长在15～30 m的电磁辐射是否能透过大气层由电离层的具体条件来决定，大于30 m的无线电波则被电离层反射回宇宙空间，不能透过大气层。这一波长段目前不被用于遥感技术中。

在用遥感技术（如地球资源卫星、侦察卫星等）研究地球表面的状况以及通信工作时，电磁波的工作波段必须选择在大气窗口之内。而在一些特殊的应用中去特意选择非透明波段，如一些气象卫星选择H_2O、CO_2、O_3的一些吸收区，测量它们的含量及温度的分布等。

2.3 地物反射光谱特性

遥感技术主要以地面的物体（简称地物）为测试目标对象。自然界中的任何地物都有它们本身的特有规律，如具有反射和吸收紫外线、可见光、红外线和微波的某些波段的特性。此外，它们自身又时刻在按照本身的波谱发射电磁波，少数地物还具有透射电磁波的特性，这种特性，叫做地物的光谱特性。

当太阳辐射到达地物表面时，会发生3种物理过程，一部分入射能量被地物反射；一部分能量被地物吸收，成为地物本身的内部能量再以电磁波形式发射出来；还有一部分能量被地物透射。入射、吸收以及透射的能量，根据能量守恒定律有如下的关系：

$$E(\lambda) = E_{\rho}(\lambda) + E_{\alpha}(\lambda) + E_{\tau}(\lambda) \tag{2-26}$$

式中：$E(\lambda)$为入射能量，$E_{\rho}(\lambda)$为地物反射能量，$E_{\alpha}(\lambda)$为地物吸收能量，$E_{\tau}(\lambda)$为地物透射能量。可见光-多光谱遥感技术应用中所利用的地物波谱特性，主要是地物对可见光和近红外波段的反射光谱特性。在可见光和近红外波段（0.3～2.5 μm），地物几乎不辐射这些短波（见图2-4黑体辐射特性曲线），遥感的传感器接收的地物波谱主要是地物反射太阳光辐射的电磁波。

2.3.1　地面反射、吸收和透射

当电磁辐射能到达两种不同介质的分界面时，入射能量的一部分或全部返回原介质的现象，称为反射。地物对电磁波的反射能力用反射率（定义见2.1.1）表示，地物反射率的大小不但与入射波波长有关，而且与入射角、观测角和地物物质组成以及表面性状、粗糙度等因素有关。

根据地物表面状况和入射波波长之间的关系，可以把地物对电磁波的反射分为3种形式，即镜面反射、漫反射和实际地物反射，如图2-11所示。

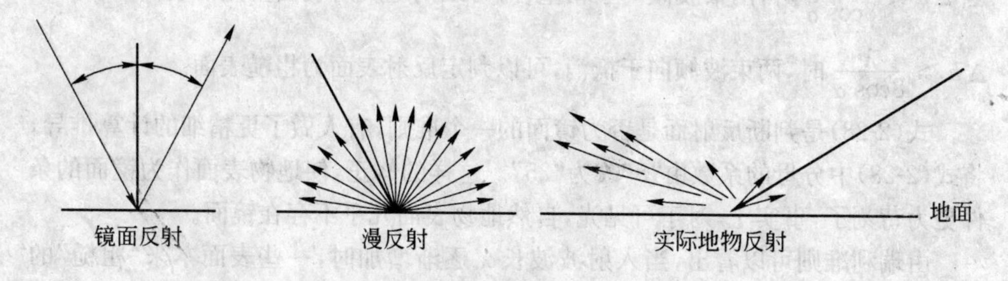

图2-11　地物反射的3种形式

同一地物对于不同波长的波，发生的反射形式可能不同，这是由地物的表面粗糙度和入射波波长的相对程度来决定的，可以用瑞利判别准则来判断某一地面相对于入射波长是否可以称为粗糙面(图 2-12)。

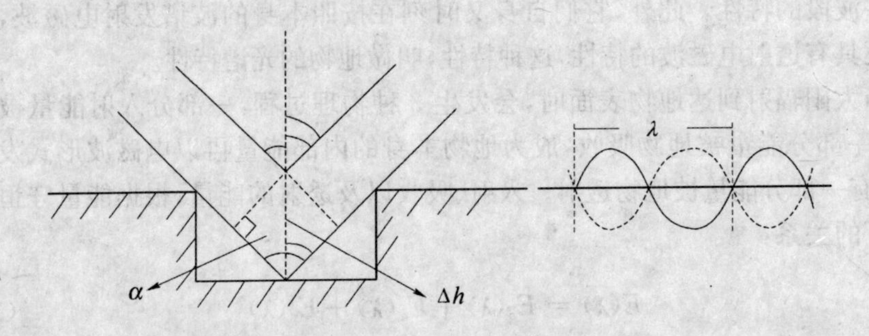

图 2-12 瑞利判据原理图

分析图中的两束电磁波，当这两束光的光程差恰好等于相应波长的 1/2，如图 2-12 右半部所示，即两束光的电磁波相位差为 $\lambda/2$ 时，两波相互抵消，即没有波能量反射出来；相位差为 0 时，两波相互重合，反射能量得到加强，介乎两者之间的相位差为 $\lambda/4$，则有：

$$2\Delta h\cos\alpha=\frac{\lambda}{4} \tag{2-27}$$

式中：Δh 为凹凸不平的表面高度的标准差，单位和波长单位相同；λ 为波长；α 为入射角。等式左边为光程差，右边为相位差。变换上式可得以下瑞利准则：

$$\Delta h=\frac{\lambda}{8\cos\alpha} \tag{2-28}$$

当 $\Delta h<\frac{\lambda}{8\cos\alpha}$ 时，两束波倾向于相重合，可以判定反射表面为光滑表面，反之，当 $\Delta h>\frac{\lambda}{8\cos\alpha}$ 时，两束波倾向于抵消，可以判定反射表面为粗糙表面。

式(2-28)是判断反射面是否为镜面的一个准则，有人做了更精细的计算推导，将式(2-28)中分母的系数由“8”改为“25”。这样的修正，使地物表面作为镜面的条件更为苛刻了，事实上，对于可见光，自然地物表面几乎不存在镜面。

由瑞利准则可以看出，当入射波波长 λ 逐渐增加时，一些表面本来“粗糙”的地物也会变得“光滑”起来。对于可见光，波长在微米范围内，所有地物表面都可以看作粗糙面，而对于微波，波长在厘米到米之间，地物表面则呈粗糙与光滑的临界状态，具体可由瑞利准则判别。

在使用瑞利准则判别反射面是否为镜面时，一个突出的问题是如何计算反射

面的粗糙度 Δh。从瑞利准则的推导过程来看，Δh 应当是一个统计量，图 2-12 只是画出了一个微小的反射面积元反射的假想情况，遥感一个像元对应地面单元中有许多这样的面积元。因而这里 Δh 应当是以一个波长 λ 为尺度，统计其最高点与最低点的垂直距离，然后计算其均方差，这一均方差作为粗糙度 Δh，代入式(2-28)，进行反射面的判断。

当入射能量全部按前向反射，入射角和反射角在同一个平面内并且相等，称这种反射为镜面反射。当镜面反射发生时，如果入射波为平行波，则只有在反射波射出的方向上才能获得反射的电磁波，其他方向探测不到。镜面反射发生在光滑的物体表面，假如遥感传感器不是在反射方向上，那么在遥感影像上，这些地物都将会呈现黑色。而对于微波，由于波长较长，很多地物都符合镜面反射规律。

当入射能量在所有方向均匀反射，即入射能量以入射点为中心，在整个半球空间内向四周各向同性的反射能量的现象，称为漫反射，又称为朗伯(Lambert)反射，也称为各向同性反射。漫反射是发生在非常粗糙的表面上的反射，由于漫反射把反射出来的能量分散到各个方向，因此从某一方向看反射面，其亮度一定小于镜面反射的亮度。漫反射面符合朗伯余弦定律，朗伯余弦定律的表达式为：

$$I(\theta) = I_0 \cos \theta \tag{2-29}$$

式中：θ 为观测方向与地物表面法线的夹角，即观测天顶角；$I(\theta)$ 为 θ 方向的辐射强度；I_0 为法线方向的辐射强度。一个完全的漫反射体称为朗伯体。自然界中真正的朗伯面也很少，新鲜的氧化镁(MgO)、硫酸钡($BaSO_4$)、碳酸镁($MgCO_3$)表面，在观测天顶角小于 45°时，可以近似看成朗伯面。

镜面反射和朗伯反射都是一种理想状态的反射形式，而在实际的自然界中，大多数地物的反射都是处于这两种反射之间，他们的表面既不是完全光滑的“镜面”，也不是完全粗糙的朗伯面，而是处于两者之间的非朗伯面。它们在各个方向都有反射能量，但大小不同，在入射辐照度相同时，反射辐射亮度的大小既与入射方位角和天顶角有关，也与反射方向的方位角与天顶角有关，因而，这种反射称之为二向反射。镜面反射可以看作是实际地物反射的一个特例。

地物不但能够反射电磁波，而且对电磁波还有具有吸收的能力。这些地物吸收照射到它们表面的电磁波，转化为自身的热量，然后再以电磁波的形式辐射出去。

对于某些具有透射能力的地物，它们对特定波长的电磁波还能够起透射作用。地物透射能量的大小用透射率(定义见 2.1.1)来表示。地物的透射率随着电磁波波长和地物的性质而不同。例如，水体对 0.45～0.56 μm 的蓝绿光波段具有一定的透射能力，较浑浊水体的透射深度为 1～2 m，一般水体的透射深度可达 10～20 m。某些地物的透射能力增加了这类地物的反射能力，因为透射的光到了该物体的下面又被反射，实际有效反射总能量被增加了，图 2-13 就以植物叶片为例，示意性地显示了这一情况。

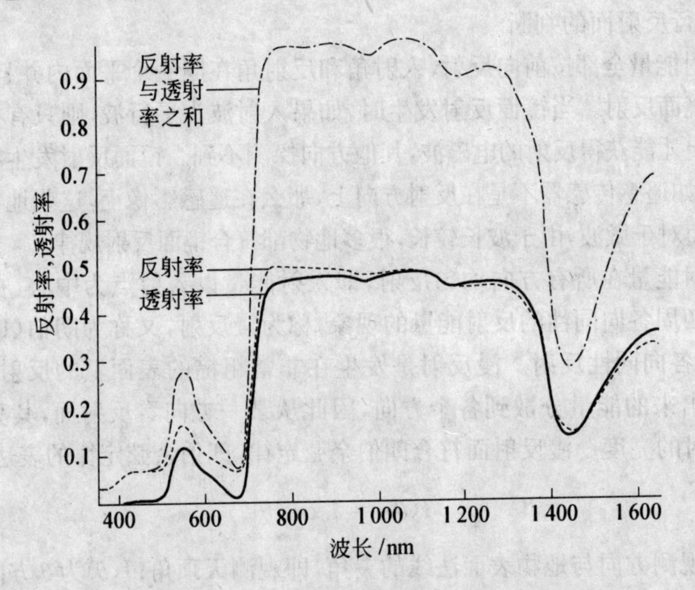

图 2-13　植物叶片反射与透射光谱曲线及其实际效果图

一般情况下，可见光对不透明的物体不具有透射能力，而微波则有明显的透射能力，但透射率也是波长的函数。因此，在遥感应用中，要根据地物的不同性质，选择适当的传感器和波段来探测地物的特征。透射过程中在物体内部的物质还会对入射的电磁波不断产生反射，因而这种反射已不是面反射或面散射，而是体反射或体散射。体散射的存在增加了遥感影像信息数据的复杂性，使从影像中提取信息更为困难。

2.3.2　典型地物反射光谱特征曲线

地物反射光谱特征曲线就是地物反射率随着波长连续变化的曲线。同一物体的反射光谱曲线反映出不同波段的不同反射率，将此与遥感传感器的对应波段接收的辐射数据相对照，可以得到遥感数据与对应地物的识别规律。不同地物的光谱曲线是不相同的，而且同种地物在不同的状态或外部条件下，比如植物干旱与正常状态，裸地在干燥与潮湿季节，所展现的光谱曲线也是不尽相同的，有时甚至相差很大。地物光谱特征曲线可以通过各种光谱测量仪器,如光谱仪、摄谱仪、光谱辐射计等,经实验室或野外测得。

图 2-14 是几种不同地物的反射光谱曲线。

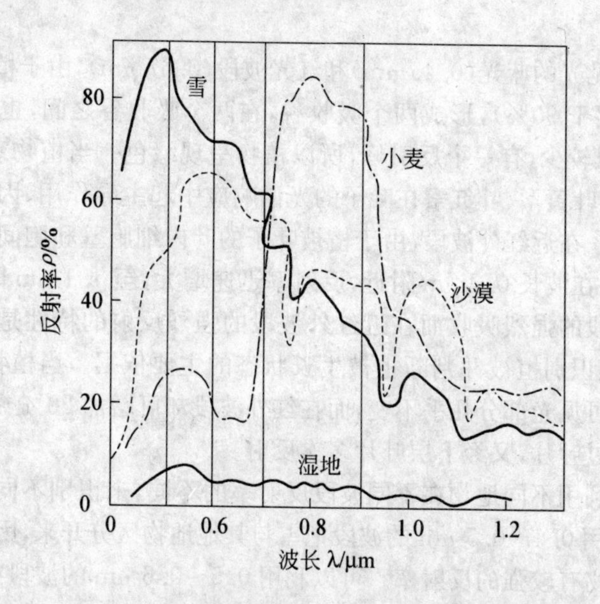

图 2-14　不同地物的反射光谱曲线示意图

1. 雪

雪对可见光波段的电磁波反射很高,并且和太阳的能量光谱基本同步,因而基本和太阳光一样,表现为白色,在紫光和蓝光波段反射率较大,几乎接近 100%,所以,雪呈现蓝白色。随着波长的增加,反射率逐渐降低,在近红外波段吸收较强,变成了选择性吸收体。雪的这种反射特征在所有地物中是独特的。

2. 沙漠

沙漠和雪有基本相同的性质,反射率都很高。但沙漠在橙光波段 0.6 μm 附近有一个强反射峰,因此沙漠呈现淡橙黄色。而在波长大于 0.8 μm 的区域,沙漠的反射率比雪要强。因而夏日行走在沙漠,感受到强烈的热辐射,但光线并不如雪看上去刺眼。

3. 湿地

湿地因为含有较多的水分,所以它受水的影响较大,在水的各个吸收带处,反射率下降较为明显。它在可见光到远红外的整个波长范围内，反射率都较低，绝大部分能量被吸收，因此湿地在遥感影像上呈现黑色或暗灰色。

4. 小麦

植被在可见光的蓝光(0.45 μm)和红光波段(0.67 μm)，由于植物叶绿素强烈吸收辐射能(大于90%)，形成两个吸收谷，在两个吸收谷之间，也就是绿光波段(0.54 μm)吸收较少，有一个反射峰，所以植物呈现绿色。当植物衰老时，由于叶绿素逐渐消失，叶黄素、叶红素在叶子的光谱响应中起主导作用，因而秋天树叶变黄或枫叶变红。在近红外波段，由于植被叶子的叶内细胞壁和胞间层的多次反射形成高反射率，在波长0.7 μm附近，反射率迅速增大，至1.1 μm附近达到峰值。这种在红光波段的强烈吸收而在近红外波段的强烈反射的特性是植被的独有特征，这也是遥感识别植被并判断植被生长状态的主要依据。当植物叶片重叠时，反射光能量在可见光部分几乎不变，而在红外波段却可增加20%~40%。这是因为红外光可透过叶片，又经下层叶片多次反射。

遥感正是利用不同地物在不同波段反射率的不同，来识别不同的地物。在图2-14中可以利用0.4~0.5 μm的波段把雪与其他地物区分开来，因为雪在可见光波段比其他地物有较强的反射率。可以利用0.5~0.6 μm的波段把沙漠和植被、湿地区分开，利用0.7~0.9 μm波段把植被和湿地区分开。遥感技术实际应用时可以选择不同的波段或波段组合，根据遥感影像上对应像元或图斑的亮度特征，来区分这些不同特性的地物。

同类地物的反射光谱特征曲线是大同小异的，但也会随着地物内在与外表的种种差异有所不同，例如，物质成分、内部结构、表面粗糙度、颗粒大小、几何方位、风化程度、表面含水量等差别。对于植被来说，同类植被由于生长状况、营养程度等因素的不同，其反射率会有较大的变化，可以根据这些变化来监测植物的长势及营养的匮缺。

同种地物因其处于状态及阴阳坡位置的不同，可以有不同的光谱曲线，这种现象称作同物异谱。但在有些时候，不同地物却会形成较相近的光谱特征曲线，称为同谱异物。同物异谱及同谱异物现象的大量存在为遥感影像的判译带来了很大的困难，所以在遥感的解译中，绝对定标是不可能的。所谓定标是指建立从已知量得到某个未知量的函数关系的过程。而遥感的绝对定标是指适用于任何遥感图像，由图像的像元灰度值或多波段像元灰度值的组合确定对应的地物，显然这种对应函数关系是不存在的。因为遥感成像条件的不同、地物本身的复杂性以及所处环境的多变性，用简单的像元灰度值与地物种类对应函数关系去识别地物是不可能的。但是可以通过相对定标,即寻找在一景图像内典型地物的光谱特征或与其他地物的光谱特征对比,建立适用于该景图像的判译函数来进行图像解译。显然这种技术路线是可行的。另外需要指出,这里的“异物同谱”并非是绝对的,寻求其差异较大的波长段作为特征波段,就有可能将其区分开来。这样看来,对于特定的遥感识别目标,比如作物与杂草,选择合理的波段或波段组合,对于目标识别的成功率关系极大。

2.4　遥感影像的4种分辨率

遥感影像记录着目标地物反射、发射的电磁波经过与大气相互作用后到达遥感传感器的强度,这一强度是遥感探测目标的信息载体。通过遥感影像可以获得目标地物的大小、形状及空间分布等特征和目标地物的属性特征以及目标地物的变化动态特征。遥感数据的多源性(即多平台、多波段、多视场、多时相、多角度、多极化等)使我们可以认为遥感影像是一种“多维的”数据。因此一幅遥感影像质量可以用几何特征、物理特征和时间特征来度量和描述,这3个特征的表现参数即为空间分辨率、光谱分辨率、辐射分辨率以及时间分辨率,其中前3个分辨率共同的作用,决定着从遥感影像上可以识别地物、提取地物信息能力的大小,而时间分辨率决定着遥感影像表达地物形态变化能力的优劣。

2.4.1　空间分辨率

一般来讲,空间分辨率是指遥感影像表达地面目标空间几何信息的性能。空间分辨率又称几何分辨率。需要注意的是,这里的“分辨”与人们习惯上理解的“分辨”有本质的区别。通常人们理解的“分辨”是指能够将各种地物从影像上识别出来,“分辨”与“识别”等同。但是能否真正将具体某种地物从影像上识别出来,并不完全取决于影像表示地面目标空间几何信息的性能,还要取决于其他性能,其中影像表示地面目标明暗、色彩信息的性能就是决定能否从影像识别出某种地物的一个重要因素。比如,如果要在田间识别禾苗与杂草,仅靠几何信息的拾取是不够的,还要看其色调等其他信息。在这里,遥感的“空间分辨率”专指遥感影像表示地面目标空间几何信息的性能,要与能否进行地物的识别严格区分开来。

空间分辨率在遥感中不同的场合有不同的具体定义。遥感影像一般可分为两种:模拟影像与数字影像。前者一般是由模拟摄像机将地物影像聚焦投影在感光胶卷上获取;后者一般由阵列式传感器(CCD)对地物扫描,将地面目标的各个微单元分别投射到阵列式传感器的一个个子单元上,并分别加以记录其瞬时光通量从而形成影像像元，然后将阵列各单元数据集合起来最终生成影像。模拟影像与数字影像由于成像机理不同，空间分辨率的定义各不相同。

——对于模拟影像，如常规航空摄影影像，其空间分辨率定义为在影像上的单位距离内能够最小表示的地物的线条数，单位为“线对/mm”，通常称作“像片地面分辨率”，即影像上的 1 mm 内最多可表示的“线对”数目。这里的“线对”是指地面反差足够大的、相邻的两个线状地物。模拟影像的空间分辨率取决于胶卷感光物质颗粒的大小，镜头屈光线性度、光导系统特性等综合因素，在这里用的单位为“线对/m”，通常称作“像片综合分辨率”，即地面上 1 m 内遥感最多可表示的“线对”数目。像片地面分辨率与像片综合分辨率的关系是：

$$R_{地}=\frac{R_{综}\cdot f}{H}=R_{综}\cdot\frac{1}{M} \tag{2-30}$$

式中：$R_{地}$ 为像片地面分辨率；$R_{综}$ 为像片综合分辨率；f 为镜头焦距；H 为摄影高度；M 为像片比例尺的分母。$R_{地}$ 还可以改化为像素所对应的地面尺寸，换算后的数值表示在像片上所能分辨出的两个目标的实际最小距离，具体见图 2-15。这里用到了遥感像片的比例尺同航高及摄像镜头焦距的关系（参见第 3 章 3.6 节）：

$$1:M=f:H$$

像片综合分辨率 $R_{综}$ 可以用式(2-31)表达：

$$\frac{1}{R_{综}^2}=\frac{1}{R_{胶}^2}+\frac{1}{R_{镜}^2}+\frac{1}{R_{路}^2}+\cdots \tag{2-31}$$

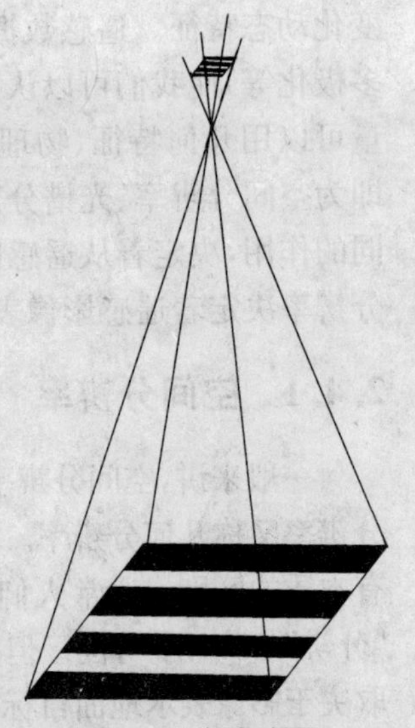

图 2-15　像片地面分辨率原理示意图

式中：$R_{综}$ 为像片产品上影像的综合分辨率；$R_{胶}$ 为感光胶片的分辨率；$R_{镜}$ 为镜头分辨率；$R_{路}$ 为镜头光导传输误差对分辨率的影响而折合的分辨率。此式是这样考虑的：由像片综合分辨率 $R_{综}$ 的定义可看出，将 $R_{综}$ 取其倒数，则为影像上一个线对的地面实际宽度，如果将 $R_{综}$ 的倒数平方起来，实际就是影像上一个像元的地面实际面积，这个面积实际是由三部分组合而成的，即 $R_{胶}$ 的倒数、$R_{镜}$ 的倒数以及 $R_{路}$ 的倒数构成。这里感光胶片分辨率贡献最大，镜头分辨率次之，镜头光导传输分辨率最小。

——对于卫星遥感影像，空间分辨率是指遥感影像卫星星下点处的一个像元对应地面单元的尺度。在可见光-多光谱遥感中是等立体角扫描成像，即遥感影像上的每一像元对应地面单元与传感器构成的立体角是一个固定值。由于各地面单元处在与传感器的不同方位，因而不同地点的地面单元的实际面积是不等的，星下点处像元对应地面单元的面积最小，空间分辨率最高，而影像横向两侧地面单元的面积最大，空间分辨率最低。以NOAA/AVHRR影像为例，星下点像元对应地面单元尺度是1.1 km×1.1 km，而扫描带两端像元对应地面单元尺度是4.2 km×2.4 km。

——对于影像几何分析，又常使用“角分辨率”的概念，其定义为成像系统对置于最小可分辨距离的两物体所成的张角，通常用弧度表示，其数学关系式为：

$$R_a = \frac{L}{r} \tag{2-32}$$

式中：R_a 为角分辨率，rad；L 为弧长，r 为半径。遥感实际工作中，常将此概念引申一步，改用立体角表示。这样，将式(2-32)中的 L 改为 A，即地面单元的面积(单位为 m^2)，r 改为 D 的平方，即传感器到地面的距离，在卫星遥感中即为卫星到地面星下点的距离。需要注意的是，式(2-32)得到的是弧度制下的角分辨率，有时利用弧度制与360°制的数学关系可以将其转换为360°制下的角分辨率。在不考虑大气影响、正常扫描等理想条件下，在一景可见光-多光谱卫星遥感影像上位于各处的各个像元的角分辨率应当是相等的。

空间分辨率是影响遥感影像信息数量和质量的主要因素，它直接传递地物的空间结构信息、位置信息，不同空间分辨率的影像有着不同的用处。比如：NOAA/AVHRR空间分辨率1.1 km的数据可以用于分析大气环流、气候与气象、资源环境等信息类别；而Landsat/TM空间分辨率为30 m的数据可以对土地覆盖、地质结构信息、作物长势等进行分析。

2.4.2　光谱分辨率

光谱分辨率是指传感器在接受目标地物辐射的光谱时能分辨的最小的波长间隔，或是对两个不同辐射源的光线波长的分辨能力，它是机载和星载遥感传感器的一项重要性能指标。通常它以波段宽度来表征，对于可见光-多光谱遥感，单位为μm，而对于微波，单位为cm。不同波长的电磁波与物体的相互作用有很大的差异，也就是物体在不同波段的光谱反射特征差异很大。为了降低同谱异物的现象，准确识别各种地物，人们致力于提高光谱分辨率，人们可以根据识别特定地物的需要，选择适合的波段，以便于将目标地物识别出来。这种特定的光谱波段称作该地物的特征波段。地物种类繁多，为了区分各种地物，不致在影像识别中相互混淆，人们自然希望地物的特征光谱越窄越好。但是需要看到，在实际工作中提高光谱分辨率在技术上有相当的困难。从普朗克辐射定律可以看出，传感器从辐射源截取辐射能量的波长区间越窄，可能获取的辐射能量就越小。能够获取的辐射能量小到一定程度，传感器就不能获取与识别这一信息，因为这一极其微小的能量会被“淹没”于多种噪声能量之中。遥感提高光谱分辨率受到传感器抑制噪声的性能、对微小辐射能量的“感受”敏感程度的挑战。因此，光谱分辨率并不能无限制地提高。在传感器对微小辐射能量的“感受”敏感程度一定的条件下，如果要提高光谱分辨率，只有放宽几何分辨率，用更大一点的地面单元面积提供辐射能量集合量使传感器能够感受到表征一定信息的辐射能量的存在。

对于同一档次的遥感传感器，在整个工作波长区域，传感器的光谱分辨率并不是一致的，以 Landsat 5/TM 遥感传感器为例，第 1 波段(0. 45～0. 52 μm)，光谱分辨率(波段宽度)为 0. 07 μm，第 2 波段(0. 52～0. 60 μm)，光谱分辨率为 0. 08 μm，第 4 波段(0. 76～0. 90 μm)，光谱分辨率为 0. 14 μm，工作波长逐渐变长，光谱分辨率还要变低。这是因为阳光的能量在可见光光谱区域，辐射光通量密度较大，而红外光谱区域，辐射光通量密度较小，对于同档次的传感器，同样辐射能的“感受”敏感度，在红外光谱区域，只有放宽光谱分辨率。

2.4.3 辐射分辨率

辐射分辨率是指传感器感知测试元件在接受光谱辐射信号时能分辨的最小辐射能量差，或是指对两个不同的辐射源的辐射能量的分辨能力，它是机载和星载红外及多波段遥感器的另一项重要性能指标。一般用灰度的分级数来表示，即最暗—最亮灰度值(亮度值)间分级的数目——量化级数。能分辨的辐射能量差越小，辐射分辨率就越高。在一定动态范围内，辐射分辨率越高，表明图像上可分辨的灰度级数越多，图像的可检测能力就越强。例如 Landsat/MSS，起初以 6 bits(级数范围 0～63)记录反射辐射值，经数据处理把其中 3 个波段扩展到 7 bits(级数范围 0～127)；而 Landsat 4、5/TM，7 个波段中的 6 个波段在 30 m×30 m 的空间分辨率内，其数据的记录以 8 bits(级数范围 0～255)，显然 TM 比 MSS 的辐射分辨率有了提高，图像的可检测能力得到增强。

遥感影像辐射分辨率对于最小反射阳光的地物，要求有足够大的地面单元面积将这些能量积分起来，才能够使传感器有所“感受”。对于一定的辐射分辨率，即传感器对辐射能量“感受”的敏感度固定，只有要求有更大的地面单元面积以感受单位地物面积更小的反射阳光的能量。这样看来，辐射分辨率与空间分辨率、光谱分辨率与空间分辨率都是相互制约、相互矛盾的，其原因在于传感器对于辐射能量“感受”敏感程度总是有限的。

2.4.4　时间分辨率

时间分辨率是指遥感传感器对同一目标地物进行重复探测时相邻两次探测的时间间隔。注意,这里的遥感传感器通常是指同一类型的传感器,并非限定一个传感器。以气象卫星 NOAA 为例,天顶有几颗卫星同时在飞行,每颗卫星都载有同一种遥感传感器,这时的时间分辨率并非是指同一卫星、同一个遥感传感器对同一目标地物进行重复探测的时间。时间分辨率一般取决于卫星遥感的技术参数,它是由卫星飞行的轨道高度、轨道倾角、运行周期等参数决定的,除此之外,还与传感器的设计等因素有关。对于航空遥感,并没有时间分辨率的概念,因为遥感飞机随时都可以起飞作业,没有任何硬性制约的条件。时间分辨率能够提供地物动态变化的信息,可以对地物的变化进行监测。

时间分辨率一般可分为:

(1)超短(短)周期时间分辨率:以小时为单位,主要是反映一天内的变化,例如气象卫星;对大气、海洋、物理变化进行监测的卫星;对自然灾害(地震、火山爆发、森林火灾)和污染源监测的卫星。这种卫星必须是地球同步卫星,即地球"静止"卫星或气象组合卫星。

(2)中周期时间分辨率:以天为单位,可以观测月、旬、年内的变化。主要用在观测植被动态变化的规律,进行作物估产,农林牧等再生资源的调查,旱涝灾害监测,气候学、大气、海洋动力学分析等方面。Landsat、SPOT、ERS 等都属于中周期时间分辨率。

(3)长周期时间分辨率:以年为单位,主要是反映长时间间隔内的地物变化规律。如湖泊消长、河道迁移、海岸进退、城市扩展、灾情调查、资源变化等自然界现象的变化。

时间分辨率在遥感应用中有很重要的意义,利用时间分辨率不但可以进行动态监测和预报,如森林火灾监测、水灾监测、植被监测、土地利用和土地覆盖变化监测,而且通过监测可以发现地物运动的规律,总结出地物演化模型或规律为实践服务,如通过对城市延拓扩展的监测,可以进一步研究城市发展的趋势;通过对南极冰山的监测,可以预测海洋水面在未来的时间内上升或下降的趋势,并可以进一步的分析出现这种现象的原因。

小　结

本章从基本的概念开始,阐述了遥感物理基础的基本知识。

地球上所有绝对温度大于零度的物体都是辐射源,它们时刻都在发射电磁波，不同温度的物体发射的电磁波波长也不相同。把那些只吸收电磁波，而不反射电磁波的辐射源称为黑体，黑体只是一个理想的物理模型，现实世界中严格的黑体没有，都是灰体，既吸收电磁波又反射电磁波。太阳可以近似地看作黑体。黑体辐射为定量地测定地物光谱特征提供了理论模型。

遥感传感器接受地物反射或辐射的电磁波而成像，而影像实际上就是地物在某一个波长范围反射与自身辐射电磁波能量的记录。在电磁波传输的过程中，大气的成分、大气的状态都会影响电磁波的传输，从而使生成的遥感图像畸变失真。其中，大气吸收、大气散射与折射对遥感成像的影响最大。此外，大气对特定波长的电磁波有选择性地吸收，也使得有些波长的电磁波并不能为遥感所应用。遥感成像的电磁波波段要选择在大气窗口内的波段，这些波段的电磁波受大气的影响相应较小，所成的影像也会逼真一点。

地物受到电磁波的辐射后，会发生反射、吸收和透射电磁波的现象，不同性质的物体发生这 3 种现象的情况不尽相同。物体表面相对于电磁波波长光滑度（粗糙度）的不同，反射可以分为镜面反射、漫反射（朗伯反射）和介于两者之间的反射。镜面反射和漫反射都是一种理想状态的反射形式，实际地物多为介于这两种反射之间的反射。物体吸收照射在自身上的电磁波，转化为自身的能量，这些能量再以电磁波的形式发射出去，绝对黑体就是完全吸收电磁波的物体。对于部分物体，对照射在自身上的电磁波还有透射的现象，例如水体。在遥感应用中，主要是利用地物反射电磁波的特性，来测得地物的反射光谱特征曲线。不同的地物以及同一种地物在不同的状态或环境条件下会产生不同的反射光谱特征曲线。根据地物光谱特征曲线的不同，遥感技术可以选择合理的波段或波段组合，对影像进行相应地分析，从而获取地面信息。植被的特征光谱曲线最显著的特征是在可见光的蓝光和红光波段有两个明显的吸收谷，而在这两个吸收谷之间的绿光波段有一个反射峰，在近红外波段反射率急剧增大。植被反射光谱特征曲线的这种波谷、波峰分布为植被所特有，以此特征可以区别植被与非植被。

遥感影像的 4 种分辨率共同决定着一幅遥感影像的信息质量。空间分辨率是遥感影像上所能表达的最小目标的大小，是用来表征影像分辨地面目标几何信息能力大小的指标；光谱分辨率是指传感器在接受目标地物辐射的光谱时，能划分的最小工作波长宽度。辐射分辨率是指传感器感测元件在接受光谱辐射信号时能分辨的最小的辐射强度差，也就是指对两个不同的辐射源辐射量的分辨能力。时间分辨率是指对同一目标地物进行重复探测时，相邻两次探测的时间间隔，它代表了遥感影像的实效性。遥感影像的 4 种分辨率相互制约而又相互协同，共同决定识别地物、获取地物信息的能力。目前遥感技术已经在 4 种分辨率方面提供了多种的影像数据，遥感技术的具体应用要针对特定的应用目标，合理地选择4种分辨率的影像，才能达到预定的目的。

思　考　题

1. 一个点辐射源，在连续的5 min内测得其辐射在一块面积为400 cm^2灰板上的能量为1 000 J，则此点辐射源的辐射通量、通量密度、辐射强度各为多少？

2. 怎么判断一物体是否为黑体？依据是什么？为什么自然界中不存在黑体？

3. 一块烧红的木炭，测得它的总辐射通量密度是10 W/cm^2，计算它的温度是多少？其辐射电磁波功率达到最大时，相应的波长是多少？假如该木炭的比辐射率是0.810，则它的亮温又是多少？

4. 现在市面上流行的一种红外线测体温的温度计，是根据什么原理制成的？设计工作波段应当考虑哪些因素？

5. 为什么太阳辐射和地球辐射可以近似地看作黑体辐射？它们辐射的特点是什么？

6. 在植被生长的不同阶段所获取的反射光谱特性曲线为什么不同？主要区别在哪里？

7. 为什么形成大气窗口？大气窗口主要分布在哪些波段？

8. 在南极上空出现的臭氧孔洞，增加了哪个波段电磁波的透射？

9. 微波遥感为什么不受天气的影响，可以全天候地工作？

10. 为什么晴朗天气的时候会出现淡蓝色的天空？

11. 参见图2-13，图中画出反射率与透射率的“和”，即图中“R与T的和”，在近红外接近100％，是否意味着植物叶片在此波长范围对阳光就没有任何吸收？

12. 在阳光的照射下，陈雪和洁白的雪哪一种更容易融化？为什么？

13. 在设计传感器时，为什么不把传感器设计成可以接收太阳辐射的所有波段？

14. 为什么在一般的卫星遥感影像上，水体显示为黑色？

15. 在一幅空间分辨率为5 m的遥感影像图上，为什么可以清晰地看到穿越沙漠的铁轨(铁轨的宽度大约为1.4 m)？

16. 某传感器的瞬时视场为3.0 mrad，当在高度为20 000 m的高空获取地面物体的影像时，该影像的空间分辨率是多少？假如利用该影像制成1∶10 000的地图时，则地图的影像分辨率为多少？

17. 简述遥感影像的主要4种分辨率的区别和联系，为什么高空间分辨率和高辐射分辨率不能够同时获得？

参考文献

[1] 吕斯骅. 遥感物理基础. 北京：商务印书馆，1981.
[2] 《遥感概论》编写组. 遥感概论. 北京：高等教育出版社，1985.
[3] 彭望琭，白振平，刘湘南等. 遥感概论. 北京：高等教育出版社，2002.
[4] 陈述彭. 遥感大词典. 北京：科学出版社，1990.
[5] （日）遥感研究会. 遥感精解. 刘勇卫，贺雪鸿译. 北京：测绘出版社，1993.
[6] 赵英时. 遥感应用分析原理与方法. 北京：科学出版社，2003.
[7] 杨凯，孙家柄，卢健等. 遥感图像处理原理和方法. 北京：测绘出版社，1988.
[8] 约翰 E 埃斯蒂斯，弗雷德里克 J 多伊尔. 遥感手册（第六分册）. 张莉，王长耀，等译. 北京：国防工业出版社，1983.

第 3 章 航空遥感

3.1 航空遥感概述

航空遥感是指将遥感传感器(如航空摄影机)设置在航空飞行器上(如飞机或航模飞机等),获取地面影像信息数据的遥感技术。航空遥感传感器一般采用可见光-近红外传感器,少数情况使用热红外传感器。雷达遥感传感器也可以搭载在遥感飞机上,此时称作机载侧视雷达(参见第 5 章)。人们习惯上通常所说的航空遥感是指可见光-近红外的航空遥感。

航空遥感是航空技术与摄影技术两者相结合的产物。摄影技术发明始于 19 世纪 30 年代后期,而第一架载人有动力飞行器出现在 1903 年,到了 20 世纪 10 年代后期,就有人出于军事侦察目的,将摄影机设置在飞机上,开启了航空摄影的先河,这就是航空遥感的雏形。到了第二次世界大战期间,航空摄影技术已经十分成熟,该项技术不仅用于军事侦察,而且开始用于大地测量,大型土石方工程设计等民用领域。二战以后,航空影像成为地图制作的主要数据源,航空摄影测量成为一门独立学科。1956 年,前苏联发射第一颗人造地球卫星成功,10 年以后,“遥感”这一技术术语开始启用,“航空遥感”一词也随之出现。

航空遥感主要是研究空中摄影成像的几何光学、物理光学、目视解译、三维立体测量、模拟与数字图像处理、影像制图等诸多方面的理论与技术,涉及三维解析几何学、投影理论、测量学等数学与物理范畴的基础理论。这些理论与技术同时也是卫星遥感的基础。事实上,卫星遥感的一些技术(如传感器技术)首先在遥感飞机上试验、调试,然后才应用于遥感卫星之上的。早期的航空遥感主要处理的是模拟影像,20 世纪 60 年代后期,开始出现彩色胶卷,此后,航空遥感也就出现了彩色影像、彩红外影像的产品。20 世纪 80 年代后期,数码相机、数码摄影机问世,航空遥感也将数字摄影技术用于遥感上来,由此促进了数字图像处理技术的发展。

航空遥感以其机动性强、成像质量高、人为可控性强而获得人们的青睐。航空遥感平台——飞机,特别是航模飞机,机动性很强,人工可以控制飞行路线、飞行高度、飞行姿态、作业时间以及成像其他参数,调整飞行高度进而可改变成像比例尺。由于航空遥感摄像飞行高度一般在 10 km 以内,成像立体角大,因而相对于卫星遥感影像，在同等传感器辐射能量敏感度情况下，航空遥感影像的信噪比要高得多，呈现高清晰度的影像。

航空遥感与卫星遥感在成像条件上的一个显著区别是航高不同：卫星遥感的航高多在 600～900 km 之间；航空遥感的航高一般在 10 km 以内，而摄像镜头焦距两者却区别不是很大，因而，在本章下面的定量分析中，凡涉及到航高(H)的公式，如因地形起伏引起的像点(数字影像中称为像元)位移、像片构像比例尺分析等，在卫星遥感中都不用或不适用。目前航空遥感还只限于地面表象信息(如土地利用分类、城市布局等)的获取上，而对于土壤湿度、地面生物量、作物病虫害等潜在信息获取还需依靠可见光-多光谱卫星遥感。造成这种现象的原因是应用需求驱动的结果，航空遥感一般应用在相对较小地区范围，高精度、高机动性地获取地表信息的场合，比如土地利用详查、城市规划、地质详查、洪涝灾害、泥石流、水利工程选址等等，而卫星遥感则较多地应用于更大地域范围，甚至全球范围，常规性的地表信息动态监测的场合，比如天气预报、海洋监测、土壤普查、农业资源普查、土地利用调查等等。当然，随着技术的进步与应用的普及，两者应用范围的界限逐渐在模糊。

3.2 航空遥感影像

3.2.1 航空摄影机

摄影是按小孔成像原理，在小孔处安装一个摄影物镜，在成像处放置感光材料，物体经摄影物镜成像于感光材料上，感光材料受到投影光线的光化学作用后，经摄影处理得到景物的光学影像。

航空摄影机是安装在飞机等航空飞行器上，在空中对地面摄像的摄影机。它是通过光学系统采用感光材料直接记录地物反射光的能量。航空摄影机结构与普通摄影机(相机)基本相同，主要由镜箱、暗箱组成，另外还带有自动控制系统等设备，如图 3-1 所示。

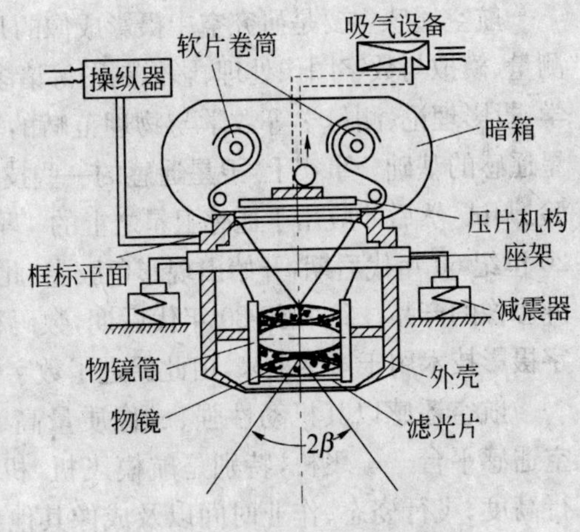

图 3-1 航空摄影机结构略图

目前应用的航空摄影机类型主要有单镜头框幅航空摄影机、多镜头框幅航空摄影机和全景航空摄影机等，其中以单镜头航空框幅摄影机最为常用。这里所谓的“框幅摄影”是指摄影设备在取景框范围内一次瞬间获取目标物影像信息数据的摄影方式。人们日常生活中使用的普通照相机就是这种摄影方式。通常与该摄影方式相对应的另一种摄影方式是扫描式或推扫式，这种方式适用于摄影机（遥感传感器）所在的载荷平台处于高速运动状态，并且摄影机摄取大面积范围的地面影像，多用于卫星遥感中。

用于航空遥感的航空摄影机，具有承片框，其位置固定不变，承片框上 4 个边的中点各有一机械框标。两两相对的框标连线成正交，其交点为平面坐标系的原点，从而使摄影的像片上构成框标直角坐标系。航空摄影机物镜中心至底片面的距离是固定值，称为航空摄影机的主距，常用 f 表示。它与物镜焦距基本一致。

3.2.2 感光胶片

目前，摄影感光材料一般采用银盐感光胶片，简称胶片。摄影胶片有黑白胶片和彩色胶片。我国常用的黑白胶片有全色片（0.4～0.7 μm）、全色红外片（0.4～0.8 μm）和红外片（0.7～0.9 μm）；彩色胶片有真彩色片（0.4～0.7 μm）和彩色红外片（0.5～0.8 μm）。天然彩色片 3 层乳剂分别对蓝光、绿光和红光敏感，负片上影像的颜色与相应目标颜色互补，印制像片的影像与相应目标颜色一致。3 层乳剂的红外彩色胶片对绿、红、红外感光，在负片上分别为黄、品、青影像，而晒印像片影像颜色与负片相应影像颜色互补，即反射绿光的物体在红外彩色像片上为蓝色影像，反射红光的物体为绿色，反射红外光强的目标（如绿色植被）呈红色。红外彩色片对蓝色物体不感光，所以蓝色物体在像片上为黑色影像。在红外彩色片上，影像的颜色与对应物体颜色不一致，所以红外彩色片也被称为假彩色片。由植被光谱特性曲线（参见第 2 章 2.3 节）可以看到，植被在红内反射率很低，近红外反射率急剧升高，呈现很高的反射率，其他一般地物没有这种现象，因而假彩色片最大的特点是植被呈现红色，其他地物颜色变化不大。

胶片记录的光辐射灵敏度和几何分辨率都很高，但所响应的波段范围（0.4～1.1 μm）却很窄。也就是说，直接用胶片记录的摄影只能取得波长小于 1.1 μm 以下可见光和近红外波谱段的图像。这种图像是模拟图像（analog image）。另外，胶片记录不便于远距离实时传输，不能直接用于计算机处理，也不能直接测定目标电磁波辐射能量或亮温。

3.2.3 航空摄影的飞行质量

用于航空遥感的摄影像片除了要满足影像清晰和构像质量要求外，还应满足飞行质量要求。飞行质量取决因素包括有：飞行器姿态在3个方位的稳定程度，3个方位是航向、仰俯、侧翻；飞行速度均匀的程度以及飞行的颠簸、振动的程度。飞行器的飞行质量对于摄影像片的质量影响很大。由于大气对飞行器的多种作用，航空遥感平台，即航空遥感飞行器的飞行质量比卫星遥感平台，即遥感卫星的飞行质量要差。这是航空遥感的一个弱点。

1. 像片的重叠度

用于航空遥感的航空像片，必须覆盖整个测区，并且能够进行立体观察和量测，为此要求两像片之间有一定的重叠。如图3-2所示，沿航线方向相邻像片的重

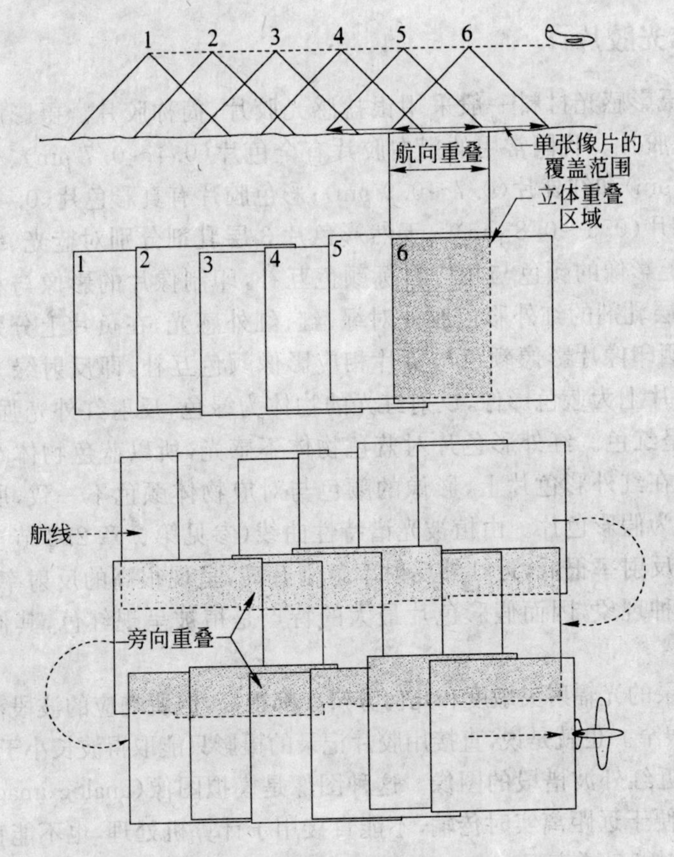

图3-2 航向重叠、旁向重叠

叠称为航向重叠;相邻航线之间的重叠称为旁向重叠。重叠的大小用像片横向或纵向的重叠部分与整个像幅长比值的百分数表示,称为重叠度。航空遥感作业中要求,航向(横向)重叠度要大于53%,旁向(纵向)重叠度要不小于15%。否则,在像片的有效面积内将不能保证连接精度和立体测图。由下面的中心投影误差分析可以看到,像片中心部位的投影误差总是小于像片的四周,航空摄影中保持一定的重叠度就可以给出像片剪裁的余量,以确保影像的整体几何精度。

2. 像片倾角

航空摄影机向地面摄影时,摄影机的主光轴(过物镜中心且垂直于底片平面的光线)OSo 偏离过投影中心 S 铅垂线的夹角 α 称为像片倾斜角,如图 3-3 所示。该角一般不应大于 2°,最大不超过 3°。这种摄影称为竖直摄影。显然,像片倾斜角过大,像片的投影精度不能保证,即地物影像会产生较严重的几何变形。

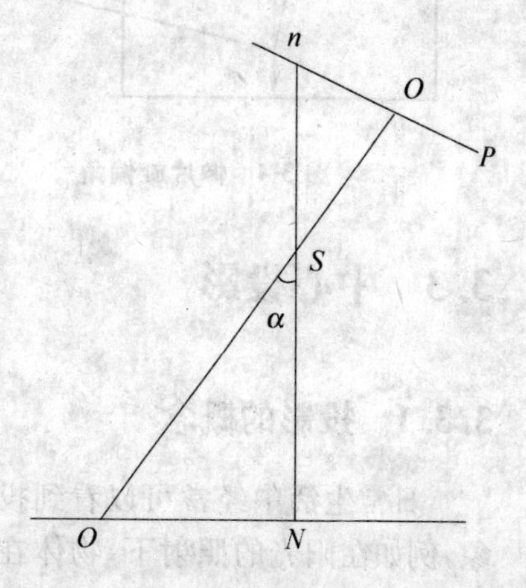

图 3-3 航片倾斜角

3. 像片旋偏角

在一张像片上相邻像主点(像主点定义见随后的说明,这里的像主点是像片边框对边上的框标连线的交点 $O_。$)连线(又称方位线)与同方向框标连线间的夹角 κ 称为像片的旋偏角,如图 3-4 所示。像片的旋偏角一般不大于 6°,个别最大不超过 10°。旋偏角过大会减小立体像对的有效作业范围。另外,当按框标连线定向时,影响立体观察效果。

4. 航摄比例尺

当地面水平平坦,航摄仪物镜保持水平时,航摄比例尺为像片上一段距离 l 和地面上相应距离 L 之比(图 3-5),这个比等于航摄仪物镜的焦距 f 与航高 H 之比,即

$$\frac{1}{m}=\frac{l}{L}=\frac{f}{H} \tag{3-1}$$

为了保证量测精度,相邻航片的比例尺不应相差太大,否则会影响像片的立体观察。

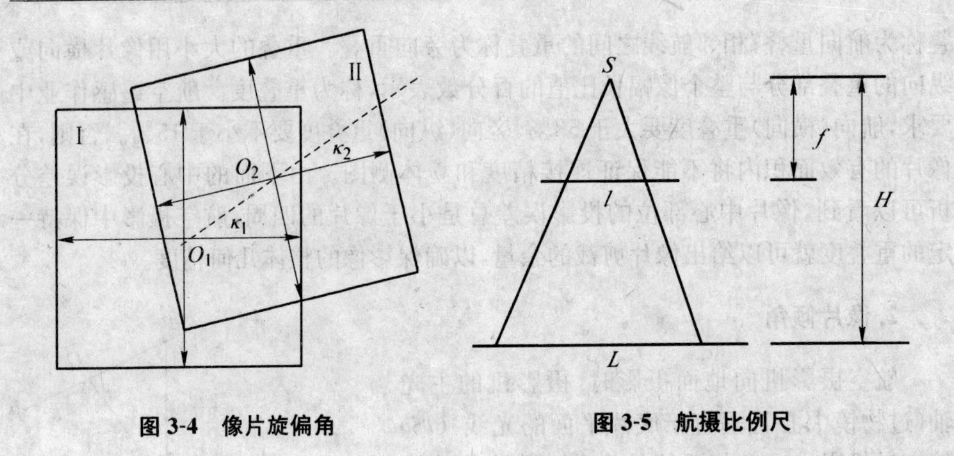

图 3-4 像片旋偏角　　　　图 3-5 航摄比例尺

3.3 中心投影

3.3.1 投影的概念

日常生活中经常可以看到投影的现象，例如在阳光的照射下，物体在地面或墙面上产生影子。人们通过对这些自然现象科学地总结归纳一些规律，形成在某一几何面上获取空间物体在该几何面上的平面图形的方法，这种方法称为投影。用一组假想的直线将物体 ABC 向空间几何面 P 投影，便可得到图形 abc（图 3-6）。图中几何面 P 通常称其为投影面，投影直线 Aa、Bb、Cc 称为投射线或投影线；在投影面上得到的图形 abc 称为空间物体 ABC 的投影、构像或影像。

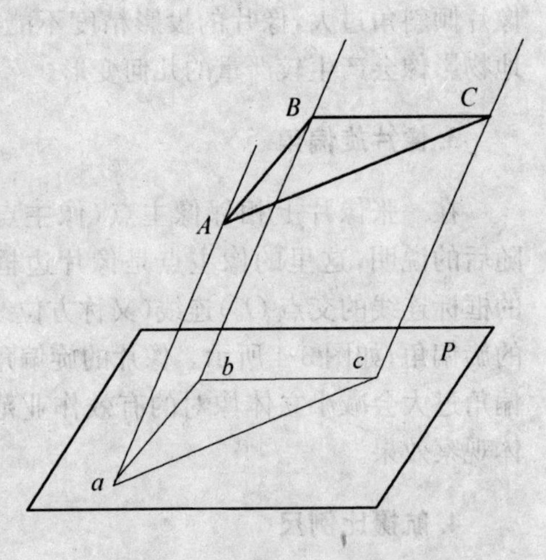

图 3-6 投影概念示意图

3.3.2 投影的分类

投影有各种不同的形式。在航空遥感中的主要投影为正射投影和中心投影。

1. 正射投影

物体在平面上（投影面）的构像，是由一组平行的空间光线，通过物体各点后与该平面垂直相交而得，这种投影方式称为正射投影。如图 3-7 中，物体 ABC-DEF 在平面 P 上的正射投影是 $abcdef$。机械制图中常用的三视图及测量中测绘出的地形图均为正射投影。

正射投影不受空间物体表面凹凸不平高低变化的影响，所得到的投影（构像）是将空间物体沿垂直方向投影到水平面上的结果，并按一定的比例尺缩放。因此正射投影具备下列特性：①在投影面上任意两点间的距离与其空间相应点间的水平距离呈某一固定比例。也就是说，投影面上各处的比例尺相等。②由投影面上任一点引出两个方向线间夹角，均等于空间相应方向线间的水平角。这就是说，正射投影不存在投影误差，因而是一种理想化的投影。

2. 中心投影

物体在平面上的构像，是由一组自一个被称为投影中心的固定点投射出来的光线，通过物体各点后与该平面相交而得，这种投影方式为中心投影。如图 3-8 所示，物体 $ABCDEF$ 的中心投影为 $abcdef$。中心投影所得的构像也称为物体的透视。

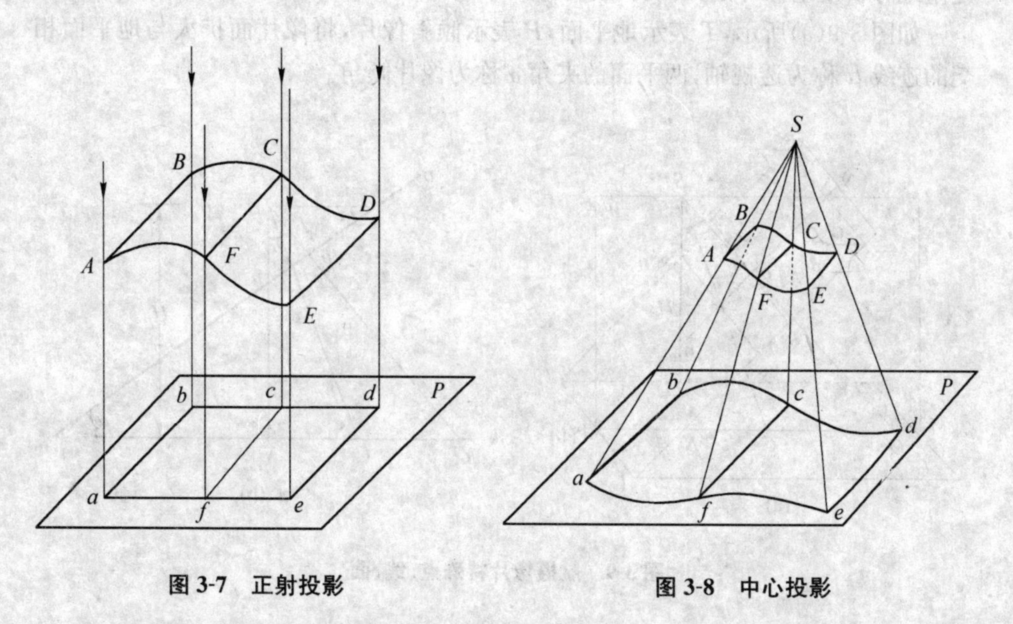

图 3-7 正射投影　　图 3-8 中心投影

中心投影中，固定点 S 称为投影中心，光线 SA，SB，…，SF 称为投射线或投影光线，平面 P 称为投影平面或像面，地物点与投影点（像点）互为相应点，如图中 A 与 a，B 与 b，…，F 与 f 都是一对相应点。任何一对相应点与投影中心在中心投影构像时，一定位于一条直线上，称为三点共线。生活中，照相机拍摄的像片，电影等都属于中心投影。

中心投影受地面起伏和像片倾斜的影响，而出现像点位移，这种位移就是投影误差。

从中心投影与正射投影的定义可以看出，正射投影是中心投影的特殊形式，即，当投影中心 S 位于无穷远处，且投影线与投影面垂直，这种情况下的中心投影就是正射投影。正射投影在遥感制图中是一种理想的投影方式，因为从以上分析正射投影具备的特性可以看出，正射投影生成的地物影像没有变形，仅有比例尺的变化。由于技术上的原因，正射投影在遥感中无法直接实施，实际工作中只能通过仪器设备或数学模型间接近似地实现。

3.3.3 航空像片上的特殊点、线、面

航空像片是所摄地面景物的中心投影。对于地面为水平面的航空像片，其像平面与地平面存在透视对应关系，掌握其中的一些特殊点、线和面，有助于定性和定量地分析航空像片的几何特性。

如图 3-9(a)所示，T 表示地平面，P 表示倾斜像片，将像片面扩大与地平面相交的迹线 tt 称为透视轴，两平面的夹角 α 称为像片倾角。

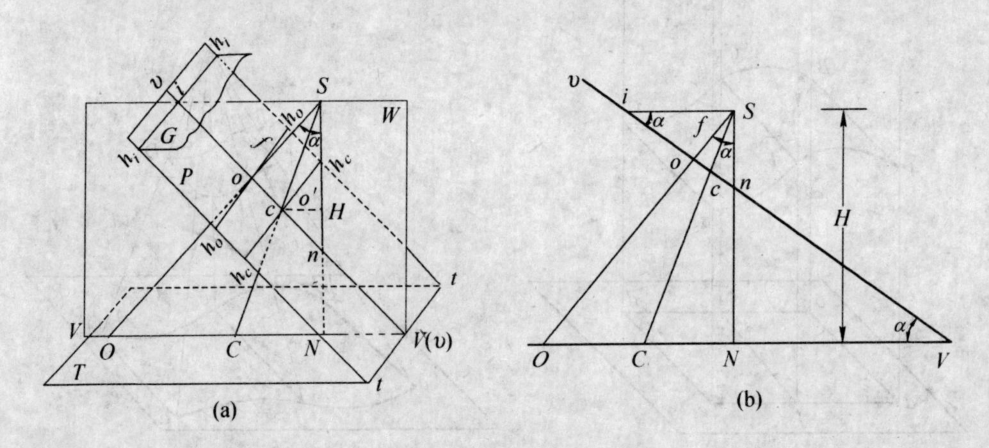

图 3-9 航摄像片特殊点、线、面

过摄影中心 S 作地平面 T 的垂线，称为铅垂光线(主垂线)，与像片面 P 的交点 n 称为像底点，与地平面 T 的交点 N 称为地底点，S 到 N 的距离即为航高 H。过 S 点作 P 面的垂线，称为主光轴，其交点称为像主点 o，垂距 f 称为主距，又称

为焦距,与 T 面的交点 O 称为地主点。过 S 点作 $\angle oSn$ 的角平分线与 P 面的交点 c 称为等角点,与 T 面的交点 C 称为等角点的共轭点。

过铅垂线 Sn 与主光轴 So 作的平面称为主垂面 W,它与 T 面的交线 VV 称为摄影方向线,与 P 面的交线 vv 称为像片主纵线,表示像片面最大倾斜方向线。

在主垂面 W 内,过 S 点作 VV 的平行线,交 vv 线于 i 点,称为主合点,它是 T 面上一组平行于 VV 的平行线束在 P 面上构像的会聚点。而 n 点是一组垂直于 T 面的平行线束在 P 面上构像的会聚点。

过 P 面上的 i,o,c 点,作 tt 的平行线,得到 h_ih_i、h_oh_o、h_ch_c。其中 h_ih_i 称为地平线或真水平线,h_oh_o 称为主横线,h_ch_c 称为等比线。

上述各点、线在像片上是客观存在的,但是除了像主点在像片上容易找到外,其他点、线均不能在像片上直接找到,而需经过求解才能得到。然而,这些点、线对于定性和定量地分析航摄像片上像点的几何特性有着重要的意义。

从图 3-9(b)中可以求得航摄像片特殊点、线之间的相互关系:

$$
\begin{aligned}
on &= f \cdot \tan\alpha \\
oc &= f \cdot \tan\frac{\alpha}{2} \\
oi &= f \cdot \cot\alpha \\
Si &= ci = \frac{f}{\sin\alpha} \\
NC &= H\tan\frac{\alpha}{2} \\
NO &= H\tan\alpha
\end{aligned}
\tag{3-2}
$$

从上式中可以看出,在像片水平($\alpha=0°$)的情况下,on 和 oc 都等于零,这说明水平像片的像底点、等角点和像主点相重合;而 oi、Si 和 ci 等于无穷大,亦即主合点 i 在无穷远处。

3.4 航空遥感影像的内、外方位元素

3.4.1 内方位元素

确定摄影机的镜头中心相对于影像位置关系的参数,称为影像的内方位元素。内方位元素包括以下 3 个参数:像主点(主光轴在影像面上的垂足)相对于影像中心的位置 x_0、y_0 作为 2 个参数,以及镜头中心到影像面的垂距 f,也称主距,

如图 3-10 所示。对于航空影像，x_0，y_0 即像主点在框标坐标系中的坐标。内方位元素值一般视为已知，它由摄影机制造厂家通过摄影机鉴定设备检校确定，检校的数据写在仪器说明书上。一般来说，x_0，y_0 数值应当很小，即像主点应当基本在影像中心位置上。

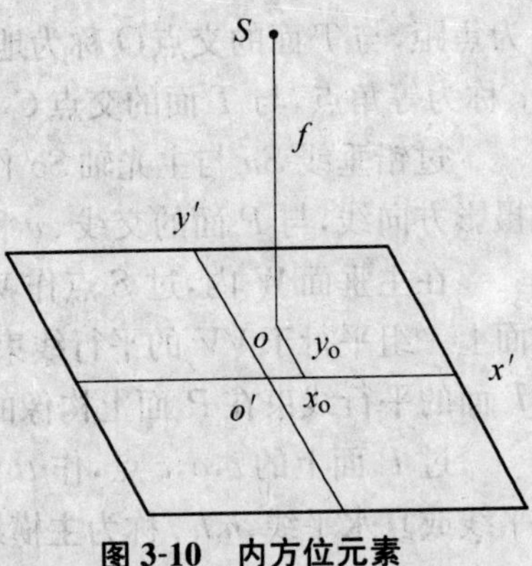

图 3-10 内方位元素

3.4.2 外方位元素

已知了内方位元素的基础上，确定影像或摄影光束在摄影瞬间的空间位置和姿态的参数，称为影像的外方位元素。一幅影像的外方位元素包括 6 个参数，其中有 3 个是线元素，用于描述摄影中心 S 相对于物方（即地物一方，对应于影像一方称为“像方”）空间坐标系的坐标 Xs，Ys，Zs，如图 3-11 所示；另外 3 个是角元素，用于描述影像面在摄影瞬间的空中姿态，可以看作是摄影机主光轴从起始的铅垂方向绕空间坐标轴按某种顺序连续 3 次旋转形成的，如图 3-12 所示。角元素一般可以这样表达：以 Y 为主轴旋转 φ 角，对应于飞行器滚翻旋转角度；然后绕 X 轴旋转 ω 角，对应于飞行器仰俯角度；最后绕 Z 轴旋转 κ 角，对应于飞行器水平面上飞行偏转的角度。经过这样 3 次旋转，影像即可调整到物方空间坐标系的方向上来。

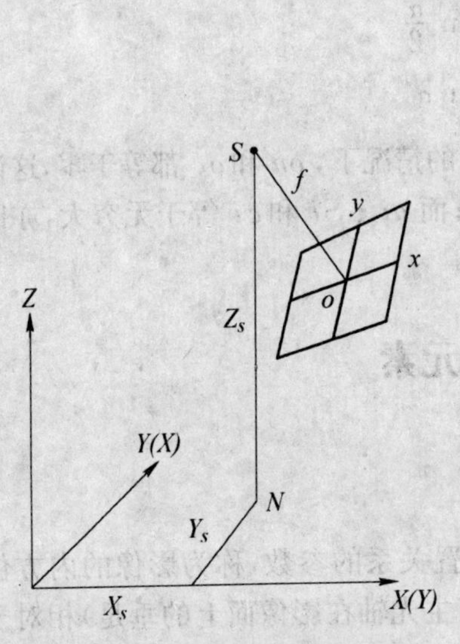

图 3-11 外方位元素线元素

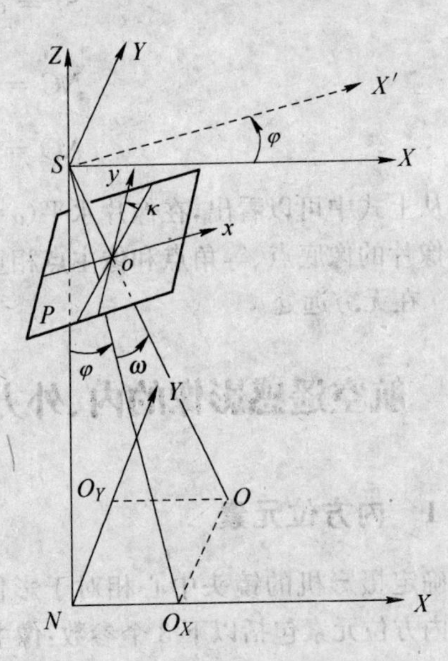

图 3-12 外方位元素角元素

3.5 像点坐标及共线方程

3.5.1 航空遥感常用的坐标系

1. 像方空间坐标系

——像平面坐标系 $o\text{-}xy$。像平面坐标系是影像平面内的直角坐标系，用以表示像点在像平面上的位置。像主点为像平面坐标系的原点。对于航空影像，两对边机械框标的连线为 x 和 y 轴的坐标系称为框标坐标系，其与航线方向一致的连线为 x 轴，航线方向为正向，像平面坐标系的方向与框标坐标系的方向相同。

——像方空间坐标系 $S\text{-}xyz$。该坐标系是用来表示像点在像方空间的位置的坐标系。以摄站点，即摄像时摄像机所在位置，或摄像的投影中心 S 为坐标原点，摄影机的主光轴 So 为坐标系的 z 轴，像空间坐标系的 x，y 轴分别与像平面坐标系的 x，y 轴平行，正方向如图 3-13 所示。该坐标系可以很方便地与像平面坐标系联系起来。在这个坐标系中，每一个像点的 z 坐标都等于 So 的长，即主距 f，但符号为负。

——像方空间辅助坐标系 $S\text{-}XYZ$。该坐标系是一种过渡坐标系，它以摄站点或投影中心 S 为坐标原点。在航空摄影测量中通常以铅垂方向（或设定的某一竖直方向）为 Z 轴，并取航线在水平面投影的方向为 X 轴（图 3-13），是摄影测量常用的坐标系，该坐标系有利于改正沿航线方向累积的系统误差。

2. 物方空间坐标系

——摄影测量坐标系 $P\text{-}X_pY_pZ_p$。该坐标系是一种过渡坐标系，用来描述解析摄影测量过程中模型点的坐标。在航空摄影测量中通常以地面上某一点 P 为坐标原点，坐标轴与像空间辅助坐标轴平行（图3-14）。

——物方空间坐标系（地面测量坐标系）$T\text{-}X_tY_tZ_t$。即所摄物体所在的空间直角坐标系。测绘中所用的是地面测量坐标系（大地坐标系）。前面介绍的 4 种坐标系均为右手直角坐标系，而地面测量坐标系为左手坐标系，它的 X_t 轴指向正北方向，与大地测量中的高斯-克吕格平面坐标系相同，高程则以我国黄海高程系统为基准。在地球上一个小范围内讨论问题时，把 $T\text{-}X_tY_tZ_t$ 视为左手直角坐标系是允许的，但当测区范围较大时，需顾及地球曲率的影响。

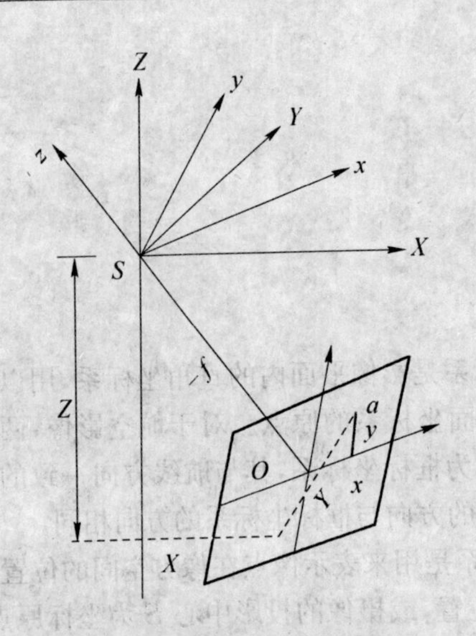

图 3-13 像方空间坐标系

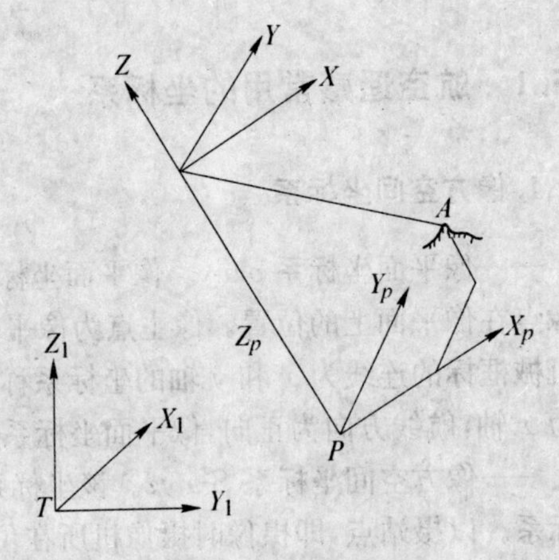

图 3-14 物方空间坐标系

3.5.2 像点的空间直角坐标变换

像点空间直角坐标的旋转变换是指像点在像空间坐标与像空间辅助坐标之间的变换，如图3-15所示。空间直角坐标的变换是正交变换(线性变换)，一个坐标系按某种顺序依次地旋转3个角度即可变换为另一个同原点的坐标系。

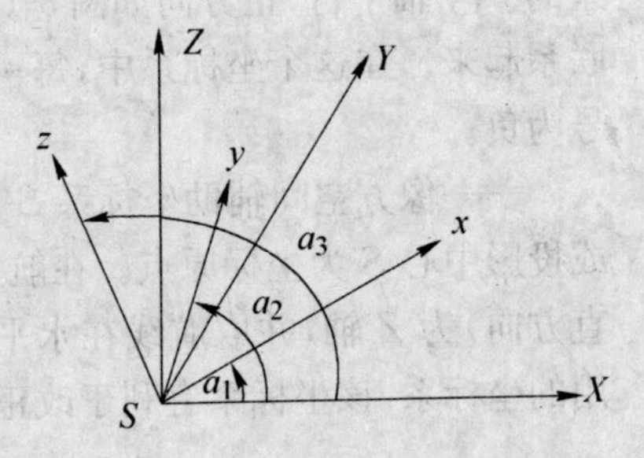

图 3-15 两种坐标系之间的关系

设像点 α 在像空间坐标系中的坐标为 $(x, y, -f)$，而在像空间辅助坐标系中的坐标为 (X,Y,Z)，两者之间的正交变换关系可以用下式表示：

$$\left.\begin{aligned} X &= a_1x + a_2y - a_3f \\ Y &= b_1x + b_2y - b_3f \\ Z &= c_1x + c_2y - c_3f \end{aligned}\right\} \tag{3-3}$$

写成矩阵形式，则有：

$$\begin{bmatrix} X \\ Y \\ Z \end{bmatrix} = \boldsymbol{R}\begin{bmatrix} x \\ y \\ -f \end{bmatrix} = \begin{bmatrix} a_1 & a_2 & a_3 \\ b_1 & b_2 & b_3 \\ c_1 & c_2 & c_3 \end{bmatrix}\begin{bmatrix} x \\ y \\ -f \end{bmatrix} \tag{3-4}$$

式中：$\boldsymbol{R}$ 为旋转矩阵；

$a_i,b_i,c_i(i=1,2,3)$为方向余弦，即变换前后两坐标轴相应夹角的余弦。以影像外方位元素 φ,ω,κ 系统为例，可有：

$$\left.\begin{aligned}
a_1 &= \cos\varphi\cos\kappa-\sin\varphi\sin\omega\sin\kappa\\
a_2 &= -\cos\varphi\sin\kappa-\sin\varphi\sin\omega\sin\kappa\\
a_3 &= -\sin\varphi\cos\omega\\
b_1 &= \cos\omega\sin\kappa\\
b_2 &= \cos\omega\cos\kappa\\
b_3 &= -\sin\omega\\
c_1 &= \sin\varphi\cos\kappa+\cos\varphi\sin\omega\sin\kappa\\
c_2 &= -\sin\varphi\sin\kappa+\cos\varphi\sin\omega\cos\kappa\\
c_3 &= \cos\varphi\cos\omega
\end{aligned}\right\} \tag{3-5}$$

由式(3-5)可以看出，如果已知一幅影像的 3 个姿态角元素 φ,ω,κ，就可以求出 9 个方向余弦，也就知道了像空间坐标系转换到像空间辅助坐标系的正交矩阵 $\boldsymbol{R}$，从而可以实现这两种坐标系的相互转换。

3.5.3 共线方程

共线条件是中心投影构像的数学基础，也是各种摄影测量处理方法的重要理论基础。例如，单像空间后方交会、双像空间前方交会以及光束法区域网平差等一系列问题的原理都是以共线条件作为出发点的，影像的几何校正也常用共线方程处理，只是随着所处理问题的具体情况不同，共线条件的表达形式和使用方法也有所不同。如图 3-16 所示，S 为摄影中心，在某一规定的物方空间坐标系中其坐标为(X_S,Y_S,Z_S)，A 为任一物方空间点，它的物方空间坐标为(X_A,Y_A,Z_A)。a 为 A 在影像上的构像，相应的像空间坐标和像空间辅助坐标分别为$(x,y,-f)$和(X,Y,Z)，摄影时 S,a,A 三点位于一条直线上，那么像点的像空间辅助坐标与物方点物方空间坐标之间有以下关系：

$$\frac{X}{X_A-X_S}=\frac{Y}{Y_A-Y_S}=\frac{Z}{Z_A-Z_S}=k$$

则

$$X=k(X_A-X_S),Y=k(Y_A-Y_S),Z=k(Z_A-Z_S) \tag{3-6}$$

由式(3-4)可知，像空间坐标与像空间辅助坐标有下列关系：

$$\begin{bmatrix} x \\ y \\ -f \end{bmatrix} = \begin{bmatrix} a_1 & b_2 & c_1 \\ a_2 & b_2 & c_2 \\ a_3 & b_3 & c_3 \end{bmatrix} \begin{bmatrix} X \\ Y \\ Z \end{bmatrix}$$

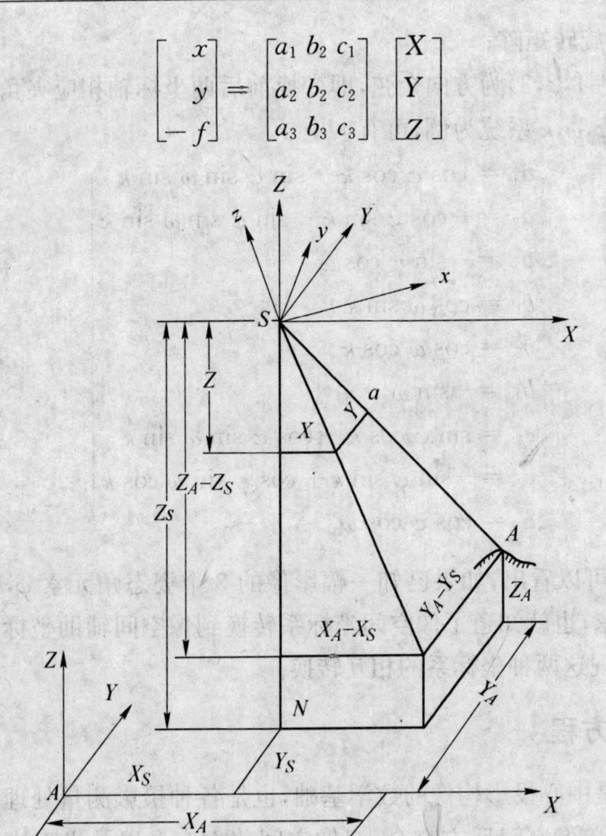

图 3-16　中心投影构像关系

将上式展开为

$$\frac{x}{-f} = \frac{a_1 X + b_1 Y + c_1 Z}{a_3 X + b_3 Y + c_3 Z}$$

$$\frac{y}{-f} = \frac{a_2 X + b_2 Y + c_2 Z}{a_3 X + b_3 Y + c_3 Z}$$

再将式(3-6)代入上式中,并考虑到像主点的坐标 x_0,y_0,得

$$\left.\begin{aligned} x - x_0 &= -f\frac{a_1(X_A - X_S) + b_1(Y_A - Y_S) + c_1(Z_A - Z_S)}{a_3(X_A - X_S) + b_3(Y_A - Y_S) + c_3(Z_A - Z_S)} \\ y - y_0 &= -f\frac{a_2(X_A - X_S) + b_2(Y_A - Y_S) + c_2(Z_A - Z_S)}{a_3(X_A - X_S) + b_3(Y_A - Y_S) + c_3(Z_A - Z_S)} \end{aligned}\right\} \tag{3-7}$$

式(3-7)就是常见的共线条件方程式(简称共线方程)。式中:x,y 为像点的像

平面坐标；x_0,y_0,f 为影像的内方位元素；X_S,Y_S,Z_S 为摄站点的物方空间坐标；X_A,Y_A,Z_A 为物方点的物方空间坐标；$a_i,b_i,c_i(I=1,2,3)$为影像的 3 个外方位角元素组成的 9 个方向余弦。由式(3-6)和式(3-7)还可以推出共线方程的另一种形式(反演公式)：

$$\begin{bmatrix} X_A-X_S \\ Y_A-Y_S \\ Z_A-Z_S \end{bmatrix}=\frac{1}{k}\begin{bmatrix} X \\ Y \\ Z \end{bmatrix}=\frac{1}{k}R\begin{bmatrix} x \\ y \\ -f \end{bmatrix}$$

令 $\lambda=\dfrac{1}{k}$，并完整地写出旋转矩阵，则有

$$\begin{bmatrix} X_A \\ Y_A \\ Z_A \end{bmatrix}=\lambda\begin{bmatrix} a_1 & a_2 & a_3 \\ b_1 & b_2 & b_3 \\ c_1 & c_2 & c_3 \end{bmatrix}\begin{bmatrix} x \\ y \\ -f \end{bmatrix}+\begin{bmatrix} X_S \\ Y_S \\ Z_S \end{bmatrix} \tag{3-8}$$

共线方程在遥感影像处理中常用来进行影像像元位置校正。

3.6 航空遥感影像的像点位移及比例尺

3.6.1 像点位移

航摄像片是地面景物的中心投影的产物，当航摄像片有倾角或地面有高差时，所摄像片与理想情况(地面水平且像片也水平)有差异。这种差异反映为一个地面点在理想情况时的构像与像片有倾斜或地面有起伏时的构像像点不同，这种点位的差异称为像点位移，包括像片倾斜引起的位移，称为倾斜误差；地面起伏引起的位移，称为投影差。

1. 因像片倾斜引起的像点位移

假设从同一摄影站摄取两张像片，一张为倾斜像片 P，另一张为水平像片 P^0。为了在两者之间建立联系，像点坐标选择以公共的等角点 c 为极点、以两者相交的等比线为极轴的极坐标来表示。任一对相应像点的极角和向径，分别以 φ、φ^0 和 r_c、r_c^0 表示，如图 3-17 所示。

图 3-17 与图 3-9 表现的是同一种像片中各点之间的空间关系，对比两图，可以发现倾斜像片或水平像片上任意一点，根据平面直角坐标与极坐标的关系

有：　$x = r\cos\varphi$，$y = r\sin\varphi$，$r = \sqrt{x^2 + y^2}$，$\varphi = \arctan\dfrac{y}{x}$，则

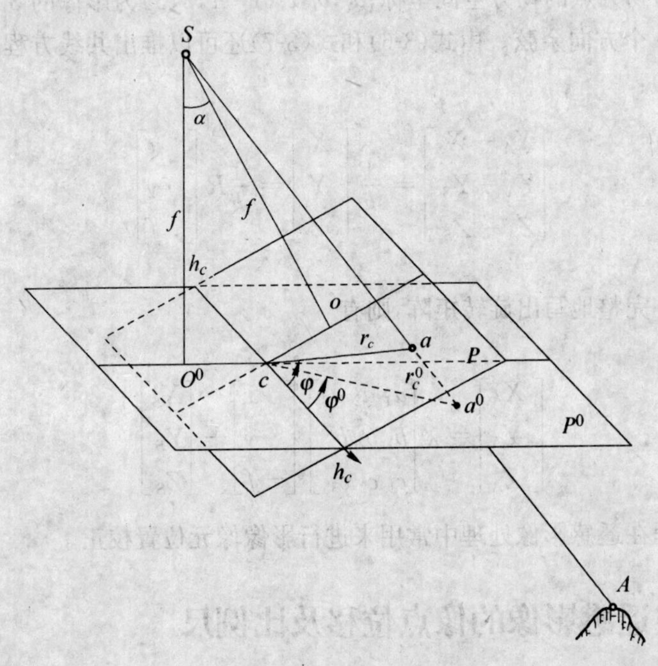

图 3-17　倾斜像片与水平像片的关系

$$\tan\varphi = \frac{y_c}{x_c}, \tan\varphi^0 = \frac{y_c^0}{x_c^0}$$

由于同摄站倾斜像片与水平像片相应像点间的坐标关系为：

$$x_c^0 = \frac{f}{f - y_c\sin\alpha}\cdot x_c \qquad y_c^0 = \frac{f}{f - y_c\sin\alpha}\cdot y_c$$

所以有：

$$\frac{y_c}{x_c} = \frac{y_c^0}{x_c^0}, \varphi = \varphi^0 \tag{3-9}$$

由此可见：在倾斜像片上从等角点出发，引向任意两个像点的方向线，它们之间的夹角与水平像片上相应方向之间，亦即水平地平面上相应方向之间的夹角恒等，这就是航空像片等角点名称的由来。

设地平面上有 A，B，E，D 四点形成的一个正方形图形，其中两边与基本方向线平行，则在水平像片上的像点 a^0，b^0，e^0，d^0 同样形成一个正方形，而在倾斜像片上相应的像点 a，b，e，d 将形成一个梯形。将倾斜像片绕等比线 h_ch_c 旋转到与水平像片重合，形成一叠合图形，如图 3-18 所示。由于任意一对相应像点 a 和 a^0 的

极角 φ 和 φ^0 总是相等的，所以叠合图形中两向径 ca 和 ca^0 共线，因为像片倾斜，故两向径长度不等，两向径长之差为 $\delta_\alpha=ca-ca^0$，称为像片倾斜引起的像点位移，即倾斜误差 δ_α。

像点位移的大小与像片倾角 α、像距 ca 及方向角 φ 有关，其近似表达式为：

$$\delta_\alpha=-\frac{r_c^2}{f}\sin\varphi\sin\alpha \qquad (3\text{-}10)$$

从式(3-10)可知：

(1)因向径 r_c 和倾角 α 恒为正值，当 φ 角在 0°～180°的Ⅰ、Ⅱ象限内，$\sin\varphi$ 为正值，则 δ_α 为负值，即朝向等角点位移，向径缩小；当 φ 角在 180°～360°的Ⅲ、Ⅳ象限内，$\sin\varphi$ 为负值，则 δ_α 为正值，即背向等角点位移，向径扩大。

(2)当 $\varphi=0°$ 或 180°时，$\sin\varphi=0$，则 $\delta_\alpha=0$，即等比线上的各点没有因像片倾斜所引起朝向或背向等角点的位移。

(3)当 $\varphi=90°$ 或 270°时，$\sin\varphi=\pm1$，则 r_c 相同的情况下，主纵线上 $|\delta_\alpha|$ 为最大。

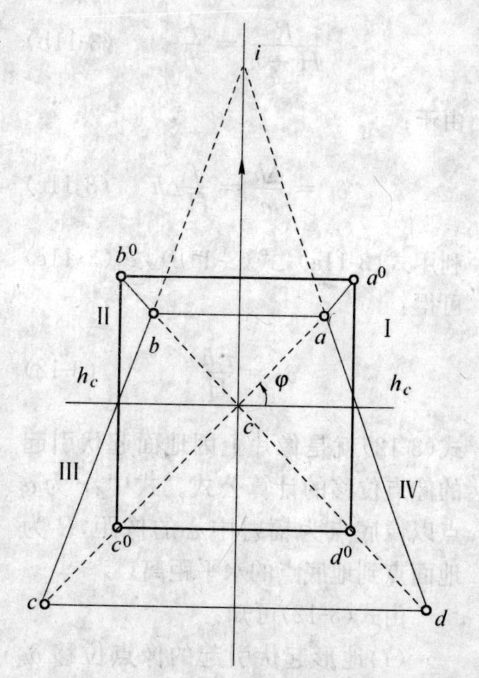

图 3-18 倾斜像片引起的像点位移

在模拟航片获取后，常常要将航片数字化。只要将像片倾角 α 这一像片参数输入计算机中，运用式(3-10)就可以在数字化过程中，随同数字化将像点位移逐一加以校正。另外使用特殊的光学设备用光学还原的方法也可以做像片纠正，一次全部消除各像点的倾斜位移 δ_α。

2. 因地形起伏引起的像点位移

对地形有起伏的地区，即使像片水平，由于中心投影的关系，将出现因高差产生的像点位移，亦即中心投影与正射投影的差别，也称投影差，用 δ_h 表示。

为方便讨论，假设像片处于水平理想位置。如图 3-19 所示，设投影中心为 S，相对于水平基准面 E 的航高为 H。地面上任意点 A 相对于 E 平面的高差为 h，A 点在 E 平面上的正射投影为 A_0。设 A_0 在像面 P 上的构像为 a_0。而实际像片上只有地面点 A 的构像点 a，线段 aa_0 是由于地面点 A 相对于基准面 E 有高差 h 所引起的像点位移，即投影差 δ_h。

根据相似三角形原理，可得：

$$\frac{\Delta h}{R}=\frac{h}{H-h} \quad (3\text{-}11a)$$

$$\frac{R}{H-h}=\frac{r}{f} \quad (3\text{-}11b)$$

由于：

$$\delta_h=\frac{\Delta h}{m}=\frac{f}{H}\Delta h \quad (3\text{-}11c)$$

利用式(3-11a)，式(3-11b)，式(3-11c)可得：

$$\delta_h=\frac{rh}{H} \quad (3\text{-}12)$$

式(3-12)就是像片上因地面起伏引起的像点位移的计算公式。式中：r 为 a 点以像底点为辐射中心的像距，R 为地面点到地底点的水平距离。

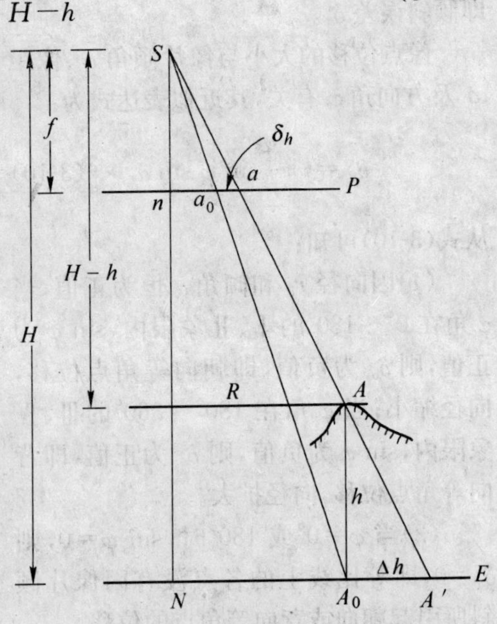

图 3-19 地面起伏引起的像点位移

由式(3-12)可知：

(1)地形起伏引起的像点位移 δ_h 在像底点为中心的向径线(辐射线)上，当 h 为正时，向径 na_0 增长，δ_h 为正；h 为负时，向径 na_0 缩短，δ_h 为负。

(2)当 $r=0$ 时，则 $\delta_h=0$。这说明位于像底点处的地面点，不存在因高差影响所产生的像点位移。

式(3-12)是水平像片上因高差引起的像点位移公式，此时像底点 n 与像主点重合。当像片倾斜时，投影差的公式为：

$$\delta_h=\frac{hr_n}{H}\left[\frac{1-\frac{r_n}{2f}\sin\varphi\sin2\alpha}{1-\frac{r_nh}{2Hf}\sin\varphi\sin2\alpha}\right] \quad (3\text{-}13)$$

式(3-13)是倾斜像片上因高差得影响产生的像点位移的公式，式中 r_n、φ 表示向径和极角，这里以像底点为极坐标原点，通过像底点的水平线为极轴。

在航空摄影情况下，倾角一般小于 3°。分别用式(3-12)与式(3-13)计算 δ_h，其结果相差很小，所以对于航空摄影像片，高差引起的像点位移可按式(3-12)计算。

当然像点位移 δ_h 可以乘以极角 φ 的正弦与余弦将其分解为 X 与 Y 两个方向

上的位移分量，以便于在航片数字化时加以校正。也可以用少数几个已知控制点坐标运行计算机专门软件进行像点逐点纠正处理。

到此可以看出，不管是由于像片倾斜还是地面地形起伏，航空遥感像片的四周部位像点位移总是大于中心部位的像点位移，这就是为什么在航空摄影测图作业中，需要航向重叠与旁向重叠摄影，在使用航片时将重叠部分剪裁去掉，以换取高精度制图的实际效果。

3.6.2 航空遥感影像的构像比例尺

在航摄像片上某一线段构像的长度与地面上相应线段水平距离之比，就是航摄像片上该线段的构像比例尺。由于像片倾斜和地形起伏的影响，航摄像片上不同的点位上产生不同的像点位移，因此严格讲来各部分的比例尺是不相同的。只有当像片水平而地面是水平的平面时，像片上各部分的比例尺才一致，这仅仅是个理想的特殊情况。下面根据不同情形来分析和了解像片比例尺变化的一般规律。

1. 像片水平且水平平坦地区的像片比例尺

设地面 E 是水平的平面，而且摄影时像片保持严格水平。从投影中心 S 到平面 E 的距离为航高 H；到像平面 P 的距离为摄影机主距 f。位于平面 E 上的线段 AB，在像片 P 上的透视构像为线段 ab（图 3-20)，于是按像片比例尺的定义可用下列的关系式：

$$\frac{1}{m}=\frac{ab}{AB}$$

从相似三角形 oaS 与 OAS，以及三角形 abS 与 ABS，得到：

$$\frac{ab}{AB}=\frac{as}{AS}=\frac{os}{OS}=\frac{f}{H}$$

因此

$$\frac{1}{m}=\frac{f}{H} \tag{3-14}$$

即航片上的构像比例尺等于航空摄影机的主距与航高之比，所以当像片水平和地面为水平面的情况下，像片比例尺是一个常数。

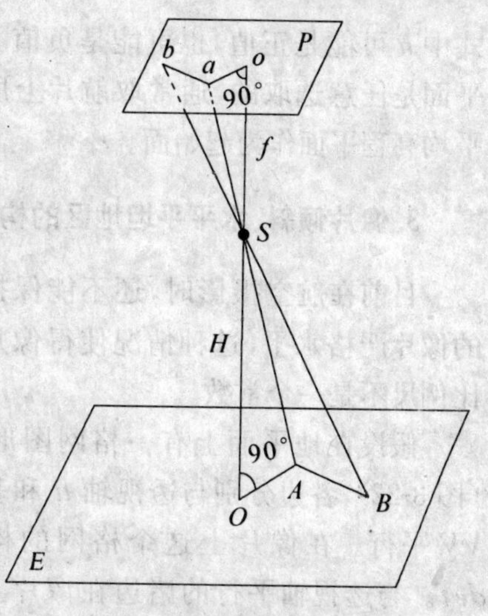

图 3-20 像片水平且水平平坦地区的像片比例尺

2. 像片水平而地面有起伏的像片比例尺

设定在航空像片上有地面点 A、B、C、D 的构像 a、b、c、d（图 3-21），其中 A、B 两点位于同一水平面 T_1 上，C、D 两点位于起始水平面 T_0 上。用 H 表示对起始平面 T_0 的航高，用 h 表示平面 T_1 相对于平面 T_0 的高差，这样就可写出：

$$\frac{1}{m_1}=\frac{cd}{CD}=\frac{f}{H}$$

$$\frac{1}{m_2}=\frac{ab}{AB}=\frac{f}{H-h}$$

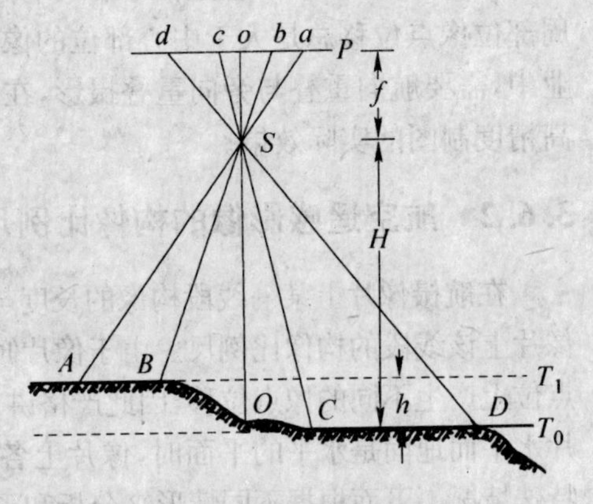

图 3-21　像片水平而地面有起伏的像片比例尺

可见在地面有起伏时，航片上不同部分的构像比例尺，依线段所在平面的相对航高而转移。如果知道起始平面的航高 H，以及线段所在平面相对于起始平面的高差 h，则航摄像片上该线段构像比例尺应为：

$$\frac{1}{m}=\frac{f}{H-h} \tag{3-15}$$

式中 h 可能是正值，也可能是负值。因为起始平面是任意选取的，通常取航片上所摄地区的平均高程平面作为起始面。

3. 像片倾斜、水平平坦地区的构像比例尺

目前在航空摄影时，还不能保持摄影机中的像片严格水平，这种情况使得像片上的构像比例尺不是一个常数。

假设在地平面上有一格网图形 $ABCDEF$（图 3-22），各边分别与透视轴 tt 和基本方向线 VV 平行。在像片上这个格网的构像为 $abcdef$。与透视轴平行的诸边在像片上的构像为相互平行的像水平线，而且每条边上的等分线段，例如 EAC 边中的 EA，AC，在像片上的构

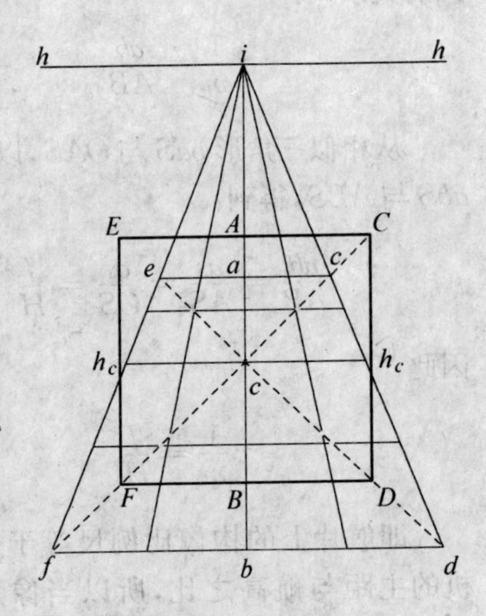

图 3-22　像片倾斜而地面为水平面的构像比例尺

像 ea,ac 还是彼此相等;但在不同的像水平线上,对地面上相等线段的构像,长度则不相等。

可见在同一条像水平线上的构像比例尺为常数,而不同像水平线上的构像比例尺则各不相同的。

对任意一条像水平线的构像比例尺$\frac{1}{m}$,可取地平面 E 上任意一对透视对应点的横坐标 x 和 X 作为有限长度的线段,两者相比而得,即

$$\frac{1}{m}=\frac{x}{X}$$

因此通过航摄像片各特征点的像水平线上的构像比例尺分别为:

(1)通过像主点 o 的像水平线,即主横线 h_0h_0 上的比例尺为:

$$\frac{1}{m_0}=\frac{f}{H}\cos\alpha \tag{3-16}$$

(2)通过像底点 n 的像水平线,即 h_nh_n 上的比例尺为:

$$\frac{1}{m_{h_n}}=\frac{f}{H\cos\alpha} \tag{3-17}$$

(3)通过等角点 c 的像水平线,即等比线 h_ch_c 上的比例尺为:

$$\frac{1}{m_{h_c}}=\frac{f}{H} \tag{3-18}$$

由此可见,在等比线上的构像比例尺,等于在同一摄影站摄取的水平像片的构像比例尺,这就是等比线名称的由来。

除各水平线上的构像比例尺为常数外,其他任何方向线上的构像比例尺都是不断变化的。

对地面有起伏的倾斜像片上,构像比例尺的变化更加复杂,在此不予讨论。

3.7 航空遥感影像的立体观察与量测

在航空遥感中,单张像片不能确定地面点的三维空间位置。要获得物点的空间位置一般需要利用两幅相互重叠的影像构成立体像对,它是航空遥感中立体摄影测量的基本单元,由其构成的立体模型是立体摄影测量的基础。

3.7.1 立体视觉原理

1. 人眼的立体视觉

人眼是一个天然的光学系统，结构复杂。图 3-23 是人眼结构的示意图，它好像一架完美的自动摄影机，水晶体如同摄影机物镜，它能自动调焦，当观察不同远近的物体时，网膜上都能得到清晰的构像。瞳孔如同光圈，网膜如同底片，接受物体的影像信息。

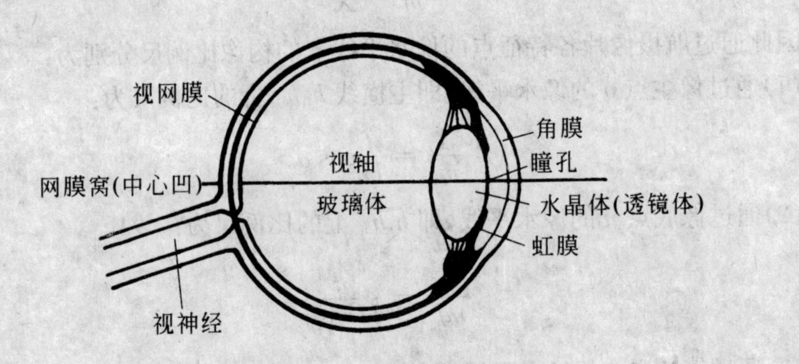

图 3-23 人眼结构示意图

人们对自然界的景物可以是单眼观察或双眼观察。单眼观察时，人们感觉到的仅是景物的透视像，好像一张像片一样，不能很好地判断景物的远近，只能凭借间接因素判断景物的远近。用双眼观察景物，能够判断景物的凹凸远近，得到景物的立体效应，这种现象称为人眼的立体视觉。因此，航空遥感中需要拍摄同一地面不同摄站的两张像片（一个立体像对）才能构成立体模型。如图 3-24 所示，双眼观察 A 点时，两眼的视轴本能地交会于该点，此时的交会角为 γ，A 点在左右眼视网膜上的构像分别为 a，a'；同时观察 B 时，交会角为 $\gamma+\mathrm{d}\gamma$，B 点

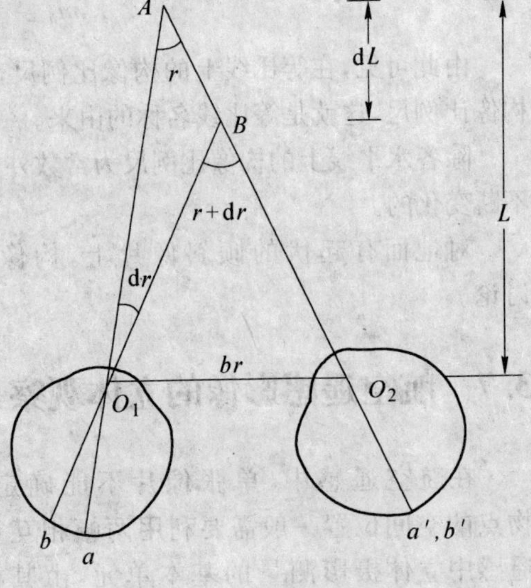

图 3-24 人眼的立体视觉

在左右眼视网膜上的构像为b,b'。由于交会角的差异,使得两弧长ab和$a'b'$不相等,其差$\sigma=ab-a'b'$称为生理视差。生理视差通过视神经传到大脑,通过大脑的综合,做出景物远近的判断。因此,生理视差是判断景物远近的关键。

图3-24中,可看出交会角与距离有如下关系:

$$\tan\frac{\gamma}{2}=\frac{br}{2L}$$

注意,角γ用的是弧度制,当角γ为很小值时,有:

$$L=\frac{br}{\gamma} \tag{3-19}$$

式中:br为人眼基线长度,随人而异,其平均长度约为65 mm。

两肉眼最小凝视一物的交会角γ为30″,相当于弧度制的1.454×10^{-4} rad(弧度)。人眼基线br用65 mm代入;交会角γ用1.454×10^{-4} rad代入式(3-19),得到L约为455 m,即人的眼睛最远在450 m以内,可以有视觉远近的感觉,超出这一距离,就无法分清物体远近。

2. 人造立体视觉

当我们用双眼观察空间远近不同的景物时,两眼内产生生理视差,得到立体视觉,可以判断景物的远近。如果此时在我们双眼前各放置一块有感光材料玻璃片,如图3-25中的P和P',则A和B在P和P'片上两点构像分别是a,b和a',b',并被记录下来。当移开实物A,B后,眼睛与玻璃片的位置保持不动,两眼观看各自玻璃上的构像,仍能看到与实物一样的空间景物A和B,这就是空间景物在人眼视网膜上产生生理视差的立体视觉效应,其过程为:空间景物在感光材料上构像,再用人眼观察构像的像片产生生理视差,重建空间景物的立体视觉,所看到的空间景物称为立体影像,产生的立体视觉称为人造立体视觉。

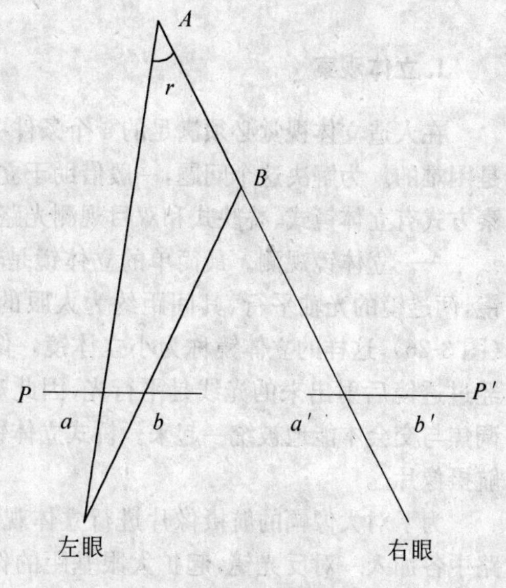

图3-25 人造立体视觉

根据人造立体视觉原理，在航空遥感中，规定摄影时保持像片的重叠度在60％以上，是为了获得同一地面景物在相邻两张像片上都有影像，它完全类同于上述两玻璃片上记录的景物影像。利用相邻像片组成的像对，进行双眼观察（左眼看左片，右眼看右片），同样可获得所摄地面的立体模型，并进行量测，这样就奠定了立体摄影测量的基础，也是双像像对解析摄影测量获取像点坐标的依据。

如上所述，人造立体视觉必须符合自然界立体观察的4个条件：

(1)两张像片必须是在两个不同位置对同一景物摄取的立体像对；

(2)每只眼睛必须分别观察各自像对的一张像片；

(3)两张像片上相同景物（同名像点）的连线与眼基线应大致平行；

(4)两张像片的比例尺相近，差别要小于15％，比例尺不相近，则需用ZOOM系统进行比例尺调节。否则，不能产生立体观察的效果。

用上述方法观察到的立体与实物相似，称为正立体效应。如果把像对的左右像片对调，左眼看右像片，右眼看左像片，或者把像对在原位各自旋转180°，这样产生的生理视差就改变了符号，导致观察到的立体远近正好与实际景物相反，这称为反立体效应。把正立体效应的两张像片，各依某一同名点，按同方向旋转90°，此时所观察到的立体影像变成了平的，故称为零立体效应。

3.7.2　像对的立体观察与量测

1. 立体观察

在人造立体视觉必须满足的4个条件中，两只眼睛分别观察相对的左右像片是困难的。为解决这个问题，一般借助于立体观察仪器进行观察。常用的立体观察方式有立体镜式、叠映式和双目观测光路式等。

——立体镜观测。最简单的立体镜是在一个桥架上安置两个相同的简单透镜，两透镜的光轴平行，其间距约为人眼的眼基距，桥架的高度等于透镜的焦距（图3-26），这样的立体镜称为小立体镜。像片对放在透镜下的焦面上，物点影像经过透镜后射出来的光线是平行光，因此观察者感到物体在较远的地方，人眼的调焦与交会本能地被统一起来。桥式立体镜由于基线 b 太短，不利于观察大像幅航摄像片。

为了对大像幅的航摄像片进行立体观察，改用较长焦距的透镜，并在左右光路中各加入一对反光镜，起扩大眼基距的作用，人的两眼分别在 S_1、S_2 处。这一类型的立体镜称为反光立体镜，如图3-27所示。

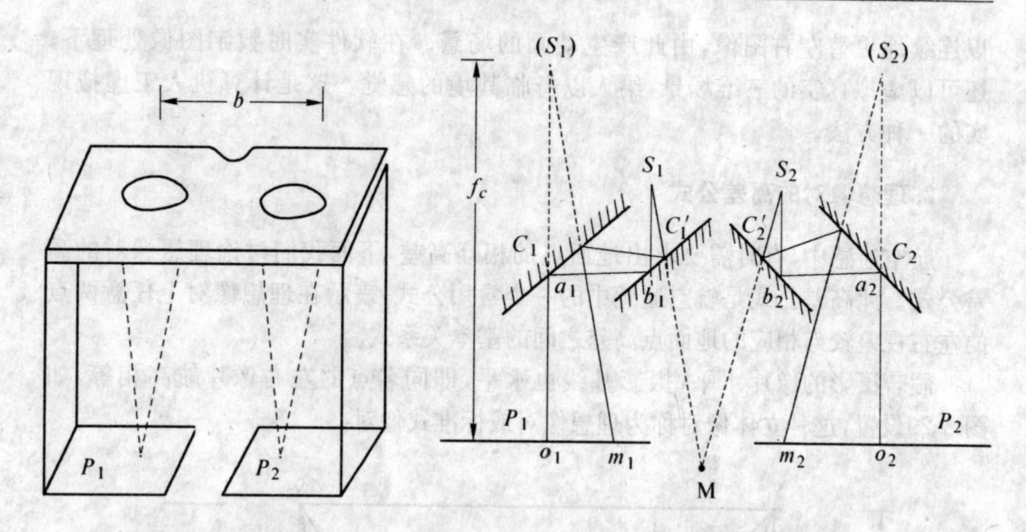

图 3-26 桥式立体镜

图 3-27 反光立体镜原理

在立体镜下观察到的模型与实物之间存在变形，例如，竖直方向的比例尺要比水平方向比例尺大一些，这叫做竖直夸大。

——叠映影像的立体观察。叠映式立体观察方法是用光线照射透明的左右像片，并使其影像叠映在同一个成影面上，然后通过某种方式使得观察者左右眼分别只看到一张像片的影像，从而得到立体效应。常用的方法有红绿互补色法(图 3-28)、光闸法、偏振光法以及液晶闪闭法，其中前三种方法广泛用于模拟的立体测图仪器中。

液晶闪闭法是一种新型的立体观察方法，广泛用于现代的数字摄影测量系统中。它主要由液晶眼镜和红外发生器组成。使用时，红外发生器的一端与通用的图形显示卡相连，图像显示软件按照一定的频率交替地显示左右图像，红外发生器则同步地发射红外线，控制液晶眼镜的左右镜片交替地闪闭，闪闭的频率在每秒 25 帧以上，人眼便感觉不到它的闪动，从而达到左右眼睛各看一张像片，感觉为立体景象的效果。液晶闪闭仪可

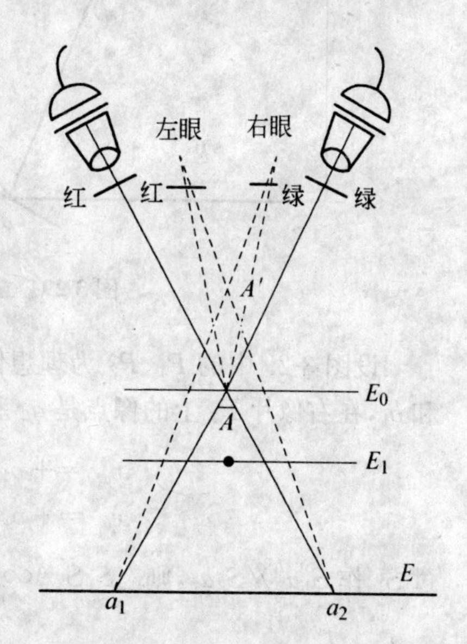

图 3-28 红绿互补色法的立体观察

以连续地更替左右图像，由此产生动画的场景。在软件实时数字图像处理下，还可以虚拟真实的三维场景，给人以身临其境的感觉。这是计算机人工虚拟现实的一种方法。

2. 理想像对的高差公式

航空遥感中，有时需要求出地面点的相互高差，下面我们讨论理想像对的高差公式。此高差公式是航空遥感中的一个常用公式，表示在理想像对上任意两点的左右视差较与相应的地面点高差之间的基本关系式。

假若摄影的像片水平，摄影基线也水平，即同名点的左右像片航高相等，如图 3-29设置，这种立体像对称为理想像对或标准式像对。

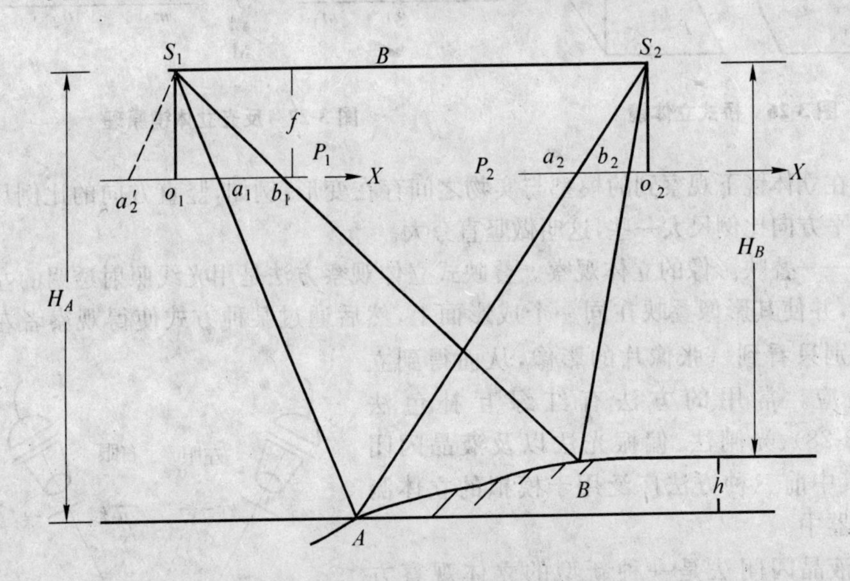

图 3-29 立体像对摄影设置示意图

设图 3-29 中的 P_1、P_2 为理想像对，地面点 A、B 在左像片 P_1 上的像点是 a_1 和 b_1，在右像片 P_2 上的像点是 a_2 和 b_2，其横坐标分别为：

$$x_{a_1}=+o_1a_1, \quad x_{a_2}=-o_2a_2$$
$$x_{b_1}=+o_1b_1, \quad x_{b_2}=-o_2b_2$$

过 S_1 作 $S_1a_2' /\!/ S_2a_2$，则$\triangle S_1S_2A \backsim \triangle a_2'a_1S_1$，所以

$$\frac{H_A}{f}=\frac{B}{a_2'a_1}$$

$$H_A=\frac{B\cdot f}{a_2'a_1}$$

由图 3-29 可见：

$$a_2'a_1=o_1a_1+o_1a_2'=x_{a_1}-x_{a_2}=P_a$$

P_a 是地面点 A 在左右像片中的同名点的横坐标差，即左右视差，则：

$$H_A=\frac{B\cdot f}{P_a} \tag{3-20}$$

同理，对地面点 B 来说，可以写出：$H_B=\frac{B\cdot f}{P_b}$。

由于各地面点的高程不同，其相对航高也不同，各点在像对上的左右视差也就不同，因此可以利用各点在像对上的左右视差的差别来反求出地面点间的高差：

$$\begin{aligned}h=H_A-H_B&=\frac{B\cdot f}{P_a}-\frac{B\cdot f}{P_b}\\&=B\cdot f\left(\frac{P_b-P_a}{P_a\cdot P_b}\right)\\&=\frac{B\cdot f}{P_a}\cdot\frac{P_b-P_a}{P_b}\\&=H_A\frac{(P_b-P_a)}{P_b}\end{aligned}$$

式中：P_b-P_a 是地面上 AB 两点在像对上左右视差的差数，称为左右视差较，以 ΔP 表示。

$$\Delta P=P_b-P_a$$

$$P_b=P_a+\Delta P$$

$$h=H_A\frac{\Delta P}{P_a+\Delta P} \tag{3-21}$$

或反之为

$$\Delta P=\frac{h}{H_A-h}P_a \tag{3-22}$$

式中：H_A 为起始点的相对航高；P_a 为起始点 A 的左右视差；ΔP 为任意一点对起始点的左右视差较；h 为任一点对起始点的高差。

式(3-21)是地形高差与左右视差较的关系式，是通过对立体模型进行量测来计算地形高差的基本公式。式(3-22)可用于已知某地面点对起始点的高差 h，反求它在理想像对上的左右视差较 ΔP。在理想像对上，ΔP 相等的点，高程必相等。将 ΔP 相等的点连接起来，即为等高线。

3.8 航空遥感影像的目视解译

本节叙述的航空遥感影像的目视解译原则上也适用于卫星遥感影像的目视解译。事实上，高空间分辨率的卫星遥感影像已经与航空遥感影像在影像清晰度的差距逐渐缩小。目视解译是遥感影像解译的重要方法，尽管目前计算机图像处理技术发展很快，计算机自动解译的功能逐渐改进，但是目视解译仍然不可被完全替代，是计算机解译的重要补充。在实际工作中，常常是先进行计算机图像处理，计算机分类(解译)，然后目视解译，对计算机解译结果进行核对与校正。

3.8.1 航空遥感影像的基本判读标志

航空摄影像片是地面目标多种特征的记录。像片上的影像与相应目标在形状、大小、色调(或颜色)、阴影、纹理、布局和位置等特征有着密切的关系。人们就是根据这些特征去识别目标和解释某种现象的。这些特征称之为判读特征或判读标志。判读特征可分为直接判读特征和间接判读特征两大类。所谓直接判读特征就是目标本身属性在像片上的直接反映，如形状、大小等。间接判读特征是根据其他目标影像推断目标属性的特征，如布局、位置等特征。

任何像片，都是根据判读特征进行判读。但是，不同类型的像片，由于几何特性和物理特性、地面分辨率的不同，所构成的判读特征有很大差异，下面主要介绍航空摄影像片的判读特征。

1. 形状特征

形状特征是指地物外部轮廓在像片上所表现出的影像形状。地物的形状不同，其影像形状也不同。影像形状在一定程度上反映出地物的某些性质，如道路的曲折、细长，湖泊边界的曲折多变，城市的复杂纹理等等，人们可以根据经验加以识别，所以形状特征是识别目标的重要依据之一。

在垂直摄影的像片上，倾斜误差对地物影像形状的影响很小，平坦地面上地物影像形状与其俯视图形相似，如运动场、道路、池塘和田块等。

但是，投影误差对具有一定相对高度的目标影像形状的影响是不能忽视的。

高于地面的地物影像一般都有变形，相邻像片上相应影像的形状也不一致。位于斜面而又不突出所依附斜面上的地物，由于斜面受投影误差的影响，地物影像形状也有变形，物、像形状不相似，相邻像片上同一地物影像形状也不一致，如图3-30所示。从投影误差的性质知道，这种变形不仅与目标本身高度有关，而且与地物相对于航摄机镜头的位置有关。当目标位于像底点处，不管多高，影像形状与相应地物顶部形状相似，没有变形；离像底点越远，变形越大，影像不仅反映了地物顶部形状，而且也显示了地物侧面形状。

投影误差引起高出地面目标影像变形，而且遮盖其他地物，对判读和量测有不利的一面。但是，可以根据投影影像反映的地物侧面形状识别地物；根据投影误差的大小确定地物高度，对判读和量测又有有利的一面。

图 3-30 山坡影像变形(立体像对)

2. 大小特征

大小特征是指地物在像片上的影像尺寸。根据像片比例尺能明确给出地物大小的概念。因此，判读前应弄清像片比例尺和像片比例尺的变化。在航空摄影像片上，平坦地区各地物影像的比例尺基本一致，实地大的地物反映在像片上的影像尺寸也大，反之则小；起伏不平的丘陵地区和山区的影像在同一张像片上比例尺不一致，处于高处的地物，相对航高小，影像比例尺大，处于低处的地物，相对航高大，影像比例尺小。因此，同样大小的地物，反映在像片上的影像，位于山顶的比山脚的大。

大小特征除主要取决于像片比例尺外，还与地物形状和地物的背景有关。例如，在航空摄影像片上，与背景亮度差较大的小路和通信线等线状地物的影像宽度往往超过根据像片比例尺计算所应有的宽度。这种现象称作反差夸大。

像片倾斜对影像大小也有影响。但是，供航测成图的航摄像片的最大倾斜角不超过 3°时，对于大小特征的影响可不予考虑。

3. 色调和色彩特征

色调特征是对黑白像片而言，而色彩特征是对彩色像片而言。

(1)色调特征。色调(tone)特征是指物体辐射亮度在黑白像片上所表现出的由黑到白的各种不同深浅灰色，也称为灰度。

目视判读中通常把像片上的色调概略地分为亮白色、白色、浅灰色、灰色、深灰色、浅黑色和黑色 7 级，也有的分为 10 级。色调特征是最基本的判读特征。如果影像之间没有色调的差异，在像片上就不可能分辨出地物的形状和大小。

在全色摄影像片上的影像色调主要取决于地物表面亮度，而地物表面亮度与照度、地物光谱反射率以及地物表面粗糙度有关。此外，还受到摄影时的天气、曝光和冲洗条件等多种因素的影响。

(2)色彩特征。彩色像片上的地物影像是以不同的颜色显示的。颜色之间是根据色调(hue)、明度、饱和度相区别的。色调是各种颜色之间光谱上的区别，如红、橙、黄、绿、蓝等，是颜色在质的方面的特征，主要取决于物体反射光谱分布。明度是颜色的明暗程度，如深红、浅红等，是颜色在亮度方面的特征，主要取决于物体的总体反射率大小。饱和度是颜色接近纯光谱色的程度，是颜色鲜艳程度的差别，主要取决于颜色中纯光谱色和灰色的比例。含纯光谱色比例越大，颜色越饱和、鲜艳；反之含纯光谱色比例越小，颜色越淡，如果淡到极度，就成为白色(参见第 6 章 6.2)。

人眼可以分辨出 100 多种色调。另外，由于明度和饱和度的差异，人眼可分辨出 3 000 多种颜色，比分辨黑白色调的能力高出近 200 倍。因此，彩色像片的信息载荷量要远远大于黑白像片，利用彩色像片判读的效果比黑白像片好许多。

天然彩色像片上影像的颜色与相应地物的颜色一致，判读很方便。但是，由于大气散射、特别是蓝波段瑞利散射的影响，在高空取得的天然彩色片的效果较差，反差较小，颜色也有失真，所以在地形要素判读中，使用天然彩色像片比较少，而使用红外假彩色像片比较多。

4. 阴影特征

像片上的阴影是高出地面的目标遮挡光线直接照射的地段，或被高出地面目标所阻挡使反射与辐射电磁波不能进入传感器的地段，在像片上所形成的深色调影像。阴影遮挡了一部分地物，但同时也提供了部分信息，比如地物的高度、山脉的走向等。

图 3-31 为高出地面的房屋在全色像片上的影像。图中 1 照度大，色调浅；2 照度小，色调较深，为本影；3 为房屋影子的影像，色调深，称为落影。这里所指的阴影就是落影。

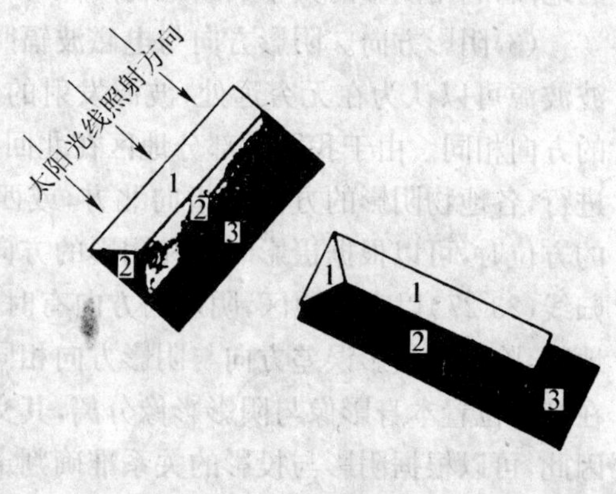

图 3-31　本影和落影

凡高出地面的目标，在像片上不仅有本身影像，同时还伴随着阴影的影像。阴影也有形状、大小、色调和方向性等特点。这些特点有利于地物性质的确定。

(1)阴影形状。阴影的形状与电磁波辐照方向有关。太阳光和雷达波一般都能辐照到地物的侧面。因此，阴影形状反映了地物的侧面形状。根据地物侧面形状可以确定地物的某些性质，特别是高出地面的小目标，如烟囱、水塔、输电线杆等，影像很小，识别很困难，但根据其阴影就很容易确定其准确位置和性质。

(2)阴影的长度。阴影长度(L)与地物高度(h)、电磁波辐照高度角(θ)以及地形起伏有关。当地表平坦时，地物高度、阴影长度与辐照高度角有如下关系：

$$h = L\tan\theta \tag{3-23}$$

所谓辐照高度角，如太阳高度角，是指辐照光源射线与地面切线的夹角。当高度角一定时，可以根据阴影的长度推算地物高度。

太阳高度角随时间、季节和地上纬度不同而变化。对于某一地点，在一天中，地方时 12 点太阳高度角最大，阴影最短；一年中夏至(6 月 21 日或 22 日)正中午太阳高度角最大，阴影最短；冬至(12 月 21 日或 22 日)太阳高度角比其他日期同一时刻的太阳高度角小。太阳的高度角可按下式计算：

$$\sin\theta = \sin\varphi\cdot\sin\delta\pm\cos\varphi\cdot\cos\delta\cdot\cos t \tag{3-24}$$

式中：φ 为本地区地理纬度；δ 为太阳赤纬，即太阳直射点的地理纬度，可根据摄影日期在赤纬表中查取；t 为时角，即本地区经度与摄影时太阳直射地区的经度差。

当摄影地区纬度与太阳赤纬同在北半球或同在南半球时，公式取“＋”号，南北不同时，则取“－”号。

地表起伏对阴影的形状和大小也有影响，如图 3-32 中，同样高度的地物在太阳高度角相同的情况下，不同倾斜地段上阴影大小是不同的。因此，在高低起伏的地段，利用阴影的大小判断地物高低时一定要考虑落影地面倾斜坡度的影响。

(3)阴影方向。阴影方向与电磁波辐照方向一致，在同一张像片上，由于电磁波波源可以认为在无穷远处，波源发射的光为平行光，致使各地物目标阴影影像的方向相同。由于我国大部分地区在北回归线以北，航空摄影一般是在中午前后进行，各地物阴影的方向都指向北方，或西北、东北方。因此，当不清楚判读像片的方位时，可以根据摄影时间和阴影的方向，大致确定像片的方位。当然，在北回归线(23°27′)以南的地区，阴影的方向有时在地物的南边。另外，高出地面的独立地物，除处在投影误差方向与阴影方向相同位置时，本身影像与阴影影像重叠外，在其地位置本身影像与阴影影像分离，其交点是地物的准确位置，如图 3-33 所示。因此，可以根据阴影与投影的关系准确判定高出地面独立地物的位置。

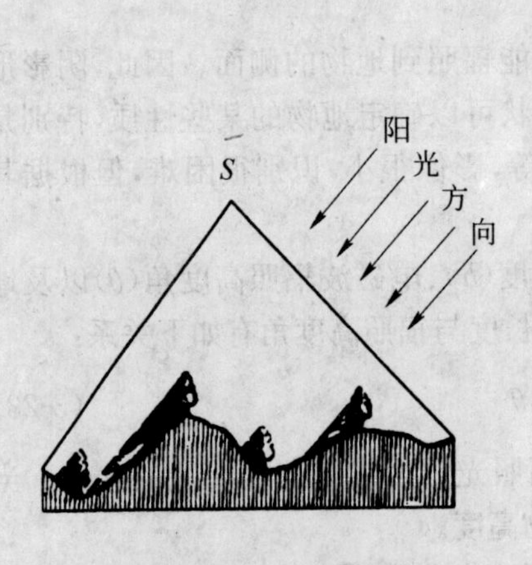

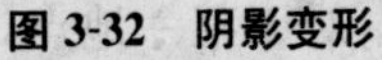

图 3-32 阴影变形

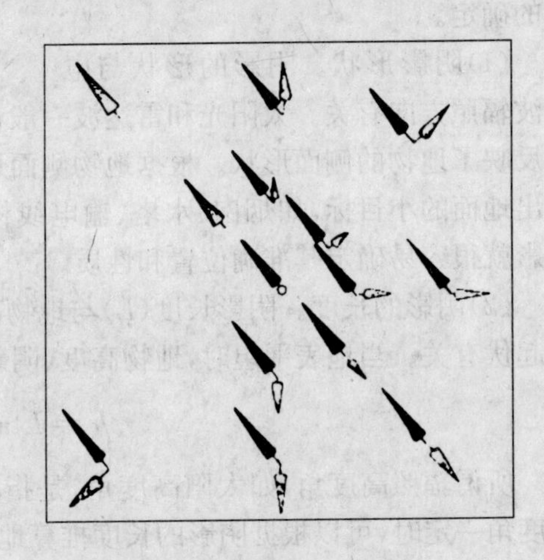

图 3-33 树的阴影与影像

(4)阴影的色调。阴影在黑白像片上的影像为深色调。但是，由于大气散射对不同波谱段的影响是不同的，所以在各波谱段像片上本身影像与其阴影的反差也不同；即使是相同波段，不同时刻摄影，反差也不同。

总之，阴影特征对于确定像片方位，判读地物形状和高低，准确判定高出地面的独立地物的位置等方面有利。但是，高大建筑物和山体的阴影可能遮盖其他重要地物的影像，大片阴影影响立体观察的效果。

5. 纹形图案特征

细小地物在像片上有规律地重复出现所组成花纹图案的影像称之为纹形图案特征。纹形图案是形状、大小、阴影、空间方向和分布的综合表现，反映了色调变化的频率。纹形图案的形式很多，有点、斑、纹、格、垅和栅等。在这些形式的基础上根据粗细、疏密、宽窄、长短、直斜和隐显等条件还可再细分为更多的类型。

每种类型的地物在像片上都有本身的纹形图案。因此，可以从影像的这一特征识别相应地物。如针叶林与阔叶林、沙漠类型、海滩与河滩等可以根据纹形图案识别。有些地物，如草地与灌木依照影像的形状和色调不易区分，但草地影像呈现细致丝绒状的纹理，而灌木林为点状纹理，比草地粗糙，容易区分。

纹形图案特征在小比例尺像片判读中更有意义。

6. 位置布局特征

位置布局特征是指地物的环境位置，以及地物间空间位置配置关系在像片上的反映，也称相关位置特征，是最重要的间接判读特征。

地面上的各种地物都有它存在的位置，并且与周围其他地物之间有着某种联系。例如，造船厂要求设置在江、河、湖、海边，不会在没有水域的地段出现；公路与沟渠相交一般为桥涵。特别是组合目标，它们由一些单个目标按一定的关系位置布局配置。例如，火力发电厂由燃料场、主厂房、变电所和供水设备等地物组成，这些地物按电力生产的流程顺序配置。因此，地物间的相关位置特征有助于识别地物性质。

例如，草原上有的水井，影像很小，不容易直接判读，但可以根据很多条放牧小路的影像相交于一处识别；又如河流的流向可根据河流中沙洲滴水状上端方向，支流汇入主流相交处的锐角指向，停泊船只尾部方向，河曲迂回扇收敛端，浪花与桥的相关位置等标志判断。当公路到达山体出中断，表明此处一定有隧道。

7. 活动特征

活动特征是指目标的活动所形成的征候在像片上的反映。飞机刚起飞后在热红外像片上留下的影像；坦克在地面活动后留下的履带痕迹；舰船行驶时激起的尾迹浪花；工厂生产时烟囱排烟等。这些都是目标活动的征候，是判读的重要依据。

对不同时相的图像分析，对于环境动态变化监测更有意义。

3.8.2 目视解译的一般原则和步骤

航空遥感图像目视解译的原则是：总体观察、综合分析、对比分析，观察方法正确，尊重影像的客观实际，解译图像耐心认真，有价值的地方重点分析。

所谓总体观察指的是从整体到局部对图像进行观察；综合分析指的是应用航空遥感图像、地形图及数理统计等综合手段，参考前人调查资料，结合地面调查和地学相关分析进行图像解译标志的综合；对比分析指的是采用不同平台、不同比例尺、不同时相的像片、不同方式组合的图像进行对比研究；观察方法正确指的是需要进行宏观观察的地方尽量采用卫星图像，需要细部观察的地方尽量采用具有细部影像的航空像片，以解决图像上“见而不识”的问题；尊重图像的客观实际指的是图像解译标志虽然具有地域性和可变性，但图像解译标志间的相关性却是存在的，因此应依据影像特征作解译；解译耐心认真指的是不能单纯依据图像上几种解译标志草率下结论，而应该耐心认真地观察图像上各种微小变异；有重要意义的地段，要抽取若干典型地物进行详细的测量调查，达到“从点到面”及印证解译结果的目的。

图像目视解译的步骤主要是：从已知到未知，先易后难，先山区后平原，先地表后深部，先整体后局部，先宏观后微观。

从已知到未知是图像解译必须遵循的原则。“已知”主要指解译者自己最熟悉的环境地物，或是别人最熟悉的环境地物，如地形图及有关资料等。所谓的未知就是图像上的影像显示，根据已印证的影像在相邻图像上举一反三，然后根据影像再在相应地面上找到新地物，这就是从已知到未知的含义。先易后难是指易识别的地物先确认，然后根据客观规律和影像特征不断地进行解译实践，逐渐积累解译经验，取得解译标志，克服各种解译困难的过程。至于“先山区后平原、先地表后深部、先整体后局部，先宏观后微观”等步骤亦属先易后难的组成部分。例如，由于山区基岩裸露，影像清晰，而平原地区平坦，影像较为模糊，所以前者容易辨识，后者就比较困难。

3.8.3 目视解译方法

遥感图像的解译可归纳为以下几种方法。

1. 直判法

是指直接通过遥感图像的判译标志，就能确定地物存在和属性的方法。一般具有明显形状、色调特征的地物和自然现象，例如高速公路、河流、房屋、树木等均可用直判法辨认。

2. 对比法

是指将要解译的遥感图像与另一已知的遥感图像种类应相同,成像条件、地区自然景观、季相、地质构造特点等应基本相同,两者进行对比的方法。

3. 邻比法

在同一幅遥感图像或相邻遥感图像上进行邻近比较,从而区分出不同地物的方法,称为邻比法。这种方法通常只能将地物的不同类型界线区分出来,但不一定能识别地物的属性。只用邻比法时,要求遥感图像的色调或色彩保持正常。邻比法最好是在同一图像上进行。

4. 动态对比法

利用同一地区不同时相成像的遥感图像加以对比分析,从而了解地物与自然现象的变化情况,称为动态对比法。这种方法对自然动态的研究尤为重要,如沙丘移动、泥沙流活动、冰川进退、河道变迁、河岸冲刷等。

5. 逻辑推理法

它是借助各种地物或自然现象之间的内在联系,用逻辑推理法,间接判断某一地物或自然现象的存在和属性。例如,当发现河流两侧有小路通至岸边,则可推断该处是渡口或涉水处,若附近河面上无渡船,就可确认是河流涉水处。

上述几种方法在具体工作中很难完全分开,总是交错在一起的,只不过在解译过程中某一方法占主导地位而已。

3.8.4 目视解译的一般程序

1. 资料准备阶段

针对研究对象的需要选择遥感图像的时相和波段,确定合成方案和比例尺。选择同比例尺的地形图,按地形图分幅或研究区范围镶嵌遥感图像,使其能与地形图配套,便于对应解译。分析已知专业资料,研究地物原型与影像模型之间的关系。

2. 初步解译阶段

根据影像解译标志,即色调、形状、大小、阴影、纹理、图案、布局、位置等建立起的地物原型与影像模型之间的直接解译标志,运用地学相关分析法建立间接解译标志,进行遥感图像初步解译。

3. 野外调查阶段

地面实况调查,包括航空目测、地面路线勘察、定点采集样品(如岩石标本、植被样方、土壤剖面、水质、含沙量等)和野外地物波谱测定;向当地有关部门了解区域发展历史和远、近期规划,收集区域自然地理背景材料和国民经济统计数据、农事历等。

4. 详细解译阶段

根据实况调查资料,分面修正初步解译结果,提高解译可信度,对详细解译图可再次进行野外抽样调查或重点调查,确认可信度,直到满意为止。

5. 制图阶段

遥感图像目视解译的成果,一般是以图的形式提供的。目视解译图,可由人工描绘制图,也可在人工描绘基础上进行光学印刷制图,或计算机辅助制图。无论哪一种制图都要符合制图目标及其精度的要求。

小 结

航空遥感的理论与技术是卫星遥感的基础。本章主要介绍了航空遥感的基本知识,包括航空遥感概述、航空遥感影像、中心投影、航空遥感影像的内、外方位元素、像点坐标及坐标变换、航空遥感影像的像点位移及比例尺、航空遥感影像的立体观察和量测、航空遥感影像解译等内容。重点在航空遥感影像的投影特点及对航空遥感影像的影响,难点是像点坐标及坐标变换、共线方程的理论。

航空遥感影像为中心投影,因受到像片倾斜和地面起伏的影响产生像点位移,即倾斜误差和投影差,以至航空摄影像片上各处的比例尺不同。

在航空遥感中,像点的坐标包括平面坐标和空间坐标两类,讨论像点在不同坐标系中的坐标及其变换规律,是讨论航空遥感的各种问题的基础。

共线条件方程是中心投影构像的数学基础,也是航空遥感的重要理论基础。它表示了像点与相应地面点间的坐标关系,其几何意义是像点、投影中心和相应地面点共线。共线方程是单像空间后方交会和多像空间前方交会、光束法平差、数字投影、利用 DEM 制作数字正射影像图等摄影测量理论的基础。

在航空遥感中,立体像对是立体摄影测量的基本单元,由其构成的立体模型是立体摄影测量的基础。可以通过对立体像对的立体量测确定地面点的三维空间位置。人造立体的观察过程中，由于立体像对的像片位置的摆放不同，可以获得正立体效应、反立体效应和零立体效应。立体摄影测量技术经发展，已成为计算机人工虚拟现实的基础。

航空摄影像片是地面目标多种特征的记录。可以根据形状、大小、色调（或颜色）、阴影、纹形、布局和位置等特征去进行识别和解释。这种解译方法原则上适用于卫星遥感影像的目视解译。

思 考 题

1. 航空遥感中对航空摄影有哪些基本要求？

2. 航空遥感中，为什么要求相邻像片之间以及相邻航线之间有一定的重叠？

3. 试解释投影的概念及其分类，思考为什么用投影原理进行地图制作。

4. 试解释中心投影和正射投影的区别。

5. 中心投影的构像存在哪些规律？

6. 试分析航空遥感影像与地形图有哪些区别？

7. 航空遥感影像上有哪些特殊的点、线、面及数学关系？

8. 试分析航空影像上等角点、像底点、合点、等比线的特性。

9. 什么是航空遥感影像的内、外方位元素？为什么要区分内、外方位元素？

10. 航空遥感影像常用的坐标系主要有哪几种？它们的坐标轴是怎样规定的？

11. 试分析航空遥感影像上得像点与相应地面点的坐标关系（共线条件方程、特定坐标系的坐标关系）。

12. 试分析航空遥感中的倾斜像片与水平像片相应像点的坐标关系，归纳像点位移的规律。

13. 地面起伏引起像点位移具有哪些特点？

14. 航空遥感影像上比例尺变化有哪些规律，这些规律对于影像几何校正有什么用处？

15. 人眼为什么能看出立体、辨别物体的远近？单眼能否看到立体？

16. 获取地物三维坐标信息为什么要用到立体像对，如何获取三维坐标？

17. 何谓人造立体视觉？人造立体观察的条件是什么？

18. 立体像对双眼观察下的立体感觉与原摄物体的形状有无区别？在什么条件下立体感觉与原摄物体的形状相似？

19. 什么叫正立体、反立体和零立体效应？为什么存在？它们有什么用途？

20. 何谓左右视差和左右视差较？

21. 何谓理想立体像对？理想立体像对高差公式的含义是什么？

参 考 文 献

[1] 张剑清，潘励，王树根. 摄影测量学. 武汉：武汉大学出版社，2003.

[2] 李德仁，金为铣，尤兼善，等. 基础摄影测量学，北京：测绘出版社，1995.

[3] 李德仁，郑肇葆. 解析摄影测量学. 北京：测绘出版社，1992.

[4] 赵中华. 航空摄影测量外业. 北京：测绘出版社，1994.

[5] 《航空摄影测量（内业）》编写组. 航空摄影测量（内业）. 北京：测绘出版社，1994.

[6] Thomas M Lillesand，Ralph W Kiefer. 遥感与图像解译. 4 版. 彭望录，余先川，周涛，等译. 北京：电子工业出版社，2003.

[7] 李德仁，周月琴，等. 摄影测量与遥感概论. 北京：测绘出版社，2001.

[8] 朱肇光，孙护，等. 摄影测量学. 北京：测绘出版社，1993.

第4章　卫星遥感

4.1　卫星遥感基本知识

4.1.1　遥感卫星运行基本情况

遥感卫星进入太空以后，就成为星体在绕地球的轨道上运行，这种运动如同太阳系其他星体一样，其运行规律符合开普勒三大定律，即①卫星运行的轨道是一个椭圆，地球位于该椭圆的一个焦点上；②卫星在椭圆轨道上运行时，卫星与地球的连线在相等时间内扫过的面积相等；③卫星绕地球运转周期的平方与其轨道平均半径的立方之比为一常数。由此可以知道，遥感卫星在轨道运行的过程中与地球的距离是变化的，卫星也不是做匀速圆周运动。这就是说，遥感传感器对于各个像元用同一个视场立体角(参见第2章)进行地面扫描成像，因遥感卫星与地球的距离是变化的，严格讲来，卫星遥感的几何分辨率也是变化的。实际的遥感卫星运行轨道基本上是一个近似的圆周，即扁率不大的椭圆周。

4.1.2　遥感卫星轨道

1. 轨道参数

卫星轨道在空间的具体形状位置，可由6个轨道参数来确定。

(1)升交点赤经 Ω。如图4-1所示，升交点赤经 Ω 为卫星轨道的升交点与春分点之间的角距。所谓升交点为卫星由南向北运行时，与地球赤道面的交点。与升交点相对应，轨道面与赤道面的另一个交点称为降交点。所谓春分点为黄道面与赤道面在天球上的交点。

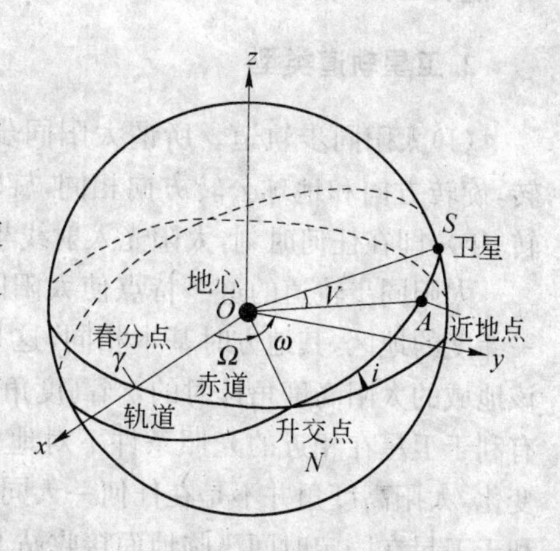

图 4-1　卫星的空间轨道

(2)近地点角距 ω。ω 是指卫星轨道的近地点与升交点之间的角距。

(3)轨道倾角 i。i 是指卫星轨道面与地球赤道面之间的两面角，即升交点一侧的轨道面与赤道面的夹角。

(4)卫星轨道的长半轴 α。α 为卫星轨道远地点到椭圆轨道中心的距离。

(5)卫星轨道的扁率 e。

$$e=\frac{\sqrt{a^2-b^2}}{a} \tag{4-1}$$

式中：a 为卫星轨道的长半轴；b 为卫星轨道的短半轴。

(6)卫星过近地点时刻 T。T 为卫星通过近地点的当前时间。

以上 6 个参数可以根据地面观测来确定。在 6 个轨道参数中，Ω，ω，i 和 T 决定了卫星轨道面与赤道面的相对位置，α 和 e 决定了卫星轨道的形状。其中 e 越大，轨道越扁；e 越小，轨道越接近圆形。在近圆形轨道上，卫星近似于匀速运行，而且距地面的高度相对变化不大，有利于曝光时间的控制和在全球范围内获取比例尺趋近一致的影像。当 e 固定时，α 越大则轨道高度 H 越大。H 与传感器的几何分辨率和总视场宽度有密切关系。倾角 i 决定了轨道面与赤道面，轨道面与地轴之间的关系。当 $i=0°$ 时，轨道面与赤道面重合，这种卫星称为赤轨卫星；当 $0°<i<90°$ 时，卫星运行方向与地球自转方向一致，这种卫星称为顺轨卫星；当 $i=90°$ 时，卫星轨道面与地轴重合，为极地轨道，卫星称为极轨卫星；当 i 接近 90° 时，卫星轨道面与地轴接近重合，称为近极地轨道，卫星称为近极轨卫星；当 $90°<i<180°$ 时，卫星运行方向与地球自转方向相反，这种卫星称为逆轨卫星。

2. 卫星轨道类型

(1)太阳同步轨道。所谓太阳同步轨道是指卫星轨道平面绕地球公转轴旋转，旋转方向和地球公转方向相同，旋转角速度等于地球公转的平均角速度(360 转/年)，即在任何时刻，太阳光入射线与卫星轨道平面的入射角不变。

太阳同步轨道的这一特点使太阳同步轨道上运行的卫星以相同方向经过同一纬度的地区，其地方时基本相同，这是因为“地方时”的计时都是以太阳相对于该地域的太阳高度角计时的，当高度角最大时，设定为中午 12:00。太阳同步轨道有利于卫星在相近的光照条件下对地表进行观测。但是由于季节和地理位置的变化，太阳高度角并不是在任何一天同一地方时都是一致的。太阳同步轨道还有利于卫星在固定时间飞临地面接收站上空，并使卫星上的太阳电池得到稳定的太阳照度。一般地球资源卫星、气象卫星都采用这种轨道。

(2)近极地轨道。卫星轨道面与地球赤道面的夹角大于90°,并且卫星星下点进入南北极圈以内,即进入南北纬66.5°以上地区的卫星轨道称为近极地轨道。轨道近极地有利于增大卫星对地表总的观测范围。这样的轨道设置,使卫星下行总是由东北向西南方向飞行,这样就可以利用不同经度的地域地方时的延后,保持卫星星下点掠过地面的时间大体保持在上午一个固定的地方时时间范围(一般在9:30～10:30)。气象卫星、地球资源卫星、侦察卫星一般都采用此种轨道。

(3)地球同步轨道。地球同步轨道是运行周期与地球自转周期相同的运行轨道,其中的一种特殊的轨道,即地球静止轨道,轨道倾角 $i=0$,在地球赤道上空35 786 km,卫星运行角速度与地球自转角速度相同。地面上的人看来,在这种轨道上运行的卫星"静止"不动。一般通信卫星、广播卫星、静止气象卫星及军用侦查遥感卫星选用这种轨道。

4.2 卫星遥感成像的基本概念以及相关参数的计算

前面已用到星下点、升交点、降交点等概念,这里给出确切的定义。

4.2.1 星下点

卫星与地心连线经过地球表面的点为星下点。当人们在星下点位置观看卫星,卫星在人们头顶上空。

4.2.2 升交点与降交点

卫星轨道由北向南(下行),更确切地说,由东北向西南穿过赤道平面的星下点为降交点;反之由南向北(上行),更确切地说,由东南向西北穿过赤道平面的星下点为升交点。

注意:太阳同步轨道决定着降交点可以保持永远是白天某一地方时的固定时刻,即下行掠过的地域都是白天;而升交点为夜晚某一地方时的固定时刻,即上行掠过的地域都是夜晚。

4.2.3 卫星速度

当轨道为圆形时,其平均速度为:

$$v=\sqrt{\frac{GM}{R+H}} \tag{4-2}$$

式中:G 为万有引力常数;M 为地球质量;R 为平均地球半径;H 为卫星平均离地高度。

星下点的平均速度为:

$$v_N = \frac{R}{R+H} v \tag{4-3}$$

4.2.4 卫星周期

卫星周期是指相邻两次卫星过顶的时间间隔。严格来讲,卫星的星下点回到初始位置是不可能的,或者需无穷长的时间。这里是指卫星的星下点下一次回到初始星下点附近的时间为轨道运行一个周期。

根据开普勒第三定律,卫星运行周期与卫星的平均高度有关。开普勒第三定律数学表达式为:

$$\frac{T^2}{(R+H)^3} = C \tag{4-4}$$

式中:C 为一个有量纲的常数;T 为卫星周期。则运行周期为:

$$T = \sqrt{C(R+H)^3} \tag{4-5}$$

4.2.5 卫星高度和环绕行星轨道周期

根据公式(Elachi,1987)有如下关系:

$$T_0 = 2\pi(R_p + H') \sqrt{\frac{R_p + H'}{g_s R_p^2}} \tag{4-6}$$

式中:T_0 为轨道周期,s;R_p 为行星半径,km(地球大约为 6 371 km);H' 为轨道高度(行星表面以上),km;g_s 为行星表面的重力加速度(地球为 0.00 981 km/s^2)。

由式(4-6)可以看出,卫星围绕地球飞行一圈的时间周期取决于卫星的飞行高度。对于标高为 915 km 的 Landsat 1~3 号卫星,代入参数于式(4-6)中,可计算出:卫星每 103.26 min 围绕地球一圈,或者说 Landsat 卫星的地面轨迹速度约为 6.46 km/s。当然,根据这一数据不难计算卫星空中飞行速度,这一速度要大于卫星的地面投影轨迹速度。这一数据与用重力加速度作向心力、设定卫星做圆周运动计算的第一宇宙速度基本一致。

4.2.6 卫星轨道移动相关计算

在考虑卫星绕地球转动的同时还应考虑地球的自转。

地球自转角速度为：

$$\omega=2\pi/24\times60=4.3633\times10^{-3}(\text{rad/min})$$

地球自转线速度为：

$$v=R\omega=6\,371\times4.3633\times10^{-3}=27.7987(\text{km/min})$$

卫星每天旋转圈数为(以 Landsat 1～3 为例)：$N=\dfrac{24\times60}{103.26}=13.945\,381$，距离14圈还有 0.054 619 圈，相当于时间为：0.054 619×103.26＝5.64(min)，这段时间地球在赤道西部进入视场的区域距离有：$vT=27.7987\times5.64=156.785(\text{km})$，即每一天卫星轨道向西移动了 156.785 km。

4.2.7 轨道周期相关计算

以 Landsat 1～3 为例，卫星每转一周地球转动在赤道的距离为：

$$vT=27.7987\times103.26=2\,870.4938\ (\text{km})$$

而每一天卫星轨道都向西移动了 156.785 km，2 870.493 8 km 的空间需要 156 .785 km 的间距填充，即 2 870.493 8/156.785 ＝ 18.32(天)。因而卫星轨道基本上回到初始轨道的周期为 18 天，但星下点并不是回到原处，而是东移了。事实上，从以上分析计算可以看到，卫星轨道的星下点确切位置永远不会回到原处。

4.2.8 遥感视场角与扫描宽度

遥感一次扫描覆盖地面的宽度与卫星高度、扫描视场角有关，关系式为：

$$d\approx2H\cdot\tan\frac{\alpha}{2}\tag{4-7}$$

式中：d 为遥感扫描宽度；H 为卫星高度；α 为扫描视场角。

以 Landsat 1～3 为例，卫星高度 $H=915$ km，扫描视场角 α 为 11.56°，所以扫描长度：

$$d=2\times915\times\tan5.78^\circ=185.24\ (\text{km})$$

注意，这里忽略了地球曲面的影响，实际距离要大于这个数字。

4.2.9 成像时间

仍以 Landsat 1～3 为例，一景遥感影像成像时间可做如下计算：地球半径 R

$=6\ 371$ km，卫星高度 $H=915$ km，飞行大圆周长为：

$$L=2\pi(R+H)=2\pi\times(6\ 371+915)=45\ 779.29(\text{km})$$

飞行时间 $T=103.26$ min，线速度为 $V=L/T=7.389(\text{km/s})$。

影像南北刈幅长度：$d=185.24$ km，注意这里取扫描宽度的数值，以使一景影像东西与南北跨度基本一致。则成像时间为：

$$t=d\times\frac{R+H}{R\times V}=28.63\ \text{s} \tag{4-8}$$

由此可以看到，遥感卫星摄取一景影像并非一瞬间完成的。而这一段成像时间里，地球也在转动，一个扫描带接一个扫描带不断地向西移动，因而，影像覆盖的地面近似呈现平行四边形的形状。这是卫星遥感扫描成像不同于框幅式成像的一个显著特点。显然，随着卫星星下点所在位置的纬度增高，影像趋近于矩形。

4.2.10 地球自转引起遥感图像的变形

在常规框幅式摄影机成像情况下，由于其整幅图像是在瞬间一次曝光成像的，所以地球的自转不会引起图像的变形。而对于卫星遥感图像，地球的自转就会引起图像的变形。当卫星由北向南运行的同时，地球表面也在由西向东自转，由于卫星图像每条扫描线的成像时间是不同的，因而会造成扫描线在地面上的投影依次向西平移，最终使得图像发生扭曲，如图 4-2 所示。

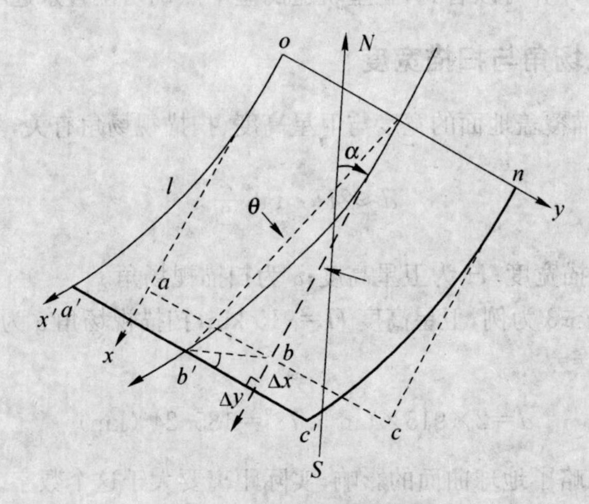

图 4-2 地球自转的影响

图 4-2 显示了地球静止的图像（$oncba$）与地球自转的图像（$onc'b'a'$）在地面上投影的情况。由图可见，由于地球自转的影像，产生了图像底边中点的坐标位移

Δx 和 Δy，以及平均航偏角 θ。显然有

$$\left.\begin{aligned}\Delta x&=bb'\sin\alpha\cdot\lambda_x\\ \Delta y&=bb'\cos\alpha\cdot\lambda_y\\ \theta&=\frac{\Delta y}{l}\end{aligned}\right\}\tag{4-9}$$

式中：bb' 为地球自转引起的图像底边的中点的地面偏移；α 为卫星运行到图像中点位置时的航向角；l 为图像 x 方向边长；λ_x，λ_y 分别为图像 x 和 y 方向的比例尺。

首先求 bb'。设卫星从图像首扫描行到末行的运行时间为 t，则有：

$$t=\frac{l}{\lambda_x}\cdot\frac{1}{R_e\omega_s}\tag{4-10}$$

式中：R_e 为地球平均曲率半径；ω_s 为卫星沿轨道面运行的角速度。

于是：

$$bb'=(R_e\cos\varphi)\omega_e t=\frac{l}{\lambda_x}\cdot\frac{\omega_e}{\omega_s}\cdot\cos\phi\tag{4-11}$$

式中：ω_e 为地球自转角速度；ϕ 为图像底边中点的地理纬度。

再求卫星运行到图像中点位置时的航向角 α。设卫星轨道面的偏角为 ε，则由图(4-3)的球面三角形 $\triangle SQP$，这里将球体的半径设为1个单位，由图可见：

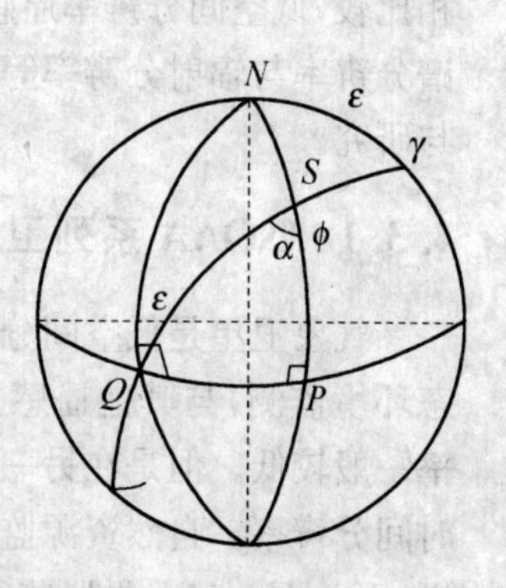

图 4-3　球面三角形 ΔSQP

$$\sin\alpha=\frac{\sin\varepsilon}{\cos\phi}\tag{4-12}$$

故

$$\sin\alpha=\frac{(\cos^2\phi-\sin^2\phi)^{1/2}}{\cos\phi}\tag{4-13}$$

将式(4-10)至式(4-13)代入式(4-9)中，并令 $l=x$(或 y)，则得到由地球自转引起的图像变形误差公式：

$$\left.\begin{aligned}\Delta x&=\frac{\omega_e}{\omega_s}\cdot\sin\varepsilon\cdot x\\ \Delta y&=\frac{\lambda_y\omega_e}{\lambda_x\omega_s}(\cos^2\phi-\sin^2\varepsilon)^{1/2}y\\ \theta&=\frac{\lambda_y\omega_e}{\lambda_x\omega_s}(\cos^2\phi-\sin^2\varepsilon)^{1/2}\end{aligned}\right\}\tag{4-14}$$

由以上分析可以看出，扫描式的一景卫星遥感影像的边框包围的图形并不是矩形，而是近似的平行四边形。在地球的北半球，遥感影像边框的下沿向西移动，移动距离与卫星的航高、轨道平面与地轴的夹角、星下点的纬度、影像纵向切割宽度等因素有关。一般来讲，影像空间分辨率越高，影像覆盖地区的纬度越高，则影像边框下沿向西移动的距离越小，影像越趋近于矩形。

4.3 低空间分辨率卫星遥感

低空间分辨率遥感卫星是卫星遥感中的一种，主要用于天气的预报、大气环流监测、地球物理现象、农业资源环境监测与研究等领域。与其他遥感卫星系统相比较，低空间分辨率遥感传感器仅仅是空间分辨率较低，但是在时间分辨率、光谱分辨率与辐射分辨率等方面却有较高的分辨率，适用于宏观的地学现象的监测与研究。

4.3.1 NOAA 系列卫星及其产品特点

气象卫星是低空间分辨率遥感卫星中的一种，主要用于辅助天气的预报和生态环境监测，与其他遥感卫星系统相比较，气象卫星所装载的传感器的空间分辨率一般较低。但是在另一方面，气象卫星的优势在于它在全球范围内具有很高的时间分辨率。自然资源监测应用需要频繁地对大面积区域，如对云区进行影像拍摄，而并不一定需要那些很小的几何细节，这样在很大程度上降低了数据量。气象卫星的遥感图像数据辐射分辨率较高，还带有辐射校正参数，以确保数据的可靠性。

NOAA 系列，根据美国国家海洋与大气管理局来命名，这些卫星的轨道为近极地、太阳同步轨道。从 1970 年 1 月 23 日开始发射第一颗 NOAA 卫星，到 1994 年 12 月止，已发射 18 颗 NOAA 卫星，目前在轨运行的有 NOAA－14 至 NOAA－18。其轨道高度为 830～870 km，倾角 98.739°，运行时间 102 min，每天每颗卫星绕地球飞行 14.2 圈。正常情况下，一颗卫星由北向南降轨过赤道时间为地方时 14:30，而另一颗卫星由南向北升轨过赤道时间为地方时 7:30，其携带的环境监测传感器主要有改进型甚高分辨率辐射计（AVHRR）和泰罗斯垂直观测系统（TOVS），其他的有效负载还有空间环境监测器（SEM）、地球辐射收支探测器、太阳后向散射紫外探测器（SBUV）、搜索和营救系统等。

AVHRR 为旋转平面式光学-机械扫描仪。全视场角为±56°，地面扫描宽度为 2 700 km，有 5 个光学通道（表 4-1）。白天可提供云覆盖和冰雪覆盖图像，夜晚可提供云覆盖和地表温度等的图像。其星下点地面分辨率为1.1 km，远离星下点的每轨影像边缘达4 km。AVHRR的每条扫描线的每一波段取样点为2 048个像元，每个取样点的辐射分辨率为10 bits。

表4-1　NOAA—AVHRR通道及其主要应用

通道	波长/μm	光谱范围	主要应用
1	0.58～0.68	黄至红光	天气预报、云边景图、冰雪探测、植被监测
2	0.725～1.10	深红至近红外	水体位置、冰雪融化、植被和农作物评价、草场调查
3	3.55～3.93	中红外	海面温度、夜间云覆盖、水陆边界、森林火灾、禾草燃烧
4	10.30～11.30	热红外	地表温度、昼夜云量、土壤湿度
5	11.50～12.50	热红外	

NOAA卫星具有重复扫描周期短，每天都可覆盖地球一遍，而对于一个具体地点来说，它每天可接收两次当地的地面信息，一次在白天，一次在夜晚。两颗卫星配合工作，每天白天也可得到两套数据。利用这一特点，使用AVHRR CH4和CH5就可以进行地面热惯量分析。

4.3.2　MODIS卫星及其产品特点

中分辨率成像光谱仪——MODIS(moderate resolution imaging spectrometer)是Terra和Aqua卫星上都装载有的重要传感器，是EOS计划中用于观测全球生物和物理过程的仪器，体现了当代遥感中低空间分辨率传感器的最高技术成就。MODIS沿用传统成像辐射计的思想，由横向扫描镜、光收集器件、一组线性探测器阵列和位于4个焦平面上的光谱干涉滤色镜组成。它具有36个光谱通道，分布在0.4～14 μm的电磁波谱范围内，其中1～19和26通道为可见光和近红外通道，其余16个通道均为热红外通道。每1～2天将提供地球上每一点的白天可见光和白天/夜间红外图像。MODIS数据具有很高的信噪比，辐射分辨率为12 bits，同时还提供辐射校正的有关参数。MODIS仪器的空间分辨率分别为250 m、500 m和1 000 m，扫描宽度为2 330 km，在对地观测过程中，每秒可同时获得6.1×10^6 bits来自大气、海洋和陆地表面的信息，每天或每两天可获取一次全球观测数据。多波段数据可以同时提供反映陆地、云边界，云特性，海洋水色，浮游植物，生物地理、化学，大气中水汽，地表、云顶温度，大气温度，臭氧和云顶高度等特征的信息，用于对陆地、生物圈、大气和海洋进行长期全球观测（表 4-2，表 4-3）。

表 4-2 MODIS 的主要技术指标

扫描频率	每分钟 20.3 转，与轨道垂直
测绘带宽	2 330 km×10 km
望远镜	直径 17.78 cm
体积	1.0 m×1.6 m×1.0 m
重量	250 kg
功耗	225 W
数据率	11 Mbps
辐射分辨率	12 bits
空间分辨率	250 m（波段 1～2）；500 m（波段 3～7）；1 000 m（波段 8～36）
设计寿命	5 年

表 4-3 MODIS 的光谱波段特征

主要用途	波段	波段宽度/nm	空间分辨率/m	信噪比
陆地/云界限	1	620～670	250	128
	2	841～876	250	201
陆地/云特性	3	459～479	500	243
	4	545～565	500	228
	5	1 230～1 250	500	74
	6	1 628～1 652	500	275
	7	2 105～2 155	500	110
海洋颜色/浮游植物/生物化学	8	405～420	1 000	880
	9	438～448	1 000	838
	10	483～493	1 000	802
	11	526～536	1 000	754
	12	546～556	1 000	750
	13	662～672	1 000	910
	14	673～683	1 000	1 087
	15	743～753	1 000	586
	16	862～877	1 000	516
大气水蒸气	17	890～920	1 000	167
	18	931～941	1 000	57
	19	915～965	1 000	250

续表 4-3

主要用途	波段	波段宽度/nm	空间分辨率/m	信噪比
地表/云温度	20	3.660～3.840	1 000	0.05
	21	3.929～3.989	1 000	2.00
	22	3.929～3.989	1 000	0.07
	23	4.020～4.080	1 000	0.07
大气温度	24	4.433～4.498	1 000	0.25
	25	4.482～4.549	1 000	0.25
卷云	26	1.360～1.390	1 000	150
水蒸气	27	6.535～6.895	1 000	0.25
	28	7.175～7.475	1 000	0.25
	29	8.400～8.700	1 000	0.25
臭氧	30	9.580～9.880	1 000	0.25
地表/云温度	31	10.780～11.280	1 000	0.05
	32	11.770～12.270	1 000	0.05
云顶高度	33	13.185～13.485	1 000	0.25
	34	13.485～13.785	1 000	0.25
	35	13.785～14.085	1 000	0.25
	36	14.085～14.385	1 000	0.35

4.4 中空间分辨率卫星遥感

4.4.1 Landsat 卫星及其产品特点

1. Landsat 卫星技术参数

Landsat 卫星是以探测地球资源为目的而设计的，采用近极地、近圆形的太阳同步轨道。从 1972 年至今美国共发射了 7 颗 Landsat 系列卫星。最后一颗卫星 Landsat 7 于 1999 年 4 月 15 日发射，寿命为 5 年，后续卫星 Landsat 8 不再单独发射，探测器 ETM+将装载在 EOS-AMZ 上发射。这样 Landsat 系列卫星寿命预计可维持到 2010 年。其主要的数据归档属于美国地质局的地球资源观测系统(E-ROS)数据中心。

表 4-4 展示了 Landsat 1 到 Landsat 7 的特征。值得注意的是，在这些卫星中包含了 5 种类型的传感器(表 4-5)。它们是反束光摄像机(RBV)、多光谱扫描仪(MSS)、专题成像仪(TM)以及增强专题成像仪+(ETM+)。

表 4-4 Landsat 1 至 Landsat 7 的系统特征

卫星	发散时间	退役时间	RBV 波段	MSS 波段	TM 波段	轨道
Landsat 1	1972/07/23	1978/01/06	1～3（同步摄像）	4～7	无	18 天/915 km
Landsat 2	1975/01/22	1982/02/25	1～3（同步摄像）	4～7	无	18 天/915 km
Landsat 3	1978/03/05	1983/03/31	A－D（单波段并行摄像）	4～8[a]	无	18 天/915 km
Landsat 4	1982/07/16[b]	运行	无	1～4	1～7	16 天/705 km
Landsat 5	1984/03/01	运行	无	1～4	1～7	16 天/705 km
Landsat 6	1993/10/05	发射失败	无	无	1～7,全色波段（ETM）	16 天/705 km
Landsat 7	1999/04/15	运行	无	无	1～7,全色波段（ETM＋）	16 天/705 km

a. 8 波段(10.4～12.6 μm)发射后不久就失败了。

b. TM 数据在 1993 年 8 月传送失败。

表 4-5 Landsat 1 至 Landsat 7 所采用的传感器

传感器	计划	灵敏性/μm	分辨率/m
RBV	1,2	0.475～0.55	80
		0.580～0.680	80
		0.690～0.830	80
	3	0.505～0.750	30
MSS	1～5	0.5～0.6	79/82[a]
		0.6～0.7	79/82[a]
		0.7～0.8	79/82[a]
		0.8～1.1	79/82[a]
	3	10.4～12.6[b]	240
TM	4,5	0.45～0.52	30
		0.52～0.60	30
		0.63～0.69	30
		0.76～0.90	30
		1.55～1.75	30
		10.4～12.5	120
		2.08～2.35	30

续表 4-5

传感器	计划	灵敏性/μm	分辨率/m
ETM[c]	6	上述 TM 波段 0.50～0.90 波段	30(热波段为 120 m) 15
ETM+	7	上述 TM 波段 0.50～0.90 波段	30(热波段为 60 m) 15

a. Landsat 1 到 Landsat 3 的分辨率为 79 m，Landsat 4 和 Landsat 5 的分辨率为 82 m。

b. 发射后不久就失败了(Landsat 3 的 8 波段)。

c. Landsat 6 发射失败。

2. TM 的成像特点

——具有双向有效扫描成像特点，MSS 仅仅是由西向东有效，而回扫无效。这种双向扫描过程有利于降低扫描镜的摆动频率，并可以增加探测器聚焦在地面目标点的驻留时间，有利于提高辐射分辨率。它具有相对缓慢的速度降低了扫描镜的加速度，并且改善了系统的信噪比。关于遥感摆镜扫描的原理，参照图 4-4 与图 4-5，以及图下的说明。

——TM 数据的辐射分辨率是 8 bits(比特)(即 $2^8=256$ 个影像灰度级)，而 MSS 仅为 6 bits(即 $2^6=64$ 个影像灰度级)，也就是说，TM 用于测量各波段地球辐射通量密度的灰阶是 MSS 的 4 倍，有利于区分更多的地物或地物的性状。

——TM 具有较高的几何分辨率，其中 6 个波段的空间分辨率为 30 m×30 m，仅第 6 波段—热红外波段为 120 m。特别是它没有像 MSS 那样用光纤维把入射能量从焦平面传导到探测器，因光纤维不能将入射电磁波能量百分之百地传给探测器，它改用光学扫描镜和望远镜透镜将入射辐射直接聚焦到主焦平面系统的探测器上，把光束衍射和模糊限制到最小，从而提高了辐射分辨率和空间分辨率。

——在卫星姿态控制上采样了三轴姿态控制，定点精度高于 0.01°(Landsat 1 至 Landsat 3 为 0.7°)，稳定性为 10^{-6}(°)/s(Landsat 3 为 0.01°/s)。因此，成像姿态稳定，且容易实现多时相的影像配准。

——TM 具有 7 个波段，与 MSS 相比，不但波段数目有增加，而且光谱分辨率显著提高，因而对地物光谱值反映更为准确。比如，在假彩色合成影像中，有 TM5 热红外波段的参与，对土壤水分和土壤类型鉴别有利。

3. TM 影像的光谱特性

TM1：这个波段的短波段端对应于清洁水的反射光谱特征曲线的峰值，长波段在叶绿素吸收区,这个蓝波段可以用来参与对针叶林的识别。

TM2:这个波段在两个叶绿素吸收带之间,因此相应于健康植物的绿色。波段1和波段2合成,相似于水溶性航空彩色胶片SO－224,它显示水体的蓝绿比值,能估测可溶性有机物和浮游生物。

TM3:这个波段为红色区,在叶绿素太阳光能吸收区内。在可见光中这个波段是识别土壤边界和地质界线的最有利的光谱区,在这个区段,表面特征经常展现出高的反差,大气雾霾的影响比其他可见光谱相对较低,使影像较为清晰。

TM4:这个波段对应于植物的反射光谱特征曲线的峰值,它对于植物的鉴别和评价十分有用。TM2与TM4的比值对绿色生物量和植物含水量敏感。

TM5:在这个波段中叶面反射强烈依赖于叶片湿度。一般地说,这个波段在对干旱监测和植物生物量的确定是有用的,另外,1.55～1.75 μm区段水的吸收率很高,所以对区分不同类型的岩石,区分云、地面冰和雪十分有利。土壤的湿度从这个波段上也容易看出。

TM6:这个波段对于植物分类和估产很有利用价值。在这个波段对来自地物表面自身辐射的辐射量敏感,按照辐射功率和表面温度来测定,这个波段可用于制作地表温度分布图。

TM7:这个波段主要用于地质制图,它同样可以用于识别植物的长势。

4. 光机摆镜扫描成像原理

需要提出的是无论MSS还是TM、ETM/ETM+,它们的成像特点都是类似的,都属于垂直航迹的旋转摆镜扫描系统。这种扫描成像与相机摄像成像的根本区别在于:整个图像不是依赖快门在曝光瞬间将地面物体投影到胶片上使之发生光化学反应来记录成像,而是随着其运载工具,在向前移动的过程中,进行连续横向(即与飞行平台前进方向垂直)行扫描来获取地物目标反射或自身发射出的电磁波谱信号,逐行记录成像。也就是说,地物目标的波谱特性,就是直接由与运载工具飞行方向成直角转动或摆动的反射镜和棱镜组成的光机系统收集,经分光再聚焦到探测器上,如图4-4所示。从这一成像过程可以看到,由摆动的反射镜到探测器感光单元的立体角是固定的,因而致使反射摆镜摆动轨迹的每一位置对应地面上每一

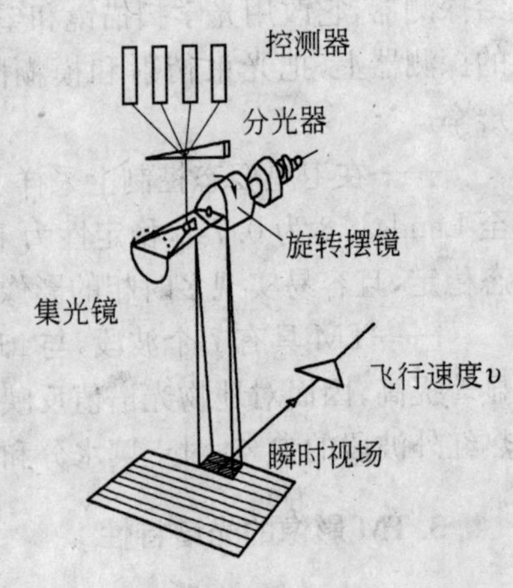

图4-4 光机行扫描仪成像示意图

单元的立体角也是相同的，即这种由遥感反射摆镜扫描成像的影像，每一像元对应地面单元到遥感传感器的立体角是相等的。但是，在反射摆镜摆动轨迹上，处于星下点位置的一点，地面单元与遥感传感器的距离最近，地面单元面积最小；而摆镜侧向摆到最大角度，地面单元与遥感传感器的距离最远，地面单元面积最大。因而在一幅遥感影像的同一个扫描带上，尽管在影像上每个像元的大小都是一样的，但是它们对应的地面单元面积却是不一样的，反射摆镜的摆幅越大，影像横向跨幅越宽，边缘部分得像元地面单元的实际面积与星下点地面单元面积相差就越大。

探测器由感应可见光与近红外的硅光电二极管、感应短波红外与中红外的铟锑、铟砷或感应热红外的锑镉汞等光敏、热敏元件所组成。这些探测元件把接收到的辐射能转换为电信号，经放大、模-数转换等处理形成不同亮度的条带数字影像，计算机加以快速存储。连续不断地行扫描就把条带影像组合成覆盖一块地面的影像。

由扫描过程可以看到：遥感目标物地面光束进入传感器视场以后立即由分光器（图 4-4）被分为若干个波段，每个波段分别由光电转换元件感光，记录辐射能量，形成一个像元的一组灰度数据。所谓一组，即对当前像元每个波段各自有一个灰度。将这些像元按其位置排列整理形成像元阵列，即成为数字图像。需要指出，对于这些波段，各自形成了一幅图像。而各波段对应的图像是同时生成的，所有成像条件都相同，因而各幅图像的几何误差、背景噪声都完全相同，图像数据是严格匹配的。这些幅图像叫做一景图像，一景图像包含有若干幅同时生成的同一空间分辨率的分波段图像。

5. 光机扫描影像像元分析

由光机扫描的成像过程可知，在每次成像的瞬间，瞬时视场所对应的地面范围在图像上构成一个像元，这就是光机扫描像元的几何分辨率。对每一台扫描仪来说，瞬时视场地面范围的大小还与平台高度和扫描角度有关，图 4-5 展示了三者之间的相关性。由于扫描过程中扫描角 θ 在变化，导致扫描方向（横向）与飞行方向（纵向）的分辨率不一致，因此有如下计算公式：

$$D_{纵} = \Delta\theta \cdot H \cdot \sec\theta \qquad (4\text{-}15)$$

$$D_{横} = \Delta\theta \cdot H \cdot \sec^2\theta \qquad (4\text{-}16)$$

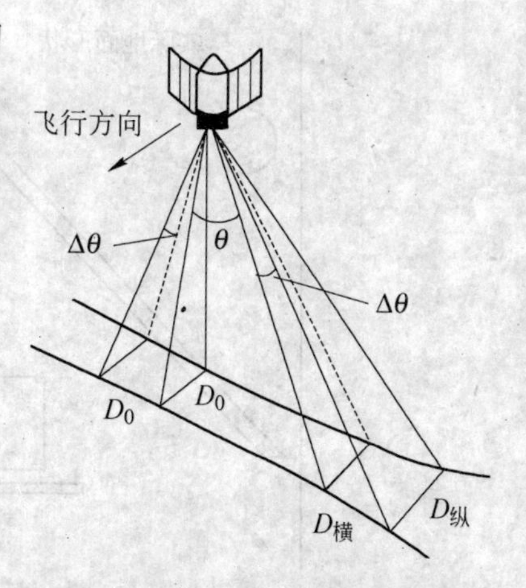

图 4-5 光机扫描图像的分辨率

式中：$D_{纵}$ 和 $D_{横}$ 分别为沿飞行方向和扫描方向

上的分辨率；$\Delta\theta$ 为瞬时视场角，这是瞬时视场立体角在横向或纵向的分量；H 为平台高度；θ 为扫描线入射角。

由此可见，光机扫描图像的几何分辨率将随像点位置不同而变化，在星下点处（即 $\theta=0$）最高，且纵向与横向分辨率相等，其他位置的分辨率从中间向两边逐渐降低。

与空间分辨率的变化一样，光机扫描图像在不同位置、不同方向上的像比例尺也是有变化的。按照扫描成像机理，沿飞行方向一个尺寸为 d 的像元在地面上的相应距离，是瞬时视场角 $\Delta\theta$ 与平台到地面斜向长度 $H\sec\theta$ 的乘积，这样，纵向比例尺为：

$$\frac{1}{m_{纵}}=\frac{d}{\Delta\theta\cdot H\cdot\sec\theta} \tag{4-17}$$

式中：d 为平台移动在地面上的距离；$\Delta\theta$ 为瞬时视场；H 为平台高度。

沿扫描方向的比例尺则等于像元尺寸 d 与瞬时视场沿扫描方向的长度之比。当扫描角为 θ 时，像元在地面上的沿扫描方向的对应线长度 $l=\Delta\theta\cdot H\cdot\sec^2\theta$，这样可得到横向比例尺：

$$\frac{1}{m_{横}}=\frac{d}{l}=\frac{d}{\Delta\theta\cdot H\cdot\sec^2\theta} \tag{4-18}$$

概括以上算式可以得到以下结论：沿飞行方向的像比例尺只要平台高度不变就保持一致；而横向（垂直于航迹方向）的像比例尺，只有当 $\theta=0$，即底点部分与纵向比例尺相同，其他位置将随扫描角张增大而逐渐减小。这种比例尺的不一致，即使在平坦地区，没有地形起伏造成的投影误差的情况下，也会引起扫描图像产生相当于正弦曲线的畸变。如图 4-6 所示，横向地物影像被压缩，而且愈近边缘压

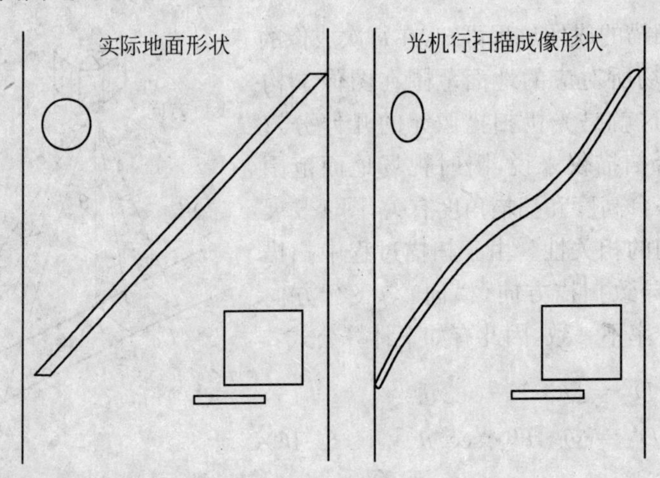

图 4-6 光机扫描图像变形示意图

缩愈严重，圆形地物成椭圆形影像，正方形地物成长方形影像，与飞行方向斜交的直线地物则形成逐渐向内弯曲的双弧线影像等，且扫描图像必须进行比例尺与分辨率的统一规正等处理，才能使用。

显然，以上处理未考虑地球曲面对于像元覆盖地面尺度的影响，对于高空间分辨率、小跨度的卫星遥感影像不考虑地球曲面影像是可以的。但是对于中低分辨率、大跨度的影像则必须要考虑地球曲面的影响。为此可以做以下更准确一步的近似计算。图 4-7 所示是卫星与纸面作垂直飞行的状况。θ 为扫描线与垂直线的夹角，S 点为卫星所在位置，AB 为瞬时视场角 $\Delta\theta$ 在地球表面的横向距离，O 点为地球的球心。由于 AB 距离相对于地球半径足够的小，AO 与 BO 所夹的角可以忽略不计，AC 是水平直线，图 4-7 右上角附图画的三角形 ABC 是主图三角形 ABC 的放大，附图直线 CE 是垂直线，显然角 ECB 应等于角 θ。

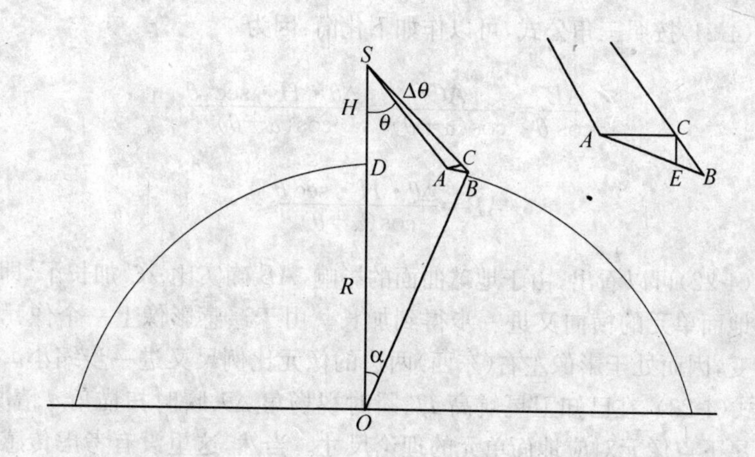

图 4-7 计算卫星遥感摆镜扫描非星下点像元地面覆盖尺度原理图

在三角形 SOB 中，忽略瞬时视场角 $\Delta\theta$，根据正弦定理，有：

$$\frac{R}{\sin\theta} \approx \frac{H+R}{\sin(180^\circ-\alpha-\theta)} = \frac{H+R}{\sin(\alpha+\theta)} \tag{4-19}$$

上式中，唯有角 α 为未知量，因而根据上式可以计算角 α。

由于 CE 为垂直线，AC 为水平线，因而：

$$\angle ACB = 90^\circ + \theta$$

考虑到三角形 OBS 中，角 OBS 由角 OBA 与角 ABC（即角 B）组成，而 AB 是地面上的一条线，垂直于过点 B 指向地球球心的直线 OB，这样角 OBA 为直角，因

而有(参见图 4-7 右上角附图及主图):

$$\angle B=\angle OBS-90^{\circ}=180^{\circ}-(\alpha+\theta)-90^{\circ}=90^{\circ}-(\alpha+\theta) \tag{4-20}$$

在三角形 ABC 中,根据正弦定理,有:

$$\frac{\sin(\theta+90^{\circ})}{AB}=\frac{\sin[90^{\circ}-(\alpha+\theta)]}{AC} \tag{4-21}$$

根据前面的叙述,有:

$$AC=\Delta\theta\cdot H\cdot\sec^{2}\theta$$

将式(4-21)按照三角公式,可以作如下化简:因为

$$\frac{AB}{\cos\theta}=\frac{AC}{\cos(\alpha+\theta)}=\frac{\Delta\theta\cdot H\cdot\sec^{2}\theta}{\cos(\alpha+\theta)} \tag{4-22}$$

所以

$$AB=\frac{\Delta\theta\cdot H\cdot\sec\theta}{\cos(\alpha+\theta)} \tag{4-23}$$

从式(4-22)可以看出,由于地球曲面的影响,AB 确实比 AC 加长了,即非星下点像元在地面单元的横向又进一步得到加长。由于遥感影像上一个像元的尺寸并没有改变,因而处于影像左右(东西)两边的像元比例尺又进一步缩小。使用式(4-19)与式(4-23),在已知卫星航高 H、瞬时视场角 $\Delta\theta$、瞬时扫描角 θ 情况下,不难计算非星下点像元对应地面单元的理论尺寸。当然,这里没有考虑传感器中扫描摆镜旋转非匀速,以及大气的折射效应带来的影响。根据以上分析,实际遥感影像产生如图 4-7 所示的影像畸变。

此外,需要指出,遥感光机传感器在对地面扫描的一行中,严格讲来,每一个地面单元成像的时间也是不一致的,以从东向西横向扫描为例,最东的一个地面单元首先进入视场,光机传感器立即成像,然后逐个向西排列下去。需要注意,在这很短的时间内,卫星也在同时向前(纵向)移动一个距离,因而卫星纵向的移动致使扫描行并不是严格在垂直于卫星的飞行方向,而是向飞行方向倾斜,这种倾斜对于高空间分辨率影像可以忽略不计,因为扫描光程很短,最东地面单元与最西地面单元的进入视场的时间差很短。但是对于低空间分辨率影像就不能忽略不计。事实上,扫描视场单元的各个中心点在地面扫过的轨迹是一个"之"字形。在"之"字形的拐角处,即影像的横向两侧,有一部分像元对应的地面单元有重叠,

而中部会有断裂,即地面有一部分实际未曾扫描到,留有扫描空白。遥感系统在形成影像时,给予初步的处理,作为遥感应用,用户应当根据应用需要,加以更精确的校正,才能符合实际应用的要求。

6. Landsat 遥感卫星运行分析

(1)Landsat 1～3。Landsat 1～3 三颗卫星的星体形状和结构基本相同,形似蝴蝶状,卫星分服务舱和仪器舱两大类。仪器舱内安装有反束光摄像机(RBV)、多光谱扫描仪(MSS)、宽带视频记录机(WBVTR)和数据收集系统(DCS)等 4 种有效负载。

卫星轨道及其运行特点:卫星轨道平均高度 H 设计在 915 km 上,实际轨道高度变化在 905～918 km 之间,偏心率为 0.000 6,因此为近圆形轨道。轨道趋于圆形的主要目的是使在不同地区获取的图像比例尺趋于一致。此外近圆形轨道使得卫星的速度也近于匀速,便于扫描仪用固定扫描频率对地面扫描成像,避免造成扫描行之间不衔接的现象。依据式(4-7)计算出其运行周期为 103.267 min,每天绕地球 13.944圈。倾角为 99.125°,因此是近极地轨道,有利于增大卫星对地面总的观测范围,星下点最北和最南分别能到达北纬 81°和南纬 81°,利用地球自转并结合轨道运行周期和图像成像宽度的设计,可以观测到南北纬 81°之间、甚至更宽一点的广大地区。Landsat 卫星运行周期为 103.267 min,每绕地球一圈,地球赤道由西向东移动了 2 874 km,扣除卫星的进动修正,为 2 866 km,也就是第 2 条运行轨道相对于前一条运行轨道在地面上西移了 2 866 km。24 小时绕地球 13.944 圈,第 14 圈时进入第 2 天,称其为第二天第一轨道,这条轨道和前一天第一轨道之间相差 0.056 圈,在赤道处为 159 km。图 4-8 表示出了一天内卫星运行轨迹在地面轨迹的分布。第 1 天第 1 圈编号为①,则第 2 天第 1 圈为⑮。图 4-9 中给出了在第 1 天第 1 圈和第 1 天第 2 圈之间 18 天的轨迹分布,上面表注的圈号顺序表示圈号,下面是以天号编的圈号。余下的亦如此类推。但是第 1 天第 14 圈和第 1 天第 1 圈之间只分布 17 条轨迹,也就是只有 13.944 圈。18 天共绕地球 251 圈,第 252 圈也即是第 19 天第 1 圈与第 1 天第 1 圈基本重合。圈间距离为159 km,但图像宽度为 185 km,在赤道处相邻轨道间图像有 26 km 的重叠。从图 4-8 中还可以看出偏移系数为−1,即下一天轨迹比当天轨迹西移一条轨道。需要看到,远离赤道,即纬度较高一点的地区,下一天轨迹西移的距离,即圈间距离比 159 km 要小,而相隔一个周期(18 天)后相邻轨道间图像的重叠部分要比 26 km 加大,重叠率要增高。遥感卫星轨道参数与影像扫描宽度的精心设计使遥感影像在一个成像周期内能够无遗漏,但有重叠地将地球表面除南北两极地区以外全部覆盖。

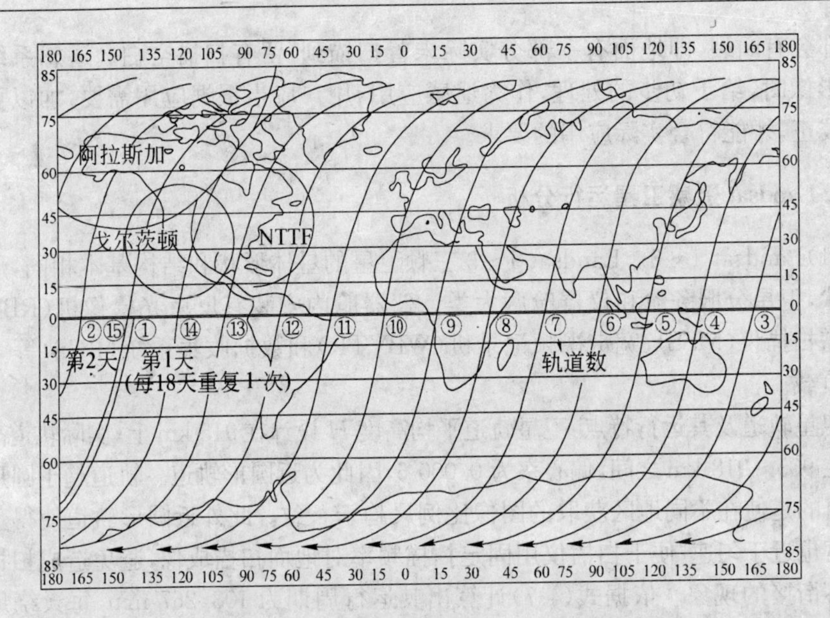

图 4-8　第一天典型的 Landsat 卫星地面轨迹

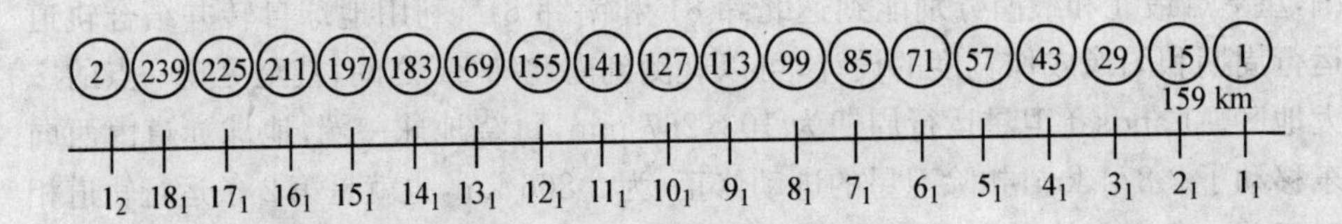

图 4-9　18 天的轨迹分布(赤道处)

值得注意的是，Landsat 卫星运行轨道平面倾角为 99.125°，即遥感卫星下行总是由东北向西南飞行，这样的一个好处是可以利用地方时效应，即在飞行一圈时间内，逆向穿越多个时区，抵消由东北向西南飞行所需的时间，将时间“倒退”，在大多数地区保持卫星飞越上空的地方时在 9:30 至 10:30 左右，这一时间既能保证有较高的高度角，又可以使地物有较长的阴影，因为影像上的阴影本身也是一种信息，提供地物的高度以及走向。这种轨道平面倾角的设置也为大多数遥感卫星所采用。

(2)Landsat 4～5。1982 年美国在 Landsat 1～3 的基础上，改进设计了 Landsat 4 卫星，并发射成功。1984 年又发射了 Landsat 5 卫星。

卫星主体由 NASA 的标准多用途飞行器组合体和仪器舱组成。多用途飞行器组合体包括姿态控制，通信及数据处理，电源和推进器等子系统。仪器舱装有 TM 传感器，MSS 多光谱扫描仪，宽带波段通信子系统，高增益 TDRSS(数据中继卫星系统)天线和其他天线,以及一个能产生 2 kW 功率的太阳能帆板。该种卫星可设计成由航天飞机进行修复。

Landsat 4～5 卫星也是近圆形、近极地、与太阳同步和可重复的轨道。其轨道高度下降为 705 km,对于地面分辨率为 30 m 的 TM 专题制图仪而言是必要的,为此运行周期也减为 98.9 min,重复周期为 16 天。

(3)Landsat 7。其轨道参数与 Landsat 4～5 基本相同,其主要特点是传感器改型为 ETM+(增强型专题制图仪),这是 Landsat 6 卫星上的 ETM 的改进型号。Landsat 7 除了图像质量提高以外,还利用固态寄存器使星上数据存储能力提高到 380 GB,相当于存储 100 景图像,其存储能力远大于 Landsat 4～5 上的磁带记录器。此外,Landsat 7 的数据传输速度为 150 Mbits/s,比以前卫星的 75 Mbits/s 提高了 1 倍。由于存储能力强,数据传输速度快,Landsat 7 将不必依靠"跟踪与数据中继卫星"系统。它可以把数据存储在卫星上,然后利用微波 X 波段万象天线把数据直接发送给进入卫星视野的地面站。

EROS 中心产生的图像分为 3 个等级:最基本的是 OR 级;对 OR 级图像进行了辐射校正,但未经系统级几何校正的称为 1R 级;经过辐射校正和系统级几何校正的称为 1G 级。

4.4.2 SPOT 卫星及其产品特点

SPOT 对地观测卫星系统是由法国空间研究中心发射的,参与的国家还有比利时和瑞典。SPOT 1 是第一颗包含线性阵列传感器的地球资源卫星。SPOT 系统迄今为止已发射了 5 颗卫星:

SPOT 1,1986 年 2 月发射,目前仍在运行,但从 2002 年 5 月停止接受其影像。

SPOT 2,1990 年 1 月发射,至今还在运行。

SPOT 3,1993 年 9 月发射,运行 4 年后在 1997 年 11 月由于事故停止运行。

SPOT 4,1998 年 3 月发射,卫星做了一些改进。

SPOT 5,2002 年 5 月发射,传感器结构及其性能做了重大改进。

SPOT 卫星采用高度为 822 km、轨道倾角 98.7°的太阳同步准回归轨道,SPOT 卫星下行通过赤道时刻为地方时上午 10:30,它们穿越北纬某一纬度地区的时间略迟于这个时间,而在南纬略早于这个时间,例如,SPOT 在上午 11:00 左右穿越北纬 40°区域,而在上午 10:00 穿过南纬 40°区域。这一特点与前面提到过的 Landsat 系列卫星的特点一致,都是利用了其轨道倾角 $i>90°$,卫星运行方向与地球自转方向相逆,从而使卫星通过不同纬度地区的地方时相近。

SPOT 1,2,3 上均搭载两台相同的高分辨率可见光成像系统 HRV(high resolution visible imaging system)和备用的磁带记录器,SPOT 4 上搭载的主要传感器是高分辨率可见光和中红外成像系统 HRVIR(high resolution visible and middle infrared lmaging system)以及用于植被监测的仪器 Vegetation1,SPOT 5 上用两台高分辨率几何仪器 HRG(high resolution geometry)取代了 SPOT 4 上的 HRVIR 系统,HRG 以全色模式下的 5 m 分辨率取代以前 HRVIR 全色模式的 10 m分辨率,在绿、红、近红外用 10 m 分辨率取代 HRVIR 的 20 m 分辨率,同时 SPOT 5 还加入了一个高分辨率测高仪 HRS,用于制作全球 10 m 分辨率的数字高程模型,以及用于植被监测的仪器 Vegetation 2(表 4-6)。

SPOT 卫星上安置的两套 HRV 遥感器是一种完全不同于光机扫描仪的“阵列式扫描器”。在这种遥感系统中使用 $N \times M$ 个光电探测器 CCD 阵列组件,每个探测器“看到”地面上相应的一个成像单元,在影像上形成一个像元。$N \times M$ 个探测器的元件组合就可以“看到”地面的一个条带。这样就可以不用摆动的反射镜而是瞬间成像(图 4-10)。随着遥感平台的前进,一个条带、一个条带地向前推进来获取地物目标信号。当地面物体反射地电磁波,经过可由遥感地面站调控角度的地反光镜或称旋转瞄准镜和第Ⅰ组透镜,传输到另一个反光镜和第Ⅱ组透镜后,分别成

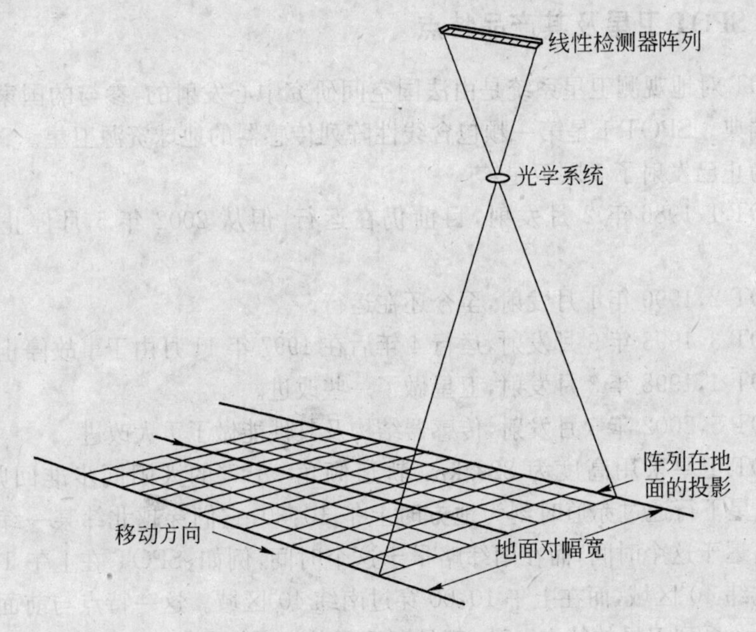

图 4-10 阵列式扫描操作过程

像于绿黄、红、近红外、全色4个CCD成像器上。扫描宽度为60 km。两台HRV同时扫描地宽度为117 km,彼此重叠3 km。HRV上的瞄准镜可以旁向倾斜±27°,以0.6°间隔分档,即该反光镜可在左右共91个位置对地面扫描,当相邻轨道对同一地面倾斜扫描时,可以获得立体像对。同时由于瞄准镜可以旋转,从而增加了扫描仪地面视场域,因此对地面扫描观测的频率,即影像时间分辨率大为提高,在赤道地区平均3.7天,在纬度45°地区平均2.4天就可以扫描一次。

与垂直航迹的镜扫描系统相比,线性阵列系统更有优势。首先线性阵列给每个CCD元件提供了在测量每个地面分辨单元能量时更长的延迟时间的机会,这样就能记录到更强的信号(也就有更高的信噪比),而且在信号水平上能够感测到更大能量范围内的信号,从而得到更好的辐射分辨率。此外,线性阵列系统的几何完整性非常好,因为记录每条扫描线上的探测器元件之间有确定的关系。沿着每一数据行(扫描线)的排列与用航空测图摄像机所拍摄的单张相片是相似的。在感测过程中,由于垂直航迹扫描仪由于扫描镜的速度变化而导致的排列错误在沿航迹的推帚式扫描仪中都是不存在的。此外线性阵列是固态的微电子设备,通常都较小较轻,工作时相比垂直航迹扫描仪需要的功率也较小,而且没有来回摆动的摆镜,所以线性阵列系统有着更高的可靠性和更长的平均使用寿命。线性阵列系统的缺点在于需要校准更多的探测器。此外现有的可利用的固态阵列的光谱探测范围比较有限,对中红外更长波长的光敏感线性阵列探测器还没有生产出来。

HRV扫描仪成像时同一扫描行通过同一投影中心同时聚焦成像,具有行中心投影的性质。SPOT图像的影像变形主要表现在遥感器姿态引起的倾斜误差和地形起伏引起的投影误差。由于线阵CCD具有行中心投影的性质,因此,它的倾斜误差与缝隙式摄影相片一样,引起的像点位移相当于框幅式像片上$x=0$的情况,即

$$\mathrm{d}x=-\frac{f}{H}\mathrm{d}X_s-fa_x+y\cdot k \tag{4-24}$$

$$\mathrm{d}y=-\frac{f}{H}\mathrm{d}Y_s-\frac{y}{H}\mathrm{d}z_s-f\left(1+\frac{y^2}{f^2}\right)\cdot\omega \tag{4-25}$$

式中:f为镜头焦距;H为遥感平台航高;$\mathrm{d}X_s$、$\mathrm{d}Y_s$分别为遥感平台在X_s、Y_s向的位移;a_x、k为待定系数;x、y为影像上的坐标。

因地形起伏引起的像点位移则与一般的垂直航迹扫描图像相同,仅存在与扫描方向上。线阵CCD图像的比例尺不像一般的垂直航迹扫描图像那样复杂多变,当垂直成像,且外方位角元素为0时,图像比例尺为

$$\frac{1}{m}=\frac{f}{H} \tag{4-26}$$

当侧视成像、地面平坦、外方位角元素为θ时,图像比例尺为:

$$\frac{1}{m}=\frac{f}{H}\cos\theta \tag{4-27}$$

其空间分辨率D也是由平台高度H和像元的瞬时视场角$\Delta\theta$所决定,即

$$D=\Delta\theta\cdot H \tag{4-28}$$

SPOT 5 的超级模式:所谓超级模式(supermode)是 SPOT 5 特有的影像重采样技术,它利用两幅同时获取的 5 m 分辨率的全色图像重采样得到 2.5 m 分辨率的全色图像。所谓的重采样,是指对每一像元的灰度根据当前像元与原有影像对应邻近像元的灰度进行加权平均处理,得到相应灰度值。对于重采样的具体算法详见第 6 章。SPOT 产品的光谱模式见表 4-7,卫星波段及分辨率见表 4-8。

表 4-6 SPOT 卫星高分辨率成像系统相关参数

项　目	SPOT5	SPOT 4	SPOT 1,2,3
设　备	2 HRGs	2 HRVIRs	2 HRVs
光谱波段,分辨率/m	2 个全色波段,5 3 个多光谱波段,10 1 个近红外波段,20	1 个全色波段,10 3 个多光谱波段,20 1 个近红外波段,20	1 个全色波段,10 3 个多光谱波段,20
光谱波段/μm	P:0.48～0.71 B1:0.50～0.59 B2:0.61～0.68 B3:0.78～0.89 B4:1.58～1.75	M:0.61～0.68 B1:0.50～0.59 B2:0.61～0.68 B3:0.78～0.89 B4:1.58～1.75	P:0.50～0.73 B1:0.50～0.59 B2:0.61～0.68 B3:0.78～0.89
图像大小	60 km×(60～80)km	60 km×(60～80)km	60 km×(60～80)km
图像动态范围/bits	8	8	8
绝对定位精度(无地面控制点,平原地区)/m	<50(rms)	<350(rms)	<350(rms)
相对距离经度(水平 1B)	0.5×10^{-3}(rms)	0.5×10^{-3}(rms)	0.5×10^{-3}(rms)
可编程	是	是	是
入射角/(°)	±31.06″	±31.06″	±31.06″
重复访问时间(根据纬度不同)/天	1～4	1～4	1～4

表 4-7 SPOT 产品的光谱模式

Spot 产品	Spot 卫星	光谱模式	波段数	地面像元尺寸/m
2.5 m 彩色	5	THR+HX	3	2.5
2.5 m 黑白	5	THR	1	2.5
5 m 彩色	5	HM+HX	3	5
5 m 黑白	5	HM	1	5
10 m 彩色	5	Hi	4	10
	4	M+Xi	4	10
10 m 黑白	4	M	1	10
	1,2,3	P	1	10
20 m 彩色	4	Xi	4	20
	1,2,3	XS	3	20

表 4-8 SPOT 卫星波段及分辨率

卫星	光谱波段	地面像元尺寸/m	波谱范围/μm
Spot 5	全色 B1:绿 B2:红 B3:近红外 B4:短波红外(SWIR)	2.5 或 5 10 10 10 20	0.48～0.71 0.50～0.59 0.61～0.68 0.78～0.89 1.58～1.75
Spot 4	单色(全色) B1:绿 B2:红 B3:近红外 B4:短波红外(SWIR)	10 20 20 20 20	0.61～0.68 0.50～0.59 0.61～0.68 0.78～0.89 1.58～1.75
Spot 1 Spot 2 Spot 3	全色 B1:绿 B2:红 B3:近红外	10 20 20 20	0.50～0.73 0.50～0.59 0.61～0.68 0.78～0.89

4.5 高空间分辨率卫星遥感

高空间分辨率的遥感卫星一般是指能提供空间分辨率在 10 m(全色波段)以

下影像的遥感卫星。当然对于“高空间分辨率”并无严格的界定。向高空间分辨率影像发展是当代卫星遥感技术的一个发展趋势，目前美国军用遥感卫星可提供0.3 m空间分辨率的影像，但只限于美国军用，美国商业化的高空间分辨率遥感卫星有IKONOS、Quick-Bird等。

除美国之外，世界其他国家和地区提出的高分辨率卫星计划还有不少，如以色列的EROS卫星系统，德国的DAVID卫星，印度的IRS－P5、P6，日本的信号收集卫星，中国台湾的中华卫星-2和俄罗斯的SPIN-2卫星等。有些已经发射，如中华卫星-2(2004年5月)，几何分辨率2 m。

美国新一代(第2代)高空间分辨率的遥感卫星能够提供0.5 m分辨率全色图像和2 m分辨率多光谱图像。这种图像更适合于城市公用设施网和电信网的精确绘制、道路设计、设施管理、国家安全，以及需要高度详细、精确的视觉和位置信息的其他应用领域。

数字全球公司已对其快鸟-2卫星进行改造，以获取0.5 m分辨率图像；成像卫星国际公司将其后续卫星EROS－B1的分辨率由0.8 m提高到0.5 m。

4.5.1 IKONOS卫星及其产品

现在运行的IKONOS-2卫星运行在高度为675 km、倾角为98.2°的太阳同步近极地轨道上，下行穿过赤道的时间为上午10:30，系统的影像地面扫描轨迹每11天重复一次，但它的再访问时间少于11天，这是由于它的系统具有纬度和倾斜度的选择，因此可以拍摄指定的任何图像。IKONOS-2卫星每天绕地球飞行14圈，每3天就可以以1.0 m的分辨率对地面上的任何一个区域进行一次拍摄。若降低分辨率，它每天都可以重访一次同一区域。卫星在其轨道的下行部分实施成像。地面目标的坐标被输入到一台计算机化的排序系统中，而该系统则通过地面站将任务安排上行传送给卫星。

IKONOS-2卫星上的相机装置质量为170 kg，功率为350 W，由柯达公司制造。在星下点，IKONOS系统的扫描宽度为11 km，一幅典型的IKONOS图像大小为11 km×11 km，但它同样能够收集用户指定的图像带和镶嵌的图像。

IKONOS采用线性阵列技术，在4个多光谱波段上收集数据，其标定的空间分辨率为4 m。这些波段包括：0.45～0.52 μm(蓝)、0.51～0.60 μm (绿)、0.63～0.70 μm (红)、0.76～0.85 μm (近红外)。IKONOS同样有一个1 m分辨率的全色波段(0.45～0.90 μm)，全色波段和多光谱波段能够结合在一起用于生成“全色增强”多光谱图像(其有效分辨率为1 m)。IKONOS的辐射分辨率达2 048级(11 bits)。

为了增加遥感卫星影像的时间分辨率，IKONOS 增加了前、后方斜视成像的功能，前、后方斜视的角度可以高达 45°，这种技术措施与左右侧视成像的功能一样，即当卫星的地面航迹在不经过目标地面时，也可以获取地面影像，这样可以大幅度提高影像的时间分辨率。当然，斜视的结果降低了影像的实际空间分辨率与辐射分辨率，影像的信噪比显著降低，即影像的综合质量降低。IKONOS 基本数据见表 4-9。

表 4-9 IKONOS 基本数据

发射日期	1999 年 7 月 24 日
空间分辨率	全色：1 m；多光谱：4 m
成像波段	全色 波段：0.45～0.90 μm 彩色 波段 1(蓝色)：0.45～053 μm 波段 2(绿色)：0.52～0.61 μm 波段 3(红色)：0.64～0.72 μm 波段 4(近红外)：0.77～0.88 μm
制图精度	无地面控制点：水平精度 12 m，垂直精度 10 m 有地面控制点：水平精度 2 m，垂直精度 3 m
轨道高	681 km
轨道倾角	98.1°
速度	6.5～11.2 km/s
影像采集时间	每天上午 10:30
重访频率	1 m 分辨率：2.9 天 1.5 m 分辨率：1.5 天
轨道周期	98 min
轨道类型	太阳同步
重量	817 kg(1 600 bl)

4.5.2 快鸟-2 卫星及其产品

快鸟-2 卫星属于数字全球公司，它于 2001 年 10 月 19 日由波音公司的德尔他-2 火箭发射成功，并投入运营。

2000 年 12 月，该公司修改了快鸟卫星的原设计，降低了轨道高度，把卫星的全色图像分辨率从 1 m 提高到 0.61 m，多光谱图像分辨率从 4 m 提高到 2.5 m。

该卫星的设计可以使其在较低的轨道上运行，其携带的燃料足以保证设计寿命不减少。这使得快鸟-2 成为目前世界上分辨率最高的商用卫星。快鸟-2 卫星可以同时拍摄全色和多光谱图像，也可以提供自然彩色和彩色红外合成图像。每次过顶可以拍摄连续 10 景图像或者 2×2 景图像的面积。年拍摄能力为 7×10^7 km^2。2002 年 2 月开始提供商业图像。该卫星的主要参数见表 4-10。

表 4-10　快鸟-2 卫星主要参数

成像方式	推帚式成像	
传感器	全波段	多光谱
空间分辨率/m	0.61	2.44
波长/nm	450～900	蓝：450～520
		绿：520～600
		红：630～690
		近红外：760～900
辐射分辨率/bits	11	
星下点成像/(°)	沿轨/横轨迹方向(+/−25)	
立体成像	沿轨/横轨迹方向	
辐照宽度	以星下点轨迹为中心，左右各 272 km	
成像模式	单景 16.5 km ×16.5 km	
	条带 16.5 km × 16.5 km	
轨道高度/km	450	
倾角/(°)	98(太阳同步)	
重访周期/天	1～6 天 (70 cm 分辨率，取决于纬度高低)	

数字全球公司提供 3 个级别的图像产品：基础图像、标准图像和正射图像。标准图像和正射图像可以生成 0.7 m 分辨率的自然彩色(蓝、绿、红波段)图像和假彩色红外(绿、红和近红外波段)图像。

1. 基础图像产品

基础图像只经过最基本的处理，带有相应的相机模型数据，适应于立体图像处理或复杂的摄影测量处理。根据经辐射校正，几何、光学和传感器畸变调整。全色图像分辨率根据成像位置不同为0.61～0.72 m，而没有重采样达到0.70 m；同样，多光谱图像分辨率在2.4～2.8 m，未经重采样达到2.8 m。由于未经几何校正，在星下点要优于其他位置。每景图像成像面积大致为16.5 km×16.5 km。

2. 标准图像产品

标准图像产品适用于需要适当精度或较大覆盖的用户。标准图像产品的用户往往拥有丰富的遥感图像处理工具和处理经验，对图像进行各种用途的处理和分析。标准图像产品经过辐射校正、传感器和平台畸变校正，以一定的投影方式成图。标准图像全色产品分辨率为0.70 m，多光谱图像产品有4波段2.8 m分辨率图像和3波段0.7 m分辨率图像。绝对定位精度优于7 m(均方根误差，RMSE)。

3. 正射图像产品

正射图像产品具有GIS特性，可用于各种应用的图像底图。根据地形图，正射图像经过数字镶嵌、边缘配准可达到规范要求的精度。从图像中提取的任何专题信息的定位精度与图像依据的地图精度是一致的，因此，该产品是摄制与修订地图及GIS数据库理想的基础数据，它还可用于变化监测和精度要求高的分析应用。正射影像的定位精度依用户不同要求可为0.9～7 m(RMSE)。

4.6　中国的遥感卫星介绍

4.6.1　中国“风云二号”气象系列卫星

风云二号A星(FY-1A)是中国的第一颗自旋稳定静止气象卫星。主要功能是对地观测，每小时获取一次对地观测的可见光，红外与水汽云图。风云二号A星(FY-2A)于1997年6月10日由长征三号火箭从西昌发射中心发射升空。2002年6月25日发射风云二号B星(FY-2B)。卫星定位于东经105°地球同步轨道，近地点轨道高度204 km，远地点轨道高度36 035 km，轨道倾角0.7°。卫星设计寿命3年。卫星采用自旋稳定姿态，有较强数据通信能力，可全天候对地球进行连续观测。主要功能是获取可见、红外和水汽云图像；利用上述数据提取海表温度、云分析图，云参数和风矢量等；从广泛分布的数据收集平台上收集和传送观测到的数据；广播 S-VISSR 数据，WEFAX 和 S-FAX 或处理过的云图；监测空间环境；可以以一小时为步长，获取我国绝大部分地区的气象数据。

卫星上的有效载荷有：

(1)可见光和红外自旋扫描辐射计(VISSR)，有 3 个光谱通道：可见光、红外和水汽。利用可见光通道可得到白天的云和地表反射的太阳辐射信息，利用红外通道可得到昼夜云和地表反射的红外辐射信息，利用水汽通道可得到对流层中、上部大气中分布的信息。利用这些原始云图信息，可加工处理出各种图像和气象参数。

(2)空间环境监测器，包括一台粒子监测器和一台 X 射线监测器，它们对卫星所在的空间环境进行监测，以保证卫星正常运行。

(3)数据收集平台，有 133 个通道，每个通道内又按时分方式容纳 30 个平台，整个系统可收集来自 4 000 个平台的资料。主要用于收集遍布全国各地的数据，收集平台所发送的气象、水文、地震等有关地球环境的资料，并向气象卫星地面站转发。

4.6.2 中巴资源 1 号卫星

中巴地球资源卫星是 1988 年中国和巴西两国政府联合议定书批准，在中国资源 1 号原方案基础上，由中、巴两国共同投资，联合研制的卫星(CBERS)。并规定 CBRES 投入运行后，由两国共同使用。资源 1 号卫星(CBERS-1)是我国第一代传输型地球资源卫星，星上 3 种遥感相机可昼夜观测地球，利用高码速率数字传输系统将获取的数据传输回地球地面接收站，经加工、处理成各种所需的图片，供各类用户使用。

CBERS 的轨道参数如下。

太阳同步回归轨道：平均高度，778 km；降交点地方时，10：30；回归周期，26 天；平均节点周期，100.26 min；每日圈数，14＋9/26；回归周期内的总圈数，373；相邻轨道间距离，赤道 107.4 km，北纬 20° 101.0 km；相邻轨道间隔时间，3 天(东移)；重叠率，赤道 4.9%，北纬 20° 10.7%。

CBERS 有效载荷如下。

三种传感器：电荷耦合器件相机(CCD)，红外多光谱扫描仪(IRMSS)，宽视场成像仪(WFI)，高密度数字磁记录仪(HDDR)，数据采集系统(DCS)，空间环境监测系统(SEM)，数据传输系统(DTS)。

1. CCD 相机

CCD 相机在星下点的空间分辨率为 19.5 m，扫描幅宽为 113 km。它在可见、近红外光谱范围内有 4 个波段和 1 个全色波段。具有侧视功能，侧视范围为 ±32°。相机(图 4-11)带有内部定标系统。波谱范围：B1：0.45～0.52 μm，B2：0.52～0.59 μm，B3：0.63～0.69 μm，B4：0.77～0.89 μm，B5：0.51～0.73 μm。该相机的主要特点在于：

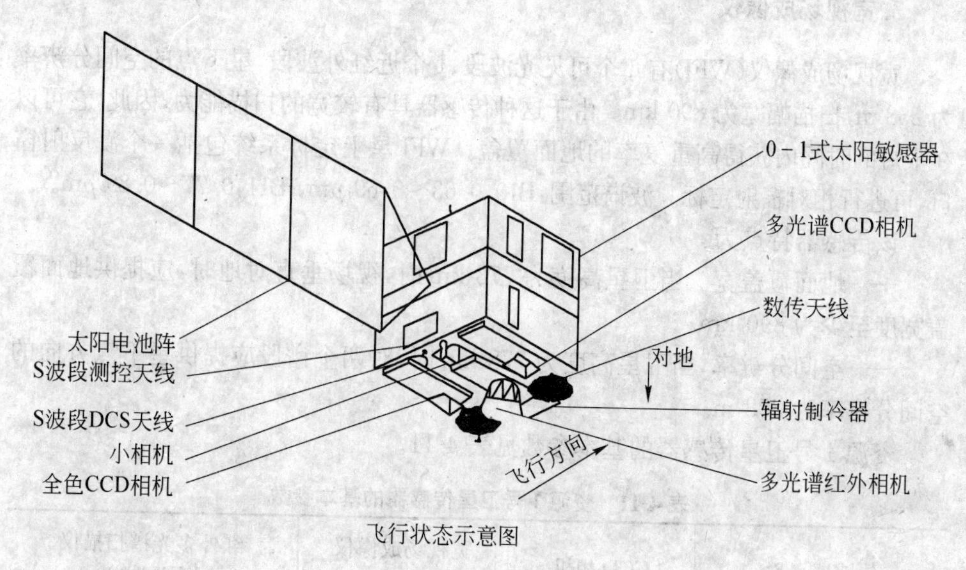

图 4-11 中巴资源 1 号卫星

——波段 1，2，3，4 与 Landsat 4～5 号星的专题制图仪(TM)和 7 号星的增强型专题制图仪(ETM)的 1，2，3，4 波段基本相同，但地面分辨率优于 Landsat。

——波段 5 与法国的 SPOT 卫星全色波段相同，也具有侧视能力，可以获得立体图像数据；与美国 Landsat 7 的全色波段相近，但地面辐射分辨率优于 SPOT 和 ETM。

——相机推帚幅宽 113 km，侧视范围可达 1 100 km。

2. 红外多光谱扫描仪

红外多光谱扫描仪(IRMSS)有 1 个全色波段、2 个短波红外波段和 1 个热红外波段，扫描幅宽为 119.5 km。可见光、短波红外波段的空间分辨率为 78 m，热红外波段的空间分辨率为 156 m。IRMSS 带有内定标系统和太阳定标系统。波谱范围：B6：0.50～1.10 μm，B7：1.55～1.75 μm，B8：2.08～2.35 μm，B9：10.4～12.5 μm；几何分辨率：B6-B8，77.8 m；B9，156 m。

该扫描仪的主要特点如下：

——B7，B8，B9 和美国 Landsat TM、ETM 的 5，6，7 波段相同。

——B6，B7，B8 空间分辨率为 77.8 m。B9 的空间分辨率为 156 m，都低于 TM、ETM 有关波段。

3. 宽视场成像仪

宽视场成像仪（WFI）有 1 个可见光波段、1 个近红外波段，星下点的空间分辨率为 258 m，扫描幅宽为 890 km。由于这种传感器具有较宽的扫描能力，因此，它可以在很短的时间内获得高重复率的地面覆盖。WFI 星上定标系统包括一个漫反射窗口，可进行相对辐射定标。波谱范围：B10，0.63～0.69 μm；B11，0.77～0.89 μm。

该传感器特点为：

——地面覆盖宽。当卫星高度为 778 km 时，视场垂直对地时，应提供地面覆盖宽度至少为 890 km。

——空间分辨率，当卫星高度为 778 km 时，对两个谱段应提供星下点方向的空间分辨率为 258 m。

资源 1 号卫星传感器的基本参数见表 4-11。

表 4-11 资源 1 号卫星传感器的基本参数

传感器名称	CCD 相机	宽视场成像仪（WFI）	红外多光谱扫描仪（IRMSS）
传感器类型	推帚式	推帚式（分立相机）	振荡扫描式（前向和反向）
可见/近红外波段/μm	1：0.45～0.52 2：0.52～0.59 3：0.63～0.69 4：0.77～0.89 5：0.51～0.73	10：0.63～0.69 11：0.77～0.89	6：0.50～0.90
短波红外波段/μm	无	无	7：1.55～1.75 8：2.08～2.35
热红外波段/μm	无	无	9：10.4～12.5
辐射分辨率/bits	8	8	8
扫描带宽/km	113	890	119.5

续表 4-11

传感器名称	CCD相机	宽视场成像仪(WFI)	红外多光谱扫描仪(IRMSS)
每波段像元数	5 812像元	3 456像元	波段6,7,8:1 536像元 波段9:768像元
几何分辨率(星下点)	19.5 m	258 m	波段6,7,8:78 m 波段9:156 m
侧视功能	有(−32°～+32°)	无	无
视场角/(°)	8.32	59.6	8.80

4. 高密度数字磁记录仪

除了上述3种传感器外,资源1号卫星在星上还配有一台高密度数字磁记录仪,用以记录所需地区的CCD相机观测数据,待卫星进入地面站接收范围内,再将记录数据进行回放,并由地面站进行接收。星上高密度数字磁记录仪的主要技术指标为:记录/重放码速率为53 Mb/s;误码率≤1×(10^{-6});记录/重放时间均不小于15 min。

资源1号卫星可提供两种类型产品:数字图像产品和光学图像产品。

——数字图像产品:资源1号卫星可提供CCD相机(1～5波段)、IRMSS扫描仪(6～9波段)和WFI宽视场成像仪(10,11波段)的数据产品,可提供的数字图像产品包括5个级别。

1级产品:未进行几何校正,经过辐射校正。

2级产品:辐射校正与1级相同,进行了系统几何校正。

3级产品:辐射校正与2级相同,进行了系统几何校正,并以一系列地面控制点为基础的二维几何精校正。

4级产品:在3级产品的基础上,利用地面高程模型(DEM)进行了地形视差校正。

5级产品:经过深层处理的遥感专题制图和影像图。

——光学图像产品:中国资源卫星应用中心暗室生产的资源1号卫星光学图像产品的种类如下。

彩色正片:1∶100万卫星图像成像比例尺;

彩色负片:1∶100万卫星图像成像比例尺;

黑白胶片:1∶100万卫星图像成像比例尺;

彩色图像:1∶100万,1∶50万,1∶25万,1∶10万,1∶5万卫星图像成像比例尺;

黑白图像:1∶100万,1∶50万,1∶25万,1∶10万,1∶5万卫星图像成像比例尺。

小　结

本章简要介绍了卫星遥感的基础理论知识,按照空间分辨率的大小不同,对目前应用较多的各种卫星如 Landsat、SPOT、MODIS、资源1号等的情况做了基本的概述。

由于遥感物理机制的原因,卫星遥感的诸多参数,如轨道参数、影像周期、影像空间分辨率等,相互之间存在着多种内在的联系与制约。用遥感物理原理去分析这些联系,解释遥感影像上的种种现象,关系到能否深层次地应用遥感影像,准确地提取与挖掘影像所表达的信息。

遥感卫星在一条近似于圆形轨道上围绕地球旋转,由于地球自转原因,遥感卫星每旋转一周,地球旋转了相当大的一个角度,卫星相邻两次旋转的星下点在地面的轨迹要相隔很远的距离。又由于一天围绕地球旋转的圈数不是一个整数,但又接近一个整数,因此使当前轨道相比前一天轨道产生一个东向或西向的移动。每一天的这种移动经过若干天又基本回到原轨道上,这就是所谓遥感卫星运行周期。利用这种现象,使卫星影像能够没有遗漏地、但有重叠地覆盖地球大部分地区。

遥感卫星是等立体角扫描成像,对于影像上每一像元对应的地面单元与传感器构成的立体角都是相等的。但是由于地面单元与传感器的距离不同、方位不同,又加上地球曲面的影响,像元对应地面单元面积是互不相等的,星下点对应的单元面积最小,即影像上图像比例尺最大;逐渐远离星下点的单元面积随之逐渐放大,相应图像比例尺逐渐减小。根据进一步计算分析可以知道,非星下点像元对应地面单元在纵向与横向的尺寸也是不等的,纵向较短,而横向较长。中、低空间分辨率遥感影像在应用时需要考虑一景影像中图像比例尺分布不一致的问题。

按照成像空间分辨率划分可分为低、中、高3种遥感影像数据。这种划分完全是人为划分,并非有严格的科学标准。一般认为,百米、千米空间分辨率认为是低空间分辨率,目前典型数据有 NOAA 气象遥感卫星数据、MODIS 遥感卫星数据。10 m 至数十米空间分辨率认为是中空间分辨率,目前典型数据有 TM、SPOT 遥感卫星数据。米级与亚米级空间分辨率认为是高空间分辨率,目前典型数据有 IKNOS、Quick Bird 遥感卫星数据。

卫星遥感摄取影像的方式有两种：光机摆镜扫描方式与CCD线性阵列框幅扫描方式。前者用于大尺度、中低空间分辨率的遥感技术中，扫描轨迹在地面上呈现“之”字形，存在着像元地面单元相互重叠与空白的现象，不利于影像处理与应用，但适应于大视场角度摄影；后者用于小尺度、高空间分辨率的遥感技术中，扫描轨迹在地面上划出相互平行的直线条带，有利于影像处理与应用，只能用于小视场角度摄影。两种摄影方式的影像都是多中心投影，一个扫描带各有一个投影中心。

高空间分辨率遥感影像东西向跨幅很小，垂直摄影成像需要周期很长。为此，遥感卫星采取斜视成像的方法。斜视有两种：左方或右方侧视与前向或后向斜视，其效果都能减小成像周期，提高遥感的时间分辨率。斜视成像降低了影像的空间分辨率，同时也影响了影像的清晰度。

卫星遥感技术经过长期的发展，目前有多个国家数以百计的多种遥感卫星在空中工作。卫星遥感影像的技术指标有多种，空间分辨率从亚米级、米级、十米级直到百米级、千米级，其光谱分辨率、辐射分辨率也有相当的提高。每一种遥感卫星、每一组技术参数指标适应于某一类应用领域。气象应用领域需要低空间分辨率、高辐射分辨率的遥感影像数据；农业应用领域需要中空间分辨率、高光谱分辨率、高辐射分辨率的遥感影像数据；而城市规划、土地资源管理、气象需要高空间分辨率、中辐射分辨率的遥感影像数据，如此等等。合理选择遥感影像数据不仅可以保障达到既定的应用目标，而且还可以节约经费，达到事半功倍的效果。

思 考 题

1. 试比较卫星遥感与航空遥感在成像机理、影像特点上有哪些相同与不同点，并解释为什么航空遥感影像的质量一般都要高于卫星遥感影像。

2. 为什么地球静止轨道只有一条？为什么通常地球静止卫星的飞行轨道离地面都很高？飞行高度对于对地球的观测覆盖面有何影响？

3. 某遥感卫星绕地球旋转一周的周期为102.35 min，请判断该卫星轨道1天以后是东移还是西移，移动多少千米？(地球半径为6 371 km)这种西移或东移对遥感影像覆盖全球有什么影响？对立体成像有什么用处？

4. 为什么说遥感卫星的星下点的确切位置在卫星飞行一个周期后不可能完全重合？

5. 请总结Landsat系列卫星的各传感器的特点。

6. MODIS遥感卫星相比气象卫星在技术参数上作了哪些改进，这些改进对于从遥感影像上提取信息有什么好处？

7. Landsat 遥感卫星要求星下点成像的时间是在上午 9:30～10:30，其先决条件是什么？

8. Landsat 卫星遥感图像是多中心投影，其原因是什么？卫星遥感能否采取框幅式一瞬间大面积摄影成像，为什么？

9. 为什么 Landsat 卫星要选用中高度、近极地的近圆形轨道？

10. 遥感卫星轨道平面大都选用 99°左右倾角，试问这种倾角有什么好处？

11. SPOT 卫星技术参数有哪些特点？

12. 试比较 AVHRR 数据和 MODIS 产品数据的异同点。

13. 用遥感卫星监测森林火灾，请问选择什么波段？为什么？

14. IKONOS 卫星具有前后方斜视的功能，其目的是什么？左右侧视是否能具有同样的功效？

15. 可见光-多光谱遥感影像都是呈菱形，其原因是什么？在北半球与在南半球的菱形是否走向一样，为什么？

16. 为什么说高空间分辨率遥感卫星采取斜视，包括左右侧视与前后斜视，能够提高遥感影像的时间分辨率？进一步请思考左右侧视与前后斜视在成像的几何误差方面哪一种更好一些。

17. 为什么对于高空间分辨率遥感卫星中采取 CCD 线性检测器件阵列比常规的摆镜在成像质量上要好？

参 考 文 献

[1] 孙家柄. 遥感原理与应用. 武汉：武汉大学出版社，2003.

[2] 邓良基. 遥感基础与应用. 北京：中国农业出版社，2002.

[3] Thomas MLillesand, Ralph W Kiefer. 遥感与图像解译. 4 版. 彭望录，余先川，周涛，等译. 北京：电子工业出版社，2003.

[4] 张永生. 高分辨率遥感卫星应用. 北京：科学出版社，2004.

[5] 林培. 农业遥感，北京：北京农业大学出版社，1990.

[6] 戴昌达. 遥感图像应用处理与分析. 北京：清华大学出版社，2004.

第5章 微波遥感

5.1 微波遥感概述

5.1.1 微波遥感的概念

微波遥感是工作在电磁波微波区段的遥感。微波遥感包含被动微波遥感与主动微波遥感两种。这里所谓的“被动”与“主动”是对遥感工作光源而言的，“被动”是指遥感利用自然光源，而“主动”是指遥感利用遥感传感器自身的人造光源。因而，被动微波遥感是指遥感工作光源采用自然地物电磁波辐射的微波区段的遥感，而主动微波遥感是指遥感传感器自行发射微波并接收经地物对此微波反射或散射回波的遥感。主动微波遥感使用人工微波光源，使用这种光源的优点是增加了人的主动性，人们可以根据测试目标的需要选择适合的波长以及微波的种种技术参数，以改善从遥感影像获取信息的实际效果；但缺点是增加了遥感影像数据噪声的来源，降低了信噪比。这是因为人工发射微波过程中，设备本身不可避免地要掺杂进噪声信号，比如设备因热而产生的布朗运动热噪声就是一种噪声信号。人工发射电磁波，主要是微波，并接收该电磁波用以进行物体探测与测量的技术被称为雷达技术。雷达一词来自英文“radar”的音译。“radar”又是无线电探测和测距(radio detection and ranging)的缩写。需要说明，一般的雷达技术并不能够成像，只能够做点对点，包括对运动着的飞行器的探测、测距，只有雷达遥感才能生成影像。主动微波遥感通常被人们称之为雷达遥感，又由于被动微波遥感不常用，进而在很多场合将微波遥感与雷达遥感之间画上了等号，严格讲来，这两者还有一定的区别。本章将主要叙述主动微波遥感，即雷达遥感的工作原理及技术应用。对于被动微波遥感，本章在后面也作适当介绍。

5.1.2 雷达遥感的技术特点

本书在第1章中已经提到，雷达遥感与可见光-多光谱遥感是沿着两条完全不同的技术路线发展起来遥感技术。从应用角度，雷达遥感给人们最深的印象是它的全天时、全天候的技术优势，这一优势可以使它能够在有云、甚至在阴雨气候条件下正常获取影像数据，成为遥感技术中一种不可替代的影像数据获取的手段。事实上，雷达遥感的技术优势与技术特点还不仅于此，它的优势与特点还有：

——侧视成像。雷达遥感一律采用侧视成像。注意，这里的"侧视"与人们肉眼的侧视观察地物从投影原理到实际效果都很不一样，但有一点是共同的，即在侧视的方向上对地物的高程变化、甚至是超出遥感空间分辨率设置的地物形状，包括微地形变化、水面波浪等都十分敏感，由此在雷达影像上可以获取更为细节的地面信息，比如农田的垄沟、水面的波浪等。

——对地表有一定的穿透能力，能够获取地下一定深度的信息。在土壤干燥或地面有积雪情况下，长波长的雷达波可穿透地表一定深度的土壤或积雪，理论上最深可达 60 m(L 波段、干沙)。这一技术特点可以将雷达遥感用来进行地下金属管网的测试与山地及南北两极积雪区域的测量。

——对于地物的物理性状比较敏感，这些物理性状包括有：湿度、电导率(介电常数)、地物表面粗糙度等。这里，地物电导率的不同可以用来区分一般的金属与非金属、盐碱地与一般耕地等，因为金属地物、盐碱地的电导率通常要远远大于非金属、一般耕地，这些特点决定着它在农业、军事等方面具有重要应用价值。

当然，雷达遥感与其他事物一样，优点与缺点总是相伴而生的，雷达遥感技术过程复杂，对于起伏地形，几何误差、回波强度测试误差大，误差校正困难，雷达遥感影像在数据信噪比以及影像信息提取方面还存在着种种缺陷，对于它与可见光-多光谱遥感的技术优缺点的全面分析，在本章的最后将要具体介绍。

5.1.3 雷达遥感技术发展情况

雷达原本是由地面向空中发射微波去探测空中飞行物的军事装备，这种装备从 20 世纪初一直沿用到现在。20 世纪 50 年代初，就有人将雷达装置安置在飞机上，由空中对地面进行摄像，这就是真实孔径雷达遥感的由来。真实孔径雷达遥感最大的问题是空间分辨率不高，成像雷达设备笨重庞大，不利于实际应用。50 年代至 70 年代，电子技术突飞猛进，使合成孔径雷达的设想能够成为现实，70 年代出现了合成孔径雷达遥感。1978 年，美国首次发射了合成孔径雷达海洋遥感卫星(Seasat)，开拓了雷达卫星遥感的新阶段。当时这颗雷达遥感卫星的主要技术参数为：空间分辨率为 25 m，卫星轨道高度 800 km，L 波段，HH 极化，入射角为 20°。此后，加拿大、美国、日本、欧共体、以色列等国家与国际联盟相继发射了多颗雷达遥感卫星。目前正在工作的主要雷达遥感卫星的技术参数见表 5-1。

表 5-1 目前工作的雷达遥感卫星技术参数一览表

型号	国家与国际联盟	波段	极化方式	分辨率/m
SIR-A	美国	L	HH	40
SIR-B	美国	L	HH	25
钻石-1	前苏联	S		10～15
ERS-1	欧空局	C	VV	6～30
JERS-1	日本	L	HH	18
SIR-C/XSAR	美国/德国意大利	L、C/X	4种	25
Radarsat	加拿大	C	VV	10
Eos-SAR	美国	L、C、X	4种	10

雷达遥感技术的发展趋势为一颗卫星载荷多种类、高性能遥感传感器，即包括多波段、全极化、侧视角度可调、实时数字影像数据传输等技术性能，形成高性能、多种成像方式的遥感系统。1998 年美国实施“数字地球”发展战略，在 3 个月之间获取全球 3 m 分辨率的遥感影像就是使用的雷达遥感卫星数字成像技术。目前，美国最先进的雷达卫星遥感的最高空间分辨率可达 0.3 m，用于军事。

5.2 微波传感器

微波是介于红外和无线电波之间的电磁波，波长由 3 mm 至 1 m 之间的电磁波一般定义为微波。在微波波段绝大部分波长范围内，电磁波的传输几乎不受大气的影响。因而微波遥感器，具有特殊的技术优势。

云、雨、烟雾对微波传输影响是十分有限的。实验表明，只有当波长小于 3 cm 时，才有明显的影响。另外，作为有源微波传感器的雷达，所接收的是地物对于雷达传感器发出的电磁波信号的反射波(回波)，而不依赖于太阳光对于地物的照射。微波传感器在夜间、阴雨天也可以正常工作。因而微波遥感被称作是全天时、全天候遥感。

按照不同微波传感器所使用的电磁波波段，将微波人为分 8 个波段。每个波段有各自代号。注意，微波传感器凡是工作波段在这 8 个波段中任何一个波段的某一段范围，不一定覆盖整个波段范围，都称作对应的波段代号。比如，某传感器工作波段是 4～6 cm，这个波段正好在 C 波段(3.75～7.5 cm)，称此传感器的工作波段为 C 波段。工作在不同波段的微波传感器具有不同的功能与特点，可以根据不同的工作任务选择适当的微波传感器(表5-2)。图5-1显示了大气对于不同波长微波吸收的函数曲线,从图可以看出,只有C波段以下(波长大于3 cm)的微波传感器才可以做到全天时、全天候对地观测,因为此时大气中的云、雨、烟雾对微波的吸收不足5%。微波传感器全天时、全天候对地观测的技术优势确立了它在诸多类型遥感传感器中独特的、不可被其他传感器所替代的重要地位。

表5-2　微波遥感传感器的波段划分

波段	波长/cm	频率/MHz
Ka	0.8～1.1	40 000～26 500
K	1.1～1.7	26 500～18 000
Ku	1.7～2.4	18 000～12 500
X	2.4～3.8	12 500～8 000
C	3.8～7.5	8 000～4 000
S	7.5～15	4 000～2 000
L	15～30	2 000～1 000
P	30～100	1 000～300

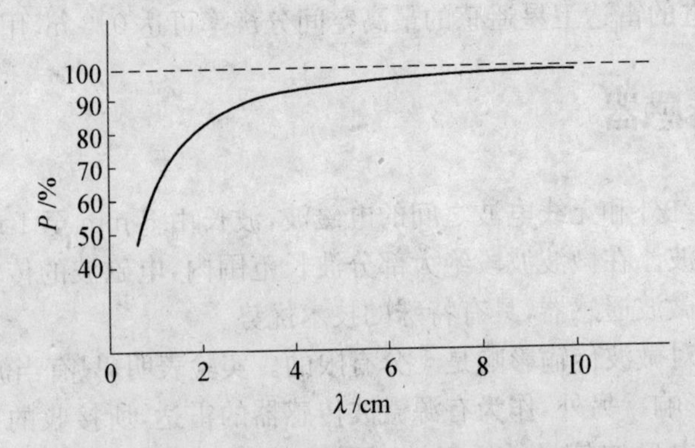

图5-1　大气中的云、雨、烟雾对微波的透射函数曲线图

微波不但对大气中的云雾有相当强的穿透能力,而且对地表还有一定的穿透能力,这种穿透能力的大小取决于微波的波长以及地表土壤的湿度:微波波长越长、土壤越干燥,穿透能力就越强。微波的这种穿透能力可以用图5-2表示,由图5-2可看出,在土壤完全干燥情况下,L波段微波可穿透60 m厚的干沙。此外,金属对微波有很强的反射作用,基本不吸收微波,这就是说,当有一束微波照射到金属面上时,金属几乎会全部将其反射。微波的这些特性决定着微波遥感具有广泛的应用价值与应用前景。军用雷达正是利用微波这一特性实现由地面对空中飞机目标进行自动侦查、探测的。雷达遥感与地对空军用雷达在原理上有共同之处,雷达遥感是由空中向地面发射并接受微波回波;而军用雷达正相反,由地面向空中发射并接受微波,两者在获取雷达微波后的处理方法上不同。

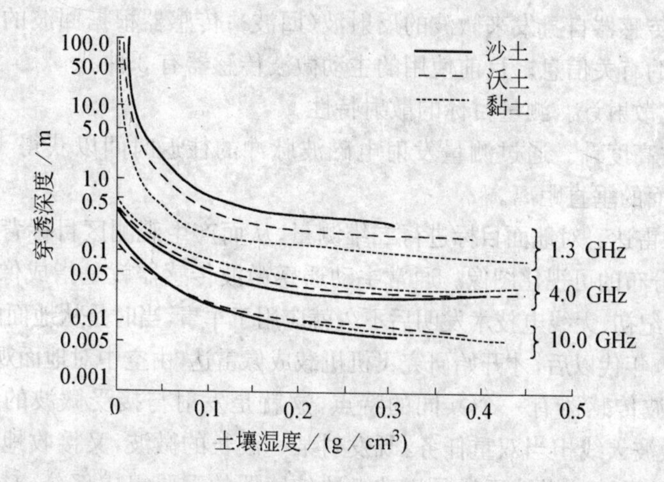

图 5-2　微波对土壤穿透特性示意图

微波传感器可以分为被动(passive)无源微波传感器和主动(active)有源微波传感器。实际工作中,目前应用较为普遍的合成孔径雷达就是主动微波传感器。

1. 被动遥感微波传感器

微波辐射计是被动微波传感器,所测量的是地物目标及大气各种成分的微波辐射特性与亮度温度特性。机载微波辐射计实测亮度温度分辨率已达 0.2 K。由普朗克黑体辐射定律(参见第 2 章)可以看到,自然界物体的辐射,包括太阳辐射,在微波波段,其单位面积的辐射能量相比它们辐射能量的峰值已经很小了。任何一种传感器,自身都要产生热噪声。被动遥感微波传感器为了获取地物目标信息,必须获取其足够大的辐射能量,超过传感器自身产生的热噪声能量,一般需要超过传感器自身热噪声能量的 1.4 倍以上,才能达到需要的信噪比,不致载荷目标地物信息的微波辐射能量被传感器噪声所“淹没”。这样就只有扩大传感器对地物目标微波辐射能量的收集范围,在微波传感器对辐射能量敏感度不变的情况下,以获取足够大的微波辐射能,达到对地物辐射能量所包含的信息加以识别的目的。从这里可以看出,被动遥感微波传感器的几何分辨率不可能很高,它受制于微波传感器对微波能量的敏感程度以及自身热噪声的高低。这是被动微波遥感不常使用的原因所在。

2. 主动微波传感器

这种传感器具有向探测目标发射指定微波波段电磁波的能力。传感器接收目标地物对传感器自身发来微波的反射波(回波);传感器根据回波的强弱就得到了相应地物的有关信息。目前使用的主动微波传感器有 3 种。

(1)微波散射计。测量目标的散射特性。

(2)微波高度计。通过测量发射电磁波脉冲的往返时间以获得飞机、卫星等飞行器到地面的垂直距离。

(3)成像雷达。对地面目标进行二维测量,从而产生观测区目标背景电磁波散射特性几何分布的可视化图像。通常主动遥感微波传感器就是指成像雷达。这一技术在 20 世纪初、无线电技术发明后不久就应用于军事,当时是从地面向空中探测,从 20 世纪 50 年代以后,才开始研究飞机机载成像雷达,由空中对地面观测。

主动微波传感器有一个共同的特点,这就是发射与接受微波的天线是同一个,即这种微波天线担当双重任务:既发射某一波长的微波,又接收地面反射回来的这一波长的微波。微波天线是主动微波传感器的重要组成部分,对微波探测质量有着决定性的影响。目前,主动微波传感器既可以装载在卫星上,也可以装载在飞机上。卫星或飞机作为遥感平台,装载成像雷达传感器,并与地面指挥控制系统、雷达图像数据处理系统集成在一起,就构成了雷达遥感系统。

雷达遥感与可见光-多光谱遥感在技术上是相互补充、优势互补的一种遥感技术手段。雷达遥感在成像机理上完全不同于可见光-多光谱遥感,在雷达遥感中出现的许多现象在可见光-多光谱遥感中是完全没有的。如果说将人的眼睛也看作是一种可见光-多光谱遥感传感器的话,那么,人眼观察地物产生的种种视觉与可见光-多光谱遥感中所获取的种种信息及现象有许多类似之处,诸如近大远小的透视现象、彩色合成现象、立体成像现象等等。事实上,可见光-多光谱遥感的一些技术,比如彩色合成、立体成像等,都是从研究眼睛成像原理出发,将人眼睛成像原理在现代光电技术、计算机技术条件下加以改造,这是可见光-多光谱遥感发展的一条重要技术途径。在以下雷达遥感的研究与学习中,却完全不同于可见光-多光谱遥感,如果用人的视觉去推测雷达遥感图像上的种种现象,并用来解译雷达遥感图像,就要犯错误,比如本章下一节将要叙述视觉中近大远小的透视现象在雷达遥感中却不适用,而且恰恰相反:即与雷达天线近的地物在距离方向上成像小;反之,与雷达天线远的地物在距离方向成像却变大。这点请读者在学习本章内容中,注意与可见光-多光谱遥感加以对比进行学习,从而加深对两种遥感技术的理解。

5.3 真实孔径与合成孔径雷达遥感的成像机理

5.3.1 雷达成像原理

雷达遥感成像时雷达波束与地面的几何关系可用图 5-3 表示。遥感平台(飞机、卫星等)飞行轨迹在地面的投影称为地面航迹,在遥感平台飞行的同时雷达天线向其正侧下方地面发射一束雷达波(电磁波)。随着遥感平台飞行,不断发射的电磁波扫过地面,形成一个成像条带,见图 5-3(a)、(b)。雷达波束与水平线的夹角成为雷达俯角。遥感平台发射的"楔形"雷达波束有这样的特点:在飞行方向(X向)或称航迹方向波束很窄,集中射向一个地物目标,见图 5-3(c)中的 AB 目标;而在垂直航迹方向(Y 向)或称距离方向,雷达波束张开一定角度,这个方向上的角度决定雷达波束摄像的取景宽度,如图 5-3(b)显示。随着遥感平台向前飞行,成像雷达摄像不断向前延伸,即由纸面向纸外延伸。由图 5-3(b)可以看到,在某一个瞬间,雷达波扫描带中不同地点 A_1 与 A_2 到遥感平台的斜距是不同的,即雷达波束首先到达地面 A_1,A_1 点首先散射,因而这点反射回波首先回到遥感平台,其次是 Y 轴方向更远一点的 A_2 点,再次是 A_3 点,…,A_n 点。

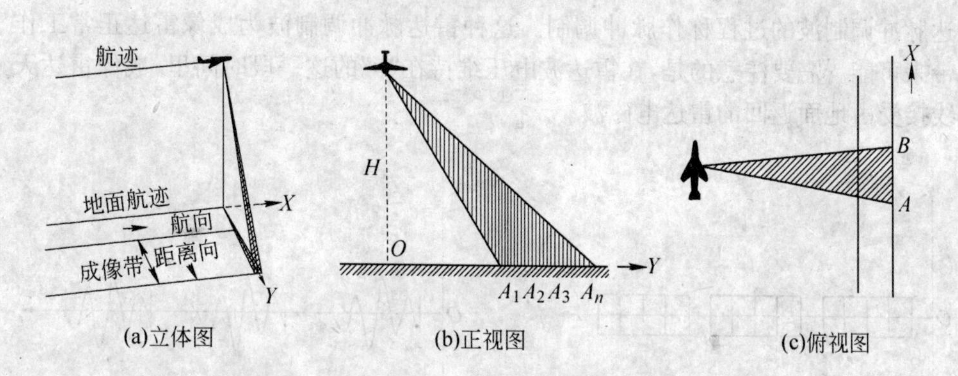

图 5-3 雷达遥感中雷达波束与地面几何关系示意图

雷达遥感图像能否将 A_1,A_2 点分辨出来,取决于传感器对 A_1,A_2 回波到达时间差的分辨能力。通常,成像雷达发射出来的微波波束是脉冲调制波,其波形如图 5-4 所示。这种波形函数曲线的横坐标表示时间,纵坐标表示电压。从这种波形图来看,雷达波的电压是脉动的,即在某一瞬间,电压达到某一有限数值,而这一瞬间过后的另一瞬间,电压立即降为"0"。这种脉冲雷达波称作脉冲调制波。

以极短的时间尺度衡量，雷达波电压维持在有限值或为“0”都有一定的时间。雷达波电压维持在有限值的时间被称作脉冲调制波的脉冲宽度，通常用 τ 表示，而脉冲宽度加上雷达波电压维持在“0”的一段时间被称作脉冲调制波的周期，用 T 表示。通常，雷达波电压维持在有限值的时间比维持在“0”的时间总要短许多。注意这里所说的雷达脉冲调制波的脉冲宽度或者脉冲周期不能与雷达电磁波的周期相混淆。事实上，雷达脉冲调制波的周期要比雷达电磁波的周期长得多，通常要长 10 倍以上，即在雷达脉冲调制波的一个脉冲宽度时间内，雷达电磁波电压变化已完成数十次、甚至数百次以上的变化。对于雷达脉冲调制波可以形象地描述为是一种在时间上有规律的断续发射的电磁波。这种电磁波幅度被调制的脉冲波被称作脉冲调幅波（altitude modulation，AM）；如图 5-4(a)所示。实际工作的雷达波是另一种叫线性调频波（frequency modulation，FM）的脉冲调制波，即在一个脉冲宽度时间内调制波的频率是作线性变化的，如图 5-4(b)所示。图 5-4 示意性地显示了两种调制波的波形以及雷达脉冲调制波与雷达电磁波两者之间的关系。从图 5-4 还可以看出，在极短的一个瞬间，脉冲线性调频波的振荡波幅是很大的，这一个瞬间的微波能量甚至可以与阳光照射到地球的能量相比拟，这就是为什么微波遥感能够从很远的太空穿越大气能够成像的原因。发射这样的脉冲线性调频波在现代电子技术支持下是可以实现的。人为地将雷达电磁波变为雷达脉冲调制波的过程称作脉冲调制。这种雷达脉冲调制波为成像雷达正常工作带来可能。需要注意的是，在雷达波电压维持在“0”的这一段时间里，成像雷达天线接受由地面返回的雷达电磁波。

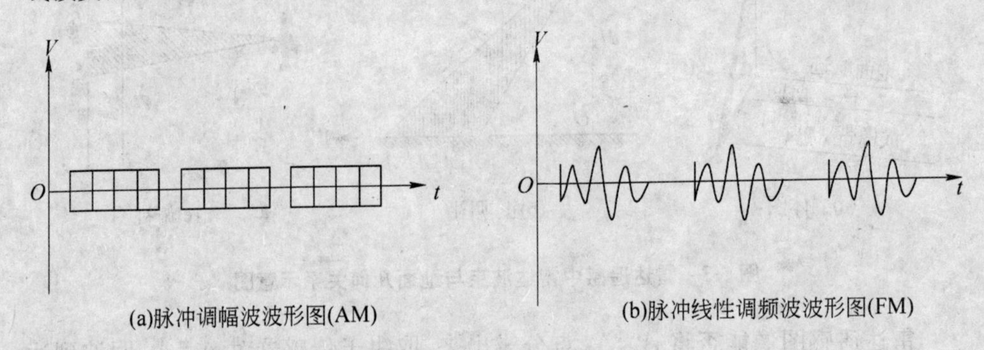

图 5-4　雷达脉冲调制波波形图

最初的雷达遥感成像过程可以由图 5-5 来说明。图 5-5 与图 5-3(b)完全一致，所不同的是图 5-5 的右上方示意性地画出了成像雷达中的阴极射线管，这一阴极射线管荧光屏上周期性地生成由像素点组成的扫描线，像素点自左向右延伸形成一行扫描线。一个像素点对应着雷达波束由近向远在一个雷达脉冲调制波的脉冲宽度时间内扫过地面的一个成像单元。这个地面成像单元对雷达波总体反射或散射率越高，雷达回波越强，则在阴极射线管荧光屏上产生的像素点的亮度就越高。一开始，地面成像单元 A_1 在阴极射线管荧光屏上产生对应像素点 a_1、接着地面成像单元 A_2 产生像素点 a_2，……直到地面成像单元 A_n 产生像素点 a_n，成像雷达至此完成一个扫描周期。与此同时，与阴极射线管荧光屏相对的照相机胶卷将此扫描线拍下，记录下来。在成像雷达一个扫描周期内，雷达遥感平台可以看作是"静止"的。完成一个扫描周期后，雷达遥感平台又向前飞行了一段距离，雷达波束扫描又重新如前所述开始，照相机胶卷也相应向前拉出一个像素点的距离，记录下一条扫描线。这样成像雷达一行又一行扫描下去，照相机胶卷一行又一行地记录，最终形成了一幅雷达遥感影像。当然现在雷达遥感的成像传感器不必用照相机胶卷记录地物散射率的信息数据，而直接用计算机记录，雷达影像就成了数字影像。

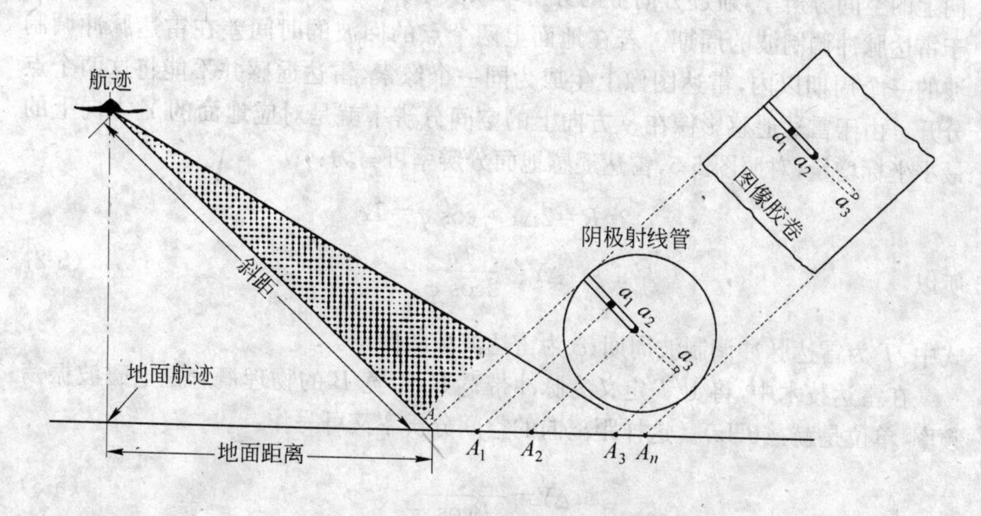

图 5-5　雷达遥感成像过程示意图

为表述方便，我们约定：以下遥感影像上的坐标用小写 x，y 表示，而对应地面上的坐标用大写 X，Y 表示。

由以上成像雷达扫描成像的过程来看，可以得到以下几个结论：

(1)雷达遥感影像在同一 x 坐标下(即同一扫描行) y 方向上坐标增量与相应地面的两点到雷达天线斜向距离(简称斜距)的差成正比，这一结论可用式 5-1 表达。这是因为这两点到雷达天线的斜距差越大，造成雷达回波的时间差就越大，因而在阴极射线管荧光屏上两个像素点的距离就越大，造成影像在 y 方向上坐标增量越大。

$$\Delta y \propto 2\Delta R / c \tag{5-1}$$

式中：Δy 为 y 坐标增量；ΔR 为斜距差；c 为光速。

斜距差又称作光程差，两地物的光程差决定着它们在影像上的距离。这是雷达遥感最大的特点之一。这一特点将雷达遥感与被动遥感在投影成像与影像解译上显著区分开来。被动遥感是中心投影或多中心投影，而雷达遥感的投影称作斜距投影，地物在影像上的 y 坐标位置完全取决于斜距。斜距投影在地表不平的山区会产生与中心投影或多中心投影完全不同的成像效果。这一特殊现象在本章后面将要详加分析。注意，斜距差 ΔR 前有一个系数"2"，这是因为雷达回波的时间差应为斜距差的两倍除以光速"c"。

(2)雷达遥感在距离方向(Y 方向)上的空间分辨率(注意：这里仅仅是距离方向上的空间分辨率，航迹方向上的分辨率取决于另一个因素，见下面分析)。取决于雷达脉冲调制波的周期。若在地面上两个点的回波的时间差在雷达脉冲调制波的一个周期以内，雷达图像上生成为同一个像素，雷达遥感并不能将这两个点分开。由于雷达遥感影像在 y 方向上的空间分辨率就是对应地面的 Y 方向上的最小坐标增量，对照图 5-5，雷达遥感地面分辨率可写为：

$$2\Delta R = 2\Delta Y \cdot \cos\varphi = Tc$$

所以

$$\Delta Y = \frac{Tc}{2\cos\varphi} \tag{5-2}$$

式中：T 为雷达脉冲调制波周期；φ 为雷达波束的俯角。

在雷达技术中，将 $1/T$ 定义为脉冲带宽 B，带宽 B 的物理概念是电磁波振荡频率，单位是赫兹(Hz)。这样距离向的空间分辨率又可写作：

$$\Delta Y = \frac{c}{2B\cos\varphi} \tag{5-3}$$

如果这个脉冲带宽越宽，距离方向的空间分辨率就越高。需要注意的是，距离方向的空间分辨率与雷达遥感平台的飞行高度无关，这是因为遥感平台沿着雷达波束向左上方升高[参见图 5-3(b)或图 5-5]，地面点 $A_1, A_2, A_3, \cdots, A_n$ 中，任意相邻两点之间到遥感平台斜距的差并不随平台向左上方升高而发生改变。这是卫星雷达遥感尽管平台飞行高度很高，仍能够得到高空间分辨率的一个重要原因。

(3)从式(5-3)可以看出，在雷达脉冲调制波的脉冲带宽一定的情况下，雷达遥感在距离方向上的空间分辨率还与雷达波束侧视倾斜角 φ 有关，波束侧视倾斜角又称波束俯角，这个角度越小，距离方向的空间分辨率就越高。反之，极端地说，

当波束俯角 φ 趋近于 90°，即雷达波束正射地面，此时地面分辨率趋近于无穷大，雷达遥感就完全不能将对应正常的地面距离为 ΔY 的相邻单元区分开来。这就是雷达遥感不能正射、必须侧视获取影像的原因。当然，在实际工作中波束俯角 φ 也不能无限小，因为过小，地面单元对于雷达天线的立体角就过小，散射截面就过小，回波能量过小，传感器接收不到。

应当指出，当波束俯角 φ 趋近于 90°，即垂直于地面时，式(5-3)不适用，地面分辨率趋近于无穷大也仅仅是根据式(5-3)得到的结果，实际上，此时地面分辨率并不趋近于无穷大。因为在推算式(5-3)时，忽略了在地面距离为 ΔY 两端雷达波束侧视倾斜角 φ 仍有差异，随着侧视倾斜角 φ 的减小，这个差异减小，以至可以忽略。但是当波束俯角 φ 趋近于 90°时，这个差异是不能忽略的，此时参照图 5-6，可作如下计算。

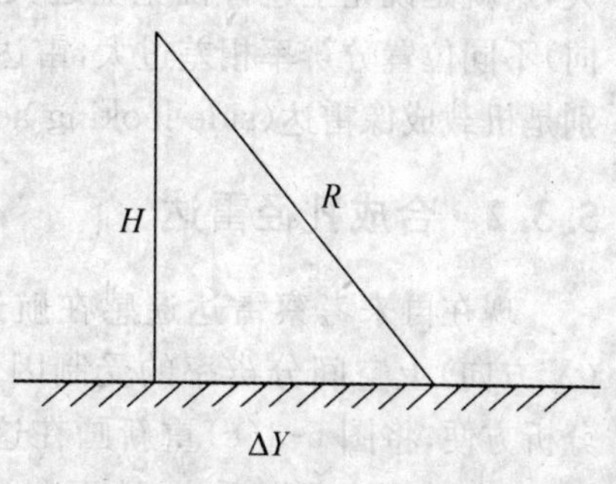

图 5-6 雷达波束垂直地面时几何分辨率分析图

根据图 5-6 的符号设置，有：

$$R=\sqrt{H^2+\Delta Y^2} \tag{5-4}$$

垂直波束与侧向波束的光程差为：

$$\Delta R=R-H=\sqrt{H^2+\Delta Y^2}-H \tag{5-5}$$

雷达电磁波走过这一光程差的两倍所需要的时间应当等于雷达脉冲调制波的周期，因而：

$$2\Delta R/c=T \tag{5-6}$$

式中：T 为脉冲调制波的周期；c 为光速。这里 ΔY 是未知量，即待求量。将式(5-5)代入式(5-6)并经整理后有：

$$\sqrt{H^2+\Delta Y^2}=H+Tc/2$$

$$H^2+\Delta Y^2=(H+Tc/2)^2$$

$$\Delta Y=\sqrt{Tc\cdot(2H+Tc/2)/2} \tag{5-7}$$

读者作为练习，参见本章后的思考习题 1～3，代入具体实际数据进行计算。

对于同一幅雷达影像，严格理论意义上讲，在 y 方向上，由式(5-3)可知，不同 y 坐标，波束俯角 φ 也是不一样的，因而不同 y 坐标的像素点在地面上的对应单元的大小也是不一样的，换句话说，雷达影像不同 y 坐标位置理论上比例尺是不一样的：在 y 坐标小的位置，地面单元面积大(空间分辨率低，影像比例尺小)；反之，在 y 坐标大的位置，地面单元面积小(空间分辨率高，影像比例尺大)。如果将这一叙述反过来，在地面上的距离向划出同样大的间隔条带，而对应在影像上的宽度却依次增大，这就是说完全违背视觉上近大远小的常识。为不使同一幅影像上在 y 向(横向)不同位置分辨率相差过大，雷达遥感影像在 y 向的摄取宽度一般不能太宽，特别是机载成像雷达(side-looking aeroborne radar，SLAR)更是如此。

5.3.2 合成孔径雷达

现在再来考察雷达遥感在航迹方向(X 方向)上空间分辨率的受制因素。为分析方便，将图 5-3(c)重新画在这里，见图 5-7。从图中可以看出，地面上 A，B 两点对于雷达遥感传感器是分辨不出的，这是因为这两点在雷达同一波束内，A，B(在图 5-7 中是 A_i，A_{i+1})两点同时接收雷达波，同时散射，回波同时回到传感器天线，因而传感器视 A，B 两点之间的一段区域成像为一个点。在这个方向上，雷达波束张角愈小，x 方向上分辨率也就愈高。当然在 x 方向张开角度一定情况下，遥感平台航高 h 愈高，x 方向上分辨率也就愈差。理论与实验都证明，圆盘碟形天线的直径愈大，雷达波束在 x 方向的张角就愈小，即天线直径 D 与波束在 x 方向上张角 β 呈反比关系。理论证明，雷达遥感在航迹方向(X 方向)上空间分辨率可用式(5-8)来表示。

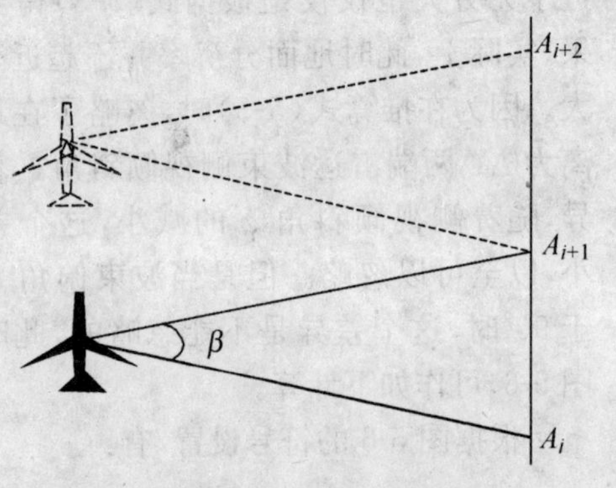

图 5-7 雷达遥感在航迹方向(X 方向)上空间分辨率

$$\Delta X=\frac{\lambda}{D}\cdot\frac{h}{\cos\varphi} \tag{5-8}$$

式中：ΔX 为航迹方向(X 方向)上空间分辨率；φ 为波束俯角；h 为遥感平台的航高；D 为天线直径；λ 为雷达波的波长。

由式(5-8)可看出，为了获取雷达遥感在 X 方向上的高分辨率，就必须加大雷达天线的直径(孔径)。以加大雷达天线来提高遥感图像 X 方向分辨率的遥感传感器称作真实孔径雷达(real aperture radar)。由式(5-8)还可以看出，在真实孔径雷达中，X 方向分辨率还与遥感平台的航高有关，这也是我们不希望的。由于飞机或卫星载荷条件的限制，雷达天线直径不可能无限制地加大，因而真实孔径雷

达遥感系统 X 方向的分辨率不可能很高，一般在几十米到百米的数量级，特别是对于卫星的真实孔径雷达遥感更是如此。现在作为成像雷达，真实孔径雷达遥感在多数场合已经被淘汰，取而代之的是合成孔径雷达遥感(synthetic aperture radar，SAR)。合成孔径雷达遥感与真实孔径雷达遥感的根本区别在于前者彻底摆脱了雷达遥感在 X 方向上的分辨率取决于天线直径以及航高的限制，它在成像机理上又一次进行了成功的突破，在技术上运用了现代高精度的电子测控技术，用小直径的天线却达到了巨大天线才可能达到的效果。

所谓合成孔径雷达是利用物理学多普勒效应实现的。多普勒效应是揭示当波源与波观察者(传感器)之间做相对运动时所产生的特殊效应。多普勒效应指出：当波源与波传感器做相反方向运动时[图 5-8(a)]，波传感器测试得到波的频率有减低的趋势；而当波源与波感受器做相对方向运动时[图 5-8(b)]，波传感器测试得到的波的频率有增高的趋势。多普勒效应被生活中发生的现象所证实，例如，两列火车相对行驶，一列火车发出汽笛声，在另一列火车上的人听来音调会发生显著变异(频率增高)，一直十分刺耳，两列火车相对运动速度越快，这种音调变异则越大。

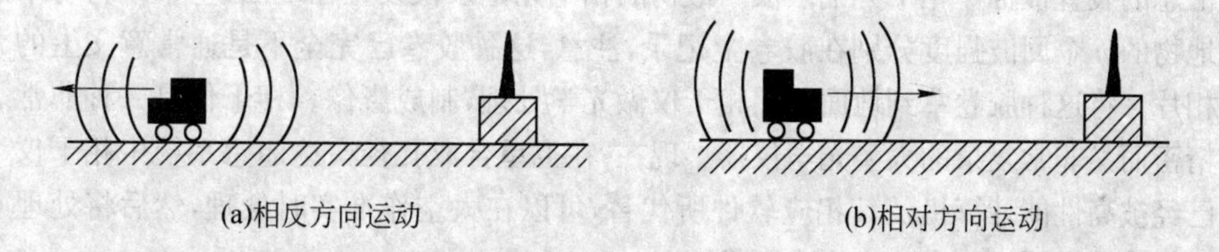

(a)相反方向运动　　(b)相对方向运动

图 5-8　多普勒效应示意图

遥感平台发出雷达波，相对于地面目标，也存在多普勒效应，如图 5-9 所示。当遥感平台处于 X_1 位置时，雷达遥感系统天线发射的雷达波前锋面已经达到地面 A 点，在遥感平台从 X_1 到 X_0 之间飞行，遥感平台接收到的雷达波频率有增大的趋势，而遥感平台从 X_0 到 X_2 之间飞行，遥感平台接收到的雷达波频率有减小趋势。由于遥感平台飞行速度与电磁波传播速度不可比拟，多普勒效应影响雷达天线接收到的雷达回波并不在于雷达波频率，而在相位。如果雷达传感器能够将地面 X 方向上等间距每个点这种相位变化过程(又称为相位史)逐一记录下来，则雷达传感器也就可能将这些点

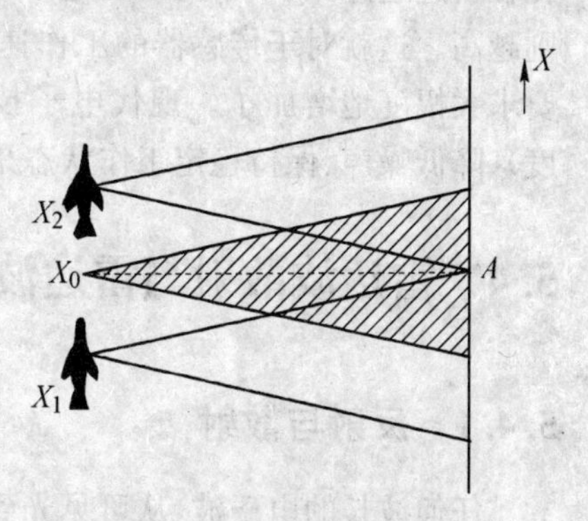

图 5-9　合成孔径雷达示意图

区别开来。现代电子技术具备这种高速记录相位变化的能力，使合成孔径雷达的设想变为现实。

对于合成孔径雷达的成像机理还可以用图 5-10 来表述。图中，遥感平台从左向右飞行，在 L_1 至 L_n 这一段飞行路程内，都有雷达波束抵达地面点 P，设想雷达天线在 L_1，L_2，L_3，…，L_n 的位置都在接收雷达回波，天线内部将这些回波自动汇总，这样的设置等效于有 n 个天线同时对一个地物 P 发射雷达波并接收其回波，这样就将 n 个雷达天线的"合成"在一起，形成一个直径相当于近似有 n 倍的每个雷达天线直径的大天线，从而提高了雷达在航迹方向（X 方向）上的空间分辨率。这就是"合成孔径雷达"这一专业术语的由来。在雷达遥感天线内部将这些回波自动汇总的装置被称作相干光记录仪。最初的相干光记录仪设置在地面，空中仅将每个地物的 n 个回波强度分别在胶卷上记录，注意，这种胶卷已完全不是通常意义上的相片。将这种胶卷拿到地面上用相干仪做光学处理，制成影像。相干仪是一种非常精密而又非常复杂的大型光学仪器。现在，在卫星合成孔径雷达遥感系统中相干仪已经被高性能计算机及其相应软件所代替，可以在太空作准实时处理，然后将处理后的数据发回地面进一步生成影像。

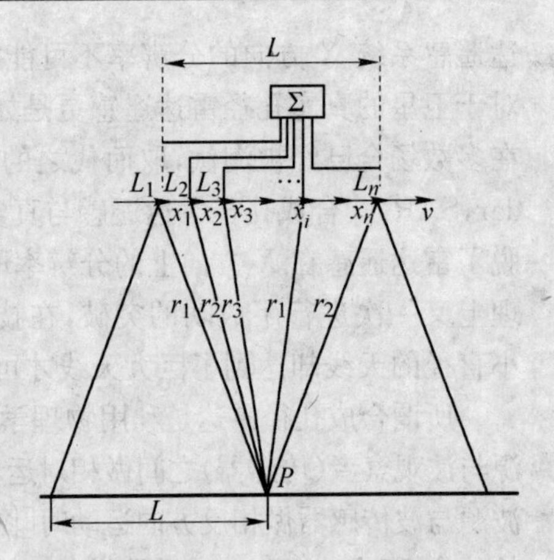

图 5-10 雷达天线的"合成"原理示意图

从以上对于合成孔径雷达遥感的成像原理可以看出，对于每一个地面成像单元，原来真实孔径雷达遥感只记录数据一次，一个单元对应一个数据；而对于合成孔径雷达遥感，一个单元则要记录 n 次数据，n 的数字越大，影像上 X 方向的精度则越高。这就对于传感器的工作速度，包括数据采集速度、处理速度、传输速度，要求大幅度地增加了。现代电子技术，包括计算机技术，提高工作速度（响应速度）、降低噪声、保持稳定工作状态是技术进步的主攻方向。

5.4 雷达波散射与雷达波后向散射系数

5.4.1 反射与散射

任何波长的电磁波，从可见光到微波，到达任何物体表面，都要发生反射或散射。所谓反射是指物体表面对于入射的电磁波能量集中于一个方向的再发射，发射方向遵循入射角等于反射角规律。本书第 2 章分析了物体粗糙表面的情况，即，如果物体表面粗糙，则物体表面每一微小面积还是按照入射角等于反射角进行反射，但总体上电磁波能量不再是集中于某一个特定方向，而是向四面八方发射，这种现象称作散射。物理光学研究表明，一个物体表面能否对于电磁波反射取决于电磁波的波长 λ 与入射角 θ，取决于物体表面的粗糙程度，简称粗糙度。粗糙度与电磁波的波长 λ 与入射角 θ 有关，存在着以下关系式：

$$h<\frac{\lambda}{8\cos\theta} \tag{5-9}$$

式中：h 为物体表面单位面积上凹凸垂直方向上的均方差距离，以此作为物体表面的粗糙度。

如果物体表面粗糙度满足式(5-9)要求，则认为物体表面是光滑表面，这种表面对于入射电磁波产生反射(或称作镜面反射)；否则，则认为该表面是粗糙面，对于入射电磁波产生散射。式(5-9)因此成为判别物体表面光滑与否的根据，在物理光学中称之为瑞利判据。需要说明，当然，判别物体表面光滑与否的判据并不是唯一的、绝对的，出于不同的考虑角度，还有其他判据。如式(5-10)所示，是另一种判据，这一判据对于产生镜面反射的光滑表面要求则苛刻了许多。事实上对于任意一个波长的电磁波，实际地物表面不会简单、绝对地分为光滑表面与粗糙面，在这两者之间还有过渡，即存在有大量的准镜面。对于准镜面，反射能量基本上还是有集中于某一个特定方向的趋势，在其他方向上也有分布。对于典型的粗糙面，即反射能量在各个方向上分布相等的面，物理学上称作朗伯面。

$$h<\lambda/25\cos\theta \tag{5-10}$$

由式(5-9)或式(5-10)可以看到，对于可见光或红外光，自然界物体表面一般不具备满足镜面要求的条件，因为可见或红外光波长太短，在微米数量级，通常物体自然表面对可见光或红外光都是散射，不存在镜面反射。而对于微波或雷达波，波长为厘米，甚至数十个厘米的数量级，一部分自然表面就可以满足镜面的条件，对这种电磁波就会产生镜面反射。如果发生镜面反射，则没有雷达回波返回到遥感天线，那么这一地物对应的图像就呈黑色。平静的水面、平滑水泥或沥青路面都可看作为镜面，这种地物在 C、L 等波段雷达遥感图像对应的图斑通常呈暗色就是这个原因。军用隐形飞机之所以对于雷达“隐形”，其中原因之一就是因为隐形飞机通体表面光滑，对于入射雷达波没有形成返回到雷达天线的、并有足够能量的雷达回波，因而不能被雷达系统发现。

由式(5-9)或式(5-10)还可以看到，当雷达波波长不变而入射角 θ 变小时，判别式的右半部减小。这就是说,如果要求某一个物体自然表面为镜面,那么要求条件趋于苛刻,即在入射角 θ 大时,该物体表面可以认为是镜面,但当入射角 θ 变小时,同样还是这个物体表面,还是同样波长的雷达波,就不能认为是镜面了。这个原因可以解释雷达遥感中常有的一个现象:用同一雷达波段,在机载侧视雷达遥感影像中,较平静水面,如海面、湖面通常呈黑色,即水面构成镜面,没有散射回波;而在卫星雷达遥感影像中,水面通常呈灰色,即水面不再是镜面,具有较弱的散射回波。这是因为机载侧视雷达遥感的雷达波束入射角较大,可达 75°以上;而由于卫星飞行的高度比飞机高得多,卫星雷达遥感的雷达波束入射角总要比机载侧视雷达遥感的入射角小得多,一般在 35°左右,甚至还要小一点。

对于特定的一个雷达波段,特别是短波长波段,如 X 波段、C 波段,大多数地物表面不能满足镜面条件,对雷达波产生散射,其中有一部分电磁波能量返回雷达天线,这种散射称作后向散射。显然雷达遥感图像像元的亮度(又称作灰度)取决于对应地物目标后向散射回波能量的多少或回波能量的强弱。在一定程度上可以说,雷达遥感图像是地物后向散射回波能量多少(强弱)的记录。

5.4.2 雷达方程与后向散射系数

雷达系统包括雷达遥感系统工作过程可用式(5-11)做定量化表述:

$$P_r = \frac{P_t \cdot G_t}{4\pi R^2} \cdot \delta \cdot \frac{A_r}{4\pi R^2} \tag{5-11}$$

式中:P_r 为雷达系统接收到的回波功率;P_t 为雷达系统发射功率;G_t 为发射系统的功率增益(是一个比例系数,无量纲);R 为雷达系统天线至目标物的距离(斜距);δ 为目标物的散射截面;A_r 为雷达系统接收天线的面积。

式(5-11)的右边可分为三部分,第一部分为到达目标物的单位面积电磁波(雷达波)的功率。对于雷达遥感,即为从雷达遥感平台上雷达天线发射的雷达波到达地面的单位面积雷达波功率。注意,这个面积不是地平面的面积,而是指到达地面的球面波上的单位面积。雷达波与其他电磁波传输一样,是以球面波形式向四周扩散的,因而有 $4\pi R^2$ 作为球面面积作除数项。第二部分为目标物的散射截面,这个散射截面与目标物本身的有效面积呈正相关,也与目标物性状(包括物理性状与化学性状)有关,其量纲为面积单位。第三部分为回到雷达系统接收天线的比例系数,因为目标散射波仍以球面波的方式向四周扩散,天线接收到的雷达回波能量只是这个球面($4\pi R^2$)的 A_r(天线有效面积)部分。式(5-11)称作雷达方程的基本表达式。

根据微波传输发射理论,雷达天线有效面积与天线的接收增益 G_r 及雷达波波长有关:

$$A_r = \frac{\lambda^2 G_r}{4\pi} \tag{5-12}$$

将式(5-12)代入式(5-11),则有:

$$P_r = \frac{P_t \cdot G_t \cdot G_r \cdot \lambda^2 \cdot \delta}{(4\pi)^3 R^4} \tag{5-13}$$

式(5-13)称为雷达方程的一般表达式。

对于雷达遥感,发射天线与接收天线是同一个天线,因而:$G_t = G_r = G$。

又由于地面目标物通常是个复杂曲面,因而可以分解为细小散射截面元,因而式(5-13)可改写为:

$$P_r = \frac{\lambda^2 G^2}{(4\pi)^3} \cdot \sum_{i=1}^{n} \frac{P_t \cdot \delta_i}{R_i^{\ 4}} \tag{5-14}$$

为计算简单,我们设定各 $\delta_i (i=1,2,3,\cdots,n)$ 有一个平均值,这个平均地面目标单位面积散射截面用 δ° 表示,由于目标地物距离雷达天线甚远,式(5-14)中各 δ_i、R_i 差异很小,因而式(5-14)可改写为:

$$P_r = \frac{\lambda^2 G^2}{(4\pi)^3} \cdot \frac{P_t}{R^4} \cdot \delta^\circ \cdot A \tag{5-15}$$

式中:A 为目标地物的面积;δ° 为后向散射系数(无量纲),该系数取决于雷达波入射条件,包括入射角、入射雷达波的波长等。目标地物的物理性状,包括表面光滑(粗糙)程度、理化性质,特别是地物含水量、金属与非金属的物质组成等对该地物的后向散射系数 δ° 都有重要影响。由于雷达遥感图像各像元是对应地物对于雷达波散射回波的功率,因而图像像元的灰度直接与对应地物后向散射系数 δ° 呈正相关。因此地面目标的后向散射系数是雷达遥感中十分重要的物理量。在一定意义上可以说,雷达遥感影像是地物后向散射系数的记录。因此,各种地物在不同条件下后向散射系数数据是雷达遥感图像判读的重要依据。

5.5 雷达遥感的极化方式及雷达效应

5.5.1 雷达遥感的极化方式

电磁波是一种横波,即在电磁波传播过程中,电场或磁场振动方向总是与传播方向垂直,当然与传播方向相垂直而形成的平面上有无数个方向,这些方向都与传播方向垂直。自然光辐射的电磁波如太阳光、大地辐射电磁波,它们的电场或磁场振动方向都是在这个平面上随机变化的，这种电磁波叫非极化波。反之，如果电场或磁场振荡在电磁波传播过程中总保持在垂直于传播方向的一个方向上，这种电磁波被称作极化波或偏振波(polarization wave)。雷达遥感天线发射出来的雷达电磁波是极化波。通常雷达遥感天线可以发射出两个方向中的一个，即一个平行于地面的方向，另一个是与此相垂直的方向，前者称作是 H(horizontal)方向，后者称作 V(vertical)方向(图 5-11)。H 方向是垂直于图 5-11 纸面而平行于水平面的方向，即电场矢量与雷达波束入射面垂直，V 方向是平行于图 5-11 纸面，而又指向垂直于雷达传播方向的方向。雷达极化电磁波到达地面后，一些物质就有这样的特性：凡经它透射或散射的电磁波，其极化方向都会发生旋转，这样入射来的电磁波经地面目标的散射通常会改变其极化方向，而雷达遥感天线又总是对雷达回波的极化方向有选择性，即只接受 H 方向或 V 方向极化电磁波。这样，作为雷达遥感系统，就存在 4 种情况，即天线发射 H 极化波，并接收 H 极化波，此种工作方式称为 HH 极化方式，依次定义，还有 VV 极化方式、HV 极化方式、VH 极化方式。HH、VV 极化方式又称作同向极化方式，HV、VH 极化方式称作交叉极化方式。由于雷达波的极化方式不同，同一地物对此雷达波的后向散射系数不同，雷达遥感图像对应像元灰度以及图斑纹理也不相同。这样，对于同一地区，用同一波长雷达波，理论上可以同时得到 4 幅雷达图像，即 4 种极化方式的图像。在这 4 种极化方式的图像中，同一地物在图像上呈现的灰度、纹理会有所不同。对于某一类地物，可能在这种极化方式下，图像显示光亮，而在另一种极化方式下，图像显示却很黯淡。雷达遥感的这种特性可以用来针对遥感监测对象与监测目标的不同，选择最佳极化方式获取雷达遥感图像，以准确获取监测对象与监测目标的信息。在被动遥感中就没有这种"自主"选择权，雷达遥感的"主动"特性在这里又一次体现出来。当代先进的雷达卫星遥感平台，可以同时获取 4 种极化方式的图像，这种性能为准确的识别更多的地物、适应多种监测目标创造了有利条件。

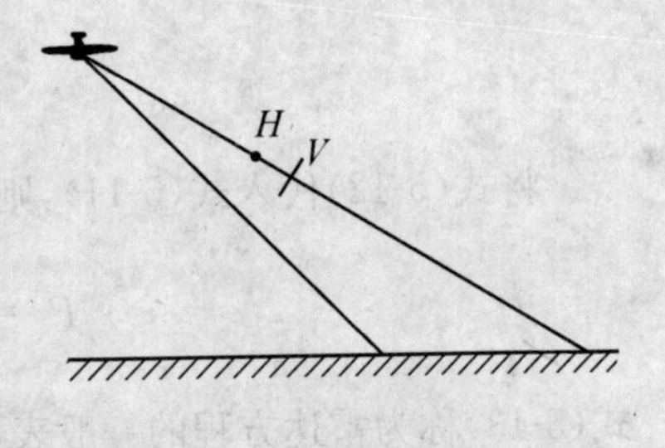

图 5-11 雷达波的极化

5.5.2 多面体反射效应

所谓多面体反射是指由若干个镜面反射表面或准镜面反射组合而成，这些表面组合使照射到这些反射面上的雷达波束经多次镜面或准镜面反射，然后返回到雷达天线，形成一个较强的回波，具有这种特殊性状的物体组合称作雷达反射多面体,简称多面体。显然,多面体对应的图像像元亮度较高。图 5-12 是几个多面体反射的实例,其中图 5-12(a)是水面与垂直墙体构成的两面体。墙面延展的方向是雷达遥感平台航迹的方向(X 方向),整个墙面看作为有无数个多个方向的镜面连续排列组成,每一微小镜面都能够将雷达波束镜面反射回去,形成返回天线的回波。墙面有一定垂直高度,因而这种两面体反射形成的对应图像是一道有一定 Y 向宽度的 X 向条带,条带长度取决于墙体在 X 方面上的长度,具体定量分析见下一节。图 5-12(b)是光滑地面与铁轨构成两面体,金属对雷达电磁波有很强的反射能力。若铁道是 X 走向,铁轨在雷达图像上形成一道光亮的细线,尽管铁轨的宽度并不在雷达遥感空间分辨率的范围内。图 5-12(c)是三面体反射的情况。类似这样的三面体在建筑密集的居民区、工矿区非常多,这些区域在雷达遥感图像相应部位形成密集的光点,如同万家灯火的效果,实际影像并不一定是在夜晚成像,光点与灯火并无任何关系。另外,X 方向走向的行道树的树叶与地面(路面)也能构成多面体,雷达波束经过路面到树叶、再从树叶到树叶多次的镜面反射,最后返回到天线。特别是阔叶树种的行道树在雷达遥感图像中光亮条带十分突出,其条带宽度相比实物应有的图像宽度会有所夸大,行道树越高则夸大越大,定量分析见下一节。

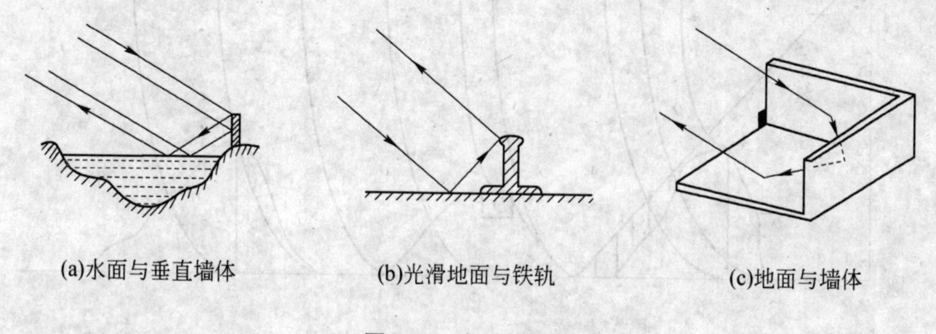

(a)水面与垂直墙体　　(b)光滑地面与铁轨　　(c)地面与墙体

图 5-12　多面体反射

多面体反射在雷达遥感图像中是一个常见的现象。这种现象的存在使雷达遥感影像能够反映超出雷达影像空间分辨率范围的地物,比如图 5-12(b)中的铁轨就是一例。在实际地物中,如果将图 5-12(a)中的水面与垂直墙体构成的两面体置换成不同高程的两块光滑裸地,即使高程差不大,雷达遥感影像也能够将其地面起伏以灰白线反映出来。同样,将地面换成水面,地面起伏换成水面波浪,雷达遥感影像也能够将波浪反映出来,这就是为什么雷达遥感的海洋影像中可以发现船只,在船尾还可看出很长的亮线,反映船只的航行方向。这一信息对于军事很有用处。

5.5.3 叠掩、顶点位移与盲区效应

由雷达遥感成像机理知道，雷达遥感传感器向侧下方发射雷达波束，而且根据地面目标在 Y 方向(距离向)上与雷达遥感天线的斜距不同，将 Y 方向上的地面目标逐一分辨出来。因为侧视与斜距成像的特点，雷达遥感出现了可见光-多光谱遥感所没有的特殊现象，即叠掩与顶点位移。如图 5-13 所示，地面山势起伏可以形成这样的情况：山顶上一点“4”成像在山前“3”点的前边，地面上 Y 方向上各点顺序在影像上发生颠倒。其原因是山顶点“4”的斜距小于山谷点“3”，当然也可能发生山顶点与山谷点在影像上发生重叠。前者称作顶点位移，后者称作叠掩。不难看出，当雷达波束入射角 φ 等于迎光坡度角 α 时，产生叠掩；当坡度继续增大，则产生顶点位移。叠掩与顶点位移发生在山岭的迎光阳坡面，而在背光阴坡面则会出现雷达盲区，即坡面上的目标在影像上没有显示。这种现象发生的条件是：

$$\alpha \geqslant 90^{\circ}-\varphi \tag{5-16}$$

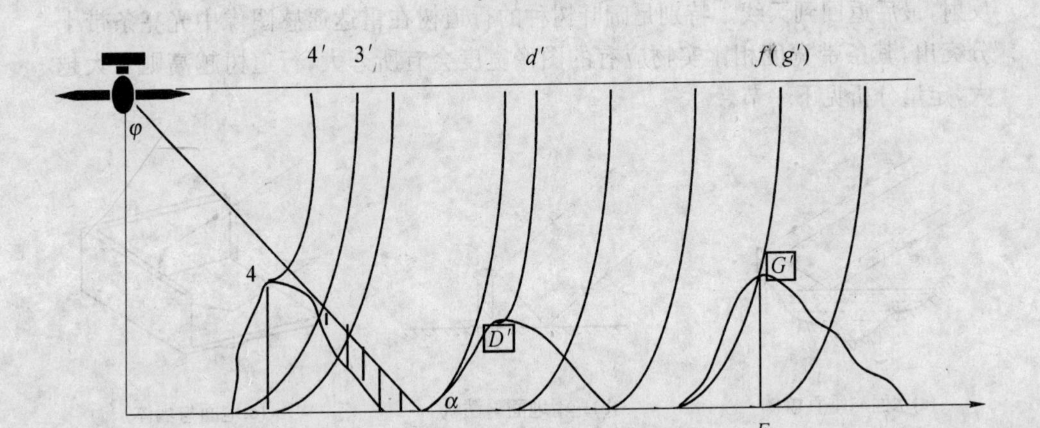

图 5-13 叠掩、顶点位移与雷达盲区示意图

式中：α 为背光阴坡面坡度角；φ 为相对于水准面的入射角。事实上，可见光-多光谱遥感也存在着视野盲区，比如，高楼下靠近楼墙的一小块地面即是视野盲区，影像不能表现这部分的地物信息(注意：要将视野盲区与太阳阴影区分开来)，只不过在可见光-多光谱遥感是正视成像，视野盲区的条件不易满足，盲区很小而已。

叠掩、顶点位移与雷达盲区都给雷达遥感图像判译带来困难，而且雷达遥感影像上地物图斑相对于可见光-多光谱遥感几何变形大，变形复杂。通常，山区的雷达遥感数字影像，需要借助 DEM(数字高程模型)数据在计算机相应软件的支

持下进行几何校正。具体数学分析见下一节。

5.5.4 谐振效应

雷达波是一种电磁波动，对于任何一种波动都有谐振效应存在。根据物理学谐振效应的理论，凡波动的波长与一个物体的尺度相等或呈现严格的整数倍关系时，就要产生谐振。谐振的结果是使反射波的振荡幅度显著加大。雷达波的波长在厘米数量级，与地表许多地物的尺寸相等或接近，因而在雷达遥感影像中，谐振效应十分常见，表现在影像上与地物发生谐振相应的图斑会呈现显著的亮色调。比如，C 波段是雷达遥感中常用的波段，C 波段的波长常取 5 cm，这一尺寸与河滩地的鹅卵石尺寸相吻合，因而河滩地在雷达影像上对应的图斑显著发亮。空中展翅飞行的蝗虫尺寸也与此相当，蝗虫群在这一波长的 C 波段雷达遥感图像上呈现白雾团的形状，这正是雷达波与飞蝗群体发生谐振效应的结果。这一现象已经在农业上被用来监测蝗灾灾情。谐振效应改变了正常的地物后向散射系数对雷达影像像元灰度的作用，但在特殊场合却有特殊的应用，可以用来辅助辨别群体小型地物。

5.5.5 旁瓣效应

经电磁波理论推导，雷达天线发射出的电磁波电压振荡波幅在空中的分布可用式(5-17)表示：

$$|V|=2V_0\left|\cos\left(\frac{\pi D\cdot\sin\theta}{\lambda}\right)\right| \tag{5-17}$$

式中：$|V|$ 为发射雷达波在与天线法线呈 θ 角方向上电压振荡波幅绝对值；V_0 为雷达发射波电磁振荡的电压振幅值；λ 为雷达波波长；θ 为雷达辐射方向与雷达天线法线的夹角；D 为雷达天线孔径。

由式(5-17)和图 5-14 可以看到，雷达天线孔径越大，雷达天线发射出的电磁波电压或能量越集中在雷达天线法线方向上。这与本章前面所叙述的真实孔径雷达原理是一致的。式(5-17)的函数曲线显示在图 5-14 中。

由式(5-17)和图 5-14 也可以看到，雷达天线发射出的电磁波能量主要集中在天线的法线方向上，在法线方向上达到一个峰值，而偏离这个方向电磁波能量迅速下降。在真实孔径雷达中天线孔径越大，天线曲面设计制作越合理，发射电磁波能量就越集中，趋近于一条射线。电磁波能量除了在法线方向上达到一个峰值以外，在法线方向的对称两侧也还各有若干个小的峰值。这说明雷达天线除了在法线方向上发射雷达波束以外，还不可避免地向法线两侧对称的若干个方向上各发射一束一束的雷达波，当然这些束雷达波能量相比在法线方向上的雷达波要小很多，依次递减迅速。雷达理论中，在法线方向上的雷达波束被称为主瓣波束，而在法线两侧对称的一些方向上的多束雷达波束被称为旁瓣波束。理论上旁瓣波束有多对，旁瓣波束能量的大小、衰减速度的快慢以及波束的多少取决于雷达天线的孔径大小与天线曲面的合理程度。对于实际雷达天线，通常起作用的旁瓣波束仅有靠近主瓣波束的一对。在这一对旁瓣波束中，一束在主瓣波束的前面，另一束在主瓣波束的后面(按 X 方向划分)。前者称为前旁瓣，后者称为后旁瓣，见图 5-15。显然，从雷达成像角度，我们不希望旁瓣波束存在，因为地物对旁瓣波束也要散射，也会产生回波，这种回波对雷达影像会起干扰、模糊图像的作用，特别是对于金属地物，如铁桥、铁塔等，旁瓣波束产生的回波还有一定的强度，在影像上会产生显著的重影，如图 5-15 所示。显然雷达影像上的重影应当为一对，在主影像的 x 方向的两侧，图 5-15 只画了影像上的一个重影。

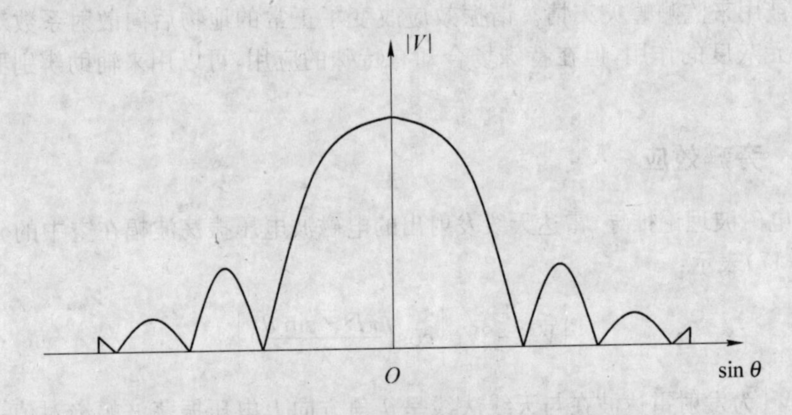

图 5-14 雷达天线发射电磁波能量空间分布函数曲线

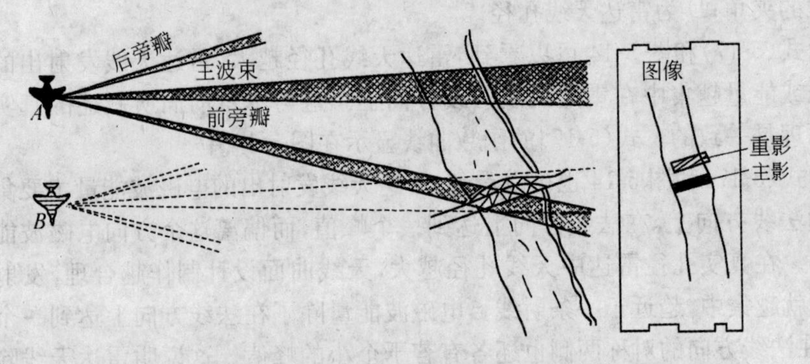

图 5-15 雷达遥感的旁瓣效应示意图

5.6 雷达遥感影像的投影误差与图像解译

如前所述,雷达遥感是斜距投影,这种投影完全不同于人们已经习惯的中心投影。既然是斜距投影,其投影误差主要出现在斜向或侧向,即在距离向(Y 方向)上。上一节叙述的多面体反射效应,叠掩、顶点位移与盲区效应都出现在 Y 方向上就是这个原因,这两种效应是雷达影像在 Y 方向投影误差的主要来源。这里将定量地对这两种效应进行分析,供影像解译时加以几何校正。

5.6.1 多面体投影误差

为进行多面体投影误差的定量分析,将图 5-12(a)重新画在这里,作为图5-16。上一节已经指出,墙面可以看作是由无数个多方向的细小镜面反射单元组成,水面是理想的镜面,墙面与水面构成多面体;而雷达天线相对于地物的尺度可以认为是在无穷远处,即设在地物上的各条雷达波光线是相互平行的。出于以上这两点考虑,图 5-16 中,雷达波往返于天线与墙面光程最短的路径是由天线到达墙顶然后再由墙顶镜面反射回天线,这样一个光程路径,如图 5-16(a)所示,用小方框[1]、[2]标出。这条路径就完全相当于水面上 A' 点与天线往返的光程,注意图中绘制的实际雷达波束用实线画出,而虚拟雷达波束用虚线画出,这两条线相互平行。从这点考虑,在雷达影像上墙的位置向内(即 y 坐标减小的方向)移动了 d_{ri} 的距离:

$$d_{ri}=h\cdot\cot(\varphi)/m \tag{5-18}$$

式中:h 为墙的高度;m 为雷达遥感影像的比例尺系数的分母;φ 为雷达波束的入射角。

图 5-16(b)中,雷达波往返于天线、水面与墙面光程最长的路径是由天线到达水面 A 点,经镜面反射到达墙顶,然后再由墙顶镜面反射,回到水面 A 点,再由水面镜面反射回到天线。这样一个光程路径,用圆圈圈起的①、②、③、④标出。显然,这个光程比正常由天线到墙角 A 点的光程要长出一段距离,相当于雷达波到达墙的外面 A'' 点返回的光程。从这点考虑,在雷达影像上墙的位置向外(即 y 坐标增加的方向)移动了 d_{ro} 的距离,如图 5-16(b)所示,可以得到距离 d_{ro} 为:

$$d_{ro}=h\cdot\cot(\varphi)/m \tag{5-19}$$

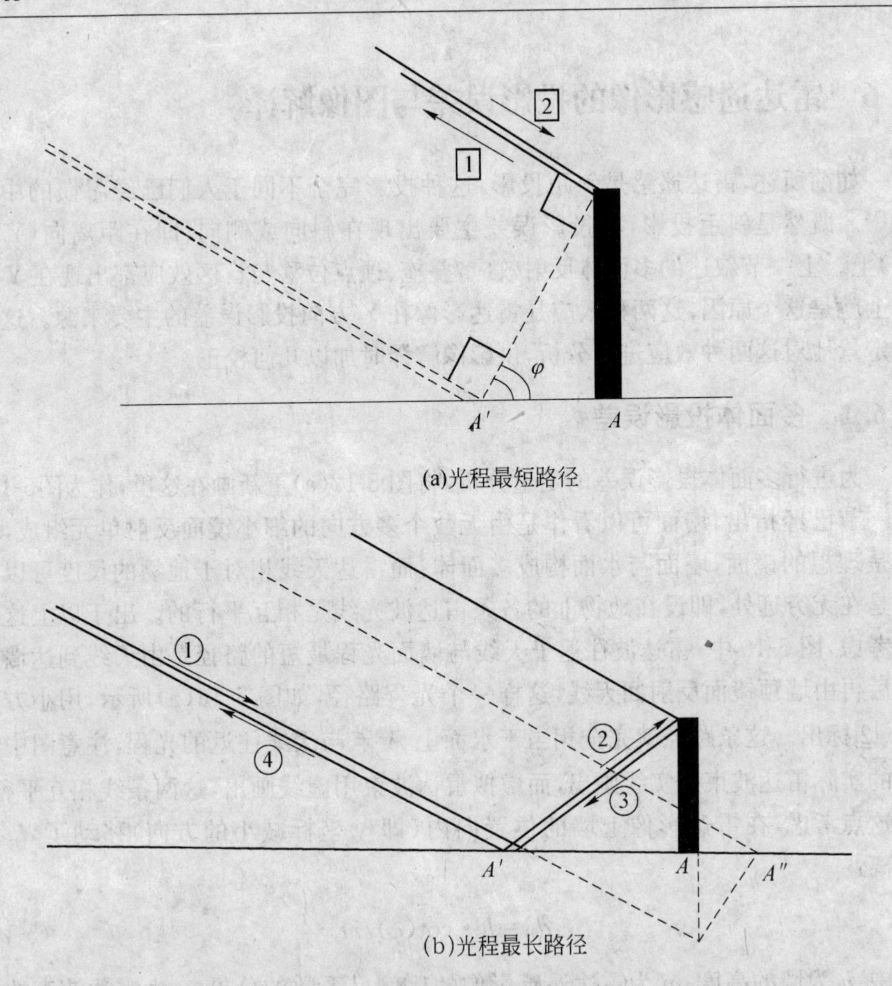

图 5-16 二面体投影误差示意图

这个距离 d_m 与距离 d_n 是相等的。在相当于最短路径点 A' 到最远路径点 A'' 之间都有雷达波返回。这就是说，对应的影像图上在 A' 对应的 a' 与 A'' 对应的 a'' 之间是一条宽度为 w 的亮带：

$$w=2h\cdot\cot(\varphi)/m \tag{5-20}$$

因此，在影像图上这条亮线的宽度比实际墙的真实宽度要宽许多。这就是为什么在雷达遥感影像上可以看到与航迹方向平行的铁轨的一个原因，当然铁轨的对雷达波的高反射率也是一个原因。在实际情况中，如果水边不是墙，而是一排阔叶树，这时在影像图上同样的情况也会发生。对于这样的情况，要取亮线(带)

的中轴线作为墙或树的实际位置线。

5.6.2 山区的雷达影像投影误差分析

雷达影像在山区的叠掩、顶点位移与盲区效应是一个不可忽视的问题,这个问题给雷达影像定量解译带来很大的困难,至今仍然是雷达遥感在山区应用的一大技术障碍。这里从投影误差角度分析山区影像几何校正的问题。

图 5-17 中的(a),(b)两图表示了雷达波束射向山坡的两种情况,图 5-17(a)是波束射向迎光坡面的情况,图 5-17(b)是波束射向背阴坡面的情况。

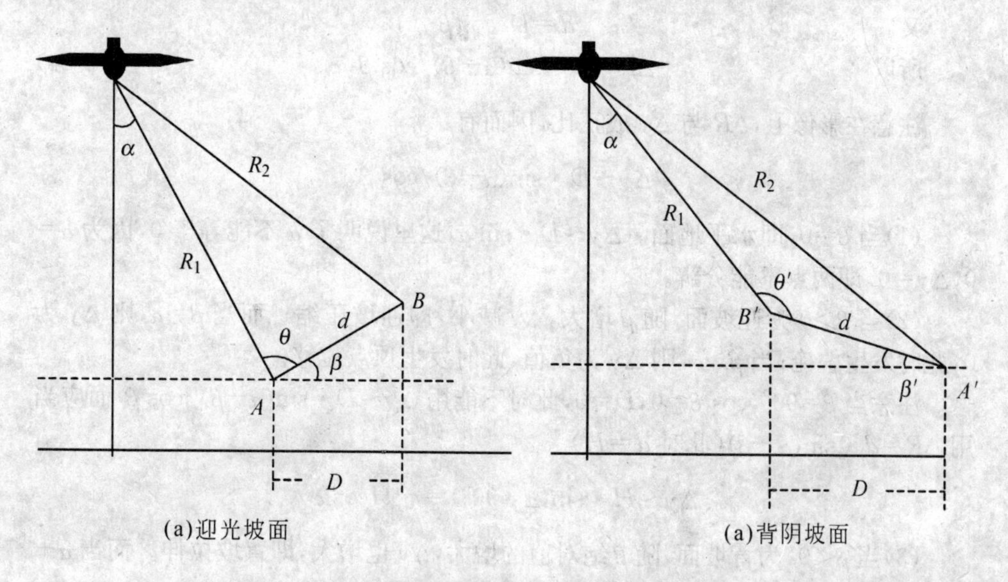

图 5-17 雷达遥感对于两种坡向投影误差几何分析

在迎坡面:$\theta=180^\circ-(90^\circ-\alpha)-\beta$

在背坡面:$\theta'=180^\circ-(90^\circ-\alpha)+\beta'$

但β'为负值即:$\beta'=-\beta$,因而可统一写为:

$\theta=180^\circ-(90^\circ-\alpha)-\beta=90^\circ+\alpha-\beta$

注意这里β可为正值,也可为负值。

显然对于迎坡、背坡两面,都有:

$$R_2^2=R_1^2+d^2-2R_1d\cos\theta \qquad (余弦定理)$$

$$R_2=\sqrt{R_1^2+d^2-2R_1d\cos\theta} \tag{5-21}$$

将θ代入得到: $R_2=\sqrt{R_1^2+d^2+2R_1d\sin(\alpha-\beta)}$

$$=R_1\sqrt{1+\left(\frac{d}{R_1}\right)^2+2\cdot\frac{d}{R_1}\cdot\sin(\alpha-\beta)} \quad (5\text{-}22)$$

由于 $R_1 \gg d$，$(d/R_1)^2$ 可忽略；又 $2\cdot\frac{d}{R_1}\cdot\sin(\alpha-\beta)$ 也很小，可用近似公式：

$$\sqrt{1+x}\approx 1+\frac{x}{2}\ (x\ \text{很小})$$

所以 $R_2=R_1(1+d\cdot\sin(\alpha-\beta)/R_1)=R_1+d\cdot\sin(\alpha-\beta)$

所以 $$R_2-R_1=\Delta R=d\cdot\sin(\alpha-\beta) \quad (5\text{-}23)$$

又 $$d=D/\cos\beta$$

所以 $$\Delta R=D\cdot\sin(\alpha-\beta)/\cos\beta \quad (5\text{-}24)$$

注意在影像上，ΔR 与 Δy 成正比，因而有：

$$\Delta y\sim D\cdot\sin(\alpha-\beta)/\cos\beta$$

(1)当 $\beta=0$，即水平地面。$\Delta y\sim D\cdot\sin\alpha$，这里说明了 α 不能等于 0，因为 $\alpha=0$，$\Delta y=0$，即两点不能分辨。

(2)当 $\beta>0$ 为迎坡面，随 β 增大，Δy 减小，即迎坡压缩。而当 $\beta=\alpha$，则 Δy 为 0，此时发生叠掩；当 $\beta>\alpha$，则 Δy 为负值，此时发生顶点位移。

注意当 $\beta=90°$，$\cos\beta=0$，$D=0$，此时不能用 $\Delta y\sim D\cdot\sin(\alpha-\beta)/\cos\beta$，而应当用 $\Delta R=d\cdot\sin(\alpha-\beta)$（此时 $d=H$）

$$\Delta y\sim H\cdot\sin(\alpha-90°)=-H\cos\alpha$$

(3)当 $\beta<0$，为背坡面，随 β 绝对值的增大，Δy 也增大，即背坡拉伸。而当 $\alpha+|\beta|=90°$ 则此时 Δy 达最大值。

若 β 绝对值继续增大，此时进入雷达视野盲区。

从以上分析可以看到，山地起伏引起的雷达遥感斜距投影误差是较大的，不可忽视，而且定量化分析比较复杂，但还是有规律可循。对于雷达遥感影像的几何校正需要有 DEM 模型数据，即网格格式的数字高程模型数据的支持。DEM 模型数据提供了每个网格点的高程，因而从这种数据中不难得到每一网格点的 y 向的坡度与坡向。事实上网格点 $P(i,j)$ 的坡度角 $\beta(i,j)$ 可以用下式表示：

$$\beta(i,j)=\text{arctg}\{[H(i+1,j)-H(i,j)]/D\} \quad (5\text{-}25)$$

式中：$H(i,j)$ 为网格点 $P(i,j)$ 的高程；$H(i+1,j)$ 为网格点 $P(i+1,j)$ 的高程；D 为一个网格的横向宽度，即为测量学称作的“平距”，也即图 5-17 中 AB 水平投影距离D。如果：

$$H(i+1,j)-H(i,j)>0$$

则坡度角$\beta(i,j)$大于0；反之：

$$H(i+1,j)-H(i,j)\leqslant 0$$

则坡度角$\beta(i,j)$小于0。这样与图5-17及式(5-24)中的符号相统一。将式(5-25)计算结果带入式(5-24)，即可得出对雷达图像每一像元网格点的位置进行几何校正。当然所有计算都必须用计算机程序实现，因为图像处理要对每一网格像元逐一进行检核，核查对应地面是否存在坡度，若有坡度，则进行几何校正处理，其计算工作量十分巨大。几何校正后，还要对影像进行像元灰度重采样(参见第6章)需要指出，以上技术措施仅限于像元几何位置的校正，而对于山地在雷达图像上产生的叠掩、雷达盲区等现象，还是不可能将其像元的灰度值做出准确校正，使其代表相应地面的后向散射系数实际值。因为实际情况十分复杂，而且是随机的，原始影像无法提供叠掩像元对应两个不同地点面积单元的后向散射系数实际值。这是雷达遥感成像机理所至，是雷达遥感的重要技术缺陷之一。

5.6.3 雷达遥感图像解译

由于雷达遥感特殊的成像机理以及斜距投影的原因，雷达遥感图像对地物的表现形式与可见光-多光谱遥感有诸多的不同。本章前面已经介绍，在某种意义上说，人的肉眼视觉也是一种"遥感"，属于可见光-多光谱遥感，因而可见光-多光谱遥感自然彩色合成影像在色彩、地物图斑纹理、边沿轮廓等方面与肉眼视觉基本相同，相当于人在飞机上向下观察地面的感觉。而雷达遥感图像则有很大的不同，了解这些不同对于雷达遥感图像解译有重要意义。

1. 关于雷达遥感的阴影效应

可见光-多光谱遥感影像通常在白天成像，地物都有阳光的阴影，雷达遥感影像中没有阳光阴影，阳光对雷达遥感影像没有任何影响。但是雷达遥感影像有类似阳光的阴影效应，这就是雷达盲区造成的阴影。在高空间分辨率的雷达遥感图像中，雷达盲区造成的阴影十分常见，树背向雷达天线的一侧就产生阴影，这种阴影就是雷达盲区，其缺点是遮盖了一些地物，但优点是利用这种阴影，可以估测类似行道树这样地物的高度，其计算公式为：

$$h=w \cdot m \cdot \operatorname{ctg} \varphi \tag{5-26}$$

式中:h 为行道树的高度;w 为影像上阴影的长度;m 为影像比例尺的分母;φ 为雷达波束的入射角。此式未考虑由多面体反射效应在影像图上占去一部分阴影的宽度,这个宽度是一个不确定的数,与行道树的叶片大小以及行道树的方位有关。因此,实际高度比利用式(5-26)的计算值要大。

前面曾分析过雷达影像中的叠掩及盲区的特殊现象,这种现象增加了雷达影像的立体感。这种效果在可见光-多光谱遥感影像中见不到,雷达遥感侧视成像、斜距投影效应形成的叠掩及盲区现象更促使这种效应得到加强。

2. 从雷达遥感影像判别雷达遥感平台航迹的方向

判别雷达遥感平台航迹方向的方法是:观察地物阴影的方向,这一阴影的反方向即为雷达遥感平台的飞行方位。阴影的方向即为距离方向(Y 方向),与阴影方向垂直的方向即为航迹方向。如果影像上的阴影向下,那么雷达遥感平台的方位在影像的上部,航迹方向则是横向,至于是航迹向左方向还是向右方向则不能判定。因为雷达天线可以左侧视成像、也可以右侧视成像(图 5-18)。事实上,确定航迹究竟是向左方向还是向右方向,意义并不大,航迹向左或向右对于影像解译没有任何影响,即雷达天线左侧视成像或右侧视成像,对于同一区域、同一雷达参数,影像应当是完全一样的。为了与大地测量坐标设置保持一致,在图 5-18 的情况下,可以认定航迹向右方向。注意,大地测量坐标设置总是为左手坐标系,这里也是左手坐标系,计算机屏幕也使用左手坐标系。坐标方向这样设置,完全是为数据处理带来方便。

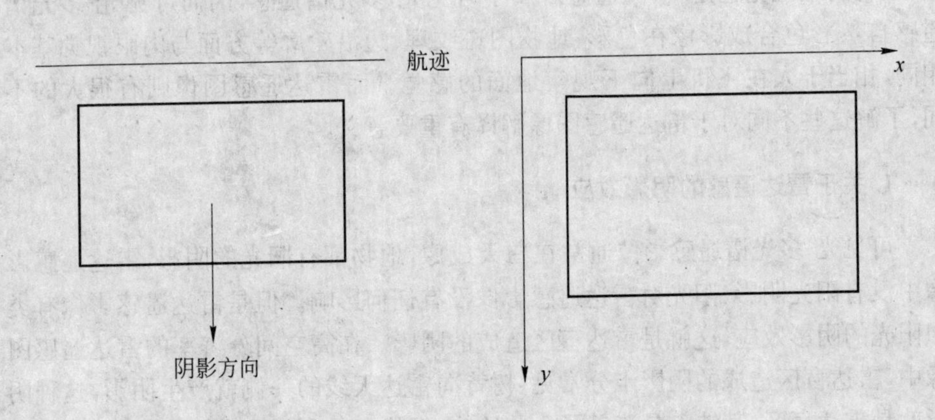

图 5-18 雷达遥感影像判别航迹方向示意图

航迹方向判别十分重要，因为几何校正、地物的识别与雷达平台方位都有关系，航迹方向确定下来后即可确定图像坐标轴 x,y 的方向。一般来讲，航空雷达遥感（机载侧视雷达）影像判别雷达平台航迹方向比较容易，因为航空雷达遥感侧视角度大，俯角小，影像比例尺大，雷达阴影长而明显；卫星雷达遥感影像则相反，雷达俯角大，影像比例尺小，雷达阴影短而不明显，此时需要寻找山脉或明显地物，仔细察看阴影方向。

3. 从雷达影像图斑的色调判别地物

用一种极化方式、一个波段只能生成一幅雷达遥感黑白影像，对同一地区、同一时间用任意三幅不同极化方式与波段组合的影像可以合成假彩色影像。无论雷达遥感黑白影像还是假彩色影像与可见光-多光谱遥感相比较，地物在影像上呈现的色调与色彩有很大的不同。

（1）前者有较多的图斑呈现均匀的黑色调，雷达波长越长这种图斑就越多。这些图斑往往是水体或较平整光滑的裸地，这是因为雷达波镜面反射造成的现象。而后者没有镜面反射现象。很少有地物图斑呈现均匀暗色调。

（2）前者对应的地块越潮湿，像元越呈现亮色调；而后者则恰恰相反，地块越潮湿，像元越呈现暗色调。这是因为土壤水分含量越高，其介电常数就越大，后向散射系数就越大，雷达回波就越强；而在可见光至红外波长范围内，土壤对电磁波的吸收率随其水分含量增加而增加。

（3）前者影像彩色合成是假彩色合成，即影像上的图斑显示的颜色与自然人们肉眼看到对应地物的颜色没有直接关系；而后者则经常是自然彩色合成或假彩色合成，即影像上的图斑显示的颜色与自然人们肉眼看到对应地物的颜色基本相同，在假彩色合成中仅植被变为红色，成为例外。关于这几类彩色合成的定义，即自然彩色合成、假彩色合成、伪彩色合成（参见第6章）。

（4）前者高空间分辨率、短波段影像常能呈现出农田垄沟，地表微小地形起伏等信息，尽管这些地物细部尺寸小于遥感影像空间分辨率的尺寸；而后者没有这种现象。

（5）对于居民区，前者在黑白影像中呈现在黑底上有一定分布的亮色斑点、在彩色合成影像中呈白色斑块，这是多面体反射所致；而后者在高分辨率影像上呈现不规则的方形小块的组合结构，在低分辨率影像上呈现暗灰色斑块。

（6）对于水体，在机载侧视雷达影像中，呈现均匀黑色，这是作为光滑表面不产生回波所致，而在卫星雷达遥感影像中，水面一般呈现暗灰色，这是因为卫星雷达遥感一般俯角较大，水面不构成光滑表面所致。在可见光-多光谱遥感中，无论是航片或是卫片，都呈现接近黑色的暗色调，若是彩色，呈现深蓝色。

(7)雷达遥感影像有两种噪声信号，一种叫做斑点噪声，呈现无规律的黑白斑点；另一种叫做条纹噪声，在高分辨率影像中表现严重，即对于亮色地物，一般是金属地物，在距离的增加方向(y方向)常有亮线，这是天线内部电子增益调整不当造成。在质量不高的雷达遥感影像上表现愈加突出，这种现象也是雷达遥感影像所独有，判读时要加以注意。

5.7 干涉雷达

光的干涉现象是物理光学中的一种重要现象。17世纪物理学家托马斯·杨(T. Young)曾以著名的杨氏实验证明了光干涉现象的存在，由此为波动光学奠定了理论基础。此前，著名物理学家牛顿以牛顿环实验也发现了光干涉现象。所谓光干涉现象是指两束波长相同、相位相同或严格保持固定相位差的光线同时照射到一个目标上，在这一目标上就产生一系列亮暗相间的条纹，这种现象就被称之为光干涉(interference)现象，而这种条纹就被称之为干涉条纹。两束雷达波在严格满足一定条件下也会产生干涉现象，利用这种现象可以定量或半定量获取地物高程信息或地物其他一些信息，比如树木的胸径、海洋洋面的波浪等等，进而还可以用来三维显示地面状况。利用雷达干涉现象获取信息的遥感称作干涉雷达遥感，简称为干涉雷达(interferometer radar，INSAR)。

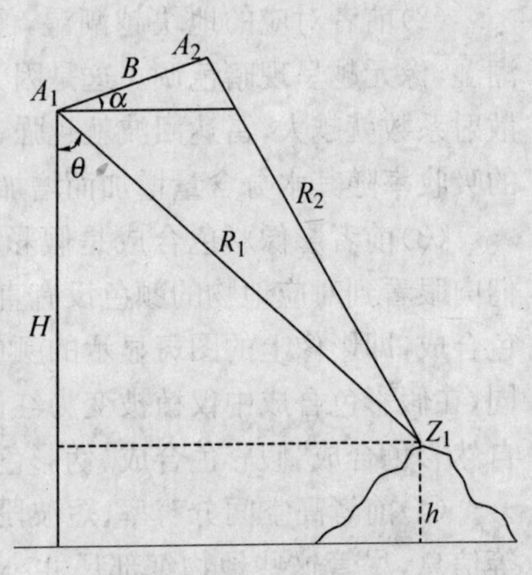

图 5-19 干涉雷达 INSAR 工作原理示意图

干涉雷达原理可用图 5-19 表示。图中，A_1，A_2 两点分别有一束雷达波向地面 Z_1 点投射，Z_1 点的高程为 h，A_1 点的高度为 H，A_1 点雷达波束与地面垂线的夹角，即射向地面的入射角为 θ，A_1A_2 与水平线的夹角为 α，B 为线段 A_1A_2 的长，R_1，R_2 分别为 A_1，A_2 两点的斜距。

由图 5-19 可看到：

$$h = H - R_1 \cdot \cos\theta \tag{5-27}$$

$$\angle A_2A_1Z_1 = \alpha + (90° - \theta) \tag{5-28}$$

由余弦定理可得：

$$R_2^2=R_1^2+B^2-2R_1B\cos\angle A_2A_1Z_1$$
$$=R_1^2+B^2-2R_1B\sin(\theta-\alpha) \tag{5-29}$$

若令：$\Delta R=R_2-R_1$，则有：

$$\sin(\theta-\alpha)=\frac{(R_1+\Delta R)^2-R_1^2-B^2}{2R_1B} \tag{5-30}$$

经整理有：

$$R_1=\frac{\Delta R^2-B^2}{2B\sin(\theta-\alpha)-2\Delta R} \tag{5-31}$$

另外，两雷达波束的相位差应有：

$$\Delta\phi=\frac{2\pi}{\lambda}(2\Delta R) \tag{5-32}$$

由此得到：$\Delta R=\frac{\lambda}{4\pi}\Delta\phi$，$\Delta\phi=2\pi,4\pi,\cdots,2m\pi$，这里以 2π 代入，有：

$$\Delta R=\frac{\lambda}{2} \tag{5-33}$$

将式(5-33)代入式(5-31)，结果再代入式(5-27)，有：

$$h=H-\frac{(\lambda/2)^2-B^2}{2B\cdot\sin(\theta-\alpha)-\lambda}\cdot\cos\theta \tag{5-34}$$

由于 $H,\lambda,B,\theta,\alpha$ 为固定参数，h 为可测变量，因而用式(5-34)就可以计算出 Z_1 点的高程 h。

根据干涉原理，从 A_1,A_2 两点分别发射的雷达波束必须严格符合以下条件：

(1)两波束的波长完全相等；

(2)两波束的相位差必须严格恒定；

(3)两波束的极化方向必须严格相同；

(4)A_1,A_2 两点的距离在雷达成像期间保持稳定，并且两波束各自斜距都必须远远大于 A_1,A_2 两点的距离，即这两条波束趋近于平行。

以上 4 个条件叫做两个电磁波波束的相干条件，满足相干条件的电磁波叫做相干波。在 4 个相干条件中，前 3 个条件在实际工作中严格满足有相当的技术难度。对于第4个条件,实现十分简单,只需将两个雷达天线分别安装在飞机或卫星的两翼即可。干涉雷达尽管在原理上早就清楚,但真正实现却是很晚以后的事。直到现在,这项技术还并不十分成熟。

在实际干涉雷达中,机载干涉雷达或航天飞机载荷的干涉雷达使用两套天线,天线分别固定在机身的不同位置,相互有一定距离,这个距离就是 A_1,A_2 两点的距离。而在卫星干涉雷达中,用卫星相邻两条轨道上的两点作为 A_1,A_2 两点,这种情况下,要求卫星雷达天线不同时间发射的雷达波束满足相干条件在技术上就更加困难,因为尽管是一个雷达天线,在不同时间发射雷达波的波长、相位差、极化方向保持恒定,没有任何漂移是很困难的。干涉雷达技术直到目前仍然是在发展中的技术。

5.8 被动微波遥感

被动微波遥感不常用,但是由于它具有全天时、全天候以及其他一些特点还是有相当的应用价值。随着电子技术以及计算机相关技术的改进,被动微波遥感近年来有一定发展,特别是在气象、海洋观测方面有了较大的进步。

被动微波遥感的原理与热红外遥感基本类同,都是利用物体的辐射特性成像的。在第2章中,叙述普朗克黑体辐射现象时曾介绍,一切温度高于绝对温度以上的物体都要向外辐射电磁波,只是物体温度不同,辐射的能量不同,而且能量的光谱分布也不同。常温下的物体,在热红外区段,辐射的能量达到峰值,而在热红外区段的两边,辐射能量以较低的斜率缓慢地衰减下去,到达微波区段辐射能量已经十分微弱,但还是仍有微量的能量辐射出来。被动微波遥感与热红外遥感的不同在于前者收集的物体"体辐射"能量,而后者基本上收集的是物体"面辐射"的能量。所谓体辐射是指物体多层面的辐射,面辐射是指仅地物表层的辐射。之所以被动微波遥感收集的是地物体辐射能量,这是因为微波有良好的穿透特性,地物内层物质辐射的微波可以穿透出来,而热红外电磁波则被物体表层的物质所吸收,穿透不出来。被动微波遥感从大气外层空间收集的物体"体辐射"能量,这里的物体就不仅仅是地表的物体,而且还包括大气、植被、植物根下的土壤,甚至包含深层土壤的一部分。简言之,体辐射给遥感技术从影像中提取信息增加了困难,因为遥感图像中很难区分物体各层次辐射的贡献率。这点对于主动微波遥感也有同样的情况。好在大气对于微波区段仍有"窗口"与"非窗口"之分,大气不同的成分比如臭氧、水蒸气对微波还有特殊的反射作用,精细选择微波的不同工作波长段,可以探测大气中的这些特殊物质,也可以将大气分出层次,一个波长段采集一个大气层的辐射信息，进而获取这一层大气的亮温，用多个微波波长段就可以分别获取多层大气的亮温数据，从而得到大气剖面温度数据，这一技术特点使被动微波遥感在气象学上得到广泛的应用。

物体在微波区段辐射能量十分微弱，这就迫使被动微波遥感放大采集辐射能量面积单元的面积，即降低空间分辨率。被动微波遥感的空间分辨率一般在数千米至数十千米之间。这种分辨率对于研究气象、海洋是合适的分辨率。也由于同样的原因，被动微波遥感不用辐射计这样的传感器，而是用大孔径微波天线这样的装置，配备复杂的电子设备，使之能够对已经是十分微弱的辐射能量加以区分度量。被动微波遥感传感器设备一般采用如图 5-20 所示的工作原理。

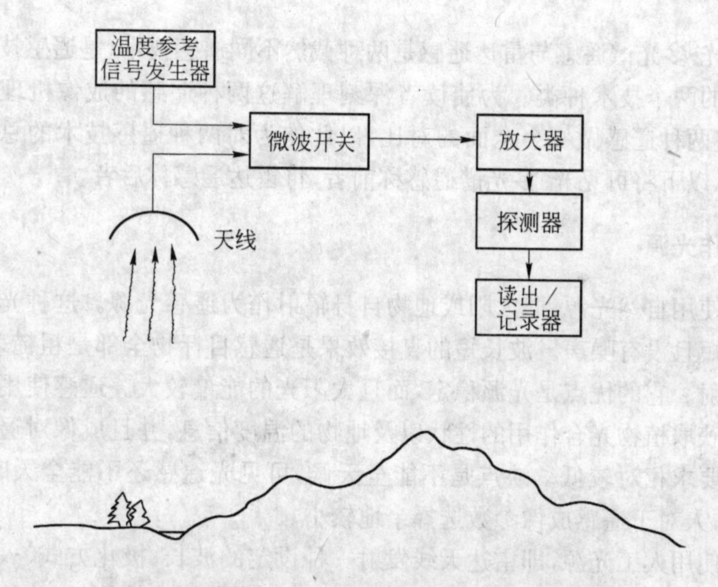

图 5-20　被动微波遥感传感器设备工作原理框图

这里使用温度参考信号发生器是一个重要的技术措施。温度参考信号发生器是与微波天线同时工作，在微波天线测试目标物微波辐射强度的同时该仪器采集微波天线大气背景的温度，用这一温度数据去校正天线测试的地面微波辐射信息数据。由于两仪器是同时工作，环境条件对两个仪器的影响完全相同，因而用温度参考信号发生器测试数据可以去校正微波天线测试目标物微波辐射强度的数据。微波开关轮流转换，交替将微波天线与温度参考信号发生器连通到后面的放大器中，以便将这两种信号加以比较，经一定的经验模型实施数据校正功能。

类似的工作原理在差分式全球定位系统(DGPS)、直流放大器差分电路、地面辐射计等多种仪器设备中得到应用,是精密仪器抑制噪声、降低系统误差的一种重要设计思想。

被动微波遥感技术已得到重要的应用成果,发现南极地区臭氧空洞现象就是该项技术的应用成果之一。用被动微波遥感技术测试的大气剖面温度数据对于人们认识大气环流、大气多种现象的成因有重要作用。此外,近年来,也有人用被动微波遥感技术测试海洋原油污染获得成功。该项技术的应用范围正在逐步扩大。

5.9 雷达遥感与可见光-多光谱遥感的比较

可见光-多光谱遥感与雷达遥感是两种截然不同遥感技术,是遥感技术中占有主体地位的两个技术种类。为使读者深刻理解这两种遥感的成像机理与应用特点,这里将两种遥感做一个全面的对比,以此作为对两种遥感技术的总结。为叙述的方便,以下将可见光-多光谱遥感称前者,将雷达遥感称后者。

1. 工作光源

前者使用自然光源,即太阳或地物自身辐射作为遥感光源。这种光源的特点是波长较短且没有噪声。波长短的直接效果是遥感目标物全部是粗糙表面,不存在镜面反射。它的优点是光源稳定,而且太阳光的能量较大。遥感使用这种光源可以直接获取植物光合作用的性状以及地物的温度信息,并且成像对遥感传感器的敏感度要求相对较低。缺点是不能全天候,可见光遥感还不能全天时,受制于自然条件,人对于遥感成像参数选择余地较小。

后者使用人工光源,即雷达天线发射一种设定的波长、极化方式、入射角度的微波并且接收这种微波的回波成像。这种光源的特点是波长较长,致使遥感目标物既有粗糙表面,也有镜面,这种特点对于从几何性状上识别地物十分有利。它的优点是全天候、全天时,而且微波对于地面有一定的穿透能力,在一定条件下可获取地下一定深度的信息。这种技术可以根据应用目标选择适当遥感参数,人为可控因素余地较大。缺点是噪声较大,成像技术复杂,影像信息影响因素较多。

2. 成像机制

两者共同点是:①基本上都是在垂直于航迹方向上扫描成像。可见光-多光谱航空遥感除外,因为这种遥感一般采用框幅式成像,不存在扫描问题;②都可以数字成像，数字成像已成为两种遥感的一种发展趋势；③都是反映地物的面状信息，即两种影像的像元对应的地面单元都是一个面，而不是一个点。

在成像机制上，两者存在的根本不同点是：前者是以等立体角横向依次扫描成像，一般以正视成像为主，特殊情况下可以斜视成像。卫星遥感的投影是多中心投影，可见光-多光谱航空遥感框幅式成像是中心投影。

后者是以侧视、按地物反射或散射回波时序成像，投影是斜距投影。影像的纵向与横向空间分辨率取决于不同机制因素，分辨率可以相等，也可能不相等。

3. 遥感平台

两者共同点是：①都可以使用航空器（飞机、飞艇）、航天器（航天飞机、卫星）；②对于卫星的轨道参数要求基本相同，甚至一颗卫星上同时载有两种遥感设备；③对于遥感平台的姿态要求都较高，在一定程度上后者要求甚至还要高一些。

由于在成像机制上两者存在着根本的不同，对于遥感平台的要求还有不同：

前者为影像周期性地覆盖全球的需要，一般要求卫星轨道采用太阳同步、近极地轨道，对于轨道参数要求严格。

后者可以不采用太阳同步、近极地轨道，因为是主动、侧视，侧视角度可控、可调，对于轨道参数要求不很严格，不强调轨道重复周期。

4. 几何误差分析

两者共同的几何误差主要来源是：①遥感平台在扫描成像过程中的垂直仰俯、水平航向、侧向翻滚等3个方向上偏离原有方向；②大气湍流造成大气折射率不稳定；③地表起伏。

几何误差影响因素不同点为：

对于前者，大气影响因素是几何误差形成的主要因素，大气中的水蒸气含量、尘埃颗粒大小及密度都会显著影响大气的折射效应，产生影像几何误差。地表起伏以及遥感平台姿态对影像的几何误差影响相对较小，特别是对于卫星遥感，地表起伏的影响可以忽略。此外，摄像镜头屈光率不线性也是这种遥感影像几何误差的来源之一。

对于后者，大气影响因素是几何误差形成的次要因素，因为微波有很好的穿透特性。而地表起伏以及遥感平台姿态对影像的几何误差影响相对较大，特别是地表起伏，由于这种遥感的多面体反射、叠掩、顶点位移等物理效应，对影像几何误差的影响不可忽视，有时还影响相当大。此外，雷达遥感系统的状态，如调制脉冲宽度、解调处理等误差带来的几何误差也是这种遥感影像的误差来源。总体来说，这种遥感影像的几何误差比较复杂，校正也比较困难。

5. 噪声误差分析

两者共同的噪声误差主要来源是：①大气环境背景的噪声信号，比如大气散射各波段电磁波的能量在多数情况下可看作是地物反射能量谱的误差来源；②两种遥感系统在数据获取、数据处理过程中自身产生的噪声信号。

对于这两种遥感技术，辐射误差分别还有各自不同的来源及特点。

对于前者，大气的背景噪声是一种主要的噪声来源，这种背景噪声包括有瑞利散射、米氏散射以及非选择性散射生成的噪声，特别是后两种散射，大气中的污染烟尘、沙尘颗粒、水蒸气等可以造成散射，这种散射效应在一定情况下，比如在研究污染、沙尘暴中，又可以成为一种信息。太阳照射在地面形成的阴影，包括投影与本影（参见第 3 章），在很多情况下也是一种噪声，但也可以是一种信息，比如可以测量地物的高度。这种遥感传感器本身的热噪声以及因传感器老化造成的辐射测量误差也是误差的一种来源，但数值相对较小。

对于后者，大气的背景噪声已不是主要的噪声来源，因为微波对大气有很好的穿透特性。辐射误差的主要来源之一是雷达天线本身的噪声，这种噪声是双程的，即发射出的微波本身就有噪声，这种噪声经地面散射回到雷达天线，天线接收到的信号中就有噪声，再加上此时天线及其电子线路再次产生噪声。辐射误差的主要来源之二是山坡地产生的叠掩、顶点位移，这时影像像元已不是对应于地面一个面积单元，而是两个或多个，此时系统很难区分当前像元的灰度值究竟是哪一个地面单元的贡献，这种情况无论用什么方法处理都会有误差，这种误差也可归结到噪声误差这一类。总的说来，后者的噪声误差要大于前者。抑制误差也较前者要困难。

6. 光谱误差

通常，两种遥感的工作参数中都要给出遥感波段，给出波段的波长标称值范围也是有误差的，比如陆地卫星 TM 影像 TM3 红波段波长标称值范围是 0.63～0.69 μm，实际的工作波段与这一范围往往存在偏差。

对于前者，这种光谱误差对于识别地物、特别是诊断农作物的营养匮缺影响很大，因为地物反射光谱在可见光至近红外这一波长区段中，变化十分剧烈，很小的波段范围变化就会引起反射率很大变化。这种误差的存在给前者定量化带来较大困难。

对于后者，地物的后向散射系数微波光谱在很长的微波区段中，变化十分缓慢，这就是后者不强调具体的波长标称值范围，只讲C波段、X波段的原因，事实上实际的工作波段往往并不是完全覆盖该波段的整个波长标称值范围。这种差异对影像数据并无多大的影响。

7. 功能特点

两种遥感功能特点各异，优势互补。

前者对植被的生长状态、土壤的化学组成比较敏感，长于区分植物种类、探测地物化学组分特性。这种遥感影像经彩色合成后制作的自然彩色影像或假彩色影像接近人眼睛的视觉效果。这种遥感技术相对较为成熟，影像质量相对较好。缺点是受天气影响很大，很多地区一年中难得有几景理想的无云影像。

后者对于地物的物理特性，诸如高程起伏、水分含量较为敏感，对金属地物十分敏感。对于特殊地物，如蝗虫、河滩地的鹅卵石等，因其谐振效应能够识别。全天时、全天候是这种遥感最大的特长。由于微波有穿透特性，可以获取地下一定深度的信息。缺点是技术尚不很成熟，技术相对复杂，噪声较大，影像质量相对较差。对于地形复杂的山区，几何误差较大，几何校正与影像判译较为困难。

小　结

本章系统地阐述了雷达遥感的成像原理、技术特点、多种物理效应对雷达遥感的影响以及雷达遥感影像解译的基本知识。对于被动微波遥感，作为微波遥感的一种补充，也作了简要介绍。

雷达遥感使用人工发射的微波线性调频脉冲调制波作为媒介进行遥感成像，雷达天线同时担任发射与接受雷达波的任务，雷达影像在距离方向严格按照雷达回波的时序安置对应像元，这是雷达遥感斜距投影的根本原因。雷达影像在距离方向的空间分辨率取决于脉冲调制波的脉冲周期。真实孔径雷达影像在航迹方向的空间分辨率取决于雷达波束在航迹方向上的张角以及遥感平台的航高，这是真实孔径雷达影像在航迹方向的空间分辨率不高的原因所在。合成孔径雷达利用多普勒效应克服了真实孔径雷达这一缺点，大幅度地提高了影像在航迹方向的空间分辨率。

雷达遥感斜距投影与人们通常已经习惯了的中心投影完全不同，尽管雷达遥感也是斜视，但是并没有肉眼产生的斜视效果。恰恰相反，一改眼睛由于透视效应形成的地物近大远小的现象，变为距离雷达天线距离近的地物在横向（Y 向）缩小，而距离雷达天线距离远的地物横向反而放大。由于斜距投影，在山区，雷达遥感影像产生了特有的叠掩、顶点位移、距离伸缩等几何畸变现象。

雷达遥感的工作波段是厘米级的波段，由此地物表面有镜面、准镜面以及粗糙面之分。镜面反射与斜距投影共同作用产生了多面体反射效应。这种效应有助于人们从雷达影像上识别地面微地形变化以及一些特殊地物。

雷达遥感有4种极化工作方式，对应4种雷达遥感影像，同一地物在4种影像中会呈现不同的灰度。4种极化方式增加了雷达遥感根据应用目标不同选择不同工作方式的人为主动性。

雷达波后向散射系数是雷达遥感中的重要概念。不同地物以及同一地物处于不同状态具有不同的雷达波后向散射系数是雷达遥感对应像元灰度不同的重要原因。在一定意义上，雷达遥感影像是地物后向散射系数的记录。地物的后向散射系数取决于地物的物理性状、表面粗糙度、雷达波波长及入射角度等多种技术条件。

干涉雷达是雷达遥感中的新技术领域之一，其原理是利用两幅相干的影像数据，分析地物的高程、树木的胸径等三维信息。由于干涉雷达对于遥感成像条件要求较高，对于数据处理技术也要求较高，目前技术尚不成熟。

雷达遥感与可见光-多光谱遥感在成像机理上有根本的不同，导致在功能效应上有诸多方面的不同，两者技术优势互补。需要指出，雷达遥感的技术优势并不仅仅在于全天时、全天候，在对于微地形起伏、金属地物、土壤湿度等诸多方面的敏感性以及对于干燥土壤具有穿透能力等功能效应上有突出的技术优势，在农业、军事等领域具有不可替代的使用价值。被动微波遥感与可见光-多光谱遥感有较多方面的共同点，最大的不同在于用微波天线获取影像数据。被动微波遥感在大尺度、分层次获取大气信息方面有一定技术优势。

思 考 题

1. 参照图5-4，设雷达遥感平台航高8 000 m，地面A_1点到遥感平台正下方的地面A_0点3 000 m，A_1到A_n的距离为2 000 m，遥感平台以300 m/s的速度飞行，试计算雷达波触及A_1到A_n的这段时间内的遥感平台飞行的距离(注：雷达波传播速度为300 000 km/s)。

2. 接上题，数据不变，再补充一个数据，即雷达脉冲调制波的周期为3.3×10^{-8} s，试问在A_1处，该雷达遥感的Y向空间分辨率应当是多少？而在A_n处，Y向空间分辨率又应当是多少？

3. 雷达遥感为什么必须侧视？雷达遥感影像在空间分辨率、比例尺、投影误差的形成等方面与被动遥感有什么不同？在上题中所有参数不变，试计算在 A_0 处该雷达遥感的 Y 向空间分辨率应当是多少，比较 $A_0, A_1, \cdots, A_n$ 各点之间 Y 向空间分辨率的差别。

4. 雷达遥感图像在距离方向（y 向）不能过宽，从成像机制、投影误差的形成等方面分析为什么有这种现象？

5. 雷达遥感图像在距离方向（y 向）与遥感平台的航高无关，这一结论的前提是什么？

6. 合成孔径雷达的发明是解决什么问题的？

7. 对于合成孔径雷达，遥感图像在航迹方向（x 向）与遥感平台的航高有无关系，为什么？

8. 雷达遥感图像空间分辨率的纵向（航迹方向，即 x 向）与横向（垂直方向，即 y 向）常常不同，为什么？

9. 在可见光-多光谱遥感中需测试地物光谱反射率，而在雷达遥感中需测试地物微波后向散射系数，试问测试这些数据有什么作用？

10. 在合成孔径雷达遥感图像中，出于同样状态，包括土壤质地、表面粗糙度、湿度等的两块地，但在距离向（y 向）位置不同，试问从理论上在影像上的两个对应像元灰度值是否应当相等？

11. 叠掩及顶点位移给雷达遥感定量分析地物形状带来根本性的问题是什么？请思考在实际工作的解决思路。

12. 雷达遥感的波长在厘米数量级，致使地面一些地物表面可以成为反射镜面，它在应用上带来的优、缺点各是什么？

13. 雷达遥感中有多面体反射，试问多面体反射形成需要哪些条件？试分析多面体反射现象给雷达遥感图像判译带来哪些方便，又有哪些问题？

14. 雷达遥感中的旁瓣效应致使金属地物在影像上产生两个重影，试从成像机制上分析这两个重影应当各自分别在主图像的哪个方位？

15. 为什么雷达遥感中的旁瓣效应只是对于金属地物才在影像有所反映，而对于一般地物却没有反映？

16. 雷达遥感的侧视成像为应用带来哪些优点，又带来哪些缺点？

17. 雷达遥感的 4 种极化方式为应用带来哪些好处？

18. 从成像机理与应用特点上试分析被动微波遥感与主动微波遥感的共同点与不同点。

19. 显然雷达遥感在识别植物种类、测试植被性状上有一定的劣势，请思考这种劣势可以用挖掘雷达遥感的什么性能去补偿。

20. 试将被动微波遥感中设置温度参考信号发生器的技术措施与地面光谱仪中设置标准测试板(参见第 10 章)的技术措施相比较,说明两者在减少系统误差技术思想的共同点。

参考文献

[1] 林培,等. 农业遥感. 北京:北京农业大学出版社,1990.

[2] 金仲辉,大学物理. 北京:中国农业大学出版社,2002.

[3] 中国航空遥感服务公司. 地球资源测试雷达图像应用资料汇编. 1985.

[4] 赵英时,等. 遥感应用分析原理与方法. 北京:科学出版社,2003.

[5] [美]理查德·K·穆尔,等. 遥感手册. 第 3 分册. 北京:国防工业出版社,1982.

[6] 严泰来,等. SAR 与 TM 影像几何模式比较分析//郭华东. 星载雷达应用研究,北京:中国科学技术出版社,1996.

[7] 严泰来,等. 资源环境信息技术概论. 北京:北京林业出版社,2003.

第6章　遥感数字图像处理基础

6.1　遥感图像处理综述

遥感图像处理包括光学模拟图像处理与数字图像处理。本章主要介绍后者的基本处理方法。通常一景可见光-多光谱遥感数字图像含有多个波段，每一个波段数据组成一幅图像。对于一景雷达遥感图像，可能包含有多种极化方式的多幅图像。图像又由具有一定位置和数值的有限个像元（pixel）组成，每一个像元由一个灰度值（digital number，DN）表示，灰度值的取值范围由遥感传感器的辐射分辨率给定。为了便于计算机处理，灰度值的量化级数设计成 2^n，即用 n 比特（bits）表示。遥感图像处理的内容主要包括以下几个方面：

（1）恢复处理或称作预处理，即复原图像，如辐射校正、几何校正等；

（2）增强处理，即有目的地增强图像中有用的信息，以利于图像识别，如对比度增强、边缘增强等；

（3）滤波变换，主要目的是抑制噪声，提高图像的质量，突出某种信息等；

（4）识别分类，通过提取图像特征，借助模型和算法，对图像信息进行识别、分类、解译和评价，如监督分类和非监督分类等。

在具体的数字图像处理中，图像处理的效果取决于图像处理中采用的技术方法，一般是多种技术的综合；另外，应用多种方法的组织也很重要，因为同样的处理方法、不同的处理顺序，其效果有时相差甚远，所以在图像处理前必须明确图像处理的目的、掌握待处理图像的特点、选取一定的图像处理方法，有针对性地进行处理，以达到较为满意的处理效果。

需要强调，图像处理总是以牺牲某些信息为代价换取突出某些信息的目的，图像处理的每一步骤都要损失或扭曲某些信息，计算机处理软件本身并不能产生新的信息。遥感原始图像是信息的本源，要尊重原始图像所含有的原始信息，尽管这些原始信息隐含着多种成分。作为计算机图像处理的使用者，需要注意运行图像处理的每一步骤中，有哪些信息被掩盖或扭曲，有哪些信息的表达得到加强，这也是图像处理软件的使用者必须了解与掌握图像处理机理的根本原因。对于以挖掘遥感图像中的隐性信息为目的的图像处理，如检测区域干旱、作物长势、大气污染等,原始图像数据尤为重要。

图像处理是遥感技术永远的研究主题,图像处理技术随着遥感技术发展而发展。人们对包括空间信息在内的各种信息的需求是无止境的,因而图像处理技术也必将会在需求的驱动下不断向前发展。应当说,图像处理不仅是一门技术,而且还是一门艺术,如何将地学信息表现得清楚、简洁、明快,不仅需要技术,而且需要科学的美学观念。

6.2 色度学基本知识

色度学(chromatics)是研究正常人眼睛彩色视觉的定性、定量规律及其应用的科学领域。色度学是计算机图形学及图像处理的基础。它主要源于两个方面:其一,颜色是一个非常重要的信息载体,它常常可以简化目标的区分以及从图像中抽取目标;其二,人眼可以辨别 3 000 种彩色,而对黑白灰度级的识别仅达几十种。所以生成彩色图像已成为遥感图像处理的主要工作目标之一。

6.2.1 彩色谱

1666 年,牛顿(Isaac Newton)的三棱镜分解日光实验发现了彩色谱这一现象,其中可见光彩色谱可分为 6 个不同宽度的波长色谱区域:紫色、蓝色、绿色、黄色、橙色和红色,且色谱间的变化是连续的,可见光覆盖电磁波谱的范围是 380～780 nm。人类接收到光而对光的颜色感受取决于光源强度与光源色谱以及相关物体的光反射波谱特性。若物体对阳光全反射,对观测者而言显现的是白色;若物体对阳光全吸收,观测者看到的是黑色;介于二者之间,即物体对可见光谱范围的反射,则物体看上去呈现某种颜色。

描述人类彩色视觉的 3 个量分别是光强、色调和饱和度。光强(intensity)表征彩色光各波长的总能量,即总光强,用流明(lm)计量。色调(hue)是到达人眼各波长分量的综合颜色效应,用对应的波长(nm)表示。饱和度(saturation)反映了彩色的浓淡或纯度,白光在其中所占成分的多少,无量纲,是一个比例数据。白光越多,彩色看上去越淡,饱和度越小,彩色纯度越差。这 3 个量是相互独立的,在物理光学中被称作是色度三要素。

6.2.2 光原色

从人眼的感光特性发现,人眼感受到的各种颜色其实是原色(又称基色、加原色)红(R)、绿(G)、蓝 (B) 的各种组合。为了标准化起见,早在 1931 年 CIE(国际照明委员会)对于主原色设定了波长值:红＝700 nm,绿＝546.1 nm 和蓝＝435.8 nm。这一点与人眼吸收红、绿、蓝光峰值对应的波长有出入,不过红、绿、蓝三色光也并非同单一波长一一对应,而是与范围不等的波段相对应,这与彩色谱的连续性以及人眼的刚辨色差的存在有关。所谓“刚辨色差”是指人眼睛能够分辨出颜色区别的最小色调差,人的眼睛对于不同颜色的刚辨色差是很不相同的。需要注意的是:为标准化目的而设定的特定波长的三原色 R,G,B 以各种强度比混合并不能产生所有的谱色。

原色相加产生二次色(也称减原色):红＋ 蓝＝品红色(M);绿 ＋ 蓝＝青色(C);红 ＋ 绿＝黄(Y)。把合适亮度的三原色 R,G,B 混合可产生白光(W)。

光原色与美术颜料原色的区别是很重要的。光原色是指由光源发出光的基本色调,而颜料原色是指白光照到颜料或其他物体表面产生的反射光基本色调。这后一种原色定义为从白光中减去或吸收光的一种原色并反射或传输另两种原色的合成,称作是一种“补”色。颜料原色为品红(白－绿),黄(白－蓝)和青(白－红)。把颜料三原色进行适当的组合可以产生黑色。

颜料原色的二次色为:红 ＝ 黄 ＋ 品红;绿 ＝ 黄 ＋ 青;蓝 ＝ 品红 ＋ 青。

6.2.3　格拉斯曼定律和色度图

格拉斯曼(Glassman)定理定量地描述了色光混合的规律,其表达式为:

$$1\ \mathrm{lm(W)} = 0.30\ \mathrm{lm(R)} + 0.59\ \mathrm{lm(G)} + 0.11\ \mathrm{lm(B)} \tag{6-1}$$

为了将上式归一化,令 1 单位红光为 0.30 lm,1 单位绿光为 0.59 lm,1 单位蓝光为 0.11 lm、1 单位白光为 1 lm,在实际工作中除特别说明,一般对于三原色的光强单位统一使用归一化的单位。这样,式(6-1)则可表示为:

$$\mathrm{W} = \mathrm{R} + \mathrm{G} + \mathrm{B} \tag{6-2}$$

据格拉斯曼定理,自然界任意一种颜色都可由构成颜色空间的三原色匹配而成。以 R、G、B 颜色系统为例,若需要自然色 C,那么:

$$\mathrm{C} = a_r(\mathrm{R}) + a_g(\mathrm{G}) + a_b(\mathrm{B}) \tag{6-3}$$

式中:C 可以分别由一定数量的红光(a_r)、绿光(a_g)和蓝光(a_b)相匹配而成。表达式(6-3)称为自然色 C 在 R,G,B 颜色空间的颜色方程。a_r,a_g,a_b 又称为三(基)色值。

颜色 C 在 RGB 颜色空间的色坐标为:

$$r = a_r/(a_r + a_g + a_b)$$

$$g=a_g/(a_r+a_g+a_b) \tag{6-4}$$
$$b=a_b/(a_r+a_g+a_b)$$

显然：
$$r+g+b=1 \tag{6-5}$$

所以，r,g,b 三者中只需确定其中任意两个值，就可以利用表达式(6-5)计算另一个值。

对任何可见光谱内的光波长，产生与波长相对应颜色的三色值可直接由实验测得，也可用 CIE 色度图确定(图 6-1)。

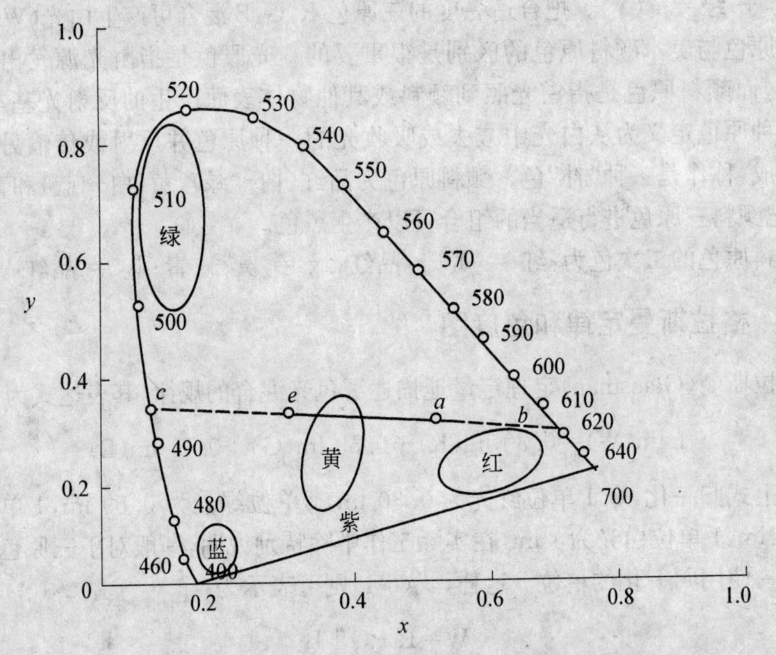

图 6-1 CIE 1931 系统色度示意图

CIE 色度图是 1931 年国际色度学学术会议上确定的，称作 CIE1931 系统色度图。色度图中的 X,Y,Z 坐标值是由 r,g,b 的线性变换得到。考虑到变量 X,Y,Z 的“和”也是 1，Z 坐标不是独立的，因此色度图中一般不画此坐标。由图 6-1 所示的色度图可以看到：

(1)光谱线，即图中的舌形曲线。曲线上各点与可见光波段内的各谱线一一对应。曲线之内的点所代表的颜色是自然色，即真实颜色。这些颜色可用 R,G,B 三原色光匹配得到。而曲线之外的点所代表的颜色是非自然色，它们是无法用 R,G,B 三原色匹配得到的。

(2)彩色三要素：图中的 e 是等能白光，此点对应的(r,g,b)为(0.33,0.33,0.33)。任意一自然色在色度图中的位置就表明了该色的亮度、色调和饱和度。位于色度图舌形曲线上的任何点都是饱和的，离开舌形曲线上的点是欠饱和点，等能量点 e 的饱和度为 0。在图 6-1 中，光谱线内一点 a 代表某一自然色。连接 ea 并向 ea 方向延长与舌形曲线交于 b 点，b 点所代表的光谱色就是颜色 a 的色调。a 点的饱和度取决于 a 点相对 e 点的位置，两点的距离越近，a 点的饱和度越低。a 点的亮度由 Y 值决定，与 X 和 Z 值无关。Y 值越大，则 a 的亮度越高；反之，则越低。

(3)互补色：反向延长 ea 交曲线于 c 点，c、b 两色光相加可得到白光，所以 c,b 两色是互补色。在光谱线内，任何一条过 e 点的直线与光谱线相交的两点都是互补色。

(4)图 6-1 中，舌形曲线以内划出了 4 个椭圆圈，分别示意性地表示人眼睛对于红、蓝、绿、黄的刚辨色差范围，意即在这一范围内 R,G,B 三原色光的组合，人的眼睛是区分不出其颜色区别的。由图可看出人的眼睛对于绿色的分辨能力最差。正由于这一原因，遥感图像经处理后，颜色为“绿色”并非一定是真正的绿色植被。

6.2.4　彩色模型

彩色模型(也称彩色空间)的用途是在某些标准下用通常可接受的方式简化彩色规范。现在所用的大多数彩色模型都是面向硬件的。如在数字图像处理中，实际中最通用的面向硬件的模型是 RGB(红、绿、蓝)模型，该模型用于彩色监视器，如计算机彩色监视器，以及彩色视频摄像机，如数码相机等。遥感图像多用这种模型表达影像像元点颜色。这里的 RGB 是由式(6-4)中的 r,g,b 经过进一步线性变换得来，R、G、B 的数值分别取 0～255 范围内的任一整数。CMY(青、品红、黄)和 CMYK(青、品红、黄、黑)模型是针对喷墨彩色打印机的。HIS(色调、亮度、饱和度)模型更符合人的描述和解释颜色的方式。RGB 模型和 HIS 模型可根据需要相互转换，转换的方法多样，本章在“6.8 数据融合”一节中有介绍，其余可查阅本章列举的参考文献。

6.2.5　彩色合成

遥感技术提供的产品有一种是彩色影像。计算机系统生成彩色影像基本原理是将同一景不同波段的三幅黑白影像分别赋予 R,G,B 3 种颜色，由于同一像元三幅影像的灰度各不相同，因而叠加在一起就形成一种彩色色调，像元与像元之间 R,G,B 的组合不同，致使像元与像元的色调互不相同，呈现彩色场景。遥感影像彩色合成有三种类型：真彩色合成(true color composite)、假彩色合成(false color composite)以及伪彩色合成(pseudo color composite)。

所谓真彩色合成是用对应于红(R)、绿(G)、蓝(B)三种波段的遥感三幅影像分别赋予相应颜色光,以 TM 影像为例,用其第一波段(0.45～0.52 μm)赋予 B 色,第二波段(0.52～0.60 μm)赋予 G 色,第三波段(0.63～0.69 μm)赋予 R 色,这种合成制作的彩色影像基本复原了人肉眼看到的真实自然场景颜色,因而这种合成又称为自然色彩色合成。

所谓假彩色合成是用三幅遥感影像分别赋予 R,G,B 三种颜色,生成彩色影像。其中有一种合成方案是与真彩色合成的方案基本相同,不同的是用第四波段(0.76～0.90 μm)替代真彩色合成中的第三波段,并赋予 R 色,第三波段替代真彩色合成中的第二波段,并赋予 G 色,第二波段替代真彩色合成中的第一波段,并赋予 B 色。这种假彩色合成影像中植被显示为红色。植被越茂盛,生物量越大,显示的红色越浓。这是因为从地物光谱反射特性曲线可以看到,植被在红内到近红外这一狭小的波长范围内,反射率陡然上升,而其他地物的反射率并没有太大的改变,因而致使在这种假彩色合成方案下,其他地物影像颜色没有多大改变,唯一改变较大的是植被显示为红色,以突出显示植被及其植被生物量的分布。还有其他的假彩色合成赋色方案,这些方案完全没有以上两种彩色合成的规律,赋色与波段的波长范围没有一定的对应关系,只是用同一景任意三种不同波段的影像分别赋予 R,G,B 三种颜色即可,甚至用同一景、同一波长的三种不同极化方式的雷达遥感影像进行彩色合成也可以。此时影像显示的颜色与地表真实场景的颜色完全不同,无规律可言,只凭对于特定地物显示某种颜色的需要进行彩色合成。为了区别这两种假彩色合成,前者称作标准假彩色合成,后者统称假彩色合成。

所谓伪彩色合成是指将一幅遥感影像通过图像处理的方法转化为彩色图像的合成技术,如人为地将一幅遥感影像分为三类图斑,例如将农用土地(包括耕地、园地、森林、草场等),城镇工矿建设用地以及未利用土地等三类土地利用类别,分别赋予 R,G,B 三种颜色,形成彩色影像,这种合成带有更大的人为成分,完全是为了区分图斑性质的需要,与真实场景有更大的差别。

三种彩色合成在遥感图像处理中都有应用,不同场合、不同应用目的使用不同的彩色合成设计方案。

6.3 遥感图像的数据格式

遥感数字图像数据常以不同的数据格式存储,目前常用的数据格式主要有以下 4 种。

6.3.1　HDF 格式

HDF(hierarchical data format)是美国国家高级计算应用中心(NCSA)为了满足各种领域研究需求而研制的一种能高效存储和分发科学数据的新型数据格式。通过图 6-2 可以了解 HDF 数据结构。

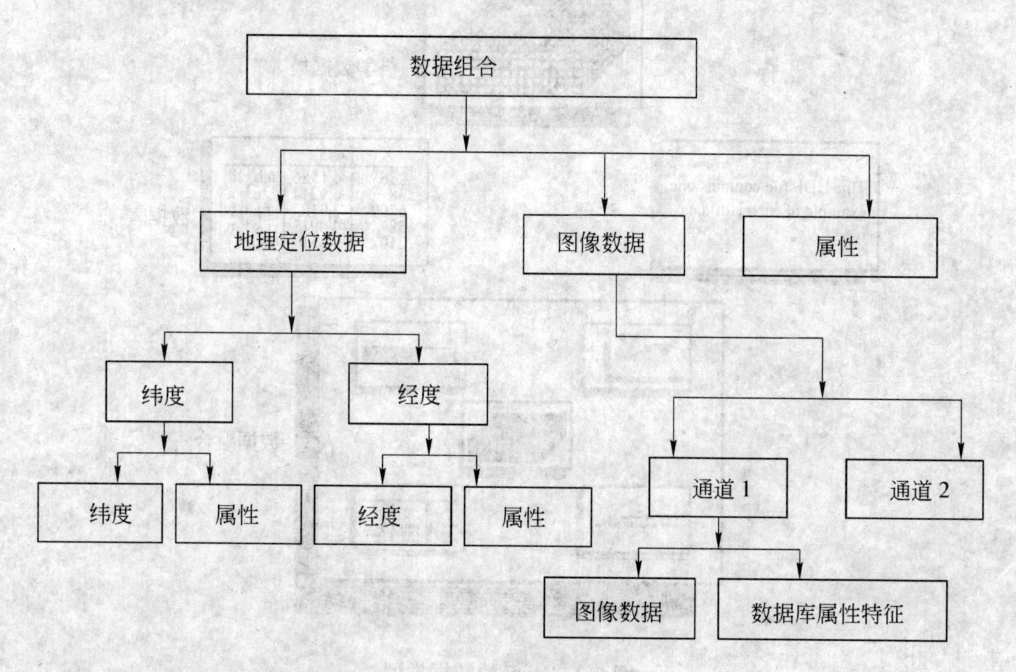

图 6-2　HDF 数据结构例图

HDF 数据结构主要有以下特点：

(1)多样性：一个 HDF 文件中可以包含多种类型的数据。

(2)自我描述：一个 HDF 文件中可以包含关于该数据的全面信息。

(3)灵活性：可以让用户把相关数据目标集中到一个 HDF 文件的某个分层结构中，并对其加以描述，同时可以给数据目标加上标记，方便存取。

(4)可扩展性：在 HDF 中可以加入新数据模式，增强它与其他标准格式的兼容性。

(5)独立性：HDF 是一种与平台无关的格式。

HDF 格式图像数据文件的数据类型主要有 6 种，如图 6-3 所示。

(1)栅格(网格)图像(raster image)数据：数据模式提供一种灵活方式存储、描述栅格图像数据，包括 8 bits、24 bits 栅格图像，后者表达彩色图像。

(2)调色板(图像色谱)(palette)：也叫做彩色查对表，它提供图像的色谱。调

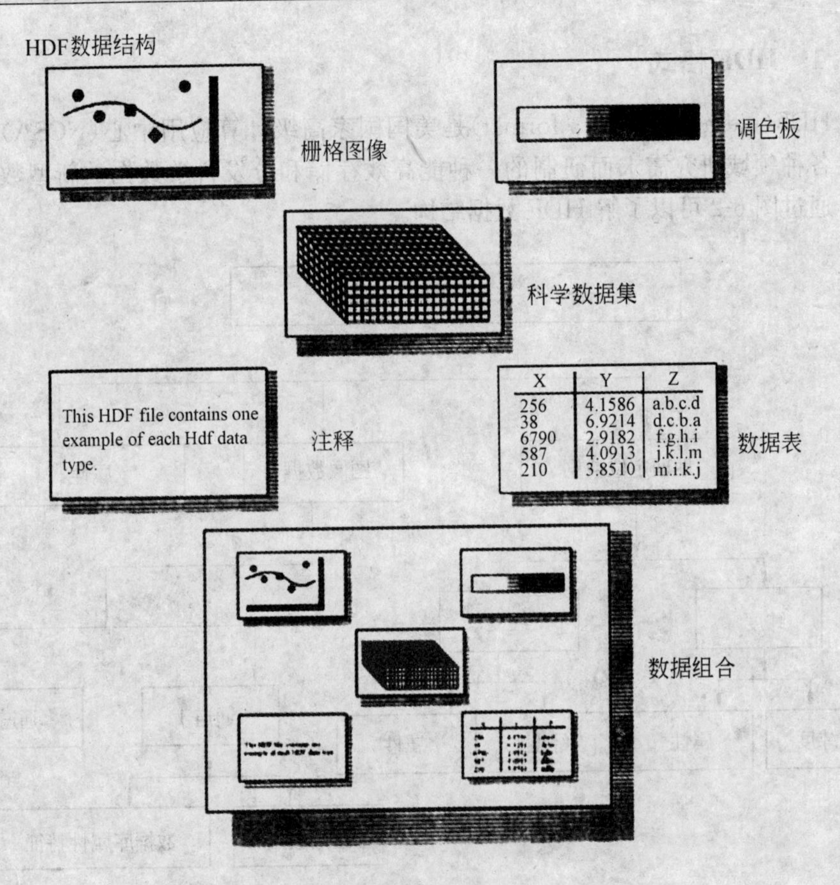

图 6-3 HDF 的数据类型

色板中的各种颜色用特定的数码来表示。

(3)科学数据集(scientific data set):HDF 定义的科学数据是指图像数据之外的其他对科学调查有用的数据,用多维矩阵存储。

(4)数据表(Vdata):是一个框架,用于存储和描述的数据表。

(5)相关数据组合(Vgroup):用来把相关数据目标联系起来。一个 Vgroup 可以含有其他 Vgroup 以及相关数据目标。任意一个 HDF 目标均可以包括进某个 Vgroup 中。

(6)HDF 注释(annotation):是字符串,用来描述 HDF 文件或 HDF 数据目标。

HDF 为程序提供一个从数据文件本身获取数据(数据元)信息的机制,而不是其他来源。HDF 的数据结构是一种分层式数据管理结构,而 HDF 格式可以看成一本带目录的多章节书,每一章包含不同类型的数据元素,如图 6-4 所示。

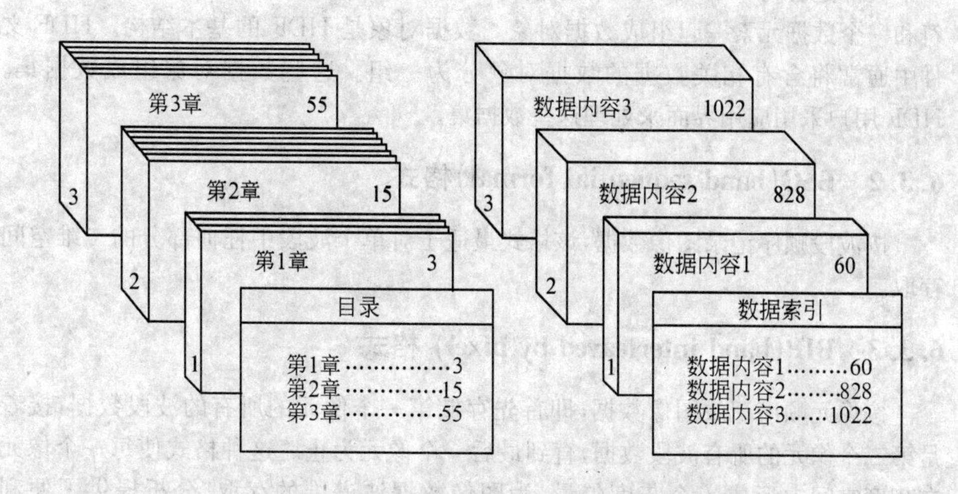

图 6-4　HDF 文件结构与传统意义上的多章节书的比较

HDF 文件物理结构应包括一个文件号(file id),至少一个数据描述符(data descriptor),设有多个数据内容(data element),如图 6-5 所示。文件头用来确定

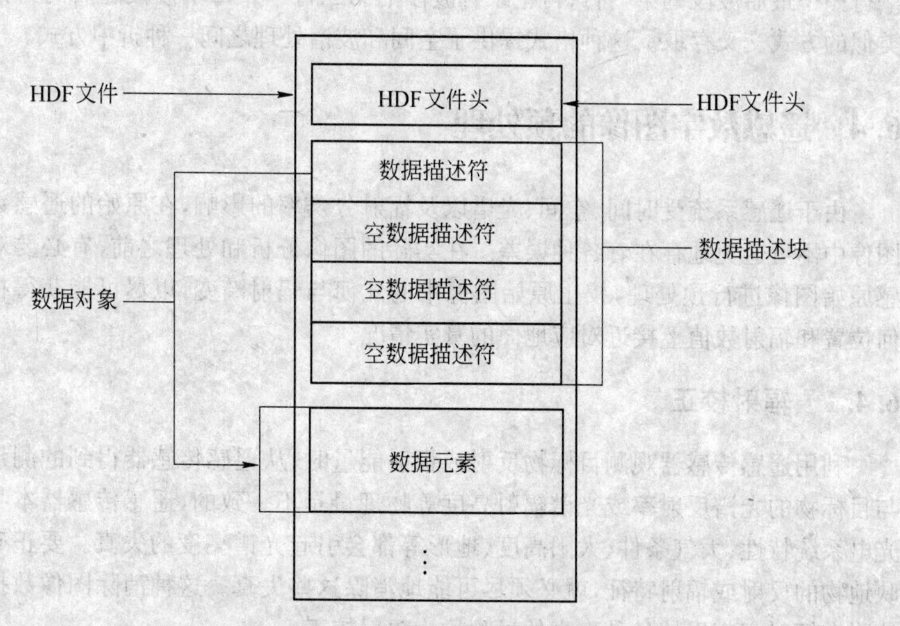

图 6-5　包含一个数据目标的 HDF 文件物理层次

一个文件是否为 HDF 文件。数据描述块存有数据描述符的序号。一个数据描述符和一个数据元素一起组成数据对象。数据对象是 HDF 的基本结构。HDF 文件中通常将含有相关数据的数据对象分为一组。这些数据对象组成数据集。HDF 用户采用应用界面来处理这些数据集。

6.3.2 BSQ(band sequential format)格式

按波段顺序记录图像数据,该格式最适于对单个波段中任何部分的二维空间存取。

6.3.3 BIP(band interleaved by pixel) 格式

按像元顺序记录图像数据,即首先存储第一个像元的所有的波段数据,接着是第二个像元的所有波段数据,直到最后一个像元为止。这种格式使每一个像元在灰度空间中形成一个灰度矢量,为图像数据波谱维的存取、分析提供了便利条件。

6.3.4 BIL(band interleaved by line)格式

按 BIL 格式存储的图像先存储第一个波段的第一行、接着是第二个波段的第一行……最后波段的第一行;再记录各波段的第二行……每个波段随后的行按照类似的方式交叉存取。这种格式提供了空间和波谱处理之间一种折中方式。

6.4 遥感数字图像的预处理

由于遥感系统受时间、空间、光谱以及辐射分辨率的影响,在原始的遥感数字图像中不可避免地存在着各种误差。在实际的图像分析和处理之前,有必要对遥感原始图像进行预处理,校正原始图像中的几何与辐射畸变,以尽可能获得在几何位置和辐射数值上接近对应地面的真实情况。

6.4.1 辐射校正

利用遥感传感器观测目标物反射或辐射能量时,从遥感传感器得到的测量值与目标物的光谱反射率或光谱辐射亮度等物理量是不一致的,遥感传感器本身的光电系统特性、大气条件、太阳高度、地形等都会引起光谱亮度的失真。要正确反映地物的反射或辐射特征,就必须尽可能地消除这些失真。这种消除图像数据中依附在辐射亮度里的各种失真的过程称为辐射校正。

完整的辐射校正包括遥感传感器校正、大气校正、太阳高度角校正以及地形校正。通常大气校正比较困难，因为在大气校正时，参照的大气条件应当和图像获取时实地的大气条件严格一致。而收到遥感图像时大气条件早已改变，重复这些条件是不可能的。

应当指出，辐射校正对于使用中、低空间分辨率遥感传感器测试地面潜在信息，如农情、旱情、地质、生态、大气污染等信息是十分重要的，因为影像各像元的灰度值与地面目标物实际相应数值的相关性直接影响遥感信息获取的准确性。但是对于高空间分辨率遥感传感器测试地面表象信息，如土地利用、城市建筑物布局等，相对来讲就不十分重要，因为识别判译这些信息主要依靠一景影像中像元间的灰度进行判别。

1. 遥感传感器校正

由遥感传感器灵敏度引起的畸变主要是由其光学系统、光电变换系统的特征所引起的。如使用透镜的光学系统中，摄像面就存在边缘减光效应。

光电变换系统的灵敏性特征通常很重要，其校正一般是通过定期地面测定，根据测量值进行校正。如陆地卫星 4 和 5 系列的遥感传感器校正是通过飞行前实地测量，使用预先测出的各波段辐射亮度值(L_b)和记录值(DN_b)之间的校正增益系数(gain，用 A 表示)，以及校正偏差量(bias，用 B 表示)进行校正。其校正公式为：

$$L_b^s = A \cdot DN_b + B \tag{6-6}$$

式中：L_b^s 为遥感传感器校正后的辐射亮度值。通常假设校正增量系数和校正偏差量在遥感传感器使用期间是不变的，事实上，它们随时间延续均有很小的衰减。

2. 大气校正

大气对光学遥感的影响很复杂。因为大气条件对于每一景图像，甚至图像的各个部位对应的地面都是不同的，因而应用大气校正模型来完整地校正每个像元是不可能的。通常可行的一个方法是从图像本身来估计大气参数，然后以一些实测数据，反复运用大气模拟模型来修正这些参数，实现对图像数据的校正。值得注意的是：任何一种依赖大气物理模型的大气校正方法都需要事先进行遥感传感器的辐射定标。

从早先的陆地卫星图像起，最普遍使用的大气校正方法是假设大气向上的散射率为 0，利用公式(6-7)来校正。

$$L_G(x,y)=\frac{L(x,y)-L_p}{\tau_{vb}} \tag{6-7}$$

式中：$L_G(x,y)$为校正后的地物辐射值；$L(x,y)$为经过遥感传感器校正的辐射值；L_p为需要估计的大气程辐射值；τ_{vb}为从大气物理模型中估算的光线透过率。

在简单的可见光波段的大气校正中，对L_p的估算往往假设大气光程透过率为1，或至少是一个常数。事实上，大气光程透过率为1的假设是不合理的，因为在可见光波段，程辐射是大气影响的主要因子。通常使用的估算L_p的方法要求在图像上设定一个"黑物体"(dark object)，假设这个物体的反射率是0，然后在图像上检查其平均辐亮度值，该值就被认为是大气的程辐射值。

另一种大气校正的方法是通过测定可见光、近红外区气溶胶的密度以及热红外区的水汽浓度，对辐射传输方程式作近似值求解。不过，在现实中仅从图像数据中正确测定这些值是很困难的。

利用地面实况数据也是一种常用的方法。组织大量人力、物力，在遥感摄像的地面沿线，利用预先设置的反射率已知的标志物，或者实时测出适当目标反射率，把地面实测数据和遥感传感器输出的图像数据进行比较，测算各种校正系数，建立校正方程，来消除大气的影响。但这种方法对于特定目标物、特定地区和特定时间效果显著，对于其他地区与其他时间校正效果会有所降低。

此外，还有其他的大气校正方法。如在同一遥感平台上，除了安装获取遥感图像的遥感传感器外，还安装了专门测量大气参数的遥感传感器，对照这些数据进行大气校正。当前的MODIS卫星遥感影像数据就是这样做的。

3. 太阳高度角校正和地形校正

为了获得每个像元的真实值，除了对图像进行遥感传感器和大气校正外，还需要使用更多的外部信息进行太阳高度角校正和地形校正。通常这些外部信息包括大气光程透过率、太阳直射光辐照度和瞬时入射角(取决于太阳入射角和地形)。太阳直射光辐照度在进入大气层以前是一个已知的常数。在理想情况下，大气光程透过率应当在获取图像的同时实地测量。不过，对于可见光，在不同大气条件下，也可以合理地预测。当地形平坦时，瞬时入射角比较容易计算，但对于倾斜的地形，经过地表散射、反射到遥感传感器的太阳辐射量就会依地面倾斜度而变化，因此需要用DEM(数字高程模型)计算每个像元的太阳瞬时入射角来校正其辐射灰度值。

6.4.2 几何校正

人们利用遥感技术将复杂的三维空间信息投影到二维平面上，遥感图像包含着严重的几何变形。有的几何变形是由于卫星姿态(如侧滚、仰俯和偏航)、地球运动和地球形状等外部因素引起的,有的是由于遥感传感器本身的结构性能、扫描镜不规则运动、检测器采样延迟、探测器的配置和波段间的配准失调等内部因素引起的。这些误差有系统的、随机的,也有连续的、非连续的,误差来源十分复杂。在实际处理中往往依据对图像精度的不同要求进行校正。

遥感数字图像的几何校正有两种:一是根据卫星轨道公式将卫星的位置、姿态、轨道、大地曲面形状及扫描特征作为时间的函数来计算每条扫描线上像元坐标,这种校正往往因为对遥感传感器的位置及姿态测量精度不高而使得校正后的图像仍有不小的误差,所以又称其为粗几何校正;二是对经过粗几何校正图像再进行精几何校正,该校正需要借助地面控制点和相应校正模型。一般说来,遥感卫星使用较准确的定位技术,传感器姿态保持相当稳定,由卫星姿态变化引起的几何误差可以忽略;而航空遥感飞机,特别是航模飞机,其姿态变化引起的几何误差不能忽略,有时还相当大。但是大气导致的影像像元几何误差不可忽略,特别是对卫星遥感更是如此。

1. 地面控制点的选取与坐标测试

在选取地面控制点(又称同名点)之前,还要考察一下实际研究的目标,对于那些要处理的地域面积不大,而选取的遥感图像覆盖面积又很大的情况,需要先进行图像的裁剪,然后选取地面控制点,进行几何精校正,这样校正可以提高运行速度,校正精度也会提高。一般而言,所选的地面控制点应具有以下特征:

(1)地面控制点在图像上有明显的识别标志,如桥梁与河岸的交点、田块边角点、大的烟筒、道路的交叉点等。

(2)地面控制点的地物不随时间而变化,以保证两幅不同时相的图像或图像与地图可以识别出来。

(3)在没有进行过地形校正的图像上选取控制点时,应尽量在同一高程上进行。

地面控制点的选取可以在遥感图像或相应的地形图上进行,而控制点的坐标测试可以用全球定位系统 GPS 或其他测量仪器在实地进行测量获取大地坐标数据,也可以在高一级精度的地形图上量测控制点坐标。这样,每一个地面控制点有两个坐标数值,一个是待校正图像(原始图像)上的坐标数值,另一个是相对精准的大地坐标数值。因为这个点在两套数据中都有这个点,因此这个点常称为同名点。

地面控制点应尽量均匀分布在校正区域内,并有一定的数量保证。地面控制点的精度、数量和分布直接影响着图像几何校正的精度。

2. 多项式校正模型

从理论上讲，原图像曲面均可用适当的高次多项式近似拟合，因此可用高次多项式作为几何校正模型。多项式模型的一般数学表达式为：

$$\begin{cases} X = \sum_{i=0}^{N}\sum_{j=0}^{N-i} a_{ij}x^i y^j \\ Y = \sum_{i=0}^{N}\sum_{j=0}^{N-i} b_{ij}x^i y^j \end{cases} \tag{6-8}$$

式中：X,Y 为校正后图像的参考坐标；x,y 为与 X,Y 相对应的校正前图像坐标；a_{ij},b_{ij} 为多项式待定系数；N 为多项式的次数，N 的选取取决于图像变形的程度、地面控制点的数量和地形位移的大小。

对于多数具有中等几何变形的小区域的卫星图像，较常使用的非线性校正模型如式(6-9)所示：

$$\begin{cases} X = a_0 + a_1x + a_2y + a_3xy \\ Y = b_0 + b_1x + b_2y + b_3xy \end{cases} \tag{6-9}$$

式中：a_0,b_0的几何意义为坐标平移量；a_1,b_1,a_2,b_2 为图形旋转偏移校正系数；a_3,b_3 是非线性变形校正系数。由 4 个控制点可计算出这 8 个待定系数。一般图像处理软件系统可接受多于 4 个控制点的坐标数值，对于这种情况，系统使用最小二乘法计算最佳待定系数。

该模型既可以校正线性变形，包括 x,y 方向的平移、缩放、倾斜和旋转，又可以部分地校正非线性变形。

当多项式模型系数求得后，再按以下公式计算每个地面控制点的点位误差 d（即校正后相对于校正前的同名地面控制点的点位误差）：

$$d = \sqrt{(x'-x)^2 + (y'-y)^2} \tag{6-10}$$

式中：x,y 为地面控制点在原图像中的坐标；x',y'为与 x,y 相对应的由多项式模型计算出的控制点坐标。每个控制点的点位误差 d 的大小代表了其几何校正精度。通过计算每个控制点的点位误差 d，既可以检查有较大误差的地面控制点，又可以得到总体控制点的累计点位误差。

通常用户可以给定一个阈值，当计算得到的累计点位误差大于阈值时，则需要删除具有最大点位误差的地面控制点，必要时，需增加新的地面控制点，然后重复以上步骤，直到满足所要求的精度为止。多项式模型确定后，在计算机相应软件支持下，逐个对需要校正像幅的各个像元进行坐标变换，重新定位，以达到校正的目的。

3. 重采样和内插方法

所谓重采样(resampling)，就是对校正后图像的各像元的灰度值根据原始图像的数值进行重新逐个赋值。这是因为原始像元与理想地面网格的对应关系由于图像非线性几何变形而发生破坏，原始图像像元灰度已经不能代表对应地面单元辐射或反射光在该波段的能量。

重采样目前主要有 3 种方法：最近邻域法、双线内插法与三次卷积法。最近邻域法算法最简单，效果也最差。三次卷积法算法最繁，效果最好，适用于灰度层次丰富的图像。

(1)最近邻域法是用与校正后图像当前像元最邻近的原(始)图像像元值赋予该像元的方法。该方法的优点是重采样后图像仍然保持原图像像元值，比如，原图像是 2 值化的图像，重采样后的图像仍然是 2 值化的图像。该算法简单，处理速度快；缺点是新像元网格属性赋值未考虑其他邻近原图像像元的影响。由于校正后图像像元的行列号在原图像中并不只是简单的整数偏移，所以该方法最大可引起半个像元的位置偏移，可能引起校正后图像中某些地物的不连贯。

(2)双线内插法正是对最近邻域法的改进，其实质是以原图像各网格在当前校正后图像网格中的面积作权重，进行属性加权平均作为当前网格的属性。如假设原始图像、校正后图像像元大小都是 1×1，校正后图像像元相比原始图像 X 向、Y 向分别错动 Δx，Δy，如图 6-6 所示。这样校正后图像像元网格 (i,j) 属性值为：

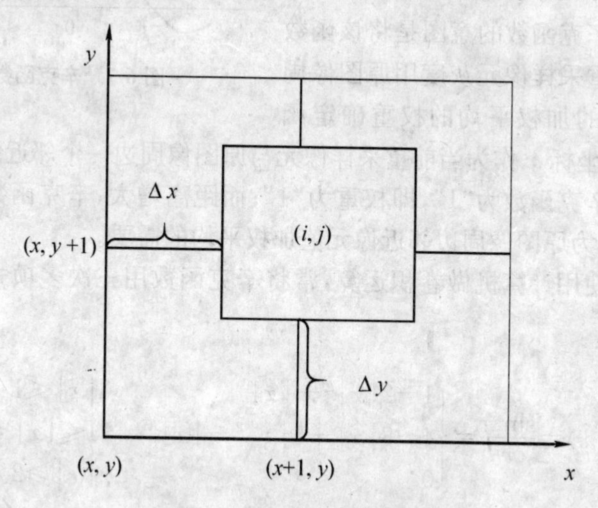

图 6-6　双线内插示意图

$$g'(i,j)=(1-\Delta x)\cdot(1-\Delta y)\cdot g(x,y)+\Delta x(1-\Delta y)\cdot g(x+1,y)$$
$$+(1-\Delta x)\Delta y\cdot g(x,y+1)+\Delta x\cdot\Delta y\cdot g(x+1,y+1) \quad (6\text{-}11)$$

式中：$g(x,y)$为原图像在网格(x,y)像元值；$g'(i,j)$校正后图像在网格(i,j)的像元值。对每个网格像元都进行这样的计算，这样生成一幅灰度重新赋值的图像。这种算法对原始图像与校正图像保持着平行错动的情况是理想的、合理的。但实际情况不会如此理想，因而这种算法就不尽合理了。所以当变形不大的原始图像校正用此法重采样是可以的；但若变形较大、非线性成分较多，这种方法就不太适用。另外，该方法具有平均化的滤波效果，产生一个灰度比较连续光滑的输出图像，缺点是破坏了原来的像元值，在后来的波谱识别分类分析中产生不利影响。

(3)三次卷积法计算较为复杂，校正时使用在原图像中与像元靠近的16个像元值，用三次卷积函数进行内插。三次卷积法用到了辛克函数(Sin c)。辛克函数的表达式为：

$$f(x)=\frac{\sin x}{x} \quad (6\text{-}12)$$

辛克函数的图形为(图6-7)：

辛克函数具有以下性质：①是偶函数；②有一小部分小于0；③当$x\to 0, f(x)\to 1$；④当$x\to\infty, f(x)\to 0$。

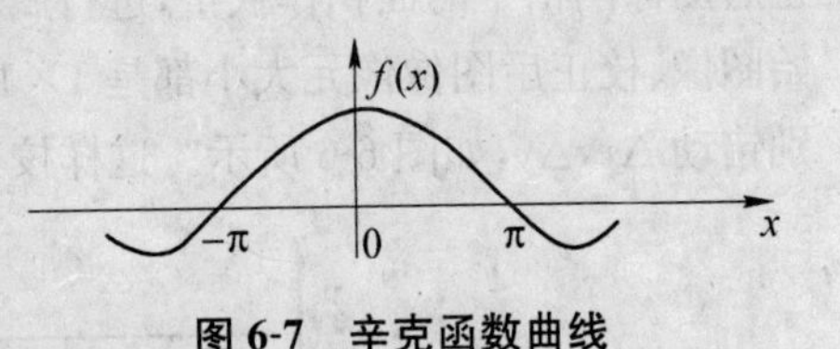

图6-7 辛克函数曲线

这里使用辛克函数的意图是将该函数作为以下当前重采样像元灰度用原图像周边邻近像元值的加权平均的权重确定函数。图6-7中，坐标x作为当前重采样像元与原图像周边一个邻近像元的距离，如果距离为“0”，辛克函数为“1”，即权重为“1”；而距离增大，辛克函数值减小，即权重减小，符合作为原图像周边邻近像元值加权平均的需要。

为了方便使用计算机做卷积运算，常将辛克函数用三次多项式来模拟，简化为下式：

$$f(x)=\frac{\sin x}{x}=\begin{cases}1-2|x|^2+|x|^3 & |x|<1\\ 4-8|x|+5|x|^2-|x|^3 & 1\leqslant|x|<2\\ 0 & |x|\geqslant 2\end{cases} \quad (6\text{-}13)$$

如图 6-8 所示，设像元的大小为 1×1，p_{11}为原图像像元编号“11”(见网格左上角标注)的属性值，其他像元属性值的表示类推，校正后图像像元 $P(I, J)$ 内插点 p 对应所在的像元为 22，且 p 点到像元 22 左边线与上边线的距离分别为 Δx 和 Δy，则内插点 p 的属性值可以表示为：

$$P(I,J)=[f(y_1),f(y_2),f(y_3),f(y_4)]\cdot\begin{bmatrix}P_{11}P_{12}P_{13}P_{14}\\P_{21}P_{22}P_{23}P_{24}\\P_{31}P_{32}P_{33}P_{34}\\P_{41}P_{42}P_{43}P_{44}\end{bmatrix}\cdot\begin{bmatrix}f(x_1)\\f(x_2)\\f(x_3)\\f(x_4)\end{bmatrix}\quad(6\text{-}14)$$

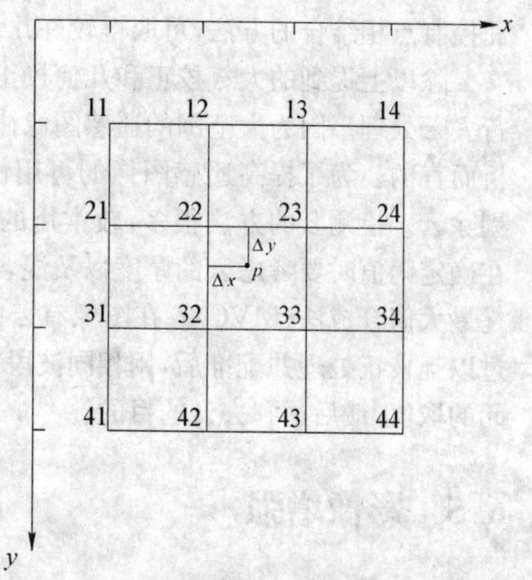

图 6-8　三次卷积法原理示意图

式中：$x_1=1+\Delta x$；$x_2=\Delta x$；$x_3=1-\Delta x$；$x_4=2-\Delta x$；$y_1=1+\Delta y$；$y_2=\Delta y$；$y_3=1-\Delta y$；$y_4=2-\Delta y$。

由于式(6-13)的多项式最高次项为三次，式(6-14)是数字网格卷积的表达式，因而这种重采样方法称为三次卷积法。三次卷积法的内插精度较高，但计算量很大。对边缘有所增强，并具有均衡化和清晰化的效果，但是它仍然对原来的像元灰度值有所破坏。

值得注意的是，重采样不仅仅是遥感图像处理中几何校正的重要一步，而且在其他的图像处理中也会用到。如医学中不同时相、不同空间分辨率图像之间进行的配准和图像融合等。

运用地面控制点进行几何精校正是一种应用较广的几何校正方法，一般情况下，可以满足精度要求。不过仍有以下方面的问题：首先，用多项式校正模型无法校正地形引起的位移；其次，为了得到较小的均方根误差，需要人工花较多时间选取高精度的地面控制点，这对于低空间分辨率的图像尤为困难；第三，对几何校正后的图像进行重采样，改变了原图像像元的属性值，影响到图像的分类结果。

对于高时间分辨率、低空间分辨率的卫星数据，如 NOAA/AVHRR、Terra/MODIS 等，往往因空间分辨率低和部分被云层覆盖，使理想的地面控制点的选取存在相当的困难，可以在多波段合成图像上选取或采用数据(如 GPS 所测的坐标数据)影像匹配与相关技术的方法。对上述卫星数据也可采用卫星轨道参数与地面控制点相结合的方法,可取得较好几何校正效果。

除以上提到的大气校正和几何校正外,在对图像进行分析处理前常常还应进行去云处理。因为大范围的遥感图像往往会受到云的干扰,当然这是对非气象分析而言的。为了提高遥感图像的可用性,需要消除云的影响。为此,就要检测并剔除云。检测云的方法很多,较常用的方法有可见光与红外亮温阈值法。当然,在确定阈值时要考虑云的厚度以及混合像元的问题。在剔除云时,较常用的方法是最大值合成法(MVC)。在图像有云的情况下,选用相关性强的若干景图像,经过以上校正处理并配准后,用相同波段在同一像元的辐射亮度的最大值作为该像元的取值,最后达到去云的目的。

6.5 影像增强

图像增强的目的是通过处理图像,使其比原图像更适合于特定应用,如显示。图像增强的方法有多种,可以分为空间域和频率域两大类方法。“空间域”一词是指图像平面自身,这类方法是以对图像的像元直接处理为基础的。“频率域”处理技术是以修改图像的傅立叶变换为基础的。对于傅立叶变换,下一节数字滤波中有较深入的叙述。

图像增强按其作用的空间一般分为光谱增强和空间增强两种。光谱增强集中在图像的光谱特征,它单独对每个像元处理,而与像元的邻域无关,所以又称为点操作,主要有图像对比度、波段间亮度比等增强。空间增强集中在图像的空间特征,所以需要考虑像元及其邻域之间的关系,从而使图像的几何特征如图像边缘,目标物的形状、大小、线性特征等增强或者降低。其中包括各种数字滤波、傅立叶变换等。

图像增强不管采用什么方法,总是以牺牲一部分信息为代价。实施图像增强操作步骤以后,图像像元灰度与对应地面单元的反照度(地面单元的反射率以及程辐射量),两者之间的对应关系会有所改变,分别对每一幅图像增强后,一景图像的各个像元灰度矢量要发生改变。但是不同地物对应图像像元的灰度差却得到增强,以便于进一步信息提取。

6.5.1 图像数据统计

对遥感数字图像数据进行统计分析,可以为分析和处理遥感图像提供许多必要的信息。图像像元灰度值统计是图像处理的基础性工作。图像统计分析通常包括计算图像各波段的最大值、最小值、灰度值的范围,各波段的平均值、中值、峰值和方差，以及波段之间的协方差矩阵、相关系数矩阵和各波段的直方图。当然这里的图像可以是整幅图像，也可以是图像的局部，即某一像元的集合。

在研究区域的某些特性时，所处理的数据常常是整幅图像中的一部分，这样会产生样本误差；另外，通过统计分析，掌握了图像灰度值的频率分布，就可以针对特定图像进行特定的图像处理。如监督分类方法——最大似然法就假设图像的灰度值是正态分布的，如果图像的实际频率分布和所用方法的分布假设不一致，即如果图像的频率分布不是正态分布，那就得选用其他处理方法。下面简单地介绍图像处理中常用的基本统计知识。

1. 数据的数字特征分析

设随机变量 X 的 n 个观测值为 $x_1, x_2, \cdots, x_n$，其中 n 称为样本容量，则样本的数字特征有：

(1)均值。均值即是 $x_1, x_2, \cdots, x_n$ 的平均数：

$$\bar{x} = \frac{1}{n}\sum_{i=1}^{n} x_i \tag{6-15}$$

均值表示数据的集中位置，在遥感图像处理中是所选图像样本像元灰度值的算术平均值。

(2)方差、标准差与变异系数。方差是描述数据取值分散性的一个度量，它是数据相对于均值的偏差平方的平均：

$$s^2 = \frac{1}{n-1}\sum_{i=1}^{n} (x_i - \bar{x})^2 \tag{6-16}$$

方差的开方称为标准差，标准差为：

$$s = \sqrt{s^2} = \sqrt{\frac{1}{n-1}\sum_{i=1}^{n} (x_i - \bar{x})^2} \tag{6-17}$$

数据相对分散性的度量为变异系数：

$$CV = \frac{s}{\bar{x}} \times 100\% \tag{6-18}$$

它是一个无量纲的量，用百分数表示。

(3)偏度与峰度。偏度与峰度是刻画数据的偏态、尾重程度的度量。它们与数据的矩有关，数据的矩有中心矩和原点矩之分。

k 阶原点矩：

$$v_k = \frac{1}{n}\sum_{i=1}^{n} x_i^k \tag{6-19}$$

k 阶中心矩：

$$u_k = \frac{1}{n}\sum_{i=1}^{n} (x_i - \overline{x})^k \tag{6-20}$$

这里，k 是整数。

显然，一阶原点矩为均值；二阶中心矩也称为方差，是样本总体的方差。

偏度的计算公式为：

$$g_1 = \frac{n^2 u_3}{(n-1)(n-2)s^3} \tag{6-21}$$

式中：s 为标准差。偏度是表示数据对称性的指标。关于均值对称的数据分布，其偏度为 0，右侧更分散的数据偏度为正，左侧更分散的数据偏度为负，如图 6-9 所示。

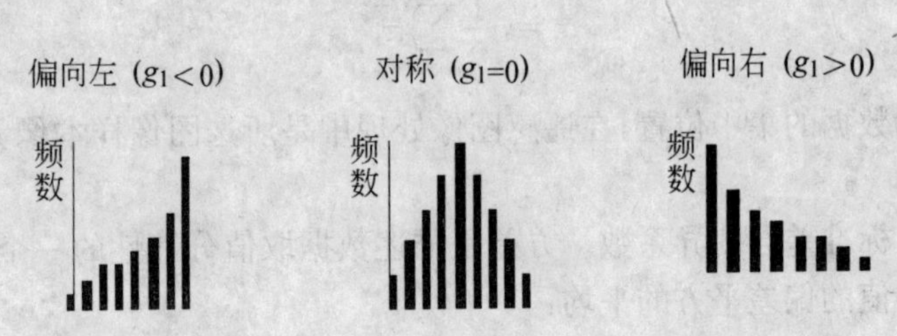

图 6-9　数据分布与偏度关系图

峰度的计算公式为：

$$g_2 = \frac{n^2(n+1)u_4}{(n-1)(n-2)(n-3)s^4} - 3\frac{(n-1)^2}{(n-2)(n-3)} \tag{6-22}$$

当数据总体分布为正态分布时，峰度近似为 0；当总体分布较正态分布的尾部更分散、两侧极端数据较多时，峰度为正，否则峰度为负。

2. 直方图与直方图分析

直方图描述图像中每个灰度值的像元数量的统计分布。它是通过统计每个灰度值的像元个数再除以图像像元的总个数得到的。图 6-10 是用直方图表示的图像总体像元灰度值的典型分布图。水平方向轴 i 表示像元的灰度值，垂直轴 p 表示图

像取灰度值 i 的像元数与总像元数的比值，即频数。每个波段的直方图都能提供对应图像质量的有用信息，如图像对比度的强弱，是否有多个峰值、图像像元灰度频数分布的近似模型，进而对图像采取有针对的处理方法，以达到较好的效果。

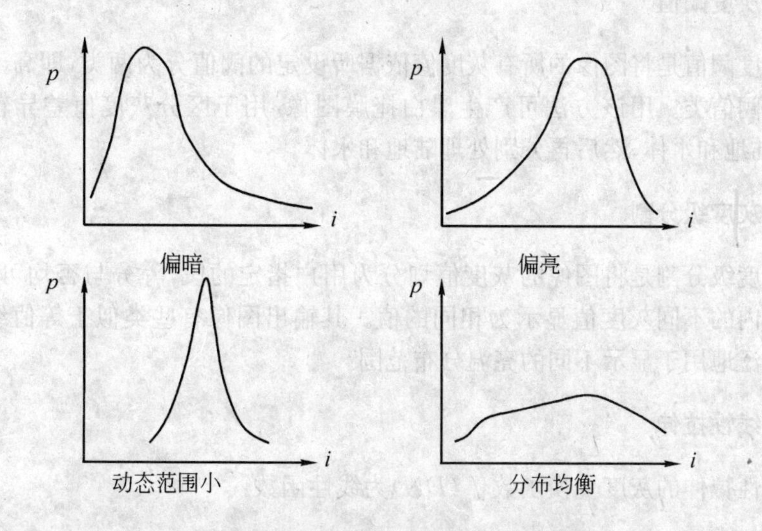

图 6-10　用直方图表示的图像总体灰度典型分布

在解读直方图时，除了前面提到的均值、方差等，还需掌握计算各波段的峰值、中值、灰度值范围。峰值是出现频数最高的灰度值，即直方图曲线上最高点对应的灰度值；中值是在频数分布图中间的灰度值，其左右两侧面积相等；灰度值范围是每个波段的灰度值中最大值和最小值之差。这些术语概念常用在图像增强的功能上。

对于一景多波段遥感图像，波段之间相互独立的情况是不常见的，也就是说，一景中多数波段之间存在着一定的相关性，为了更好处理图像就需要计算波段之间的相关程度，这就要用到多元统计方法，如协方差、相关系数、主成分分析等。

6.5.2　对比度增强

遥感传感器用于记录各种地物反射、散射或者地物自身辐射的能量。用于量化辐射能量的数字值 DN 的变化幅度较大，如 TM(0～255)、MODIS(0～4095)，而实际上多数单幅图像的有效灰度值变化范围较遥感传感器的可记录范围小得多，造成图像的低对比度，又称低反差。另外，一些地物在记录波段具有相似的辐射能量，如果这些地物比较集中，那么反映到图像上就表现为图像的低对比度。低对比度对于从图像提取信息，特别是目视解译图像十分不利。

对比度增强就是将图像中的灰度值范围拉伸或压缩成显示器指定的灰度值显示范围，从而提高图像全部或部分的对比度。具体有以下几种增强方法。

1. 灰度阈值

灰度阈值是将图像的所有灰度值依据所设定的阈值分为两类，即高于阈值类和低于阈值类。用该方法可产生黑白掩膜图像，用于区分灰度值差异较大的地物，如陆地和水体，然后再分别处理陆地和水体。

2. 灰度级分割

灰度级分割是将图像的灰度值划分为用户指定的段，等分与否均可，并将每段范围内的不同灰度值显示为相同的值。其输出图像有些类似于等值线图。该方法广泛地用于显示不同的亮温分布范围。

3. 线性拉伸

线性拉伸的灰度变换函数 $f(DN)$ 为线性函数：

$$DN' = f(DN) = a \cdot DN + b \tag{6-23}$$

式中：DN' 为灰度值 DN 经线性变换后的输出值。由式(6-23)可推出：

(1)$a=1, b=0$，则输出图像是对输入图像的简单复制；

(2)$a>1$，则输出图像的对比度将增加；

(3)$a<1$，则输出图像的对比度将减小；

(4)$a=1, b\neq 0$，则所有像元的灰度值将上移或下移，其效果是使整个图像在显示时更亮或暗；

(5)$a<0$，则使亮的区域变暗，暗的区域变亮，点运算完成了图像求补。

如果知道一幅图的最大、最小灰度值，最简单的拉伸方法如下：

$$DN' = \left(\frac{DN - MIN}{MAX - MIN}\right) \times 255 \tag{6-24}$$

式中：MAX、MIN 分别为原图像的最大、最小灰度值，DN、DN' 的意义同上。显然，这种拉伸方法受图像最大、最小值的影响很大，如果灰度值范围较大，即表达式(6-24)的分母较大，采用该方法增强效果一般。因此，对于正态分布或接近正态分布的图像，可以根据原图像中灰度值直方图分别指定位于某个累计百分比以上的 DN 值来分别代替公式(6-24)中的最大及最小值，或者根据标准差(σ)和均值(μ)，用 $\sigma+\mu$ 和 $\sigma-\mu$ 来代替最大和最小值。如果图像不是正态分布，可采用分段线性拉伸。即将原图像灰度值划分为几段，并把每段亮度拉伸到指定的亮度显示范围。需要注意的是使用该方法必须在拉伸前就熟悉每段峰值代表的地物，且分段拉伸后的图像不可用于进一步的图像分类。

4. 非线性拉伸

非线性拉伸主要有将原图像的灰度值进行对数变换、幂次变换以及直方图均衡化等。

由于归一化的灰度值在非线性变换时计算简单，而且线形的特征明显，所以在用指数函数、幂函数拉伸前先进行归一化处理。

$$SDN=(DN-MIN)/(MAX-MIN) \tag{6-25}$$

式中：SDN 为归一化处理后的像元值，其他符号意义同公式(6-24)。对 SDN 进行非线性变换，如进行幂函数变换，如图 6-11 所示，变换后的值为 S：

$$S=SDN^K \tag{6-26}$$

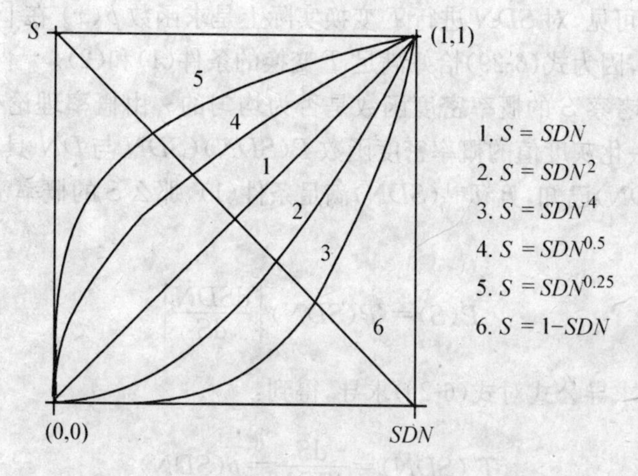

图 6-11　对 SDN 进行幂函数变换的示意图

式中：$K>0$。变换后的值域仍为[0,1]，然后再将 S 变换为显示值 DN'：

$$DN'=S\times 255 \tag{6-27}$$

从图 6-11 可以推知：对亮度低的部分，若采用 $K>0$ 且 $K<1$ 的幂函数变换，如利用第 5 条幂函数曲线进行变换，可达到增强图像低亮度部分细节的功能；对高亮度部分，若采用 $K>1$ 的幂函数变换，如利用第 3 条幂函数曲线进行变换，可达到增强图像高亮度部分细节的功能。

直方图均衡化是根据原图像各灰度值出现的频数，使输出图像的灰度值都具有基本相同的频数。为此，首先将原图像的各灰度值进行归一化处理。然后做如下变换

$$S=T(SDN) \tag{6-28}$$

式中：SDN 的范围为[0,1]，S 为变换后的值。这里的变换函数 T 需要满足如下条件：

(1) $T(SDN)$ 在区间 $0 \leqslant SDN \leqslant 1$ 中为单值、单调递增函数；

(2) 当 $0 \leqslant SDN \leqslant 1$ 时，$0 \leqslant T(SDN) \leqslant 1$。

变换函数 T 可通过公式

$$T(SDN)=\int_0^{SDN} p(x)\mathrm{d}x \tag{6-29}$$

得到，式中函数 $p(x)$ 为归一化灰度值的概率密度函数，也是原图像 DN 值的概率密度函数。可见，对 SDN 进行 T 变换实际上是求函数 $p(x)$ 在 $[0,SDN]$ 上的积分值的过程，因为式(6-29)恰好满足 T 变换的条件(1)和(2)。

现在需要考察 S 的概率密度函数是否为均匀的。由概率理论得到一个基本结果：如果归一化灰度值的概率密度函数 $P(SDN)$（SDN 与 DN 具有相同的概率分布）和 $T(SDN)$ 已知，且 $T^{-1}(SDN)$ 满足条件(1)，那么 S 的概率密度函数 $P(S)$ 为：

$$P(S)=P(SDN)\left|\frac{\mathrm{d}SDN}{\mathrm{d}S}\right| \tag{6-30}$$

利用积分上限求导公式对式(6-29)求导，得到：

$$T'(SDN)=\frac{\mathrm{d}S}{\mathrm{d}SDN}=p(SDN) \tag{6-31}$$

因为 $P(SDN)>0$，所以将式(6-31)代入式(6-30)可得：$P(S)=1$。可见将 SDN 进行 T 变换后得到的随机变量 S 的概率密度函数为均匀的，且与 $P(SDN)$ 无关。

然后得到显示的灰度值为：

$$DN'=S\times 255 \tag{6-32}$$

对于离散值，处理的是概率与累积概率，而不是概率密度函数与积分。一幅图像中灰度级 r_k 出现的概率 $p(r_k)$ 近似为：

$$p(r_k) = \frac{n_k}{n} \qquad k=0,1,2,\cdots,L-1 \tag{6-33}$$

式中：n 为图像中像元的总和；n_k 为灰度级为 r_k 的像元个数；L 为图像中可能的灰度级总数。与式(6-29)变换函数相对应的离散形式为：

$$s_k = T(r_k) = \sum_{j=0}^{k} p(r_j) = \sum_{j=0}^{k} \frac{n_j}{n} \qquad k=0,1,2,\cdots,L-1 \tag{6-34}$$

通过式(6-34)处理的图像是将输入图像中灰度级为 r_k 的各像元映射到输出图像中与灰度级 s_k 对应的像元得到的，注意这里的 r_k、s_k 都是归一化值。若要显示输出图像，须将 s_k 代入式(6-32)得到显示的灰度值。如前所述，作为 r_k 的函数 $p(r_k)$ 的曲线称做直方图。式(6-34)给出的变换(映射)称做直方图均衡化或直方图线性化。

与连续函数有所不同，一般不能证明离散变换能产生均匀概率，即均匀的直方图。不过，经直方图均衡化拉伸后，图像的灰度级能跨越更大的范围，图像的对比度得到了增强，而且将图像的层次分得更开，使一些图像细节得到较充分的表现。

6.5.3 图像波段之间的对应像元比值分析

由于地形坡度、坡向、阴影或者太阳高度角和强度的季节性变换，同样地物目标的灰度值会不一样。图像波段之间的比值运算的目的是为了尽量减少这些环境条件的影响，使图像目视解译或计算机辅助分类能正确地识别地物并进行土地利用分类。图像波段之间的比值提供了任何单波段都不具有的独特信息，如广泛应用的比值植被指数，对于识别植被非常有用。

最简单比值运算的数学表达式为

$$R_{mn}(x,y) = DN_m(x,y) / DN_n(x,y) \tag{6-35}$$

式中：$DN_m(x,y)$、$DN_n(x,y)$分别是同名像元在 m 和 n 波段上的灰度值；$R_{mn}(x,y)$为输出的比值。由于在很多情况下分母可能为 0，这时在计算 $R_{mn}(x,y)$时分母会加上一个很小的值(如 0.01)。另外，显示时需要将其统一到显示的灰度值范围上，设用 $NR_{mn}(x,y)$表示，如一般会将其归一化到标准灰度值范围 0～255。通常给比值为“1”的像元赋灰度值为“128”，比值介于 1/255～1 的按下面的线性变换转到 1～128。

$$NR_{mn}(x,y) = \mathrm{Int}[R_{mn}(x,y) \times 127 + 1] \tag{6-36}$$

当比值介于 1～255 时，通过式 (6-37) 转到 128～255。

$$NR_{mn}(x,y) = \mathrm{Int}[128+R_{mn}(x,y)/2] \tag{6-37}$$

使用两个(或多个)波段组合计算得到的比值在很大程度上可以消减阴影以及其他环境条件的影响，这是因为这些环境因子既影响同名像元在 m 波段上的灰度值，也影响 n 波段上的灰度值，两者相除，分子分母因受影响都减小，与不受影响都增大，商值基本相差不大。因而比值分析是消减其他环境条件的影响的一种有效方法。

6.5.4　数字滤波

数字滤波属于数字图像的空间变换，侧重于图像的空间特征或空间频率特征。这里所谓的空间频率是将图像像元的灰度分布在图像的纵向与横向的变化看作是一种数字“波”，而这种波也可以用傅立叶变换进行分解。根据傅立叶变换理论，任何一个“波”，无论是周期变化的“波”，还是非周期变化的“波”，都可以分解为频率逐次递增的一系列三角波表示。

$$f(t) = A_0 + \sum_{k=1}^{\infty} A_{km}\sin(k\omega t + \varphi_k) \tag{6-38}$$

式中：$f(t)$是待分解函数，可以是周期函数，也可以为非周期函数；$k\omega$ 是一系列三角波的圆频率，k 取值从“1”到无穷大；A_{km} 是系列三角波的振幅；φ_k 为系列三角波的相位。傅立叶变换理论在许多研究领域，如声学、空气动力学、波动物理学等等，都得到证实与应用，当前普遍应用的小波变换也是以傅立叶变换为理论基础。

研究结果表明，若在一个小区相邻像元的灰度变化剧烈，图像看似粗糙，这是这种波含有傅立叶变换后的高频分量为主的表现；反之，若在一个小区相邻像元的灰度变化缓慢，图像看似平滑细腻，这是这种波含有傅立叶变换后的低频分量为主的表现。因而这里的空间频率特征在图像中主要表现为局部区域的平滑或粗糙的程度。高空间频率成分为主的区域为“粗糙”区域，即图像的亮度在小范围内变化很大，如道路和水田的边界；低空间频率成分为主的区域为“平滑”区域，即图像灰度值的变化相对较小，如平静的水体、大面积的草地等。所谓的数字滤波是指用一种数学模型，对数字图像进行变换，“过滤”掉某种频率的波动，而保留某种频率的波动，以突出加强某种信息。低通滤波主要用于加强图像中的低频成分，而减弱图像中的高频成分，其效果在图像上表现为淡化图像上地物轮廓的剧烈反差，将图像看似粗糙的部位变为看似平滑。这种滤波主要用于抑制图像噪声，因为噪声数据一般表现为一个像元的灰度与其周边像元的灰度形成巨大的反差。高通滤波则相反,即加强高频细节,减弱了低频信息,其效果在图像上表现为锐化图像上的地物轮廓,将地物边界的反差加大。这种滤波主要用于边界信息提取,突出表现某些线状地物,如道路等。数字滤波除高通滤波、低通滤波外,还有二阶差分滤波、方向滤波等。

数字滤波用一种叫做卷积的技术来实施。所谓卷积是用高等数学积分形式描述一个变量函数对另一个变量函数的作用,这种特殊形式的积分常用来描述分析许多物理现象的过渡过程,比如电路网络局部器件中的电压、电流瞬时变化的过渡过程。卷积计算与傅立叶变换、拉普拉斯变换结合在一起,常常可以将一些复杂物理现象的随机过程用解析数学表达式表达出来。

对于任意两个信号 $f_1(t)$和 $f_2(t)$,其卷积运算定义为:

$$f_1(t) \otimes f_2(t) = \int_{-\infty}^{+\infty} f_1(t-\tau) \cdot f_2(\tau)\mathrm{d}\tau \tag{6-39}$$

式中:$f_1(t)\otimes f_2(t)$为两函数作卷积的运算符号,$f_1(t)$ 是卷积被作用函数,$f_2(t)$是卷积作用函数;τ 为卷积积分变量,这里的积分区间取$-\infty$和$+\infty$,这是由于对两个信号 $f_1(t)$和 $f_2(t)$的作用时间范围没有加以限制。

对于数字图像,也可以用卷积的方法对图像进行各种处理,以达到不同的效果。图像表达的是空间信息,因而这种卷积常称为空间卷积。这种情况下,卷积的被作用函数就是数字图像的灰度值矩阵,而卷积作用函数就是卷积模板。在数字图像被看作是图像灰度"波"后,经特定的卷积模板作用就可以突出某种频率、生成具有某种特征的"波",因而卷积模板又常被称为数字滤波器。滤波器实际上是一个有奇数行、奇数列的数值矩阵,其所以设奇数行、奇数列,是因为这样才能有矩阵中心元素,这一中心元素又称为卷积核。

对一幅数字图像在系统软件的支持下进行空间卷积处理可分为两步进行。①确定空间卷积的滤波器,实质上就是确定滤波器矩阵的大小尺度并赋予滤波器矩阵各元素数值,矩阵大小与矩阵元素赋值不同,滤波效果可以完全不同。②系统软件实施空间滤波,该过程实际上可以这样表述:系统将滤波器的滤波核置于原图像当前像元位置,而滤波器其他元素分别置于原图像当前像元的周边像元各个位置,将原图像所涉及到的各像元灰度值分别乘以滤波器各元素值,然后将这些乘积逐个相加起来,这个总和再除以滤波器的系数。这样就完成了一个像元的滤波处理,将结果记录在另一个图像灰度文件上。接下来向右移动滤波器一个网格,重复以上的滤波处理,若当前行所有网格都处理完毕,再换下一行,直到原图像每一个网格处理完毕为止。以 3×3 滤波器进行数字滤波为例,具体过程见图6-12。

$$\begin{bmatrix} 1/9 & 1/9 & 1/9 \\ 1/9 & 1/9 & 1/9 \\ 1/9 & 1/9 & 1/9 \end{bmatrix} \quad \begin{bmatrix} 11 & 17 & 11 \\ 18 & 65 & 11 \\ 11 & 15 & 12 \end{bmatrix} \quad \begin{bmatrix} \times\times & \times\times & \times\times \\ \times\times & 19 & \times\times \\ \times\times & \times\times & \times\times \end{bmatrix}$$

(a)3×3 滤波器　(b)原图像灰度值　(c)滤波后的灰度值

空间卷积：11/9＋17/9＋11/9＋18/9＋65/9＋11/9＋11/9＋15/9＋12/9＝19

图 6-12　卷积概念图

图 6-12 中，(a)是一个均值滤波器，其矩阵所有元素的值均为 1/9；(b)是一个 3×3 窗口内图像的灰度值，(a)对(b)进行空间卷积，得到一个卷积后图像的像元值，如图(c)所示，图中第 2 行、第 2 列元素值“19”就是按照图中注释的算式计算得到的。

一般说来，在大小为 $M\times N$ 的图像 f 上，用 $m\times n$ 的滤波器进行线性滤波，其输出当前像元灰度值由下式给出：

$$R(x,y)=\sum_{s=-a}^{a}\sum_{t=-b}^{b}\omega(s,t)DN(x+s,y+t) \tag{6-40}$$

式中：$R(x,y)$为当前像元(x,y)滤波结果的灰度值；滤波器的大小为$(2a+1)\times(2b+1)$的行列矩阵，$\omega(s,t)$为滤波器矩阵在元素(s,t)上的赋值；$DN(x,y)$为图像灰度矩阵。

对于非线性空间滤波处理也是基于邻域处理，且滤波器卷积一幅图像的机理与上述线性滤波相似。顺序统计滤波器是较常用的非线性空间滤波器，它们的响应基于由滤波器覆盖的图像区域中灰度值的排序。滤波器在任何点的响应由排序结果决定。典型的顺序滤波器主要有：

(1)中值滤波器。最著名的顺序统计滤波器是中值滤波器，中值指的是滤波器扫过像元值排序中的第 50% 个的值。这是因为对于一定类型的随机噪声，中值滤波器提供了一种去噪工具，对处理脉冲噪声(也称为椒盐噪声)非常有效，因为“胡椒”噪声具有非常低的灰度值，而“盐”噪声具有非常高的灰度值，这两种噪声是以黑白点叠加到图像上的。此外，用中值滤波器处理图像，其结果要比用小尺寸的线性平滑滤波器处理结果的模糊程度明显要低。中值滤波器的数学表达式：

$$f(x,y)=\underset{(s,t)\in S_{xy}}{\mathrm{median}}\{g(s,t)\} \tag{6-41}$$

式中：S_{xy}表示中心在点(x,y)的矩形子图像窗口的坐标组。中值滤波过程就是计算由 S_{xy} 定义的区域中被干扰图像 $g(x,y)$ 的中值作为复原图像的值$f(x,y)$。

(2)最大值和最小值滤波器。基于各种应用的需要，除上面提到的最常用的中值滤波器外，还可以使用序列中最后一个数值，得出最大值滤波器，由下式给出：

$$f(x,y) = \max_{(s,t)\in S_{xy}} \{g(s,t)\} \tag{6-42}$$

这种滤波器在发现图像中的最亮点时非常有用。同样，作为子图像区域 S_{xy} 的最大值选择的结果，可以有效地消除“盐”噪声。

使用滤波器扫过的灰度值排序的起始位置的滤波器称为最小滤波器：

$$f(x,y) = \min_{(s,t)\in S_{xy}} \{g(s,t)\} \tag{6-43}$$

这种滤波器对发现图像中的最暗点非常有用。同样，作为最小值操作的结果，可以有效地消除“胡椒”噪声。

实现空间滤波邻域处理需要考虑的一个细节是当滤波中心靠近图像轮廓时发生的情况。以方形 $n\times n$(n 为奇数)滤波器为例，当滤波器核距离图像边缘为$(n-1)/2$ 个像元时，则滤波器至少有一条边与图像轮廓相重合。如果滤波器核继续向图像边缘靠近，那么滤波器的行或列就会处于图像平面之外，这时，最简单、有效的方法是将滤波器核控制在距图像边缘不小于$(n-1)/2$ 个像元处，即对原图像最边缘的像元条带不作处理。如果要求处理后图像与原图像一样大，图像靠近边缘部分的像元带将用部分滤波器来处理，也可采用增补计算像元的方法进行处理。

其他常用的滤波器还有低通滤波器、高通滤波器、差分滤波器、方向滤波器(图 6-13)。

低通滤波器　$\frac{1}{16}\begin{bmatrix}1&2&1\\2&4&2\\1&2&1\end{bmatrix}$

高通滤波器　$\begin{bmatrix}-1&-1&-1\\-1&8&-1\\-1&-1&-1\end{bmatrix}$

差分滤波器　$\begin{bmatrix}0&1&0\\1&-4&1\\0&1&0\end{bmatrix}$

方向滤波器　$\begin{bmatrix}-1&0&1\\-1&0&1\\-1&0&1\end{bmatrix}$

图 6-13　常用滤波器

低通滤波通过窗口内的像元灰度平均，平滑或模糊了原图像的空间细节，但强调了原图像大范围的亮度。事实上，仔细观察低通滤波器可以发现，使用这种滤波器进行卷积运算实际上是对原图像的当前像元与周边 8 个像元作加权平均运算,而加权的权重值即为滤波器矩阵的各元素值。原图像经低通滤波后的结果使图像中的图斑边沿模糊、柔和,斑点噪声有所抑制。图 6-14 是 TM 第 3 波段的影像图,图 6-15 是 TM 影像第 3 波段的低通滤波结果图,所采用的滤波器如图 6-13所示。与图 6-14 比,图 6-15 空间细节较模糊且强调了原图像大范围的亮度,黑白反差有所减弱。

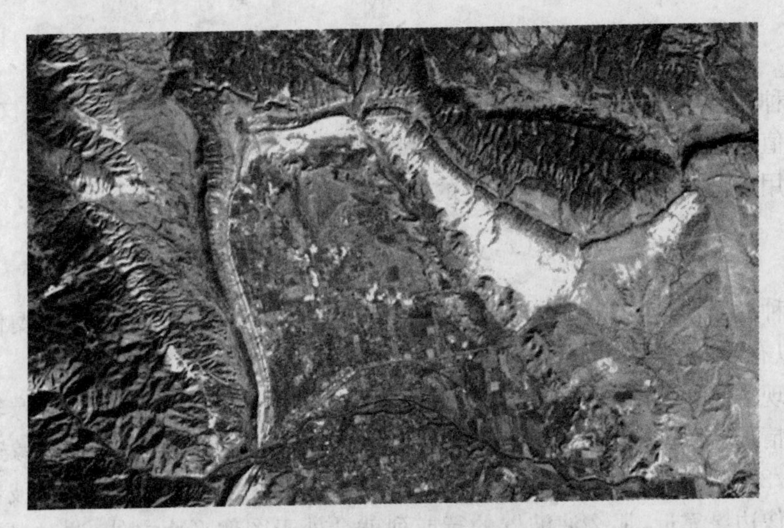

图 6-14 TM 第 3 波段的原始影像图

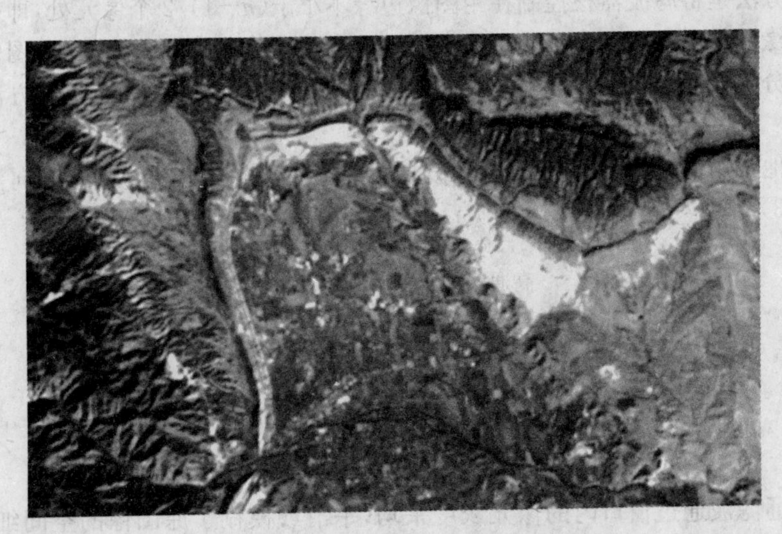

图 6-15 TM 第 3 波段的低通滤波影像图

高通滤波图像可以通过由原图像灰度值减去低通滤波图像灰度值的差值得到，也可以采用如图 6-13 所示的高通滤波器滤波得到。对高通滤波器滤波得到的图像再通过图像拉伸，可突出图像的空间细节，并扩大局部的对比度，比原图像能更好地突出线性特征。

$$\begin{pmatrix}0&0&0\\0&1&0\\0&0&0\end{pmatrix}-\frac{1}{9}\begin{pmatrix}1&1&1\\1&1&1\\1&1&1\end{pmatrix}=\begin{pmatrix}-\frac{1}{9}&-\frac{1}{9}&-\frac{1}{9}\\-\frac{1}{9}&1-\frac{1}{9}&-\frac{1}{9}\\-\frac{1}{9}&-\frac{1}{9}&-\frac{1}{9}\end{pmatrix}=-\frac{1}{9}\begin{pmatrix}-1&-1&-1\\-1&8&-1\\-1&-1&-1\end{pmatrix} \tag{6-44}$$

式(6-44)给出了高通滤波器的计算设计过程。式中左起第 1 个滤波器如果用来作用图像，等于是没有任何滤波作用，作用后图像保持不变；左起第 2 个滤波器是一个典型的低通均值滤波器，显然用左起第 1 个滤波器减去第 2 个滤波器，生成的新滤波器应当是有这样的功能，即使低频分量被“滤掉”，将高频分量保留下来，因而生成了高通滤波器，即左起第 3 个滤波器，对此滤波器内部各元素整理后得到规范的表达式，即得到最右边的高通滤波器。

图 6-16(a)是 TM 第 3 波段经高通滤波后图像的直方图，从图中可知：滤波后，像元数值范围 [−56,54] 对应的累计频率变化范围为 [1.71%,98.11%]，对像元数值范围 [−56,54] 进行线性拉伸，图 6-16(b)为拉伸后的直方图，对应的影像图是图 6-17。比较图 6-16(a)与图 6-16(b)，图 6-16(b)能更好地显示图像细节、增强图像的对比度。

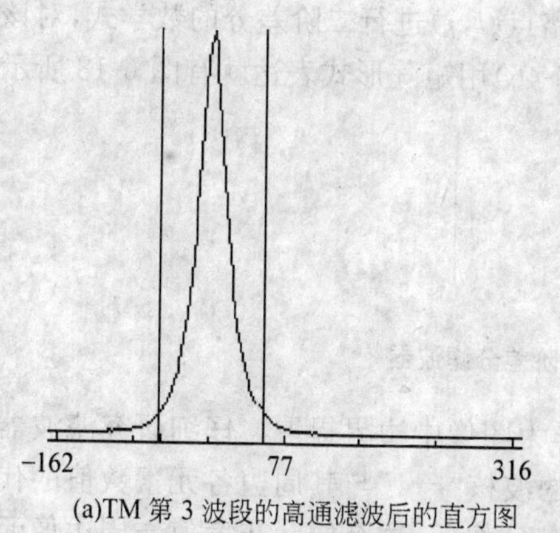

(a)TM 第 3 波段的高通滤波后的直方图

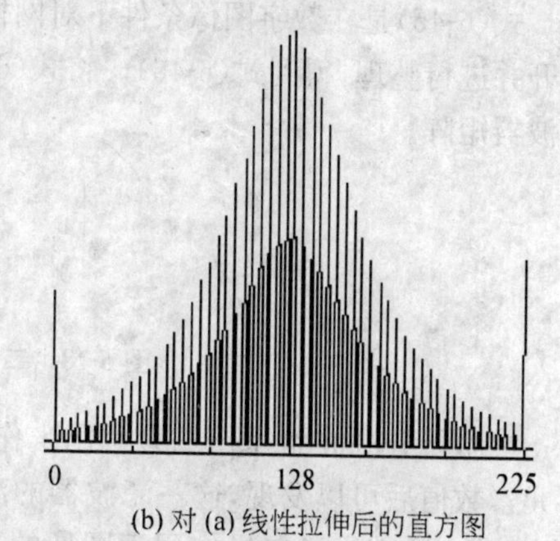

(b) 对 (a) 线性拉伸后的直方图

图 6-16　TM 第 3 波段的高通滤波后的直方图及其处理

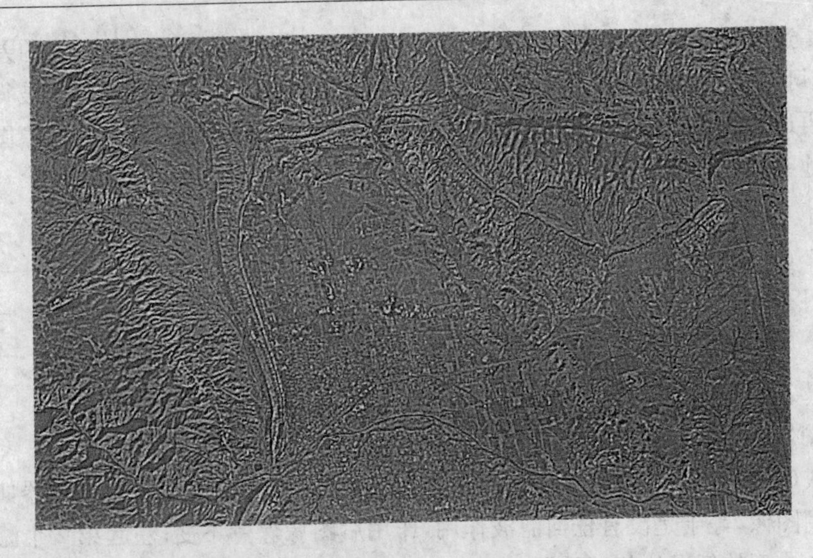

图 6-17 高通滤波后又经直方图线性拉伸的 TM 第 3 波段的影像图

二阶差分滤波器的生成设计过程可以作如下表述：

$$[Lf]_{ij} = \Delta S^2 f(i,j) + \Delta t^2 f(i,j) \tag{6-45}$$

$$= (\Delta S_2 - \Delta S_1) + (\Delta t_2 - \Delta t_1)$$

$$= (f_{i+1,j} - f_{i,j}) - (f_{i,j} - f_{i-1,j}) + (f_{i,j+1} - f_{i,j}) - (f_{i,j} - f_{i,j-1})$$

$$= f_{i+1,j} + f_{i-1,j} + f_{i,j+1} + f_{i,j-1} - 4f_{i,j} \tag{6-46}$$

式中：S 代表横向；t 代表纵向；$f(i,j)$为网格(i,j)的灰度，它是网格行列号的函数。

式(6-45)是在数字图像条件下对网格点(i,j)进行二阶差分的数学式，对该式展开并进行整理，得到式(6-46)。将式(6-46)用矩阵形式表达就有图 6-18 所示的滤波器矩阵。

$$\begin{pmatrix} 0 & 1 & 0 \\ 1 & -4 & 1 \\ 0 & 1 & 0 \end{pmatrix}$$

图 6-18 二阶差分滤波器

二阶差分滤波器(图 6-18)常用来作为图像中边界提取。仔细研究滤波器的各元素数值后可以发现，这一滤波器的滤波核“－4”与其周边各元素数值的代数和为“0”。这就是说如果作用于图像的某一像元，这个像元灰度值与周边像元灰度值若相等，这样滤波后当前像元的数值应当为“0”。而如果当前的像元是一个图斑的边缘，其灰度与周边反差较大，滤波后这个像元的灰度绝对值应当较大。这样就将图斑的边缘像元与非边缘像元明显区别开来。

滤波器还有多种，如方向滤波器、拉普拉斯滤波器等，限于篇幅，不在这里一一叙述，有兴趣的读者可以参考图像处理专著的有关章节内容。

6.6 主成分分析与缨帽变换

主成分分析与缨帽变换都是针对多光谱遥感图像进行数据压缩和信息提取的线性变换方法，且都是逐像元变换。不过，主成分分析有其严密的数学推导过程，处理的图像来源于多种多光谱遥感数据源，而缨帽变换处理的图像主要是针对TM和MSS传感器的图像，变换的机理主要是考虑植被在整个生长发育期多波段(多维)图像的最大截面。二者都是重要的遥感图像变换，特别是缨帽变换用于农业上较多。

6.6.1 主成分分析

主成分分析(principal components analysis)也称主分量分析、降维分析或K-L变换，它是研究如何将多特征问题化为较少的新特征问题，并且这些新特征既是彼此互不相关，又能综合反映原来多个特征的信息，是原来多个特征的线性组合。这种方法不仅适用于遥感图像处理，而且适用于其他多维数值分析，如产品成本分析、资源评价分析等。

1. 主成分分析原理

一景遥感图像往往对应一个多维向量空间，其中每一维对应遥感图像的一个波段。因为波段与波段之间，对于特定的地物各波段对应像元灰度值存在着一定的相关性，所以一景遥感图像存在着大量冗余的信息数据。举例来说，对于植被，绿色波段、红内波段、红外波段是其特征波段，其余波段就可以认为是多余的。对于其他地物，也有类似情况。主成分分析正是通过求出一个标准的线性正交变换矩阵，使用该矩阵实施一种变换，将这些信息数据重新进行分配，形成新的“综合波段向量”，使这些向量相互独立，并且将各种地物的主要信息集中于前几个向量(主成分)上，以达到减少图像数据冗余、提高图像处理速度的目的。设$\boldsymbol{X}$为一景原图像的灰度值矩阵，K-L变换后的矩阵为$\boldsymbol{Y}$，$\boldsymbol{K}$为正交变换矩阵，以上过程可以用式(6-47)表示。

$$\begin{bmatrix} X_{11} & X_{22} & \cdots X_{1m} \\ X_{21} & X_{22} & \cdots X_{2m} \\ X_{31} & X_{32} & \cdots X_{3m} \\ \vdots & & \\ X_{n1} & X_{n2} & \cdots X_{nm} \end{bmatrix}_{n\times m} \xrightarrow[224]{Y=KX} \begin{bmatrix} Y_{11} & Y_{12} & \cdots Y_{1m} \\ Y_{21} & Y_{22} & \cdots Y_{2m} \\ Y_{31} & Y_{32} & \cdots Y_{3m} \\ Y_{n1} & Y_{n2} & \cdots Y_{nm} \end{bmatrix}_{n\times m} \tag{6-47}$$

矩阵 $\boldsymbol{X}$ 中，n 为一幅图像的像元个数，m 为一景图像的波段数，理论上要求 $m \geqslant 2$即可，但实际上一般 $m \geqslant 3$。$\boldsymbol{X}_{11}, \boldsymbol{X}_{21}, \cdots, \boldsymbol{X}_{n1}$ 为原始图像第一波段各像元灰度值组成的第 1 维向量，类似地，本景图像有 m 维向量。矩阵 $\boldsymbol{Y}$ 是 K-L 变换后得到的，该矩阵仍有 m 个“综合波段向量”，每个波段向量有 n 个像元，但前 3 个波段向量一般可以代替变换前 m 个波段的所有图像数据。这就达到了在尽可能少丢失信息的情况下压缩处理数据的目的。另外，利用 K-L 变换还可以用来进行特征提取和去相关。

2. 主成分分析的计算过程

主成分分析需要重点解决好两个问题：一是正交变换矩阵 $\boldsymbol{K}$ 的求取；二是选取 p ($p \leqslant m$)个主分量。以两个波段 X_1 和 X_2 的图像为例，参见图 6-19，可通过坐标轴的平移和旋转得到主成分 Y_1 和 Y_2。平移后坐标的原点在原坐标系中是点(μ_1，μ_2)，μ_1，μ_2 分别是波段 X_1，X_2 的全部像元灰度值的平均值，旋转后方差大部分都归结到 y_1 轴上，而 y_2 轴上方差较小，坐标 y_1 和 y_2 的相关性几乎为零。y_1 和 y_2 称为原始变量的综合变量，y_1 轴为第一主分量，而 y_2 轴与 y_1 轴正交，为第二主分量。

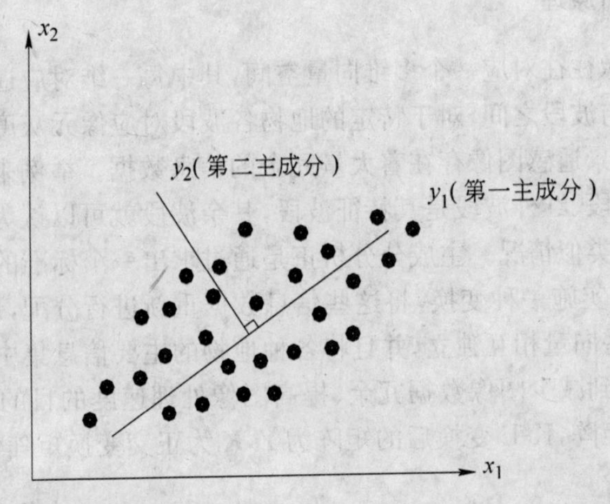

图 6-19　主成分分析中主成分和原图像之间的空间关系

正交变换矩阵 **K** 的求算过程涉及到高等代数理论，这里不做叙述。有兴趣的读者可以参考高等代数或其他相关数据。

主分量个数 p 的选取，是通过依次计算各主分量的信息量及其累计值，以及对 K-L 变换后的信息提取量要求来决定。这里的信息量是以均方差计量的，一个分量中均方差越大，表明它容纳的信息量越大。以一景 6 幅图像进行主成分分析的结果为例，经统计测算，第一分量包含的信息量占 6 幅图像的总信息量 72.6%，第二分量占总信息量的 21.1%，而第三分量仅占 2.7%。信息占有量就这样急剧下降。在遥感图像处理中，一般第一分量反映地物总体辐射差异，其余反映地物的波谱特性。第四、第五、第六分量因包含信息量太少，可以删除。K-L 变换后可作遥感图像的伪彩色合成、数据融合等，同时图像处理后的数据量也大为压缩。

需要说明，K-L 变换后，各分量图像每个像元灰度值是原图像各波段对应像元各灰度值的线性组合，各分量已经没有原来影像波段的意义，此时的分量图像每个像元灰度值已不能反映对应地面单元的反照度，此时用前三个分量分别作为 R、G、B，进行假彩色合成。另外，K-L 变换不仅限于对可见光-多光谱遥感影像进行主成分分析，也可以对雷达遥感影像进行主成分分析，甚至也可以将可见光-多光谱遥感影像与雷达影像混合起来，统一几何校正，确保各影像像元几何位置匹配，就可以进行主成分分析。K-L 变换对于集中可见光-多光谱遥感影像各波段、雷达遥感各波段以及各种极化方式影像的技术优势、集中表达地面多种信息有重要作用。需要指出，K-L 变换打乱了原图像各波段与地物反射光谱的对应关系，产生了所谓的“光谱扭曲”，利用光谱信息进行地物识别的图像处理对于这种光谱扭曲需要给予特别的注意。

6.6.2 缨帽变换

缨帽变换又称 K-T 变换，是一种线性变换，是 Kauth 和 Thomas 在 1976 年创建的，它实质上进行的是多维坐标空间旋转变换，旋转后的坐标轴指向与地物有密切的关系，特别是与植物生长过程和土壤有关的方向。这种变换既可以实现信息压缩，又可以帮助解译分析农业或生态环境的特征，因此有很大的实际应用价值。目前对此变换的研究主要集中在对于 MSS 与 TM 两种遥感数据的应用分析方面。

如图 6-20 所示，其坐标空间是以 MSS 的波段 2(红色)为横坐标，以 MSS 的波段 3(近红外)为纵坐标，坐标轴指向的方向是像元灰度增加的方向，坐标单位是灰度值。以 A 标号的曲线是生长在深色土壤上的小麦由发芽(1A)到成熟衰老(6A) 的过程，以 B 标号的曲线是生长在浅色土壤上的小麦由发芽 (1B) 到成熟衰老 (6B) 的过程。这里之所以不同是由于作物的土壤背景不同。所谓土壤浅色

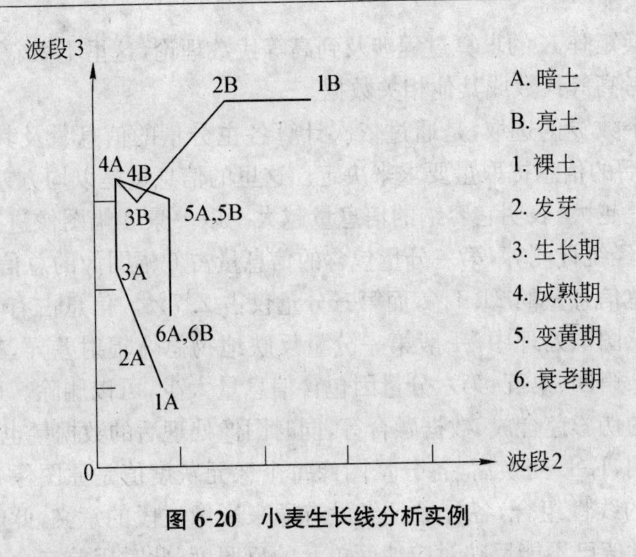

图 6-20　小麦生长线分析实例

(亮色)，在 MSS 的波段 2 与波段 3 灰度值都大；反之，土壤暗色，在 MSS 的波段 2 与波段 3 灰度值都小。随着作物的长大，覆盖土壤面积的增大，两条曲线相互靠近，都向波段 2 数值减小、波段 3 数值增大的方向发展。再后来，两种土壤上的小麦都完全覆盖土地，土壤反射阳光的贡献变小，对图像亮度的作用也变小，两曲线汇合。随着作物的成熟衰老，波段 2(红色)加大，波段 3(近红外)减小，曲线向右下方发展；进一步，作物趋近死亡，波段 2 不变，波段 3 继续减小，曲线垂直下降。

图 6-21(a)是图 6-20 的变化，只是将曲线画得连续了一些。注意图上的土壤线，这条线上的各点分别表示由深到浅的各种土壤。曲线勾画的范围是指在这些色调不同的土壤上作物由出苗到成熟在波段 2，3 坐标空间的变化范围。

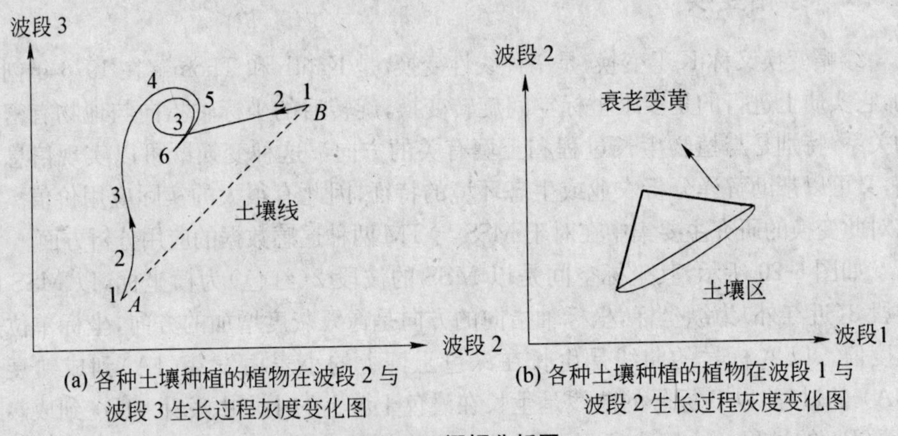

(a) 各种土壤种植的植物在波段 2 与波段 3 生长过程灰度变化图

(b) 各种土壤种植的植物在波段 1 与波段 2 生长过程灰度变化图

图 6-21　缨帽分析图

图 6-21(b)是波段 1(绿色)与波段 2(红色)构成的坐标系,对于不同色调的土壤,在作物出苗直到封垄的过程中,都是在图中标明的土壤区中变化。由于植物在绿光(波段 1)内,反射率变化幅度并不大,最高达 20%,因而“土壤区”的范围不大。而当作物衰老变黄时,作物波段 1 反射率(绿色)变化不大,而波段 2(红色)反射率增长,变化较大,总体地面的反射光谱在该坐标系中向左上方发展。由此形成了图 6-21(b)曲线。

如果将波段 1,2,3 构成一个三维立体的坐标系,各种土壤连同土地上的作物生长的光谱变化过程就形成一个如同帽子一样的几何体,而当作物衰老变黄时,反射光谱又向前下方(外)发展,形成如同帽缨的形状。这就是缨帽变换的由来。

为了最大地观察这种变化的规律,将坐标空间作一平移旋转,以看到这一“缨帽”的最大剖面,这就是做以下线性变换。变换公式为:

$$\boldsymbol{U}=\boldsymbol{R}\boldsymbol{X}+\boldsymbol{r} \tag{6-48}$$

式中:$\boldsymbol{R}$ 为变换矩阵;$\boldsymbol{X}$ 为像元的光谱向量;$\boldsymbol{r}$ 为平移向量;$\boldsymbol{U}$ 为变换后的向量。对于 TM 数据,有人将变换矩阵 $\boldsymbol{R}$ 进行了以下设计:

$$\boldsymbol{R}=\begin{pmatrix} 0.3037 & 0.2793 & 0.4743 & 0.5585 & 0.5082 & 0.1863 \\ -0.2848 & -0.2435 & -0.5436 & 0.7243 & 0.0840 & -0.1800 \\ 0.1509 & 0.1973 & 0.3273 & 0.3406 & -0.7112 & -0.4573 \\ -0.8242 & -0.0849 & 0.4392 & -0.0580 & 0.2012 & -0.2768 \\ -0.3280 & -0.0549 & 0.1075 & 0.1855 & -0.4357 & 0.8085 \\ 0.1084 & -0.9022 & 0.4120 & 0.0573 & -0.0251 & 0.0238 \end{pmatrix} \tag{6-49}$$

注意,以上的矩阵是 6 行 6 列的方阵,用 TM 的波段 1,2,3,4,5,7 图像对应像元的灰度值向量数据 X,就可对其实施缨帽变换。从变换矩阵可以看到变换后前 3 个分量的物理意义:第 1 分量反映的是亮度,事实上它是 TM 图像 6 个波段亮度的加权和,反映该像元对应地面的总体反照度值;第 2 分量反映的是绿度,这是因为在变换矩阵的第 2 行,对于较长波长的 TM 中红外波段 5,7,经变换实际上基本抵消,剩下的是近红外与可见光的差值,因而其代数和反映的是绿度。第 3 分量反映的是湿度,这是因为在变换矩阵的第 3 行,经变换实际上是 TM 可见光 3 个波段与近红外波段同较长波中红外(第 5,7 波段)的差值。经实验,这个代数和反映土壤的湿度。因此,实施缨帽变换在 TM 影像中突出了植被信息,对于从可见光-多光谱遥感数据中提取农田信息带来方便。

6.7 遥感图像镶嵌

当研究区超出单幅遥感图像所覆盖的范围时，通常需将两幅以上的图像拼接起来，生成更大幅面的图像，这个过程就是图像镶嵌。图像镶嵌的目的主要是为了进行展示，并非用来做深入研究。进行图像拼接时，需要确定一幅参照图像，参照图像将作为输出拼接图像的基准，决定拼接图像的对比度匹配，以及输出图像的地图投影、像元大小和数据类型。在重复覆盖区，各图像之间应有较高的配准精度，必要时在图像之间利用控制点进行配准。虽然待拼接的图像可以具有不同的投影类型、不同的像元大小，但必须具有相同的波段以及尽可能接近的时相。

当两幅遥感图像几何精度不一致时，需要将两幅图像的空间分辨率调整一致，其方法是用高一级地形图同时对该两幅图像进行几何校正，并且对于低空间分辨率的图像进行像元分割调整，使其两幅图像像元的地面单元大小一致。然后用灰度重采样方法逐一对各像元灰度赋值。

为了便于图像拼接，一般均要保证相邻图幅间有一定的重复覆盖度。如同图6-22左起第1、第2幅图一样，两幅图件各覆盖了相邻图幅的一部分。由于在获取图像时存在时间差异，太阳光强和大气状态的种种变化，或遥感传感器本身的不稳定，致使在不同图像上的图像对比度及灰度值会有差异（见图6-22左起第3幅图），因而有必要对各待拼接图像进行全幅或重复覆盖部分匹配，以便均衡拼接后输出图像的对比度和灰度值。最常用的匹配方法有直方图匹配法和彩色亮度匹配。

图 6-22 遥感图像镶嵌过程及结果图

直方图匹配就是建立数学上的检索表，转换一幅图像的直方图使其与参照图像的直方图形状相似。彩色亮度匹配是将两幅要匹配的图像从 RGB 彩色空间变换为 HIS 空间，然后用参考图像的光强替换要匹配图像的光强，再进行由 HIS 彩色空间到 RGB 空间的变换。两种色度空间转换参见下一节讨论。

图像匹配和相互配准后，需选取合适的方法来决定重复覆盖区上的输出灰度值，常用的方法包括取覆盖同一区域图像之间的：①平均值；②最小值；③最大值；④指定一条切割线，切割线两侧的输出值对应于其邻近图像上的灰度值；⑤线性插值，根据重复覆盖区上像元离两幅邻接图像的距离确定的权重，进行线性插值，如位于重复覆盖区中间线上的像元取其平均值，而位于重复覆盖区边界上的像元取其较邻近图像上的灰度值。

要实现高精度的图像镶嵌是相当复杂的。它需要在镶嵌图像间选取控制点进行配准，也需要进行图像间亮度的均衡，尤其在今天高空间分辨率图像的广泛应用，使得图像镶嵌的自动化技术变得愈发重要，也趋于复杂化。

6.8 数据融合

遥感图像数据融合是将多源遥感数据在统一地理坐标系中，采用一定的算法生成一组新的信息或合成新图像的过程。不同的遥感数据具有不同的空间、波谱、辐射和时间分辨率，如果将它们各自的优势综合起来，可以弥补单一图像上信息的不足。例如，高几何精度的全色波段影像与低几何精度、高光谱影像进行数据融合，就可以收到既发挥全色波段影像几何信息丰富、准确的特点，又可以发挥高光谱影像光谱信息丰富的特点，多方位地获取地物种类与地物性状的信息。当然，运用数据融合技术，也可以将成像机理完全不同的可见光-多光谱遥感影像与雷达遥感影像实现数据融合。融合后既可以发挥可见光-多光谱遥感影像植被种类与性状信息丰富的技术优势，也可以发挥雷达遥感影像微地形起伏、土壤湿度等信息丰富的技术优势。数据融合可以起到数据压缩、信息综合集中表达、便于统一分析的效果。

遥感图像信息融合不仅用于多源遥感图像信息之间的叠加方面，而且用于目标的识别分类上，如基于 Bayes 模型的目标识别方案中，可以利用不同平台、不同遥感传感器、不同时相的遥感数据通过计算得到的融合概率，然后以融合概率为基础实现目标的分类决策。

多种遥感数据融合的技术关键是：充分认识研究对象的地学规律；全面考虑不同遥感数据之间波谱信息的相关性而引起的有用信息的增加和噪声误差的增

加，对多源遥感数据做出合理的选择；解决遥感影像的几何畸变问题，使各种遥感影像在空间位置上能精确配准起来；最后，要选择适当的算法，最大限度地利用多种遥感数据中的有用信息。由此可见，只有对研究对象的地学规律、遥感影像几何和物理特性、成像机理这三者有深刻的认识，并把它们有机地结合起来，信息融合才能达到预期的效果。

多源遥感数据融合的前提是参与融合的各幅影像几何精确配准，即各幅影像相对应的各像元要准确匹配，对应地面单元要完全重合。这是影像数据融合的基础条件。为此，要用高一级几何精度(大一级比例尺)的地形图分别对参与融合的各幅影像进行统一几何校正，对于低几何精度的影像还要进行像元分割，使各幅影像对应地面单元完全一致。

应用于遥感卫星影像效果较好的数据融合方法通常有 HIS 变换法、Brovey 变换法、K-L 变换法等。

6.8.1 基于 HIS 变换的数据融合

在计算机定量处理彩色时，通常采用 RGB 表色系统，但在视觉上定性描述色彩时，采用 HIS 显色系统更直观些。HIS 显色系统采用色调、饱和度、亮度表示颜色。为此，必须选择 HIS 模型，进行由 RGB 到 HIS 彩色空间的变换，进而实现多源遥感数据的融合。

1. HIS 变换的正变换(由 RGB 到 HIS)

由 RGB 表色系统到 HIS 彩色空间的变换称为 HIS 变换的正变换。具体的变换方式有多种，以下方法是其中之一。注意这里的 R,G,B 是已经归一化后的数值。变换的具体步骤如下：

(1)令 $M=\max(R,G,B)$，$m=\min(R,G,B)$，$r=(M-R)/(M-m)$，$g=(M-G)/(M-m)$，$b=(M-B)/(M-m)$，显然 r,g,b 中至少有一个为 0 或 1；

(2)令 $I=(M+m)/2.0$ (6-50)

(3)当 $M=m$ 时，$S=0$

当 $M\neq m$ 且 $I\leqslant 0.5$ 时，$S=(M-m)/(M+m)$

当 $M\neq m$ 且 $I>0.5$ 时，$S=(M-m)/(2.0-M-m)$ (6-51)

(4)当 $S=0$ 时，$H=0$

当 $S\neq 0$ 且 $R=M$ 时，$H=60\times(2+b-g)$

当 $S\neq 0$ 且 $G=M$ 时，$H=60\times(4+r-b)$

当 $S\neq 0$ 且 $B=M$ 时，$H=60\times(6+g-r)$ (6-52)

2. HIS 变换的逆变换(由 HIS 到 RGB)

由 HIS 彩色空间变换到 RGB 表色系统称为 HIS 变换的逆变换。在逆变换中所用到的符号意义同正变换一样。变换的具体步骤如下：

(1)当 $I \leqslant 0.5$ 时，令 $M = I \cdot (1.0 + S)$

当 $I > 0.5$ 时，令 $M = I + S - I \cdot S$

令 $m = 2.0 \cdot I - M$　(6-53)

(2)$R = f(m, M, H)$

(3)$G = f(m, M, H - 120)$

(4)$B = f(m, M, H - 240)$　(6-54)

上式的右端可以改写成函数 $f(m, M, h)$ 的形式，当 h 为负数时，可加上 360 使之为正，f 的具体形式为：

当 $0 \leqslant h < 60$ 时，$f = m + \frac{(M - m) \cdot h}{60}$

当 $60 \leqslant h < 180$ 时，$f = M$

当 $180 \leqslant h < 240$ 时，$f = m + \frac{(M - m) \cdot (240 - h)}{60}$

当 $240 \leqslant h < 360$ 时，$f = m$

由以上公式可以看出：①两个色度空间的相互变换都是非线性变换；②两个空间之间变换的非唯一性，即有可能两组不同的 R, G, B 数值会对应相同的一组 HIS 数值，这就是说，多种红、绿、蓝三基色的组合得到同一种亮度、色调以及饱和度的颜色，反之亦然。

还需指出，RGB 色度空间与 HIS 色度空间的变换不是唯一的，有多种变换形式，总趋势大同小异，但变换结果的数值有所不同。其实，人对光的颜色感觉本身就有相当的定性成分，而且人与人也有微小的感觉差别，因而变换的不唯一性也就不奇怪了。

3. HIS 变换下的遥感影像融合

不同几何分辨率图像数据可以按照以下工作步骤进行融合：

(1)将参与融合的各数字图像都用同一高一级精度的数字地形图或影像图进行几何校正，其中包括灰度重采样，以保证图像间的匹配；

(2)将低空间分辨率的图像进行像元分割处理，分割尺寸与最高空间分辨率的图像像元尺寸一致。分割后进行灰度重采样；

(3)然后对3个波段的多光谱实施HIS正变换,得到I值分布图;

(4)用高空间分辨率的全色波段图像数据进行对比度拉伸,使其DN值的均值与方差与I分量一致,并以此数据替换HIS正变换以后得到的亮度分量I;

(5)最后,进行HIS逆变换可得到较高空间分辨率的多光谱图像。

从以上步骤可以看到,这里用HIS变换仅作为过渡媒介,即将低空间分辨率的红、绿、蓝三幅图像经几何校正、像元分割、灰度重采样后,对于每个像元的RGB值做色度空间变换,变换到HIS色度空间中去,再用高分辨率的全色影像的像元灰度数值代替对应像元在HIS色度空间中的光强度值,显然这样的代换对于原来3幅图变换过来的I值图变化并不是很大,这是因为全色波段本来就是地物R、G、B 3个波段的综合,因此在此基础上的反变换,得到每个像元的红、绿、蓝数值比例不会与真实地面失真很多。

HIS法的优点是能把强度和彩色有效地分开,但是颜色有所失真,即影像的光谱信息有所损失,但图像的清晰度有较大的提高。这种颜色失真是一种光谱扭曲。

6.8.2 Brovey变换法

Brovey变换法也称配赋法,它是用归一化(即将同一像元各波段的灰度值总和定义为1,相应得到的各波段的灰度量化值)后的低空间分辨率R,G,B 3个波段分别与高空间分辨率的全色影像数据相乘来增强影像的信息。其公式为:

$$P_i=(P_{\mathrm{pan}}\times X_i)/(X_{\mathrm{R}}+X_{\mathrm{G}}+X_{\mathrm{B}}) \tag{6-55}$$

式中:下标i=R,G,B;P_i为融合后第i波段的灰度;P_{pan}为全色波段的灰度,X_i为多光谱影像R,G,B三波段。增强后的3个波段分别赋予R,G,B,形成真彩色融合影像。Brovey变换法的优点是色调非常良好,几乎完整保持了原始影像的色调信息,即光谱扭曲很小。

6.8.3 K-L变换法

K-L变换法与HIS变换法非常相似,所不同的是这种方法将任意同一景的3个或3个以上波段实施K-L变换,取其前3个分量,然后,用拉伸后的高空间分辨率全色波段数据代替第一分量,再进行K-L的反变换,得到的3个波段分别赋予R,G,B,形成准真彩色融合影像。用K-L变换法融合的遥感影像颜色会有失真。K-L变换法最大的优点在于这种数据融合可以不限于3个波段的影像数据与1个高空间分辨率的影像数据融合,还可以4个或多于4个波段的影像数据与1个高空间分辨率的影像数据融合，或者 3 个或多于 3 个可见光-多光谱波段的影像数据与 1 个雷达遥感影像数据融合。

数据融合的方法有多种，数据融合处理也与其他图像处理一样，都是以损失信息为代价的。数据融合损失的信息主要是光谱信息，HIS 变换的数据融合光谱信息损失较小，但融合后不包含红外的地物光谱信息。主成分分析数据融合的方法光谱信息损失较大，出现较严重的光谱扭曲现象，但是，融合后图像的每个像元的“RGB”数值信息还可包含目标地物红外的信息。因此针对不同数据融合目的，应采用不同的融合方法。

以上叙述的多种图像处理，包括主成分分析变换、缨帽变换、图像数据融合等，都是对一景遥感图像的多幅图像进行综合处理的。经过以上处理，对于图像中的各个像元而言，其各波段的灰度组合成分发生或大或小的一些变化，有时变化还较大，这种变化称之为光谱扭曲。注意，光谱扭曲统指全部波长范围的波谱变化，当然包括可见光范围的变化。这样再进行彩色合成，其色调也要随之发生或大或小的一些变化。一些彩色合成遥感图像中，很多地物看上去与眼睛实地看到的颜色相去较远，就是这种原因。这种现象也是图像处理丢失信息的一个重要方面。如何从被扭曲的光谱信息中基本复原出来原始光谱信息，是图像处理的一个技术前沿课题。

6.9　纹理分析

地物表象有两种信息表现形式，一种是空间信息，另一种是光谱(波谱)信息。纹理是地物空间信息表现的一种重要形式，因此纹理分析是图像识别的一种重要手段。应当说，逐个像元的波谱分析所能够提供的感知信息还是十分有限的。在我们人肉眼感知世界时，并不仅凭一个点去判断物体的种类，而是分析一个面，从这一个面的总体颜色、光泽、光洁度、纹理等质感特征作出判断。这里，光泽、光洁度也可归纳到纹理中，由此可见纹理分析对于图像识别中的重要性。所谓纹理是指图像中一定距离与一定方向的像元间灰度重复出现的分布规律，诸如平滑度、粗糙度和几何形状与方位等特征性规律。在图像处理中用于描述区域纹理的 3 种主要方法是统计方法、结构化方法和频谱方法。统计方法是指诸如平滑、粗糙、粒状等纹理的特征描述。结构化方法处理图元的排列，诸如基于均匀空间分布的平行线纹理、亮点或暗点纹理的描述。频谱技术基于傅里叶频谱特性，主要用于通过识别频谱中高能量的窄波峰(小波变换分析)寻找图像中的整体周期性。由于本书篇幅的限制，这里仅介绍较为常用的纹理统计方法。

纹理分析以前需要对分析对象进行像元灰度聚类合并，即将像元灰度级进行浓缩简化，以便找出纹理分布的规律。试想，如果图像的像元灰度级别数目繁多，像元间的灰度几乎都不一样，这样的图像或图像的局部是没有纹理可言的。图像像元灰度聚类实际上是对灰度的归纳，归纳是寻求规律的一个必要手段(参见第7章，7.2节)。至于将一幅图像的灰度级应当合并为多少级别，哪些灰度级应当合并为最恰当，并无一定的规律，要视具体图像、图像识别具体目标而定。

需要注意的是纹理分析通常是对一幅黑白影像的当前像元与周边像元的灰度数值关系进行分析而言的，这是地物空间性状信息表达的一种形式，也是人们区分地物种类的一个重要方面。当然，在解译遥感图像中，人们识别地物不能仅靠纹理信息数据，几何形状、面积大小、对比关系等也是地物空间性状信息表达的另一种形式。此外，光谱信息数据，即一个像元各光谱波段灰度值组合的方式，也是一个重要方面。无论是人的眼睛，还是遥感图像解译，都是将包括纹理在内的空间性状分析与光谱分析结合起来，以识别更多种类的地物以及地物的不同性状。

6.9.1 统计方法

描述纹理的最简单的方法之一是使用一幅图像或区域灰度级直方图的统计矩。令 z 为一个代表灰度级的随机变量，并令 $p(z_i)(i=0,1,2,\cdots,L-1)$ 为对应的直方图中具有灰度 z_i 的频数，即概率，这里 L 是可区分的灰度级数目。则灰度级 z 的第 n 阶中心矩为：

$$\mu_n(z)=\sum_{i=0}^{L-1}(z_i-m)^n p(z_i) \tag{6-56}$$

式中：m 是 z 的均值，$m=\sum_{i=0}^{L-1}z_i p(z_i)$。

式(6-56)中，$\mu_0=1$，$\mu_1=0$。二阶中心矩 μ_2 即方差 $\sigma^2(z)$，在纹理描述中非常重要。它是表示灰度级对比度的量度，可以用于量度图像的平滑度，如量度 R：

$$R=1-1/(1+\sigma^2(z)) \tag{6-57}$$

对于平滑区域，$\sigma^2(z)$趋于0，相应地 R 接近于0；对于大的 $\sigma^2(z)$，R 接近于1。因为方差随着灰度级的增大而增大，所以在量化时，可将方差进行归一化处理，以解决灰度级不同给 R 值带来的影响。也就是说，在式(6-57)中，用$(L-1)^2$ 除 $\sigma^2(z)$ 来实现。另外，标准差也经常用于纹理的量度，且图像越是平滑，标准差越小。

三阶中心矩 $\mu_3(z)$ 是表示直方图偏斜度的量。更高阶中心矩可提供对纹理描述的进一步量化。此外，基于直方图纹理量度还有"一致性"量度：

$$U = \sum_{i=0}^{L-1} p^2(z_i) \tag{6-58}$$

和平均熵量度：

$$e = -\sum_{i=0}^{L-1} p(z_i)\log_2 p(z_i) \tag{6-59}$$

因为 p 在区间[0,1]内有值，并且这些值的和为1，度量 U 对于等灰度级频率的图像有最小值，所以较平滑的图像 U 值较大。熵(entropy)是可变性的量度，熵值的变化与一致性是反向的，即平滑图像的熵值较粗糙图像的小。

6.9.2　共生矩阵

仅使用直方图计算纹理的方法，由于未考虑像元之间的位置关系而受到限制，而应用共生矩阵(gray level concurrence matrix)进行纹理特征的提取则可以弥补这点不足。

假设坐标轴 X 水平向右，Y 轴垂直向下。图像中像元相距位置为 $(\Delta x, \Delta y)$ 的两个像元(又称"像元对")按灰度关系要求同时出现的次数可用一个灰度共生矩阵来表示，记为 $\boldsymbol{M}=\{m_{KL}\}$，其中 m_{KL} 表示图像中这样的"像元对"出现的次数，要求这样的像元对，一个的灰度值为 K，另一个为 L。如果图像有 n 个灰度级，则共生矩阵的大小为 $n\times n$。设定 $\Delta x=1$，$\Delta y=0$，原图像矩阵 $\boldsymbol{P}$ 为：

$$\boldsymbol{P}=\begin{pmatrix} 1 & 1 & 2 \\ 3 & 4 & 4 \\ 4 & 1 & 1 \end{pmatrix} \tag{6-60}$$

式(6-60)所示的示意性的图像灰度共有4级，因而这一图像的共生矩阵应为4×4。这个图像按照水平方向检索，当前像元灰度为"1"，向右移动一个像元，其灰度仍然还是"1"，这样的"像元对"出现2次，因而在图6-23中，该图像共生矩阵的左上角应写为"2"。同样，当前像元灰度为"1"，向右移动一个像元，其灰度是"2"，这样的"像元对"出现1次，因而共生矩阵的第1行第2列应写为"1"。如此检索下去，就生成了如图6-23(a)所示的图像 P 的共生矩阵 $\boldsymbol{M}(1,0)$。图6-23(b)所示的矩阵即为共生矩阵 $\boldsymbol{M}(1,0)$ 规范表达式。

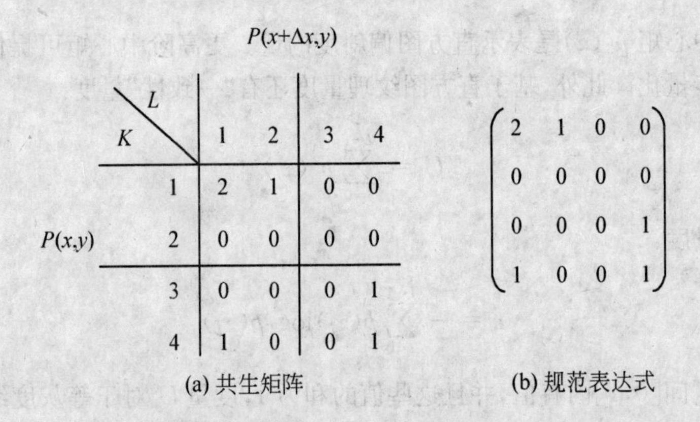

P(x+Δx,y)

P(x,y) K \ L	1	2	3	4
1	2	1	0	0
2	0	0	0	0
3	0	0	0	1
4	1	0	0	1

$$\begin{pmatrix} 2 & 1 & 0 & 0 \\ 0 & 0 & 0 & 0 \\ 0 & 0 & 0 & 1 \\ 1 & 0 & 0 & 1 \end{pmatrix}$$

(a) 共生矩阵　　(b) 规范表达式

图 6-23　图像 P 的共生矩阵 M(1,0)

当 $\Delta x=0$，$\Delta y=1$，图像 P 的共生矩阵 $\boldsymbol{M}$(0,1) 如图 6-24 所示。

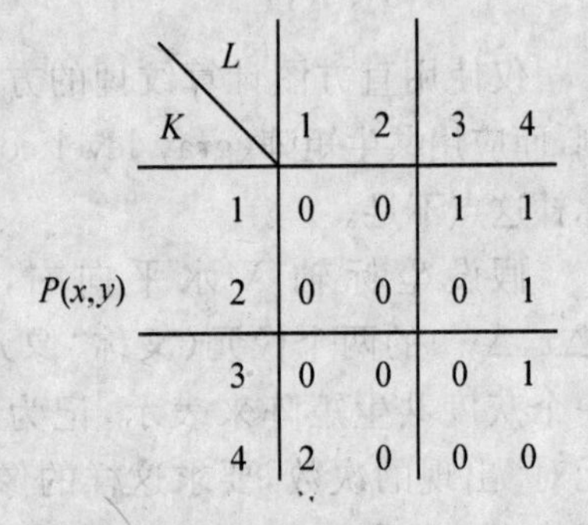

P(x,y+Δy)

P(x,y) K \ L	1	2	3	4
1	0	0	1	1
2	0	0	0	1
3	0	0	0	1
4	2	0	0	0

图 6-24　图像 P 的共生矩阵 M(0,1)

由此可见，**M** 矩阵是一个统计图像中的一个局部或整幅图像的相邻或具有一定间距的两像元灰度呈现某种关系的矩阵。该矩阵有以下特点：

(1)方阵，阵列的尺寸取决于原图像灰度的级数，与原图像尺度大小无关；

(2) 阵列 KL 的编号表示像元灰度由 K 变化到 L 的灰度值，如"11"表示灰度值由"1"变到"1"，而该元素的数值表示符合此变化的像元对数；

(3)若像元对位置关系是 $\Delta x=1$ 且 $\Delta y=0$ 时，则 **M** 可记为 **M**(1,0)表示在横向上间距为"1"符合 KL 灰度变化的 **M** 矩阵；当 $\Delta x=0$ 且 $\Delta y=1$时，**M** 记为 **M**(0,1)，表示在纵向上间距为"1"符合 KL 灰度变化的 **M** 矩阵；当 $\Delta x=1$ 且 $\Delta y=1$ 时，为 **M**(1,1)或 **M**(1,45°)，表示在 45°角方向上间距为"1"符合 KL 灰度变化的 **M** 矩阵。据不同的 Δx 和 Δy 有其对应的 **M**，Δx 和 Δy 的取值决定着纹路判断的方向，Δx 和 Δy 的设置为整数，分别可正、可负。

共生矩阵的设计思想是利用矩阵的行号、列号表示图像像元灰度值，利用共生矩阵中的每一元素的位置标号"KL"反映像元由 K 变化到 L 的灰度值，使用共生矩阵每一元素值表达符合由 K 变化到 L 的灰度值的像元对数目，这样定量地反映图像纹理的特征，为进一步分析图像的纹理创造条件。需要指出，对于一幅像元行列数目，即大小确定的图像，并且图像的灰阶也已固定，当共生矩阵的 Δx 和 Δy 为一定，则共生矩阵内各元素的数值和是一定的，只是随着图像像元灰度分布不同，共生矩阵内各元素的数值分布随之变化，而其总和是不变的。这一规律对于检验生成图像的共生矩阵正确与否有用处。

为进一步理解共生矩阵反映纹路的情况，观察下列图像 **N** 的灰度矩阵：

$$\boldsymbol{N}=\begin{pmatrix}0 & 1 & 2 & 3 & 0 & 1\\1 & 2 & 3 & 0 & 1 & 2\\2 & 3 & 0 & 1 & 2 & 3\\3 & 0 & 1 & 2 & 3 & 0\\0 & 1 & 2 & 3 & 0 & 1\\1 & 2 & 3 & 0 & 1 & 2\end{pmatrix} \tag{6-61}$$

由于像元灰度只有 0,1,2,3 四级，所以 **M** 为 4×4 矩阵，且

$$\boldsymbol{M}(\pm1,0)=\begin{pmatrix}0 & 8 & 0 & 7\\8 & 0 & 8 & 0\\0 & 8 & 0 & 7\\7 & 0 & 7 & 0\end{pmatrix} \tag{6-62}$$

$$\boldsymbol{M}(\pm1,\pm1)=\begin{pmatrix}12 & 0 & 13 & 0\\0 & 14 & 0 & 12\\13 & 0 & 12 & 0\\0 & 12 & 0 & 12\end{pmatrix} \tag{6-63}$$

由此可看到，$\boldsymbol{M}(\pm1,0)$矩阵的主对角线元素皆为 0，说明在水平方向没有相邻两两灰度相同的像元对，或者说，水平方向像元灰度变化频繁。$\boldsymbol{M}(\pm1,\pm1)$主对角线检测的是倾斜 45°角或 135°角的纹理情况，在此情况中，说明在这两个方向存在较多的相邻两两灰度相同的像元对，像元灰度阵列有明显的 45°角或 135°角纹理特征。当然有如此典型的纹理在实际遥感图像中不多见，但大体上有一定的纹理结构的遥感图像还是很多的，比如居民小区的房屋，大田的垄沟，城市的街道等等。在 **M** 矩阵上，表现为主对角线上数值越集中，就说明该方向上纹理特性就越显著。需要说明，共生矩阵分析图像纹理特征的方法，并不局限于遥感图像，其他图像，如医学图像、指纹图像等等，也都是适用的。

6.9.3　共生矩阵的统计量

共生矩阵的各种统计值可作为图像的整体、局部直到一个图斑纹理特征数字化的度量。常用的统计量有：

1. 对比度 *CON*

$$CON = \sum_k \sum_l (k-l)^2 m_{kl} \tag{6-64}$$

式中 m_{kl} 为共生矩阵中位于 (k,l) 处的元素值。

在 ***M*** 矩阵中，远离对角线的元素越多，即 $k-l$ 的绝对值越大。若 *CON* 越大，则说明像元间灰度差别越大，图像看上去较粗糙。

2. 熵 *H*

$$H = \sum_k \sum_l m_{kl} \log_2 m_{kl} \tag{6-65}$$

它表示了图像纹理非均匀程度或复杂程度。若 m_{kl} 各处都近似相等，表明灰度差各个级别的数目都近似相等，说明图像复杂，此时熵值最大。熵这一概念常用来表示一个系统中含有信息量的大小，因此又称为信息熵。

3. "能量"*ASM*

$$ASM = \sum_k \sum_l (m_{kl})^2 \tag{6-66}$$

它反映着灰度均匀分布的程度。越均匀，m_{kl} 越集中在对角线附近，纹理越细，方差越小。当然纹理越明显，分布越有规律，"能量"*ASM* 也就越大。

需要看到，这 3 个统计量之间作为纹理特征的信息是有一定相关性的，也就是说，如果 3 个量同时去表述某一图像的纹理特征是不必要的，这样会带来信息数据的冗余。

小　结

图像处理是遥感产品交付使用前的最后一个环节。事实上本章以前各章都是为遥感图像处理在理论与技术上做准备。图像处理最终的目的是正确识别与提取遥感影像上反映地表的各种信息。地物及其性状由两种途径反映自身的存在：一种是空间信息，另一种就是光谱信息。空间信息包括空间位置与几何形状、大小以及纹理特征等，对于人眼睛光谱信息仅限于可见光的频谱信息，而遥感图像处理并不限于可见光，整个红外以至微波频谱信息都是在处理与研究的范围内。

由于人对彩色的高度敏感使得用彩色图像反映世界、认识世界成为主流，为此，本章介绍了色度学的基本知识。从中可以知道，自然可见光彩色谱的连续性以及由于人眼“传感器”对彩色谱的低敏感度产生的刚辨色差使得人们在认识世界时带有一定的局限性。彩色合成影像的主要目的是为了便于人们了解、分析以及研究区域各种信息。彩色合成有真彩色、假彩色以及伪彩色三种合成，假彩色是经常使用的一种彩色合成，其主要特点是植被显示为红色，有突出植被信息的作用。

遥感影像数据是栅格格式数据，即每一幅图像的每一个像元都有一个灰度值。遥感影像数据的一个特点是一景影像带有多幅、多波段图像，一个像元在各波段图像中都有各自的灰度值，由此在影像灰度空间中形成一个矢量。为了科学存储和分发数据，人们创造并应用了 HDF 数据格式，与以往表达数字图像的数据格式相比，HDF 格式功能更强，应用 HDF 来表达复杂的数据类型组合会愈加广泛。

受遥感系统内外条件的制约，遥感数字图像记录的地物反射或自身辐射亮度值有误差，为了接近真实地反映光谱与自然物相互作用的结果，就要进行图像的复原处理(预处理)，这包括对图像的辐射校正和几何校正。图像的复原处理在整个图像处理中处于基础工作的地位，决定着后续图像处理结果的准确性。对像元逐一进行灰度重采样是图像几何校正不可缺少的一个环节，灰度重采样主要有 3 种方法：最近邻域法、双线内插法以及三次卷积法。

对经过复原处理的图像常常需要进行增强处理，其结果并没有使总信息量增加，而总是以牺牲一部分信息为代价，来突出某种信息，增大地物之间的灰度值差异使图像更便于人眼去识别和分析。不过，值得注意的是实施图像增强处理后，图像像元灰度与对应地面单元的反照度之间的对应关系会有所改变，所以依据原始图像像元灰度与对应地面单元的反照度之间的对应关系对图像增强后的图像进行地物分类与识别时，要充分注意这种关系的改变。

为了从大量的遥感数据中挖掘目标地物的信息，需要对经过预处理的数字图像进行各种变换，包括数字滤波、K-L 变换、K-T 变换等。通过选用适当的滤波器来抑制噪声，提高图像的质量，也可以有针对地增强某种信息，如亮目标、暗目标以及地物边缘信息等。K-L 和 K-T 变换均是对原图像进行线性变换，实现压缩数据量的目的。不过，主成分分析有完备的理论，适宜各种多光谱遥感传感器生成的数字图像；缨帽变换更注重农田信息的提取，主要用于 TM 和 MSS 遥感传感器。

对于研究地域不能为一景数字图像覆盖的情形，就需要进行多景影像镶嵌。

该处理主要用于对同源、同时相或不同时相的数字图像拼接，拼图要尽量做到无缝、无色差。为了充分挖掘多源遥感数字图像的信息，对多源遥感数字图像融合处理的应用愈加广泛。它使得这些数据源各尽其用，并能相互补偿由于单独使用某一种数据源带来的不足。

图像纹理信息的提取对于遥感影像解译有重要价值。提取图像纹理信息有多种方法，本章介绍了共生矩阵方法。共生矩阵是将一幅图像两两像元间的灰度变化关系表达在一个方形矩阵中的方法。共生矩阵的大小仅取决于图像像元灰阶数目，与图像的大小无关。用对比度、熵以及"能量"等共生矩阵的统计量可以对共生矩阵的特征进行表达，从而定量化地反映图像的各种纹理特征，为图像解译、识别地物创造条件。

图像分类也属于图像处理的一个重要内容，限于本章篇幅，留待下一章专门叙述。

思 考 题

1. 现有合成光中的红、绿、蓝三基色的光强分别为 r,g,b，如果对每一基色的光强量都增加同一光强量 a，试问增加光强 a 前后的合成光在光的亮度、色调、饱和度各有什么变化？如果对每一基色的光强量都乘以 2，合成光在光的光强、色调、饱和度又有什么变化？

2. 归一化在多元数据处理中占据重要地位，由红、绿、蓝三基色的光强 r,g,b 转换为 R,G,B 的过程是归一化的过程，试问这里归一化的意义是什么？

3. 表达彩色光有红、绿、蓝三基色系统和光强、色调、饱和度系统，试问这两套系统各适用于什么不同的场合？

4. 假彩色遥感图像为什么植被颜色被显示为红色，而其他地物的颜色基本不变，这样做有什么好处？

5. 遥感图像处理中引进"刚辨色差"这一概念有什么实用意义？

6. 使用多项式模型校正时，原图像坐标系中的坐标和参考坐标系中的理论坐标的量纲和单位是否需要一致？为什么？

7. 如果对二值化的图像使用三次卷积法进行灰度重采样会有什么结果？为什么？

8. 栅格格式与矢量格式的地理信息系统数字图件在几何校正以后，是否需要重采样？为什么？

9. 已知原图像 4 个像元的灰度值如下：$f(220,395)=18$，$f(220,396)=45$，$f(221,395)=52$，$f(221,396)=36$，坐标系的设置如图 6-7 所示，分别用最邻域插

值法和双线内插法计算校正后像元点 $f(220.3,395.7)$的灰度值。

10. 设计一个计算机伪程序，实现显示图像的直方图，并计算直方图上最大、最小的灰度值。

11. 各种图像增强技术能解决哪些问题？分别适宜于处理哪些图像？

12. 在一个线性拉伸变换 $D_b = a \times D_a + b$ 中，输入灰度值 D_a 和输出灰度值 D_b 的变化区间均为[0,255]。设 $A=35$，$B=200$，经拉伸后 A，B 分别变为 0，255，试确定系数 a，b 的值。

13. 在图像灰度的非线性变换如幂函数变换、指数变换中，为什么要先进行标准化处理？

14. 试以图像灰度线性拉伸变换为例，说明图像处理后要损失一部分信息。

15. 图像滤波处理可以对遥感图像解译起到什么作用？

16. 滤波器通常是奇数行和奇数列，为什么？滤波器有高通和低通的，它们是如何起作用的？

17. 试编写一个计算机伪程序，实现据已知滤波器对数字图像数据的滤波。

18. 图像滤波处理后，图像表达的空间信息与光谱信息中，主要损失的是哪一种信息？

19. 在遥感图像处理中，主成分分析的目的是什么？一般用在什么场合？

20. 试分析主成分分析和缨帽变换的区别与联系。

21. 在介绍主成分分析算法时提到了一幅图像的灰度均方差可以表征该幅图像的信息量，如何理解？

22. 遥感图像数据融合的目的是什么？方法主要有哪些？试分析这些方法的主要联系与区别。

23. 如果用不同时相的多景农区遥感图像进行融合，试分析融合后的结果。

24. 试述图像纹理分析对于解译遥感图像的实际意义。

25. 构建共生矩阵对于图像纹理分析有什么作用？

26. 共生矩阵的大小取决于什么？共生矩阵的统计量对比度、熵和“能量”是如何反映图像纹理特征的？

27. 本章在介绍构建共生矩阵时指出，“对于一幅像元行列数目即大小确定并且灰阶也已固定的图像，当共生矩阵的 Δx 和 Δy 为一定，则共生矩阵内各元素的数值和是一定的”，为什么这个“和”是一定的？

28. 根据目前了解到的图像处理技术，试总结遥感图像处理有哪些技术手段。它们各有什么用处？

参 考 文 献

[1] 赵英时.遥感应用分析原理与方法.北京:科学出版社,2003.
[2] Rafael C Gonzalez,Richard E Woods.数字图像处理.阮秋琦,阮宇智,等译.北京:电子工业出版社,2003.
[3] 朱述龙,张占睦.遥感图像获取与分析.北京:科学出版社,2002.
[4] 张德培,罗蕴玲.应用概率统计.北京:高等教育出版社,2000.
[5] Thomas M Lillesand,Ralph W Kiefer.遥感与图像解译.彭望琭,等译.北京:电子工业出版社,2003.
[6] Kenneth R Castleman.数字图像处理.朱志刚,等译.北京:电子工业出版社,2002.
[7] 范金城,梅长林.数据分析.北京:科学出版社,2002.

第7章　图像识别与分类

7.1 图像分类概述

所谓遥感影像分类就是根据遥感影像中目标物的波谱特征或者其他特征确定每个像元的类别的过程。它是遥感影像识别解译的重要手段。遥感影像分类的方式有两种：人工目视解译和计算机自动解译。前者是指判读人员通过分析遥感影像提供的目标信息并结合一定的知识进行分析判断，进而确定影像中目标物类别的过程；后者是指计算机在一定的人工干预下采用某种算法自动地实现分类的过程。人工目视解译的优点在于充分利用了人的视觉和思维推理能力，这是现有计算机视觉和人工智能水平难与为匹的。但是人工目视解译的工作效率低，分类结果的主观性强，分类精度的高低很大程度上取决于目视解译人员对影像所覆盖区域的了解程度以及个人的经验及知识。此外，人的视觉系统只能同时接收3个波段组合而成的真彩色或假彩色合成信息，但是遥感影像的波段已经从几个发展到几十个，甚至几百个。要分析如此多的波段信息人眼显然难以胜任。因此无论从效率还是精度而言，由人工目视解译走向计算机自动解译都是遥感发展的必然要求。在特定的条件下，遥感图像的目视解译还是不可缺少的，计算机自动解译并不能完全取代人工目视解译。由于人们通常直接称计算机自动解译为遥感影像分类，这里也遵循这一习惯。

遥感影像数据可以理解为多幅影像的叠加。每幅影像对应着地表在一个波段上的响应影像，其中每个像元对应着地表相应单元地物在该波段上的波谱响应强度，反映在图像上就是像元灰度。如果将所有波段的影像中，对应于相同地面单元的像元上的波谱响应值，组合成一个列向量，那么这个向量就描述了该地理位置中的地物的波谱特征，因此通常称该向量为特征向量。例如图7-1(b)中2个波段的影像中对应于同一位置的一个像元上的波谱响应值 x_{i1} 和 x_{i2} 构成了一个二维特征向量 $\boldsymbol{x}_i=[x_{i1},x_{i2}]^{\mathrm{T}}$，其中 i 为像元在影像中的序号。假如将两个波段上的波谱响应度量作为两个相互垂直的坐标轴，就构成了一个二维特征空间，$\boldsymbol{x}_i$ 对应着该空间中的一个点[图7-1(c)]。由于通常同类地物在各波段的波谱响应相似，而不同地物的波谱响应则存在一定的差别，因此同类地物的特征向量在特征空间中将聚集在一起，而不同类别的地物的特征向量在特征空间中将相互分离。

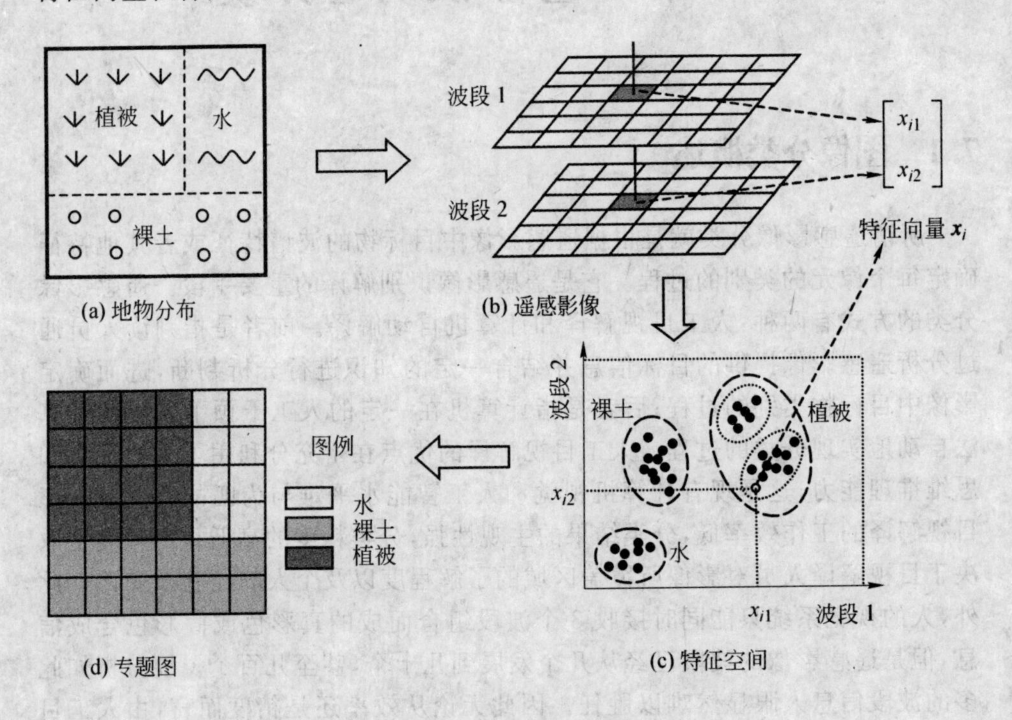

图 7-1 遥感影像分类

正是基于特征空间中这种“同类相近，异类相离”的规律，人们提出了各种分类算法。例如将特征空间划分成若干互不重叠的子区域，每个子区域对应一种类别，这样就可以根据每个像元的特征向量落在哪个子区域来确定其类别，从而得到整个影像覆盖区域的分类专题图[图 7-1(d)]。

假如图 7-1 中的 3 种地物在二维特征空间不能够被清晰地区分开，我们可以引入更多的特征以增加类别之间的可分性。当特征数超过“3”时，特征空间将成为一个超出我们直观想象能力的高维空间，但在其中的分类与低维特征空间中的分类其本质是相同的。因此，这种在特征空间中可以同时利用所有特征信息的分类思路，在目视解译中是难以做到的。

值得指出的是，遥感影像分类中的特征不仅可以是可见光或者近红外影像上的波谱反射/辐射值、雷达影像中的后向散射值，也可以是由遥感影像数据派生出来的二次特征值(如纹理)，甚至还可以辅以高程、坡度等非遥感特征值。此外，在

图7-1的示例中是以单个像元作为分类单元，这种逐像元分类适合于空间分辨率较低的遥感影像。对于高空间分辨率的遥感影像，需要将相邻的类似的像元组成的“地块”作为分类单元，并用各地块的波谱、几何以及空间分布等特征组成的特征向量进行分类。

遥感影像分类的主要方法可以分为两大类：监督分类和非监督分类。监督分类需要事先为每类选取一定数量的代表性的样本，然后根据这些已知类别的样本设计某种分类规则，最后用分类规则对其他未知类别的样本进行分类。习惯上称事先已知类别的样本为训练样本，称由训练样本训练所产生的分类规则为分类器。非监督分类则不需要事先选取训练样本，它直接根据数据本身在特征空间中的分布特点来进行分组，从而实现分类。

7.2 非监督分类

非监督分类分两个阶段：首先根据样本之间的相似性通过某种算法自动地将样本集分成若干类，然后解译每个类别的物理意义。在第一阶段通常采用聚类分析法。所谓聚类就是按照样本之间的相似性，将一个样本集分解为若干类，使得属于相同类别的样本之间的相似性大于属于不同类别的样本之间的相似性，即类内相似性大于类间相似性。

7.2.1 非监督分类的基本流程

一般而言非监督分类包括以下主要步骤：

(1)选取特征：既要利用尽可能多地与分类目标相关的特征，又要避免特征之间的信息冗余；

(2)定义相似性度量：这种度量用来定量评价两个特征向量之间的相似程度或者差异程度；

(3)制定聚类算法：制定特定的聚类算法来揭示样本集的内在聚类结构；

(4)评价聚类结果：一旦获得了聚类结果，就必须对其正确性或合理性进行评估；

(5)解译聚类结果：通常要解译聚类得到的每个类别的内在意义，例如分析对应土地覆盖类型及其变化规律，进而分析对社会经济发展的影响。

上述步骤可能需要多次的循环，直到得到了合理的分类结果。特征的选取以及聚类结果的评价和解译，通常与特定的问题密切相关，这里不做专门的论述。下面仅着重介绍主要的相似性度量方法和聚类算法。

7.2.2 相似性度量

由于聚类是根据样本之间的相似性进行分类,因此如何度量样本之间的相似性是聚类的核心问题,不同的相似性度量方法将得到不同的聚类结果。描述样本之间相似性的方法有两种,其一是度量样本之间的相似程度;其二是度量样本之间的差异程度。实际上只要定义一个单调递减的函数就可以实现这两种度量方法的相互转化。由于大多数聚类算法采用样本之间的差异程度,因此下面只介绍度量样本之间差异程度的方法。

就本质而言,描述样本之间差异程度的度量方法就是定义在特征向量集 $\boldsymbol{X}$ 上的一个函数:

$$d:\boldsymbol{X}\times\boldsymbol{X}\rightarrow\mathbb{R}$$

式中:$\boldsymbol{X}=\{\boldsymbol{x}_1,\cdots,\boldsymbol{x}_n\}$,$\boldsymbol{x}_i(i=1,\cdots,n)$为第 i 个样本的特征向量;$\mathbb{R}$ 为实数集,其中存在一个实数 $d_0\in\mathbb{R}$ 满足:

(1)$d(\boldsymbol{x}_i,\boldsymbol{x}_j)=d_0,\forall\boldsymbol{x}_i\in\boldsymbol{X}$;

(2)$-\infty\leqslant d_0\leqslant d(\boldsymbol{x}_i,\boldsymbol{x}_j)<+\infty,\forall(\boldsymbol{x}_i,\boldsymbol{x}_j)\in\boldsymbol{X}$;

且函数 d 还应具有以下属性:

(3)自反性:$d(\boldsymbol{x}_i,\boldsymbol{x}_j)=d_0$,当且仅当 $\boldsymbol{x}_i=\boldsymbol{x}_j$;

(4)对称性:$d(\boldsymbol{x}_i,\boldsymbol{x}_j)=d(\boldsymbol{x}_j,\boldsymbol{x}_i)$;

(5)三角不等式:$d(\boldsymbol{x}_i,\boldsymbol{x}_z)\leqslant d(\boldsymbol{x}_i,\boldsymbol{x}_j)+d(\boldsymbol{x}_j,\boldsymbol{x}_z),\forall\boldsymbol{x}_i,\boldsymbol{x}_j,\boldsymbol{x}_z\in\boldsymbol{X}$。

描述样本之间差异程度的常用度量方法为加权马氏(Minkowski)距离:

$$d_p(\boldsymbol{x}_i,\boldsymbol{x}_j)=\left(\sum_{k=1}^{l}w_k\left|x_{ik}-x_{jk}\right|^p\right)^{1/p} \tag{7-1}$$

式中:x_{ik}和 x_{jk} 分别为特征向量 $\boldsymbol{x}_i$ 和 $\boldsymbol{x}_j$ 的第 $k\in\{1,\cdots,l\}$个特征;l 为图像的波段数目;w_k 为第 k 个特征的加权系数。当 $w_k=1(k=1,\cdots,l)$且 $p=2$ 时就得到了我们所熟悉的欧氏距离。

基于距离的度量具有平移不变性和旋转不变性,距离相似性度量在特征空间各向同性,所以它比较适合揭示团聚状的聚类结构。当我们试图揭示其他形式的聚类结构时,就需要另选相似性度量。特征向量之间的夹角就是一种常用的选择,其度量指标为:

$$\alpha=\arccos\left[\frac{\langle\boldsymbol{x}_i,\boldsymbol{x}_j\rangle}{\sqrt{\langle\boldsymbol{x}_i,\boldsymbol{x}_i\rangle}\sqrt{\langle\boldsymbol{x}_j,\boldsymbol{x}_j\rangle}}\right] \tag{7-2}$$

式中：分子 $<\boldsymbol{x}_i,\boldsymbol{x}_j>$ 表示向量 $\boldsymbol{x}_i$、$\boldsymbol{x}_j$ 的数量积，即 $<\boldsymbol{x}_i,\boldsymbol{x}_j>=\boldsymbol{x}_i\cdot\boldsymbol{x}_j$；分母 $\sqrt{<\boldsymbol{x}_i,\boldsymbol{x}_i>}\sqrt{<\boldsymbol{x}_j,\boldsymbol{x}_j>}=|\boldsymbol{x}_i||\boldsymbol{x}_j|$，即为两向量模的积。

不难看出 α 是两个特征向量在特征空间中所对应的点与原点连线之间的夹角，如图 7-2 所示。这种度量具有旋转和膨胀不变性。这些特点在高光谱遥感影像数据的聚类具有特殊的意义。因为两个特征向量之间的夹角不受特征向量本身与原点连线长度的影响，所以两个光谱之间差异性度量并不受增益因素的影响。例如同一种地物在不同地形上得到的光谱往往分布在与原点相连的直线上，因此采用夹角作为光谱差异性度量就可以在相当程度上克服地形变化形成的阴影对聚类结果的影响。

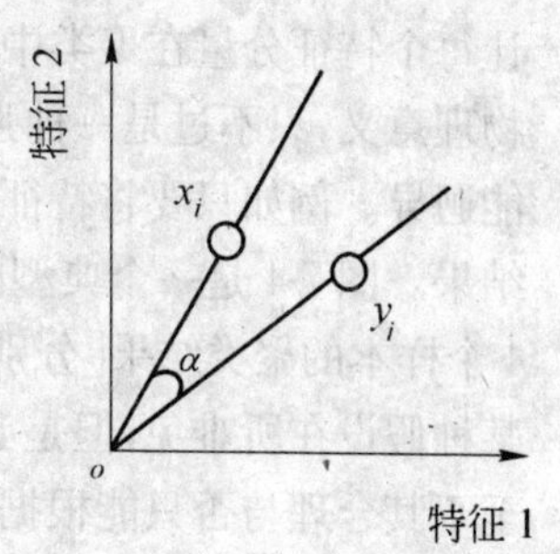

图 7-2　二维特征空间中两个特征向量之间的夹角

不同的相似性度量蕴含着人们对数据聚类结果的不同理解或者期望，并直接影响着聚类结果。以图 7-3 为例，对于同样一组数据，采用欧氏距离和采用夹角所得到的聚类结果完全不同。

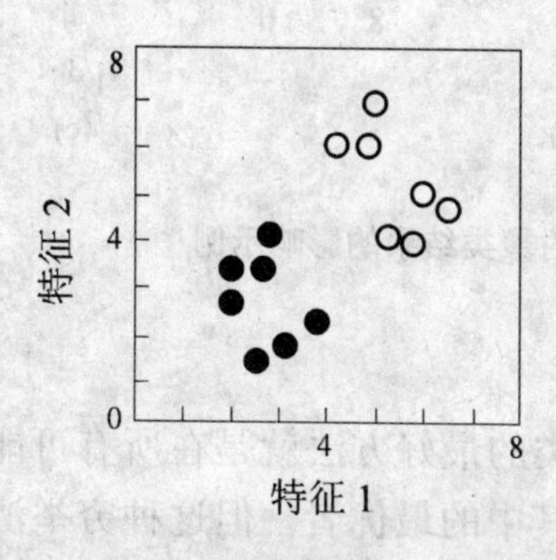

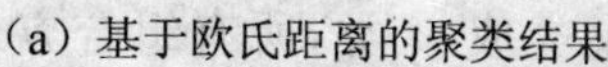
(a) 基于欧氏距离的聚类结果

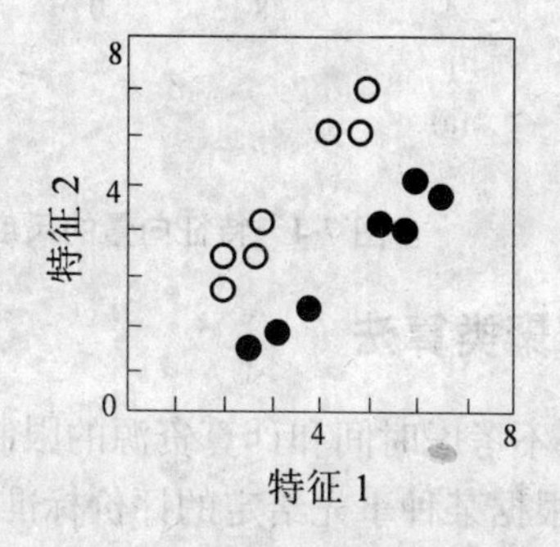

(b) 基于夹角的聚类结果

图 7-3　基于不同相似性度量的聚类结果对比

值得指出的是，如果存在多个特征分量，那么无论采用哪种相似性度量方法都需要面临一个同样的问题：如何组合各个特征分量。假如特征向量是由同一光谱遥感影像中的各波段的波谱辐射值构成，由于它们具有相同的物理意义和量化机制，因此可以将它们直接等价地组合在一起。但是如果特征向量是由多源数据构成，例如特征向量既包含波段辐射值，也包括纹理或者高程等其他类型的特征值，那么这些特征分量具有不同的取值范围和物理意义。例如波谱辐射值的取值范围可能是 0～255，而高程的取值范围可能是 10～5 000，前者的大小代表着辐射强度的强弱，后者的大小代表着地形的高低。量纲不同,数值变化幅度不同,两者没有可比性。当然可以通过归一化让每个特征分量具有同样的取值范围,并赋予它们适当的权重,让每个特征分量在聚类中发挥合理的作用。但是类似的做法往往缺乏令人信服的物理意义,只不过是一种强制性的人为假设而已。而不同的假设导致的聚类结果可能迥异。例如只要将特征空间的坐标轴做简单的伸缩变化就可以得到完全不同的结果。图 7-4 是一个典型的示例,令图 7-4(a)中的两个特征 t_1 和 t_2 分别缩小 3 倍后,4 个样本的聚类结果[分别如图 7-4(b)和(c)]将不同。当然在解决具体问题时使用某种假设在所难免,但是必须牢记由此得到的聚类结果是建立在该假设基础上的。至于其合理与否只能根据具体情况和目标加以评价。

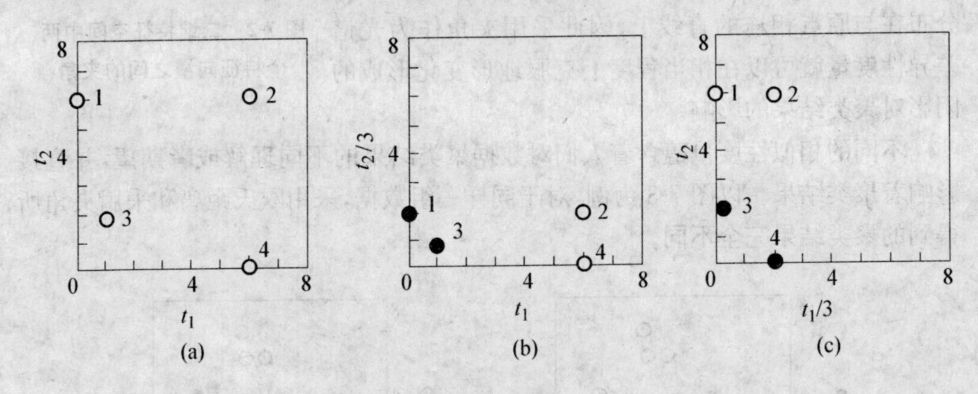

图 7-4 特征向量的尺度变化对聚类结果的影响示例

7.2.3 聚类算法

如果不考虑时间和计算资源的限制,聚类的最好方法就是在所有可能的聚类组合中,根据某种事先给定的评价标准选出其中的最优者。但这种穷举法只适合于样本数少的情况。如果要将 N 个样本聚类成 m 类,所有组合方式的总数为(Jain & Dubes, 1988):

$$S(N,m)=\frac{1}{m!}\sum_{i=1}^{m}(-1)^{m-i}\binom{m}{i}i^N \tag{7-3}$$

仅 $S(100,5)$ 就有大约 10^{68} 种组合。而通常遥感影像中的样本(像元)数都不少于 10^6,类别数在 10 类以上,这时的组合数是一个天文数字。因此穷举法一般不适合于遥感影像的非监督分类。聚类算法的主要目标就是设计一种搜索策略,使得只需要选择性地搜索所有组合中的一小部分就能快速地找到(近似)最优的组合。下面简要地介绍三类在遥感影像聚类中常用的方法。关于聚类算法的更详细的论述可以在 Theodoridis 和 Koutrombas 的专著中找到。

1. 迭代最优化算法

聚类的目的是使类内相似性大于类间相似性，但这是一个含糊的概念。假如我们将上述目标表述成一个目标函数，那么聚类问题就转化为明确的目标函数最优化问题。采用这种策略的聚类算法虽然定义的目标函数各不相同，但是却通常都采用迭代最优化的寻优方法，因此将它们统称为“迭代最优化算法”。下面以遥感影像聚类中常用的 k-均值法为例，说明这类方法的基本思想。

假定聚类的数目为 m，分别用 $w_1,\cdots,w_m$ 表示，$\boldsymbol{x}_k^{(i)}$ 为 w_i 类的第 k 个特征向量，根据聚类的定义，最小化如下目标函数：

$$J_w = \frac{1}{2}\sum_{i=1}^{m}\sum_{k=1}^{n_i}\sum_{l=1}^{n_i} d\left(\boldsymbol{x}_k^{(i)},\boldsymbol{x}_l^{(i)}\right) \tag{7-4}$$

式中：n_i 为 w_i 类的特征向量的数量；$d(\boldsymbol{x}_k^{(i)},\boldsymbol{x}_l^{(i)})$ 为 $\boldsymbol{x}_k^{(i)}$ 和 $\boldsymbol{x}_l^{(i)}$ 之间的差异性度量。

显然 J_w 代表着各个类别内部的相似性总和。可以证明最小化 J_w 等价于最大化不同类别之间的差异性。因此以式(7-4)为目标函数体现了聚类的目标。

为了减少计算量，J_w 通常采用如下等价形式：

$$J_w = \sum_{i=1}^{m}\sum_{k=1}^{n_i} d\left(\boldsymbol{x}_k^{(i)},\boldsymbol{\mu}_i\right) \tag{7-5}$$

其中 $\boldsymbol{\mu}_i$ 为 w_i 类的均值向量：

$$\boldsymbol{\mu}_i = \frac{1}{n_i}\sum_{k=1}^{n_i} \boldsymbol{x}_k^{(i)} \tag{7-6}$$

利用式(7-5)直接求最小化 J_w 的解是非常困难的，因此通常采用如下迭代算法近似逼近最优解，即聚类结果。

算法 1　k-均值法

(1)初始化：给定类别数量 m 和每类的均值向量 $\boldsymbol{\mu}_1,\boldsymbol{\mu}_2,\cdots,\boldsymbol{\mu}_m$。

(2)循环：

——将所有样本分类为与其最近的均值向量所对应的类别；

——根据分类结果，重新计算每类的均值：$\boldsymbol{\mu}_1,\boldsymbol{\mu}_2,\cdots,\boldsymbol{\mu}_m$。

(3)如果收敛条件或者终止条件成立，则终止循环。

(4)根据每类的最终均值向量 $\boldsymbol{\mu}_1^*,\boldsymbol{\mu}_2^*,\cdots,\boldsymbol{\mu}_m^*$，将所有样本分类为与其最近的均值向量所对应的类别。

虽然这里的类别数为 m，但由于人们习惯称上述算法为 k-均值法，因此这里依然沿用这一称呼。在初始化阶段，一般从特征向量集中任选 m 个特征向量作为每类的均值向量。为了避免聚类的时间过长，一般同时采用两种中止循环的条件：其一，如果重新分类后，各类发生变化的样本比例均小于一定阈值时，则认为已经收敛，中止循环；其二，当循环达到一定次数后强行中止。

k-均值法的一个缺点是必须预先给定类别数量，如果与实际的数量不符，将明显地影响聚类效果。为了克服该问题，人们提出了许多改进算法。其中 ISODATA 算法在遥感影像非监督分类中最为常用。ISODATA 算法在聚类过程中引入了合并相互接近的类别，分解样本数量大且分布分散的类别，以及删除样本数量过小的类别等改进措施。因此在这个算法中人们只要预先给定一个大概的类别数量，算法将根据数据的结构自动地进行适当的调整。

无论是 k-均值法还是 ISODATA 法，在聚类过程中一个特征向量在每次估计时只允许赋予一个类别，这类方法被称为"硬聚类法"。此外还有一些"软聚类法"，如模糊 k-均值算法和混合密度分解聚类算法。前者在聚类过程中允许特征向量同时隶属于不同的类别，并以一定的数值（隶属度）来衡量特征向量在多大程度上归属于不同的类别；后者用概率密度来描述特征向量在特征空间中的分布，将聚类问题转化为混合概率密度的分解问题。这类方法中的经典算法是期望最大化（expectation maximization，EM）算法（Hastie et al，2001）。

迭代最优算法存在 3 个主要的缺点：第一，必须预先给定（近似的）类别数目。如果给定的类别数与实际存在的类别数偏差较大将严重影响聚类的效果。第二，迭代算法可能陷入局部最优值。是否能找到全局最优解取决于参数的初始值，同时参数初始值还将影响算法迭代的次数。第三，计算量大。为了减少计算量，一种简单的方法就是只在遥感影像中随机选取一部分样本参与聚类，在聚类完成后，根据剩余的样本到每个类别的均值向量的距离或者归属于每个类别的概率/隶属度来确定它们的类别。

2. 顺序聚类法

这种算法的基本思想是：特征向量按照某种顺序逐一加入，如果一个新加入的特征向量 $\boldsymbol{x}_i$ 与已存在的类别 $\boldsymbol{C}_j$ 之间的差异性 $d(\boldsymbol{x}_i, \boldsymbol{C}_j)$ 小于一定的阈值 Θ，则将其归入现有的类别，并对类别 $\boldsymbol{C}_j$ 进行重新计算决定；否则将其作为一个新建立的类别。具体的算法如下：

算法 2　顺序聚类法

(1)初始化：令类别数 $m=1, \boldsymbol{C}_m=\{\boldsymbol{x}_1\}$，并令当前特征向量的序号 $i=2$。

(2)循环：

——找到与 $\boldsymbol{x}_i$ 最接近的类别 $\boldsymbol{C}_k$：$d(\boldsymbol{x}_i,\boldsymbol{C}_k)=\min\limits_{1\leqslant j\leqslant m} d(\boldsymbol{x}_i,\boldsymbol{C}_j)$；

——如果 $d(\boldsymbol{x}_i,\boldsymbol{C}_k)>\Theta$，则新建一个类别：$m=m+1, \boldsymbol{C}_m=\{\boldsymbol{x}_i\}$；

——否则将 $\boldsymbol{x}_i$ 归入类别 $\boldsymbol{C}_k$：$\boldsymbol{C}_k=\{\boldsymbol{x}_i\}\cup\boldsymbol{C}_k$；

——如果需要则更新类别 $\boldsymbol{C}_k$ 的统计信息(如均值向量 $\boldsymbol{\mu}_k$)；

——$i=i+1$。

(3)当 $i=n+1$，则终止循环。

算法中的 $d(\boldsymbol{x}_i,\boldsymbol{C}_k)$ 可以采用不同的度量方法以得到不同的聚类结果。另外 $d(\boldsymbol{x}_i,\boldsymbol{C}_k)$ 既可以是 $\boldsymbol{x}_i$ 与 $\boldsymbol{C}_k$ 中所有特征向量之间的最小差异度，也可以是与类别 $\boldsymbol{C}_k$ 的某个代表向量 $\boldsymbol{r}_k$ 的差异度，即 $d(\boldsymbol{x}_i,\boldsymbol{C}_k)=d(\boldsymbol{x}_i,\boldsymbol{r}_k)$。如果 $\boldsymbol{r}_k$ 为均值向量 $\boldsymbol{\mu}_k$，则 $\boldsymbol{C}_k$ 每加入一个新特征向量 $\boldsymbol{x}_i$ 就可以用以下公式更新 $\boldsymbol{\mu}_k$：

$$\boldsymbol{\mu}_k^{\text{new}}=\frac{(n_{C_k^{\text{new}}}-1)\boldsymbol{\mu}_k^{\text{old}}+\boldsymbol{x}_i}{n_{C_k^{\text{new}}}} \tag{7-7}$$

式中：$n_{C_k^{\text{new}}}$ 为类别 $\boldsymbol{C}_k$ 加入 $\boldsymbol{x}_i$ 后的特征向量总数。

顺序聚类算法有两个优点：第一，计算量小，只要扫描每个特征向量一次；第二，不需要预先给定类别的数目，新的类别是在算法的不断演进的过程中逐渐生成的。这种算法的缺点在于：第一，在具体问题中，难以确定阈值 Θ。如果 Θ 过小，则将得到过多的细小类别；相反，如果 Θ 过大，则将导致类别数量过少。第二，该算法的聚类结果与特征向量的输入顺序有关。如图 7-5 所示，同样 8 个二维特

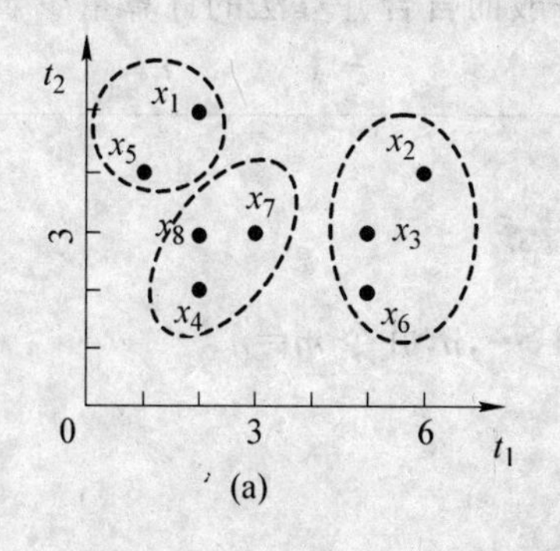

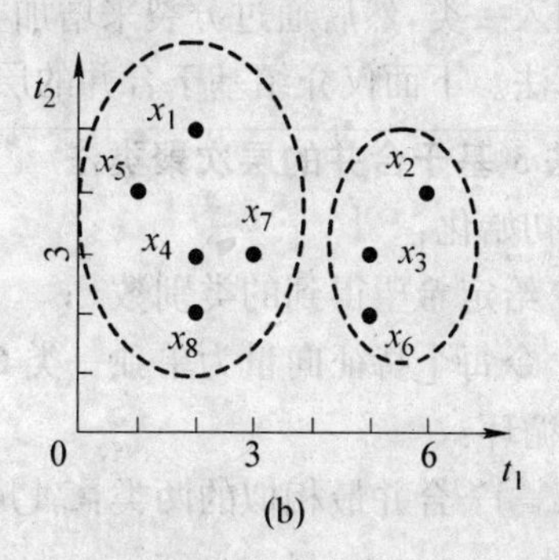

图 7-5　特征向量的输入次序对顺序聚类法的影响

征向量，按照(a)(b)两图中的下标号用顺序聚类算法分别进行聚类，$d(\boldsymbol{x}_i,\boldsymbol{C}_k)$都采用 $\boldsymbol{x}_i$ 与 $\boldsymbol{C}_k$ 的均值向量间的欧氏距离，令 Θ 均等于 2.5。两组实验的分类结果存在明显差异。造成这种现象的原因在于，当某个特征向量输入时，它只能依据已有的特征向量来做出"暂时合理"的决定：是归为某类还是成立一个新类，但是这个决定可能在引入更多特征向量后变得不再合理。

为了尽可能消除聚类结果对特征向量输入顺序的依赖性，人们提出了一些改进算法。例如可以同时设定两个阈值 Θ_1 和 Θ_2($>\Theta_1$)。当新输入的特征向量 $\boldsymbol{x}_i$ 与最接近的类别 $\boldsymbol{C}_j$ 的差异度 $d(\boldsymbol{x}_i,\boldsymbol{C}_j)$ 小于 Θ_1，则将 $\boldsymbol{x}_i$ 分类为 $\boldsymbol{C}_j$；当特征向量 $\boldsymbol{x}_i$ 与所有类别的差异度均大于 Θ_2，则成立一个新类；否则，$\boldsymbol{x}_i$ 至少与现有的某一类的差异度的大小位于 Θ_1 和 Θ_2 之间，此时暂时搁置 $\boldsymbol{x}_i$。当所有特征向量都被引入之后，重新将那些被搁置的特征向量分类给那些最相似的类别。可以看出这种算法的基本思想就是将那些暂时不能完全确定的特征向量的分类延迟到有足够信息的时候进行。对图 7-5 中的数据采用这种算法，将 Θ_1 和 Θ_2 分别设为 2 和 4，依然按照图 7-5(a)的顺序输入特征向量，将得到与图 7-5(b)相同的聚类结果。因此上述改进可以在一定程度上减小数据输入顺序对结果的影响。

上述顺序聚类算法还可能出现两个类别非常接近或者属于某类的特征向量与另外一类反而更加相似的情况，为了克服这些不足，可以在上述聚类算法完成之后进行类别合并和重分类。值得指出的是所有这些改进都是以增加计算量为代价的。

3. 层次聚类法

层次聚类法是一种常用的聚类算法。该方法实现策略有两种：合并(agglomerative)和分裂(divisive)。合并(自下而上)算法首先令每个特征向量各成一类，然后通过合并不同的类来减少类别数目。分裂(自上而下)算法则首先将所有样本归入一类，然后通过分裂来增加类别数目。一般而言合并算法的计算量少于分裂算法。下面仅介绍基于合并的层次聚类算法。

算法 3 基于合并的层次聚类法

(1)初始化：

给定希望得到的类别数 c；

令每个特征向量为单独一类 $\boldsymbol{C}_i=\{\boldsymbol{x}_i\}, i=1,\cdots,n$，并令 $m=n$。

(2)循环：

——合并最相似的两类：$\boldsymbol{C}_i \cup \boldsymbol{C}_j$；

——$m=m-1$。

(3)如果 $m=c$，则终止循环。

该算法中类别之间的相似度量通常采用两类的均值向量之间的欧氏距离来衡量，即：

$$d_{mean}(\boldsymbol{C}_i,\boldsymbol{C}_j)=\left\|\frac{1}{n_i}\sum_{x\in\boldsymbol{C}_i}\boldsymbol{x},\frac{1}{n_j}\sum_{x'\in\boldsymbol{C}_j}\boldsymbol{x}'\right\| \tag{7-8}$$

式中：n_i 和 n_j 分别是 $\boldsymbol{C}_i$ 和 $\boldsymbol{C}_j$ 中特征向量的数量。如果我们采用除欧氏距离之外的其他相似性度量方法，均值向量间的相似度将往往不能反映类别之间的相似度，此时可以采用两个类别中的特征向量之间的平均相似度：

$$d_{\text{avg}}(\boldsymbol{C}_i,\boldsymbol{C}_j)=\frac{1}{n_i n_j}\sum_{x\in\boldsymbol{C}_i}\sum_{x'\in\boldsymbol{C}_j}d(\boldsymbol{x},\boldsymbol{x}') \tag{7-9}$$

图 7-6(a)给出了一组特征向量。假如层次聚类法采用 d_{mean} 式(7-8)，并令 $c=1$，对该组数据进行聚类。根据每次被合并的两个类别的均值向量之间的距离，可以生成一个树图(dendrogram)[图 7-6(b)]。通过该树图，可以清楚地发现，当将最后两类合并时，均值向量之间的距离明显大于之前的合并。根据这一点可以将这组数据分为两类。显然这样的聚类结果是合理的。

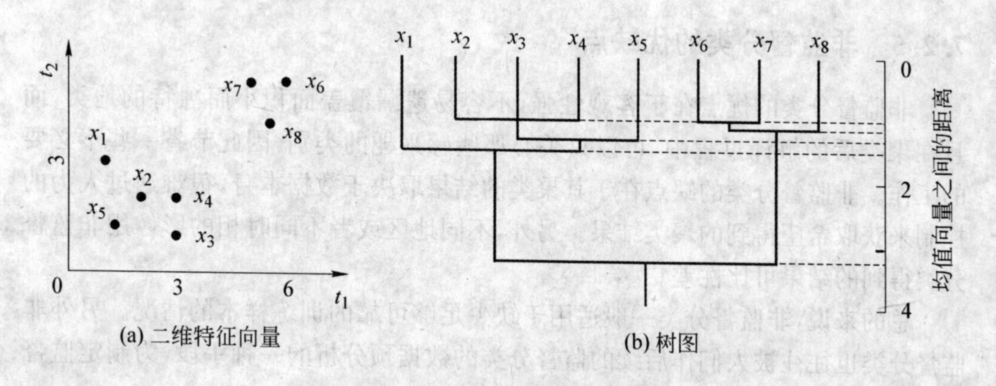

图 7-6　基于合并的层次聚类实例

从这个例子可以看出层次聚类法的优点在于：当我们不知道类别的实际数量时，可以给 c 赋一个非常小的值(最极端的选择就是 1，当然这意味计算量的增加)，然后通过分析聚类后产生的树图非常直观地确定合适的类别数和聚类方案。因此层次聚类法同时还是分析数据内在聚类结构的有效方法。不过事实上层次聚类法很少被用在遥感影像的非监督分类中，因为遥感影像通常具有大量的像元(样本)。但是对于较小的遥感影像来说，层次聚类法的确是较好的选择，毕竟它能够清晰地揭示出数据内在的聚类结构。

7.2.4 聚类结果的解译和评价

聚类的完成并不是非监督分类的结束,因为尚不知道每种类别对应着何种地物。此时,我们可以根据一定的辅助信息(如地图或者实地调查等)来确定每个类别中少量像元的地物类型,然后将整个类别定义为对应的地物类型。如果聚类得到的类别和地物之间是"一对一"的关系,理论上说是最理想的。但是这种情况在实际运用非常少见。通常聚类得到的类别和地物之间是"多对一"的关系。这是由于地物本身的多样性和成像条件的变化造成的。以道路为例,水泥路和柏油路的特征向量将存在明显差别,聚类时很可能被分成两类。另外,在阴面和阳面的同一种水泥路也可能被聚类成两类。当出现上述"多对一"的情况时,只需要将若干个类别合并即可。但是假如聚类得到的一个类别包含了多种需要区分的地物而呈现"一对多"的关系时,表明聚类是失败的。如果聚类后只有少量的类别出现"一对多"的情况,可以对属于这些类别像元重新进行聚类,直到将各种地物区分开为止。事实上这种聚类出现的"多对一"和"一对多"的现象与第 2 章叙述过的"同谱异物"与"同物异谱"现象是一致的。

7.2.5 非监督分类的优缺点

非监督分类的优点在于客观性强,不容易遗漏覆盖面积小而独特的地类,而且在聚类后的解译过程中,可以只关心那些感兴趣的类别,因此节省一些不必要的工作。非监督分类的缺点在于其聚类的结果取决于数据本身,很难通过人为的控制来获取希望得到的聚类结果。另外,不同地区或者不同时相的影像用非监督分类得到的结果可比性差。

总的来说,非监督分类一般适用于缺少足够可靠的训练样本的情况。另外非监督分类也往往被人们作后续的监督分类的数据预分析的一种手段,为制定监督分类的分类方案提供依据。

7.3 监督分类

7.3.1 监督分类的基本流程

所谓监督分类是指由用户在计算机屏幕上用鼠标画出典型类别的图斑,比如用户要对图像分出 5 种类别的地物,则用户根据一定的先验知识分别画出这 5 类地物对应的图斑,每类图斑数目不限定为 1 个,可以多个,不同类别的图斑数目也不必一定相等，系统要求用户对各类地物给出一个编码。这个过程叫做对计算机“训练”，用户画出的各类图斑叫做训练区或训练样本。训练完毕，计算机系统分析每类训练样本图斑内像元灰度向量的特点，用统计学的方法对图像整体进行自动分类。这种用户参与监督指导下的分类称作监督分类。当然，用户给出的每类图斑的数目越多，图斑划定越准确，分类效果就越好。一般说来，图斑类别不要太多，通常在 8 类以下。

监督分类的基本流程是：

(1)制定分类方案：从运用需求出发，确定要将遥感影像分成哪些类别。

(2)选取训练样本：为每个类别选取训练样本。训练样本的准确度和全面性将直接影响后续的分类精度。训练样本的获取手段既可以是同步的实地调查，也可以在相同时期的土地利用图、高分辨率的影像（如航空像片）或者其他信息源的辅助下从影像中直接选取。

(3)特征选取：选取适当的分类特征，使各类的训练样本之间的可分性尽可能地高。

(4)训练分类器：选取适当的分类算法，并根据基于训练样本的学习来确定分类算法中的未知参数的取值。

(5)影像分类：用分类器确定影像中的所有像元的类别。

(6)精度评价：估计整个影像的分类精度。

上述步骤是监督分类的基本流程，但是在解决具体问题时，往往需要不断地调整和反复才能得到比较满意的结果。例如最初的分类方案一般是依照应用目标而制定的，但是当工作进行到第 3 步或者第 6 步时常常会发现遥感提供的信息并不足以将所有的类别很好地区分开，这时我们要么增加辅助的特征，要么重新调整分类方案。在分类算法的选择方面也通常会遇到类似的问题。没有绝对最优的分类算法。某种分类算法可能在一定条件下能够达到很高的分类精度，但在另外一些情况下则可能精度很差，而且一般分类能力强的算法计算量大，训练和分类的速度慢，需要占用大量计算资源。分类算法的筛选往往是在对具体分类问题逐步深入了解的基础上不断尝试的过程。

7.3.2　监督分类算法

遥感影像监督分类的算法纷繁多样。由于篇幅限制下面将仅介绍其中的 3 类算法，它们体现了 3 种代表性的分类思想。

1. 概率密度估计分类法

这类方法通过用概率密度函数来描述每类在特征空间中的分布，从而将分类

问题纳入到了概率统计的框架中。假设总共有 n 类，分别表示为：$w_1, w_2, \cdots, w_n$，定义概率密度函数 $p(\boldsymbol{x}|w_j)$ 为特征向量 $\boldsymbol{x}$ 归类为 w_i 的概率，这里 w_i 为条件，在这种条件下具有发生 $\boldsymbol{x}$ 的概率，因而概率密度函数是表征在某种条件具备的情况下发生某种事件的概率，这种概率称之为条件概率。如果每类的概率密度函数 $p(\boldsymbol{x}|w_j)$ 和先验概率 $p(w_j)$ 都已知，那么未知类别的特征向量 $\boldsymbol{x}'$ 可以根据如下贝叶斯决策公式计算它归属于各类的概率：

$$p(w_j|\boldsymbol{x}') = \frac{p(\boldsymbol{x}' \mid w_j)p(w_j)}{\sum_{k=1}^{m} p(\boldsymbol{x}' \mid w_k)p(w_k)} \tag{7-10}$$

这里的下标 j 取在 1 到 n 之间的任意一个数。

如果将 $\boldsymbol{x}'$ 分类为具有最大后验概率的那一类：

$$C(\boldsymbol{x}') = \underset{1 \leqslant j \leqslant m}{\operatorname{argmax}}\, p(w_j|\boldsymbol{x}') \tag{7-11}$$

发生错误的概率是最小的。由于在监督分类中，每类的概率密度函数 $p(\boldsymbol{x}|w_j)$ 和先验概率 $p(w_j)$ 都未知的，因此必须通过每类的训练样本进行估算。假定以每类的训练样本占训练样本的比例作为各类的先验概率 $p(w_j)$，那么剩下的问题就是如何通过训练样本估算类别条件概率密度 $p(\boldsymbol{x}|w_j)$。该问题是概率统计学中的核心问题。人们已经提出了大量的方法，概括为两大类：非参数估计法和参数估计法。

非参数估计法对概率密度函数的形式不做任何限定，力图通过训练样本直接从一个非常宽泛的函数集中估计出概率密度函数。常用的方法有 Parzen 窗法和 k 近邻密度估计法。这类方法尽管具有非常强的一般性，但是为得到较好的估计精度，需要大量的训练样本，因此在遥感影像分类中应用不多。

参数估计法首先根据先验知识假定概率密度函数的类型，从而将问题简化为估计概率密度函数中的未知参数。主要的参数估计的方法有：①最大似然法；②最大后验概率法；③贝叶斯推理法；④最大熵法。在遥感影像分类中最常用的是最大似然法。

最大似然法的基本思想非常直观：假设一组特征向量 $X=\{\boldsymbol{x}_1, \cdots \boldsymbol{x}_n\}$ 是根据某个概率密度函数 f^* 随机产生的。如果根据一组待选的概率密度函数 F 中的某个概率密度函数 $\hat{f}$ 产生 X 的概率最大，那么认为 $\hat{f}$ 是 F 中对真实概率密度函数 f^* 的最佳估计的正确概率最大。假如待选的概率密度函数 F 中的函数具有相同的形式：$\mathrm{P}(\theta)$，其中 θ 为参数，那么 θ 的最大似然估计就是令联合概率密度 $\prod_{i=1}^{n} P(\boldsymbol{x}_i, \theta)$ 最大化的那组参数。

在遥感影像分类中通常假定每类的概率密度都服从多元正态分布：

$$\mathrm{p}(\boldsymbol{x}|w_j,\theta_j)=\frac{1}{(2\pi)^{1/2}|\boldsymbol{\Sigma}_j|^{1/2}}\exp\left(-\frac{1}{2}(\boldsymbol{x}-\boldsymbol{\mu}_j)\boldsymbol{\Sigma}_j^{-1}(\boldsymbol{x}-\boldsymbol{\mu}_j)\right),j=1,2,3,\cdots,m \tag{7-12}$$

式中：l 为特征维数；$\boldsymbol{\mu}_j$ 和 $\boldsymbol{\Sigma}_j$ 分别为第 j 类的均值向量和协方差矩阵。可以证明它们的最大似然估计为：

$$\hat{\boldsymbol{\mu}}_j=\frac{1}{n_j}\sum_{k=1}^{n_j}\boldsymbol{x}_{jk} \tag{7-13}$$

$$\hat{\boldsymbol{\Sigma}}_j=\frac{1}{n_j}\sum_{k=1}^{n_j}(\boldsymbol{x}_{jk}-\boldsymbol{\mu}_j)(\boldsymbol{x}_{jk}-\boldsymbol{\mu}_j)^{\mathrm{T}} \tag{7-14}$$

式中：n_j 为第 j 类的训练样本数；$\boldsymbol{x}_{jk}$ 为第 j 类的第 k 个训练样本的特征向量。对于任何一个样本，将其特征向量连同均值向量和协方差矩阵的最大似然估计代入式(7-12)即可算出相应的各类的条件概率 $p(\boldsymbol{x}|w_j,\hat{\boldsymbol{\mu}}_j,\hat{\boldsymbol{\Sigma}}_j)$，然后和各类的先验概率 $p(w_j)$ 一起代入式(7-10)得到 $\boldsymbol{x}$ 属于各类的后验概率，最后根据式(7-11)决定样本的类别。

可以看出，在假定每类的概率密度都服从多元正态分布的基础上，参数的最大似然估计和样本的分类计算都比较简单。这种计算上的优势使得上述正态分布假设在遥感影像分类中被广泛采纳。但值得指出的是，地类的特征向量在特征空间中的分布有时并不能通过一个多元正态分布准确地描述，即它们的分布并不服从正态分布规律。比如，同种植被在阳坡和阴坡的光谱差异明显，在特征空间将明显分离，如果用一个多元正态分布进行描述会产生很大的误差。对于这个问题有两种解决办法：①在类型定义中将其细分成若干能够用正态分布近似描述的子类，分类后再将各子类合并。这无疑需要大量的人工分析或者先验知识。②通过算法自动地定义多元正态分布组合。理论上说，任何分布都可以通过一定数量的正态分布足够精确地拟合。但正态分布的数量越多，所需要估计的参数也越多，为了得到准确的估计，所需的训练样本量也越大。

2. 原型分类法

原型(prototype)可以理解为某类训练样本(即特征向量)的“代表”，它既可以是从训练样本中直接选取出来的某个特征向量，也可以是由训练样本派生出来的特征向量。原型分类法的内在思想非常简单：如果在特征空间中特征向量 $\boldsymbol{x}$ 离某类(w_i)的原型最近，则将 $\boldsymbol{x}$ 分类为 w_i。

原型法最直接的实现方法就是将每个样本都作为原型,那么如果离特征向量 $\boldsymbol{x}$ 最近的训练样本为 $\boldsymbol{x}'$,且 $\boldsymbol{x}'$ 的类别为 w_i,则将 $\boldsymbol{x}$ 分类为 w_i。通常称这种方法为“最近邻法”。显然,如果训练样本中存在少量错误的样本,则将严重影响最近邻法的分类精度。针对该问题的改进方法是“k-近邻法”。该方法首先找出离特征向量 $\boldsymbol{x}$ 最近的 k 个训练样本,如果这 k 个训练样本中属于某类(w_i)的样本最多,则将 $\boldsymbol{x}$ 分类为 w_i。k-近邻法中最重要的问题是如何确定 k 的取值。当 k 越小,则分类能力越强,但对训练样本中的错误越敏感;相反,如果 k 越大,则分类能力将下降,但分类结果越稳定。可以设想,当 k 大于总训练样本数时,所有的未知样本都将被分类为训练样本最多的那一类。k 的取值要根据具体问题来确定。另外上述两种近邻法中的距离既可以是欧氏距离,也可以是其他差异性度量,如特征向量之间的夹角。近邻法的缺点在于分类时计算量大,对每个样本分类时都要计算它与每个训练样本的距离。

均值法又称最小距离法,是遥感影像分类中的常用算法。该方法以每类的训练样本的均值向量作为各类的原型。均值法的计算量小,但是当类别之间非常接近时,分类精度往往不够[图 7-7(a)]。为了提高分类精度可以通过聚类算法将每类的训练样本分成若干子类,以每个子类的均值向量为原型[图 7-7(b)],该方法称为“k-均值法”。k-均值法常出现的问题是:在每类的聚类过程中没有考虑其他类别的分布情况,结果导致子类的均值向量靠近分类边界,影响分类精度。

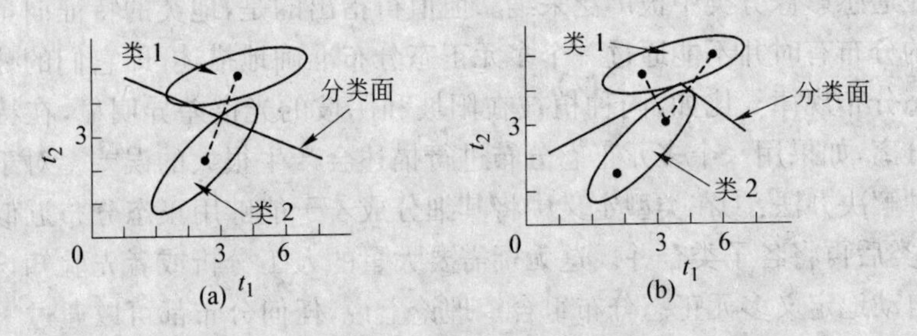

图 7-7 均值法与 k-均值法分类对比

3. 判别函数分类法

在基于参数估计的概率密度估计分类法中,假设各类的概率密度的参数形式已知,利用训练样本来估计概率密度函数的参数值。而判别函数法则直接假定判别函数的参数形式已知,通过训练的方法来估计判别函数的参数值。

最简单的一类判别函数是线性判别函数:

$$f(\boldsymbol{x},\boldsymbol{w},b)=\langle\boldsymbol{x},\boldsymbol{w}\rangle+b \tag{7-15}$$

式中：$\boldsymbol{w}=(w_1,w_2,\cdots,w_m)$为权向量；$b$为偏移量；$\langle \boldsymbol{x},\boldsymbol{w}\rangle$为两者之间的内积，即：$\langle \boldsymbol{x},\boldsymbol{w}\rangle=\sum_{i=1}^{m}w_i x_i$。对于这类判别函数，我们可以采用如下判别规则区分两类样本：如果$f(\boldsymbol{x},\boldsymbol{w},b)>0$，则将$\boldsymbol{x}$分类为$w_1$；如果$f(\boldsymbol{x},\boldsymbol{w},b)<0$，则将$\boldsymbol{x}$分类为$w_2$；如果$f(\boldsymbol{x},\boldsymbol{w},b)=0$，则可以将$\boldsymbol{x}$分类为任意一类。从几何意义而言，线性判别函数构造了一个超平面将特征空间分割成两个区域。超平面的方向和位置分别由其法向量$\boldsymbol{w}$和偏移量b来确定。在超平面上的所有特征向量的判别函数的取值均为0，而在其两侧的特征向量的判别函数的取值分别为正或者负，即两类样本在特征空间中位于超平面的两侧。图7-8为二维特征空间的一个简单的示例，在其中超平面就是一条直线。显然每个超平面只能区分两个类别。因此，为了实现多类分类问题，必须首先将问题分解为一系列的两类分类问题。然后，生成一个二叉决策树，遥感图像分类解译就按照这个决策树逐次分类分下去，最后得到解译结果。显然这种分类方法人为干预较多，分类结果也比较符合人们的意愿，但是分类效果受图像处理操作人员的经验及主观愿望影响较大，分类后的可靠性还需认真检验。

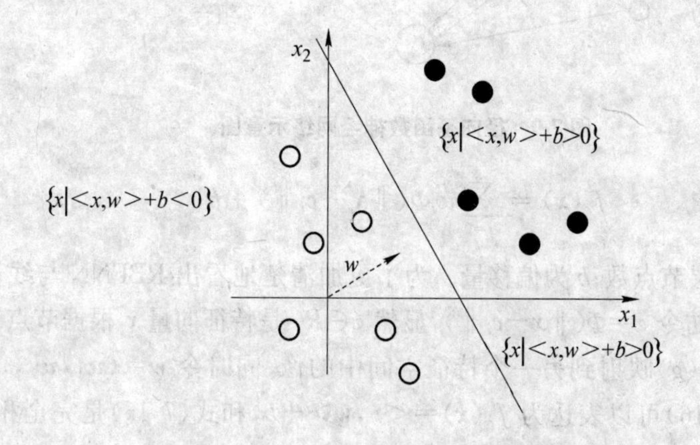

图7-8　二维特征空间中的线性分类面

线性判别函数的缺点在于其分类能力的有限。在特征空间中，不同类别之间的区分面常常是曲折的，超平面法常常难以达到满意的分类精度。为此人们提出了很多构造非线性判别面的分类算法，例如人工神经网络。人工神经网络包含许多不同的算法。基于误差反向传播(BP)的多层感知器神经网络(BPNN)是最早被引入遥感影像分类一种算法，尽管该方法具有出色的函数拟合能力(Attinson，1997)，但是由于基于梯度下降的BP学习算法存在收敛速度慢，容易陷入局部极小点，训练结果不稳定，网络结构难以选择等缺点(Paola，1995)制约了这种算法的普及运用。

径向基函数神经网络(RBFNN)(Broomhead，1985；Poggio，1990)可以在很大程度上克服 BPNN 的上述缺点。RBFNN 采用三层前馈网络结构(图 7-9)，输入层的节点的数量等于特征数(t)，隐含层中每个节点对应一个向量 $\boldsymbol{c}_i \in R^t$，其输出为径向基函数值 $\Phi(\|\boldsymbol{x}-\boldsymbol{c}_i\|)$，输入层到隐含层之间的权值均固定为 1，输出层节点为隐含层输出的简单线性函数：

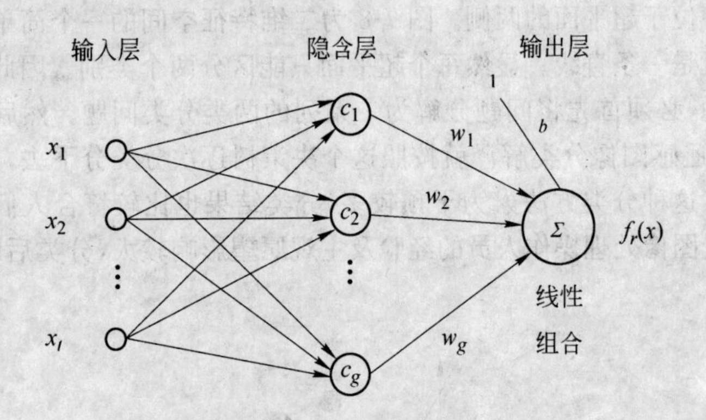

图 7-9 径向基函数神经网络示意图

$$f_r(\boldsymbol{x}) = \sum_{i=0}^{g} w_i \Phi(\|\boldsymbol{x}-\boldsymbol{c}_i\|) + b \tag{7-16}$$

式中：g 为隐含层节点数；b 为偏移量。为了更加清楚地看出 RBFNN 与线性判别函数的联系，不妨令 $z=\Phi(\|\boldsymbol{x}-\boldsymbol{c}_i\|)$，显然 $z \in R^g$ 是特征向量 $\boldsymbol{x}$ 根据节点向量 $\boldsymbol{c}_i$ 和径向基函数 $\Phi(g)$ 映射到另一个特征空间中的像，同时令 $\boldsymbol{w}=(w_1, w_2, w_3, \cdots, w_m)$，那么式(7-16)可以表达为 $f_r(\boldsymbol{x}) = \langle z, \boldsymbol{w} \rangle + b$，和式(7-15)是完全相同的。因此 RBFNN 的本质就是首先将所有的训练样本映射到另一个特征空间，然后其中构造分类超平面。为了得到理想的分类精度，在 RBFNN 中可以采取两个措施：第一，使隐含层的节点数明显大于原始特征的维数；第二，采用非线性的径向基函数，常用的函数为高斯核函数：

$$\Phi(\|\boldsymbol{x}-\boldsymbol{c}_i\|) = \exp\left\{-\frac{\|\boldsymbol{x}-\boldsymbol{c}_i\|}{2\sigma^2}\right\} \tag{7-17}$$

式中：核宽度 σ 为事先设定的常量。这样原始的分类问题就通过非线性的映射转移到另外一个高维的特征空间，在其中构造的超平面的分类精度将大大提高，因为在高维空间中的超平面对应着低维空间中的超曲面。

RBFNN的关键在于如何确定隐含层节点及其数量，不同的方法将导致不同的性能。一种有效的方法是“正交最小二乘法”(Chen,1991)。该方法从训练样本中逐一选取适当样本作为隐含层节点向量，直到训练的精度达到要求为止。采用该方法的RBFNN具有若干优点：在学习过程中只涉及到一个线性规划的问题，所以不存在局部最小化的问题；收敛速度快于BP算法；学习过程中没有随机性的处理环节，训练的结果稳定。RBFNN的缺点在于难以确定隐含层的节点数量和核宽度。如果参数选取不当很容易造成“过学习”，即训练精度高，但实际分类精度低。

产生“过学习”问题的根本原因在于，在训练过程中缺乏一种根据训练样本的数量多少和可分性的强弱自动地控制判别函数的复杂度的有效机制。支撑向量机(support vector machine, SVM)则有效地内嵌了这种机制。SVM和RBFNN一样也是借助非线性的映射在一个高维的特征空间中构造分类超平面。不同之处在于，SVM不仅要求分类超平面分类精度尽可能高，而且要求其能够以尽可能宽的间隔将两类不同类别的训练样本分开。研究表明SVM可以有效地克服过学习问题(Zhang,2001)。Schölkopf(2002)和Vapnik(2000)给出了SVM的系统的理论阐述。

7.3.3 监督分类的优缺点

与非监督分类“由数据做主”的特点不同，监督分类体现了更多的人为主观性，其有益的方面体现在：第一，可以根据应用目标和区域特点，有针对性地制定分类方案，避免出现一些不必要的类别，便于在分类结果基础上根据地学知识做进一步分析；第二，可以通过训练样本检查分类精度，通常可以避免分类中出现严重的错误。

但是监督分类的主观性特点同样将导致以下不足：第一，如果分类方案的定义不合理，致使类别之间的可分性差，将影响分类精度。第二，由于所有的样本都只能被分类为已定义的类别，这就要求分类方案必须全面，如果某些类别被遗漏了，则这些本属于未定义类别的样本将被强迫地分类为其他已定义的类别，当然当采用概率密度估计分类法或者原型分类法时，可以给定某个概率阈值或者距离阈值，当某个样本属于各类的概率小于或者到达各类原型的距离大于阈值，则不对该样本进行分类。但是阈值的选取往往是困难的。如果采用判别函数分类法，这种由于分类方案不全面造成的错误通常难以察觉。第三，在分类中，每个类别实质上是由训练样本定义的，但是训练样本的选取常常需要耗费大量的人力物力，有时可以获取的训练样本是有限的，这将影响分类精度。在高光谱遥感影像分类中，这一问题更加突出(Landgrebe ,2003)。第四，在有些研究中人们所关心的只是其中的部分类别，此时依然要求提供所有类别的训练样本是困难的。

对于前两点不足，可以借助非监督分类加以解决。例如首先通过非监督分类得到数量较多的聚类，然后通过判读分析将它们归并为研究所需的类别。这样既可以保证类别的可分性，又可以避免遗漏类别。这就是当前较为流行的面向对象的分类方法，这里的“对象”就是由非监督分类产生。当然这样做的前提是我们能够对聚类结果进行判读。此外，还可以通过计算不同类别的训练样本之间的某种可分性指标(与所采用的分类方法相关)来预测类别之间的可分性。针对监督分类的第三点不足，解决方法之一是选用适合于小样本的分类算法(如 SVM)或者修改现有算法(Hoffbeck & Landgrebe，1996)，此外有学者还提出在有限的训练样本中加入一些不知类别的样本进行联合训练分类器以改善分类精度 (Shahshahani & Landgrebe，1994)。对于监督分类的第四点不足，有学者提出了在只有目标类训练样本的情况下如何从影像中提取目标类的样本(Jeon & Landgrebe，2002)，并将这种类型的分类命名为“不完全监督分类”。

7.4 其他形式的监督分类法

实际工作中，我们要根据不同的分类目标，选择不同的分类方法。例如，在进行国土资源动态监测时，往往已有往年的历史数据，则无需对所有地物再进行识别分类，只要对比不同时相的图像，提取出变化信息。这种有外来信息参与或参照的图像分类与前面的监督分类有相似之处，也可以归结为监督分类，下面介绍两种提取这种类型信息的监督分类方法。

7.4.1 提取年际间地物变化动态信息

利用卫星遥感数据自动提取土地覆盖变化信息是遥感监测的常规任务。该方法通过对同一地区年际间同一季相的遥感影像进行相减，再对相减后图像的灰度值作分析处理，从而提取出地物变化动态信息。为方便起见，这里假设只提取某一类地物的变化信息，比如，耕地变化动态信息。

1. 影像前期处理

由于两景影像的成像时间、成像时的卫星姿态、太阳高度角及方位角、大气条件等都不尽相同，同季相而不同年度的影像数据在几何位置、色调、对比度、直方图分布等方面都存有一定的差异，所以在进行地物变化信息提取前，必须对图像进行前期处理。考虑到这里是在提取地物变化信息，因而用全色黑白影像即可，因为全色影像几何分辨率较高，影像信息量又较大，具体做法为：

(1)将同一地区两个时相的图像用同一比例尺的地形图进行几何校正，以达到两者的几何精确配准。

(2)用一幅图像的色调为基准，将另一幅图像色调调至基准色调，使两幅图像总体色调相互匹配(参见第6章6.7节)。

2. 提取变化信息和确定变化阈值

经过图像几何精确配准和色调匹配处理后，将两幅图像相减并取绝对值，得到的仍是一幅有256或接近256个灰度等级的图像，其中包括变化信息和不变信息，采用逐像元判断的方法来确定像元对应的用地类型是否发生变化。如果发生变化则把像元的灰度值赋予0，否则赋予255，最终得到的是一幅只有黑白的二值图像。

根据计算机视觉的原理，在一幅遥感图像中，孤立提取一个像元的灰度对于图像识别并无任何实际意义。我们根据计算机视觉的数据处理思想采用一种$(2n+1)\times(2n+1)$识别模板进行判断的方法。识别模板指的是，以当前像元为中心，以该像元周围$(2n+1)\times(2n+1)$大小的区域为识别参考区，用该区域$(2n+1)\times(2n+1)$个像元灰度的平均值和均方差代表当前像元判断指标的特征值。图7-10中所示的是一个5×5大小的识别模板。实验表明，5×5是较为适中的识别模板尺寸。

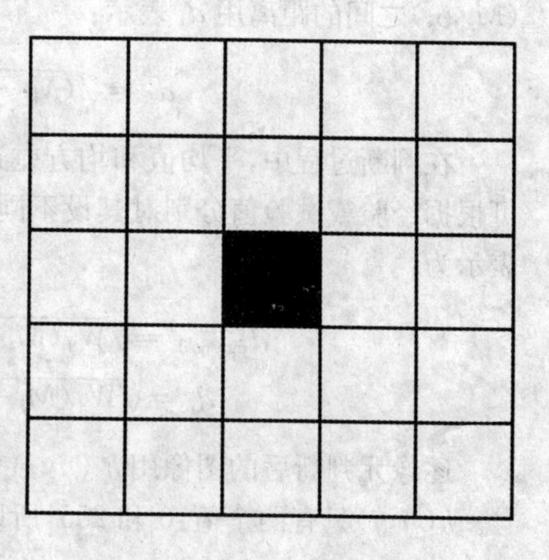

图7-10　5×5判断模板

再引入相似距的概念。设(x_{i1},x_{i2})是i点的灰度值，那么二维空间上i,j两点间的相似距用欧氏距离表示为：

$$d=\sqrt{(x_{i1}-x_{j1})^2+(x_{i2}-x_{j2})^2} \tag{7-18}$$

首先要设定一个相似距阈值，如果当前像元与某固定点的欧氏距离大于相似距阈值，则判断当前像元为变化像元，否则是不变像元。可以采用抽样和统计的方法确定相似距阈值。据人工判读找出n个有代表性的变化图斑作为样本区，这

n 个样本区各有其灰度特征值：平均值 M_k 和均方差 σ_k（$k=1,2,\cdots,n$）。因所选样本区的大小不同，在样本区指标的计算过程中，把每个样本区的面积占样本区总面积的百分比作为权重（W_k），这样所得到的平均值和均方差在一定程度上排除了因各样本区大小不同而对整体的影响。那么，所有样本区的平均值 M_s 和均方差 σ_s 可表示为

$$M_s=\sum_{k=1}^{n}W_kM_k \qquad \sigma_s=\sum_{k=1}^{n}W_k\sigma_k \tag{7-19}$$

用抽样统计方法计算出的平均值和均方差就作为固定参数 $P_s(M_s,\sigma_s)$。

设整幅图像的平均值和均方差分别为 M_t 和 σ_t，将 $P_s(M_s,\sigma_s)$ 和 $P_t(M_t,\sigma_t)$ 两向量欧氏距离的 1/2 作为相似距阈值，即

$$d_{\text{threshold}}=\sqrt{(M_t-M_s)^2+(\sigma_t-\sigma_s)^2}/2 \tag{7-20}$$

设用模板法计算出当前像元的指标值为 $P_i(M_i,\sigma_i)$，点 $P_i(M_i,\sigma_i)$ 和点 $P_s(M_s,\sigma_s)$ 之间的距离用 d_i 表示：

$$d_i=\sqrt{(M_t-M_s)^2+(\sigma_t-\sigma_s)^2} \tag{7-21}$$

在判断过程中，平均值和均方差这两个因素所起作用的大小程度不同，所以可根据经验或试验值分别对其设不同的权重，那么式(7-20)和式(7-21)又可分别表示为：

$$\begin{aligned}d_{\text{threshold}}&=\sqrt{W_1(M_t-M_s)^2+W_2(\sigma_t-\sigma_s)^2}\;/2\\ d_t&=\sqrt{W_1(M_t-M_s)^2+W_2(\sigma_t-\sigma_s)^2}\end{aligned} \tag{7-22}$$

逐像元判断后的图像用 $h(i,j)$ 来表示，这里的 i,j 分别为图像像元的行列编号。$h(i,j)$ 只有两个值：0 和 255，所以判断过程可以表示为：

$$\begin{cases}d_i>d_{\text{threshold}},h(i,j)=0\\ d_i\leqslant d_{\text{threshold}},h(i,j)=255\end{cases} \tag{7-23}$$

这样，整个图像就变成一幅只有黑白的二值图像，黑色部分为变化信息。

实验证明，该方法提取地物变化信息的准确率较高，基本能有效地完成计算机自动提取某类地物变化信息的任务。

该方法对变化图斑的边界像元有一定漏判，致使提取出的变化信息面积偏小，为了更准确地提取出所有变化信息，可对边界像元结合其邻域像元的判断结果进行二次检索判断，以及适当放宽相似距的阈值。另外，该方法只用了平均值

和均方差两个灰度特征值，适用于土地利用变化类型较为简单的地区，如果用在图像纹理复杂、用地类型较多的地区，需要再考虑用共生矩阵、信息熵等纹理特征值以及形态特征值等作为判别特征向量对该方法加以改进。

7.4.2 遥感数据与地理信息系统矢量数据叠加提取变化信息

这种方法需要的数据条件是：已有一个地区的土地覆盖矢量数据，另有一景同一地区的、较新的、相应空间分辨率的遥感影像，考虑到较新的遥感影像具有较高的现势性、客观性，可以用遥感影像去检验土地覆盖矢量数据，将土地覆盖地类变化的图斑自动提取出来。这样一种技术方法可以用来辅助土地变更调查，提供土地利用最新变化的地块信息，指导实地调查。

这种方法的基本思想是：利用地理信息系统矢量数据的图斑（地块）边界，提取出遥感影像相应图斑内的灰度、纹理、形态等特征数据，这些数据与监督分类训练区获取的标准数据进行相似距分析，计算相似距的方法有多种，其中较为常用的有欧氏距离和马氏距离。对于 n 维空间中的两点 i 和 j 的欧氏距离为：

$$d=\sqrt{\sum_{k=1}^{n}(x_{ik}-x_{jk})^2} \tag{7-24}$$

马氏距离是向量 $\boldsymbol{X}$ 到第 i 类中心 $\boldsymbol{X}_i$ 之间的加权距离，加权系数为 n 维空间样本的方差或协方差。马氏距离 d 为：

$$d=\sqrt{(\boldsymbol{X}-\overline{\boldsymbol{X}}_i)^T\boldsymbol{S}_i^{-1}(\boldsymbol{X}-\overline{\boldsymbol{X}}_i)} \tag{7-25}$$

式中：$\overline{\boldsymbol{X}_i}$，$\boldsymbol{S}_i^{-1}$分别为第 i 类 n 维空间样本的均值列向量和 n 维空间样本协方差阵的逆矩阵。相比欧氏距离，马氏距离的优点是不受变量取值量纲的影响。计算出相似距后，凡相似距超过一定阈值者，即认定该图斑的地类已发生变化。通过这种方法可以对变化地物进行更好的识别。这种方法具体做法是：对于某标准地类的若干训练样本在 n 维特征空间中将形成一个超球，超球的球心是样本的均值，半径是样本到球心的最大距离。对于当前已提取特征向量的待测样本，计算它与各超球球心的距离，若此距离小于某一超球半径（落入超球内），则认为它属于此地类；若它不落入任何超球内（与任何标准地类都不相似），则认为它是变更地块；若它落入 2 个或 2 个以上的超球内（与多个标准地类相似），则将其视为变更地块。对于落入 1 个超球内的待测样本，则还要再判断识别地类与原矢量数据库图斑地类属性是否一致，若不一致则发生变更，否则未发生变更。

识别判断的步骤可分为：

(1)影像配准。将现势的遥感数据进行几何精校正,把它与早先的矢量数据通过软件(如 ENVI)作配准,使其与矢量数据相配准,精度在 1 个像元以内。

(2)找出各地类的训练样本。针对影像覆盖地区的特点,结合实地考察结果,确定在影像中待识别的地物种类,并在屏幕上分别找出一定数量的标准地块作为训练样本。

(3)提取标准地类地块边界内的灰度特征、纹理特征和形态特征。采集标准地块矢量边界内的各像元不同波段的灰度值,统计它们的灰度特征值(极值、均值、方差)、直方图分布及各波段灰度特征值之比等灰度特征,提取出各地类基于共生矩阵的角二阶矩、对比度、线性相关系数、熵等纹理特征,形成标准地类的特征数据库。

(4)对地块进行逐一判别。对于任一地块提取灰度特征、纹理特征和形状特征,计算它与各地类超球球心的马氏距离。若此距离小于某地类的超球半径,则认为地块属于此地类;进一步若遥感影像判类结果与矢量图斑地类属性不一致,则认为变更;若一致,则未变更。若某地块不属于任何地类或属于 1 个以上的地类,则为变更地块。凡认为变更图斑,则记录变化的图斑编码,供做进一步地面调查的参考。

这种方法经实验证明,基本可代替土地利用动态监测中人工判读的工作。但该方法只识别出发生变更的地块,要想识别出具体发生了什么变更、变更边界等,可以在变更地块内再做边界的提取,进一步进行各像元所属地类的判断识别。

由以上介绍的两种监督分类方法基本属于原型法监督分类。

7.5 分类精度

对分类结果的精度评价通常出于以下目的:第一,对比不同分类方法的优劣,以便选择最佳的分类方法;第二,通过分析误差分布状况以及来源,寻找改进算法以提高精度的有效方法;第三,度量分类结果的准确程度,为基于分类图的后续分析提供客观依据。

7.5.1 分类误差的来源

遥感图像自动分类的误差"主观"原因主要有 3 个方面:其一;分类算法的缺陷;其二,提供分类的信息数据不足;其三,分类问题本身的固有特性。客观原因是数据本身含有多种随机噪声干扰。即使图像数据理想,类别之间本身可分,但是如果选用的分类算法不当,则可能造成分类误差。例如在图 7-11 中,如果采用最小距离法进行分类就将造成一定的分类误差，假如改换用最大似然法则能够将两类完全分离，因此由于分类算法选用不当造成的分类误差可以通过选择合适的分类算法得以消除。分类标准信息不足也是导致分类误差一个常见的原因。在图7-12中，如果仅用两个特征中的任何一个，都无法将两类完全分开，但它们在两个特征构成的二维特征空间中却有明显的分界面。可见增加有效的分类特征也可以降低分类误差，可惜并不是通过改善算法或者增加特征就可以完全避免分类误差，有些误差是遥感影像分类问题所固有的特性造成的。在遥感影像上，连续的地表被离散化为像元，每个像元对应的区域内往往具有多种地物，这就产生了混合像元。无论将混合像元被分为哪一类都将带来误差。此外地物的分布大多数时候是渐变的，例如森林和草地之间通常存在一个过渡地带，那么这个过渡地带无论被分为森林或是草地都将产生分类误差。为了减少上述两种误差，可以用软分类或者模糊分类替代硬分类，即允许一个样本(像元)同时在不同程度上隶属于多个类别。

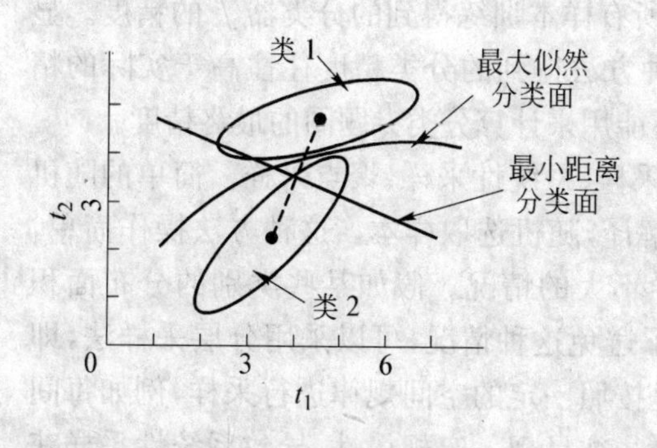

图7-11　分类面对比

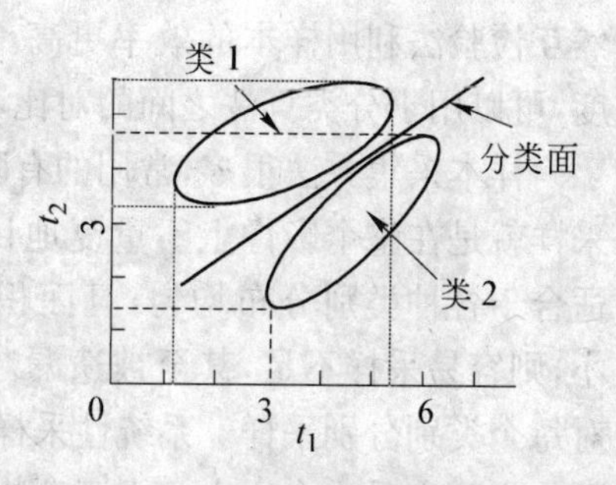

图7-12　类别间的可分性与特征

此外还有一些由于分类之外的因素引起的“伪”误差。普遍采用的评价分类精度的方法是：首先以某种方式选取一定数量的测试样本，并根据实地调查、高空间分辨率的影像判读或者其他较可靠的手段标定其“真实”类别，然后将这些测试样本的“真实”类别和通过分类得到的类别进行比较，两者之间的差异程度即为分类精度。这种方法隐藏着两个重要的假设：其一，测试样本的类别标定完全正确；其二，在地面、其他影像或者地图上选取的测试样本能够与被分类的遥感影像中的对应样本精确配准。事实上这两个假设往往都不能完全成立。由此产生的误差显然不能归咎于分类。

正确地分析产生误差的内在原因是非常重要的，因为只有这样才能找到有效地提高分类精度的方法，才能确保精度评价结果的客观真实性。

7.5.2　样本采集

分类后的专题影像的最佳精度评价方法当然就是用它与一幅覆盖同样地域的完全准确的分类专题图逐像元地进行对照。这种方法显然是不现实的,因为准确的专题图恰好是分类工作所希望得到的。可行的方法是在分类区域选取一定数量的样本,并通过可靠的手段,比如地面调查获取其真实类别。这些数据既可以用于训练分类器,也可以用于测试分类精度。通常将所有样本随机分为两个独立的部分,一部分用于训练分类器,称为训练样本;另一部分用于测试分类精度,称为测试样本。先用训练样本得到最后的分类器,然后用测试样本评价分类器的分类精度。当样本不足时,也可以采用其他的样本利用方式,例如互检验法:首先将全部样本随机分成 n 份($p_1,p_2,p_3,\cdots,p_n$);然后以 p_1 作为测试样本,用其他 $(n-1)$ 份样本对分类算法 F 训练得到分类器 f_1,并用 f_1 对 p_1 进行分类,得到分类精度 J_1;接着分别 $p_2,p_3,p_4,\cdots,p_n$ 为测试样本,以同样的方法得到 $(n-1)$ 个分类精度;以所有 n 个精度的均值作为用所有样本训练得到的分类器 f 的精度。显然互检验法利用样本的效率更高。这种方法得到的分类精度往往高于实际的精度,可以用于分类算法之间的对比,但不能用来计算分类专题图的最终精度。

样本采集方法很多,常用的有随机采样、系统性采样、聚点采样。简单的随机采样就是在整个影像上不重复地目视解译,随机选取样本。这种方法操作简单,适合于各种类别分布均匀,且面积差异不大的情况。假如某些类别的分布面积小,则容易采样不足,甚至被遗漏。为了避免这种情况,可以采用分层采样法,即对每个类别分别采样。系统性采样法是按照一定的空间规律进行采样,例如每间隔一定距离采一个样本。由于地物分布往往呈现一定规律性,导致系统性采样获取的样本之间存在相关性,为此 Arkinson(1996)引入了空间统计学的方法。聚点采样法是选定块状地域内的像元作为样本。这种方法可以相对快捷地获取较多的样本。但是临近样本之间存在相关性,30 个临近像元并不能代表 30 个独立样本。因此选取的地块不宜太大,例如 Congalton(1988)建议每个地块包含的像元不应多于 10。总之,采样方式的设计非常重要,不同的采样方式可能对分类精度评价产生显著的影响(Friedl et al, 2000;Stehman,1995)。在解决具体问题时,需要根据人力物力、样区的可达性、样本的判别方式等各种实际条件选择适当的采样方法。

除了样本采集方式之外,抽样测试样本的数量对能否正确地估算专题图的真实分类精度显然也存在影响。直观地说,如果抽样样本过少,那么根据它们所估算出来的分类精度将更容易偏离真实分类精度。

抽样误差是用抽样样本统计量推断总体分类精度的误差，它属于一种代表性误差。对任何一种抽样方案，可能的样本会有许多，在概率抽样中，某样本会被抽到完全是随机的，抽到的样本不同，则对总体分类精度的估计就可能不同，这是抽样误差产生的根本原因。因此，在抽样调查中抽样误差是不可避免的。

抽样误差通常会随样本量的大小而增减。在某些情形下，抽样误差与样本量大小的平方根呈反比关系，图 7-13 是抽样误差与样本量的关系曲线图。

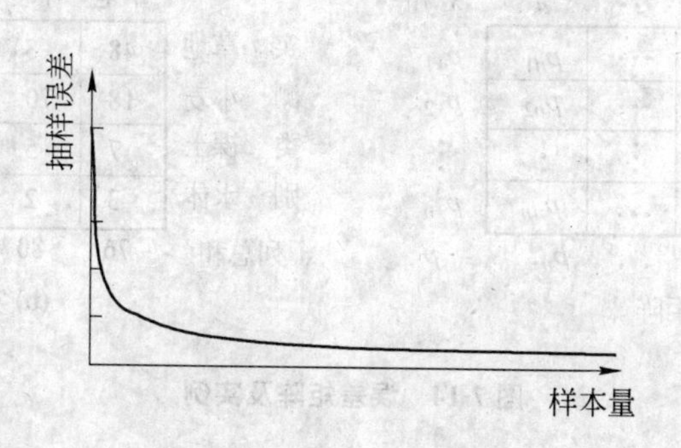

图 7-13　抽样误差与抽样样本数量的关系

图 7-13 表明，在开始阶段抽样误差随样本量的增加而迅速减少，但在一定阶段后，这种趋势便趋于稳定。经过一定阶段后，再努力减少抽样误差通常是不经济的。实验表明，抽样数目达到评价分类样本数的 3%～5%，即可满足正确估算真实分类精度的要求。注意这里的分类样本数是指分类的图斑数目，并非指图像像元数目。

针对随机采样方式，Van Genderen(1978)和 Rosenfiled(1982)运用概率的方法从两种不同的角度分别给出了为使估算的分类精度达到一定的置信度所需的最少测试样本数。不过至今这方面的深入研究尚不多见。

7.5.3　分类精度的评价方法

在评价分类精度中最常用的方法是误差矩阵，又称混淆矩阵。假设总共有 n 类，依次标号为 $1,2,3,\cdots,n$。根据分类结果和实测结果可以生成如图 7-14(a)所示的一个 n 行 n 列矩阵，即误差矩阵。矩阵中每个单元的数值 p_{ij} 表示被实测为第 $j\in\{1,2,3,\cdots,n\}$ 类并且在分类结果中被分类为第 $i\in\{1,2,3,\cdots,n\}$ 类的样本的总数量。矩阵每列数值的总和 $P_{i+}=\sum_{k=1}^{n}p_{ik}$ 表示被分类为第 i 类的样本的总数量，每行数值的总和 $P_{+j}=\sum_{k=1}^{n}p_{kj}$ 表示在实测数据中属于第 j 类的样本的总数量。通过误差矩阵可以清楚地看出类与类之间的混淆程度。例如在图 7-14(b)给出的矩阵实例中的 p_{24} 和 p_{41} 都仅为 2,约占小麦和水体的总测试样本数的 2.5%,说明小麦和水体之间的可分性很好。而 p_{32} 高达 24,约占裸土的总测试样本数的 23%,说明裸土很容易被误分为小麦。

		分类后的类别				行
		1	2	…	n	总和
实	1	p_{11}	p_{21}	…	p_{n1}	p_{+1}
测	2	p_{12}	p_{22}	…	p_{n2}	p_{+2}
类	⋮	⋮	⋮	⋮	⋮	⋮
别	n	p_{1n}	p_{2n}	…	p_{nn}	p_{+n}
列总和		p_{1+}	p_{2+}	…	p_{n+}	p

(a) 误差矩阵

		分类后的类别				行
		草地	小麦	裸土	水体	总和
实	草地	48	3	2	2	55
测	小麦	18	70	24	6	118
类	裸土	7	5	65	12	89
别	水体	3	2	11	59	75
列总和		76	80	102	79	337

(b) 实例

图 7-14 误差矩阵及实例

根据误差矩阵还可以派生出多种衡量分类精度的指数,其中常用的指数有:

总体分类精度:
$$p_c = \sum_{k=1}^{n} \frac{p_{kk}}{P} \tag{7-26}$$

表示在所有样本中被正确地分类的样本比例。例如,图 7-14(b)给出的误差矩阵的总体分类精度为:(48+70+65+59)/337=71.8%。总体分类精度反映的是整体的分类精度,测试样本数较少的类别的精度将在一定程度上被忽视。

用户精度:
$$p_{u_i} = \frac{p_{ii}}{P_{i+}} \tag{7-27}$$

表示在被分类为第 i 类的所有样本中,其实测类型确实也为第 i 类的样本所占的比例。例如图 7-14(b)中,水体的用户精度为:59/79=74.7%。与用户精度对应的是错分误差:

$$p_{u_i} = 1 - \frac{p_{ii}}{P_{i+}} \tag{7-28}$$

表示在被分类为第 i 类的所有样本中,其实测类型并非第 i 类的样本所占的比例。

制图精度:

$$p_{m_j} = \frac{p_{jj}}{P_{+j}} \tag{7-29}$$

表示在所有实测类型为第 j 类的样本中，被正确地分类也为第 j 类的样本所占的比例。图 7-14(b)中，水体的制图精度为：59/75＝78.6％。与制图精度对应的是漏分误差：

$$p_{m_j}=1-\frac{p_{jj}}{P_{+j}} \tag{7-30}$$

表示在所有实测类型为第 j 类的样本中，被分类为其他类型的样本所占的比例。

Kappa 系数：

$$k=\frac{N\sum_{i=1}^{n}p_{ii}-\sum_{i=1}^{n}(p_{i+}p_{+i})}{N^2-\sum_{i=1}^{n}(p_{i+}p_{+i})} \tag{7-31}$$

式中：N 为测试样本的总数。与总体分类精度不同，Kappa 系数利用了整个误差矩阵的信息，它通常被认为能够更准确地反映整体的分类精度而受到提倡(Congalton，1991)。但是需要指出的是，只有当测试样本是从整幅随机选取时 Kappa 系数才适用。

误差矩阵以及由其衍生出的指数存在两点不足：第一，不能反映出误差的空间分布情况，不利于分析误差的来源；第二，限定每个训练样本和测试样本都只能归属于单个类别，因此不能用于模糊分类或者软分类中。针对误差矩阵的上述两个问题，学者们提出了许多解决方法，例如 Jager 和 Benz(2000)将误差矩阵推广到了模糊分类中。更全面的综述可以在(Foody，2002；Congalton，2000)中找到。

小　结

遥感图像地物分类是从一景多幅图像中解译图像、获取地表信息、实现遥感工作目标的关键步骤，至今仍然是遥感技术工作者研究的前沿课题之一。遥感数字图像计算机系统分类可分为监督分类与非监督分类两种。在这两种方法下面，还有大量的分类方法。遥感图像分类不存在适用于一切情况与一切分类目标的最优分类方法。每种方法只能适用于特定的条件与特定的目标。

非监督分类的数学基础是聚类算法，而聚类的根据是图像像元特征向量之间的相似性。对于像元特征向量相似性度量通常由两种方法：相似距离可以作为相似的测度，即两个特征向量的距离；而两个特征向量在特征空间中所对应的点与原点连线之间的夹角也可以作为相似的测度。后者在消除遥感影像中的阴影效应方面还有一定技术优势。

计算机聚类的算法很多，本章仅介绍了 k-均值法、顺序聚类法以及层次聚类法等3种聚类方法。这三种算法中，层次法有分类机动性强，无需事先指定分类数目，分类物理意义较为显著等技术优势，但不适用于大面积遥感图像的分类，主要原因是计算工作量过大，对于局部图像可以应用。这种分类在非图像数据处理场合中常有应用。

像元聚类并不是图像非监督分类的结束，需要人为对分类结果解释。当发现有两种遥感目标地物被分为一类时，应当废弃分类结果，考虑改换分类方法，重新进行分类。

非监督分类的优点是人为干预少，分类客观性强，一些地类细节不被漏掉；缺点是分类结果常常是与预期目标有距离，造成这一缺点的原因是遥感数据中噪声数据过强，对分类干扰作用较大。

监督分类是人为干预计算机分类的一种遥感图像分类方法。监督分类算法很多，至今仍然有新的算法不断产生出来。监督分类算法大致可分为概率密度估计分类法、原型分类法、判别函数分类法等3种类型。

概率密度估计分类法以贝叶斯决策公式为基础，将当前像元归属类别的最大概率为分类原则实施逐个对像元的分类判断。贝叶斯决策公式需要有先验概率数据，围绕计算先验概率有多种计算方法，其中最大似然法是目前被认为是较为理想的分类算法，这一算法假设了像元类别概率密度函数符合正态分布。

原型分类法通常又称为最近邻法，即将待判定的特征向量逐一与训练样本向量计算距离，取其最近距离所对应的类别为待判定的特征向量归属类别。这里训练样本向量取得的合理程度是该方法分类效果好坏的关键。

判别函数分类法假定判别函数的参数形式已知，通过训练的方法来估计判别函数的参数值。这种判别函数又可以形象地描述为线性或非线性的多维“超”判别面，计算待判定的特征向量在该“超”判别面的位置决定判别结果。在这一思想下又衍生出基于神经网络的分类方法与支撑向量机的分类方法，这两种方法在最近一段时期使用较多。构建与选定合理的判别函数是采用这种技术的关键。

监督分类方法优点在于便于使用人为设定的标准进行分类，容易使分类的结果与预期目标相一致。该优点同时又是缺点，即分类主观性强，削弱了分类的客观性，容易产生误判。

用两幅同一地区、不同时相的图像叠合进行地物变化的分类、地理信息系统矢量图件参与的土地利用变化分类也被归纳为一种监督分类。两种图像分类分别采用大量的数理统计、数值计算方法提取各种地物图像的特征并将其加入到判译特征向量之中，对图像逐像元地进行特征判译，以实现遥感图像的多种分类目标。

由于多种原因，图像识别与分类的误差是不可避免的，误差的成因既有计算机系统算法上的原因，也有遥感机理及地表状况复杂性等多方面的原因，评价检验图像识别分类效果是遥感图像分类研究与应用的必要环节。遥感图像分类判译误差矩阵（混淆矩阵）是一种误差数量化表达的有效方法，对于评价分类方法、分析各种地物判译误差有重要实用价值。Kappa 系数利用了整个误差矩阵的信息，它通常被认为能够更准确地反映整体的分类精度。需要注意的是只有 Kappa 系数适用于测试样本是从整幅随机选取的情况。

思 考 题

1. 本章在叙述特征向量之间的夹角[参见式(7-2)以及图 7-2)]时指出，“同一种地物在不同地形上得到的光谱往往分布在与原点相连的直线上，因此采用夹角作为光谱差异性度量就可以在相当程度上克服地形变化形成的阴影对聚类结果的影响”，如何用 TM 数据解释这一句话？

2. 分析选择不同的相似性度量对聚类结果的影响。

3. 比较非监督分类的迭代最优化算法、顺序聚类法和层次聚类法的特点及各自的适用条件。

4. 式(7-8)与式(7-9)计算了两个相似距离，试分析这两个距离有什么实质性的不同，对于分类结果有何不同的影响？

5. 为什么说对于较小的遥感影像来说，层次聚类法作为非监督分类中的聚类的确是较好的选择？

6. 为什么不同地区或者不同时相的影像用非监督分类得到的结果可比性差？试以植被为例说明不同时相的影像用非监督分类得到结果的差异性。

7. 如何理解监督分类中的训练样本特征向量？

8. 比较监督分类的概率密度估计分类法、原型分类法和判别函数分类法的特点及各自的适用条件。

9. 为什么说本章在 7.4 节中介绍的两种监督分类方法基本属于原型分类法监督分类？

10. 为什么在地面、其他影像或者地图上选取的测试样本不能够与被分类的遥感影像中的对应样本精确配准？

11. 简述图像分类的误差来源以及量化误差的指标的应用方法。

12. 比较非监督分类和监督分类的特点。

13. 为什么 Kappa 系数不能反映出图像分类误差的空间分布情况？

参考文献

[1] Jain A, Dubes R. Algorithms for Clustering Data. Prentice-Hall, 1988.

[2] Van Genderen J L, Lock B F, Vass P A, Remote sensing : statistical testing of thematic map accuracy. Remote Sensing of Environment, 1978, 7: 3-14.

[3] Rosenfiled G H, Fitzpatrick-Lins K, Ling H S, Sampling for the thematic map accuracy testing. Photogrammetric Engineering and Remote Sensing, 1982, 48: 131-137

[4] Congalton R G. A comparison of sampling schemes used in generating error matrices for asserting the accuracy of maps generated from remotely sensed data. Photogrammetric Engineering and Remote Sensing, 1988, 54: 593-600.

[5] Arkinson P M. Optimal sampling strategies for raster-based geographical information systems. Global Ecology and Biogeographical Letters, 1996, 5 : 271-280.

[6] Friedl M A, Woodcock C, Gopal S, et al. A note on procedures used for accuracy assessment in land cover maps derived from AVHRR data. International Journal of Remote Sensing, 2000, 21: 1073-1077.

[7] Stehman S V . Thematic map accuracy assessment from the perspective of finite population sampling. International Journal of Remote Sensing, 1995, 16: 589-593.

[8] Congalton R. A review of assessing the accuracy of classification of remote sensed data. Remote Sensing of Environment, 1991, 37: 35-46.

[9] Jager G, Benz U. Measures of classification accuracy based on fuzzy similarity. IEEE Transactions on Geoscience and Remote Sensing, 2000, 38: 1462-1467.

[10] Foody G M. Status of land cover classification accuracy assessment. Remote Sensing of Environment , 2002, 80: 185-201.

[11] Congalton R G, Plourde L C. Sampling methodology, sample placement, and other important factors in assessing the accuracy of remotely sensed forest maps. //Heuvelink G B M, Lemmens M J P M . Proceedings of the 4th International Symposium on Spatial Accuracy Assessment in Natural Resources and Environmental Sciences. Delft: Delft University Press, 2000: 117-124.

[12] David Landgrebe. Signal Theory Methods in Multispectral Remote Sensing. John Wiley and Sons, 2003.

[13] Hoffbeck J, Landgrebe D. Covariance estimation and classification with limited training data. IEEE Transaction on Pattern Analysis and Machine Intelligence, 1996, 18(7): 763-767.

[14] Behzad M Shahshahani, David A Landgrebe. The effect of unlabelled samples in reducing the small sample size problem and mitigating the hughes phenomenon. IEEE Transactions On Geoscience and Remote Sensing, 1994, 32(5): 1087-1095 .

[15] Jeon B, Landgrebe D. Partially supervised classification using weighted unsupervised clustering. IEEE Transactions on Geoscience and Remote Sensing, 1999, 37(2): 1073-1079.

[16] Hastie T, Tibshirani R, Friedman J. The Element of Statistical Learning: Data Mining, Inference, and Prediction. New York USA: Springer, 2001.

[17] Theodoridis S, Koutroumbas K. Pattern Recognition San Diego. USA: Academic, 1999.

[18] Zhang J, Zhang Y, Zhou T. Classification of hyperspectral data using support vector machine. IEEE International Confernece on Image Processing, 2001: 882-885.

第 8 章　遥感影像综合分析方法

遥感是应用传感器获取地表反射、辐射的能量，客观地反映地表综合特征的一门技术。遥感信息在物理及地学属性等方面具有以下特征：①多源性：遥感数据具有多平台、多波段、多时相的信息特征；②空间宏观性：遥感影像覆盖范围大，具有一定的概括能力；③时间周期性：遥感数据可以周期性地获取；④综合性：遥感数据是地物波谱反射、辐射特征的数字记录，是地物物理特征的定量化反映。从信息论角度看，遥感信息的综合特征，不仅表现在它所反映的地理要素多样化—地质、地貌、水文、土壤、植被、社会生态等相互关联的自然及社会现象的综合；而且表现在遥感数据本身的综合——它是不同光谱分辨率、空间分辨率、辐射分辨率和时间分辨率的遥感数据的综合。

遥感应用研究的本质是通过对遥感数据和信息进行综合分析，建立与分析地物现象相应的信息流映射关系模型，从而导出地物的生物、物理参数等，因此，遥感应用研究的基础是根据具体应用的目的建立相应的遥感数据的处理与分析模型。然而，遥感应用目前面临的问题是大量的遥感数据仍未得到有效充分利用，造成遥感数据资源的极大浪费。以农业遥感应用为例，用遥感数据来监测农作物长势和预报产量是我国国民经济发展的重大需求之一，但是由于在目前作物估产模型中大多使用诸如 NDVI 等植被指数，而不能使用农学模型所需要的叶面积指数、生物量、胁迫因子等参数，从而造成农作物估产、旱情监测等的精度长期难以提高。在进行遥感应用研究时，应采用综合分析的方法，并尽可能地引入辅助数据、地学知识，以提高遥感影像解译和分类以及专题信息的提取精度。遥感影像综合分析的方法较多，本章主要针对定量遥感反演、尺度效应与尺度转换、混合像元分解、地学相关分析方法、分层分类方法、变化检测等综合分析方法进行论述。

8.1　定量遥感反演

遥感数据定量反演是指通过实验的、数学的或物理的模型将遥感数据与观测地表目标参数联系起来，将遥感数据定量地反演或推算为某些地学、生物学及大气等观测目标参数。因此，在可测参数与目标状态参数间建立某种函数关系是实现目标参数反演的关键一步，这一过程被称为建模，即建立前向模型。这些模型大体上可分为统计模型、物理模型和半经验模型。统计模型一般是描述性的，即对一系列观测数据作经验性的统计分析，建立遥感参数与地面观测数据之间的统计相关关系，而不解答为什么具有这样的相关关系。统计模型的主要优点是开发简便，一般包含的参数较少；主要缺点是模型的基础理论不完备，缺乏对物理机理的足够理解和认识，模型参数之间缺乏逻辑关系，模型的普适性差。物理模型的理论基础完善，模型参数具有明确的物理意义，并试图对作用机理进行数据描述，如几何光学模型（参见第 8 章 8.2.3 节）。物理模型通常是非线性的，模型复杂、输入参数多、实用性较差，且常对非主要因素有过多的忽略或假定。半经验模型综合了统计模型和物理模型的优点，模型所用的参数往往是经验参数，但参数具有一定的物理意义。

定量遥感的核心在于反演。反演的基础是描述遥感数据与地表应用的参数之间的关系模型，即遥感模型是遥感反演的研究对象。要进行遥感反演研究，首先要解决的问题是对地表遥感像元数据进行地学描述。定量遥感发展的一个主要障碍是反演理论的研究不足。地表及大气非常复杂，任何一个遥感像元信号中都包含了大量未知量和不确定量的综合影响。从有限数量的观测中提取有关时空多变要素的信息，本质上是一个观测量少于未知量的病态反演问题，除在建立前向模型时必须突出主导因子之外，反演中必须充分利用人类已有的先验知识，并不断从新的观测中积累对地表的了解。定量遥感发展的另一个障碍是所反演的地表参数不一定是用户所需要的，也就是说要解决遥感模型与农学模型、生态模型的链接问题，使所反演的参数为用户所需。

8.1.1　定量遥感的基本概念

遥感成像过程是十分复杂的，它经历了从辐射源→大气层→地球表面→探测器等信息介质传递的过程，传递的每一个环节过程都存在着复杂的作用与反作用，都涉及太多的参数，而且许多参数间又是密切关联的。在此，以植被遥感系统为例，对定量遥感的基本概念进行如下的描述。

Geol(1988)和李小文等（1995）把整个植被遥感系统分为辐射源$\{a_i\}$、大气$\{b_i\}$、植被$\{c_i\}$、地面或土壤$\{d_i\}$和探测器$\{e_i\}$5 部分，分别代表相应部分的特性和参数集合。用$\{R_i\}$表示探测器得到的辐射信号，它随辐射源、大气、植被、地面和探测器的特性而变化，一般可表示为：

$$R_i = f(a_i, b_i, c_i, d_i, e_i) \tag{8-1}$$

函数 f 反映了产生$\{R_i\}$的辐射转换过程。若给定系统参数$\{a_i \sim e_i\}$来产生

$\{R_i\}$，则为正演问题，即前向建模问题。前向建模是从机理出发，研究因果关系，并用数学物理模型描述地学过程。相反，从$\{R_i\}$来产生$\{c_i\}$则为植被反演问题，可表示为：

$$c_i = g(R_i, a_i, c_i, d_i, e_i) \tag{8-2}$$

为了反演$\{c_i\}$，有时假设参数$\{a_i, b_i, d_i, e_i\}$为可测或已知的，而且在某些情况下必须从反射率数据来估计。实际上，从$\{R_i\}$来产生$\{a_i \sim e_i\}$中的任何一个或任几个参数，都属于反演问题。

由于式(8-1)的复杂性，常常需要把问题分解简化。如专门单独处理$\{e_i\}$的影响(辐射定标)，专门单独处理$\{b_i\}$的影响(大气校正)。值得注意的是对于辐射源$\{a_i\}$的处理，可见光和近红外波段的辐射源为太阳，对于水平的地面，给定太阳的方向和探测器的光谱响应，总可以把$\{a_i\}$与$\{c_i\}$和$\{d_i\}$简单地分开。而在热红外波段，主要的辐射源为地表目标的热发射，与地表的比辐射率和温度的分布以及地表的物质结构有关，此时的$\{a_i\}$与$\{c_i\}$和$\{d_i\}$有密切的联系。当研究区域为崎岖的山地时，则无论是可见光—近红外波段，还是热红外波段均需要考虑地形的影响$\{g_i\}$校正。此时，式(8-1)重写为：

$$R_i' = f(a_i, b_i, c_i, d_i, e_i, g_i) \tag{8-3}$$

在可见光和近红处波段，地形往往是影响$\{R_i'\}$的主导因素，因此为了得到地表参数的正确信息，就必须消除$\{g_i\}$的影响，即进行地形校正。另外，精确的大气校正也需要知道大气下垫面方向反射的情况以作为求解微分方程的边界条件，也就是说$\{b_i\}$与$\{c_i\}$和$\{d_i\}$也是相互联系的。

定量遥感不仅需要进行遥感机理与各种前向模型研究，还要进行反演模型和反演策略的研究。

8.1.2 定量遥感反演模型的求解

地表是复杂的，是宏观有序、微观混乱的地理综合体。因此，成像获取的遥感数据受许多因素的影响。遥感成像是从多到少的映射，是一个确定过程，而遥感影像的解译和地表参数的定量遥感反演则是从少到多的映射，无法从数学上直接求得确定解，因而需要依赖辅助信息和知识，给出假设和约束，以求最优解。

遥感反演的最大特点是不确定性，即反演的未知数大于方程数。如何增加边界条件来约束方程，获得全局最优解，并使解比较稳定是遥感反演理论与方法必须研究的问题。从数学模型反演的一般概念来讲，反演问题研究的主要内容有以下 3 个方面。

1. 反演模型解的适定问题

首先是解的存在性问题。从观测资料的反演中，解的存在性已被大量事实所证实，它也是对所研究的问题及其附加条件正确性的一种检验。从理论上讲，主要与反演问题的确定性有关。从实验上讲，研究具体问题时总是对实际情况作简化处理使其一般化。

其次是解的唯一性问题。一般来说，为解决唯一性通常采取附加约束条件或增加观测数据的两种方法。当约束条件和观测数据的总量满足反演模型要求时，则解唯一。

再次是解的稳定性问题。由于观测数据常是有误差的，且与观测的状况有关，解的稳定性是研究反演问题中观测数据稍有变化，其解是否发生大的变化。如果数据的微小变化所引起的解在定义域中的变化也是微小的，则认为解的值连续依赖于数据，反演问题的解是稳定的。如果数据的微小变化使解在定义域中的变化很大且不规则，则称反演问题的解是不稳定的，即是病态的。

在反演问题中，对于容许的数据 d 的每一个集合，问题的解 m 存在且唯一，且解连续依赖于 d，这时，线性偏微分方程问题称为适定问题，或者说其解是适定的。部分不满足或全部不满足上述条件的问题便称为不适定问题。

从模型参数的物理意义出发，有时表现为反演中的不适定问题，但有可能是观测误差造成的。因此，实际物理内容的确定存在性与相应数学适定性之间有明显的矛盾。解决这一问题的直观想法是给反演增加附加条件，使原来在数学上不适定的问题变为适定的问题。

2. 反演问题的求解方法

由于定量遥感反演问题的复杂性，常常不能以解的存在性和唯一性验证为求解的先决条件。许多问题都是通过反演的实践与演变，具体问题具体分析，从具体到一般，才能建立起比较可行的反演方法和完整的理论。因此，反演问题研究中的大量工作是研究解的求解方法。

3. 反演问题解的评价

解的评价是反演问题的主要组成部分，是提取真实解信息的工具。解的评价主要研究评价的一系列准则和折中原则。这与正演问题的误差分析不同，主要考虑的是确定性差(正函数和反函数)。反演中人们习惯于解出确切数值，但实际上反演的精确值很少，这主要是由于解的不适定性造成的，所以实际上是根据模型设计所期望得到解的类型与根据已知资料(数据)实际能得到的信息之间的各种各样的折中;常从模拟参数的估算值、模型参数的约束值和模型参数的加权平均值等方面考虑。

8.1.3 遥感反演策略与方法

地表是一个非常复杂、开放的巨系统,人们对它的认识需要用多种参数加以描述,这种未知参数几乎是无穷的,而遥感反演的数据总是有限的。因此,要用遥感数据反演地表参数始终存在着反演策略和方法的问题。传统的遥感地表参数反演都把观测的数据量(N)大于模型的参数量(M)作为反演的必要条件,采用最小二乘法进行迭代计算。

各种遥感反演模型都要确定一些参数,通过遥感手段获得起决定作用的关键参数。然而遥感信息的有限性、相关性和地表的复杂性,使得在遥感实践中往往只能得到少量观测数据,却要估计复杂多变系统的当前状态。要真正满足 $N>M$ 是十分困难的,有时几乎是不可能的,因而遥感的许多反演问题本质上是“病态”的,是“无定解”的问题。因此,在遥感反演中先验知识的引入以及注意反演策略和方法是至关重要的。李小文和王锦地(1995)提出反演的主要困难在于:

(1)前向模型中含有不敏感参数、同形态参数、作用相似或相反的参数。所谓参数以同形态出现,是指模型的有些参数不是独立的参数,而是以函数组合形式出现。为了解决这些问题,可以对前向模型和参数的敏感性以及参数间的相关性进行预处理,固定永不敏感参数,合并同形态参数为中介参数,尽量选用正交核等。

(2)观测数据信息量的类型与参数类型的匹配。由于观测数据本身含有噪声,而且本身或多或少不完全独立,成功的反演已不是数据的数量,而是观测数据的信息量大于等于待反演参数的信息量。增加信息量有多种方式,如对某些参数的值域加以限定,增加观测数据的数量和不敏感参数不参加反演等。

(3)地面实况下观测值对地表未知参数的敏感性。当地面实况使一个或几个反演参数变得不敏感时,这种不敏感参数的反演结果就极不稳定,可能会使反演失败。为了解决这一问题,则需通过先验知识的积累,事先对反演参数有所了解,对其可能的取值范围做出估计,强行赋予其一合理值,以及不敏感参数不参与反演等。

解决后两个困难的途径为:①必须积累先验知识并在反演中表达,以减少待定参数的不确定性,从而减少对观测信息量的要求;②实行基于先验知识的多阶段目标决策的遥感反演方法,使对地面目标的知识增加最优化。多阶段目标决策主要基础是对数据和参数的不确定性和敏感性分析，实现有依据地进行观测数据子集和参数子集的分割，从而可以在每一阶段反演中，充分应用敏感数据子集反演不确定性最大的参数集。首先用部分观测数据来反演对其最敏感、同时不确定性也最大的参数，在这一部分参数的不确定性减低之后，再用观测数据的另一子集反演另一部分参数。

8.1.4　遥感反演模型与农学模型的联合应用

遥感农业应用的关键是利用遥感模型反演的地表特征和参数等有用信息，直接为农业生产和环境监测等提供决策和服务，如作物长势监测、旱情监测（参见第 9 章）。因此，在遥感应用研究中存在着遥感模型与农学模型的耦合（linking/combining）、集成（integrating）和同化（assimilating）等链接与联合应用的问题。我们以叶面积指数（leaf area index，LAI）的同化为例，说明作物生长模型与遥感模型的链接与联合应用的途径。

作物生长是动态变化的。作物生长模型是指能动态地描述作物生长、发育和产量形成过程及其对环境响应的计算机模拟程序，能定量地描述作物生长和发育期间主要过程的生物气候特性，光合作用，干物质量，水分和氮素平衡，生物量在根、茎、叶中的分布以及太阳辐射的吸收等，并能模拟作物生长期内的 LAI 等参数。作物生长的监测是农业生产中最重要的工作之一。LAI 是表达作物冠层结构的重要参数之一，与作物状态和功能紧密相连，常被用于描述植被的覆盖度、估算植被冠层的生产力和生物量、研究碳同化和蒸散等，且广泛用于评估作物生长状况。应用遥感数据反演 LAI 的方法多种多样，从局地、区域到全球尺度均有 LAI 的反演方法。目前，多数研究者集中于开发 LAI 与植被指数间的关系，一些研究集中于应用遥感模型反演 LAI 和应用光谱混合分析估算 LAI。

然而，作物生长模型在大范围的应用受其输入数据有效性的限制，一方面从地面观测站网中提供的作物生长模型的输入数据（作物生长和土壤特性）是比较困难的，且这些数据的获得费时费力；另一方面遥感技术可以提供大面积的作物冠层信息，而这些信息不是直接的信息，而是土壤表面和作物冠层辐射的相互作用信息。应用作物生长模型可以解释这些相互作用，并将作物和土壤的特性与遥感观测相互联系起来。将遥感数据及其反演参数结合到作物生长模型中的技术被称为同化，如用遥感数据反演 LAI，然后将 LAI 同化于作物生长模型之中。数据同化的目的是提供空间面状分布的参数的一致性估计。一般地，在任何一个数据同化系统中均包含两个基本的组成成分：观测数据和动态模型。在遥感反演模型与作物生长模型的联合应用中，遥感反演数据作为“观测数据”，作物生长模型作为动态模型。

数据同化在算法上可分为顺序同化(sequential assimilation)和变分同化(variational assimilation)。在顺序同化方法中,在获得遥感反演参数的时刻,更新作物生长模型的参数,如应用遥感数据反演的LAI来校正作物生长模型模拟的LAI,或者将遥感数据反演的LAI与作物生长模型模拟LAI进行对比,对作物模型输入参数进行调整,使其模拟输出的LAI与遥感反演的LAI相一致。在变分同化方法中,所有可能获得的观测参数将进行同步处理,这一方法通常用于反演作物生长模型所需参数并作为作物生长模型的起始输入,要求遥感数据获得的时间与作物生长模型的时间相一致。

同化技术的一个限制因素是作物生长模型的模拟是基于点数据的应用,而遥感数据是基于空间分布的面状信息。大多数农学过程模型用于研究一个特定地点的作物生长过程随时间的变化规律,因而模型的输出具有地点专一性的特点(site-specific)。农业是一个空间活动,因而需要将地点专一性的信息向空间扩展。因此,在进行数据同化时,需要空间扩展方法的支持。

应用遥感数据估算作物产量的一种途径是将遥感机理模型与作物生长模型联系起来,在作物生长过程中应用遥感定量反演的生物量数据调整作物生长模型模拟的生物量,这样可以提高作物产量的预测精度。目前,许多研究致力于将可见光、近红外波段的反射率及雷达数据同化于作物生长模型之中,这些遥感数据能提供作物冠层结构和生物量季节变化等动态信息。热红外遥感数据也可以同化于作物生长模型之中,并且可以提供作物在发生水分亏缺时的信息。

8.2 混合像元分解

遥感获得的数据是以像元为基本单位的地表面状信息,是地表反射、辐射的光谱信号的综合,一般是几种地物的混合光谱信号。因此影像中像元的光谱特征并不是单一地物的光谱特征,而是几种地物光谱特征的混合反映。如果遥感器探测单元的瞬时视场角,即立体角,所对应地面范围仅包含一种类型的地物,则该像元为纯像元(pure pixel),它记录的正是该类型地物的光谱信号。如果遥感器探测单元的瞬时视场角所对应的地面范围包含不止一种类型的地物,则该像元为混合像元(mixed pixel),它记录的是所对应的不同类型地物的光谱信号的综合。如野外观测的植物冠层光谱多为植物及其下垫面土壤的混合光谱。严格地说,所有的像元均是混合像元。混合像元问题不仅影响地物识别、分类和面积量算的精度,而且是定量遥感的主要障碍之一。如果通过一定方法，找出组成混合像元的各种典型地物的比例，则可解决混合像元问题，提高定性和定量遥感的精度。这一处理过程称之为混合像元分解。

从理论上讲，混合像元的形成主要有以下原因：

(1)单一成分物质的光谱、几何结构及其在像元中的分布；

(2)大气传输过程中的混合效应；

(3)遥感仪器本身的混合效应。

其中(2)和(3)为非线性效应。大气的影响可以通过大气校正加以部分克服，仪器的影响可以通过仪器的校准、定标加以部分克服。本节将重点讨论与第一部分有关的内容。

混合像元分解的途径是通过建立光谱的混合模型，其关键在于确定它的覆盖类型的组分（通常称为端元组分，endmember）光谱。像元的反射率可以表示为端元组分的光谱特征和它们的面积百分比（丰度）的函数。混合像元分解模型归结为以下五种类型：线性（linear）模型、概率（probabilistic）模型、几何光学（geometric-optical）模型、随机几何（stochastic geometric）模型和模糊（fuzzy）模型。线性模型假定像元的反射率为它的端元组分的反射率的线性组成。非线性和线性混合是基于同一个概念，即线性混合是非线性混合在多次散射被忽略的情况下的特例。这些模型的差异在于：在考虑混合像元的反射率和端元的光谱特征和丰度之间的响应关系的同时，怎样考虑和包含其他地面特性（如地面起伏）和影像特征（如投影误差）的影响。在线性模型中，地面差异性被表示为随机残差；而几何光学模型和随机几何模型是基于地面几何形状来考虑地面特性的（如地物的结构参数、地物的高度分布、地物的空间分布、地面坡度、太阳入射方向以及观测方向等参数）；在概率模型和模糊模型中，地面差异性是基于概率考虑的，例如通过使用散点图和最大似然法之类的统计方法。

以下分别介绍 5 种混合像元分解模型，对其中几种常用模型的优缺点及其适用性进行总结讨论，并对不同模型之间的相似和差异性进行比较分析。

8.2.1　线性光谱混合模型

线性光谱混合模型（linear spectral mixed model）是假定像元的反射率为它的端元组分的反射率的线性合成，即混合像元内各个端元组分光谱之间是独立的。在线性混合模型中，每一光谱波段中单一像元的反射率（亮度值）表示为构成像元的端元组分特征反射率（亮度值）与它们各自丰度的线性组合。第 i 波段像元反射率 ρ_i 可表示为：

$$\rho_i = \sum_{j=1}^{n} f_j \rho_{ij} + \varepsilon_i \qquad i = 1,2,\cdots,m; \qquad j = 1,2,\cdots n \tag{8-4}$$

式中：ρ_{ij} 为该像元的第 j 端元组分在第 i 波段的光谱反射率；f_j 为该像元第 j 端元组分的丰度（待求）；ε_i 为第 i 光谱波段误差项；m 为光谱波段数；n 为像元内端元组分的数目。波段数应大于或等于端元组分的数目，以便利用最小二乘法求解。在考虑到非负约束及和为 1 的约束条件下，利用最小二乘法使总误差 ε 最小。非负约束即要使分解的结果大于 0，和为 1 约束即各丰度加起来的和要为 1。

8.2.2 概率模型

概率模型（probabilistic model）以概率统计方法为基础，如最大似然法，基于统计特征分析计算方差——协方差矩阵等统计值，以及利用简单的马氏距离来判别端元组分的比例。该模型只有在两种地物混合条件下使用。利用线性判别分析和端元光谱产生一个判别值，根据判别值的范围将像元分为不同的类别。

假设构成混合像元的端元组分只存在两种，分别为 x 和 y，那么可以用下式来表示其中的一个端元组分在混合像元中所占的面积比例：

$$P_y = 0.5 + 0.5\,\frac{d(m,x) - d(m,y)}{d(x,y)} \tag{8-5}$$

式中：P_y 为端元组分 y 在混合像元中所占的面积比例；$d(x,y)$ 为端元组分 x 和 y 平均齐次分量间的马氏距离，$d(m,x)$ 为混合像元 m 和端元组分 x 之间的马氏距离。$d(m,x)$ 可表示为：

$$d(m,x) = (m-x)^{\mathrm{T}} \left(\sum x\right)^{-1} (m-x) \tag{8-6}$$

式中：$\sum x$ 为端元组分 x 在各波段的协方差矩阵。$d(m,y)$ 的计算方法与 $d(m,x)$ 类同。

当计算出来的 P_y 值小于 0 时，则取 P_y 值为 0；当计算出来的 P_y 值大于 1 时，则取 P_y 值为 1。这样，根据判断，就可以把混合像元归类为端元组分 x 或者 y。如果可以对线性判别分析方法进行适当的改进，该模型可以用于多于两种地物混合的情况下。

8.2.3 几何光学模型

几何光学模型（geometric-optical model）适用于冠状植被地区，在模型中将像元表示为光照树冠（即光照下的树）C、阴影树冠（即树影下的树）T、光照背景地面

(即光照下的地面)G 和树影下的背景地面 Z 4 个基本组分。4 个基本组分在像元中所占的面积是一个与树冠大小、树高、树密度、太阳入射方向、观测方向有关的函数。混合像元的反射率可以表示为:

$$\rho=\frac{(A_C\rho_C+A_T\rho_T+A_G\rho_G+A_Z\rho_Z)}{A} \tag{8-7}$$

式中:ρ 为混合像元的反射率;ρ_C,ρ_T,ρ_G 和 ρ_Z 分别为上述 4 个基本组分的反射率;A_C,A_T,A_G 和 A_Z 分别表示 4 个基本组分在像元中所占的面积;A 为该像元的面积。

为了简化模型,树冠的形状常被假设为具有相近的规则几何形状,观测方向有时设为星下点的观测方向,树木的分布假设遵循泊松(Poisson)分布,即在像元中和像元间随机分布,树的高度的分布函数是已知等。几何光学模型是基于分析景观的几何特征,需要有树的形状、大小、分布、太阳入射方向、观测方向等参数。

8.2.4 随机几何模型

随机几何模型(stochastic geometric model)和几何光学模型相类似,是几何模型的特例。像元反射率同样表示为 4 个基本组分的面积权重的线性组合,模型可表达为:

$$\rho(\lambda,x)=\sum_i f_i(x)\rho_i(\lambda,x) \tag{8-8}$$

式中:x 为像元中心点的坐标;λ 为波长;$\rho_i(\lambda,x)$为中心点为 x 的像元中覆盖类型 i 平均反射率;$f_i(x)$为中心点为 x 的像元中覆盖类型 i 所占的比例,$i=1,2,3,4$,分别代表光照植被面(C)、阴影植被面(T)、光照背景面(G)、阴影背景面(Z)4 个基本组分,同时满足 $\sum_i f_i(x)=1$。

与几何光学模型所不同的是随机几何模型把大多数主要的土壤和植被参数当成随机变量处理,这样便于消除一些次要参数空间波动引起的地面差异性的影响。

以上的线性模型与几何模型都是基于相同的假设,即“某一像元的反射率是其各个组分的反射率的线性组合”。只不过线性模型处理的是二维实体,而几何模型处理的是三维实体。也正是因为几何模型需引入地表景观的三维几何参数,所以它也就复杂得多。

8.2.5 模糊模型

模糊模型是建立在模糊集理论基础上的,也是基于统计特征分析,只是每个像元不是确定地分到某一类别中,而是同时与多于一个的类别相联系。该像元属于哪一类别表示为“0”至“1”之间的一个数值。这种分类称为光谱空间的模糊分类。对于混合像元,采用模糊分类方法(fuzzy partition)比刚性分类方法(hard partition)分类精度高。其基本原理是将各种地物类别看成模糊集合,像元为模糊集合的元素,每一像元均与一组隶属度数值相对应。隶属度表示像元中所含此种地物类别的面积百分比。先选择样本像元,根据样本像元计算各种地物类别的模糊均值向量和模糊协方差矩阵。每种地物的模糊均值向量 $\boldsymbol{\mu}_c^*$ 为:

$$\boldsymbol{\mu}_c^* = \frac{\sum_{i=1}^{n} f_{c_i}(\boldsymbol{X}_i)\boldsymbol{X}_i}{\sum_{i=1}^{n} f_{c_i}(\boldsymbol{X}_i)} \tag{8-9}$$

式中:n 为样本像元总数;$f_{c_i}(\boldsymbol{X}_i)$ 为第 i 个样本属于 c 类地物的隶属度,c 为地物类别;$\boldsymbol{X}_i$ 为样本像元值向量($1 \leqslant i \leqslant n$)。

模糊协方差矩阵 $\boldsymbol{\Sigma}_c^*$ 为:

$$\boldsymbol{\Sigma}_c^* = \frac{\sum_{i=1}^{n} f_{c_i}(\boldsymbol{X}_i)(\boldsymbol{X}_i - \boldsymbol{\mu}_c^*)(\boldsymbol{X}_i - \boldsymbol{\mu}_c^*)^{\mathrm{T}}}{\sum_{i=1}^{n} f_{c_i}(\boldsymbol{X}_i)} \tag{8-10}$$

$\boldsymbol{\mu}_c^*$ 和 $\boldsymbol{\Sigma}_c^*$ 确定后,对每一像元进行模糊监督分类,求算每种地物在其类所占面积百分比。用 $\boldsymbol{\mu}_c^*$ 和 $\boldsymbol{\Sigma}_c^*$ 代替最大似然分类中的均值向量和协方差矩阵,求算属于 c 类别的隶属度函数:

$$f_c(\boldsymbol{X}) = \frac{P_i^*(\boldsymbol{X})}{\sum_{i=1}^{m} P_i^*(\boldsymbol{X})} \tag{8-11}$$

其中:

$$P_i^*(\boldsymbol{X}) = \frac{1}{(2\pi)^{\frac{N}{2}}\left|\boldsymbol{\Sigma}_c^*\right|^{\frac{1}{2}}}\exp\left(-\frac{1}{2}(\boldsymbol{X}_i - \boldsymbol{\mu}_c^*)^{\mathrm{T}}\boldsymbol{\Sigma}_c^{*-1}(\boldsymbol{X}_i - \boldsymbol{\mu}_c^*)\right) \tag{8-12}$$

式中:N 是像元光谱值向量的维数;m 是预先设定的地物类别数,$1 \leqslant i \leqslant m$。

8.2.6 混合像元分解模型的适用性

上述混合像元分解模型的共同点在于都对已知反射光谱值的混合像元进行

两个主要方面的描述：一是基本组分的光谱值，此为模型的已知量，可以通过影像和光谱数据库采集或实地测量、查资料等获得，它们是模型最重要的参数，其精度很大程度上决定了模型的准确性；二是基本组分在像元中所占的比例，为模型反解的未知量，即模型的求解。混合像元分解模型各有不同的优点和缺点，下面着重讨论几个常见的模型的优缺点及其适用性。

线性分解模型是建立在像元内相同地物都有相同的光谱特征以及光谱线性可加性基础上的，优点是构模简单，其物理含义明确，理论上有较好的科学性，对于解决像元内的混合现象有一定的效果。但不足的是，当典型地物选取不精确时，会带来较大的误差。线性模型在实际应用中存在着一些限制。首先，它认为某一像元的光谱反射率仅为各基本成分光谱反射率的简单相加，而事实证明在大多数情况下，各种地物的光谱反射率是通过非线性形式加以组合的；其次，该模型中最关键的一步是获取各种组分的参照光谱值，即纯像元下某种地物光谱值，但在实际应用中各类地物的典型光谱值很难获得，且计算误差较大，应用困难。这是由于大多数遥感影像的像元均为混合像元，在分辨率较低的影像上直接获取端元的光谱不大可能；如果利用野外或实验室光谱进行像元分解，则无法很好地处理辐射校正问题，不仅处理的实效性难以保障，而且增加了处理的难度，如实验室光谱与多光谱波段的对应问题，所以在某些情况下用线性模型获得的分类结果并不理想。当区域内地物类型，特别是主要地物类型超过所用遥感数据的波段时，将导致结果误差偏大。另外，如像元内因地形等因素造成的同物异谱、同谱异物现象存在，则应用效果更差。

几何模型（几何光学模型和随机几何模型）和线性模型都是基于同样的假设：像元的反射率可以表示为端元组分的光谱特征和它们的面积百分比的函数。不同的是，线性模型把地面考虑成二维的实体，而几何模型把地面当成三维考虑，也就是说几何模型需要地物的结构参数、地物的高度分布、地物的空间分布、地面坡度、太阳入射方向以及观测方向等参数。

概率模型和模糊模型有相似之处：它们均采用了概率方法，大多使用最大似然法等统计方法。模糊模型利用模糊聚类方法确定任一像元属于某种地物的隶属度，从而推算该像元内某类地物所占比例。此方法先要确定像元对各种类别的隶属度，即样本像元中各类别的面积百分比，一般通过地面调查、航片、高空间分辨率卫星影像等获得，但无论哪种方法，求出的样本隶属度必定会存在误差。因此，求出的样本模糊均值向量和模糊协方差矩阵必然也存在误差。

精度是像元分解最重要的一点。通常，在构建模型的时候，一般只考虑占主导因素的特征参数，而很难个别地考虑其他因素。因此，模型的成立包含了许多假设、近似和概括,而这些假设、近似和概括都会不同程度的影响到模型的精度和像元分解的结果。

通过研究不同模型之间的相似和差异性,有可能组合不同的模型成为一个更强大通用的模型,比如可以把几何光学模型和其他模型结合起来,确定除树以外更大范围的地物丰度、高度、大小和密度。在遥感影像空间分辨率保持不变的情况下,单纯利用包含有限信息的多光谱影像,混合像元分解必然有一定的局限性。因此,许多学者探讨在多光谱分类过程中加入一些辅助数据(如地形),以提高分类精度。同时,有的学者在上述方法的基础上,开发出了其他的混合像元分解方法,如非线性光谱模型、基于主成分分析的混合像元分解算法、灰色相关像元分解法和人工神经网络法等。

8.3 尺度效应与尺度转换

一般来说,尺度是指实体、模式与过程能被观察与表示的空间大小。在绝对空间内,尺度具有可操作性,用于将地理空间分割为可操作空间单元的标准方式;在相对空间内,尺度成为联结空间实体、模式、构成、功能、过程与等级的一个内在变量。

地球表面空间是一个复杂的巨系统,而且与人类的关系极为密切。通常我们所需要的地表空间信息在时间和空间上的分辨率都有极大的跨度,在某一尺度上人们观察到的性质、总结出的原理或规律,在另一尺度上可能仍然有效,可能相似,也可能需要修正。尺度可分空间尺度与时间尺度。空间尺度是指在研究某一物体或现象时所采用的空间单位,同时又可指某一现象或过程在空间上所涉及到的范围;时间尺度主要研究地表参数随时间变化的特性和对地表参数在时间维进行扩展。由于地表参数在时、空维的异质性,因此对地表参数的描述和研究需要按不同的尺度进行。这里便存在着不同尺度的对比、转换和误差分析等,也就是尺度效应和尺度转换的问题。尺度效应最典型的例子是海岸线的长度测量,对这一测量值尺度效应的研究,启发 Mandelbrot 在 20 世纪 70 年代中期创建了分形理论和分数维的数学概念,并进而发展成为分形几何,在地貌学和地理模拟技术中得到了广泛的应用。所谓尺度转换是指当地表参数从一个尺度转换到另一个尺度时,对同一参数在不同尺度中进行描述。

对任何特定的传感器,遥感技术都是在单一空间分辨率,离散时间方式下获取数据,而地物和地理现象、过程是在不同的空间和时间尺度上发生变化。因此,遥感数据和信息的尺度转换和尺度转换研究是提高遥感应用效率和实用性的关键之一。

8.3.1　尺度效应和尺度转换的含义

尺度效应和尺度转换可以理解为以下 4 个层次的含义。

1. 基本物理定理和定律的适应性问题

很多物理学的定理和定律等都是在一定条件下归纳、演绎和证明的，大多情况下只适用于点、点对、均匀介质或均匀介质表面。由于遥感像元尺度上地表的复杂性，这些定理和定律是否适用于这一尺度，若不适用如何修正，是定量遥感必须解决的问题。李小文等(2000)提出并研究了这类问题，比如遥感像元的漫反射问题：若像元内处处漫反射，即具有朗伯特性(各向同性)，但像元未必为漫反射。想象遥感像元是一个 90°谷地的顶部(图 8-1)，太阳与遥感传感器均位于与谷走向垂直的主平面上，很显然，在如图 8-1 的入照条件下，尽管两坡面均为朗伯反射面，右边坡面更亮，左边坡面更暗。多次散射在一定程度上会减小这一两个坡面间的对比度，但只要对比度存在，在观测方向传感器视场 θ_v 看到的是一部分亮坡面 $a_2(\theta_v)$ 和一部分暗坡面 $a_1(\theta_v)$，其面积比随观测角度的变化而变化。此时，这个像元作为整体是非朗伯特性(各向异性)。也就是说，虽然像元尺度的组分具有朗伯特性，而像元不具有朗伯特性。

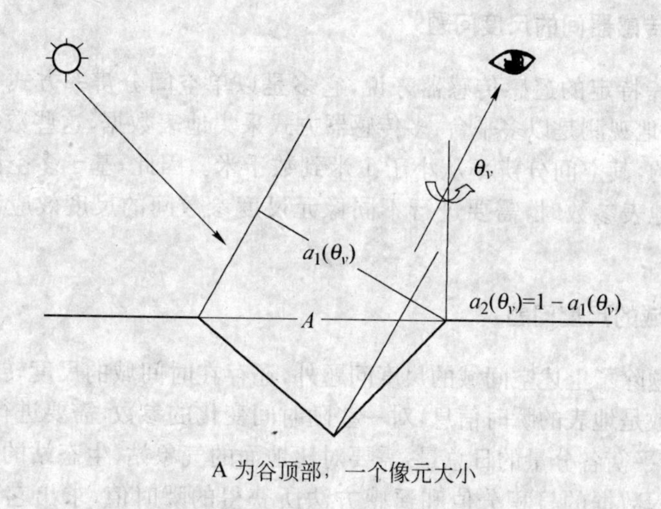

图 8-1　朗伯特性的尺度效应(李小文等，2000)

又如，普朗克定律是现代物理学的基石之一。它的适用条件是对于同温的平面地面(给定温度的黑体表面)，仅有比辐射率的空间变化时，可以认为是尺度不

变的(即其热辐射具有各向同性)。因而长期以来,地表热辐射可表达为:

$$L_{\lambda}=\overline{\varepsilon_{\lambda}}B_{\lambda}(\overline{T}) \tag{8-13}$$

式中:$\overline{T}$为平均地表温度;$\overline{\varepsilon_{\lambda}}$为平均地表比辐射率。但是在遥感像元尺度上地表往往是非同温的,而且地表热辐射是各向异性的,因此$\overline{T}$和$\overline{\varepsilon_{\lambda}}$难以实际应用。更何况地表又往往并非平面,且有一定的空间结构,那么像元内就存在着内部的反射和多次散射。李小文等(2000,2001)针对这些存在问题,提出了像元尺度的普朗克定律纠正模型。

2. "点"到"面"的尺度问题

常规的地学观测手段对地表参数的采集多是以稀疏的地面观测点方式进行的,而遥感数据的采集是以面状"连续"方式进行的。遥感数据是其空间位置的函数,是在像元尺度上积分统计的结果。由离散观测的点数据来标定遥感像元尺度面数据,再由遥感像元尺度面数据扩展到区域甚至全球,是完全不同的空间尺度。由于地表具有空间异质性,这种不同尺度数据之间往往是非线性的或不均匀的,它们的链接中必然存在着空间扩展、数据转换、误差及误差传递分析以及开发的尺度转换模型是否具有代表性等问题。

3. 遥感传感器间的尺度问题

对于某一特定的遥感传感器来说,它多是以单空间分辨率方式采集地表数据。但是,对地观测是以多平台、多传感器方式采集地表数据,这些数据本身是多空间分辨率的,其空间分辨率从小于1米到数千米。因此,基于多空间分辨率遥感数据反演地表参数时,需要进行不同像元尺度参数间的尺度效应和尺度转换研究。

4. 时间域的尺度问题

尺度问题除了上述空间域的尺度问题外,还存在时间域的尺度转换。遥感反演的地表参数是地表的瞬时信息,对一些随时间变化的参数,需要进行时间扩展。如,地表热量平衡各分量的日总量,需要对比地面的气象站、生态站的热量平衡各分量时间过程数据的日积分值和遥感方法所获得的瞬时值,求出它们间的转换系数。

8.3.2 尺度效应和尺度转换的方法

随着传感器技术的发展,影像空间分辨率不断增强,从而形成了不同时间、空间分辨率的影像数据层次体系，为地表参数分析提供多种尺度选择的数据源。客观存在的景观空间异质性依赖于空间尺度，当景观空间尺度发生变化时，所量测到的空间异质性也随之变化。地表时空信息的尺度效应研究，应当根据应用需求确定不同的研究尺度和空间分辨率的数据源，着重研究不同尺度信息的空间异质性特点、尺度变化对信息量、信息分析和信息处理结果的影响以及进行尺度转换的定量描述等。

对尺度效应和尺度转换中的空间异质性研究，一般采用的是参数化法，即定义不同的参数来描述不同尺度地表特征的空间异质性，测量实际影像的空间结构，如用空间自相关指数、尺度方差与变差图、局部方差法等地统计学方法、纹理分析法、分形几何法、小波分析法、神经网络法来测度实际影像的空间结构。其中变差图用于描述和测度相邻地物(空间样点)之间的相关性，可通过互不相关的地物类别间的距离来定义。遥感数据随时间及空间位置的变化而变化，其空间异质性与地表景观和遥感传感器的性能相关。

在给定观测条件和尺度下，获得的观测值 Q_s 的尺度效应可简单地表述为(李小文等，2001)：

$$Q_s = F_s(P_s) \tag{8-14}$$

式中：P_s 为在给定尺度上的参数集；F_s 表示 Q_s 和 P_s 间的函数关系。这里着重讨论遥感像元大小这一空间尺度。

通常很多物理定理和定律以不显式表达尺度 S。它们适用于几何点或性质均一表面，如普朗克定律的黑体辐射公式。将这种定律、原理和模型等可称为微观尺度上适用的数学关系 f：

$$o = f(p) \tag{8-15}$$

在遥感像元尺度上适用的数学关系 F 则为：

$$O = F(P) \tag{8-16}$$

研究 f 的尺度效应包含 3 方面的内容：①像元尺度上的观测值 O 与微观尺度的观测值 o 间的关系。这一关系主要是由传感器特性和成像系统决定的，通常可简化为观测条件下像元视场内 o 的积分或面积的加权和，是一种线性关系。②像元尺度上如何定义参数集 P，以及与微观尺度上参数集 p 的关系。最理想的情况是 P 的每一个元素为 p 相应元素的平均值，可以称这种情况为参数集的“尺不变”，但这种情况对地表来说是很少见的。从微观尺度到像元尺度描述一定面积的参数往往需要多于描述一个点的参数。但通常 P 包含一个每一元素为 p 相应元素在像元尺度上的空间均值子集$\overline{P}$。③F 与 f 的关系。如果参数集是“尺不变”的，或者 P 中包含$\overline{P}$，那么理想的关系就是 f，是一种“尺不变”的模型、定律或原理，即：

$$O=f(\overline{P}) \tag{8-17}$$

严格的参数集尺不变同时模型也尺不变要求 f 是所有参数的线性函数，这种情况是很少见的。但有时如果 P 中只有某一参数或某几个参数 P_i 的空间变化较大，而 $P=\overline{P}_i$ 可能表达为线性关系，那么可以将 F 表达为尺不变的关系。如，假设地表每一点的热辐射 l_λ 可微观表达为：

$$l_\lambda=\varepsilon_\lambda B_\lambda(T) \tag{8-18}$$

进一步假设平面像元内温度基本均一，只有其组分的比辐射率的差异较大，此时像元尺度的热辐射 L_λ 可表示为：

$$L_\lambda=\sum a_i l_{i\lambda}=\sum a_i \varepsilon_\lambda B_\lambda(T)=\overline{\varepsilon_\lambda} B_\lambda(T) \tag{8-19}$$

式中：a_i 为像元内第 i 组分所占的面积百分比。式(8-19)说明，普朗克定律对于平面同温地表仅有比辐射率的空间变化时可以认为是尺不变的。但当考虑地表热辐射的方向性时，这种同温近似条件下的尺不变性质就不成立。在应用时就必须对普朗克定律的尺度效应做全面的检查。

f 与 F 较“尺不变”更弱一点的关系可以称为“相似性”或“自相似性”(self-similarity)。f 与 F 的相似性可定义为：

$$S(P)=F(P)/f(P) \tag{8-20}$$

如果 $S(P)$为常数 1，则 f 是尺不变的。如果 $S(P)$仅为像元大小和地表复杂程度(如分维)的函数，则 f 与 F 接近为(或为)分形关系。如果找不到简单形式的 $S(P)$，则称此时像元尺度上的 O 与微观尺度的 o 存在渊源关系。

总之，给定微观尺度上适用的任何物理定律、定理或模型 f，首先必须确定在遥感像元尺度上能适用 f 的变量 O 和尺不变参数子集$\overline{P}$，然后判断 f 是否适用于此尺度或者能否找到一个像元尺度上的相似性函数 $S(P)$，否则必须寻找适用于此尺度的新函数关系 $F(P)$。

8.4 地学相关分析方法

遥感应用研究需要在地学规律的指导下，结合具体的地学知识、研究方法以及辅助数据和信息，通过综合分析获得更精确的能反映实际地学动态过程和内在规律的分析结果。应用遥感数据所获得的信息主要反映的是地球表层信息，它综合地反映了地球系统各种要素的相互作用、相互关联，因此，各种要素或地物的遥感信息特征之间也必然具有一定的相关性。由于地球系统的复杂性和开放性，地表信息通常是多维的，而又由于遥感信息传递过程中的复杂信息衰减等局限性以及遥感信息之间的复杂相关性，决定了遥感信息的不确定性。因此，在利用遥感技术研究地学动态过程和内在规律时，就有可能考虑和利用地物间的相关性。

所谓遥感地学相关分析，是指充分认识地物的相关性，并借助于这种相关性，在遥感影像上寻找目标识别的相关因子，即间接解译标志，通过影像处理与分析，提取出这些相关要素，从而推断和识别目标本身（赵英时等，2003）。在遥感实际应用中，无论是遥感影像目视解译还是影像处理过程中地学相关分析方法都被得到广泛应用。

为了取得较好的遥感应用分析结果，在地学相关分析中，首先要考虑与目标信息关系最密切的主导因子；当主导因子在遥感影像上反映不明显，或一时难以判断时，则可以进一步寻找与目标有关的其他因子。但无论如何，选择的因子必须具备以下条件：一是与目标的相关性明显；二是在影像上有明显的显示或通过影像分析处理可以提取和识别。地学相关分析的方法较多，本节主要对有关方法进行定性地描述，有关这些方法的应用请参考赵英时等著的《遥感应用分析原理与方法》和周成虎等著的《遥感影像地学理解与分析》。

8.4.1　主导因子相关分析法

在进行遥感地学分析时，首先必须对研究区域的地学背景知识等有充分了解，在此基础上，从发现形成研究区域地学特征的诸要素中找出起主导作用的因子。抓主导因子并非忽略其他要素的作用，而是通过各要素之间的因果关系，找出起主导作用的要素，并通过选取主导标志作为研究的依据。主导因子必须是那些对区域特征的形成、不同区域的分异有重要影响的组成要素。它们的变化不仅使区域内部组成和结构产生量的变化，而且还可以导致质的变化，从而影响区域的整体特征。

在影响地表生态环境形成的各要素中，地形无疑是一个主导性因子，它决定了地表水、热、能量等的重新分配，从而影响地表结构的分异。地形因子包括高程、坡度和坡向等地形特征要素，也可表达为综合的地貌类型。因此，在很多遥感应用研究中，利用研究区域的基础地理信息（如 DEM）作为辅助数据源或先验知识。地貌是固体地壳的表面形态，是大气圈、水圈、生物圈和岩石圈相互作用的综合表现，也就是说，地貌是大气、水和生物等因素综合作用的场所，地表形态的差异必然引起各种自然地理过程和现象的变化。地形因子影响地表热量及其与水分的组合，进而造成区域土壤、植被分布的差异。在区域(尤其是山区)遥感影像分析过程中，由于地形部位的差别往往造成同物异谱和异物同谱现象，以致解译和识别发生错误，甚至由于地物阴影的影响而无法解译。因此，地形主导因子相关分析方法的目的就是根据地形因子影响，获取某些地物类型光谱变异的先验知识，建立相关分析模型，以提高识别相关地物的能力和准确率，如进行土壤分类和土地利用分类。

8.4.2 多因子相关分析法

在进行地学研究时，另一个基本原则是综合性原则。地表任何区域都是由各种自然要素和人为要素的组成的整体，因此，进行地学研究时必须综合分析各要素相互作用的过程，认识其地域分异的具体规律。在遥感影像分析过程中，由于需要识别的目标和对象受多种因素的影响与干扰，影像特征往往很不明显，难以确定相对于影像特征较明显的主导因子。为此采用多因子数据统计分析方法，通过因子分析，从多个因子中选择有明显效果的相关要素，再通过选择的若干相关要素分析，以达到识别目标和对象的目的。这一分析方法对应用高空间分辨率遥感影像的相关研究更为重要。例如在进行草地退化遥感监测中，对于放牧区域既要考虑由于地形影响造成的地表水热差异、土壤分异，又要考虑人为因素的影响。如远离居民点的区域，草地退化往往较轻，这是由于放牧过程中，游牧动物每天所能行走的距离所致。又如在进行农作物长势监测时，必须考虑区域作物管理措施的差异，如作物品种、施肥和灌溉量、耕作方法等。

多因子相关分析法与主导因子相关分析法并不矛盾，前者强调的是必须全面考虑构成区域的各组成要素和地域分异因子；后者强调的是在综合分析的基础上查明某个具体或局部区域形成和分异的主导因子。因此，在遥感影像目视解译过程以及对遥感反演地表参数的空间分布进行验证和解释时，必须采用多因子相关分析法与主导因子相关分析法相结合的原则。

8.5 分层分类方法

常规的多光谱遥感影像分类方法主要有监督分类与非监督分类两种。但由于在通常情况下，它们使用同一标准，在整幅影像上一次性分割获取多类地物，对客观地物的错综复杂、同谱异物及同物异谱现象考虑得较少，往往产生较多错分、漏分的现象，且分出的图斑比较零乱，因而分类精度不足以满足应用的需求。另外，常规分类方法主要依据每个像元的光谱数据进行分类，而没注意其重要的空间信息和其他地理信息及其相互关系，也没有考虑像元之间的相互关系，常常忽视了除 DEM 外的区域地学知识和专家知识，使这些知识不能融入分类过程。地学规律和专家知识有助于克服同物异谱和异物同谱的现象，并可改善分类结果。分层分类充分考虑了各类地物的特征属性，采取逐级逻辑判别方式，增强信息的提取能力、分类精度和计算效率，且在数据分析和解译方法表现出更大的灵活性。分层分类方法主要突出了地表专题信息和地学专家知识等在分类过程中不可缺少的作用。

8.5.1　分层分类方法概述

分层分类法基本思路：首先分析遥感影像上各地物光谱特征及其空间分布，从分析地物类型在各波段及其组合上的可分性入手，将图像上地物划分为几个大类，每个大类包含若干种地物类型，一般从较易分离的类别开始，由易到难。其次针对欲分类地物光谱特点，选择最佳波段组合进行监督或非监督分类，从中将精度较高的地类提取出来，并利用掩膜法将原始影像上这些地类所对应区域掩膜掉，以消除它对其他地物提取的干扰，使影像上剩余的地类越来越少，余下地物的分离也就越来越容易。最后对掩膜后的影像采用以上相同操作提取出所需的地类，如此反复直至获取我们需要的所有地类信息为止。

分类树是遥感影像分类中的一种分层次处理结构，适用于下垫面比较复杂的状况。其基本思想是逐步从原始影像数据中分离并掩膜每一种目标作为一个图层或树枝，避免此目标对其他目标提取时造成干扰及影响。最终复合所有的图层以实现影像的分类。由此可以应用各种有效的分类技术，在每一次分类过程中，只需要对一类或数类地物进行识别，以达到提高影像分类精度的目的。在每一层分类过程中，可选择合适的波段或波段组合应用不同的方法进行分类，且在分类过程中可随时加入地学知识和辅助数据。在设计分类树时，要求所表达的分类类别在各层次中均无遗漏，且这些类别必须是通过目视解译或遥感影像处理能加以识别、区分。分类树的设计和分类器的选择直接影响到识别和分类的结果及其精度。因此，在设计分类树时，应使各分类结点的差异要大，从而选择的遥感数据源和辅助数据的可分性就大。

王建等(2000)选择甘肃省民勤县绿洲作为典型荒漠化研究区域，根据土地类型确定的分类树的结构如图 8-2 所示。该分类树选择从根部展开的方法进行遥感影像分类。具体的选择标准遵循从明确到模糊的次序原则。先将土地类型分为荒漠化土地和非荒漠化土地，在此基础上再分为子类和子子类，如将非荒漠化土

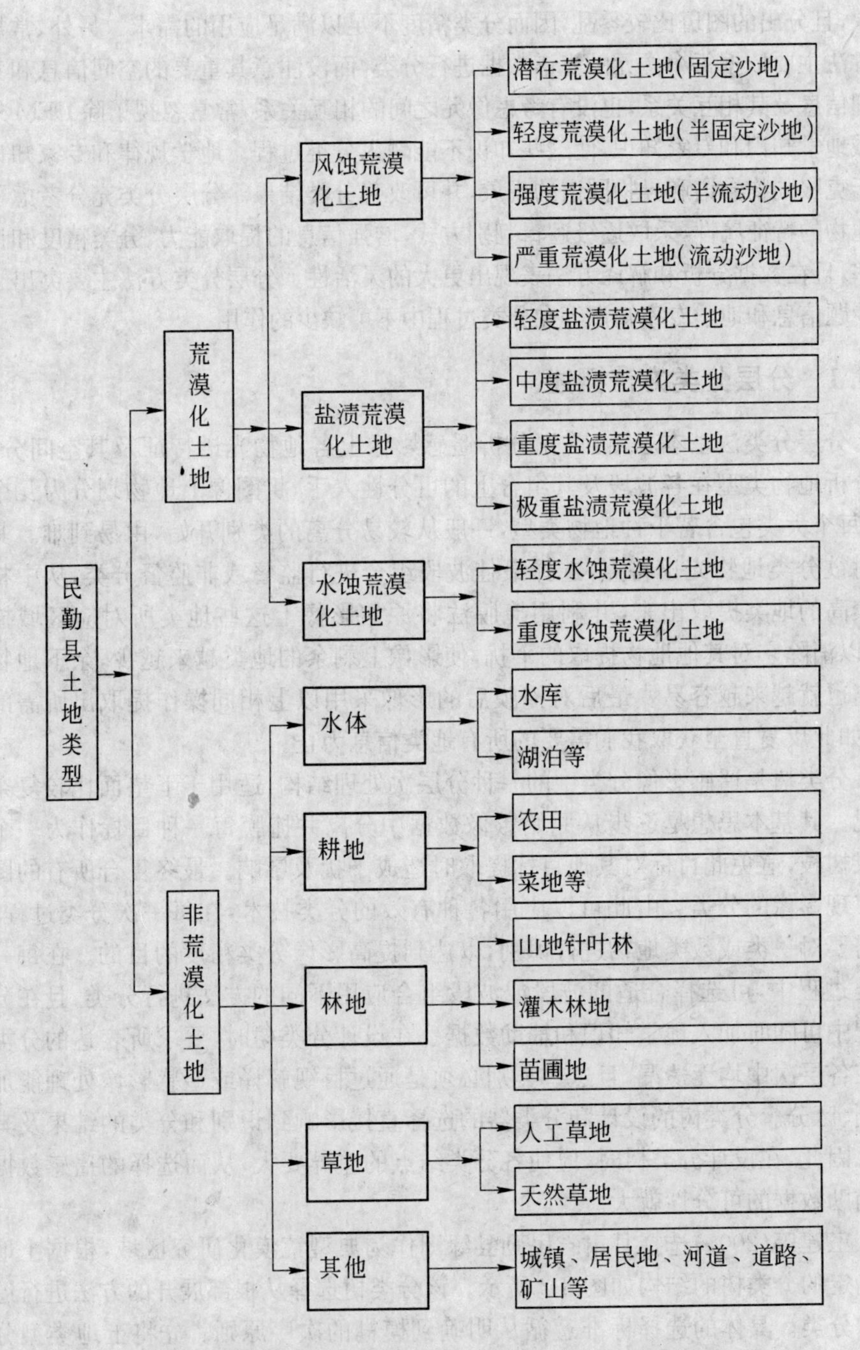

图 8-2 民勤县土地类型分类树[根据王建等(2000)修改]

地分为耕地、林地、草地、水体及其他，而将耕地又进一步分为农田和菜地。在分层分类中，可根据特定的目的把分类树中感兴趣的类别描述得更为详细。如在上述分类树中，作者的主要目的是提取荒漠化土地类型，在提取风蚀荒漠化土地类型时，将植被覆盖度作为重要因子；在提取盐渍化荒漠化土地类型时，充分考虑了盐渍化对植物生长及其产量的影响；而在提取水蚀荒漠化土地类型时，将地表坡度作为重要因子，如此等等。

8.5.2　建立分类树的基本方法

1. 遥感数据的统计可分性

在应用遥感数据进行分类时，通常利用训练数据进行类对之间的可分性分析来估计不同的特征组合下的期望分类误差。类对之间的可分性取决于这两个类别的特征(如不同波段的组合)在特征空间中的重叠程度。一般来说。两个类别在特征空间中的重叠程度不仅与特征均值间的距离有关，而且与各自特征的标准差有关。在遥感影像分类中，不但不同的波段组合方式影响类对之间的可分性，而且不同空间分辨率下同样的波段组合方式也会影响类对之间的可分性。有关遥感数据各波段、各类之间的数据统计分析特征，请参考第 6 章和第 7 章的相关内容，本小节仅对离散度和 J-M 距离的统计可分性方法进行介绍。这两种方法均考虑了类对特征均值间的距离和各自特征的标准差。

(1)离散度。离散度(divergence)与类别 i 和 j 的似然比($L_{ij}(X)$)有关，定义为：

$$L_{ij}(X)=\frac{p(X|\omega_i)}{p(X|\omega_j)} \tag{8-21}$$

如图 8-3 所示，对于两类问题的分类情况，当 a 越大，分类器把 X_0 正确分类到

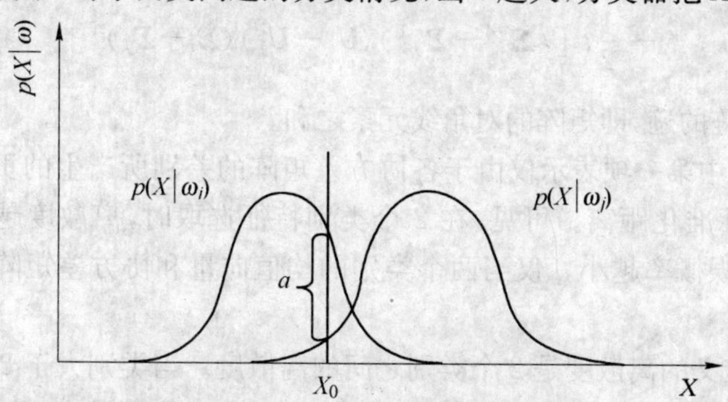

图 8-3　在一个点上的似然比定义示意图

i 类别的可能性越大，而 a 的大小正好可用 X_0 点的似然比来描述。

为便于数学处理，可以定义一个对数似然比，它同样与 a 的大小有关：

$$L'_{ij}(X)=\ln L_{ij}(X)=\ln p(X|\omega_i)-\ln p(X|\omega_j) \tag{8-22}$$

这时类别 i 和 j 之间的离散度(D_{ij})可以利用对数似然比来定义：

$$D_{ij}=E[L'_{ij}(X)|\omega_i]+E[L'_{ji}(X)|\omega_j] \tag{8-23}$$

式中：

$$\begin{aligned} E[L'_{ij}(X)\mid\omega_i]&=\int_X L'_{ij}(X)p(X\mid\omega_i)\,\mathrm{d}X \\ E[L'_{ji}(X)\mid\omega_j]&=\int_X L'_{ji}(X)p(X\mid\omega_j)\,\mathrm{d}X \end{aligned} \tag{8-24}$$

当测量空间为多维空间时，上式中的积分均变为体积分。

从以上分析可见，离散度可以看作是 i 类别的模式似然比均值和 j 类别的模式似然比均值之和。

离散度计算中的困难在于式(8-24)中的积分。若假定各类别的概率密度函数为正态分布，即：

$$\begin{aligned} p(X\mid\omega_i)&=N(\boldsymbol{U}_i,\boldsymbol{\Sigma}_i) \\ p(X\mid\omega_j)&=N(\boldsymbol{U}_j,\boldsymbol{\Sigma}_j) \end{aligned} \tag{8-25}$$

式中：$\boldsymbol{U}_i$ 和 $\boldsymbol{U}_j$ 分别为 i 和 j 类别的均值向量；$\boldsymbol{\Sigma}_i$ 和 $\boldsymbol{\Sigma}_j$ 分别为 i 和 j 类别的协方差矩阵。因此，离散度可表达为：

$$\begin{aligned} D_{ij}=&\frac{1}{2}t_r[(\boldsymbol{\Sigma}_i-\boldsymbol{\Sigma}_j)(\boldsymbol{\Sigma}_i^{-1}-\boldsymbol{\Sigma}_j^{-1})] \\ &+\frac{1}{2}t_r[(\boldsymbol{\Sigma}_i^{-1}-\boldsymbol{\Sigma}_j^{-1})(\boldsymbol{U}_i-\boldsymbol{U}_j)(\boldsymbol{\Sigma}_i-\boldsymbol{\Sigma}_j)^{\mathrm{T}}] \end{aligned} \tag{8-26}$$

式中：t_r 为矩阵的迹，即矩阵的对角线元素之和。

式(8-26)中第一项表示仅由于各协方差矩阵的差别所产生的贡献，而第二项为均值间的标准化距离。可见，在 2 个类别特征选取时，离散度越大、可分性越大、分类的错误概率越小。仅当两个类别的均值向量和协方差矩阵完全相同时，D_{ij} 才等于零。

以上所定义的离散度是 2 个类别之间的离散度。当类别大于 2 时，没有表达多类别间离散度的一般公式。常用的方法定义一个平均离散度，即计算全部类对(pairs of classes)离散度的均值。平均离散度的定义为：

$$D_{avg}=\sum_{i=1}^{m}\sum_{j=1}^{m}p(\omega_i)p(\omega_j)D_{ij} \tag{8-27}$$

式(8-27)是一个类对间离散度的类别先验概率的加权平均值，其中 m 为类别个数。

从原理上讲，选取平均离散度最大时的遥感数据，可以使平均的类别间正确分类率最大。但由于离散度是类别间标准化距离的函数，在实际应用中会有问题。式(8-26)中第二项随均值间会随均值间标准化距离的增大而迅速增加，因此离散度会随均值间标准化距离的增大而迅速不断增加，但对于正确分类的概率来说，其数值最大为 100%。这样在离散度达到一定程度后，离散度和正确分类的概率之间就缺少对应关系。为解决这个问题，可以通过引入一个负指数项将离散度变换为一个饱和的统计可分性度量。这个变换后的统计可分性度量称为变换的离散度(transformed divergence)，其定义为：

$$D_{ij}^{T}=2\left[1-\exp\left(-\frac{D_{ij}}{8}\right)\right] \tag{8-28}$$

变换的离散度的变化范围为[0,2]。一般地，当变换的离散度大于 1.9 时，表示统计可分性强。

(2)J-M 距离。J-M 距离(Jeffries-Matusita distance)是另一个类对间统计可分性的度量，被定义为：

$$J_{ij}=\left\{\int_X\left[\sqrt{p(X\mid\omega_i)}-\sqrt{p(X\mid\omega_j)}\right]^2\mathrm{d}X\right\}^{\frac{1}{2}} \tag{8-29}$$

假设各类别具有正态分布的概率密度函数，则式(8-29)简化为：

$$J_{ij}=\left[2(1-\mathrm{e}^{-\alpha})\right]^{\frac{1}{2}} \tag{8-30}$$

式中：

$$\alpha=\frac{1}{8}(\boldsymbol{U}_i-\boldsymbol{U}_j)^{\mathrm{T}}\left(\frac{\boldsymbol{\Sigma}_i+\boldsymbol{\Sigma}_j}{2}\right)^{-1}(\boldsymbol{U}_i-\boldsymbol{U}_j)+\frac{1}{2}\ln\left[\frac{\left|\frac{\boldsymbol{\Sigma}_i+\boldsymbol{\Sigma}_j}{2}\right|}{(\boldsymbol{\Sigma}_i\cdot\boldsymbol{\Sigma}_j)^{\frac{1}{2}}}\right] \tag{8-31}$$

J-M 距离的变化范围为[0,1.414]。一般地，当 J-M 距离大于 1.38 时，表示统计可分性强。

同样地，对于多类问题，可以定义平均的 J-M 距离：

$$J_{avg}=\sum_{i=1}^{m}\sum_{j=1}^{m}p(\omega_i)p(\omega_j)J_{ij} \tag{8-32}$$

式(8-28)和式(8-30)均表示平均类对的可分性。在数据处理时需先计算每一可能的子空间中,每个类对之间的离散度或 J-M 距离,再计算这些类对间统计可分度量的平均值,并按平均值的大小排列所得被评价的子集顺序,从而选择最佳波段组合。

2. 叠合光谱图

叠合光谱图(coincident spectral plot)又称多波段光谱响应图表,是建立在光谱数据统计分析基础上的一种分层分类方法。首先进行各波段各类别光谱特征(灰度值或反射率值)的统计分析,主要计算各类别在每一波段上的最大值、最小值、均值和标准差,然后可根据这些统计值绘制各类别地物的叠合光谱图。张翊涛等(2005)基于 2002 年 8 月 30 日 Landsat 7 ETM+遥感数据,选择黑龙江省大庆地区的一试验区为研究对象,对 9 种典型地物均选取了一定数量的样本,在对每种地物在 ETM+第 1,2,3,4,5 和 7 波段的灰度值进行统计分析的基础上作出的 9 种典型地物叠合光谱图如图 8-4 所示。9 种典型地物的光谱响应分别被表示为以各自灰度值的平均值($\overline{DN_i}$)为中心、以 2 倍的标准差(σ_i)为长度的一条线段,即线段的起点为$\overline{DN_i}-\sigma_i$,终点为$\overline{DN_i}+\sigma_i$。该线段越长,表示对应光谱灰度值的离散程度越大。

叠合光谱图能直观地显示各种地物种类的光谱灰度值在每个波段上的位置、分布范围、离散程度,以及它们之间的重叠状况、可分性大小等,是一种以定量方式对类别数据的光谱特征进行分析和比较的方法。通过分析叠合光谱图,可进行最佳波段和波段组合的选择,并进一步建立分类树。从图 8-4 可以看出,重度盐碱地在各波段较其他地物都具有较高的灰度值,中度盐碱地的灰度值次之,且与其他典型地物的重叠度小,因此,可选择 TM1,TM2,TM3,TM5 和 TM6 波段首先将重度盐碱地和中度盐碱地与其他地物区分开。其他可选择的波段,如水域有 TM1 至 TM7 灰度值依次递减的规律;林地 1 和耕地在 TM5,TM7 波段上容易与其他地物区分,再应用 TM4 波段区分林地 1 和耕地。

叠合光谱图在选择最佳波段组合时另一个作用是结合标准差大小及光谱响应的反向(reversal)现象判断类别间的可分性。光谱响应的反向现象可简单地描述为在叠合光谱图中类别 A 和类别 B 在波段 1 和波段 2 均有重叠,在波段 1 类别 A 的光谱响应大于类别 B 的光谱响应,而在波段 2 类别 A 的光谱响应小于类别 B 的光谱响应。利用光谱响应的反向现象,对单波段不能区分的类别可采用 2 个波段的结合加以区分。

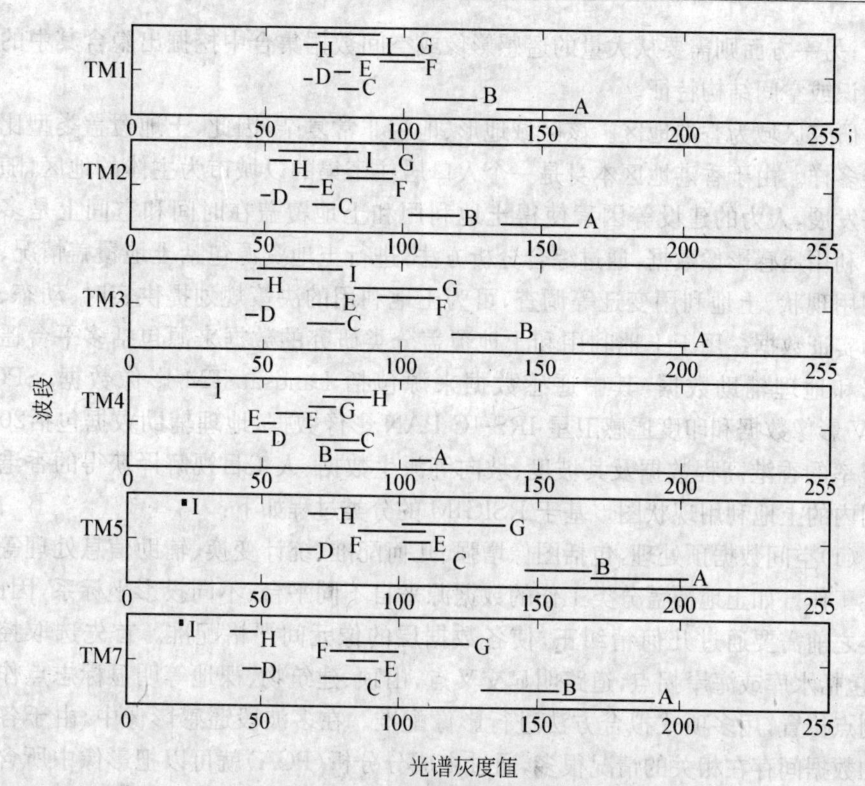

A: 重盐碱地；B: 中度盐碱地；C: 轻度盐碱地；
D: 林地1; E: 林地2; F: 城镇；G: 村屯；H 耕地；I: 水域

图 8-4　典型地物的叠合光谱图

8.5.3　基于知识的分层分类

为了提高遥感分类的精度，在分类过程中往往要根据待分类别所具有的光谱特性、地学特征、领域知识及其时空分布属性等，并将这些信息和知识按照一定的规则融入到遥感数据的分类过程。在这些分类中，应用较多是基础地理信息，即数字高程模型(DEM)。应用 DEM 可提取有关地形因子，如坡度、坡向，也可用分析地表植被、土壤等的地带性分异规律等。这里以遥感地学智能图解模型(RSI-GIM)支持下的土地利用和土地覆盖分类为例(骆剑承等，2000)，介绍在分层分类过程中如何应用地学知识和信息等参与图像分类。遥感地学智能图解，从语义上可理解为地学知识和地学信息辅助下的智能化遥感影像理解与决策分析，是遥感信息、地学信息、地学知识的综合集成应用过程，一方面是通过地学知识与空间信息的融合提高遥感地学分析模型的应用深度和结果精度，如提高遥感影像分类的精度；另一方面则需要从大量的遥感影像或空间数据集合中挖掘出隐含其中的空间知识或空间结构特征。

研究区域为香港地区。该区域地形、地貌非常复杂，因此，土地覆盖类型比较复杂多样。由于香港地区本身是一个人口居住密集的以城市为主体的地区，随着经济发展，人为的建设等因素使得土地利用和土地覆盖在时间和空间上是多变的。利用遥感影像数据，通过综合分析方法，进行土地资源包括土地覆盖情况、土地利用现状、土地利用变迁等调查，可为土地利用的决策规划提供实时、动态、快速的实证数据。用于土地利用和土地覆盖分类研究的数据来源包括多平台遥感数据和地理辅助数据，其中遥感数据来源包括 Landsat TM 影像数据、SPOT HRV 影像数据和印度遥感卫星 IRS-1C PAN 影像数据，地理辅助数据包括20 m分辨率的香港高程数据及其坡度、坡向等派生数据、人工目视解译获得的香港岛范围内的土地利用现状图。基于 RSIGIM 的分类过程如下：

(1)空间数据预处理，包括图像增强、几何配准、统计变换、辅助信息处理等基础性工作。如土地覆盖分类工作的数据源来自不同平台、不同投影坐标系，因此，分类之前需要通过几何精纠正，使各数据层的像元间严格配准。首先选取控制点，包括水库或海岸拐点，道路明显交叉点，山顶、建筑物、裸地等明显标志点作为控制点位置，用多项式拟合方法进行影像配准。在多波段遥感影像中，由于各波段的数据间存在相关的情况很多，通过主成分分析(PCA)就可以把影像中所含有的大部分信息用少数波段表示出来。大多土地覆盖类型的地域分异现象是受高程、坡度等地形因子制约而形成的，在土地利用和土地覆盖遥感分类中，可从高程数据中派生出坡度、坡向、粗糙度等地形因子进行辅助。

(2)地学知识处理。一般遥感土地覆盖分类中主要采用的辅助地学知识包括：①地物波谱知识；②植被指数；③地物类型随地形因子的分布规律，如地物高程分布规律、地物坡度分布规律等；④地物分布的空间关系，如红树林和水体的空间相关关系；⑤地物生长的时相分布规律，如成像季节植被的长势情况等。地物波谱知识、地物的地形分布知识、地物空间分布知识等采用结构化的“IF—THEN”规则形式表示，通过空间不确定推理，对最后分类结果进行证实和纠正；植被指数等知识以一定的数学模型形式，通过对整体影像数据的计算处理，获得反映突出某种信息的影像数据，再作为数据源的一个数据层，参与到土地覆盖分类之中；地物生长的时相分布规律，则针对参与的多平台遥感数据源的获取时间，分别对其地物类型的分布进行决策。

(3)土地覆盖粗分类。主要数据源是 TM 影像数据和 DEM 地形因子，包括 4 个波段遥感数据层(包括 TM123、TM4、TM5、TM7)和 3 个地形因子(高程、坡度、坡向)。主要分类过程包括:首先利用聚类方法对影像数据进行聚类分析,获得影像的复杂度;然后将影像划分为基本大类,并在影像中选取这些大类的样本数据集;最后用径向基函数(RBF)神经网络方法对影像数据进行粗分类,获得主要大类的土地覆盖情况后对影像进行区域划分。

(4)土地覆盖精细分类。在用TM影像和DEM的融合数据获得影像分异大类划分以后,各大类再与SPOT-HRV、IRS-1C PAN遥感数据和地形因子数据进行融合,分别得到各大类内部的第二层次的精细类别分布结构;然后用ARTMAP等高度非线性映射的神经网络分类器对各大类进行第二层次的精细分类,获得精细分类结果;最后通过分类后的处理,以及用地学辅助知识及推理机对分类结果进行纠正。

遥感制图的方法是:首先在精细分类结果上,通过空间域滤波,删除细小图斑,并对颜色表进行规范定义,生成分类彩色专题图;然后对分类结果进行验证,包括对所选取的若干测试样本进行结果验证,获得分类误差矩阵作为精度评价指数,并利用所组织的地学知识库处理系统,通过基于符号的空间推理进行分类结果的验证和对与知识库不符合的分类结果进行纠正处理;最后通过对分类专题图与原来通过目视解译获得的土地利用图的对比分析,对土地利用图进行更新处理。更新建立在对土地覆盖分类结果的评价体系上,分别进行像元级和特征级的对比评价,再通过人工交互式的对话方式,对土地利用图进行一定程度的更新。

8.6 变化检测

变化检测是指给定同一区域的多个时相的遥感影像,采用影像处理的方法,检测出该区域的地物变化信息,并对这些变化信息进行定性、定量的分析。遥感变化信息检测是遥感瞬间视场中地表特征随时间发生的变化引起多个时相影像像元光谱响应的变化,所以遥感检测的变化信息必须考虑可能造成像元光谱响应变化的其他要素的信息,如土壤水分、植物物候特征、大气条件、太阳角、传感器参数(如时间、空间、光谱和辐射分辨率)等。可以把这些影响因素分为两类:遥感系统因素和环境因素。在进行变化检测时必须充分考虑这些影响因素,并尽可能地消除这些影响,否则会导致错误的分析结果。

变化检测是遥感技术的主要应用之一,它可以通过对不同时相影像的比较分析,根据影像之间的差异得到我们所需要的地物变化信息。变化检测有着广泛的应用,常常用于环境监测、灾情监测与分析、城市规划、森林或植被分布分析、土地利用管理和土地覆盖状况分析等,可直接为管理人员提供科学决策的依据。目前该方面的研究多为宏观尺度，而局域尺度的详细研究较少。土地利用及土地覆盖变化驱动力可以归纳为两种类型，即自然驱动力和人文驱动力，二者相互作用，共同驱动土地利用变化。卫星遥感的影像特征是地面自然和社会经济现象的共同反映，体现了自然因素和社会经济条件的融合。

常用的变化检测方法有影像差值法、影像比值法、影像回归法、直接多时相影像分析法、主成分分析法、光谱特征变异法、假彩色合成法、分类后比较法、波段替换法、变化向量分析法、波段交叉相关分析以及混合检测法等，在使用时应该根据检测对象和影像参数等条件的不同加以选择。这些方法要求对多个不同时期的遥感影像首先进行精确的几何和辐射校正，校正的精度将会直接影响到变化检测的结果。

1. 假彩色合成方法和波段替换法

在图像处理系统(软件)中将3个不同时相的某一波段数据分别赋以R(红)、G(绿)、B(蓝)颜色并显示，用目视解译的方法直观地解译出相对变化的区域。这种变化检测方法得到的变化区域是由于其对应的灰度值变化引起的，可以在合成图像上清晰的显示，但无法定量地提供变化的类型和大小。一般反射率变化越大，对应的灰度值变化也越大，可指示对应的土地利用和土地覆盖类型已发生变化，而没有变化的地表常显示为灰色调。比如，在土地利用和土地覆盖变化检测中，对3个时相的SPOT-Pan影像从早期至后期分别赋予R,G,B颜色，若合成图像显示青色(cyan)，则表示低反射率到高反射率的地表变化(如从植被至裸土)。

波段替换法是通过利用某一时相的某一波段的数据替换另一时相一景影像该波段的数据，用假彩色合成的方法分析变化的区域。

2. 影像相减法和比值法

影像相减法是将一个时相影像各个像元的灰度值(光谱反射率值)与另一时相影像对应像元的灰度值(光谱反射率值)相减，也可以是变换后的NDVI影像相减。比值法是将是将一个时间影像的灰度值与另一时间影像对应的灰度值相除。影像相减法表达式为：

$$D_{X_{ij}} = X_{ij(t_2)} - X_{ij(t_1)} \tag{8-33}$$

式中：X_{ij}为像元灰度值；i,j为像元坐标值；t_1和t_2分别为两幅影像的获取时间。

纹理特征影像差值法则是使用某一像元的纹理特征(f_{ij})替代这一像元的灰度值，表达式为：

$$D_{X_{ij}} = f_{ij(t_2)} - f_{ij(t_1)} \tag{8-34}$$

值得注意的是按照纹理的定义，单个像元是没有纹理的。这里某一像元的纹理特征是指以该像元为中心，连同四周一定距离内的像元点阵的纹理，即原来影像在这一像元点上的纹理。针对特定应用，选择适当的纹理特征（参见第 6 章 6.9 节）是影响纹理特征差值检测效果的重要因素。

比值法的表达式为：

$$\Delta = X_{ij(t_2)} / X_{ij(t_1)} \tag{8-35}$$

通常，选择 t_1 和 t_2 为不同年份的相同或相近的日期，以尽量排除因季节不同等因素而引起的变化等。这两种方法在数学上很容易实现。而实际情况是同一时相遥感影像的波段之间往往是互为相关的，而且两个时相影像间也是互为相关的。所以当将影像简单相减或相除时会存在很多问题，如，既可能损失很多信息，又可能出现很多噪声（由影像相关性引起）。因此，如果应用这些方法进行变化检测，就必须考虑选取适当的阈值将有变化像元和无变化像元区分开来。阈值的选择是必须根据区域研究对象及其周围环境的特点来确定，在实际应用中，阈值的选择是颇为困难的。通常，通过差值或比值图像的直方图来选择“变化”与“无变化”像元间的阈值边界，并需要多次反复实验。

影像相减法和比值法的优点是在理论上较简单，易理解和掌握，但常常不能确定所变化的区域属于什么类型即很难确定区域变化的性质，还需要对变化的区域进一步地分析，例如农业用地和城市用地仅仅作为变化而被检测出来，并不能确定是从农业用地变化到城市用地还是从城市用地变化到农业用地，因此为了能确定变化性质还需要应用其他方法进行更进一步的分析，提取有关变化性质的信息以便找出感兴趣的变化。

3. 主成分分析法

主成分分析法的数学基础是主成分变换，是根据协方差矩阵或相关系数矩阵对多波段影像数据进行线性变换，按照方差的大小分别提取一系列不相关的主成分的方法。其意义是在不损失原始数据有用信息的条件下，选择部分有效特征，而舍弃多余特征。主成分分析法是在考虑到原始多光谱影像大部分变化的前提下，将光谱波段数目减少为较少的几个主要成分，然后再通过影像相减法或比值法来比较两个或多个时间中影像的变化。这种方法比影像相减法进了一步，可以很好地消除影像内部各波段间的相关性，可以抑制由于影像内部相关性引起的噪声，但是它仍然没有考虑到不同时相的两幅影像间的相关性影响，检测的结果只能反映变化的分布和大小，难以表示从某种类型向另种类型变化的特征。

4. 分类后比较法

分类后比较法是对每一时相的多光谱影像先进行分类，然后比较不同时相分类结果的变化。先分类后比较的方法是最直观、最常用的技术，可以直接依据不同地物的波谱特性确定该区域发生了什么变化和变化特征。先分类后比较方法之所以有效是因为多个时相的遥感数据是相互独立地进行分类，因而减小了不同时间大气状态的变化、太阳角的变化、土壤湿度的变化以及传感器状态不同的影响，但变化检测的结果在很大程度上依赖于分类的精度。这种方法的精度和可靠性依赖于多个不同时相所采用不同的分类器，存在着分类误差累积现象，这就影响了变化检测结果的准确性，也就是说影像分类的可靠性影响着变化检测的准确性。

5. 变化向量分析法

变化向量分析法(change vector analysis,CVA,)是考虑到一景影像每一像元灰度值构成一个向量，不同时相的两景影像中发生对应地物的变化实际上是像元向量的变化。通过由第一时间变化到第二时间的方向、幅度这一谱变化向量描述地表变化，该法利用由通过经验法或模型表示的阈值决定发生变化的最小幅度临界值(图 8-5)。变化幅度(CM_{pixel})通过确定 n 维空间中两个数据点之间的欧氏距离求得，即：

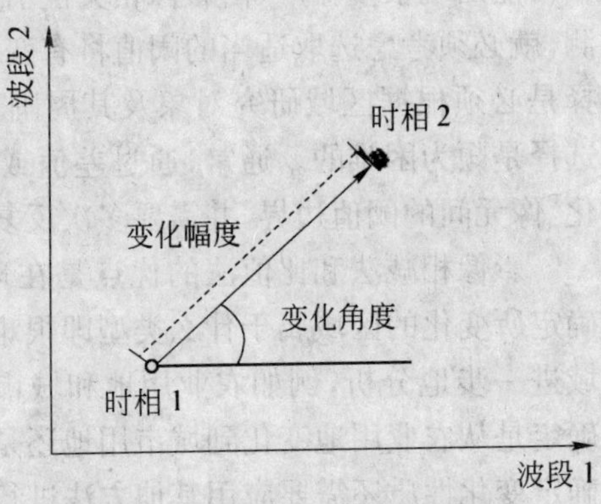

图 8-5 变化向量分析法示意图

$$CM_{\text{pixel}} = \sqrt{\sum_{k=1}^{n} (BV_{ijk(t_2)} - BV_{ijk(t_1)})^2} \tag{8-36}$$

式中：$BV_{ijk(t_1)}$ 和 $BV_{ijk(t_2)}$ 是某一像元(i,j)分别对应的时相 1 和时相 2 在波段 k 上的光谱值，$k=1,2,\cdots,n$，n 为所选用的光谱波段数。

对于每个像元来说，其变化方向反映了该像元在每个波段的变化是正向还是负向，可根据变化的方向和变化的角度来确定。每个像元的变化方向可归为 2^n 种模式。变化向量分析法的优点是综合考虑了地物变化引起的各波段像元灰度值的变化。

6. 影像匹配的变化检测方法

影像匹配的变化检测方法是利用不同时期单幅影像匹配进行的一种变化检测方法。该方法首先是将用于变化检测的新影像相对于老影像做相对几何配准，然后将老影像与配准的新影像进行影像灰度匹配，找到匹配不好的影像窗口，认为该窗口内可能发生了变化，是待选变化的区域，再利用数学形态学方法把相邻的待选变化区域合并，并去除一些小的孤立的区域，然后对待选变化区域内进行边缘检测，并提取直线，最后基于提出的直线特征对待选变化区域进行比较，确定变化了的区域。单幅影像匹配的变化检测方法的优点是能够检测出细微的、具体的变化，同时该方法对变化的情况只做了定性的分析，而没有对其进行定量分析和评价。

以上所论述的变化检测的方法可分为 3 类：①影像代数算法，如主成分分析法、影像相减法、变化向量分析法等；②对不同时相的遥感数据相互独立的分类，然后对分类结果进行比较性的研究；③对不同时间的数据同时进行分析。分类的变化检测方法直接给出了有关地物性质的信息，因而受影像配准及时域标准化结果的影响要小，但是所使用的分类器的准确度对它们影响很大。分析的变化检测方法常常需要进一步的分析，提取有关变化性质的信息以找出感兴趣的变化类别，但要求精确的时域标准化和影像配准。应用上述方法的混合法进行变化检测，往往可以得到较好的检测结果，例如利用差值法获得变化模板，然后与分类法相结合，仅对变化模板指示变化的位置进行分类。

解决变化分析问题的另一种思路是应用模式分类和识别等方法，先从每个时相的影像中提取出特定目标，然后再作比较。几何和辐射校正的精度对这类方法影响较少，它最重要的一步是如何从遥感影像中提取出特定目标。

要实现变化检测，需要解决以下问题：①不同时期的影像分辨率可能不同，需要解决两景影像像元级几何配准问题；②同一目标的灰度值不同，即使对应同一区域，不同的天气条件和卫星成像条件下所获得的变化区域的灰度都值可能不同，需要解决两景影像的灰度匹配问题；③只检测特定目标，如只检测指定目标，即要求算法有一定的针对性，这就需要有完备的特定目标判读模式库来支持。

变化特征的确定：以土地利用和土地覆盖变化的研究为例，通过变化区域的提取能够检测出由 t_1 时刻到 t_2 时刻土地利用和土地覆盖发生变化的具体位置和分布，但经这一步骤处理后给出发生变化的位置，其土地利用和覆盖变化的具体范围、边界位置并不一定完整，例如出现不连续的线状目标，面状目标仅检测出变化的一部分区域,需要发展有效的变化区域提取方法,从影像上准确获得变化处各目标的准确范围、形状和边界。变化区域的提取方法,包括阈值法、区域生长法和人机交互描绘法等。阈值法能有效使用于经影像相减法、PCA分析法等处理后的影像上,其关键在于从变化发现后的影像上获得变化阈值;区域生长法适用于经波段替换法、假彩色合成法处理后的影像;种子点的选取往往需要人机交互确定。通过区域生长提取变化范围时除采用影像本身的光谱或灰度相似性外,挖掘纹理、结构等复合信息综合提取变化范围有助于提高结果的可靠性与准确性。人机交互描绘法适合于上述方法失效的复杂情况,它需要人机交互逐一提取各变化处的区域范围,难以分层成批处理,工作量大,自动化程度不高,当然在逐一提取各变化图斑时,可同时利用区域生长法、阈值法提高自动化程度。

变化类型的确定:变化类型的确定只对发生变化的影像区域,采用的方法可包括人机交互解译、自动分类识别以及模板匹配等方法。在这一过程中,充分利用已拥有的多源信息具有重要的意义,例如①由 t_1 时相、t_2 时相影像和检测的变化影像共同构成特征空间自动分类识别;②由 t_1,t_2 时相和已有土地利用和覆盖数据构建各类型判别知识库,在知识库引导下的类别识别;③综合利用各种知识的决策树分类识别。

7. 时序分析法

各种地表特征均随时间作连续变化,并通过相应的空间和属性特征的改变而体现出来。从遥感分析看,事物的有无、几何特征的改变及内部结构的变化是最常用的时域变化分析的视点。时序分析,即时间序列分析,是数理统计中的一个重要分支,它作为一种动态分析法,目的在于通过对同一监测项的平稳观测序列进行数据处理,找出监测项的变化特征、变化趋势。时序分析可看作是一种变化检测的方法,但其还同时可用于研究地表某一特征的变化趋势。在多数场合,时序分析法又称为图谱分析法。

基于遥感数据的时序分析是通过对一个区域进行一定时间段内的连续遥感观测,提取影像的有关特征,再根据相关的影像特征研究地表(或地表某些参数)的变化过程与趋势。首先需要根据检测对象的时相变化特点来确定遥感监测的周期,从而选择合适的遥感数据,且数据有一定时间的积累。其次是要选择合适的分析方法,这样才能得出有价值的连续变化和预测结果。地表大部分信息与空间位置有关,空间位置、属性及时间是时空数据模型的三大要素,只有完整表达地理信息的空间、时间和属性,才能揭示地理现象的特征和规律,也就是说,在研究地表时序变化时必须考虑其空间变化。

由于遥感时序分析是通过相关的影像特征的变化研究地表的变化过程和趋势，因此影像特征的选择及其提取是非常重要的。所选影像变化特征应当是比较灵敏地反映地表环境变化的指数。如由于植被在红光波段和近红外波段特有的反射特性，因而植被指数是有关植被动态变化过程的一个重要指标。分析区域植被变化的一个有效方法是观察特定像元 NDVI 的时序变化。当植被受到水分、养分胁迫或发生病虫害时，植被指数就会降低，因此在进行这一类时序分析时，必须与健康生长的植被进行对比分析。杨俊泉等(1997)在研究马尾松松毛虫危害区 NDVI 值的时序变化时发现，与正常生长的马尾松林的 NDVI 值相比，应用 NDVI 值的时序变化特征的对比分析能监测松毛虫的危害，同一时相的受害松林的 NDVI 值一般小于正常松林的 NDVI 值。同时应用森林昆虫学研究获得的关于森林补偿作用和松毛虫的生活习性等研究成果，解释了对 NDVI 值时序变化中的突变(即受害松林的 NDVI 值大于正常生长松林的 NDVI 值)的生态学意义及其在预报虫害是否发生及危害程度的作用。变异系数是标准差与均值之比，它反映了松林的 NDVI 在空间分布上的不均匀性，也间接地反映了受虫害影响造成的松林叶密度分布的不均一性。同一时相的受害松林的 NDVI 的变异系数一般大于正常松林的 NDVI 的变异系数，受害松林区冬季 NDVI 变异系数越高，且与正常松林区的 NDVI 变异系数差别越大，则次年发生虫害的可能性越大，危害程度也越大。

小　结

本章主要讲解了几种主要的遥感影像综合分析方法。由于遥感影像数据具有多源性、空间宏观性、综合性及其获取时间的周期性，因此，无论是应用遥感数据进行定性分析，还是进行定量研究，应采用综合分析的方法，并在应用过程中尽可能地引入辅助数据、专题知识和信息等，以提高遥感影像目视解译和分类以及专题信息等的提取精度。定量遥感的核心在反演，建立前向模型是反演的先决条件，而反演的应用价值更大。在地表参数的遥感定量反演过程中，应注重反演策略与方法、反演的不确定性问题和先验知识的引入等。混合像元分解的方法较多，其主要目的是提高地物识别、分类和遥感定量反演的精度。地表研究对象通常具有空间异质性，因而在不同时、空尺度遥感反演模型间存在着尺度转换的问题，尺度转换一般采用参数化的方法。

遥感地学相关分析方法与一般地学研究采用主导因素原则和综合性原则相适应，因而在遥感应用研究中应采用主导因子相关分析法和多因子相关分析法。分层分类方法是在常规的监督分类与非监督分类方法的基础上，强调了在不同的层次可采用不同的分类方法和在分类过程中加入先验知识的作用及其重要性，该方法适于用大气下地面比较复杂情况下的地物分类。遥感变化检测的研究方法也较多,且各有优、缺点。

变化检测是通过对多时相遥感影像的比较分析,研究地物类别的变化特性。时序分析一种动态分析方法,在经济学等学科中得到广泛的应用。基于遥感数据的时序分析主要研究各种地表特征随时间的变化过程与趋势。目前,应用遥感数据的时序分析对地表特征的变化趋势和预测的研究还较少。

思 考 题

1. 如何理解定量遥感反演模型解的适定问题?如何对反演问题的解进行评价?

2. 以某一农业遥感应用为例,试对遥感反演模型与农学模型联合应用的途径进行说明。

3. 以某一农作物生长过程中叶面积指数的变化规律为例,举例说明在应用遥感数据开发叶面积指数反演模型时如何引入这一先验知识。

4. 简述遥感反演的策略与方法。

5. 混合像元形成的主要原因是什么?它对遥感应用有何影响?

6. 混合像元分解模型中几何模型和线性模型的主要区别是什么?应用几何模型时,如何考虑地物的结构参数?

7. 尺度效应和尺度转换的4个层次的含义是什么?

8. 举例说明如何处理时间域的尺度问题。

9. 如何进行空间域的尺度纠正?

10. 应用地学研究中的主导因素原则和综合性原则说明遥感地学相关分析法的重要性。

11. 以某一区域为例,试设计一遥感影像分类树及应采用的分类器。

12. 试对比分析离散度和J-M距离的统计可分性。

13. 试举一例基于知识的分层分类方法。

14. 变化检测需要解决的主要问题是什么?

15. 分类后比较法的缺点是什么?

16. 查阅相关文献资料,说明如何应用时序分析研究地表某一参数变化过程和趋势。

参 考 文 献

[1] 柏延臣,王劲峰. 基于特征统计可分性的遥感数据专题分类尺度效应分析. 遥感技术与

应用，2004，19：443-449.

[2] 李德仁. 利用遥感影像进行变化检测. 武汉大学学报:信息科学版，2003，28：7-12.

[3] 李小文，王锦地，Strahler A H. 非同温黑体表面上Planck定律的尺度效应. 中国科学:E辑，1999，29：422-426.

[4] 李小文，汪骏发，王锦地，等. 多角度与热红外对地遥感. 北京：科学出版社，2001.

[5] 吕长春，王忠武，钱少猛. 混合像元分解模型综述. 遥感信息，2003：55-60.

[6] 骆剑承，周成虎，杨艳. 遥感地学智能图解模型支持下的土地覆盖/土地利用分类. 自然资源学报，2001，16：179-183.

[7] 马建文，田国良，王长耀，等. 遥感变化检测技术发展综述. 地球科学进展，2004，19：192-196.

[8] 王建，董光荣，李文君，等. 利用遥感信息决策树方法分层提取荒漠化土地类型的研究探讨. 中国沙漠，2000，20：243-247.

[9] 徐希孺. 遥感物理. 北京：北京大学出版社，2005.

[10] 杨俊泉，陈尚文，沈建中，等. 马尾松毛虫危害区植被指数时序变化特征研究. 国土资源遥感，1997，34(4):7-13.

[11] 张继贤. 论土地利用与覆盖变化遥感信息提取技术框架. 中国土地科学，2003，17:31-36.

[12] 张翊涛，陈洋，王润生. 结合自动分区与分层分析的多光谱遥感图像地物分类方法. 遥感技术与应用，2005，20：332-337.

[13] 赵英时. 遥感应用分析原理与方法. 北京：科学出版社，2003.

[14] 周成虎，骆剑承，刘庆生，等. 遥感影像地学理解与分析. 北京：科学出版社，2003.

[15] Liang Shunlin. Quantitative Remote Sensing of Land Surfaces Hoboken(New Jersey, USA)：John Wiley and Sons，Inc，2004.

[16] Quattrochi D H，Goodchild M. Scale in Remote Sensing and GIS. Florida(USA)：CRC/Lewis Publishers，1997.

[17] Quattrochi D H，Luvall J C. Thermal Remote Sensing in Land Surface Processes. Florida (USA)：CRC Press，2004.

第 9 章　农情遥感监测

遥感是应用传感器获取地表反射或辐射电磁波的能量，客观地反映地表的综合特征，它的优势在于频繁和持久地提供地表特征的面状信息，这对传统的以稀疏离散点为基础的对地观测手段是一场革命性的变化。用遥感技术进行的农情监测可分为两种尺度：宏观尺度和微观尺度。宏观尺度是从数百米到数千米。一般认为微观尺度是卫星遥感传感器星下点的像元大小，从数十米到百米。

农情监测是对农作物的整个生长过程进行全程系统监测，包括汇集种植面积计划安排、农用物资储备、播种进度，调查作物布局、品种结构、种植面积落实情况与田间管理，监测农作物的长势和灾害（包括气象灾害和生物灾害）的发生与发展，评估灾情损失和预测农作物产量等。农情监测与粮食安全密切相关，监测的目的是及时、准确、迅速、全面地收集这些农情信息，为各级政府与农业生产部门提供决策依据。农情遥感监测是农情监测的一种手段，它是指应用遥感技术对农作物进行“面”上系统地监测，主要研究农作物的长势及其影响因素，监测与农作物生长有关的因素（如干旱、土壤表层水分等）和有关灾害的时空分布特征，开发定量化的指标评价体系。本章主要涉及干旱、土壤表层水分、水灾等监测方法，对理论基础较强的定量监测方法进行详细的论述，对定性的监测方法仅对监测过程进行概述，在最后一节对农情遥感监测进行重点阐述。

9.1　概论

要实现大范围面上的农情监测，遥感技术是可行性的技术途径之一，并且充分地利用了地物表面的光谱、时间、空间和方向信息。农情监测所取得的各种信息即农情信息是组织和指导农业生产的重要依据。因此，准确、迅速、全面地收集农情信息，对于各级政府管理生产和制订政策措施是非常必要的，也是至关重要的。农情信息从收集到向管理决策层提供支持服务，强调客观可靠与快速及时。

地球表面的重要组成之一是植被覆盖。植被，无论是自然的还是栽培的，覆盖了大部分地球陆地表面并强烈地影响地球的生态环境。遥感通过太阳辐射和植被冠层间的相互作用提取植被冠层有用的生物物理信息，而这些信息通常是通过相关各光谱波段所反射的太阳辐射的比率来表达，这就叫植被指数。植被指数通常与绿色植被的覆盖度有关，而卫星遥感影像的多光谱特性、相对小的尺度以及遥感信息的周期性和信息质量的连续性使得遥感技术对植被及其地面覆盖的监测尤其有用，现已广泛地用于探测地球生物圈的变化，并在地理信息系统技术的参与支持下进行土地覆盖与土地利用的监测，观察植被类型及其生存状态、监测干旱、水土流失和土地荒漠化等。随着遥感技术和计算机科学与技术的发展，宏观的农情监测变得越来越重要，并对促进农业生产、区域可持续发展和粮食安全具有重要的现实意义。

干旱是一种潜在的自然现象，它的发生过程复杂，通常表现为一种缓慢的自然灾害。干旱发生于全球所有的气候带，但在不同气候带的表现形式不同，因而导致了至今还没有一个适用于任何条件下的定义。干旱的定义应该是建立在可操作的基础之上，应包括干旱的起始、结束及严重程度。为了确定干旱的起始时间，一种可行性的定义是某一时期内的降水量或其他气候变量偏离其多年平均值的程度。Wilhite 等发现早在 20 世纪 80 年代初期基于点上的观测数据对干旱的定义多达 150 多种，这些定义反映了地域的不同、需求的不同以及学科的不同。他们将这些定义划分为 4 种基本的定义类型，即气象干旱、农业干旱、水文干旱和社会经济干旱。

热红外遥感影像像元的灰度为表面温度的函数，是对表面能量平衡状态的瞬时观测。土壤含水量是干旱监测、调查农情的最重要参数之一，而现有的土壤水分计算模型只是简单地将地—气界面的能量和水分分布作为已知变量代入能量平衡方程中来计算土壤的水分分布状况，能量和水分的空间分布信息实际上难以获取。因而，现有的土壤水分计算模型缺乏实用性。依靠有限站网监测资料的土壤水分计算模型的计算结果也不十分可靠，因其考虑地表空间变化的不均一性有限，故不能依靠现有的水分计算模型来计算土壤的水分空间分布状况，实现干旱监测与预测的目的。由于遥感能提供大范围不均一地表的众多陆面参数值，充分考虑土壤水分分布的不均一性，因此可提高大范围内土壤水分监测的实用性。

微波遥感具有全天时、全天候和对植被及土壤有一定的穿透能力等特点。微波遥感是土壤水分和洪涝灾害等监测的主要数据源，也可用于作物识别和地表生物量的反演等。

9.2　基于土壤热惯量模型的土壤表层含水量的反演

土壤热惯量反映了土壤的热学特性。当地物吸收或释放热量时，地物温度变化的振幅与地物的热惯量成反比，它是引起物质表层温度变化的内在因素。地表能量的动态平衡方程是引起地表温度变化的外在表现。因此,土壤热惯量的遥感定量反演与地表温度变化和能量平衡密切相关。

9.2.1 热惯量的定义

在物质众多的物理特性之中,热惯量(thermal inertia)是物质控制其表面温度最重要的特性,它与热红外遥感具有本质的联系。热惯量是地物阻止其温度变化幅度的一种特性,对某一物质来说,它是该物质表征着一特性的固有常量。热惯量被定义为物质对温度的热响应,它是物质热传导率、比热容和密度的函数,表达式为

$$P = \sqrt{k r_h \rho} \tag{9-1}$$

式中:P 为热惯量,$J/(cm^2 \cdot s^{1/2} \cdot K)$;$\rho$ 为物质的密度,g/cm^3;r_h 表示物质的比热容,$J/(g \cdot K)$;k 为导热系数,即热导率,$J/(cm \cdot s \cdot K)$。

地表物质组成不同,其热惯量也不相同。对土地表面来说,其热惯量既受地表永久特性如土壤矿物组成、地形和地理位置等的影响,又受地表某些可变特性如土壤水分、通风状况和表面植被覆盖程度的影响。

9.2.2 一维热传导方程

应用航天和航空遥感数据,研究土地表面的热惯量最感兴趣的是研究土地表面及其以下相对较薄层次温度以日为周期的日变化幅度(简称周日变化),这种周日变化是由于土地表面白天受太阳照射,地表的温度升高,而在夜间地表向大气热红外辐射,地表的温度降低所致。也就是说,土地表面及其以下某一深度处的温度处于周日变化之中。

目前,大多数的热传导模型是求解一维热传导方程。若仅考虑向空中辐射的垂直分量,并假设地表物质为均匀介质,则热传导方程成为一维形式。令热传导的方向指向地面,直至温度下界面,则热传导方程的一维表达式为:

$$\frac{\partial T(z,t)}{\partial t} = D_H \frac{\partial^2 T(z,t)}{\partial z^2} \tag{9-2}$$

式中:z 为一维空间坐标,cm;t 为时间,s;$T(z,t)$ 为地面以下 z 深度处 t 时刻的温度,K;D_H 称为热扩散系数,也称为热扩散率、温度传导率,(cm^2/s)。

$$D_H = \frac{k}{r_h \rho} \tag{9-3}$$

9.2.3　一维热传导方程的求解

为了求解一维热传导方程，就必须给定合适的边界条件和初始条件，初始条件是初始瞬时物体内的温度分布，说明导热过程的历史；边界条件是物体表面与周围介质的热交换情况，说明导热过程的环境。对于不同的边界条件和初始条件，方程式就有不同的解。如果不给定边界条件和初始条件，热传导方程就会有无穷多个解。在正常情况下，控制地表的主要能量是太阳向地球辐射的能量，地球本身辐射的能量以及地球与大气之间的热传输。这些物理效应的共同作用，引起土地表面温度的周期性变化，有日周期的变化，也有年周期的变化。

初始条件是给出整个系统的初始状态，即 $t=0$ 时的温度场 $T(z,t)$ 。对于吸收太阳能的土地表面来说，其表面温度的周期变化已经历了足够长的时间，以致土地表面内部各点的温度已处于周期性变化稳定状态。边界条件的非线性形式可以防止对一维热传导方程的直接分析求解，并可求出一个完整的数值解。目前，一维热传导方程的求解通常采用傅立叶级数法、拉普拉斯变换法、有限差分法和有限元法。

傅立叶级数法是将非线性边界条件线性化，并将求解结果表示为完全形式的无限的傅立叶级数，它是一种求解热传导问题的基本方法。线性化是通过泰勒级数展开地表温度，并忽略二次以上的项。傅立叶级数法最大的优点是能快速地得到分析解，基本上符合地表温度周日变化的模型，且概念和物理过程清楚，参数少，计算方法简便；其缺点是对上部边界条件完全线性化，以及还要做其他假设来简化温度的求解方法，这种线性化与实际情况有一定距离。傅立叶级数法中线性化的边界条件为

$$-k\left.\frac{\partial T(z,t)}{\partial z}\right|_{z=0}=(1-A)S_0C_\tau\cos Z-[A_c+BT(0,t)] \qquad (9\text{-}4)$$

和当 $z\to\infty$ 时，$T(z,t)$ 为恒定值，即

$$\frac{\partial T}{\partial z}=0 \qquad z\to\infty \qquad (9\text{-}5)$$

式中：A 为地表反照率，是地表全波段、半球视场的反射率，可通过建立反照率与可见光和近红外波段的反射率间的关系求得；S_0 为太阳常数，即在日地平均距离处，地面在单位时间内垂直于太阳射线的单位面积上所接收到的全部太阳辐射能；C_τ 为太阳辐射的大气透过率；Z 为水平表面的太阳天顶角；A_c 和 B 为线性化边界条件的系数。该边界条件来自引起土壤表面温度变化的地表能量的动态平

衡方程：

$$-k\frac{\partial T(z,t)}{\partial z}\bigg|_{z=0}=(1-A)S_0C_\tau\cos Z-R_{earth}+R_{sky}-H-LE \tag{9-6}$$

$$\cos Z=\sin\delta\sin\varphi+\cos\delta\cos\varphi\cos t_s \tag{9-7}$$

式中：R_{earth} 为地面向上所发射的长波辐射；R_{sky} 为天空向下的长波辐射；H 为由地表到大气的感热通量，即地表与大气间湍流形式的热交换；LE 为由地表到大气的潜热通量，即地表与大气间水汽的热交换，包括土壤蒸发和植被蒸腾；δ 为太阳赤纬，赤纬是指太阳光与地球赤道平面的夹角；φ 为地理纬度；t_s 为太阳时角，定义为地方时 12 点的时角 t_s 为 0。因而，式(9-4)右边的第一项代表地表吸收的净太阳辐射，第二项为地表和天空长波辐射的线性表达。

将一维热传导方程式(9-2)变换便可得到土壤温度变化与土壤热惯量间的关系：

$$P^2\frac{\partial T(z,t)}{\partial t}=k^2\frac{\partial^2 T(z,t)}{\partial z^2} \tag{9-8}$$

由于地表温度处于周日的变化之中，且表面温度的周日变化已经历了足够长的时间，以致土壤内各点的温度处于周期性变化状态，式(9-6)的边界条件也是符合这一规律的。为了对式(9-6)的边界条件求解，可将地表温度的变化近似地用余弦曲线模拟，即

$$T(0,t)=T_0+A_T\cos(\omega t)$$
$$\omega=\frac{2\pi}{t_p} \tag{9-9}$$

式中：T_0 为土地表面温度的周日平均值；A_T 为地表温度变化的振幅；t_p 为地表温度变化的周期，$t_p=24$ 小时；ω 为地表温度变化的角速度，$\omega=\frac{2\pi}{24\times3600}$ (rad/s)。T_0 和 A_T 由下式求得

$$T_0=\frac{(T_{max}-T_{min})}{2} \tag{9-10}$$

$$A_T=\frac{(T_{max}+T_{min})}{2} \tag{9-11}$$

式中：T_{max} 和 T_{min} 分别为当地日最高和最低土地表面温度。

为了推导方便，我们用式(9-9)进行一维热传导方程的求解。令 $\theta=T(0,t)-T_0$，

则式(9-9)可改写为

$$\theta = A_T \cos(\omega t) \tag{9-12}$$

将式(9-12)代入式(9-2)有

$$\frac{\partial \theta}{\partial t} = D_H \frac{\partial^2 \theta}{\partial z^2} \tag{9-13}$$

此问题可用分离变量法求解，可得到深度 z 处温度随时间的变化规律

$$T(z,t) = T_0 + A_T \exp\left(-\sqrt{\frac{\omega}{2D_H}}\, z\right)\cos\left(\omega t - \sqrt{\frac{\omega}{2D_H}}\, z\right) \tag{9-14}$$

与 $z=0$ 时地表温度的变化相同，离地表给定距离 z 处的温度也按同样周期的余弦规律变化，但其振幅随距离 z 按指数规律衰减，变化周期与表面处的相同，但滞后一个相位($\sqrt{\frac{\omega}{2D_H}}\, z$)。

用式(9-4)的边界条件求解一维热传导方程，式(9-4)可改写为

$$\left(T(z,t) - \frac{k}{B}\frac{\partial T(z,t)}{\partial t}\right)\bigg|_{z=0} = -\frac{A_c}{B} + \frac{(1-A)S_0 C_\tau \cos Z}{B} \tag{9-15}$$

令

$$f(z,t) = T(z,t) - \frac{k}{B}\frac{\partial T(z,t)}{\partial t} \tag{9-16}$$

并代入式(9-13)可得

$$\frac{\partial f(z,t)}{\partial t} = D_H \frac{\partial^2 f(z,t)}{\partial z^2} \tag{9-17}$$

式(9-17)在 $z=0$ 时的边界条件为

$$f(0,t) = -\frac{A_c}{B} + \frac{(1-A)S_0 C_\tau \cos Z}{B} \tag{9-18}$$

由于 $\cos Z$ 是周期为 2π 的偶函数，因而 $f(0,t)$ 也是周期为 2π 的偶函数，它的傅立叶级数的展开形式为

$$f(0,t) = \sum_{n=0}^{\infty}\left[a_n \cos(n\omega t) + b_n \sin(n\omega t)\right] \tag{9-19}$$

式中：a_n 和 b_n 为第 n 阶谐波的傅立叶系数，求解方法如下：

$$a_0 = \frac{1}{2\pi}\int_{-\pi}^{\pi} f(0,t)\mathrm{d}t$$

$$a_n = \frac{1}{\pi}\int_{-\pi}^{\pi} f(0,t)\cos(n\,\omega t)\mathrm{d}t \qquad n = 1,2,3,\cdots \tag{9-20}$$

$$b_n = \frac{1}{\pi}\int_{-\pi}^{\pi} f(0,t)\sin(n\,\omega t)\mathrm{d}t \qquad n = 0,1,2,\cdots \tag{9-21}$$

式(9-19)中的振幅频谱 A_n 和相位频谱 φ_n 为

$$A_n = \frac{1}{2}\sqrt{a_n^2 + b_n^2}$$

$$\varphi_n = \frac{b_n}{a_n} \qquad n = 0,1,2,\cdots \tag{9-22}$$

由于 $f(0,t)$ 是偶函数，故 $b_n = 0$、$A_n = a_n$、$\varphi_n = 0$。对振幅频谱用式(9-14)可得

$$f(z,t) = T_0 - \frac{A_c}{B} + (1-A)S_0C_\tau \times \sum_{n=0}^{\infty} A_n \exp\left(-\sqrt{\frac{n\,\omega}{2D_H}}z\right)\cos\left(n\,\omega\,t - \sqrt{\frac{n\,\omega}{2D_H}}z\right) \tag{9-23}$$

将式(9-23)对 z 积分，就可以得到地面以下 z 深度处的土壤温度

$$T(z,t) = T_0 - \frac{A_c}{B} + (1-A)S_0C_\tau \sum_{n=1}^{\infty} A_n \frac{\exp(-k_0\sqrt{n}z)\cos(n\,\omega\,t - k_0\sqrt{n}z - \delta_n)}{\sqrt{n\omega P^2 + \sqrt{2\omega\,n}BP + B^2}} \tag{9-24}$$

其中

$$k_0 = \frac{P}{k}\sqrt{\frac{\omega}{2}} \tag{9-25}$$

$$\delta_n = \arctan\left(\frac{\sqrt{n}P}{\sqrt{2}B + \sqrt{n}P}\right) \qquad n = 1,2,3,\cdots \tag{9-26}$$

$$A_1 = \frac{2}{\pi}\sin\delta\sin\varphi\sin\psi + \frac{1}{2\pi}\cos\delta\cos\varphi[\sin(2\psi) + 2\psi] \tag{9-27}$$

$$A_n = \frac{2\sin\delta\sin\varphi}{n\pi}\sin(n\,\psi) + \frac{2\cos\delta\cos\varphi}{(n^2-1)\pi}[n\sin(n\,\psi)\cos\psi - \cos(n\,\psi)\sin\psi]$$

$$n = 2,3,4,\cdots \tag{9-28}$$

$$\psi = \arccos(\tan\delta\tan\varphi) \tag{9-29}$$

当 $z = 0$ 时，即可得到土地表面温度

$$T(0,t)=T_0-\frac{A_c}{B}+(1-A)S_0C_\tau\sum_{n=1}^{\infty}A_n\frac{\cos(n\omega t-\delta_n)}{\sqrt{n\omega P^2+\sqrt{2\omega n}BP+B^2}} \tag{9-30}$$

从式(9-28)不难看出，当 n 的增大时，A_n 很快地趋于 0，因此，式(9-30)级数中的前 3 项是最重要的。

9.2.4 土壤热惯量模型的建立

土壤热惯量模型是在应用 NOAA-AVHRR 卫星遥感数据的基础上开发出来的。

1. 一阶土壤热惯量模型

由式(9-30)的一阶级数表达式就可以得出土地表面温度的一阶近似表达式

$$T(0,t)=T_0-\frac{A_c}{B}+(1-A)S_0C_\tau A_1\frac{\cos(\omega t-\delta_1)}{\sqrt{\omega P^2+\sqrt{2\omega}BP+B^2}} \tag{9-31}$$

对式(9-31)求最大值和最小值，就可以得出土地表面昼夜温差的表达式

$$\Delta T=2(1-A)S_0C_\tau A_1\frac{1}{\sqrt{\omega P^2+\sqrt{2\omega}BP+B^2}} \tag{9-32}$$

式中：ΔT 为周日土地表面温度最大值和最小值之差。将式(9-32)变换便可得到

$$ATI=\frac{1-A}{\Delta T}=\frac{1}{2S_0C_\tau A_1}\sqrt{\omega P^2+\sqrt{2\omega}BP+B^2} \tag{9-33}$$

式中：$ATI=\dfrac{(1-A)}{\Delta T}$ 是一个量值，它被定义为表观热惯量，单位为 K^{-1}。

为了从式(9-32)求解 P，令

$$a=2S_0C_\tau A_1\frac{1-A}{\Delta T} \tag{9-34}$$

显然 $a>0$。将式(9-33)代入式(9-34)则有

$$\omega P^2+\sqrt{2\omega}BP+B^2=a^2 \tag{9-35}$$

从式(9-31)可以看出，地表周日最低和最高温度值取决于 $\cos(\omega t-\delta_1)$，δ_1 表示相差。如果我们知道一天中地表温度的最大值的时刻 t_{max}，就可以求解 δ_1，即

$$\cos(\omega t_{max}-\delta_1)=1 \tag{9-36}$$

联解式(9-26)和式(9-36)，则得到

$$\omega t_{\max} = \delta_1 = \arctan\left[\frac{P\sqrt{\omega}}{\sqrt{2}B + P\sqrt{\omega}}\right] \tag{9-37}$$

若令

$$b = \sqrt{\frac{\omega}{2}} \times \frac{P}{B} \tag{9-38}$$

将式(9-38)代入式(9-37)，有

$$b = \frac{\tan(\omega t_{\max})}{1 - \tan(\omega t_{\max})} \tag{9-39}$$

联解式(9-35)和式(9-38)，仅对 P 取正值便得到

$$P = \frac{a}{\sqrt{\omega}\sqrt{1 + \frac{1}{b} + \frac{1}{2b^2}}} \tag{9-40}$$

2. *n* 阶土壤热惯量模型

由式(9-30)知，土地表面温度的 2 阶以上($n \geqslant 2$)级数表达式为

$$T(0,t) = T_0 - \frac{A_c}{B} + (1-A)S_0C_\tau A_1 \frac{\cos(\omega t - \delta_1)}{\sqrt{\omega P^2 + \sqrt{2\omega}BP + B^2}} +$$

$$(1-A)S_0C_\tau \sum_{n=2}^{\infty} \frac{A_n\cos(n\omega t - \delta_n)}{\sqrt{n\omega P^2 + \sqrt{2n\omega}BP + B^2}} \quad n = 2,3,4,\cdots \tag{9-41}$$

将式(9-38)分别代入式(9-26)和式(9-41)中的 $\sum\limits_{n=2}^{\infty}$ 项，有

$$\delta_n = \arctan\left[\frac{b\sqrt{n}}{\sqrt{n}b + 1}\right]$$

$$\sum_{n=2}^{\infty} \frac{A_n\cos(n\omega t - \delta_n)}{\sqrt{n\omega P^2 + \sqrt{2n\omega}BP + B^2}} = \frac{1}{P\sqrt{\omega}} \sum_{n=2}^{\infty} \frac{A_n\cos(n\omega t - \delta_n)}{\sqrt{n + \frac{\sqrt{n}}{b} + \frac{1}{2b^2}}} \quad n = 2,3,4,\cdots \tag{9-42}$$

将式(9-42)代入式(9-30)可得到土地表面温度的 n 阶级数表达式为

$$T(0,t) = T_0 - \frac{A_c}{B} + \frac{(1-A)S_0C_\tau}{P\sqrt{\omega}}\left[\sum_{i=1}^{n} \frac{A_i\cos(i\omega t - \delta_i)}{\sqrt{i + \frac{\sqrt{i}}{b} + \frac{1}{2b^2}}}\right] \quad i = 1,2,3,\cdots,n \tag{9-43}$$

由式(9-43)可求出 NOAA 卫星两次过境时土地表面温度之差

$$\Delta T = T_2(0,t_2) - T_1(0,t_1)$$

$$= \frac{(1-A)S_0C_\tau}{P\sqrt{\omega}}\left[\sum_{i=1}^{n}\frac{A_i(\cos(i\omega t_2-\delta_i)-\cos(i\omega t_1-\delta_i))}{\sqrt{i+\frac{\sqrt{i}}{b}+\frac{1}{2b^2}}}\right]$$

$$\mathrm{i}=1,2,3,\cdots,n \tag{9-44}$$

式中：t_1 和 t_2 分别为卫星两次过境时间。

因此，土壤热惯量的 n 阶傅立叶级数的近似模型为

$$P = \frac{(1-A)S_0C_\tau}{\Delta T\sqrt{\omega}}\left[\sum_{i=1}^{n}\frac{A_n(\cos(i\omega t_2-\delta_i)-\cos(i\omega t_1-\delta_i))}{\sqrt{i+\frac{\sqrt{i}}{b}+\frac{1}{2b^2}}}\right]$$

$$i=1,2,3,\cdots,n \tag{9-45}$$

9.2.5　土壤水分模型的建立

假设地方时下午 2:00 土地表面温度最高，地方时正午时刻(12:00) $t=0$，首先将卫星过境时间转换为地方时 t_1，t_2，然后分别求解 b，δ_n，A_n。典型地，取 $C_\tau=0.75$，$S_0=1\ 367\ \mathrm{W/m^2}$。

卫星过境时土地表面温度用分窗口算法反演，基于经验或半经验模型，应用可见光和近红外波段的遥感数据可求出地表反照率。这样用式(9-45)可以求出土壤热惯量。实验证明，当傅立叶级数大于或等于 10 阶时，土壤热惯量的值趋于稳定。在实际应用中，可选用土壤热惯量的 2 阶近似模型。土壤热惯量遥感反演模型的建立为进一步研究土壤含水量的时空变化和旱涝灾害的监测奠定了基础。

热惯量被定义为物质对温度的热响应，它是物质热传导率、比热和密度的函数。土壤的密度、比热和热传导率的变化主要取决于土壤固、气、液三相组成的变化。一般来说，在较短时间内变化较大的是土壤液相和气相的比例，且这一比例主要是由土壤水分的消长所引起。因此，土壤热惯量与土壤含水量之间必然存在一定的相关关系。土壤热惯量模型适用于地形起伏不大的平原地区土壤表层水分的反演。

土壤含水量 W 是热惯量 P 和土壤密度 d 的函数，即

$$W = W(P,d) \tag{9-46}$$

通过提取土壤相对密度 d 和通过土壤热惯量模型求出 P，就可以根据该经验模型求得 W，从而建立基于遥感数据的土壤含水量模型。一般地，在平原地区，农业历

史悠久,土壤质地较为均一,田间管理水平和耕作制度较为一致,因而土壤密度 d 的变化不大,若使用土壤相对含水量建立土壤水分模型,可进一步消除土壤质地对土壤含水量的影响。因此,式(9-46)可简化为

$$W = W(P) \tag{9-47}$$

用式(9-47)可建立 W 与 P 间的经验关系模型。在实际应用中可用以下 3 种方式建立经验模型,并检验其相关性

线性模型

$$W = a + bP \tag{9-48}$$

对数模型

$$W = a + b\ln(P) \tag{9-49}$$

指数模型

$$W = a + b\exp\left(\frac{P}{1\,000}\right) \tag{9-50}$$

式(9-48)至式(9-50)中,a ,b 均为待定系数。

目前,多数研究表明,由于研究区域的不同,上述 3 种模型均可用于研究土壤热惯量和土壤表层水分间的相关性,也就是说模型具有时域专一性和地域专一性的特点。王鹏新等在陕西省关中平原地区的研究结果表明,上述 3 种模型均能用于土壤表层相对含水量的反演,但可以根据模型的反演结果,并充分考虑土壤水分的先验知识(如土壤萎蔫湿度和田间持水量)选择较为合适的反演模型。土壤萎蔫湿度是指当植物因根系无法吸水而发生萎蔫时的土壤含水量。土壤田间持水量是指田间条件下重力排水后土壤保持的最大含水量。

9.3 基于植被指数与土地表面温度的旱情监测

9.3.1 基于植被指数的干旱监测方法

由于从植被指数反演出的地表绿度与植物的生长状态密切相关,因此,植被指数可用于监测对作物生长不利的环境条件。从农业生产考虑,干旱是在水分胁迫下,作物及其生存环境相互作用构成的一种旱生生态环境。影响农业作物生产的因素很多,主要有气候、土壤、生产水平、天气和人类活动等,在这些因素中,对某一地区来说,在一定的连续时间内,可以认为气候、土壤和生产水平处于相对不

变的状态，只有天气变化对作物生长有短期的效应。因此，植被指数可用于表示作物的受旱程度。

在过去的 20 多年间，开发出了多种用于解释遥感数据的植被指数，其中最常用的是归一化植被指数（$NDVI$）。$NDVI$ 定义为

$$NDVI=\frac{\rho_{\mathrm{NIR}}-\rho_{\mathrm{red}}}{\rho_{\mathrm{NIR}}+\rho_{\mathrm{red}}} \tag{9-51}$$

式中：ρ_{NIR}、ρ_{red} 分别为地表在近红外波段和红光波段的反射率。

1. 距平植被指数

引入距平植被指数（anomaly vegetation index，AVI）概念的目的是将 $NDVI$ 的变化与天气、气候研究中“距平”的概念联系起来，对比分析 $NDVI$ 的变化与短期的气候变化之间的关系。AVI 的定义为

$$AVI=NDVI_i-\overline{NDVI} \tag{9-52}$$

式中：$NDVI_i$ 为某一特定年某一时期（如旬、月等）$NDVI$ 的值；$\overline{NDVI}$ 为多年该时期 $NDVI$ 的平均值。

AVI 作为监测干旱的一种方法，它以某一地点某一时期多年的 $NDVI$ 平均值为背景值，用当年该时期的 $NDVI$ 值减去背景值，即可计算出 AVI 的变化范围，即 $NDVI$ 的正、负距平值。正距平反映植被生长较一般年份好，负距平表示植被生长较一般年份差。一般而言，距平植被指数为－0.1～－0.2 表示旱情出现，－0.3～－0.6 表示旱情严重。显然是用这种方法监测干旱的条件是需要具备多年的 $NDVI$ 数值，年数越多，效果越好。

2. 条件植被指数

条件植被指数（vegetation condition index，VCI）的定义为

$$VCI=\frac{NDVI_i-NDVI_{\min}}{NDVI_{\max}-NDVI_{\min}}\times 100 \tag{9-53}$$

式中：$NDVI_i$ 为某一特定年第 i 个时期的 $NDVI$ 值；$NDVI_{\max}$ 和 $NDVI_{\min}$ 分别为所研究年限内第 i 个时期 $NDVI$ 的最大值和最小值。

式(9-53)的分母部分是在研究年限内第 i 个时期植被指数的最大值和最小值之差，它在一定意义上代表了 $NDVI$ 的最大变化范围，反映了当地植被的生境；分子部分在一定意义上表示了某一特定年第 i 个时期的当地气象信息，若 $NDVI_i$ 和

$NDVI_{min}$之间差值小，表示该时段作物长势很差。

Liu 等(1996)发现应用 *VCI* 动态地监测干旱的范围及其边界比应用其他方法，如 *NDVI* 和降水量的监测效果，更有效、更实用，这一技术尤其表现在时空方面；同时认为 *NDVI* 适用于研究大尺度、大范围的气候变异，而 *VCI* 适用于估算区域级的干旱程度。

对 *VCI* 和 *AVI* 来说，地表覆盖类型的年际间变化会影响到干旱监测的准确性，因而在解释监测结果时应该有可靠的最新的土地覆盖类型图作为参照。另外，*VCI* 和 *AVI* 仅仅考虑由于水分胁迫导致 *NDVI* 降低的状况，未考虑到其他因素如气温导致 *NDVI* 降低的现实，也未考虑降水与 *NDVI* 间的时间滞后关系。

9.3.2 土地表面温度的干旱监测方法

热红外遥感最重要的应用之一是反演土地表面温度(land surface temperature, LST)。土地表面温度是控制地球表面大多数物理、化学和生物过程的参数之一。对裸土来说土地表面温度指的是土壤表面温度，浓密植被覆盖的土地表面温度可以认为是植物冠层的表面温度。植物冠层温度升高是植物受到水分胁迫和干旱发生的最初表征，这是因为植物叶片气孔的关闭可以降低由于蒸腾所造成的水分损失，进而造成地表潜热通量的降低，根据能量平衡原理，地表能量必须平衡，从而将会导致地表感热通量的增加，感热通量的增加又可以导致冠层温度的升高。从作物生理学来讲，一般冠层温度的升高基本上是由于植物蒸腾量的变化，而蒸腾量的改变是由于土壤水分的改变而导致的气孔开度的变化，所以干旱胁迫导致的蒸腾降温功能减弱引起冠层温度升高。因此，土地表面温度可用于干旱监测。

1. 条件温度指数

条件温度指数(temperature condition index, TCI)的定义与 *VCI* 的定义相似，但它强调了温度与植物生长的关系，即高温对植物生长不利。*TCI* 的定义为

$$TCI = \frac{BT_{max} - BT_i}{BT_{max} - BT_{min}} \times 100 \tag{9-54}$$

式中，BT_i 为某一特定年第 i 个时期的 AVHRR 第 4 波段亮温值；BT_{max} 和 BT_{min} 分别为所研究年限内同一地区第 i 个时期亮温的最大值和最小值。*TCI* 越小，表示越干旱。*VCI* 的缺点是未考虑白天的气象条件，如净辐射、风速、湿度等，对热红外遥感的影响及土地表面温度的季节性变化。

2. 归一化温度指数

为了消除土地表面温度季节变化的影响，Mcvicar 等开发出了归一化温度指数(normalized difference temperature index，NDTI)。*NDTI* 的定义为

$$NDTI = \frac{(LST_{\infty} - LST)}{(LST_{\infty} - LST_0)} \tag{9-55}$$

式中：LST_{∞} 表示地表阻抗为无限大(地表的蒸散量为0)模拟的土地表面温度，地表阻抗与大气、植被和土壤等因子有关，它与热传导系数成反比，即土壤热传导能力越强，其阻抗越小，反之，土壤热传导能力越弱，其阻抗越大；*LST* 表示土地表面温度；LST_0 表示地表阻抗为零时(地表的蒸散量等于其潜在蒸散量)模拟的土地表面温度。LST_{∞} 和 LST_0 被认为是在特定气象条件和地表阻抗下的土地表面温度的上限(干条件)和下限(湿条件)。*NDTI* 愈小，表示干旱程度愈严重。LST_{∞} 和 LST_0 可通过能量平衡—空气动力学阻抗模型计算，需要卫星过境时刻的气温、太阳辐射、相对湿度、风速和叶面积指数等数据。而这些数据在卫星过境时刻不易获得，加之还存在着从点测量数据向遥感数据的插值转化问题，因而使得该方法在实际中的应用变得困难。

9.3.3 集成植被指数与土地表面温度的干旱监测方法

在植被覆盖条件下，利用土壤热惯量法进行土壤水分状况评价存在很大的限制，而利用 *NDVI* 作为水分胁迫指标又表现出一定的时间滞后性。如果单独利用地表温度作为指标，在植被覆盖不完全条件下，较高的土壤背景温度会严重干扰干旱的监测结果。

单独应用 *NDVI* 或 *LST*(*BT*)的干旱监测方法均是用于研究年际间的相对干旱程度。对某一研究区域来说，均可得出区域内的干旱程度及范围，然而由于干旱发生的时间和地点存在着时空变异，所以在像元尺度上，这些干旱监测指数，如 *VCI* 所使用的指标在研究年限内 *NDVI* 的最大值和 *NDVI* 的平均值就有可能不同，极端的干旱可能导致 *NDVI* 的显著变化，且远远超过正常年际间的 *NDVI* 变化，进而有可能造成某一特定时期内不同像元间监测结果的可比性变差。

NDVI 和 *LST* 在干旱监测中的综合应用方法是基于两者间的关系。*NDVI* 和 *LST* 间的关系与地表植被覆盖和土壤水分状况有着非常密切的关系，可用于估算地表蒸散量、反演地表热通量，估算表层水分状况和土地覆盖分类等。接受太阳光照射的裸土表面辐射温度与土壤湿度高度相关，其像元间的亮温变异主要取决于对应地面土壤表层含水量；然而，对植被覆盖的区域，两者之间的关系将更

加复杂。Carlson 等(1994)发现，在大多数气候条件和地表覆盖条件下，*NDVI* 和 *LST* 的相对变化与土壤含水量的关系是相对稳定的，并用土壤—植被—大气能量传输理论模型进行了论证。综合应用方法的干旱监测一般是基于下列方法之一：①在一个研究区域内土壤表层含水量应包括从萎蔫含水量到田间持水量，且地表覆盖从裸土到植被完全覆盖等各种情况下的土壤含水量；②用地面观测数据分别求出土壤萎蔫含水量和田间持水量时的 *LST* 值。

总的来说，应用辅助数据和模型解释 *LST* 和 *NDVI* 间的关系有两种方法，一种是在不同土壤表层含水量和地表覆盖条件下，研究 *LST* 和 *NDVI* 间的斜率变化，支持 *LST* 和 *NDVI* 的散点图呈三角形的区域分布的表述；另一种是应用在作物缺水指数基础上开发的 VITT(vegetation index/temperature trapezoid)模型，支持 *LST* 和 *NDVI* 的散点图呈梯形分布的表述。

1. *LST/NDVI* 比率

LST/NDVI 比率是一种简单的干旱监测方法。*LST/NDVI* 比率愈大，表示干旱程度愈严重。Goetz(1997)证实由于植被覆盖变化和土壤水分变化，*LST* 和 *NDVI* 在数种空间尺度下(从 25 m^2 到 1.2 km^2)均存在负相关关系。McVicar 等(1997)发现在干旱发生期间 *LST/NDVI* 比率增加，以月为单位的 *LST/NDVI* 年累计值与年降水量的倒数呈显著相关关系，并将其用于干旱监测和食物缺乏评估。*LST/NDVI*方法的缺点是很难得出表示干旱程度的量化指标。

2. 温度植被干旱指数

既然 *LST* 和 *NDVI* 与农业干旱都有直接的相关关系，建立 *NDVI* 与 *LST* 的二维特征空间来表征并研究农业干旱状况就是一种合理的选择。所谓 *NDVI-LST* 特征空间是这样的二维坐标系(参见图 9-1)：以 *NDVI* 值为横坐标，*LST* 值为纵坐标，每一时间、每一地区都有相应的 *NDVI*、*LST* 数值，在该特征空间都有一个点，于是对于监测区域监测期限内，在此二维坐标系下就构成了 *LST* 和 *NDVI* 旱情监测散点图。

在 *LST* 和 *NDVI* 的散点图呈三角形分布的前提下，Sandholt 等(2202)提出了温度植被干旱指数(temperature-vegetation dryness index，TVDI)的概念。*TVDI* 的定义为

$$TVDI = \frac{T_s - T_{s\min}}{a + bNDVI - T_{s_{\min}}} \tag{9-56}$$

式中：$T_{s\min}$是 LST 和 $NDVI$ 呈三角形的区域分布时的土地表面温度的最小值；T_s 为某一像元的土地表面温度；$NDVI$ 为这一像元的 $NDVI$ 值；a 和 b 为系数，可从 LST 和 $NDVI$ 的散点图的干边(dry edge)线性拟合得到。

$$T_{s\max} = a + bNDVI \tag{9-57}$$

式中：$T_{s\max}$为某一特定 $NDVI$ 值下的土地表面温度的最大值。这样，系数 a 和 b 可以从一个足够大的研究区域来估算，这一研究区域土壤表层含水量应覆盖其含水量的整个范围(从湿到干)，植被覆盖应从裸土(零覆盖)到完全覆盖。Sandholt 等(2002)认为与 LST 和 $NDVI$ 的散点图是梯形相比，当 $NDVI$ 值较高时，$TVDI$ 的不确定性增大；同样地，$TVDI$ 的湿边被定义为一条水平直线，当 $NDVI$ 值较低时，可能导致 $TVDI$ 的过高估算。Sandholt 等(2002)发现 $TVDI$ 与 MIKE SHE (systeme hydrologique european)水文模型模拟的土壤表层含水量密切相关，且 $TVDI$ 的空间分布与模拟的土壤表层含水量的实地空间分布相似。

3. 条件植被温度指数

条件植被温度指数(vegetation temperature condition index, VTCI)的定义为

$$VTCI = \frac{LST_{NDVIi.\max} - LST_{NDVIi}}{LST_{NDVIi.\max} - LST_{NDVIi.\min}} \tag{9-58}$$

其中：

$$\begin{aligned} LST_{NDVIi.\max} &= a + bNDVI_i \\ LST_{NDVIi.\min} &= a' + b'NDVI_i \end{aligned} \tag{9-59}$$

式中：$LST_{NDVIi.\max}$，$LST_{NDVIi.\min}$ 分别为在研究区域内，当 $NDVI_i$ 值为某一特定值时的土地表面温度的最大值和最小值；a，b，a'，b' 为待定系数，可通过绘制研究区域的 $NDVI$ 和 LST 的散点图近似地获得。$VTCI$ 是在 $NDVI$ 和 LST 的散点图呈三角形分布的基础上提出的，是在假设研究区域内像元尺度的土壤表层含水量应从萎蔫含水量到田间持水量的基础上进行干旱监测的，适用于研究一特定年内某一时期这一区域的干旱程度。

$VTCI$ 的定义既考虑了区域内 $NDVI$ 的变化，又考虑了在 $NDVI$ 值相同条件下 LST 的变化。理论上，$VTCI$ 可解释为 $NDVI$ 值相等时 LST 差值的比率，强调了 $NDVI$ 值相等时 LST 的变化(图 9-1)。式(9-58)中，分子为研究区域内 $NDVI$为某一特定值的条件下所有像元中 LST 的最大值与其中某一像元 LST 值的差值，分母为该条件下 LST 最大值与最小值的差值。图 9-1 中 $LST_{\max}$ 被认为是“热边界(warm edge)”，在此边界上对植物生长来说，土壤水分的有效性很低，

干旱程度最严重；LST_{min} 被认为是“冷边界(cold edge)”，在此边界上土壤水分不是植物的生长的限制因素。*VTCI* 的取值范围为[0,1]，*VTCI* 的值越小，干旱程度越严重；*VTCI* 的值越大，干旱程度越轻，或者没有旱情发生。

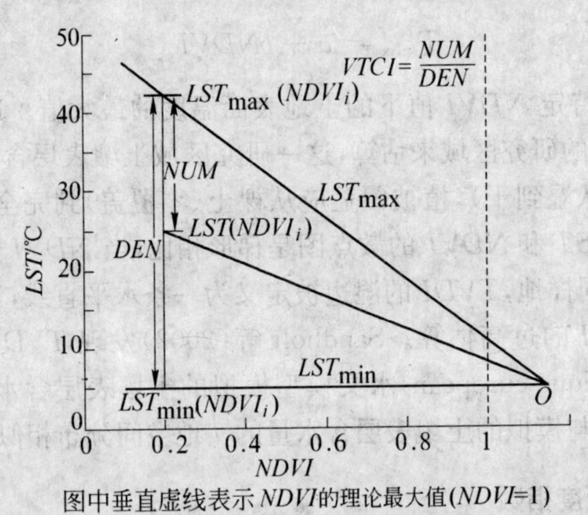

图中垂直虚线表示 *NDVI* 的理论最大值(*NDVI*=1)

图 9-1 条件植被温度指数定义的示意图

图 9-1 中，在 $LST_{min}(NDVI_i)$ 到 $LST_{max}(NDVI_i)$ 的连线上，*NDVI* 值相等，*VTCI* 和 *LST*/*NDVI* 比率的值均不同，干旱的程度也不同。然而，在 $LST(NDVI_i)$ 到 *O* 的连线上，*NDVI* 的值不等，*VTCI* 的值相同，*LST*/*NDVI* 值随着 *NDVI* 的增大而减小，也就是说，在这一连线上，用 *VTCI* 监测的干旱程度是相同的，用 *LST*/*NDVI* 监测的干旱程度是不同的。Gillies 等(1997)应用土壤表层含水量与地表辐射温度和植被覆盖分数(fractional vegetation cover)的多项式拟合模型计算的土壤含水量的分析结果表明，当土壤含水量为某一特定值时，它在地表辐射温度与 *NDVI* 的散点图中可近似地看作是一条直线，类似于图 9-1 中 $LST(NDVI_i)$ 到 *O* 的连线。这从另一个方面说明了 *VTCI* 对干旱的监测结果是可靠的。

热边界和冷边界的确定是应用条件植被温度指数的关键，直接影响到干旱监测的结果和对其进行量化。应用最大值合成法确定的热边界比较合理，但是冷边界则会高于实际情况。在 *NDVI* 和 *LST* 的数据处理中，同一旬内取最大值的目的是进一步消除太阳天顶角、卫星视角、轨道漂移以及云等因素的影响。用最小值合成法确定的冷边界又不能剔除这些影响，造成冷边界过低。考虑到以上情况，王鹏新等(2007)认为热边界可以应用多年某一时期 *LST* 和 *NDVI* 的最大值合成影像确定，并把这种方法称为应用最大值合成法确定热边界。冷边界的确定方法为首先对每年某一时期 *LST* 进行最大值合成，再对多年该时期的 *LST* 最大值合成影像进行

LST 的最小值合成，然后根据 *LST* 最小值合成影像和 *NDVI* 最大值合成影像的散点图确定冷边界，并把这种方法称为最大-最小值合成法确定冷边界。

4. 条件植被温度指数的应用

自从1981年以来，NOAA系列卫星相继升空，便开始应用其AVHRR数据反演 *NDVI* 和 *LST* 产品，1999年12月Terra卫星的升空，其MODIS传感器可提供250 m空间分辨率的 *NDVI* 产品和1 km分辨率的 *LST* 产品。*NDVI* 和 *LST* 产品已单独或综合性地用于植被分类和作物生长状况监测（从最佳状态到胁迫状态）。在干旱监测方面，应用最多的是 *NDVI* 产品，其次是 *LST* 产品。单独应用 *NDVI* 产品或 *LST* 产品的干旱监测方法一般以多年的产品为基础，通过研究某一特定年内的某一时期 *NDVI* 或 *LST* 的变化来监测干旱，这些方法的缺点是未考虑地表覆盖类型的年际间变化、*NDVI* 与降水间的时间滞后关系以及 *LST* 的季节性变化等。综合应用 *NDVI* 和 *LST* 产品的干旱监测方法，一般是以某一时期的 *NDVI* 和 *LST* 产品为基础，以某一典型区域为研究对象，这些方法的缺点是对研究区域选择的要求较高，必须满足土壤表层含水量从萎蔫含水量到田间持水量以及植被覆盖度的变化范围要大等条件。*NDVI* 的变化范围可以从遥感数据计算得到，而土壤表层含水量的变化范围的判别较为困难。对研究区域环境背景如气象条件、地表覆盖类型、土壤属性、水系分布和灌溉状况以及作物栽培和管理措施等方面的充分了解有助于判别所选研究区域是否满足这些条件。

王鹏新等(2006)用两种方法对 *VTCI* 模型进行了验证。一是应用AVHRR *NDVI* 和 *LST* 产品，以土壤热惯量模型反演的土壤表层含水量为参考，证实了 *VTCI* 能较好地监测陕西省关中平原地区的春旱。二是应用MODIS *NDVI* 和 *LST* 产品，基于美国大平原南部122个气象站的月降水量和降水偏差数据，得出了 *VTCI* 与最近2个月的降水数据密切相关，而 *LST*/*NDVI* 值与最近3个月以上的累计降水量相关，证实 *VTCI* 是一种近实时的干旱监测方法。

VTCI 具有时域性和地域性，最好用于植物生长期间的干旱监测。同时需进行 *VTCI* 方法与其他基于遥感反演产品的干旱监测方法和基于气象数据的干旱监测方法的比较研究。

9.4　基于微波遥感数据的土壤水分反演

微波遥感监测土壤水分是目前研究较多的一种土壤水分监测方法。微波遥感具有全天时、全天候和对植被及土壤有一定的穿透能力等特点。目标物的介电特性是影响微波发射率和后向散射系数的主要因素。水复介电常数的模数大约为80,大多数自然地物干燥时(如干土)的复介电常数模数介于3~8,差别很大,也就是说土壤介电常数对土壤含水量十分敏感。这是利用微波遥感测定土壤水分的理论基础,当然还必须考虑土壤、植被特性和地表粗糙度等。微波遥感监测干旱主要有被动微波法和主动微波法两种。对被动微波遥感法来说,由于土壤水分的变化,使土壤发射率从干土时的0.95变化到湿土时的小于或等于0.6,即土壤发射率有约30%的变化。影响微波发射率的主要目标参数为土壤表面0~5 cm的体积含水量。对主动微波遥感法来说,后向散射系数与介电常数有很好的相关性,但它与地表粗糙度的统计特性有关,因此,很难孤立地将土壤湿度对后向散射系数的影响区分出来。在裸土条件下,微波遥感反演土壤表层含水量已有较高的精度,但仍然存在如何考虑植被影响以及如何估算土壤剖面含水量的问题。主动微波遥感所需的发射功率较大;被动微波遥感存在空间分辨率低、影响因素多的缺点。综合利用主动和被动微波遥感与地表粗糙度、入射角等共同物理参变量的相互关系,可以提高微波遥感监测土壤水分的精度。

9.4.1 被动微波遥感监测土壤水分

一般而言,亮温与土壤湿度的关系是十分显然的,但要确定一个定量关系比较困难。美国有关科技人员在亚利桑那州进行试验,采用波长分别为0.8 cm、1.5 cm和21 cm的辐射计对200余个点上15 cm厚的土壤水分含量进行量测,表明波长21 cm的辐射计所量测的亮温与土壤含水量呈线性关系。但是这些结果并不具有普遍性,因为土壤类型和表面粗糙度等不同,所用的辐射计不同(波长不同),土壤含水量与亮温的关系是不一样的,还需要作进一步深入研究。

20世纪70年代初,NASA在亚历山大农田进行航空微波辐射飞行试验,并同步观测了0~15 cm厚的土壤含水量。Schnmugge等对试验数据进行了分析,发现亮温(*Tb*)与土壤水分(质量分数)具有较好的线性关系。O'Neill建立了标准化*Tb*与体积分数土壤水分之间的线性关系。Schnmugge引入田间持水量*FC*(field capacity)作为土壤湿度的一个指示因子,建立*Tb*与*FC*之间的线性关系。基于辐射传输方程的理论算法也得到发展和应用,Njoku等基于辐射传输方程,建立了*Tb*于土壤水分等参数的非线性方程。理论算法将成为今后微波遥感土壤水分算法发展的主流。植被对土壤水分反演的影响也是不可忽视的因素,很多算法在植被密集的情况下是无法使用的。随着被动微波遥感土壤水分算法的进一步成熟,利用被动微波遥感对较大尺度的土壤水分进行制图的研究和试验也已经开展。

9.4.2 主动微波遥感监测土壤水分

土壤的后向散射特性主要与入射角、地表粗糙度、含水量等有关。裸露土壤的后向散射系数随入射角增大而减小，且地面的粗糙度越小，这种影响越大。雷达后向散射受土壤湿度影响很大，潮湿土壤有较高介电常数的模数，因而在 SAR 影像上对应像元比干燥土地更亮。目前，大多数研究是依据统计的方法，通过试验数据的相关分析建立土壤湿度与后向散射系数之间的经验函数，大量研究表明，一般呈现为线性关系。由于农田有很多参数影响雷达后向散射系数，如土壤湿度、表面粗糙度、作物种类、作物行向等。因而很难将单一的土壤湿度对后向散射系数的影响区分开来。因此，从雷达数据获取土壤水分信息的一个最大问题是如何将土壤含水量的影响因子和其他的影响因子区分开来。Ulaby 等、Bertuzzi 等、Weimann 等研究了线性关系的土壤水分和雷达参数的关系。Dobson 等认为干的或饱和的土壤，不适用线性关系，而是非线性的关系。粗糙度对微波遥感土壤水分的影响，主动微波遥感大于被动微波遥感。

随着一系列携带主动微波传感器的卫星（ERS 系列、Radarsat、ADEOS、TRMM 等）的发射升空，以及美国奋进号航天飞机的多次飞行试验获得的大量雷达数据的应用，主动微波遥感土壤水分的研究受到更广泛的重视。

9.5 水灾监测

水灾监测包括洪水预测和洪水淹没地界勾绘等。合成孔径雷达遥感影像（SAR）很适于水灾监测，因为淹没和未淹没地的影像反差很大。由于 SAR 有全天候的特点，它的主要优点就是洪水制图应用，而最大淹没面积常常发生在浓云密布的天气条件下，其他遥感数据是不可能发挥作用的。另外，微波辐射计（被动微波遥感）也可以用于水灾的监测。水体的微波发射率很低，便于从亮温的分析中，划分出洪灾的范围及其危害程度。但微波辐射计的空间分辨率很低。

王茜等（2003）根据长江中游的区域和灾情特点，通过遥感和空间信息系统支持，构建了完整的时空过程空间资料平台；通过高分辨率卫星遥感数据，实现对长江中游地区的大范围有效观测；运用地理信息系统对卫星遥感影像、地图、环境资料、社会经济统计资料进行综合管理，建立了水灾监测、灾情评估与减灾、救灾辅助决策系统，并投入运行服务。该系统主要由 4 大模块组成：①资料收集与预处理；②人机判读；③损失评估；④资料编辑传输。该系统以商用的遥感影像处理软件和地理信息系统为基本平台。由遥感影像数据提取洪水信息，将行政县界网格编码作为基本属性单元，建立多重相关因子与行政边界的属性关联，在严格配准的情况下，将淹没范围与土地利用类型、数字高程模型、行政区划等叠加，被淹地物可明显显示出来，而且还可以方便的自动生成各类别的淹没面积。

资料收集主要是收集遥感数据，包括 NOAA-AVHRR 影像、Landsat TM 影像、卫星合成孔径雷达影像，以及机载雷达遥感数据，从中提取洪水信息。在预处理过程中，将不同来源的信息复合，使复合信息具备单一信息的优点。影像的预处理包括投影变换、几何纠正、图像增强、图像镶嵌和多维线性变换等模块；专题地图预处理需把土地利用现状图、行政区划图、数字高程模型等矢量结构统一转换为栅格结构，并产生具有统一坐标的、突出灾情的遥感影像基础资料。

洪涝灾害的人机判读主要是水体边界的提取，洪水淹没范围估算。采取红绿的假彩色合成的方法，将平水期遥感影像提取的水体信息赋予绿色，洪水期遥感影像提取的水体信息赋为红色，经配准、合成后，根据色度学格拉斯曼定律(参见第 6 章)，原水体应是红绿叠加成为黄色，剩余部分，即洪涝淹没出的水体依然为红色，其他部分，没有赋彩色，都还是黑白图像，色调越暗说明土壤湿度越大。因此，根据颜色就可以明显地显示洪水期最大淹没范围。再迭合土地利用矢量图，附以行政区划边界、公路、铁路、桥梁、居民地等属性信息，即为洪水淹没范围的遥感专题地图。

灾害损失评估包括地面土地利用类型的分析复合及各种土地类型淹没资料的自动生成。具体要结合区域背景要素，如公路、居民地、厂矿等，建立遥感信息与灾情相关模型，可比较真实地再现洪灾现场。在地理信息系统的支持下，采用网格间以及类区的“与”、“差”等图形叠加逻辑运算方式，对各类受淹面积进行计算，运算过程只涉及同一位置上不同特征层次的数据，与邻区数据无关。从而提取洪涝淹没的各类用地的位置、面积等信息数据，为灾害损失评估提供依据。

资料整理即把洪涝灾害淹没资料、图件报告、仿真图像等进行编辑及网络传输。系统提供了统一、实用、友好的用户服务界面，对现有的科学数据库资源，从体系结构、数据规范、检索查询手段等方面进行全面整合。系统能通过网络环境把各种技术成果以及多来源数据，包括遥感、专题和统计等数据集成起来，利用计算机网络通讯技术向各级政府提供灾情信息服务。

为了验证系统的客观性和可靠性，王茜等(2003)利用 1998 年 7 月 26 日和 8 月 25 日的武汉地区的星载雷达数据(Radarsat)对洪涝灾害状况进行监测和分析。7 月 26 日长江中游部分地区的星载雷达数据覆盖面积达 25 万 km^2，根据土地利用现势本底资料制作了受淹范围分布图和受淹区内土地利用分类图，以武汉地区 18 个市、县为单位统计了土地利用分类面积。系统分析计算后得出：总受淹面积 1 267 km^2。而系统对 8 月 25 日的星载雷达数据进行分析得出，长江河道明显加宽，淹没面积显著增加，武汉地区 18 个市、县的淹没总面积为 1 469 km^2，较 7 月 26 日监测结果增加了 202 km^2，增加部分多在武汉的东部、北部地区如黄冈、鄂州、大冶等地。将该系统对受淹面积的监测结果与灾后防灾抗灾指挥部门统计面积结果作了对比：利用雷达卫星监测，精度可达 90%～95%，其中 5%～10%的误差部分还应包括土地利用分类面积统计的误差。

9.6　农情遥感监测

农情监测的重要任务是对主要农作物生长过程进行系统监测，包括调查作物种植面积及其布局，监测作物的长势和灾害的发生与发展，评估灾情损失和预测农作物产量等。随着 RS、GPS、GIS、通讯和计算机等技术的发展，美国农业部建立了以遥感等高技术为基础的农情监测系统，监测农业生产的全过程，为农场主提供农情信息，帮助他们制订计划与安排田间管理；监测全球作物长势，预测产量，为国际农产品市场提供全球服务。在我国，农情监测是各级政府与农业生产部门密切关注的重大问题。在农业上，应用这些技术对作物长势监测、种植面积与产量估计、灾害评估等取得了较大的进展，开发了国家级的农情遥感监测系统。但是，中国国土辽阔、地形复杂、种植结构多样、农户规模小，作为国家级的农情遥感监测运行系统，在关键技术方面仍然需要加强研究。近年来，随着精确农业(precision agriculture)的发展，对农情遥感监测提出了更高的要求。

作物估产信息是国民经济宏观调控的重要信息。我国每年的粮食生产状况对于国际农业市场的稳定具有举足轻重的作用。提前获得作物产量的准确数据对于在国际农业市场赢得主动影响极大，在遥感技术应用实用化之前，国家动用大量人力、物力每年进行粮食生产统计，统计手段的落后以及各种人为原因，数据实时性、准确性差，严重影响合理制定国家农业政策以及实施国民经济计划。与统计数据相比，遥感监测与估产信息可以更加客观、及时地对粮食生产进行预测，克服统计数据获取时间滞后、人为因素大、数据不准确的缺点。加上遥感监测数据具有空间分布特性和分作物品种监测的特点，因此利用遥感估产数据，结合统计数据进行粮食供需平衡预测分析比单纯使用统计数据具有更大的优点，使得供需平衡分析可以采用国家、省甚至于县级尺度，能够有效提高国家粮食宏观调控决策的水平。

农情遥感监测的关键是对作物长势的监测。目前国内外对作物长势遥感监测研究主要集中在发展具体指标及其定量化，尚不能规范大尺度作物长势监测的指标。作物长势是一个时空变化的过程，主要反映在时间和空间两个方面，即同一时相的作物长势在空间地域上和同一空间地域的作物在不同时相上存在差异。

因此，时空特征的提取是进行大尺度作物长势监测的基础。本节以我国农业部现有的农情监测站网络与通讯网络为基础，介绍基于遥感、地理信息系统与数值模型技术等的国家级农情监测系统的结构设计及其应用。

农情监测既是一项技术十分困难、复杂的课题，在今后相当长的时间是遥感农业应用研究的一个主题，但在实施上也有相当大的技术伸缩的余地。目前很多场合采用地区抽样，使用年际间相同时相的影像进行叠加对比分析，从而分析作物长势的变化；作物估产不求当年绝对的产量，而估测对比去年增产或减产的比率，这就是一种技术相对简单、实施易行的技术方法。事实上，国民经济的宏观调控常常就需要这样的信息。

9.6.1 农情监测要素

根据农业部制定的农情监测规范，农情监测要素包括：①全国主要粮棉作物的种植面积和布局；②作物长势；③作物的田间管理与农用物资储备；④重大农业灾害(洪涝、干旱、冻害、病虫等的发生及评估)；⑤产量预计。针对农情监测的要素，需要开发各种数学模型对这些要素进行估算和分级，如主要粮棉作物识别模型、农作物长势分级模型、农作物估产模型、农业灾害监测与灾情损失评估模型等。

9.6.2 作物识别

作物识别即监测作物种植面积及其布局。冬小麦的识别比较容易，其原因是冬小麦返青时农田几乎没有其他大片作物，而秋粮的区分与识别就比较困难。北美地区地块大，形成种植带，便于识别，而中国地块小，间种套作，作物难以区分与识别。目前采用的资源卫星数据在作物识别上有困难。由于技术的发展，可应用 1～3 m 高空间分辨率的影像抽样，高光谱遥感的应用也为作物的识别带来新的数据源。

9.6.3 面积量算

应用遥感技术进行大区域作物的面积量算，长势监测和产量估计是农情监测的主要内容。农业部遥感应用中心从 1998 年起开始从事冬小麦、棉花等大宗农作物面积的遥感监测业务化运行工作，为政府有关部门的管理与决策服务提供客观、及时、全面的农情信息数据，以及对农作物大面积遥感监测。大范围的种植面积的量算是产量估计的基础。目前有 3 种方法可以采用：①采用高空间分辨率的卫星影像(如 Landsat TM、SPOT、CBERS 等)，并结合地面样点进行分类来提取面积；②采用高空间分辨率的卫星影像抽样计算年际间的变化率，以前一年种植面积为基数，从而推测当年的种植面积；③应用低空间分辨率、高时间分辨率的卫星影像(如FY、MODIS、NOAA/AVHRR),采用遥感统计的方法提取作物种植面积。作为全国尺度上的监测,采用高空间分辨率的卫星影像抽样计算变化率是实用的方法。我国地形及种植结构复杂,抽样方法需要进一步研究。

目前世界各国都采用抽样方法,美国的大面积农作物估产计划(LACIE)、农业和资源的空间遥感调查计划(AGRISTARS)等采用了面积抽样框(area sampling frame)方法;欧盟的MARS计划中采用了分层抽样方法;中国在作物的遥感监测中也采用了分层抽样方法。由于是监测作物面积的变化率,没有考虑小地物对样本的影响,如果要用样本推算总体的绝对值,不考虑样本中的小地物的影响将对作物面积的推算形成误差。因此,样本选取的随机性、样本数目的合理与否决定着统计的误差。

在作物的遥感监测中,由于以下原因,田间小地物(如沟渠和小路)影响对农作物面积的计算。

(1)小地物的遥感光谱信息淹没在作物光谱信息之中,小地物不能被识别,从而使被识别的作物中含有了非作物的成分,在提取作物面积时,形成误差。

(2)小地物在遥感影像上具有影像特征,可以将其从作物中识别出来,但由于其边界模糊且数量巨大,解译困难,在影像解译中如何对其处理,不仅影响工作效率,同时也影响提取的作物面积准确性。对小地物采取中分辨率卫星遥感数据,主要对耕地、林地、城乡工矿居民用地进行成数抽样,样本为特定长度和宽度的样方。这里的成数是指具有某种属性的地物在全部抽样总体中所占比重。通过测算样方中的小地物成数,进而对抽样测算结果进行面积校正。

在作物面积的遥感监测中,所谓小地物主要是沟渠、小路、机耕道、简易公路等线状地物。而这些小地物在作物面积遥感监测中根据采用不同空间分辨率的遥感影像而有不同的处理。

绝对小地物,如田埂、废弃小路等,由于遥感影像空间分辨率的限制,在一种遥感影像上,宽度小于一个像元边长的地物其反射光谱被作物反射光谱淹没,在遥感影像上一般没有独立的影像特征。

小地物的相对性。不同遥感影像,其空间分辨率各不相同。一些在低分辨率遥感影像中不可见的小地物,在较高分辨率遥感影像中可能会有明显的影像特征,可以将其从作物中识别出来,根据工作需要进行与识别作物方法相同的解译、分类。此时,原来的小地物成为了一般地物。这种由于遥感影像空间分辨率变化而引起的可见与不可见性就是小地物定义的相对性。

无论绝对小地物还是相对小地物,如果不消除其影响,将使遥感监测结果数据偏大,导致系统误差。采用抽样方法,对大宗农作物面积进行遥感监测,如果不消除样本中小地物的影响——即不“纯化”样本，就会形成误差。目前采取的抽样技术主要是分层抽样兼外推的方法。例如在冬小麦面积的遥感监测中，选取的样本是各主产县冬小麦遥感解译面积，在计算工作中，并未采取措施“纯化”样本。从而使单一年度最终的总体平均值、总体总值的估计值偏大。多年来该抽样方法和估计量在全国冬小麦、棉花面积遥感监测中得到应用，它们虽然可以满足业务化运行的要求，但由于没有消除小地物在样本中的影响，没有在作业底层对样本实施精度控制。在业务化运行中，农业部遥感应用中心采用计算年际变化率的方法，即将连续两年作物面积遥感监测结果相减，以期消除单一年度监测系统误差，获得作物面积变化率。以上方法的问题是：①无法得到作物面积的绝对值；②解译的工作量增加。

为了消除由小地物引起的系统误差，获得作物面积的绝对值，提高抽样估计的精度，应当采取双重抽样的方法。即先在底层对样本中的小地物抽样，用小地物样本平均值去估计其总体的数学期望，最后求取小地物在作物中的比例，进而修正作物面积遥感监测结果值。采用“纯化”样本的方法，在一定的置信度下认为由小地物导致的系统误差被消除了。在此基础上，再进行抽样外推。如果要在较大范围内双重抽样，对底层小地物抽样，可采用较第二层抽样样本影像空间分辨率更高的卫星影像或航空像片抽样。如果是较小局部区域，可以用 GPS 实测获取抽样数据。

9.6.4 长势监测

长势，即作物生长的状况与趋势。作物的长势可以用个体与群体特征来描述。发育健壮的个体所构成的合理的群体，才是长势良好的作物区。长势监测的目的是：①为田间管理提供及时的信息；②为早期估计产量提供依据。

农作物长势监测指对作物的苗情、生长状况及其变化的宏观监测，主要利用红光波段和近红外波段遥感数据得到的植被指数(*NDVI*)与作物的叶面积指数和生物量正相关原理进行长势监测。作物的叶面积指数是决定作物光合作用速率的重要因子，叶面积指数越高，单位面积的作物穗数就越多或作物截获的光合有效辐射就越大。*NDVI* 可用于准实时的作物长势监测和产量估计。实践表明，利用 *NDVI* 过程曲线，特别是后期的变化速率预测冬小麦产量的效果很好，精度较高。

农作物长势监测是农情遥感监测与估产的核心部分，其本质是在作物生长早期阶段就能反映出作物产量的丰歉趋势，通过实时的动态监测逐渐逼近实际的作物产量。作物长势监测系统主要包括生成标准化遥感数据产品、实时作物长势监测、作物生长过程分析、作物旱情遥感监测、作物长势综合分析等 5 个方面的内容。系统在全球和全国两个监测层面的基础上，增加了作物种植重点省份和作物主产区的作物长势监测两个监测层面，发展成为包括 4 个监测层面的多元监测模式。

作物时空结构的监测包括两方面内容：一是农作物种植结构及其变化的监测；二是复种指数及其变化监测。系统采用样条采样框架技术与农情调查系统，通过野外调查的方式进行农作物种植结构监测，采用时间序列 *NDVI* 曲线监测复种指数。

长势监测模型根据功能可以分为评估模型与诊断模型。评估模型可分为逐年比较模型与等级模型，目前分等定级没有统一的标准。

诊断模型是为了早期估产与田间管理。诊断模型包括：①作物生长的物候与阶段；②肥料盈亏状况；③水分胁迫——干旱评估；④病虫害的蔓延；⑤杂草的发展。

需要指出，遥感作物长势监测一定要与农学的知识结合起来。对于特定的作物，在特定的生育期，为获得高产、优质，对于长势有特定的要求，并非 *NDVI* 或 *LAI* 其他绿度指数越高越好。比如，棉花在它生育的中前期，疯长是需要抑制的，传统的方法采用掐尖、打叶等农田措施，这时遥感监测的长势就应当在一个适度的范围，超过范围就应当给出预警信息。遥感技术在任何场合都离不开专业知识以及地面调查，这里再次得到印证。

9.6.5　灾害评估

主要是指监测洪涝、干旱、冻害、病虫害等主要灾害以及进行灾情损失的评估。目前，作物病虫害的监测还需进一步研究。

(1)洪涝。洪涝灾害的监测技术没有困难，应用可见光-多光谱遥感或雷达遥感可以监测水面面积的变化，问题是怎样估计对农业的影响。根据耕地的背景资料可以计算淹没面积，而对产量的影响与淹没的作物种类、淹没时间有关。

(2)干旱。这一部分已在前面进行了重点阐述，目前需要进一步研究的问题是怎样评估干旱对产量的影响。显然干旱影响与干旱程度、作物种类、土壤种类、干旱发生时间与延续时间等多种因素有关。

(3)冻害(包括冷害)。冻害是北方冬小麦严重的常见自然灾害之一，遥感监测可以迅速估计灾害的发生与范围。春季霜冻害与隆冬季节因过度严寒造成的冻害本质不同，严寒使冬小麦根部冻死，翌年春季返青受到影响，因生长量小，致使植被指数在较长的一段时期偏低，易于用遥感监测，对监测的实时性要求不强。

冻害不但与气温有关，也与生育期有关。要分析气温、生育期与遥感影像特征的关系。冬小麦在春季遭受霜冻害后，植被指数急剧下降，这主要是冬小麦活性降低所致。由于－1℃左右的低温，冬小麦的根、叶不致冻死，生物量并未明显减少，随后迅速回复，植被指数与未受冻害地区无差异，利用地面观测与遥感都很难判别。但极不耐寒的花芽分化受到影响，致使成熟时出现抽穗而无籽的“哑穗”、“白穗”，严重影响最终产量。对于这种冻害进行监测必须使用实时或准实时数据，要在冬小麦回复活性前及时获取并分析影像。在冷空气侵入前后往往云量较多，给遥感监测带来困难。对于略有些云或从云隙中可清楚反映地物的 NOAA 影像也应尽量使用，以不错过实时监测的机会。

应用气象卫星资料配合地面观测资料，根据 *NDVI* 突变的特征与冬小麦生育期的特点，可以迅速估计冻害的发生与范围。这是地面监测难以做到的。问题在于实时卫星资料的取得是困难的，需要地面监测的支持。

9.6.6 产量预测与估算

产量预测与估算以卫星遥感资料、田间管理资料、地面调查资料为基础，侧重于提高种植面积的测定精度，以及建立综合因子的单产模式。遥感作物估产经过多年的发展，农业遥感科技工作者创造出多种方法，适应于不同作物以及不同估产目标。

主要作物产量预测包括冬小麦、春小麦、早稻、中稻、晚稻、春玉米、夏玉米、大豆等作物，监测范围是该类作物在全国范围内的种植区，基础统计单元是县级行政单元，然后逐渐汇总到省级行政单元。作物产量遥感预测通常采用总产＝单产×种植面积的思路，并以农作物遥感估产区划为基础，分别通过农作物种植面积的多级采样估算和分区单产模型的预测来实现；也有用年际间、同时间的遥感影像进行叠加分析进行，以分析当年与前一年的种植面积、单产的变化比率，进行增减产比率估产。

夏粮和秋粮的产量估算通过前一年的粮食产量与当年产量变幅来完成。种植面积的变幅是基于整群抽样技术，通过连续两年间的遥感影像分类监测对比得到。单产变幅通过建立基于遥感参数的粮食单产预测模型获得。对于不同地区的不同作物类型，利用不同的遥感参数（如 *NDVI*）及过程线参数（过程线峰值、上升速率、下降速率等），建立具有较高相关性的粮食产量预测模型。实际工作中这类模型很多，适用于不同作物以及种植地区。按时获取高质量的遥感影像集是这类遥感估产准确的决定性因素，特别是作物定产前的遥感影像质量尤其重要。

作物产量估算常用的方法是：计算种植面积和单位面积产量的传统方法获得总产。这种方法在大尺度上业务化运作尚有许多问题，如累积误差大，但具有推算小区产量的灵活性。作为农业部门的运行系统，目前采用的方法如下：

(1)计算面积的变化率与单产,从而推算产量的变化率。

(2)计算全国粮食总产采用便于运行的初级生产力总产模型(net primary production model)。由于农情监测是在国家一级大尺度上进行的,产量的估计采用总产模型具有经济性好、精度高,便于业务化的特点。

产量估计的难点如下:

(1)提前估计产量总有不确定因素;

(2)灾害、病虫害对产量的影响难以准确评估;

(3)由于作物识别的难度,分品种估产有困难;

(4)估产缺少机理模型。

遥感地面调查在任何时候都是不可缺少的。对于作物估产,有以下原因:

(1)有些农情要素是不能用遥感监测的,或目前难以用遥感监测的,如病虫害。

(2)能用遥感监测的要素,由于技术上、经济上的原因,也需要地面监测的补充:①由于遥感技术的局限性,如云的影响,很难在需要时获得全国的卫星影像。②由于地形多样、农户规模小而形成地块破碎、种植结构复杂(如套种间作),大部分地区即使有了影像,也很难分析;另外,耕作方法的改进,如地膜技术、免耕技术等应用与普及,也使影像解译带来困难。③作物长势的定量监测对遥感也是困难的。④遥感监测作物面积需要高空间分辨率的影像,经济性是要考虑的重要因数。

(3)遥感影像的判读也需要地面数据的标定(calibration)。由于国土辽阔,气象条件以及作物多种多样,难以制定统一的地面监测标准。如果没有统一的标准,地面监测资料就没有可比性。

9.6.7 国家级农情监测运行系统

我国现有的农情信息网络是一个人工的农情监测系统,分布在全国各地的农情监测站、点,按照规范的要求,定期收集本地区农资储备与农作物的播种面积、田间管理、作物长势、各种灾害以及作物产量等信息,通过传真、电话、电子邮件、计算机网络、快递邮件等方式逐级或直接上报到农业部,作为分析全国农业生产形势和采取对策的依据。这个监测系统在农业生产的组织和宏观决策中发挥了很大的作用,但也有不足之处。一是人工收集的农情信息很难做到准确、规范、客观,人为因素的干扰可能使信息失真;二是收集、汇总、传输、加工分析农情信息耗时较多,往往滞后于信息的变化;三是经费所限,农情信息的采集范围是有限的,不能反映宏观的整体情况;四是受人为因素的影响,收集的信息质量也存在较大的差异。因此,有必要以现有的台站监测网络为基础,以高新技术为依托,建成现代化、高效率的农情监测系统,以提高农情监测的时效和质量。

国家级农情监测运行系统是利用遥感技术和地面站网络相结合的方式采集农情信息,以专家系统支持的数值模型与地理信息系统加工、分析农情信息,利用数据库系统组织农情信息,用农业部信息网交换信息,为农业生产管理、决策服务。

国家级农情监测系统由信息采集子系统、通讯网络子系统和数据处理子系统组成。

信息采集子系统通过现行的农情监测站网络收集农情信息和田间管理以及农村经济信息,利用气象卫星和资源卫星收集农作物种植信息,并用农情监测站网络收集到的信息进行验证;通过高空间分辨率、低时间分辨率的资源卫星收集农作物基础信息,通过高时间分辨率、低空间分辨率的气象卫星收集农作物生长发育和农业灾害信息,并以地面人工监测网点提供的数据为补充。

通讯网络子系统负责把人工农情监测网络收集到的信息传送到农业部控制中心,又把农业部有关管理、决策信息返回到各监测站。

数据处理子系统是本系统的核心,由数据库、数学模型、专家系统、遥感影像处理系统、地理信息系统等组成,负责农情及相关信息的组织、加工、分析等处理,产生管理和决策所需的数字、报表、图件和方案等。

目前这一套国家级农情监测系统正在建设。

小　结

本章主要讲解干旱、土壤表层水分、水灾、冻害等农情的遥感监测方法,这些监测方法是农情综合监测的基础,对进一步的作物估产和粮食安全的研究等有一定的指导意义。土壤热惯量模型是一种接近机理分析的模型,适合于裸土或接近裸土条件下的土壤表层水分反演,在平原地区应用效果较好。微波遥感具有全天候和多极化等特点,对监测土壤水分和水灾十分有利,但在进行土壤水分监测时要考虑土壤、植被特性和地表粗糙度等因素的影响。基于植被指数和土地表面温度的干旱监测方法以干旱对两者的影响为理论基础,其监测结果有一定的时域性和地域性的限制。农情监测的目的在于指导农业生产,进行适时适地的辅助决策等。农情监测包括调查和监测作物的种植面积及其布局,监测作物的长势和灾害的发生与发展,评估灾情损失和预测农作物产量等,是遥感在农业中的应用研究的主要方面。

农业生产过程复杂,受多种自然因素的制约,遥感在农业生产的应用要求高、技术复杂，目前仍有大量的领域亟待研究、开发。

思 考 题

1. 求解土壤热传导方程时的初始条件和边界条件是什么？如何去求解？

2. 土壤热惯量模型中各个参数的确定方法是什么？如何应用遥感数据反演地表反照率和土地表面温度？

3. 应用被动微波和主动微波遥感数据进行土壤水分监测的原理及其影响因素是什么？

4. 分析应用 *NDVI* 和 *LST* 进行干旱监测的可行性。

5. 简要说明 *NDVI* 和 *LST* 间的关系及其热边界和冷边界的存在机理和物理意义。在实际地面是否存在热边界和冷边界，为什么？

6. 对比分析基于 *NDVI* 和 *LST* 的干旱监测方法。

7. 条件植被温度指数干旱监测方法的适用条件是什么？

8. 有哪些因素影响基于植被指数和地表温度的干旱监测方法的准确性？

9. 如何利用多种遥感数据进行洪涝灾害监测？

10. 简述应用遥感数据进行冻害监测的理论与方法。

11. 农情监测的目的和要素是什么？哪些要素与遥感数据有关？

12. 作物种植面积估算时如何消除小地物的影响？

13. 简要论述应用植被指数进行农作物长势监测的方法。

14. 农情遥感监测与农作物估产的核心是什么？为什么？

15. 举例说明应用多源、多时相卫星遥感数据进行农情监测的方法。

16. 试论述农情遥感监测的不确定性。

参 考 文 献

[1] 马蔼乃. 遥感信息模型. 北京：北京大学出版社，1997.

[2] 陈维英，肖乾广，盛永伟. 距平植被指数在1992年特大干旱监测中的应用. 环境遥感，1994，9：106-112.

[3] 王鹏新，Wan Zheng ming，龚健雅，等. 基于植被指数和土地表面温度的干旱监测模型. 地球科学进展，2003，18：527-533

[4] 孙威，王鹏新，韩丽娟，等. 条件植被温度指数干旱监测方法的完善. 农业工程学报，2006，22：22-26.

[5] 王茜，薛怀平，吴胜军，等. 长江中游水灾监测系统的研究和建立. 南京师大学报：自然科学版，2003，26：110-113.

[6] 吴炳方. 全国农情监测与估产的运行化遥感方法. 地理学报，2000，55：25-35.

[7] 吴全,杨邦杰,裴志远,等.大尺度作物面积遥感监测中小地物的影响与双重抽样.农业工程学报,2004,20:130-133.

[8] 杨邦杰,裴志远,周清波,等.我国农情遥感监测关键技术研究进展.农业工程学报,2002,18:191-194.

[9] 杨邦杰,王茂新,裴志远.冬小麦冻害遥感监测.农业工程学报,2002,18:136-140.

[10] Cracknell A P, Xue Y. Thermal inertia determination from space: a tutorial review. International Journal of Remote Sensing, 1996, 17: 431-461.

[11] Dawson M S, Fung A K, Marry M T. A robust statistical-based estimator for soil moisture retrieval from radar measurement. IEEE Transactions on Geoscience and Remote Sensing, 1997, 35: 57-67.

[12] Gillies R R, Carlson T N, Cui J, et al. A verification of the 'triangle' method for obtaining surface soil water content and energy fluxes from remote measurement of the Normalized Difference Vegetation Index (NDVI) and surface radiant temperature. International Journal of Remote Sensing, 1997, 18: 3145-3166.

[13] Kogan F N. Remote sensing of weather impacts on vegetation in non-homogeneous areas. International Journal of Remote Sensing, 1990, 11: 1405-1419.

[14] Kogan F N. Application of vegetation index and brightness temperature for drought detection. Advances in Space Research, 1995, 15: 91-100.

[15] McVicar T R, Jupp D L B. The current and potential operational use of remote sensing to aid decisions on drought exceptional circumstances in Australia: a review. Agricultural System, 1998, 57: 399-468.

[16] Price J. C. On the analysis of thermal infrared imagery: the limited utility of apparent thermal inertia. Remote Sensing of Environment, 1985, 18: 59-73.

[17] Wan Zhengming, Wang Pengxin, Li Xiaowen. Using MODIS land surface temperature and normalized difference vegetation index products for monitoring drought in the southern Great Plains, USA. International Journal of Remote Sensing, 2004, 25: 61-72.

第 10 章　地物光谱测试

10.1　测试原理

自然界的任何物体自身都具有反射、吸收、发射电磁波的特征。物质的这种基本特征是由于组成物质的最小微粒电子、原子、分子的不同运动状态所造成的。

由于不同物质的分子结构、原子组成、运动方式不同，发出的电磁波的频率也是不同的。这就是说，每个物体都发射和吸收一定波长和频率的电磁波。相同的物体在状态相同时具有相同的电磁光谱特性；不同的物质由于物质组成、内部结构和表面形态不同，具有相异的电磁光谱特性。如同一农作物处于不同的生长期，其电磁波光谱也不相同。

遥感的一个基本前提是人们可以通过对地表目标发射、反射辐射特性的研究来认识目标。在遥感研究中，对于发射辐射（热红外），物体本身是其辐射源；对于反射辐射，其辐射源可以是太阳、大气（借助太阳辐射的散射）或人造辐射（成像雷达）。从这个角度来看，遥感就是依据遥感传感器所接收到的探测目标反射、发射能量的电磁光谱特征差异以及对它的研究，来识别不同的目标。

10.1.1　电磁波与地表的相互作用

野外测量地物反射光谱（波长在 400～2 500 nm），通常借助于太阳光源。太阳入射到地面后，其入射能量 E_I 有一部分被吸收，一部分被透射和反射。反射、吸收、透射是电磁辐射能与地表作用的 3 个基本物理过程，这 3 个物理过程是同时发生的。反射率、吸收率和透射率都是无量纲的物理量，数值在 0～1 之间，通常用百分数来表示。根据能量守恒原理，有如下关系：

$$\tau_\lambda + \alpha_\lambda + \rho_\lambda = 1 \tag{10-1}$$

式中：τ_λ 为地物的透射率；α_λ 为吸收率；ρ_λ 为反射率。它们均为波长的函数。这里的透射率、吸收率和反射率的比例是随着不同的地表理化特征而变化的。这种变化一方面依赖于地表特征的性质与状态，如物质组成、几何特征等；另一方面又依赖于波长、光线入射角等。物体本身的特征以及光源的这些不同物理参数共同决定了具有不同特点的以上3种物理过程。遥感实质上是分波段将各个目标地物的反射及自身辐射的能量记录下来以识别不同的地物特征。

10.1.2 反射

电磁波,无论是可见光、红外光或紫外光还是微波,到达物体表面时都要发生反射。当电磁辐射能到达两种不同介质的分界面时,入射能量的一部分或全部返回原介质的现象,称为反射。地物反射的能量占入射能量的比值即为反射率$\rho(\lambda)$,被定义为:

$$\rho(\lambda)=\frac{\pi\cdot L(\lambda)}{E(\lambda)} \tag{10-2}$$

式中:$\rho(\lambda)$为光谱反射率,其值在0～1之间;$L(\lambda)$为被测地物的光谱辐射亮度,$W/(\mu m\cdot m^2\cdot sr)$,这里sr是立体角球面度;$E(\lambda)$为入射光源到达地表的光谱辐照度,$W/(m^2\cdot \mu m)$。测量地物反射率时,原则上光谱辐照度是通过测量水平放置的不透明物体所接收到的各个方向上的辐射而获得,在实际测量中,通常用已知光谱特性的参考板来代替。直接测量需要考虑较多的参数,测量难度较大,而间接测量通过比值关系,减少被测参数的数量,容易获得地物的反射率。这里所谓的“直接测量”与“间接测量”,是指是否通过一种媒介对于目标物进行辅助测量,如果不通过,则称之为“直接测量”;反之,如果通过,则称之为“间接测量”。这里,地物光谱反射率测量时通过参考板辅助测量实现的,因而属于间接测量。在实际测量中,多采用间接测量法,对参考板和被测地物分别进行观测,由于参考板的光谱特性已知,因而可以获得地物的光谱反射特性。光谱辐射亮度用仪器在一定的视场角范围内来观测目标获得。测量目标和参考板的反射率时要用同一仪器,应该在很短的时间内同时对测量目标和参考板进行观测。这里的参考板又称为标准反射板,通常是白色板,可认定光谱反射率为“1”,同时测量的目标物反射能量和参考板反射能量之比即可认为是目标物的光谱反射率数值。这样间接测量的目的是可以最大限度地排除光源以及环境的辐射扰动对于测量的干扰,因为这里的扰动同时影响目标物与参考板的反射,两者相除就可以基本消除扰动的影响。

地物对电磁波的反射一般分为镜面反射、漫反射和方向反射(图10-1)。

一个物体表面能否对于电磁波反射取决于电磁波的波长λ与入射角θ,取决于物体表面的粗糙程度(简称粗糙度)。粗糙度与电磁波的波长λ以及入射角θ有

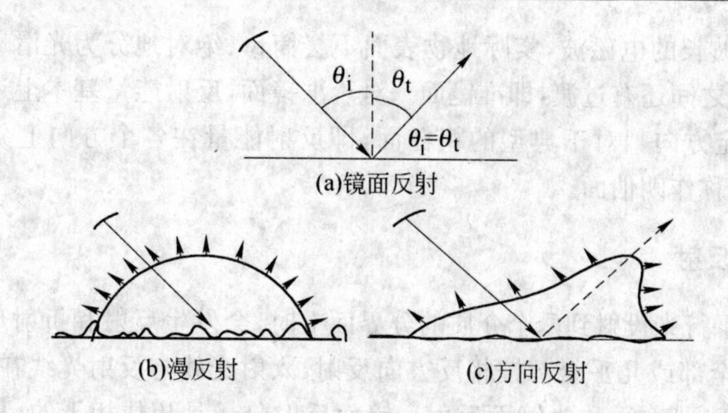

图10-1　反射的三种形式

关，任意一个表面的反射特性是由其表面几何形态的粗糙度决定的。粗糙度就是在观测视场范围内，以一个波长为尺度，物体表面单位面积上凹凸垂直方向上的均方差距离，其概念已经在第2章做出详细的解释。判别物体表面粗糙与否的根据，在物理光学中有瑞利判据(式10-3)，可以根据它来区分介质为光滑表面还是粗糙表面，进而确定该表面对电磁波的反射到底为何种类型。

瑞利判别准则：

$$h \leqslant \frac{\lambda}{8\cos\theta} \tag{10-3}$$

式中：h为粗糙度，即在遥感影像中一个像元覆盖的地面面积单元内，相邻一个波长距离的物体表面单位面积上凹凸垂直方向上的均方差距离；λ为波长；θ为光的入射角。满足上式标准的表面为光滑表面，反之为粗糙表面。其中，随着λ、θ的增大，有利于形成光滑表面，反之亦然。

事实上，判别物体表面粗糙与否的判据并不是唯一的、绝对的，出于不同的考虑角度，还有其他判据，如式(10-4)所示。美国Peak和Oliver(1971年)，对瑞利准则进行了修改，提出的一个更为严格的粗糙度判别式：

$$\begin{aligned} &h \leqslant \frac{\lambda}{25\sin\alpha} \quad \text{为光滑表面} \\ &h \geqslant \frac{\lambda}{4.4\sin\alpha} \quad \text{为粗糙表面} \end{aligned} \tag{10-4}$$

式中：h为表面粗糙度；λ为入射波的波长；α为天顶俯角，即光源θ入射角的余角。h值介于两者之间时为准镜面。这一判据对于产生镜面反射的光滑表面要求更为严格。这个判据与瑞利判别准则是基本一致的，只是在系数上有差别。事实上对于任意一个波长的电磁波，实际地物表面不会简单、绝对地分为光滑表面与粗糙面，在这两者之间还有过渡，即准镜面。对于准镜面，反射能量基本上还是有集中于某一个特定方向。对于典型的粗糙面，即反射能量在各个方向上分布相等的面，物理学上称作朗伯面。

1. 镜面反射

当一束平行光投射到两个介质的分界面上时，会发生反射和折射现象。当入射光能量的全部或几乎全部按相反方向反射，入射光线与反射光线在一个平面，且反射角等于入射角，称为镜面反射。镜面反射分量是相位相干的，且振幅变化小，并有极化。当表面相对于入射波长是光滑的($\lambda \geqslant$粗糙度)，则出现镜面反射。对于可见光，λ 在微米范围内，几乎所有地物都是粗糙的；而对于微波而言，由于波长较长，故道路表面也会符合镜面反射的要求。

2. 漫反射

当入射光投射到一粗糙界面上，入射光能量在所有方向均匀反射，即入射光能量以入射点为中心，在整个半球空间内向四周各个方向反射能量的现象，称为漫反射，又称朗伯反射。这种粗糙的界面称为漫反射面或者朗伯反射面。漫反射的相位和振幅的变化没有规律，且无极化。

一个完全的漫反射体称为朗伯体，遵循的规律为朗伯余弦定律，即当一束光以任意方向照射到一漫反射面上时，在单位面积、单位立体角内反射的辐射强度正比于 $\cos\theta$。朗伯余弦定律的表达式为：

$$I(\theta) = I_0 \times \cos\theta \tag{10-5}$$

式中：θ 为观测方向与反射面法线方向的夹角，即观测天顶角；$I(\theta)$ 为 θ 方向的反射辐射强度；I_0 为法线方向的反射辐射强度。由于反射辐射强度为垂直于辐射方向上单位面积上辐射出的能量，当辐射方向与反射面夹角为 θ 时，垂直于辐射方向上单位面积也就与水平面有一夹角 θ，且该面积在水平方向上的投影正比于 $\cos\theta$，所以 θ 方向的反射辐射强度正比于 $\cos\theta$。事实上，$I(\theta)$ 就是观测到的有效截面上的光强。

对可见光而言，柏油路面、小麦地等表面均可以看作是漫反射体。

3. 方向反射

事实上，自然界中实际地物的分界面既非完全光滑的镜面，又非完全粗糙的漫反射面，而是介于二者之间的非朗伯表面。它的反射并非各向同性，而是具有明显的方向性，即方向反射。

方向反射率是指对入射方向和反射方向严格定义的反射率，即特定反射能量与其面上的特定入射能量之比。入射和反射方向的确定方法分别有微小立体角，任意立体角和半球方向 3 种。当入射和反射均为微小立体角时称为二向性反射。二向性反射，简称二向反射，是自然界中物体表面反射的基本现象，即反射不仅具有方向性，而且这种方向性还随入射的方向变化而变化。也就是说，随着太阳入射角及观测角的变化，物体表面的反射有差异。这种差异不仅与两种角度有关，还与物体空间结构要素有关，而且光源、地物和测量仪器之间的相对位置关系都会对其产生影响。由于这种原因，不同条件下测得的二向反射率往往难于比较。

为了描述这种现象，Nicodemus(1977)给出了二向性反射率分布函数 BRDF (bidirectional reflectance distribution function)这一描述表面反射特征空间分布的基本参数。它被定义为在仪器观测接收方向(θ_r , φ_r)上地物反射辐射亮度 dL 与光源在(θ_i , φ_i)方向上时的入射辐射照度 dE 的比值，即

$$BRDF(\theta_i,\varphi_i;\theta_r,\varphi_r)=\frac{\mathrm{d}L(\Omega_r)}{\mathrm{d}E(\Omega_i)}=\frac{\mathrm{d}L(\theta_r,\varphi_r)}{\mathrm{d}E(\theta_i,\varphi_i)} \tag{10-6}$$

式中：θ_i 为入射辐射的天顶角；φ_i 为入射辐射的方位角；θ_r 为反射辐射的天顶角；φ_r 为反射辐射的方位角；Ω_i ，Ω_r 为表示在入射和反射方向上的两个微小立体角；d$E(\Omega_i)$ 为在一个面积元 dA 上，特定入射光（ θ_i ， φ_i ）的辐照度（入射的辐射通量），W/m^2 ；d$L(\Omega_r)$ 为在一个面积元 dA 上，特定反射光的（ θ_r ， φ_r ）的辐亮度（反射的辐射通量），W/(m^2 · sr)。所以，$BRDF$ 的单位为：1/sr。需要指出，$BRDF$ 为波长的函数。

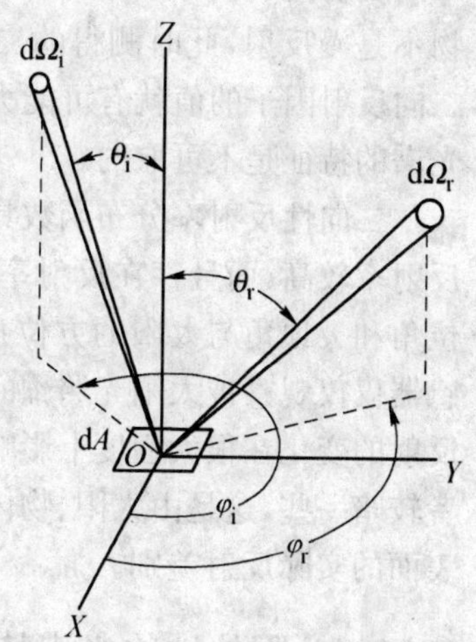

图 10-2　二向性反射图解

图 10-2 显示了二向性反射现象的图解以及几个参量的含义。

$BRDF$ 是关于入射、反射两个方向变量以及入射辐射通量空间分布的函数，又取决于地物的空间结构参数。由以上可以看出，$BRDF$ 虽能完善描写一个地物的反射方向特性，但是很难测量，工作量极大，所以在工作中难以直接使用二向反射率分布函数。

这样，就往往采用另外一种描写表面反射特性的物理量——二向反射率因子 (bidirectional reflectance factor，BRF)，也称二向反射因子。BRF 被定义为：在一

定的光照射和观测条件下,目标地物的反射辐射通量与处于同一光照射和观测条件下的标准参考面(理想朗伯反射体)的反射辐射通量之比。即

$$BRF=\frac{dL_T(\theta,\varphi,\lambda)}{dL_P(\theta,\varphi,\lambda)} \tag{10-7}$$

式中:dL_T,dL_P 分别为地物、标准参考面的反射辐射亮度。标准参考面是其半球反射率 $\rho=1$ 的漫反射面。

在使用反射率为100%的标准参考板的条件下,可以把实际测量中较容易测定的 *BRF* 与难以测定的 *BRDF* 联系起来。当 Ω_i 与 Ω_r 均趋于无穷小时,在数值上 *BRF* 为 *BRDF* 的 π 倍,即:

$$BRF=\frac{dL_T}{dL_P}=\frac{dL_T}{dE/\pi}=\pi\cdot BRDF \tag{10-8}$$

二向反射因子(*BRF*)易于实际测量,而又能反映地物反射光谱特性,这为测定目标地物的 *BRDF* 值提供了现实可行的办法。

另外,若地物是一个漫反射,即在地物和参考板都是漫反射的情况下,测得的二向反射因子就等于地物的半球反射率,而且它与光源和仪器的方位无关。若地物不是漫反射,此时测得的二向反射因子是光源和接收仪器方位的函数,测得的二向反射因子的值就有可能大于1。显而易见,采用大于1的值来表征地物反射光谱的特征是不可取的。

二向性反射率分布函数具有一定的特点。通常在太阳光方向看物体表面时,反射率较高,而且存在反射率骤然增加的区域,即热点。热点发生在传感器的方位角和天顶角与太阳的方位角和天顶角相等的时候。热点的存在是因为当时传感器仅仅观察被太阳光照耀的、没有任何阴影的那部分表面。像热点这样的双向反射的变化在很大程度上影响着遥感影像中物体的外貌,使得它们单独的较亮或者较暗一些,这是由太阳、物体和传感器之间的角度关系造成的,而没有考虑物体表面的实际反射差别。

10.1.3　野外地物光谱特征测量原理

野外地物光谱特征测量通常有两种方法:直接测量法和间接测量法。

通常直接测量地物的反射率是不容易的,因为干扰因素很多。天空少量云朵的干扰,太阳光源本身不固定,大气状态不同也构成干扰因素,这种情况采取间接测量的方法可以最大限度地排除各种干扰,即用一已知的反射面作为参考板,在同样的观测条件下,用光谱测定仪器在不同的波长或波段内,分别测量被测地物

和参考板，记录被测样本和参考板的反射辐射亮度，从而由参考板的反射率，得到被测样品的反射率。因为干扰因素对于被测样本和参考板的干扰都是一样的，取其比值，见式(10-11)，就将干扰抵消掉了。通常采用的参考板根据其反射率的大小可分为白板、灰板等。

对可见光和近红外波段的光谱特征，在限定的条件下，可以在实验室内对采回来的样品进行测试，精度较高。但它不可能逼真地模拟自然界千变万化的条件，一般以实验室所测的数据作为参考。因此，进行地物光谱特征的野外测量是十分重要的，它能反映测量瞬间地物实际的反射特性。

光谱总辐射亮度 $L(\lambda)$ 为：

$$L(\lambda)=\frac{1}{\pi}\int_{\lambda_1}^{\lambda_2}E_0(\lambda)\cdot R(\lambda)\cdot[\tau_\theta(\lambda)\cdot\tau_Z(\lambda)\cdot\rho(\lambda)\cdot\cos\theta+r(\lambda)]\mathrm{d}\lambda \quad (10\text{-}9)$$

式中：$E_0(\lambda)$ 为大气层顶部的太阳光谱辐照度，$\mathrm{W/(m^2\cdot\mu m)}$；$R(\lambda)$ 为传感器信道的光谱响应函数；$\tau_\theta(\lambda)$ 为太阳天顶角为 θ 时的大气光谱透射率；$\tau_Z(\lambda)$ 大气在天顶方向的光谱透射率；$\rho(\lambda)$ 为地物的光谱反射率；$r(\lambda)$ 为大气对电磁辐射的散射影响。

又由于光谱仪的探头到地物的高度相对于卫星传感器到地物的高度小得多，对于光谱仪的探头到地物之间的这一点大气对电磁辐射的散射影响可以忽略不计，可同时测得地物和参考板的反射辐射亮度为：

$$L(\lambda)_\mathrm{T}=\frac{1}{\pi}E_0(\lambda)\cdot\cos\theta\cdot\tau_\theta(\lambda)\cdot\rho(\lambda)_\mathrm{T}\cdot\tau_Z(\lambda)\cdot\Delta\lambda\cdot K(\lambda)$$

$$L(\lambda)_\mathrm{P}=\frac{1}{\pi}E_0(\lambda)\cdot\cos\theta\cdot\tau_\theta(\lambda)\cdot\rho(\lambda)_\mathrm{P}\cdot\tau_Z(\lambda)\cdot\Delta\lambda\cdot K(\lambda) \quad (10\text{-}10)$$

式中：$\Delta\lambda$ 为光谱段，$K(\lambda)$ 为光度计光谱回应率(灵敏度)。

取两式之比，得到：

$$\frac{L(\lambda)_\mathrm{T}}{L(\lambda)_\mathrm{P}}=\frac{\rho(\lambda)_\mathrm{T}}{\rho(\lambda)_\mathrm{P}} \quad (10\text{-}11)$$

即

$$\rho(\lambda)_\mathrm{T}=\rho(\lambda)_\mathrm{P}\frac{L(\lambda)_\mathrm{T}}{L(\lambda)_\mathrm{P}} \quad (10\text{-}12)$$

式中：$\rho(\lambda)_\mathrm{P}$ 为已知参考板的光谱反射率；$\rho(\lambda)_\mathrm{T}$ 为被测地物的光谱反射率。

根据不同波长下测得的地物反射率数据即可得到地物的光谱特征曲线。

10.1.4 野外地物光谱测定的步骤

在野外进行地物反射光谱的测定，是为了确定其光谱响应模型，认识地物的反射光谱特性及其变化规律。在进行野外测量时，工作方式可以有很多种，这里以光谱辐射仪为例进行简要的介绍。便携式 ASD 光谱仪通过一个光纤维输入获得一个连续的光谱信号，记录数据同时覆盖 1 000 多个较窄的波段，覆盖范围是 350～2 500 nm。

野外光谱特性的测定，通常按照以下的步骤进行：①安装仪器，将光谱仪与笔记本计算机连接起来，将探头固定在一定的位置；②接通电源，先开启光谱仪，再开笔记本计算机，打开测量软件；③进行实际测量，先将探头对准参考板进行测量，这一步的目的是使测量点上的入射辐射或辐射照度定量化，所以这种设备要借助一个已知的有稳定反射率的参考板的帮助；④将探头对准地物，测量被测目标的反射辐射亮度；⑤计算得到目标光谱反射率；⑥在观测结束后，要先关闭笔记本计算机的电源，再切断光谱仪的电源。这种光谱仪与连接的笔记本计算机组合在一起，能提供灵活的数据采集、显示和存储功能，可以实时显示反射光谱数据。

由于地物光谱特性的变化与太阳和测试仪器的方位，观测地物的地理位置，时间环境（季节、气候、温度等）和地物本身有关，所以应记录观测的时间、地理位置、天气状况（日光状况、云量、风速、风向、温度、能见度等）和地物本身的状态，而且测定时要选择合适的太阳天顶角。正是由于光谱特性受多种因素影响，所以测得的反射率定量但不唯一。

10.2 地物光谱特征

自然界中任何地物都有其自身的光谱特性，不同地物由于物质组成和结构不同具有不同的光谱反射特性。因而可以根据遥感传感器所接收到的电磁波谱特征的差异来识别不同的地物，这就是遥感的基本出发点，也是能够用颜色、色调分辨各种地物的原因。

10.2.1 几种主要地物的光谱反射特性

地物的反射、吸收、发射电磁波的特征是随波长而变化的。因此地物的光谱通常以曲线的形式表示，简称地物光谱。严格地说，不同地物不具有完全相同的地物光谱曲线，每种类型均具有区别于其他类型的代表性曲线。这些曲线，特别是几个具有重要意义的光谱响应区域，是它们各自类型和形态的指标。

图 10-3 中表示的是 4 种不同地物的光谱反射率曲线，形态差异很大。雪对在可见光范围反射率较高，在蓝光 490 nm 附近有个峰值，反射率几乎接近 100%，在可见光的绿、红谱段反射率也较高，且与太阳能量频谱基本同步，因而看上去是白色。随着波长的增加，反射率逐渐降低，进入近红外波段吸收逐渐增强，而变成了吸收体。雪的这种反射特性在这些地物中是独一无二的。

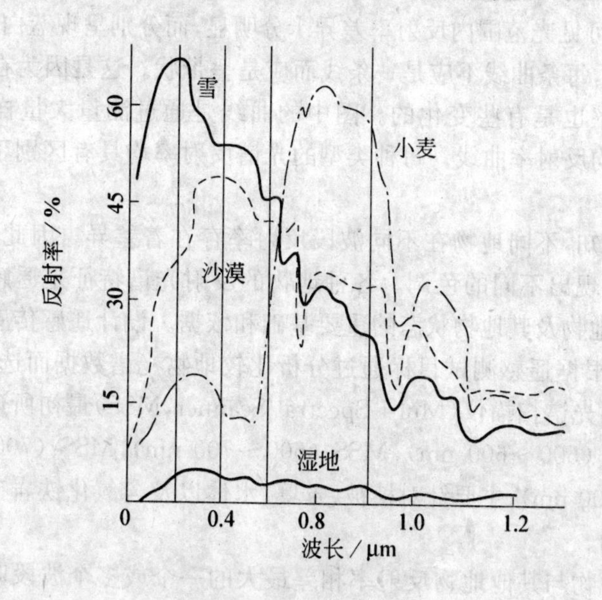

图 10-3　不同地物的反射率

沙漠与雪有基本相同的性质，相对来讲红、橙、蓝波段反射率较大，在橙光 600 nm附近有个峰值，因而呈淡橙黄色。在波长达到 800 nm 以上的长波范围，其反射率比雪还强。因而夏日行走在沙漠，感受到强烈的热辐射，但光线并不如雪看上去刺眼。

小麦的反射光谱曲线主要反映了小麦叶片的反射率，在蓝光波段（中心波长为 450 nm）和红光波段（中心波段为 650 nm）上有两个吸收带，其反射率较低，在两个吸收带之间，在绿光即 540 nm 附近由于叶绿素吸收相对较少，有一个小的反射峰，这是小麦以及其他绿色植物呈现绿色的原因。在红光处（680 nm）有一吸收谷，这是光合作用吸收谷，若吸收谷减小，则小麦会变黄。大约从 680 nm 附近开始，反射率骤然上升，至 800 nm 附近反射率达到高峰，这是应用遥感数据识别小麦并判断其生长状态的主要依据。小麦反射率的这一特性主要受到叶片内部的细胞结构而控制。这种反射光谱曲线是含有叶绿素植物的共同特点(即叶绿素红沿反射特征)。不同种类植物的反射光谱曲线的变化趋势相同,而植被与其他地物的反射光谱曲线显著不同,这也是可以应用遥感来探测生物量的物理基础。

湿地在可见光到近红外的整个波长范围内的反射率均较低,绝大部分光能被吸收,呈暗灰色,当含水量增加时,其反射率就会下降,尤其在水的各个吸收带处,反射率下降更为明显。因而,在遥感影像上,其色调常为深暗色调,呈黑色或者深灰色。

4 种地物在可见光范围内反射率差异十分明显,而分别呈现蓝白、浅黄、绿、暗灰色。严格地说,每条曲线不应是一条线而应是呈带状。这是因为在一个特定类型中,光谱反射率也是有些变化的。图中的曲线是通过测量大量样品综合而成的,它仅代表平均反射率曲线。每种类型的光谱反射率均具有区别于其他类型的代表性曲线。

根据上述可知,不同地物在不同波段反射率存在着差异。因此,在不同波段的遥感影像上呈现出不同的色调。各种地物的反射光谱特征是遥感技术从图像判读、识别各种地物及其地物状态的重要基础和依据。设计遥感传感器探测波段的波长范围,是根据遥感测试目标通过分析比较地物光谱数据而选择设置的,如美国陆地卫星多光谱扫描仪(Multi-Spectral Scanner,MSS)最初所选择的 4 个波段分别为:MSS_1(500～600 nm),MSS_2(600～700 nm),MSS_3(700～800 nm),MSS_4(800～1 100 nm),主要针对植被、土壤、水体以及含氧化铁岩矿石分类的识别需要而设置的。

对于某一地物与其他地物反射率相差最大的一个或多个波段叫做该地物的特征波段,要识别该地物,就应该选择其特征波段的图像。而且在某一谱段内,两个不同地物可能呈现相同的谱线特征,或者由于处于不同状态,如不同的生长期,不同的入射光角度等,造成同一个地物呈现出不同的谱线特征,也就是常说的同物异谱和同谱异物现象。这就要求在识别地物时选择适当波段的图像,尽量避免以上情况的发生,减小图像解译的困难。

同类地物的反射光谱是相似的,但随着该地物的内在差异而有所变化。这种变化是由于多种因素造成的,如物质成分、内部结构、几何形状、风化程度、表面含水量及色泽等差别。

10.2.2 绿色植被的光谱反射曲线

绿色植被具有一系列特有的光谱响应特征,它是农业遥感中研究的一个重要对象,也是现代遥感技术中传感器波段设计的理论基础。了解绿色植被的光谱特性是对遥感影像中植被、土地利用等进行解译的基础。因此,这里对绿色植被光谱反射的一般特性加以初步讨论。

(1)绿色植被的光谱反射特性是叶绿素在叶片内的水融胶体的反映，大约在750 nm 附近，反射率开始急剧增加，在 750～1 300 nm 近红外波段范围内反射率达到高峰，反射率可高达 70%以上，这一峰的波长段还处在太阳光能谱中主要能量的分布区(200～1 400 nm)，这一分布区占有全部太阳光能量的 90.8%，这是遥感识别绿色植被并判断植被状态的主要依据。另外一个较高的红外反射峰存在于 1 500～1 900 nm，这两峰与前边的红光波谷是绿色植被的主要光谱特征。在 1 450 nm和 1 950 nm 的两处吸收谷是水分吸收曲线(图 10-4)。

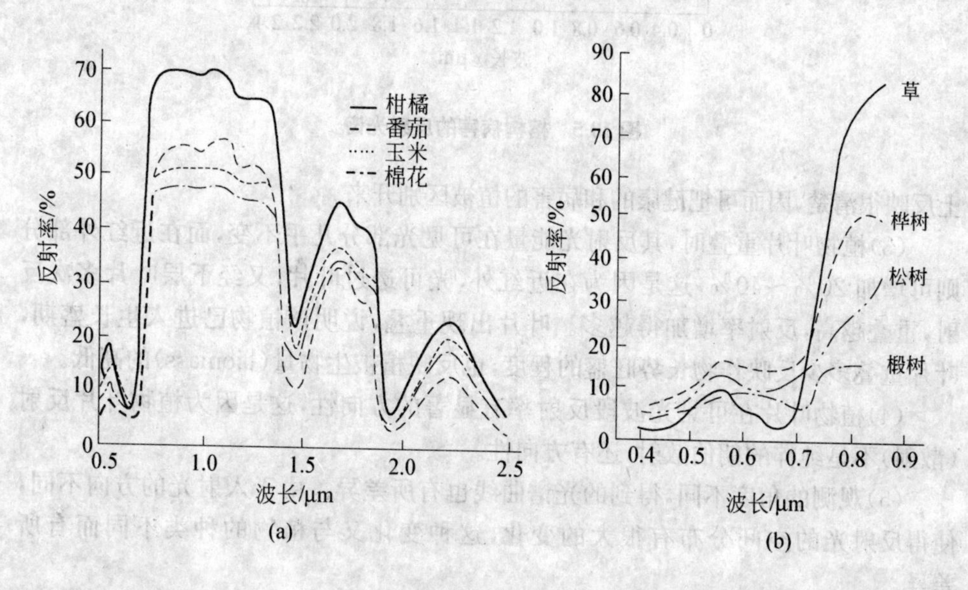

图 10-4　几种植物的光谱曲线

(2)对植被来说，不同类型植物之间反射光谱特性曲线存在着一定的差异，即使是同类植物，在生长过程中随着叶子的新老、稀密，土壤水分含量和有机质含量的不同，或者受到大气污染和病虫害等的影响而导致同一种植物的不同健康状况，都会使它们在各个波段的反射率不同，而且往往近红外波段比可见光波段更能清楚地观察到这些变化。这种差异可用来识别植物的不同类型，不同的生长期以及不同的健康状况。从图 10-5 中可清楚地看出，健康榕树在可见光波长范围反射率稍低于有病害的榕树，特别是在叶绿素吸收带，健康的比有病害的反射率明显小。而在近红外波段健康榕树的反射率则明显高于有病害榕树。有病害的榕树随着病害的加重，在近红外波段反射率明显降低，反映出病害植被的特征。这种现象在近红外波段像片

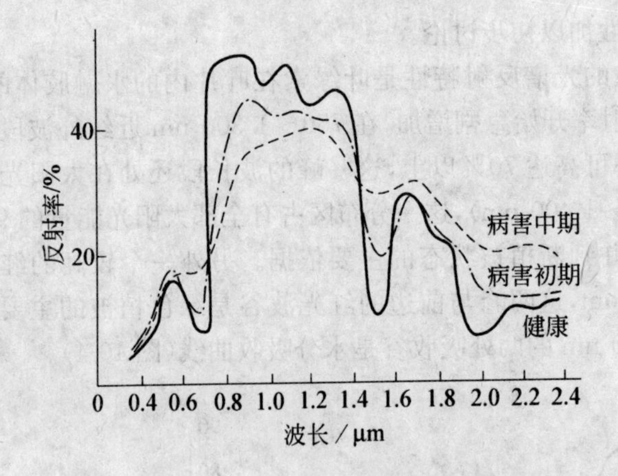

图 10-5　榕树病害的反射光谱

上反映很清楚,因而可把健康的和病害的植被区别开来。

(3)植物叶片重叠时,其反射光能量在可见光部分几乎不变,而在近红外部分则可增加 20%～40%,这是因为在近红外,光可透过叶片,又经下层叶片多次反射,重叠越高,反射率增加得越多。叶片出现重叠,说明该植物已进入生长盛期,叶片重叠多少反映作物长势旺盛的程度,也反映植被生物量(biomass)的高低。

(4)植物叶片在可见光波段反射率有显著的方向性,这是因为植物叶片反射(散射)不是纯粹的朗伯散射,还有方向性。

(5)观测的角度不同,得到的光谱曲线也有所差异。由于入射光的方向不同,使得反射光的空间分布有很大的变化,这种变化又与植物的种类不同而有所差异。

(6)植物光谱反射特性曲线中,从蓝光波段到绿光峰值,有一个上升的斜坡,通常称作蓝沿;同样,从绿光峰值到红光谷底,有一个下降的斜坡,通常称作绿沿;从红光谷底到近红外峰值,有一个陡峭上升的斜坡,通常称作红沿。现在有人将红沿的斜率与绿沿的斜率相除,用这一个比值区分植物的种类以及同种植物不同营养匮缺的状况。当代的遥感光谱分辨率、辐射分辨率的精度已经可以满足这种测试要求。

10.2.3　影响地物光谱特性变化的因素

地物的光谱特性是复杂的,受多种因素的影响,如地物的物理性状、太阳的位置、传感器位置、地理位置、地形、季节、气候的变化、大气状况等。

1. 与地物的物理性状有关

从地物反射光谱特性来说，对于某一地物反射率（包括可见光、近红外波段的光谱反射率）与地物的物理性状（如地物表面的颜色、粗糙度、风化状况及含水分情况等）有关。例如，同一地区的红色砂岩，由于它的风化程度和含水量不同，其反射光谱特性有所差异。风化作用能够引起岩石表面粗糙度和颜色的改变，多数岩石因风化而使表面粗糙度增加或表面颜色变深，导致它们在可见光、近红外波段的光谱反射率下降。地物表面含水量对岩石反射率的影响也随岩石种类不同而不同。在潮湿条件下，新鲜面红色砂岩的反射率大于风化面的反射率；而干燥条件下，其反射率变化恰好相反。如玄武岩是否变质是影响地物在可见光、近红外波段反射光谱特性的重要因素，它导致地物反射率的严重下降。在可见光波段的短波部分，湿的红色砂岩反射率下降幅度比较小，而在近红外波段湿的红色砂岩反射率下降幅度明显增大。

2. 与季节有关

同一地物在同一地点的光谱特性，由于季节不同而有所差异。因为季节不同，太阳高度角也不相同，大气的状态不同，太阳光穿越大气到达地表面的距离也有所不同。这样，地面所接收到太阳光的能量和反射能量也随之不同。因此，同一地物在不同地区或不同季节，虽然它们的反射光谱曲线大体相似，但其反射率值却有所不同。

3. 与探测测量时间以及气象条件有关

由于地物的二向反射特性，在一定条件下，同一地物，由于探测测量时间不同，其反射率也不同。一般地说，中午测得的反射率大于上午或下午测得的反射率。同一地物在不同天气条件下，其反射光谱曲线也不一样。因此，在进行地物光谱测试中，必须考虑“最佳时间”，使得由于光照几何条件的改变而产生的变异，控制在允许范围内。

总之，地物的光谱特性受到一系列因素的影响和干扰，在数据的应用和分析时，光谱特性的这些变化，应当引起特别的注意。这里讨论的是地面测试的问题，遥感从高空，甚至太空对地测试、摄像的情况更要复杂，以上讨论的所有情况在遥感摄像作业中都存在，地面测试中不存在的问题在遥感中也存在，比如大气电离层对电磁波的影响也干扰遥感影像辐射分辨率的精度。由此引发出一个问题，即数据的不确定问题。这个问题是一个普遍存在于测量、测试领域的问题，这里的

“测量”是广义上的测量，不仅是地物形体的测量。一般来说，测量总要受到多种因素的干扰、制约，而这种干扰因素又常常是不可重复的。因此通常说的精度严格究其实质来讲，是相对精度，测量对象往往没有“真值”。遥感的测量过程复杂，对象也十分复杂，不确定问题格外突出，有人将遥感数据形容为“病态”数据就是这个意思。在地面光谱反射率的测量中，细致研究光谱仪的测试机理；定量分析各种干扰因素，分清主次；尽量采取相对测量的方法，合理设定相对理想的测试条件，注意测量仪器的标定与校验，进行多次重复性的测量，是减少“病态”数据“病情”的有效方法。

10.3 测试仪器

以太阳光为光源、测量地物反射光谱的仪器，称为辐射光谱仪，简称光谱仪。光谱仪的种类多，按所用的色散组件来划分，有棱镜型光谱仪、光栅型光谱仪和滤光片型光谱仪 3 种主要类型。不论是哪一种类型的光谱仪，基本上都由收集器、分光器、探测器和显示或记录器 4 部分组成。其中收集器的作用是收集来自物体或参考板的反射辐射能量，它一般是由物镜、反射镜、光栅组成；分光器的作用是将收集器传递过来的复色光进行分光（色散），它可选用棱镜、光栅或滤光片；探测器的类型有光电管、硅光电二极管、摄影负片等；显示或记录器是将探测器上的输出信号显示或记录下来。我国生产的 302 型野外分光光度计就是棱镜型的光谱仪，光谱范围是 400～1 100 nm，该仪器的工作原理如图 10-6 所示。

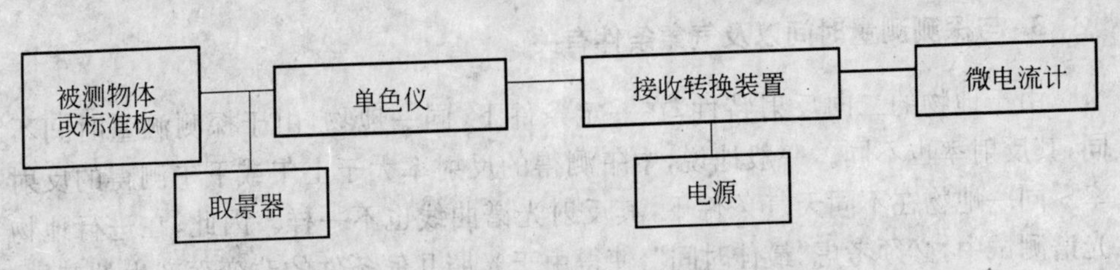

图 10-6 302 型野外分光光度计工作原理框图

10.3.1 测量仪器的原理

为了获得地面目标地物的光谱，要通过光谱仪进行测定。其基本工作原理是光谱仪通过光导线探头摄取目标光线，经由 A/D(模/数)转换卡(器)变成数字信号，并存入计算机。整个测量过程由计算机通过操作员控制。便携式计算机控制光谱仪并实时将光谱测量结果显示于计算机屏幕上，有的光谱仪带有一些简单的光谱处理软件,如光谱曲线平滑处理、微分处理等。测得的光谱数据可贮存在计算机内。为了测定目标光谱,需要测定三类光谱辐射值:第一类称暗光谱,即没有光线进入光谱仪时由仪器记录的光谱,通常是系统本身的噪声值,取决于环境和仪器本身温度;第二类为参考光谱或称标准板白光,实际上是从标准板上测得的光谱曲线;第三类为样本光谱或目标光谱,是从探测目标物上测得的光谱。为了避免光饱和或光亮不足,依照测量时的光照条件和环境温度需要调整光谱仪的测定时间。最后,探测目标的反射光谱是在相同光照条件下通过参考光辐射值除目标光辐射值得到的。

10.3.2　光谱仪参数

1. 视场角与瞬时视场

视场角(field of view,FOV)也叫视场立体角,是衡量视场大小的角度量。它是遥感传感器能够感光的空间范围,与摄影机的视角扫描仪的扫描宽度意义相同。瞬时视场(instantaneous field of view,IFOV)是指遥感传感器内单个探测组件的受光角度或观测视野,单位为毫弧度(mrad)。遥感传感器不能分辨出小于瞬时视场的目标,IFOV 越小,最小可分辨单元越小,空间分辨率越高。因此,通常也把遥感传感器的这一瞬时视场称为它的"空间分辨率",即遥感传感器所能分辨的最小地物目标的尺寸。IFOV 取决于遥感传感器光学系统和探测器的大小。一个瞬时视场内的数据,表示一个像元。然而,在任何一个给定的瞬时视场(IFOV)内,往往包含着不止一种地面覆盖类型。它所记录的是一种复合信号响应,这就是所谓的混合像元。应当说明,光谱仪有多种,遥感技术中使用的是成像光谱仪,而地面测试地物光谱反射率的光谱仪称作便携式地物光谱测定仪,简称光谱仪。本章所说的光谱仪如果不加特别说明就是指这种光谱仪。

2. 选择的波段数、中心波长和带宽

遥感传感器所选用的波段数量的多少即选择的波段数,每一波段的宽度即带宽,各波段波长的中间位置即为其中心波长(图 10-7)。选择的波段数、每个波段

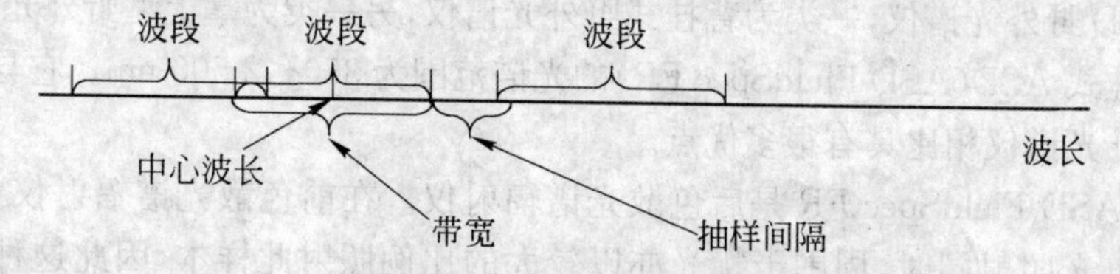

图 10-7　波段、带宽、中心波长、抽样间隔概念示意图

的中心波长和带宽，这 3 个因素共同决定了光谱分辨率，原则上希望带宽越小越好。

3. 光谱抽样间隔和光谱分辨率

光谱抽样间隔是指相邻两个抽样点的波长间距，也就是两个相邻中心波长的间距。从图 10-7 中可以看出，在光谱仪中，两个相邻的波段可以有部分波长是相互重叠的。光谱分辨率指遥感传感器波段的宽度。光谱分辨率高，就可以获得地物精细的光谱特征，但遥感传感器接收到的能量也越小。抽样间隔不同于光谱分辨率。如 ASD FieldSpec FR 光谱辐射仪的抽样间隔为 2 nm(350～1 000 nm 为 1.4 nm，1 000～2 500 nm 为 2 nm)，光谱分辨率在 350～1 000 nm 之间为 3 nm，在 1 000～2 500 nm 之间为 10 nm。

4. 光谱范围

光谱仪的光谱范围即其工作波长范围，如 GER 1 500 野外光谱仪的光谱范围为 350～1 050 nm。它主要由滤光片和与其相匹配的光探测器共同决定。滤光片按其工作原理可分为吸收滤光片和干涉滤光片。遥感应用中的吸收滤光片，大多数是用色玻璃制造，改变色玻璃的型号与组合方式可以得到所需要的透光波段，滤光片的透过率可以用玻璃的厚度来控制。光探测器的特性可用 3 个基本参数来表示：光谱响应范围、响应速度和最小可测功率。其中提高光谱响应速度，可以减少野外测量时由于云和风变化而引起的误差，保持较高的信噪比。

10.3.3 常见的几种光谱仪

以下介绍几种光谱仪的具体工作原理、操作方法等。

1. ASD 便携式野外光谱辐射仪

ASD 野外光谱辐射仪是由美国分析光谱仪器公司(ASD 公司)制造，是国内外公认的性能稳定、操作简便直观和用户最多的地物光谱辐射计。这里主要介绍两类 ASD 野外光谱仪，一类为背挂式野外光谱仪，另一类为掌上型野外光谱仪。

背挂式 ASD(ASD FieldSpec FR)的光谱范围为 350～2 500 nm。它与同类便携式野外光谱仪相比具有很多优点。

(1)ASD FieldSpec FR 是后色散光谱辐射仪。在前色散光谱辐射仪中，样本在被单色光照射同时，周围干扰光亦以较大的比例照射此样本，因此这种周围干扰光是前色散光谱仪的主要误差来源；而在后色散光谱仪中，只有与样本单色光照射相同波长的周围一小部分干扰光被记录下来，误差较小。

(2)采用1.4 m长光导纤维直接输入光谱仪，这样便于逐点测量而不必搬移整个仪器，另外可以减少电缆多次连接而造成的信号损失。

(3)ASD FieldSpec FR能以0.1 s的速度记录一个350～2 500 nm范围的光谱，记录速度较快。

(4)有较高的抽样间隔和光谱分辨率。ASD FieldSpec FR光谱辐射仪的抽样间隔为2 nm，光谱分辨率在350～1 000 nm之间为3 nm，在1 000～2 500 nm之间为10 nm。

(5)ASD FieldSpec FR光谱测量可重复性高，且具有比任何便携式光谱辐射仪视场大的特点。

(6)ASD FieldSpec FR不需要测量暗光谱，因为该仪器通过软硬件自动的为每个测量光谱实现暗光值更新。

ASD掌上型野外光谱仪(FieldSpec HandHeld)是野外光谱仪中最小最轻的，它具有不同于其他光谱仪的式样和操作特点。ASD掌上型光谱仪除与ASD FieldSpec FR有相同的特点外，最主要的特点是它的小巧(22 cm×15 cm×18 cm)，使用方便，质量只有1.2 kg，另外它具有较大的视场角。

ASD野外光谱辐射仪可用于遥感、精细农业、林业、矿产、海洋和工业光谱测量。

2. F4光学积分球

光学积分球是光源测试的最常用设备，该系统是利用漫反射积分球的漫射性能好、能量迭加和衰减容易等特点，构成一个以衰减为主的低亮度和一个以迭加为主的高亮度两套积分球辐射定标系统。积分球理论的基本要点是：如果一个光源放在一个内壁涂以完全漫射材料的空心球内，则球表面任何部分的辐射照度均相同，并正比于光源的辐射通量。设光源的辐射通量为Φ，积分球半径为r，球内壁漫反射率为ρ，则球表面任何一部分的辐射照度可由下式描述：

$$E=\left(\frac{\Phi}{4\pi r^2}\right)\times\left(\frac{\rho}{1-\rho}\right) \tag{10-13}$$

此式是在一些理想的假设条件下完成的，即球是完全封闭的没有光逃逸的均匀漫射的空球，但实际的积分球总有一些测量孔径以及光源挡板等。

积分球涂层的好坏直接影响测光准确性，并不是积分球内涂层越白，即反射率越高越好。事实上，很白的积分球内涂层(通常为普通$BaSO_4$涂层)不仅反射率变化较大,黏结剂使用不当易泛黄,而且光谱反射率不平滑(主要是短波蓝光部分下跌较大),对测光精确度影响较大。

F4 光学积分球是由新型漫反射材料压制而成,在 200～2 500 nm 范围内光谱反射率高达 98%,并且呈中性,广泛用于光谱分析、光度校正、颜色匹配以及众多的光谱测量研究。它不仅为光学仪器提供了一种理想的均衡器,而且也为光学测量提供了理想的均匀照明光源。

实验中可以采集实验目标的正面、反面反射的 *DN* 值,透射的 *DN* 值等组分光谱。

3. LI-1800 便携式光谱辐射仪

LI-1800 便携式光谱辐射仪是美国 LI-COR 公司的产品(LI-COR)。LI-1800 的光学系统有 3 个主要组成部分——滤波轮、全息光栅单色仪和硅探测器。光线通过标准的余弦接收器(漫反射)或 1800-10 光导纤维探头进入 LI-1800 光谱仪。进入单色仪之前先要经过一个滤波轮。滤波轮包括 7 个分级滤波器。7 个滤波器的使用亦增强杂散光的过滤,以保证规定光谱区域以外的光不被探测到,这样可以改善光谱仪的工作性能。

LI-1800 光谱仪的色散组件是全息光栅仪,它有两个波长可供选择:4 nm 波段宽的 300～850 nm 区域和 6 nm 波段宽的 300～1 100 nm 区域。在内部微机的控制下,单色仪由精确的步进式马达驱动。用户在 1,2,5 或 10 nm 中选择不同的波长间隔。利用 LI-1800 可以测量反射率、透过率等。不管是用在野外测量植物冠层光谱性质还是产品质量控制,LI-1800 比较灵活可靠。

4. GER 野外光谱仪

GER 系列野外光谱仪是由美国地球物理及环境公司研制的。目前可供使用的 3 种 GER 野外光谱仪是 GER1500、GER2600 和 GER3700。GER1500 的光谱范围是 350～1 050 nm。GER2600 的光谱范围是 350～2 500 nm,它的工作原理、外形和操作与 GER3700 非常相似。GER3700 是新研制的光谱仪,它的前身就是 GER2600。GER 野外光谱仪的基本功能包括地物光谱的连续测定,自动暗光纠正,波长定标及在测量过程中根据光照条件实时调整积分时间(integration time)。GER 光谱仪可应用于湿地评价、海洋彩色、作物分析和管理、地质研究、矿物识别、工业质量控制和环境监测等领域。

10.3.4 野外测量时误差来源及注意事项

本节主要讨论测量中的几个具体问题,以提高测得数据的可靠性。首先要明了测量的出发点为将参考板和地物表面都认为是漫反射面，但实际上参考板和地物都不可能完全满足这个条件，所以在测量中应选择接近于朗伯面的参考板。

1. 云的影响

云对测量结果的影响是较大的，尤其是太阳近旁的云彩影响更大。在这种情况下进行的任何测量，都将因接收仪器接收到的光强度随时间作无规律的变化而产生误差；更重要的是，由于来自云的光线方向又很大差异，产生的误差也相当大。当存在完全阴云覆盖的天气时，辐射照度的变化迅速而不可预测，即使在偶然的相对稳定的时间内观测，结果也是一个很勉强的近似值。所以在野外测量时，一定要选择无云晴朗的天气。

2. 参考板的影响

测量中参考板所产生的影响，主要是指它与光谱仪间的位置。假定光谱仪探头位于被测参考板反射面的正上方，如图 10-8 所示。图中的 ΔA 为光谱仪观测到的反射面的面积，β 为光谱仪视场角，h 为光谱仪入射孔径至反射面间的距离。当 β 较小时，由图中的几何关系，不难得到 $\Delta A=(\beta h)^2$，仪器孔径对 ΔA 所张的立体角为 $\Delta\omega=\dfrac{A_P}{h^2}$。我们知道进入光谱仪的光谱通量 Φ 应和 $\Delta\omega$，ΔA 成正比，即有：

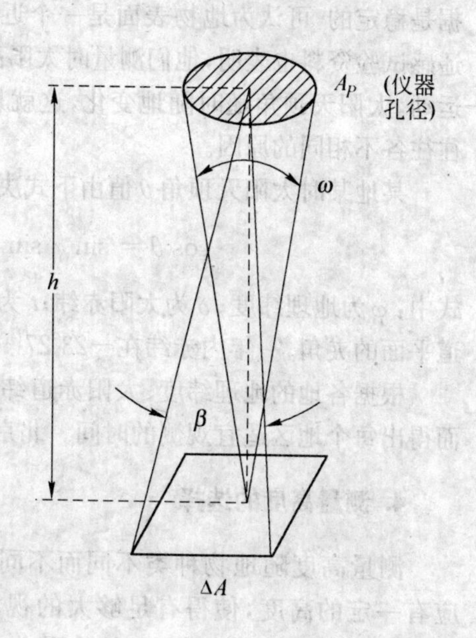

图 10-8　光谱仪与参考板

$$\Phi \propto \Delta\omega\Delta A=\frac{A_P}{h^2}\cdot(\beta h)^2=A_P\beta^2 \tag{10-14}$$

上述关系告诉我们，在忽略大气传输的影响下，对于一个被均匀照明的目标 ΔA 来说，只要光谱仪的入射孔径和视场角不变，那么进入光谱仪的光谱通量和距离 h 无关，所以在实际测量中并不特别强调光谱仪与参考板之间的距离。但是光谱仪的探头要与参考板保持垂直的角度，否则会给测量结果带来很大的误差。

3. 测量时间的确定

从原则上说,这个问题也是由于地物表面和参考板都不是严格的朗伯反射面而引起的,尤其是地物表面更是如此,所以要选择合适的太阳天顶角进行测量。据云南腾冲的遥感试验数据表明,仅在太阳天顶角大于55°的时候,测得地物的光谱反射率数据略有增高,也就是说,在太阳天顶角小于35°的情况下,测量资料数据是稳定的,可认为地物表面是一个近似的漫反射面。另外,美国的普度大学的遥感试验资料也表明,他们测量时太阳高度角处于25°～55°范围内。由于地球的运动,太阳天顶角随时随地变化,这就是为什么在不同的地区测量时间测试结果往往各不相同的原因。

某地某时太阳天顶角θ值由下式决定:

$$\cos\theta=\sin\varphi\sin\delta+\cos\varphi\cos\delta\cos t \tag{10-15}$$

式中:φ为地理纬度;δ为太阳赤纬;t为太阳时角。赤纬是指入射太阳光与地球赤道平面的夹角,一年内赤纬在$-23°27'$～$23°27'$之间变动。

根据各地的地理纬度、太阳赤道纬度以及太阳时角可以确定太阳天顶角,进而得出每个地区适宜观测的时间。北京的观测时间在北京时间11～16时之间。

4. 测量高度的选择

测量高度随地物种类不同而不同,但考虑的原则是相同的,那就是测量时应有一定的高度,使得有足够大的视场以保证地物表面在视场内基本上保持一个稳定的状态,否则测试镜头稍作移动,视场内地物综合状况改变很大,测试结果很不稳定,测得的数据也不具有可重复性。一般来说,在视场角一定的情况下,就要保证光谱仪的探头与被测地物冠层表面间的距离一定,也就是说,随着作物的不断生长,就要不断地调节光谱仪探头的高度,以满足一定的要求。

5. 测量次数的选择

从统计理论可知,服从高斯分布的统计量,其真值的最可能范围为:$\bar{x}\pm t_\alpha s/\sqrt{n}$,其中$\bar{x}$为$n$次测量的平均值,$s$为测量的方差,$t_\alpha$是信度为$\alpha$、自由度为$(n-1)$时$t$分布的$t_0$值。当$n>5$时,$t_0/\sqrt{n}$基本上与$\sqrt{n}$成反比。当视场较小时,由于$s$大,测量次数必须增加;而视场扩大时,$s$减小,测量次数可相应地减少。一般说来,测量次数可选择9次或16次。

10.4　热红外以及微波波段的地物光谱特性及测量

如前几节所述，遥感波段的辐射源不同，辐射与地物相互作用的机理就不同，因此所反映的数据信息也不同。在可见光、近红外波段，地物主要反射太阳的辐射，地物本身的辐射能量在测试中可以忽略；而在其他波段地物光谱的测试条件很不相同，致使测试原理都有所不同。本节主要介绍热红外以及微波波段的地物光谱特性及其测量方法。

10.4.1　热红外波段

对于热红外波段，即8～14 μm波段范围，通过红外敏感组件，探测地物的热辐射能量，可以显示目标的辐射温度或热场图像，它主要是地物自身的热辐射，与地物的温度和比辐射率有关。地物从热辐射的能量吸收到能量发射，存在着一个热存储和热释放的过程。这个过程不仅与地物自身的热力学特性(吸收率、热传导、热容量等)有关，还受多种环境条件影响，也就是不同物体升降温的速度不一样，要定量表达这一过程，是比较复杂的。

测定地物热辐射的仪器为热辐射计和热扫描仪。其中热辐射计是一种定量测定辐射温度的非成像装置。它用红外光敏探测器和滤色镜来测量特定波长的辐射，通常采用8～14 μm波段。它的特点是从地面接收的辐射能量被传送到一个内部标定源(参考源)上，通过一个断电器控制使来自目标的辐射(未知量)与辐射参考源的数据流(已知量)交替投射到探测器上，通过测量两者的辐射差异来估算目标的辐射。

地物的热红外发射光谱是指地物的比辐射率随波长变化的规律。热红外图像记录了地物的热辐射特性——一种人眼看不见的性质。在热红外遥感图像上，色调差异就代表物体辐射温度的差别，当然这个差异也与目标物与仪器镜头构成的散射截面有关。要正确判断图像上各色调所表示的地面物体，必须了解各类物体的比辐射率、温度及与温度变化有关的各种因素。单从物体热学特性之一的热惯量来说，水体一般大于岩石，所以水体的温度周日变化小于岩石。因此，正午获取的热图像上，水体较暗，岩石较亮；午夜热图像上，二者的色调正好相反。这里所谓的热惯量是指物质保持自身温度的能力。物质热惯量与热容量密切相关。在自然界，水的不同形态，即液态水、冰、雪的热惯量都较大，其他物质，如森林、草地都因含有大量水而热惯量次之，干燥土壤更次之，砂石的热惯量最小。沙漠地区昼夜温差很大，而潮湿地区昼夜温差很小，其根本原因是由于水含量的多少引发的整体热惯量的不同在起作用。遥感技术借助热惯量现象，可以测量土壤的湿度。

以下简要介绍一些地物的热特性。一般地物白天受太阳辐射影响，温度较高，呈暖色调，夜间物质散热，温度较低，呈冷色调。土壤、岩石尤为明显。植物体在白天吸收太阳辐射能进行光合作用，同时又通过叶片蒸腾散发热量而降温，所以白天有植被覆盖的地区比周围无植被覆盖的裸地温度低。夜晚反过来，白天迅速增温的裸地强烈辐射而降温，使得裸地温度明显低于植被区。也存在例外，如针叶林，这是因为其树冠针叶的合成发射率高。对农作物覆盖区，遥感传感器感应的是作物冠层的辐射温度，而不是裸土本身混合像元问题。由于干燥作物隔开了地面，使之保持热量，从而造成农作物区夜间温度也较高，与裸露土壤的较低温度相对照。水体具有比热大、热惯量大，对红外几乎全吸收，自身比辐射率高，以及水体内部以热对流方式传递温度等特点，使水体表面温度较为均一，昼夜温度变化慢而幅度小。

研究岩石、植被、土壤和水体的热红外特性，以及红外辐射温度的日变化特性等，是热图像判读的基础，也是建立各种热模型、反演地表相关参数的必要条件。

10.4.2 微波波段

对于介于红外和无线电波之间微波波段，波长由 3 mm 至 1 m，由于大气对于可见光和红外射线的散射、吸收等影响，可见光和红外传感器只能工作在几个有选择的大气窗口波段内。若地面被云雾覆盖时，可见光与红外传感器就无能为力，而在微波波段范围内，大气对电磁波的传输几乎没有影响，云、雨、烟、雾对于微波的传输影响也是有限的，特别是对于长波长的微波影响很小。它通过接收地面物体发射的微波辐射能量，或接收遥感仪器本身发出的电磁波束的回波信号，对物体进行探测、识别和分析。微波遥感的特点是对云层、地表植被、松散沙层和干燥冰雪具有一定的穿透能力，又能全天候工作。

根据不同的工作方式，微波遥感可分为主动式微波遥感和被动式微波遥感。

被动式微波遥感同热红外遥感相似，都是传感器接受物体自身发射的能量，只是在微波波段地物的辐射能量更加微弱，因而空间分辨率更低。微波波长比红外波长更长，其发射率对介电特性的依赖更大。微波辐射计就属于这种遥感，它所测量的是地物目标及大气各种成分的微波热辐射特性与实际温度。该种传感器可以看作是红外传感器的扩展，但优于红外传感器的是对比度范围大。目前机载辐射计的实测温度分辨率已达 0.2℃以下。

主动式微波遥感是地物对自身所发射的电磁波的反射，传感器接受的是地物反射或散射自身所发射的电磁辐射的回波(雷达),它反映了地物的后向散射特性。这主要与物体的复介电常数有关(最敏感的因素是水分的含量及水的状态(相));另外还与地物的几何形态有关,如连续表面的粗糙程度,离散散射体的排列、取向、密度等。它的特点就是具有向探测目标发射电磁波的能力。不同的地物和不同条件下的相同地物对于微波传感器发射出来的电磁波的吸收、散射、反射各不相同。传感器接收不同的反射波(回波),从而也就得到了有关地物的信息。常用的主动微波传感器有:①微波散射计,用来测量目标的散射特性。②微波高度计,通过测量发射电磁波脉冲的往返时间以获得飞机、卫星等飞行器到地面的垂直距离。③侧视成像雷达,对地面目标进行测量,从而产生观测区目标背景电磁波散射特性几何分布、阴影及纹理等。对于雷达遥感原理及其图像分析,本书第5章已经做了详细的阐述。

以植被为例,简要介绍其散射特性和图像特征。影响植被回波大小的因素主要是它的含水量、粗糙度、密度、结构等。观测方向和俯角也是植物分析的重要参数。合适的观测方向可以在图像上清晰地显示出自然植被的界线,耕地的形状,并可利用阴影估计植株的高度;合适的俯角可以减少土壤特性对植被分析的影响。而且,不同的含水量对植物的散射特性影响不同,含水量增加,散射系数增大,相应像元的亮度高。由于植被是表面粗糙的,可引起多次散射与体散射,造成极化方式的转换而产生正交极化的回波。植被的这种特殊的去极化效应,使多极化图像鉴别植物类型更为有效。如对不同极化图像进行主成分变化,第一主成分(PC1)主要反映土壤、农田、树木等反差较大的地物;第二主成分(PC2)增强了地物的差异;第三主成分(PC3)突出了弱回波目标和阴影,而它们的合成图像有效地增强了植被信息。对于森林,L波段可穿透树叶、树枝,而得到树干的回波,因而L波段的SAR图像对森林蓄积量的估算有特殊的能力。

10.5 测试数据处理以及地物光谱数据库

10.5.1 测试数据处理

光谱与配套的非光谱数据处理是保证获得的光谱数据标准化、规范化和具备可比性的基础。

数据预处理是指数据纠错、数据物理量的转化、定标、辐射校正等,主要的光谱数据处理技术有抑制噪声技术、地面波谱数据处理技术、高光谱数据校正技术等。

1. 噪声抑制

噪声会降低数据质量、影响信息提取精度，对于高光谱数据来说，由于有的波段本身信号较弱，不能忽略噪声的影响，因此必须对原始数据进行噪声分析，并有针对性地加以抑制。

2. 地面观测可见光/近红外波谱数据处理

对地面波谱的原始测量数据，包括参考板测量数据和地物目标测量数据，依照所使用波谱数据，并要求保留原始测量资料。

3. 高光谱图像数据校正

主要对不同环境条件下的可见光/近红外以及热红外数据的辐射校正和几何校正技术。通过对高光谱传感器的全面定标，结合大气订正、观测角订正等技术，分别针对可见光/近红外和热红外数据、实验室与航空、航天数据的特点，研究相应数据订正方法。依据误差分析理论和地物波谱信息获取过程，分析误差来源，给出数据精度评估。只有进行严格的辐射校正和几何校正处理，才能正确地反映典型地物的光谱特性。

4. 地表温度与地物热红外比辐射率的分离

进行野外热红外光谱测量，一般多使用傅立叶变换红外干涉光谱辐射计，光谱分辨率可达 4 cm^{-1} 以上。由于地表接收到的辐射值，包括地表自身发射的红外辐射，还包括地表反射的大气下行辐射项，所以野外测量的热红外波谱数据需要进行对大气效应影响的去除。

10.5.2 地物光谱数据库

作为遥感基础研究一个重要环节的地物光谱研究，主要集中在长期、系统地对不同的地面覆盖类型和地物进行光谱测试，并建立相应的光谱特性数据库。如美国 NASA 20 世纪 70 年代初建立的地球资源光谱信息系统(ERSIS)；美国普度大学(1980)建立的美国土壤反射特征数据库，不仅存入一万种岩石和其他地物光谱数据，还存入与测量有关的信息包括日期、时间地点、位置描述、岩石种类、土壤与植物比例，各种环境条件——风、云覆盖、太阳角，以及可能影响光谱的其他各种因素。

我国在这方面也做了大量的工作。我国所做的地物光谱测试工作，从波段范围看，包括可见光—近红外(0.4～1.1 μm)、近红外—中红外(1.0～2.5 μm)的反射特征以及热红外的辐射特性、微波辐射特性等，几乎全部覆盖。同时光谱分辨率不断提高，其中可见光—近红外波段可达 2 nm；近红外—中红外波段可达 8 nm；热红外波段可达 0.1～0.2 μm；微波光谱是多频率、多极化的数据。另外，部分作物光谱，还考虑方向反射特性，不同生长期的多时相光谱，为作物监测、估产提供可靠的依据。同时建立了地物光谱数据库，包括土壤、植被、岩矿、水体、人工目标，共五大类 600 多种地物种类，并加入了激光反射及激光荧光光谱新信息。其数据的丰富程度可与国际上先进的地物光谱数据库相媲美，数据库还具有数据分析、处理等功能。

在我国建立的典型地物标准光谱数据库中，对收入的典型地物光谱进行了详细的说明，并且按照不同环境以及不同的地物类别进行分级。

在地物光谱数据库中，观测数据的说明应当包括以下几个方面：

(1)观测时间；

(2)观测地点；

(3)观测单位和人员；

(4)观测地段；

(5)天气状况；

(6)仪器情况；

(7)观测条件；

(8)观测目标，包括目标地物的名称，视场内各组分比例以及目标地物的远景、近景照片等；

(9)如果对原始数据(指观测的要素读数、仪器误差及订正后的数值)进行处理，应将数据标定、订正过程及相应的处理方法进行说明(包括具体的公式、计算参数等)；

(10)备注，备注中记载意外发生的情况，如仪器被损坏、有疑问的观测记录等及相应的原因分析。这些内容为地物光谱数据库的元数据库建设提供基础数据。

另外，在地物光谱数据库中所要求测量的环境参数包括以下几个方面：

——作物管理参数：生育期、植株密度、行(株)距、生长状况(好、中、差)、播种日期、灌溉日期和灌水量；

——作物结构参数：作物高度、叶面积指数、叶倾角分布/或叶倾角类型；

——生化理化参数：叶绿素含量、叶片含水量、比叶重(作物)，土壤类型、土壤含水量、土壤主要成分；

——大气参数：气溶胶光学厚度/能见度、大气中的水汽含量。

数据分级就是要研究如何对光谱观测数据及配套非光谱数据进行质量分级。针对不同环境条件的原始数据进行科学的归类、处理、描述，并在知识库支持下提供应用必需的相关信息。数据的分级标准是针对不同质量的数据而言的，以便快速确定数据的可用性，把握其运用的可能和预期结果。光谱与配套的非光谱数据收集与汇总标准分别从测量仪器的性能（波长范围、光谱分辨率等）、配套的非光谱参数、数据的说明等方面确定分级标准。

下面以冬小麦为例，介绍典型地物光谱库中收集的资料。图 10-9 是 2004 年 5 月 3 日上午 10 时左右在北京市昌平区小汤山镇北京市农林科学院精准农业试验基地内，用 ASD 光谱仪对京 411 品种的冬小麦进行观测，在主平面观测条件下获得的不同观测角度时的反射率曲线。当时冬小麦处于孕穗后期（与生育期不一致），观测时的太阳天顶角为 30.18°，太阳方位角为 137.39°。

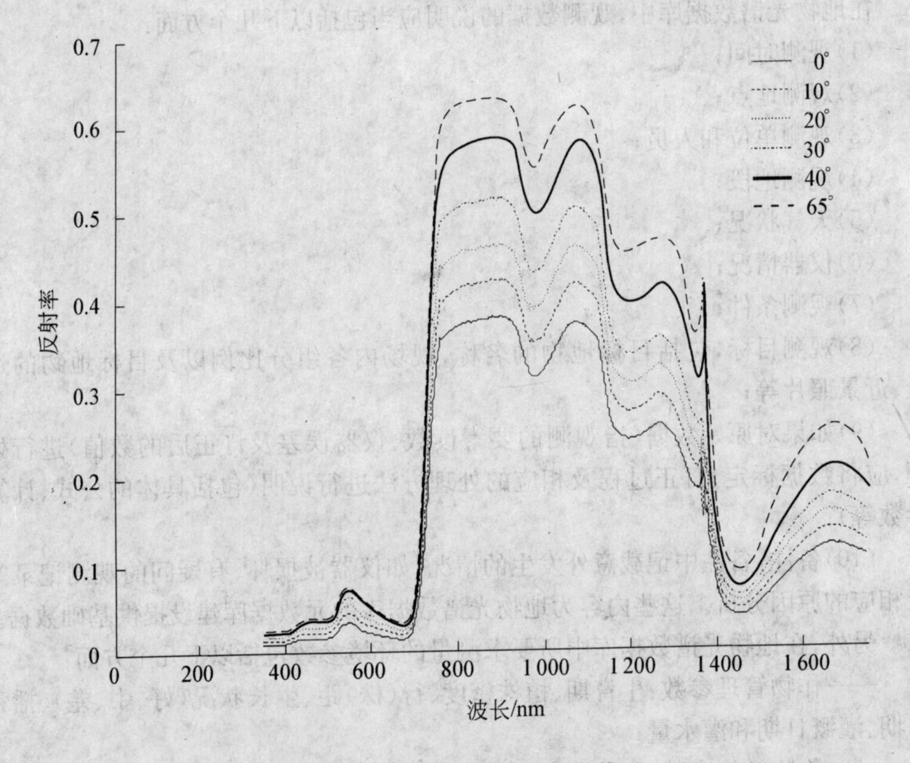

图 10-9 冬小麦的光谱反射曲线

图 10-9 中有 6 条曲线，从下到上分别表示观测方位角为 137.39°，观测天顶角分别为 0°，10°，20°，30°，40°，65°时冬小麦冠层的反射率曲线。从图中我们可以看

出，随着观测天顶角的增加，反射率值也随之增大。植被的反射率跟传感器中绿色植被的有效截面的关系是十分紧密地，当观测天顶角增加，传感器视场角中绿色植被的有效截面增大，同时土壤等其他影响因素又减小时，植被的反射率会相对的增大；但如果观测天顶角减小，视场角中绿色植被的有效截面相对减小，而其他的影响因素又相对增加，那么植被冠层的反射率就会减小很多。影响反射率的因素不仅仅只有绿色植被的有效截面，还有叶片的结构、植被的品种等等。图中所显示的是孕穗后期的冬小麦的反射率，波长 1 390 nm 处反射率曲线异常，主要是受大气的影响。

小　结

地物光谱特征的研究是遥感技术应用的基础性工作，它是人们研究遥感成像机理、选择遥感仪器最佳探测波段、研制遥感仪器，以及遥感图像分析、数字图像处理中最佳波段组合选择、专题信息提取、提高遥感数据质量等的重要依据，同时也是遥感图像解译分析的基础。地物光谱的研究主要集中在长期、系统地对不同的地面覆盖类型和地物进行光谱测试，并建立相应的光谱特性数据库、地物光谱信息系统等。目前随着高光谱、高灵敏度的成像光谱仪的研制和运行，地物在不同波段光谱响应特征的差别被充分的利用，可以直接针对地物特征峰值波长的微小差异来识别地物。

地物光谱特性测量是地面遥感试验的重要环节之一。地面物体的光谱特性对于遥感图像的自动识别和分类具有重要的意义。目前遥感涉及的地物光谱主要包括 0.36～2.5 μm 的反射光谱段，3～5 μm 的反射发射光谱段，8～14 μm 的发射光谱段和大于 1 cm 的某些微波光谱段。各种地物受到太阳辐射后，由于其本身性质，包括表面状况的不同都会发生强弱不同的反射。

本章主要介绍了地物光谱测试的理论基础，野外用光谱仪进行光谱测定的原理与方法以及注意事项，分析了几种典型地物的反射特征，尤其是植被的光谱特征曲线，讨论了影响地物光谱特征的因素，并介绍了常见的光谱测试仪器以及其相关参数。

随着遥感基础理论与应用研究的深入，特别是电磁辐射能与地物相互作用研究、遥感应用分析模型研究的进一步深化以及成像光谱、成像雷达的发展，人们不仅对地物光谱研究已有明显进展，而且将地物光谱特征与建立遥感应用分析模型结合起来。研究植物光谱动态变化与覆盖率、叶面积指数等的关系，为建立农田蒸散模型、作物估产模型提供依据；研究辐射温度变化与土壤水分热惯量模型、地表能量交换模型的联系；研究植被冠层的温度、反射率、表面结构与植被冠层方向性反射、发射模型的关系等。

思 考 题

1. 试述可见光、近红外波段测定地物光谱特征的基本原理与方法。
2. 如何确定地物为光滑面还是粗糙面?
3. 植被、沙、雪和湿地的反射光谱各有哪些特点?
4. 绿色植被的光谱反射曲线具有什么特点?
5. 影响地物反射光谱的主要因素有哪些?
6. 如何确定地物表面对电磁波的反射为何种类型?
7. 二向性反射率分布函数与二向反射率因子之间的关系是什么?
8. 在用光谱仪测试地物反射光谱曲线时,为什么要使用参考板? 参考板对于排除各种测试误差起什么作用?
9. 光谱采样间隔和光谱分辨率分别对地物反射光谱特性曲线测定的精度有什么影响?
10. 如何进行野外光谱测量? 在测量时的注意事项有哪些?
11. 野外光谱测量时有哪些主要的误差来源?
12. 阐述热红外以及微波波段光谱测量的特点。

参 考 文 献

[1] 赵英时.遥感应用分析原理与方法.北京:科学出版社,2003.
[2] 陈述彭.遥感大辞典.北京:科学出版社,1990.
[3] 林培.农业遥感.北京:北京农业大学出版社,1990.
[4] 邓良基.遥感基础与应用.北京:中国农业出版社,2002.
[5] 浦瑞良,宫鹏.高光谱遥感及其应用.北京:高等教育出版社,2000.
[6] 承继成,郭华东,史文中,等.遥感数据的不确定性问题.北京:科学出版社,2004.
[7] 陈钦峦,陈丙咸,严蔚芸,等.遥感与像片判读.北京:高等教育出版社,1989.
[8] 李小文,王锦地.植被光学遥感模型与植被结构参数化.北京:科学出版社,1995.
[9] 刘玉洁,杨忠东.MODIS遥感信息处理原理与算法.北京:科学出版社,2001.
[10] 陈述彭,童庆禧,郭华东.遥感信息机理研究.北京:科学出版社,1998.
[11] 张仁华.实验遥感模型及地面基础.北京:科学出版社,1996.
[12] 童庆禧.中国典型地物波谱及其特征分析.北京:科学出版社,1990.
[13] 戴昌达.姜小光,唐伶俐.遥感图像应用处理与分析.北京:清华大学出版社,2004.

第 11 章 精确农业

11.1 概述

11.1.1 精确农业定义及其概念内涵

精确农业(precision agriculture,PA)技术首先由美国农业工作者于 20 世纪 80 年代末倡导并实施。1990 年 2 月,在美国夏威夷召开了第一次精确农业国际会议。此后,不断有精确农业的国际学术研讨会频繁召开,“精确农业”的概念逐渐被人们所接受。在国外,与 precision agriculture 意义相近的词还有 precision farming、site-specific agriculture (farming)、site-specific crop management, prescription farming 等。相应地,国内也有不同译法,如精确农业、精准农业、精细农业、定位农业等,其内涵都是一致的。1998 年 1 月,美国副总统戈尔作了著名的关于构建数字地球(digital earth)的讲话,在这一篇讲话中也提到精确农业,由此更进一步将实施精确农业的理念推向全世界。

“精确农业”可以作如下的定义:基于获取地块水、肥、土壤及农作环境的差异性信息,定性、定量、定位、定时地自动采取相应技术上可行、经济上有效的合理农作措施,包括土地平整、播种、施肥、灌溉、杀虫、除草等,以达到较小的投入获取较高的收益,并将给环境带来的污染降低到最小程度的农业耕作技术。

精确农业一般须经过 3 个步骤:第一,获取田间各个面积单元作物水分、营养胁迫(亏缺)以及影响作物生长的环境因素等信息;第二,根据作物栽培规律,基于适时或实时获取的信息,制定对每个面积单元的耕作实施决策,包括灌溉、施肥、喷施农药决策等,形成耕作作业指令图;第三,根据耕作作业指令图,指令农机具对各个面积单元进行相应的耕作作业。

精确农业是一个综合性很强的复杂系统,其技术体系可以用图 11-1 表示。

从以上所叙述的精确农业的过程以及技术体系可以看到,工程技术,特别是信息技术的支持对实现精确农业起着关键的作用。这些支持技术主要包括:①遥感技术(RS),包括卫星遥感、航空遥感以及近地遥感技术,实时或者适时采集农田信息,包括作物营养状况、土壤状况、作物病虫害等信息;②全球定位系统(GPS),

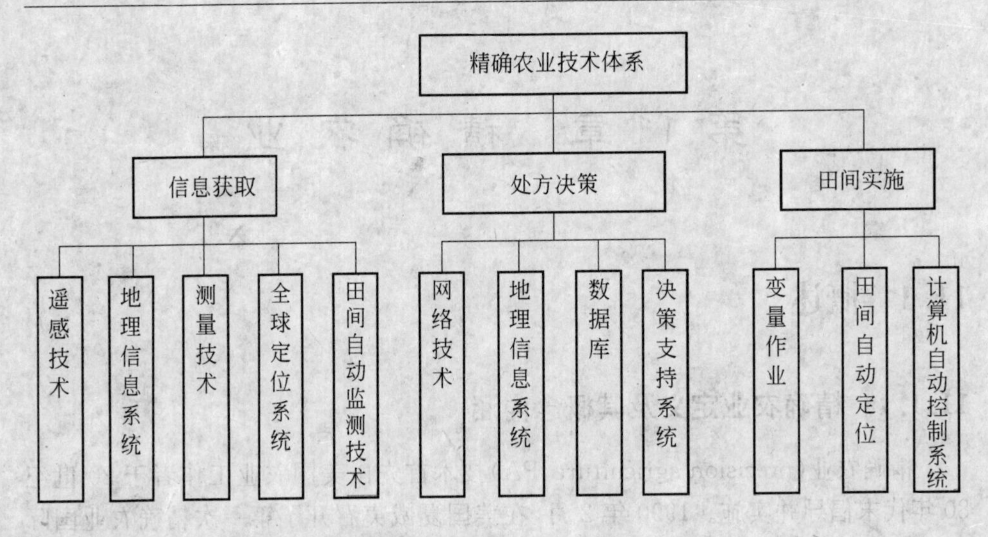

图 11-1 精确农业技术体系

将农田采集的信息与处方农作中的耕作措施精确空间定位；③传感技术，包括生物传感器、机械传感器技术，自动测量作物状况以及农机具机械的位置、单位面积作物产量等实时信息；④地理信息系统(GIS)，由遥感技术以及其他信息采集技术获得的大量数据，在与空间数据整合后生成地理空间数据库，在数据库支持下，结合各种模型，生成有关农作信息；⑤决策支持系统(DSS)，通过专家系统综合各种信息，生成耕作作业指令电子图集；⑥智能型的、完整配套的数控农耕作业机械，根据耕作作业指令图，准确完成相应的耕作作业。

精确农业与传统农学家数千年来追求的目标是一致的。它之所以不同于一般传统的农业耕作技术，就是因为它是在现代信息与信息技术参与下的耕作技术，用及时或实时的准确信息指导定量、定位地施肥、灌溉、杀虫。这种定量、定位的精确不但可以节约大量的肥料、淡水以及杀虫剂，而且可以将环境污染降低到最小程度。过量地施肥以及施加杀虫剂，使未被作物吸收而又未经自然降解的化肥及杀虫剂经土壤中的淋溶、运移作用渗透到地下，溶入地下水；这些污染的地下水再被抽到地表成为饮用水，由此造成严重污染。通俗地讲，精确农业就是在信息与信息技术支持下的精耕细作。精耕细作由来已久，自人类进入农耕社会以后一直是农学家追求的目标。这里不同的是由信息来指导精耕细作，将耕作盲目变为精确定位计量。有人做过测算，目前一般的施肥，特别是氮肥，作物平均只能吸收 1/3，2/3 都溶入地下水或以气体的形式挥发到大气中，从而造成污染。农田是重要的面源污染源。美国农场进行过统计，按目前精确农业的技术水平，可以节约化肥 40%以上，而产量却可以提高 10%。

鉴于信息与信息技术在精确农业中的重要地位，有人将精确农业又称为“3S(遥感、全球定位系统、地理信息系统三者集成的简称)农业”，将此技术纳入到信息农业、数字农业的技术领域之中，成为其重要的组成部分。

精确农业是信息技术、农业机械自动化技术以及农业科学与技术发展到一定程度的产物。首先是信息技术，精确农业对于信息技术提出了很高的要求，这里的信息不仅是大面积农田及作物外观的信息，而且还包括它们潜在的信息，如各种营养亏缺状况、土壤肥力状况等。精确农业对于自动采集信息的准确性、现势性、完备性都有很高的要求。第二是农业机械自动化技术，要求能够智能化、精准化、系列化，能够按计算机的指令准确操作。最后对于农业科学与技术，要求对作物生长机理以及生长模拟准确定量化。应当说，到目前为止，这三方面技术的发展程度只能够满足精确农业初级阶段的要求，大量的作物及环境信息，比如作物及周边环境微量元素的信息、田间小气候信息，还不能准确、及时、自动获取，信息的准确性与实时性还有待于提高；作物生长机理还存在大量的未知领域，生长模拟的准确定量还不能达到更高的要求；农机具的智能化、精准化、系列化与实际要求还有较大的距离。因此，精确农业是一个长期的发展过程，它的发展有赖于相关科学与技术的发展。

精确农业的定义对于其定量、定位、定时的“精确”的程度并未做出明确的限定。事实上，“精确”只是一个相对的概念。因此，实施精确农业也并没有一个固定的、一成不变的模式。有人曾经对精确农业的可行性提出质疑，因为农业生产的产值相对较低，而信息获取的成本却较高，特别是对于我国南方大片丘陵地区，农田破碎，面积较小，生产规模较小，在经济上、技术上能否采用包括遥感在内的现代信息技术存在较大的疑问。对于这个问题，国内外专家们进行过认真的讨论。讨论后，倾向性的意见认为，精确农业可以采用多种信息技术，遥感只是其中一种信息获取技术，而不是唯一的手段，遥感只适用于大片的农业耕作区。对于农田破碎的丘陵地区，可以使用便携式光谱仪以及多功能传感器技术，这些设备价格便宜，移动方便，经久耐用，单位面积信息获取成本十分低廉，适于小片、小规模农业生产。另外，精确农业中的技术组合也可以多种多样，以信息技术为例，比如可以将谷物千粒重动态测量传感器装置在联合收割机的谷物出口处，实时地测量谷物千粒重，结合联合收割机农田收割的面积速率，可以转换为单位面积的产量；与此同时，安装在收割机上的全球定位系统实时测量当前面积单元坐标，由此获取农田的产量分布图，这个图就是来年布施底肥的依据，即产量高的地方底肥可以布施得少一点，产量低的地方底肥可以布施得多一点。再有，也可以在田间布设多功能传感器，每一传感器有已知固定的位置，随时自动获取农田多种信息数据，实时无线传输到计算机中心进行处理。这两种方式都是不用遥感而自动获取农田信息、进而实施精确农业的方法。实施精确农业要因地制宜，并不要求模式统一。耕作精确的程度，包括农田单元（农田小区）的面积、数据的精度都可以随技术与农业生产发展的程度而设定。事实上，只要能够依据定量化的信息进行配方耕作，在信息的指引下将精耕细作向前推进一步，就可以认为是精确农业。

十多年来，精确农业的概念在实践中有所拓宽，从原来的种植业拓宽到畜牧业、奶牛场、禽类养殖场。美国多数奶牛场已经实现在每头牛身上安置传感器，自动记录每天的进食、饮水、活动量，数据自动无线传输至计算中心，对每头奶牛实行 24 小时自动监测，从而将奶牛场的管理提升到一个新水平。这也是一种精确农业。总之，精确农业是现代信息技术与传统农业相结合的新型农业技术。

本章限于篇幅，仅着重叙述信息获取及处理技术，特别是遥感技术在精确农业中的应用，而对于其他信息获取与处理技术只作简略介绍，至于智能化农机具、农作物栽培技术机理等，已超出本书的内容范围，不做介绍。

11.1.2 信息获取技术

精确农业有关数据的采集，主要由两大技术部分组成，包括空间信息技术和农机载荷的地面快速探测技术。

空间信息技术包括遥感技术系统、全球定位系统、地理信息系统、地表遥测技术系统及田间自动监测技术系统等。遥感技术系统包括各类卫星和航空遥感技术，可以提供播种面积、长势、洪涝、病虫害及营养的宏观空间信息。全球定位系统实时提供精确的位置，它不仅可以装载在农业机械上进行移动定位，而且也可随身携带定位。遥测技术系统是指田间按一定范围设置摄像机、红外监测仪以及其他传感器等，对农田进行定点定时自动监测，监测的项目包括土壤湿度、温度、养分、pH 值等，作物营养状况，以及农田小气候的各项指标。地理信息系统技术将上述各类数据进行融合和管理，调用相应专家系统进行决策分析。

农机载荷的地面探测技术主要是指安装在农业机械上的快速自动探测装置，如装置在农业耕作机械上的土壤湿度、土壤养分自动快速探测技术等。如进行耕整地作业时，在机械上安装自动定位仪及其他测试传感器，即可测得具有空间位置的土壤湿度、养分等数据，这些信息可以在线记录或通过无线传输传送到分析中心。

精确农业对于遥感是一个巨大的技术挑战。精确农业需求的农田农情信息是相当精细的潜在信息，诸如杂草、作物营养、病虫害等，使用遥感技术准确获取这些信息目前仍有相当的技术困难，是当前遥感的技术前沿。

11.1.3 处方决策

将空间信息技术和地面探测技术获得的数据分别经过处理校正之后，以地理信息系统(GIS)技术为基础，将上述两个方面的数据，按地理坐标进行整合。空间数据多数反映农田表层，包括作物的特征，而地面探测技术所获得的数据多是反映小尺度地表以下一定深度处的土壤湿度和养分。两者相结合后可以多层次、多尺度地实时反映农田的多种信息。对所获得的数据进行及时综合分析，可以获得作物播种面积、长势、营养亏缺、病虫害状况等信息，依据这些信息可以进行相应的信息填图。它们主要包括产量数据分布图，土壤数据分布图，苗情、病虫害分布图等。处方决策就是根据土壤湿度、土壤养分、种植作物类型、作物长势与营养状况、病虫害等要素分布图，制定出变量耕作、变量施肥、变量喷药、变量灌溉、变量播种等相应作业方案。

由于各地的具体条件不一，因此不可能应用一种决策方法处理这些获得的数据，要实现这一过程，就需要建立决策支持系统进行决策。决策支持系统是根据农业生产者和专家在长期生产中获得的知识，建立作物栽培与经济分析模型、空间分析与时间序列模型、统计趋势分析与预测模型和技术经济分析模型，利用GPS、RS获得的各种信息及GIS建立的数据库，针对小区内农作物生长环境和生长条件在时间和空间上存在的差异，以小区为单元做出耕作投入决策，即生成田间投入处方图(treatment map)。

决策支持系统可按以下3种方式操作：一是GIS和模拟模型单独运行，通过数据文件进行通讯；二是建立一个通用接口，实现文件、数据的共享和传输；三是将模拟模型作为GIS的一个分析功能。GIS作为存储、分析、处理、表达地理空间信息的计算机软件平台，其空间决策分析一般应包括数据插值、网络分析、叠加分析、缓冲区分析等。作物生长模拟技术是利用计算机程序模拟在自然环境条件下作物的生长过程。作物生长环境除了不可控制的气候因素外，还有土壤肥力、墒情等可控因素。GIS提供田间任意一个小区、不同生长时期的时空数据，利用作物生长模拟模型，在决策者的参与下，提供科学管理方法，形成田间管理处方图，以指导田间作业。

11.1.4 田间实施

田间实施是借助于变量作业机械把变量作业方案变为现实，在最大限度地保证生产率的同时，最大限度地降低生产资料的投入，获得最大的经济效益与生态效益。

田间实施中的关键技术主要是现代农业工程装备技术，其核心技术是“机电一体化技术”。田间实施技术应用于农作物播种、施肥、化学农药喷洒、精确灌溉和联合收割机计产收获等各个环节中。

信息获取技术、处方决策技术、田间实施技术三部分都是精细农业不可或缺的组成部分，将三者有机集成才能实现精确农业的目标。图 11-2 为精确农业信息技术集成示意图。

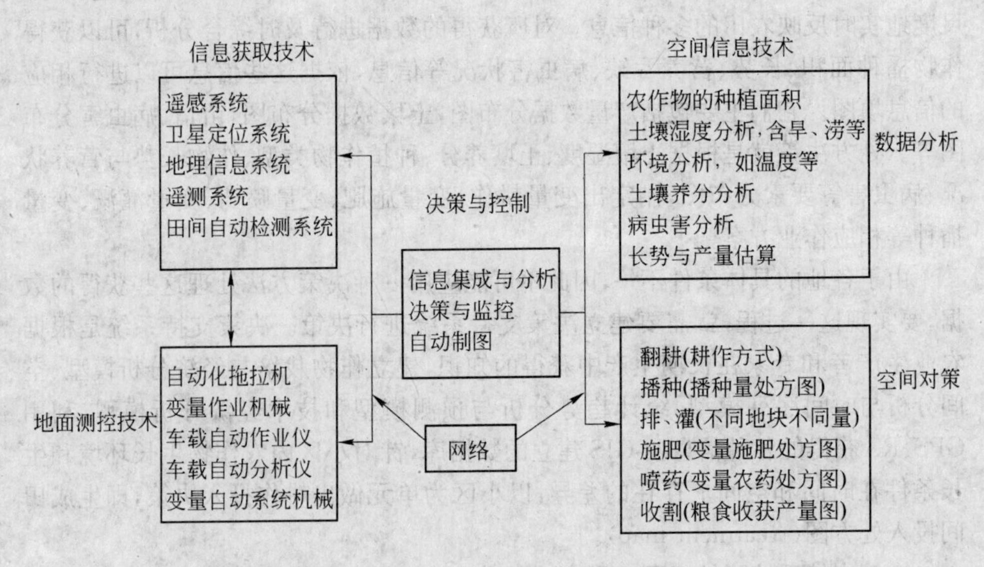

图 11-2 精确农业信息技术集成示意图

11.2 植物不同营养状态的反射光谱特性曲线数据分析

11.2.1 植物反射光谱特性曲线数据

精确农业中的遥感技术建立在地物和绿色植物光谱理论基础之上，主要关心作物和土壤等地物目标的波谱信息。因此，了解作物不同营养状态的反射光谱特性曲线具有重要意义。绿色植物对不同波长光谱的吸收、散射、反射均有不同的特征，这些特征与绿色植物的叶片结构紧密相关。图 11-3 是植物的典型反射光谱，在可见光区域(380～760 nm)，植物叶片的反射和透射率都很低，存在两个吸收峰和一个反射峰，即 450 nm 蓝光、650 nm 红光的吸收峰和 550 nm 绿光的反射峰。吸收峰是由于叶片色素的强烈吸收造成的。在近红外区(760～1 300 nm) 呈强烈反射，这是因为叶肉海绵组织结构内有很多大反射表面的空腔，且细胞内的叶绿素呈水溶胶状态，具有强烈的红外反射。在1 130～2 000 nm的近红外区有2个吸收峰，即位于1 450 nm和1 950 nm的水分吸收峰。

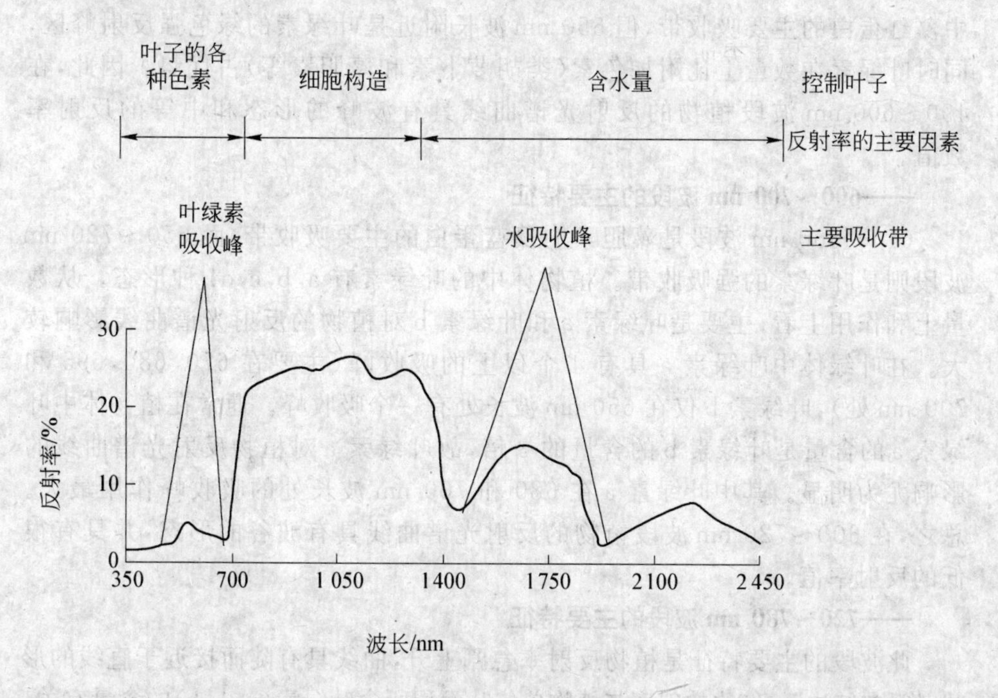

图11-3 植物的典型反射光谱曲线

植物的反射光谱特征主要由叶片中的叶肉细胞、叶绿素、水分含量和其他生物化学成分对光线的吸收和反射而形成的，不同植被的反射光谱曲线具有各不相同的形态和特征，它是物体表面粒子结构、粒子尺度、粒子的光学性质、入射光波长等参数的函数，下面介绍一般植物所共有的反射光谱特征。

11.2.2 植物反射光谱的主要特征

——350～490 nm波段的主要特征

在380 nm波长附近为大气的弱吸收带，400～450 nm波段为叶绿素的强吸收带，425～490 nm波段是类胡萝卜素的强吸收带。叶绿素a对蓝光的吸收大于对红光吸收的1.3倍；叶绿素b对蓝光的吸收大于对红光吸收率，可达90%以上。即太阳辐射到达地面的紫外光和蓝紫光绝大部分被植物所吸收，而反射和透射的极少。所以350～490 nm波段的反射光谱曲线具有很平缓的开头和很低的数值。

——490～600 nm 波段的主要特征

490～600 nm 波段是类胡萝卜素的次强吸收带，530～590 nm 是藻胆素中藻红蛋白的主要吸收带，但 550 nm 波长附近是叶绿素的绿色强反射峰区，同时叶绿素在数量上比附加色素（类胡萝卜素和藻胆素等）占优势。因此，在 490～600 nm 波段植物的反射光谱曲线具有波峰的形态和中等的反射率数值。

——600～700 nm 波段的主要特征

610～660 nm 波段是藻胆素中藻蓝蛋白的主要吸收带，而 650～720 nm 波段则是叶绿素的强吸收带。植物体中的叶绿素有 a，b，c，d4 种形态。从数量上和作用上看，主要是叶绿素 a 和叶绿素 b 对植物的反射光谱曲线影响较大。在叶绿体中叶绿素 a 具有 4 个以上的吸收峰（主要在 670，680，695 和 700 nm 处），叶绿素 b 仅在 650 nm 波长处有一个吸收峰。通常在植物体中叶绿素 a 的含量是叶绿素 b 的含量的 3 倍，故叶绿素 a 对植物反射光谱曲线的影响尤为明显。其中叶绿素 a 在 680 和 700 nm 波长处的吸收峰作用最大。总之，在 600～720 nm 波段植物的反射光谱曲线具有波谷的形态，并具有很低的反射率值。

——720～780 nm 波段的主要特征

此波段的主要特征是植物反射率急剧上升，曲线具有陡而接近于直线的形状，俗称“红边”。红边的斜率与植物单位叶面积所含叶绿素（a ＋ b）的含量有关，但含量超过 4～5 mg/dm^2 后则趋于稳定，相关关系表现得不明显。在 720～740 nm波段有水的弱吸收，但被植物反射率的急剧增高所掩盖，在曲线形成上没有明显反映。

——780～1 300 nm 波段的主要特征

植物的反射光谱曲线在此波段具有波状起伏和高反射率的数值。这种现象可以看成是植物预防过度增热的一种适应。此波段的平均反射率室内测定值多在 35％～78％，而野外测试值则多在 25％～65％。

——1 300～1 600 nm 波段的主要特征

植物反射光谱曲线在此波段具有波谷的形态和较低的反射率数值，这种特点与 1 360～1 470 nm 波段是水和二氧化碳的强吸收带有关。

——1 600～1 830 nm 波段的主要特征

植物反射光谱曲线在此波段表现为波峰的形态，并具有较高的反射率数值，这种特点与植物及所含水分的波谱特性有关。

——1 830～2 080 nm 波段的主要特征

植物反射光谱曲线在此波段具有波谷的形态和很低的反射率数值，这与水和二氧化碳在此波段为强吸收带有关。

——2 080～2 350 nm 波段的主要特征

植物反射光谱曲线在此波段具有波峰的形态和中等的反射率数值，这种特点与植物及其所含水分的波谱特性有关。此波段的反射率数值低与植物对光的吸收有所增加有关，这可以看成是植物体预防其本身过度变冷的一种适应。

影响自然界物体光谱特征的因素多种多样，十分复杂，有来自外部环境的，也有物体本身结构不同所产生的，不同植物间光谱曲线的形状有较大的不同。

植物光谱反射曲线有 3 处需要给以特别的关注，即所谓的蓝边（蓝沿）、黄边（黄沿）、红边（红沿），简称“三边”。蓝边（蓝沿）是指蓝色到青色反射率上升的边沿，黄边（黄沿）是指绿色到橙黄色反射率下降的边沿，而红边（红沿）是指红色到近红外反射率迅速上升的边沿。这 3 个边沿的具体波长位置、上升或下降的斜率随植物的种类及其所处的状态有一定的区别，在精确农业中常常将它们的测算数值以及它们之间的差或比率作为一种检测指标，以区分植物种类（如杂草与作物）及其所处的状态（水及营养亏缺状况）。

11.2.3 不同营养状态下的植物反射光谱

植物因缺乏营养元素会严重影响其生长速度和产量。植物亏缺营养元素能引起叶片叶色、形态、结构以及各种外观不同的亏缺症状。叶片吸收太阳辐射能的多少与叶片内外部结构对入射光的反射特性有关，而叶片吸收太阳辐射能的多少在很大程度上决定光合速率。植物叶片的反射光谱特性与叶片厚度、叶片表面特性、水分含量和叶绿素等色素含量有关。植物营养元素状况与反射光谱特性也密切相关。不同营养状况下植物反射光谱特性的差异引起了农学、植物生理学和遥感等许多学科的研究者的重视。这不仅使田间非破坏性、快速、简易地诊断营养状况有了可能，而且由于传感器等遥感技术的发展，使得大面积监测植物的营养状况也能成为现实。但在实际应用上仍存在相当多的困难，主要是精度、稳定性方面尚不能满足实际生产的要求。这与影响植物光谱特性的因素众多，以及营养胁迫引起光谱特性变异的机理尚不完全清楚有关。

如图 11-4 所示，不同植物的反射光谱波形是相同的，主要区别在反射率的大小、波峰与波谷的波长位置有微小的不同。同样，植物营养素的多少会引起叶绿素含量等的变化，这些变化在植物叶片或冠层的反射光谱中反映出来。因此，精确测量以及深入研究不同营养条件下作物的反射光谱特性具有重要的实际意义。

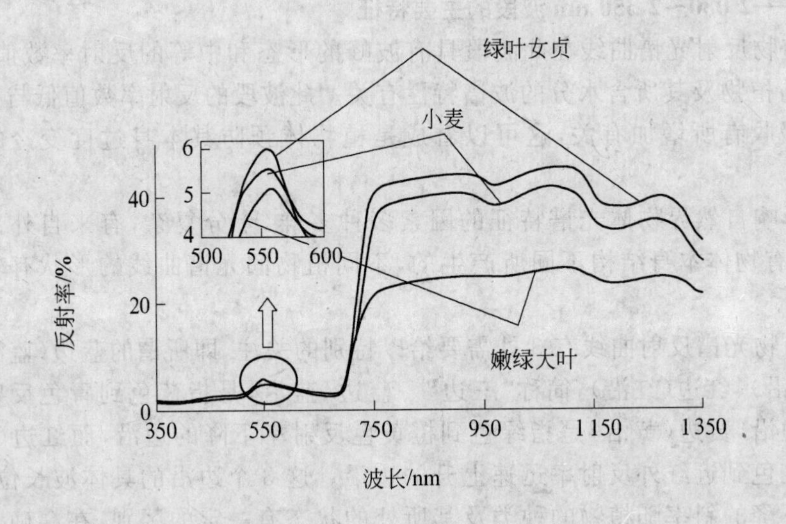

图 11-4　不同植物的反射光谱

图 11-5 是在温室栽培条件下，对黄瓜实施营养胁迫，得到的不同营养状态下的黄瓜叶片反射光谱。黄瓜品种为“京研迷你 1 号”，采用基质栽培方式，基质由蛭石和草炭混合而成。为了对黄瓜实施养分胁迫，根据蛭石和草炭的

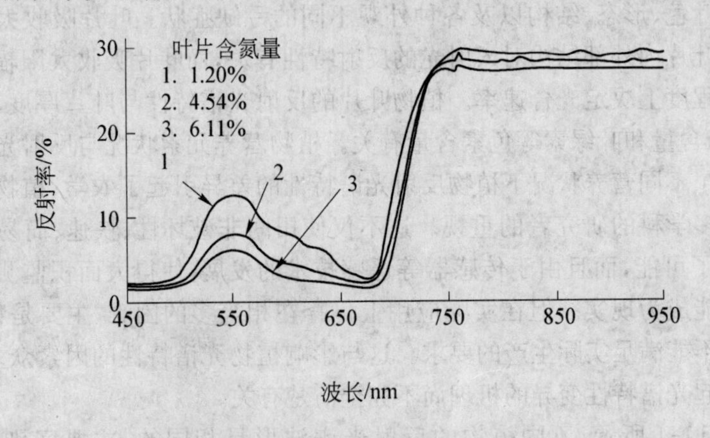

图 11-5　不同营养状态下的黄瓜叶片光谱

不同配比制备了3种基质，其蛭石∶草炭依次为8∶2，5∶5和2∶8。从图11-5中可以看出，随着叶片含氮量的增加，其光谱反射率在可见光区不断减小，而在近红外区不断增加。温室内叶片光谱反射率的以上特性与大田内测得的反射光谱特性基本一致，一般认为，这些特征主要是由于植物叶绿素水平决定的。

光合作用过程中起吸收光能作用的色素有叶绿素a、叶绿素b与类胡萝卜素（胡萝卜素和叶黄素），其中叶绿素是吸收光能的主要物质，对植被的光能利用有直接关系。叶绿素含量与植被的光合能力、发育阶段以及氮素状况有较好的相关性，它们通常是氮素胁迫、光合作用能力和植被发育阶段（特别是衰老阶段）的指示器。叶片的光合作用需要大量的氮素，氮素主要存在于光化学反应的色素蛋白质以及光合作用碳消耗循环相关的蛋白质中。由于叶片含氮量和叶绿素之间的变化趋势相似，所以可以通过测定叶绿素来监测植株氮素营养，因此对植物叶绿素含量的遥感研究可以作为一种评价植物氮素状态的工具。

当植物氮素营养水平较高时，植株长势趋于旺盛，叶片叶绿素含量增高。健康绿色植物的反射光谱曲线可见光部分的低谷（450 nm和670 nm处的蓝、红光）主要由叶绿素强烈吸收引起，假如叶绿素等色素的浓度或含量因故下降，绿色视觉效果就会减弱，在光谱上表现为绿光区的反射减弱，吸收增强。可见光区的蓝边、绿峰、黄边、红光低谷及红边都是描述植被色素状态和健康状况的重要指示波段。红边作为植物反射光谱曲线最明显的特征，一般是指植被反射率曲线的最大斜率点，通常发生在680～750 nm波长范围内，这一范围内反射率从非常低的叶绿素红光吸收变化到非常高的近红外反射区，典型叶片在近红外高峰区（700～1 300 nm）的反射率一般为40％～70％，这主要是由于叶片内部组织结构多次反射散射、逐次增强的结果。

植物冠层或叶片的反射光谱除了能反映植物不同营养状态的差异外，也能反映出农作物在不同生长期的变化。图11-6是冬小麦不同生长期的反射光谱曲线，随着生长小麦整个群体的光合能力不断增强，可见光区域的吸收逐渐增强、反射率逐渐减小（见区域Ⅰ）；同时，光合作用的增强使得叶绿素在短波近红外区域的反射也逐渐增强，使得反射率随生长期的变化趋势在可见光区和短波近红外区正好相反，即反射率逐渐增高；另外在近红外的水吸收带1 450 nm波长段附近，由于随着小麦的生长，冠层水分含量会逐渐增高，因此在这个区域的反射率会随着小麦的生长逐渐降低。

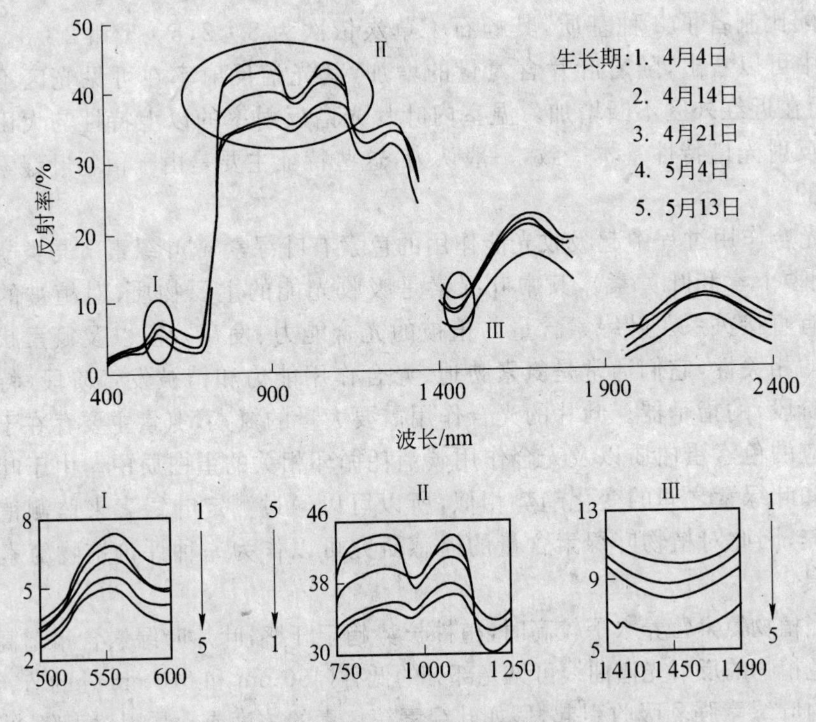

图 11-6 冬小麦不同生长期光谱的比较

11.3 高光谱遥感

20 世纪 90 年代以来,对地观测技术呈现出高光谱、高空间、高时间分辨率的发展趋势。高光谱遥感技术在农作物种类的精确识别、高精度成像、作物形态及化学组分测定等方面具有强大的信息获取能力。

11.3.1 高光谱遥感的特点

高光谱遥感(hyper - spectral remote sensing)是利用许多很窄的电磁波波段(通常波段宽度<10 nm)获取目标物信息的一种技术。通常,光谱分辨率在 $10^{-1}\lambda$ 数量级范围内的遥感称为多光谱(multi-spectral),这样的遥感器在可见光和近红外光谱区只有几个波段,如美国陆地卫星 TM、法国 SPOT 卫星和我国的中巴卫星等。光谱分辨率在 $10^{-2}\lambda$ 的遥感称之为高光谱遥感。由于其光谱分辨率在可见光区高达纳米(nm)数量级,具有波段多的特点,在可见光到近红外的光谱区其光谱通道可以高达数十至数百个之多。在目前的技术水

平上已实现了多光谱和高光谱成像，并得到了广泛的应用。通过高光谱成像所获得的图像包含了丰富的几何、辐射和光谱三重信息。它表现了地物空间分布的影像特征，同时也可能以其中某一像元或像元组合为目标获得它们的辐射强度和光谱信息。

在目前的对地观测技术（TM、SPOT、AVHRR等）中，土地利用状况调查和农作物长势监测主要包括以下环节，即首先获取不同类型地物目标的光谱信息，然后通过计算植被指数（VI）、叶面积指数（LAI）、生物量信息等指标进行土地利用分类，最终完成调查和观测。但是，这些信息源的光谱分辨率都较低，一般在50 nm以上，难以识别出多种土地利用和作物类型，尤其在作物生长的旺季，更加难以区分。例如，出现在450 nm和650 nm为中心波长的强吸收带的峰值宽度为20 nm；当植被受害时叶绿素会大量减少而叶红素与叶黄素会相对增加，从而导致在700 nm处反射率出现“红移”现象，红移量为5～17 nm；反映植被水分胁迫的波段主要在1 400 nm、1 900 nm和2 100 nm的水分吸收峰值左右。这些现象在低光谱分辨率遥感信息源中是难以发现的。要区分不同的植被，并监测其生长状况，采取高光谱分辨率的成像光谱仪数据是一个必要条件。

图11-7是多光谱和高光谱曲线的比较，可以看出由于多光谱曲线的光谱分辨率较低，使其不能分辨出红边的准确位置以及斜率，也无法反映出水吸收带（1 450 nm）的水分吸收变化。而高光谱由于具有高的光谱分辨率，可以精细地反映出由于作物营养成分、叶片构造等的细微变化在光谱曲线上的反映。与常规遥感手段相比，高光谱遥感在植被信息反演的深度和广度方面都有很大提高，主要

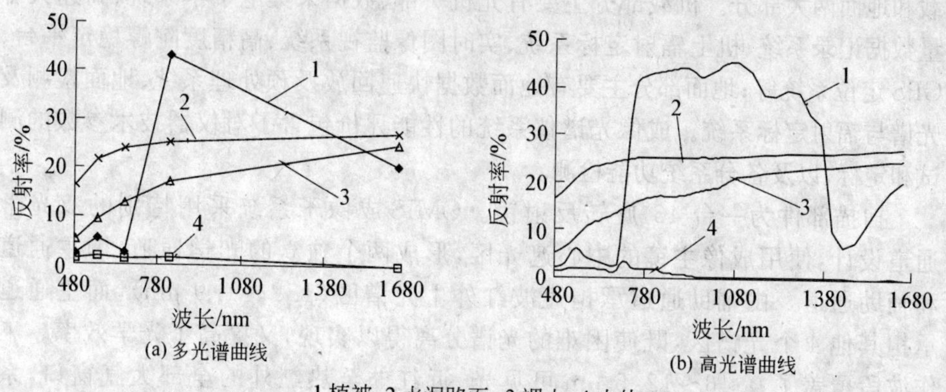

1.植被 2.水泥路面 3.裸土 4.水体

图11-7 多光谱与高光谱

表现在如下两个方面：

(1)超多波段的高光谱数据能够比较真实、全面地反映自然界各种植被所固有的光谱特性及其差异，从而可以大大提高植被遥感分类的精细程度和准确性，也为利用光谱反射率诊断作物水肥状况成为可能。

(2)高光谱分辨率的植被图像数据可以对传统的植被指数运算予以改进，提高了植被指数所能反演的信息量。使人们可以更加精确地获取一些诸如叶绿素浓度、叶绿素密度、叶面积指数、生物量、光合有效吸收系数等植被生物物理参量；并且可以利用高光谱数据提取一些生物化学成分的含量，如木质素、全氮、全磷、全钾量等。

11.3.2 高光谱遥感信息的获取

植被高光谱信息的获取方式主要有两种：一种来源于航空遥感平台上的成像光谱仪，另一种来源于地面用各种手持式光谱仪实测高光谱数据。当前，少数小卫星也搭载高光谱成像光谱仪。

目前使用较多的航空遥感高光谱成像仪是由美国研制生产的AVIRIS(Airborne Visible/Infrared Imaging Spectrometer)系统，它有224个通道(波段)，光谱范围为410～24 500 nm，每个波段的宽约为10 nm。AVIRIS采用光机扫描型成像方式，由光机扫描和飞机平台向前运动完成二维空间扫描，其光谱维的扫描由线列探测器完成，色散器件一般是由光栅和棱镜完成。

我国上海技术物理研究所研制的实用型模块化成像光谱仪(Operative Modular Airborne Imaging Spectrometer，OMIS)也属于光机扫描型系统，系统包括机载和地面两大部分。机载部分主要有光机头部、数据采集电子学系统、高速大容量数据记录系统、机上辐射定标系统、实时图像监视系统、高精度陀螺稳定平台、GPS定位系统等；地面部分主要有地面数据快速回放及预处理系统、地面检测及光谱与辐射定标系统。成像光谱仪系统的性能评价包含了对仪器技术参数的测试和定标，以及各分系统功能检测。

扫描部件为一台45°旋转反射镜。OMIS成像子系统采用特别的双光学通道设计，使用成像主镜的中心遮光区，形成两个独立的光学通道，即主通道和辅助通道。由辅助通道承担短波红外Ⅰ光谱区(1.2～1.9 μm)，而主通道承担其他4个光谱区，既使困难的光谱分离得以实现，又提高了光学效率。工作波段覆盖了0.46～12.5 μm可见光、近红外至热红外的全部大气窗口，系统共设计了两种工作模块OMIS-Ⅰ型和OMIS-Ⅱ型。表11-1是OMIS成像光谱仪的主要参数。

表 11-1 OMIS 成像光谱仪主要技术参数

OMIS-Ⅰ				OMIS-Ⅱ			
总波段数			128	总波段数			68
	光谱范围/μm	光谱分辨率/nm	波段数		光谱范围/μm	光谱分辨率/nm	波段数
光谱仪	0.46～1.1	10	64	光谱仪	0.4～1.1	10	64
	1.06～1.70	40	16		1.55～1.75		1
	2.0～2.5	150	32		2.08～2.35		1
	3.0～5.0	250	8		3.0～5.0		1
	8.0～12.5	500	8		8.0～12.5		1
瞬时视场/mrad	3			1.5/3 可选			
总视场/(°)	>70						
扫描率/(s/s)	5,10,15,20 可选						
行像元数	512			1 024/512			
数据编码/bits	12						
最大数据率/Mbps	21.05						
探测器	Si、InGaAs、InSb、MCT 线列			Si 线列、InGaAs 单元、InSb/MCT 双色			

高分辨率成像对应于每一个波段都会有一幅扫描图像，扫描图像记录的数据就是地物对相应波段电磁波的反射或辐射强度，有多少个波段就会得到多少幅扫描图像；当将观察范围缩小到观测区域的一个点（小区域）时，就会得到一个图像像元的立方块，这个小的立方块的每一层都对应着一个光谱数据，由此形成了多维向量，其维数就是波段数。该数据对应地面上该点在该波段的光谱反射率，将所有的反射光谱数据按波长大小连成一条曲线，就得到了一条连续光谱。从这一反射光谱曲线可以反映出了观测点地物的类型和特征。

11.3.3 高光谱遥感在精细农业中的应用

1. 用航空成像光谱数据获取作物冠层信息的研究

作物冠层生化参量是田间作物长势和营养状况的重要指标，是定位、定量肥水管理的决策依据，是信息化、智能化田间管理决策的重要信息源，获取这一数据是目前精确农业亟待解决的瓶颈问题。“北京精准农业示范工程”项目以田间作物信息获取为目标，开展了用航空成像光谱数据在大田条件下反演冬小麦冠层生化参量的试验研究。以下是项目试验的简单介绍。

试验采用光谱仪 OMIS，以国产运五飞机为航空平台。OMIS 采用点扫描方式成像，瞬时视场 3 mrad，总视场 70°，覆盖了可见/近红外、中短波红外和热红外波段。其中可见/近红外 64 个波段（0.46～1.1 μm），短波红外（Ⅰ）32 个波段（1.2～1.9 μm），短波红外（Ⅱ）16 个波段（2～2.5 μm），中波红外 8 个波段（3～5 μm），热红外 8 个波段（8～12.5 μm），共计 128 个波段。

OMIS 沿 3 条航线飞行，航线间隔 620 m（0.44′），成像航线长 7 408 m。2001 年 4 月 11 日、4 月 26 日分别两次完成 3 个航带 OMIS 数据的获取，共获成像光谱数据约 5 GB。2 个架次飞行航高均为 1 000 m，机下点成像空间分辨率约 2.5 m。

红边是表征植被生物特征的重要参数。为了定量分析红边特性，可采用倒高斯模型进行模拟(图 11-8)。倒高斯模型能够很好地模拟植被地物在 670～780 nm 的反射光谱，其定义如图 11-8 所示：

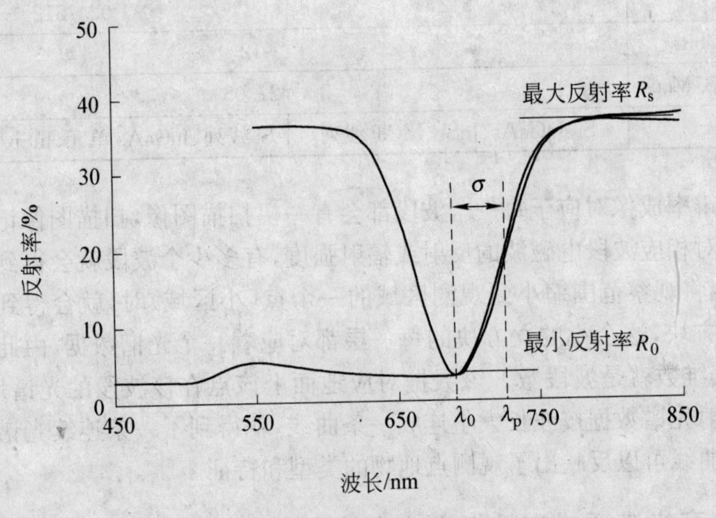

图 11-8　倒高斯模型

$$R(\lambda) = R_s - (R_s - R_0)\exp\left(\frac{-(\lambda_0 - \lambda)^2}{2\sigma^2}\right) \tag{11-1}$$

式中：R_s 为红肩处的光谱反射率；R_0 为叶绿素吸收红谷的光谱反射率；λ_0 为叶绿素吸收红谷的光谱位置；σ 为倒高斯模型的方差项，也是植被地物光谱的红边光谱位置与红谷光谱位置之差，即红边吸收谷的宽度。所以红边光谱位置为

$$\lambda_p = \lambda_0 + \sigma \tag{11-2}$$

在实际处理时，定义 670～680 nm 范围光谱反射率的平均值为 R_0，780～795 nm光谱范围的反射率平均值为 R_s。挑选 685～780 nm 光谱范围的反射率红边作为倒高斯模型的模拟对象。

利用 R_0 和 R_s 两个参数，对小麦作物红边处的反射率光谱进行对数变换，变换公式如下所示：

$$B(\lambda)=\left[-\ln\left(\frac{R_s-R(\lambda)}{R_s-R_0}\right)\right]^{\frac{1}{2}} \tag{11-3}$$

根据光谱数据，$B(\lambda)$ 是可以通过计算得到的。对 $B(\lambda)$ 和 λ 进行线性拟合，可以得到斜率 a_1 和截距 a_0，那么红谷光谱位置 λ_0 和吸收谷宽度 σ 分别为：

$$\lambda_0=-\frac{a_0}{a_1} \tag{11-4}$$

$$\sigma=\frac{1}{\sqrt{2}a_1} \tag{11-5}$$

利用红边位置（一阶导数最大值对应的波长位置 λ_p）、红边宽度（σ）等高斯红边特征，建立了小麦冠层叶绿素 a、叶绿素 b、叶绿素 a+b、全氮、可溶性糖、叶片水分含量和叶面积指数等生化参量与光谱特征参量的反演模型（表 11-2）。

表 11-2 小麦冠层理化参量估计模型

冠层理化参数	光谱特征参数	理化参量估计模型	R^2
叶绿素 a	高斯红边位置	$Y=0.4626X-324.91$	0.538 5*
叶绿素 b	高斯红边位置	$Y=0.1854X-130.4$	0.518 9*
叶绿素 a+b	高斯红边位置	$Y=0.2135X-150.06$	0.546 6*
全氮含量/%	高斯红边宽度	$Y=-0.2216X+11.863$	0.732 8**
可溶性糖/%	高斯红边位置	$Y=-1.5436X+1114.5$	0.560 4*
叶面积指数(LAI)	NDVI(800,670)	LAI=0.212 6 exp(2.907 6×NDVI)	0.576 1*

注：* 表示在 0.95 水平显著，** 表示在 0.99 水平显著，NDVI 表示归一化差异植被指数。

根据表 11-2 模型的计算结果，可以对所有的观测区域进行作物冠层生化参量填图，图 11-9 是观测区域叶绿素预测模型的填图结果。它直观地显示整个种植区域小麦长势的时空变异，用颜色表示的对应数值越大，表明该地区域养分胁迫越小。

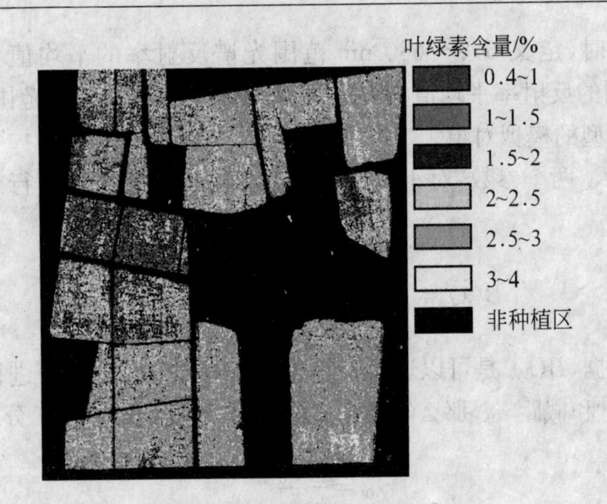

图 11-9 观测区域叶绿素预测模型的填图

2. 基于高光谱遥感特征参数的水稻生物化学参数预测

有人使用由美国分析光谱仪器公司制造的 ASD 野外光谱辐射仪（ASD-Field Spec),选择晴朗无风天气,分别在水稻分蘖、拔节、孕穗、抽穗和乳熟期测定了水稻冠层反射光谱。冠层反射光谱测定后,取样测定了水稻叶片的生物化学参数和室内光谱。

光谱仪的光谱范围为 350～1 050 nm,色散为 1.4 nm,光谱分辨率是 3 nm,有 512 个波段,视场角为 25°。所使用的高光谱数据特征参数包括从原始光谱、一阶微分光谱提取的基于高光谱位置变量、基于高光谱面积变量、基于高光谱植被指数变量 3 种类型共 19 个特征参数,见表 11-3。单独或综合利用这些参数,建立它们与水稻生物化学参数之间的数学模型,以期获得最优的预测结果。

实际测试表明,水稻叶片生物化学参数和基于高光谱位置变量的高光谱特征参数之间存在相关性:红叶叶绿素 a 含量和叶绿素总含量与绿峰反射率（R_g)、红边波长（λ_r)、红谷反射率（R_r）之间有较高的相关系数,上叶叶绿素 a 含量和叶绿素总含量与绿峰反射率(R_g)、红谷反射率（R_r）呈负相关,与红边波长（λ_r）呈正相关;上叶叶绿素 b 含量仅与蓝边内最大的一阶微分值（D_b)、绿峰反射率（R_g）之间的呈现一定的相关性;上叶类胡萝卜素与所有的位置变量之间的相关关系均未显现相关性。蛋白质含量与高光谱位置变量之间的相关系数都未达到显著性检验水平;纤维素含量与红边波长、红谷反射率、绿峰反射率之间具有较高的相关系数;叶鞘淀粉含量与 D_r(红边内最大一阶微分值)之间呈现一定的相关性;累积施氮量与绿峰反射率、红边波长、红谷反射率之间都具有较高的相关系数。

表 11-3 高光谱特征参数的定义

变量	定义	描述
	基于高光谱位置变量	
1. D_b	蓝边内最大的一阶微分值	蓝边覆盖490～530 nm，D_b 是蓝边内一阶微分光谱中的最大值
2. λ_b	D_b 对应的波长	λ_b 是 D_b 对应的波长位置(nm)
3. D_y	黄边内最大的一阶微分值	黄边覆盖550～582 nm。D_y 是黄边内一阶微分光谱中的最大值
4. λ_y	D_y 对应的波长	λ_y 是 D_y 对应的波长位置(nm)
5. D_r	红边内最大的一阶微分值	红边覆盖680～780 nm。D_r 是红边内一阶微分光谱中的最大值
6. λ_r	D_r 对应的波长即红边位置	λ_r 是 D_r 对应的波长位置(nm)
7. R_g	绿峰反射率	R_g 是波长510～560 nm 范围内最大的波段反射率
8. λ_g	R_g 对应的波长	λ_g 是 R_g 对应的波长位置(nm)
9. R_r	红谷反射率	R_r 是波长640～680 nm 范围内最小的波段反射率
10. λ_0	红谷反射率对应的波长	λ_0 是 R_r 对应的波长位置(nm)
	基于高光谱面积变量	
1. SD_b	蓝边内一阶微分的总和	蓝边波长范围内一阶微分波段值的总和
2. SD_y	黄边内一阶微分的总和	黄边波长范围内一阶微分波段值的总和
3. SD_r	红边内一阶微分的总和	红边波长范围内一阶微分波段值的总和
	基于高光谱植被指数变量	
1. R_g/R_r		绿峰反射率(R_g)与红谷反射率(R_r)的比值
2. $(R_g-R_r)/(R_g+R_r)$		绿峰反射率(R_g)与红谷反射率(R_r)的归一化值
3. SD_r/SD_b		红边内一阶微分的总和(SD_r)与蓝边内一阶微分的总和(SD_b)的比值
4. SD_r/SD_y		红边内一阶微分的总和(SD_r)与蓝边内一阶微分的总和(SD_y)的比值
5. $(SD_r-SD_b)/(SD_r+SD_b)$		红边内一阶微分的总和(SD_r)与蓝边内一阶微分的总和(SD_b)的归一化值
6. $(SD_r-SD_y)/(SD_r+SD_y)$		红边内一阶微分的总和(SD_r)与黄边内一阶微分的总和(SD_y)的归一化值

由此可见，高光谱位置变量中，绿峰反射率、红边波长、红谷反射率等变量与叶片一些生物化学成分之间存在着相关关系。叶片色素含量与 D_b、λ_b、D_y、λ_y、D_r 之间均未呈现较高的相关系数，说明其含量的变化并没有引起上述高光谱位置变量的变化。

类似的相关分析也可在基于高光谱面积变量、基于高光谱植被指数变量的特征参数之间进行。根据这些相关分析结果，可以建立最优的作物生物化学参数预测模型，进而对作物的长势做出综合判断，得到作物的时空变异规律，为实施精细农业创造必要条件。从这里又一次可以看出，遥感技术农业应用是以大量田间试验为基础的。

11.4 遥感技术与其他信息获取技术的集成

遥感技术的最大特点是可以快速获得大面积地物特征信息，随着高空间分辨率和高光谱分辨率的航天航空遥感探测器的投入使用，现在已经可以对小区域、小面积单元进行更深入的探测和分析，这些信息与其他的信息获取技术进行系统集成和信息融合，可以获得更真实、可靠、丰富的信息。以下简略介绍由两种传感器获取农田与作物信息的原理。

11.4.1 实时测量农田谷物产量传感器

农田小区土壤与环境的各种差异性最终表现在各小区作物的产量上，如果能够在联合收割机收割谷物的同时采集各小区的产量，生成农田产量分布电子地图，并根据大量实验建立小区作物产量与土壤肥力的函数关系，来年计算机系统自动读取农田产量分布电子地图，再根据小区作物产量与土壤肥力的函数关系，判断每一小区应当布施底肥的数量，从而做出施肥的决策，指令农机具定位、定量施肥。这种变量施肥也是精确农业的一种实施模式，实施这种模式的技术关键是实时、自动测量农田各小区谷物的产量。美国、德国分别设计、研制了这种实时测量农田谷物产量的传感器。这种传感器是一种复合传感器，由谷物流量传感器和湿度传感器整合而成，最后经定标，测试出单位时间流过传感器的谷物净重，将此传感器安装在康拜因谷物联合收割机的谷物出口处(图 11-10)，传感器测出的数据传输到计算机，计算机自动加以记录。

实时测量农田谷物产量传感器是一种机械式流量传感器，它利用压电效应，测量单位时间内流过传感器测试板面的谷物质量。当测试板面瞬时载荷的谷物质量越大，产生的压电效应越显著，感应电位就越高，经过适当标定，就可以测量

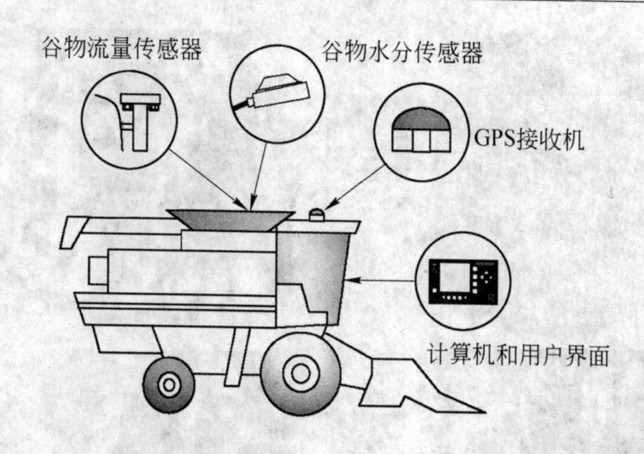

图 11-10　谷物联合收割机测产系统

在某一段时间内流过传感器测试板面上的谷物质量。这一质量是包含水分的湿重。另一谷物湿度传感器设置在流量传感器的一旁，同时测量谷物的湿度。经标定，可由测量的湿度得到相应的谷物湿度系数 C，将谷物湿重乘以系数 C 就是谷物干重。而与此同时，联合收割机的行进速度用另一种传感器加以测量。因为康拜因的收割转轮臂长是固定的，这样每秒收割的农田面积 $A(m^2/s)$ 就可表示为：

$$A = S \times L \tag{11-6}$$

式中：S 为联合收割机的行进速度，(m /s)；L 为康拜因的收割转轮臂长，m。

如果 T 时间内测得流过传感器测试板面上的谷物湿重为 m 公斤，则以面积 A 为一个小区的面积单位，这个小区单位面积的谷物产量为：

$$P = m \times C / (S \times L \times T) \tag{11-7}$$

另外，装置在收割机上的全球定位系统测试出当前收割机所在的位置，并将坐标数据传送到收割机上的计算机，计算机将数据存入数据库中。需要指出，全球定位系统的测试定位坐标的速度，即响应时间是一个关键，目前，系统响应时间可达到 0.1 s，而收割机的行进速度一般为 4 m/s，这样的响应速度致使实时定位的误差可控制在 1 m 以内，基本满足实用要求。这里使用的相对定位精确的数据，对于绝对定位精准并不强调，一般的差分全球定位系统(DGPS)完全可以满足要求。

小区单位面积的谷物产量与小区的坐标位置同时测量，于是生成谷物产量分布电子地图只是一个简单的程序问题，地理信息系统完全可以支持这一工作。图 11-11 就是在北京昌平国家精确农业试验基地根据电子地图绘制的农田谷物产量分布图，收割时间是 2001 年 6 月，地块面积为 6.68 hm^2，谷物平均湿度为 20.3%，

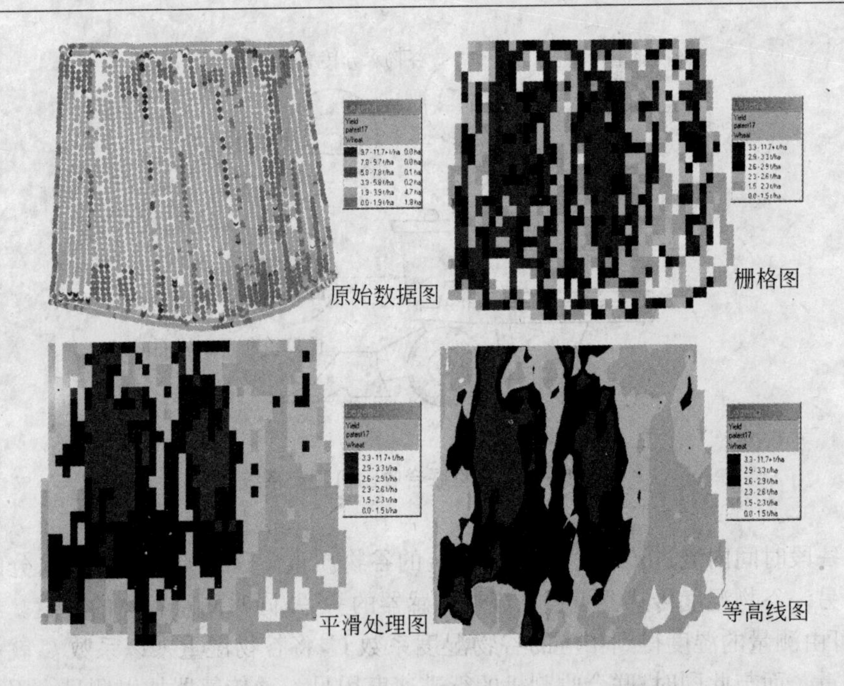

图 11-11 实时测产生成农田小区单位面积产量分布电子图

每一小区的面积为 25 m²。在图中,产量被划分成为 6 个等级,在制图的同时对地块中的产量进行了调查,调查结果与自动生成的农田谷物产量分布图数据基本相同,对于部分低产小区发现其原因是由于位于地块边沿,土壤压实比较严重,而且杂草也特别多。从图 11-11 可以看出,一块农田中,由于各种原因,各小区的确存在着产量差异,这种差异信息正是来年布施底肥的根据。

11.4.2 实时、不间断测量农田作物植株体内水势的生物传感器

生物传感器是 20 世纪 60 年代末期发展起来的一种传感器,它利用生物化学、生物物理的种种效应测量生物个体以及周边环境种种状态的传感器,其特点是可以实时、不间断地进行测量,对于被测对象的干扰小,常常可以测量一些常规传感器所不能测量到的一些生物物理或生物化学量。随着人们对生物及周边环境研究的深入,生物传感器的需求越来越强烈,经长期研究,一些产品陆续问世,受到人们的重视。生物传感器的工作原理通常十分复杂,甚至目前人们并不完全清楚,但只要其中的生物化学、生物物理效应稳定、可靠,能够验证,即可投入研制,进而形成产品。这里介绍一种用于测量作物体内水势的生物传感器,这种传感器在 20 世纪 80 年代后期已经用于美国西部农场精确农业的实际生产。

农田作物植株体内水势生物传感器的设置如图 11-12 所示。

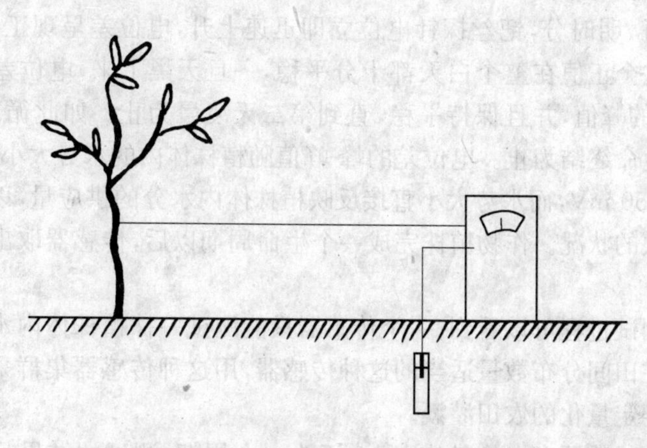

图 11-12 农田作物植株体内水势生物传感器设置示意图

图 11-12 中,插入植株体内的探针是由化学元素周期表中位列第 46 号的高纯度金属元素钯(Pd)丝做成,钯丝探针外连接普通金属导线,构成一个电极。钯丝插在植株茎秆体内,被测植株是棉花。当棉花出土不久时,茎秆十分细嫩,钯丝探针插入很容易,不会造成探针折断。这里选择金属钯作为探针原料,是因为金属钯可以与作物机体紧密接触,作物机体不会产生排异。另一个电极是一般氯化钾(KCl)电极,埋放在 20 cm 深的地下。这个电极是由纯净银丝浸在氯化钾溶液中构成的:将氯化钾溶液盛放在玻璃试管中,试管底面是由陶瓷做成,电解质离子可以活动于试管内外,可以形成导电回路。氯化钾溶液中放置银丝,氯化钾要经胶化处理,银丝连接普通导线,构成一个基准电极。氯化钾电极一般被认为是比较电位稳定的电极。两电极之间用电位计测量两者电位差。经测量发现,这个电位差是以 1 天为一个周期,基本上呈梯形波形变化(图 11-13)。

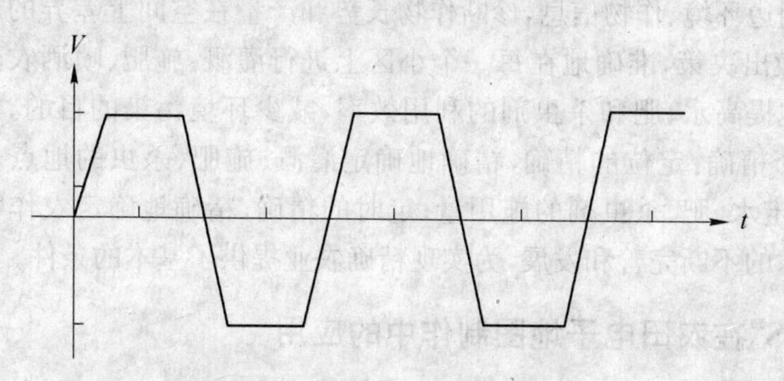

图 11-13 插入植株钯丝探针电极与基准电极的电位差变化波形

夜晚，电位差呈负值，即插入植株茎秆内的钯丝探针的电位低于基准电位；而当凌晨，天空微明时分，钯丝探针电位立即迅速上升，电位差呈现正值，而且很快达到峰值。这个正值在整个白天都十分平稳，一旦天黑下来，电位差立即很快下降，呈现负向的峰值，并且保持平稳，直到第二天凌晨为止。如此循环往复，直到该作物植株生命终结为止。电位差的峰-峰值随植株体内的水势大小呈正相关，最高可达 80～150 mV，而水势大小直接反映植株体内水分的供应量，以此可以获取植株水分亏缺的状况。作物植株完成一个生命周期以后，传感器取出来年仍可继续使用。

由以上测试过程可以看到，一个传感器只能测试一株植株体内水分需求的状况。如果将在田间分布数量适当的这种传感器，用这种传感器集群采集的数据集合就可以指导定量化的农田灌溉。

这种生物传感器有一个缺点，即 1 天为一个周期，测试的结果只有一天后才能得到，周期过长，信息的实时性受到限制。于是，有人对传感器进行了改进，即使用计算机数字控制，在插入植株茎秆内的钯丝探针电极与基准电极之间施加一个电压脉冲，脉冲幅度在 500 mV 以内，脉冲宽度在 500 ms。如果脉冲幅度超过 500 mV，就会对植株细胞造成永久性的伤害。脉冲过后，立即对两电极之间每隔 10 ms 测试一次电压，测试两电极之间电压的衰减过程。如果衰减速度快，说明植株体内水分缺乏；反之，衰减速度慢，说明植株体内水分充分。对于以上这些测试技术参数，用现代电子元器件构建电子电路，并用计算机机器码编程控制并不难实现。

11.5 精确农业中“3S”技术的综合应用

精确农业要求实时获取农业生产地域中每个单元小区（每平方米到每百平方米）的土壤、周边环境、作物信息，诊断作物长势和产量在空间上差异的原因，并按每一个小区做出决策，准确地在每一个小区上进行灌溉、施肥、喷洒农药，以求达到最大限度地提高水、肥和杀虫剂的利用效率，减少环境污染的目的。精细农业要求实现 3 个精确：定位的精确，精确地确定灌溉、施肥、杀虫的地点；定量的精确，精确地确定水、肥、杀虫剂的施用量；定时的精确，精确地确定农作物的时间。正是“3S”技术的不断完善和发展，为实现精确农业提供了基本的条件。

11.5.1 “3S”在农田电子地图制作中的应用

制作农田电子地图是实施精确农业的基础工作之一。由于地形（topography）

对作物生长、机器作业和水土流失等有着重要影响，因此，常常要获取农田地形参数包括农田的边界、形状，以及农田中分布的沟渠、房屋、道路等要素。在获得了农田边界和地形等数据后，使用相应的软件，便可以生成农田电子地图。农田电子地图生成方法有多种，用高空间分辨率遥感影像解译后可以生成农田电子地图，但相对成本较高。利用GPS获取农田边界以及农田要素数据可直接生成电子地图，该方法简捷、快速。

11.5.2　3S技术在田间耕作中的应用

目前已有多种商品化的变量耕作机械投入生产和应用，在国外常把灌溉和施肥、喷洒农药结合起来，联合作业。根据提前几周作物的生长期、土壤和地貌等数据编写程序软件，按照农学耕作的要求，生成耕作指令数字图件，数控调整机械的行驶速度、喷嘴大小和工作压力等，对耕作地块中的施用量进行定位、定量调控，适时适量投入。全球定位系统在农业机械作业中实时定位，实现智能化耕作。

下面列举3个基于3S技术的变量作业实例。

1. 变量施肥

国外精确农业最早是从研究变量施肥技术开始研究精细农业技术的，因为化肥投入成本占了大约一半的农业投入成本，而且化肥施用浪费严重，过多的化肥施用不但不能够增加产量和效益，反而会降低产量，并造成土壤板结和严重的环境污染。变量施肥技术有两种类型，一种是基于电子传感器（sensor-based）的变量施肥技术，另一种是基于处方图（map-based）的变量施肥技术。前者不需要GPS接收装置，但是由于实时获取和分析土壤养分的配套技术尚不成熟，应用比较少。后者需要使用GPS接收装置，而且需要事先获得土壤养分和往年作物产量分布情况，并进行施肥决策生成施肥处方图，然后才能加以实施。

精确施肥机械的构造原理及控制简图如图11-14所示。田间各小区所需肥料的比率及单位面积施用量，在地理信息系统支持下编制成处方数据图存入计算机；拖拉机在田间行驶时，根据GPS接收到的位置信息运作地理信息系统数据读取功能模块，实时读取施肥处方图信息，指令智能农机具数字控制系统调节施肥量。拖拉机携带的计算机实时综合农田电子地图、农机化肥料仓的现有容量、机器前进速度等信息数据，按照专家系统测算模型，计算当前农田小区单元的施肥量。具体智能变量施肥的过程是：系统向阀门驱动电子模块发出数字控制指令，模块将指令传到液压控制阀改变液压的压力大小，压力的变化改变液压马达的转速，马达转速的改变通过链条传动使输送化肥转轴的转速发生变化，进而改变施肥量，达到变量施肥的目的。

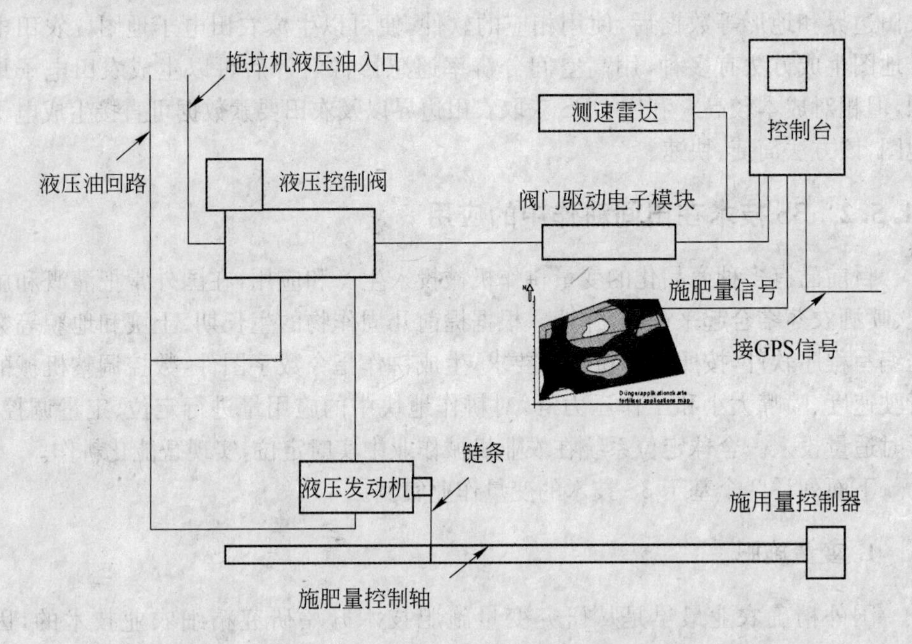

图 11-14 精细施肥机械构造原理及控制简图

2. 变量喷药

为了防止作物病虫草害，需要施用适量的化学药剂，但是，农药、除草剂的大量施用，不但造成生产成本提高和资金浪费，而且直接危害人畜健康，污染农产品、环境和水质。因此需要根据病虫草害分布，进行精确定点喷药。用于除草的喷药机械要求较高的控制精度，可利用电子传感器和计算机视觉技术进行杂草识别，进而控制喷药的地点与用量。当拖拉机挂接喷药机械时，拖拉机携带的计算机显示喷药处方图和自身所在位置。计算机监视行走轨迹的同时，根据处方图和DGPS定位，自动向喷药机下达命令，数字控制喷洒。图 11-15 是基于处方图的除草剂变量喷施机械控制系统简图。除草剂变量喷施机械控制系统依据系统指令，控制单元控制电磁阀，打开或关闭喷嘴，从而实现除草剂的变量喷施作业。在这个系统中，喷药处方图的生成是关键，除了要进行采样、调查，并利用 GIS 技术预测其分布外，还要熟悉杂草品种的特性。例如有的杂草随机分布在农田的各个部分，而有的杂草则只生长在田埂上，了解这些特性将有助于生成准确的作业处方图。

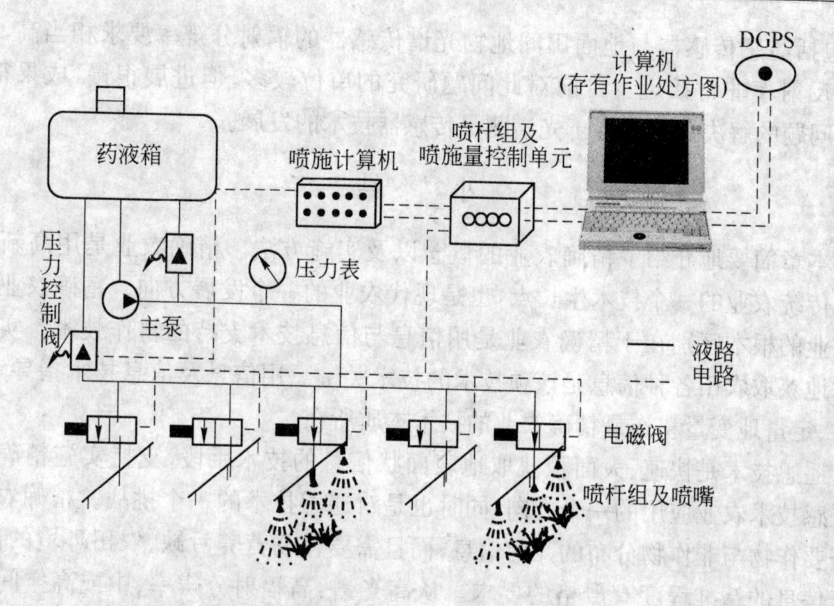

图 11-15 基于处方图的除草剂变量喷施机械控制系统简图

3. 灌溉、施肥、杀虫、除草、催熟一体化的渗灌技术

国外先进农场已经大规模地实施这种渗灌技术。所谓渗灌就是在地下埋设管道,农场中央设置大型淡水、化肥、杀虫剂、除草剂以及催熟剂储存装置,这些装置与地下埋设管道相通,有自动阀门控制,系统利用适当的管道内外渗透压力,对作物实施灌溉施肥等农作。农场生产控制中心在计算机农作控制软件运作下,对农场全区实施智能化农作作业。计算机天线接受布设在田间的多种传感器,以及遥感卫星的各种信息数据,发布农作指令,将必要的施肥、杀虫、除草、催熟等化学物质按照配方剂量溶入水中,通过管道输送到田间作物根下。这种技术不仅可以节约大量的水与化肥,而且实现了野外农业生产工厂化的目标。据测算,仅灌溉用水一项,相比滴灌,渗灌还要节约用水50%以上,因为地下渗灌避免了地上灌溉过程水的蒸发损耗。

以上实施精确农业的三例,最大的技术挑战是自动、及时或实时获取作物水分、农田土壤养分以及作物病虫害的信息,对于农田土壤湿度以及养分信息可以通过在田间埋设有一定分布的相应检测传感器获取,信息由无线电数字通讯传输到计算机,这方面技术目前相对较为成熟;而对于自动、实时获取作物病虫害的信息目前在技术上仍旧十分困难,杂草以及受病虫害侵害的植株,其反射光谱与正常植株十分相似,寻求区分两者的特征波段十分困难,即使勉强找到,对于传感器，包括遥感传感器与地面田间地物光谱传感器的辐射分辨率要求相当高，因为两者反射率非常接近。目前对此问题研究的单位较多，但进展很慢，成果很少。这个问题的解决还要有待于光谱测量传感器技术的发展。

小 结

本章简要地介绍了精确农业的概念以及实施方法。精确农业是用高新技术改造传统农业的一个技术生长点，也是现代农业的一个发展方向。精确农业与传统农业的根本区别在于精确农业是用信息与信息技术支持的耕作技术。实时或及时地获取农田各种信息是该项技术的技术关键。用信息及信息技术指导定位、定时、定量地变量耕作是精确农业的技术本质所在。

遥感技术是快速、大面积获取地表面状信息的技术手段，支持实施精确农业是遥感技术农业应用的一个方向，同时也是对遥感技术的一个挑战。精确农业不但需要作物与非作物分布的几何信息，而且需要作物营养亏缺、农田环境的信息，对于信息的精准程度有严格的要求。从高光谱、高辐射分辨率、中或高空间分辨率的遥感影像以及多种植被指数提取信息的图像处理方法是遥感支持精确农业的必然技术选择。正确选取从高光谱遥感影像提取特征参数，特别是植被特征参数是用遥感技术获取精准农田信息的技术关键。

遥感技术并不是精确农业获取农田各种信息的唯一手段，多种传感器技术也是获取农田信息的重要途径。本章介绍了一种生物传感器测试植株体内水势，以及一种机械式谷物流量传感器测试农田谷物产量的技术方法，用于精确农业的传感器技术并不限于以上几种，而且传感器技术也在不断发展。

遥感、全球定位系统以及地理信息系统三者集成，统称 3S 技术，是信息技术发展的必然结果，是遥感投入应用的实际需要。本章扼要地介绍了几个典型的 3S 技术在精确农业的应用实例。变量施肥技术、变量喷药技术以及灌溉、施肥、杀虫、除草、催熟一体化的渗灌技术都是现代化农业的基本农作技术。通过对这些技术的介绍，描述了现代农业发展的远景范例。需要指出，3S 技术不仅用于精确农业，在遥感农业应用的其他领域也有重要的应用，事实上，遥感所有的实际应用都离不开其他两个“S”的技术支持。技术综合是目前技术发展的一个趋势。

传感器是信息技术的重要组成部分，是信息获取的关键设备。事实上，各种遥感摄像器件也都是一个类型的传感器。本章介绍了多种与精确农业相关的传感器，特别是生物传感器，是一种有发展前景的新型传感器，对于发展现代信息技术十分重要。遥感需要多方面传感器技术的支持，以检验与测定多种遥感信息数据。

思 考 题

1. 相比传统的农业耕作技术,精确农业技术的技术优越性在哪里?

2. 请列举精确农业有哪些技术模式类型,在我国哪类地区适宜使用哪种模式的精确农业技术?

3. 实施精确农业需要研究哪些高新技术? 研究这些技术需要有哪些基础科学的支持?

4. 实施精确农业对于农机具有什么要求?

5. 实施精确农业中,对于遥感影像的时相、几何、光谱、辐射 4 种分辨率各有什么要求? 为什么?

6. 遥感技术支持精确农业,需要使用到哪些图像处理技术? 有哪些技术问题还需要进一步解决?

7. 本章介绍了用倒高斯模型模拟小麦冠层反射光谱特性曲线,请叙述在实施精确农业中如何使用这一模型获取作物营养亏缺的状况。

8. 本章强调了农学知识以及农业科学的发展对于研究与实施精确农业的重要性,请分析这一观点的实际意义。

9. 全球定位系统技术在精确农业中起什么作用? 实施精确农业对这一技术有些什么技术要求?

10. 本章叙述了系统生成农田作物产量分布图的具体过程,请根据这一过程分析影响作物产量分布图数据精度的因素有哪些。

11. 什么是生物传感器? 生物传感器有哪些特点?

12. 用生物传感器测量植株体内水势状况的实际意义是什么?

13. 对比用高精度遥感影像获取农田的空间位置信息,用 GPS 装置获取这一信息有什么优越性?

14. 精确农业需要哪些信息,对这些信息的采集方法、现势性、精度等有什么特殊要求?

15. 为什么说"3S"技术对于遥感技术的发展有重要推动作用?

16. 精确农业对于遥感有哪些技术挑战?

17. 请按个人理解的任何一种精确农业模式,叙述实施精确农业的技术全过程。

18. 广义的精确农业还包括精确畜牧、精确渔业,请考虑遥感技术在这些领域有什么应用。

参考文献

[1] 严泰来.资源环境信息技术概论.北京:中国林业出版社,2003.
[2] 张文革,刘卉.农用GPS接收机Ag132的应用研究.全国农业信息与自动化技术学术论文集,2001:90-94.
[3] 张漫.农田谷物产量空间分布信息采集、处理与系统集成技术研究:北京:中国农业大学博士论文,2003.
[4] 杨敏华.面向精准农业的高光谱遥感作物信息获取.博士论文.北京:中国农业大学2002.
[5] 杨邦杰,裴志远.农作物长势的定义与遥感监测.农业工程学报,1999,15(3):214-218.
[6] 严泰来,朱德海.精确农业的由来与发展及其在我国的应用策略.计算机与农业,2000(1):3-5.
[7] 王延颐,高庆芳等.稻田光谱与水稻长势及产量结构要素关系的研究.国土资源遥感,1996,1(27):51-55.
[8] 王纪华,赵春江,郭晓维,等.用光谱反射率诊断小麦叶片水分状况的研究.中国农业科学,2001,34(1):104-107.
[9] 王长耀,牛铮,唐华俊,等.对地观测技术与精细农业.北京:科学出版社,2001.
[10] 汪懋华."精细农业"发展与工程技术创新.农业工程学报,1999,15(1):1-8.
[11] 王成.地面高光谱数据在作物水肥状况诊断与生物化学参量估算中的应用硕士学位论文.南京师范大学,2002:1-8.
[12] 田庆久,宫鹏,赵春江,等.用光谱反射率诊断小麦水分状况的可行性分析.科学通报,2000,45(24).
[13] 彭望禄,Pierre Robert,程惠贤.农业信息技术与精确农业的发展.农业工程学报,2001,17(2).
[14] 刘良云.高光谱遥感在精准农业中的应用研究:博士后出站报告.北京:中国科学院遥感所,2002.
[15] 姜小光,王长耀,王成.成像光谱数据的光谱信息特点及最佳波段选择以北京顺义区为例.干旱区地理,2000,23(3):214-220.
[16] 黄敬峰,等.冬小麦气象卫星综合遥感.北京:气象出版社,1996.
[17] Trimble. http://www.trimble.com/.
[18] Umeda M. Precision agriculture study for paddy field at Kyoto University.,Promoting Global Innovation of Agricultural Science & Technology and Sustainable Agriculture Development,Session 6: Information Technology of Agriculture,International Conference on Agricultural Science and Technology,2001,166-173.
[19] Case IH Corporation. http://www.caseih.com/
[20] Case IH Corporation. AFS universal display and display plus. 2000 user's manual.

第12章 国土资源遥感监测

"十五"期间，我国国土资源遥感在信息采集技术、数据分析与应用集成技术等方面取得较大的发展，在区域地质调查、矿产资源勘查评价、水工环境及地质灾害调查、土地利用变更调查与动态监测等领域取得了一批重大的研究和应用新成果。遥感应用机理研究也取得了显著的进步。随着正在开展的新一轮国土资源调查、国家"金土"工程以及全国农业普查的开展，遥感技术将会得到更为广泛的应用。

12.1 土地利用和土地覆盖调查

12.1.1 土地利用调查

土地是人类生存必不可少的基本资源，更是农业生产的基本物质条件。合理利用每寸土地、切实保护耕地是我国的一项基本国策。要实现土地资源的可持续利用、农业的可持续发展，就必须及时了解土地资源状况及其变化情况。依靠现代科技手段和条件，改进和提高土地资源动态监测水平，已成为各级政府实施土地资源科学管理、发展现代化农业的基本支撑条件。

遥感技术的迅速发展，为土地资源调查以及动态变化信息提供了及时、有效的技术手段。遥感具有获取信息覆盖面广、宏观性强、速度快、多时相等优点，在土地调查、制图与监测中得到了广泛的应用。

1. 土地利用概述

土地资源调查包括对土地资源构成要素的调查和分析，以及土地覆盖类型和土地利用类型的空间分布、数量、质量、权属等内容的调查，并进行统计、评价和管理的工作。土地调查根据其调查的内容不同，可分为土地利用现状调查、土地利用变更调查、地籍调查和土地条件调查等。

土地利用现状调查的任务是查清各种土地利用类型的面积及分布、土地的权属和利用现状，为土地利用规划、土地管理提供基础信息数据。在此基础上，按行政区逐级汇总出各乡、县(市)、地、省(市、自治区)和全国的土地总面积及土地分类面积。对于土地分类,全国有统一的土地利用现状分类和明确的含义。按照《全国土地分类(过渡期适用)》对于土地利用现状分类体系的定义,一级分类以土地用途为划分依据有 3 类,包括有农用土地、建设用地以及未利用土地。二级分类在农用土地中分为耕地、园地、林地、草地以及其他农用土地;在建设用地中分为居民点及独立工矿、交通运输用地、水利设施用地、城镇用地、特殊用地等;在未利用土地中分为未利用土地、其他土地等。根据各地的具体情况和需要,还可以进一步划分到第三级。第二次全国土地调查土地分类系统共分耕地、园地、林地、草地、商服用地、工矿仓储用地、住宅用地、公共管理与公共服务用地、特殊用地、交通运输用地、水域及水利设施用地、其他土地等 12 个一级类和 57 个二级类。这些分类方法可以作为土地资源调查的参照。

2. 遥感土地利用调查

运用遥感技术进行土地利用现状调查,能较为准确地获得地球表面土地利用类型的信息,覆盖面大,宏观性强,并能减少调查工作量和降低成本。遥感,包括卫星遥感与航空遥感,是土地调查的核心支撑技术之一。卫星遥感适时性较强,数据源有保证,光谱信息丰富,长于表达地物潜在信息,如生物量、土壤质地、水面污染状况等,主要用于中小比例尺土地利用调查及土地利用动态监测;航空遥感机动性较强,数据质量较高,空间分辨率高,长于表达地物几何信息,如地物准确边界、低等级公路长度、森林郁闭度等,主要用于较大比例尺调查中。随着高空间分辨率卫星遥感技术的出现,两者的差别逐渐减少。当然,对于大量的土地产权信息,任何一种遥感技术都无法获取,还必须通过地面实地调查获取。

应用遥感技术进行土地利用调查的一般程序如下:

(1)遥感资料的收集和整理。首先,根据区域的特点和调查的要求,确定适当的空间分辨率遥感图像。1∶10 万的 Landsat/TM 图像(空间分辨率 30 m)可以解译出 85%~90%的二级类型(不同地域及地类复杂程度解译正确率有差异)和个别三级类型;1∶10 万小比例尺彩红外航空像片可以识别出 90%左右的二级类型和部分三级类型;1∶5 万彩红外航空像片可以正确判译 80%左右的三级类型。

其次,根据研究区的作物农事历、自然植被的物候期及环境因素的变化确定遥感图像的时间(时相)及时间分辨率。卫星遥感数据多选择无积雪覆盖和云雾较少的时相。平原地区应选择夏季,西南山地及盆地周围山地应选择春季和秋季,此时的色调差异大,易于判读。选择好时相后,还应该根据遥感数据的光谱特征,选择最佳的波段和波段组合。

最后,还需要收集其他的辅助资料,包括地形图,行政区划图,地质地貌图,土壤、草场、水系等专题图件和资料，以及社会经济统计数据等。

(2)遥感影像预处理。从遥感地面站或遥感公司购置的原始遥感影像不能直接应用，必须经影像预处理。处理工作包括几何校正、辐射校正、图像增强以及局部云处理等。对于这里列举的遥感影像预处理工作第 6 章已有详尽的介绍，这里不再赘述。需要提及与强调的是：几何校正需要用高一级精度的地形图选取同名点采集标准坐标，作为校正参数代入几何校正模型，实现几何校正。对于辐射校正，一般可以使用从遥感地面站或遥感公司购置的原始影像，不必自行辐射校正。因为辐射校正过程较为复杂，不易验证，自行校正不一定收到较好的效果。

影像局部云的处理是影像预处理中一项经常性工作。一景卫星遥感影像中，局部出现云朵常常是难以避免的，特别是对于我国南方地区更是如此。对于云朵覆盖面积比例较大的影像在购置时要捡出，改换其他时相的影像。对于云朵的影像处理技术较为复杂，目前仍是遥感图像处理的前沿，方法较多，但没有普遍适用的一般性方法。云朵有浓云与薄云之分，通常，首先要用计算机方法识别出影像上的浓云或薄云：浓云一般呈现白色，即在多幅影像中同一位置像元的灰度值都较高，而且一块云朵内像元灰度均方差较小；薄云对地物有一定透明度，但是使地物图像模糊，即薄云内像元灰度均方差减小，小到何种程度认为是薄云，即确定这一判断阈值是薄云识别的难点。一般给出经验值或辅以目视解译加以解决。浓云或薄云识别出来以后，需要对云朵像元进行像元灰度值人为嵌入，如果是小片云朵，即云朵像元数目不大的零星像元，采用三次卷积灰度重采样(参见第 6 章)方法即可；而对于较大面积云朵，则需要使用图像镶嵌技术，即使用外来信息数据，如地面调查或其他时相的同一地区影像信息，进行修补镶嵌。需要注意的是对于浓云，云下还有阴影，阴影方位取决于影像成像时的太阳高度角与方位角，对于云下阴影也还要进行镶嵌处理。当然，云朵处理总是要带来程度不同的信息损失。

图像增强通常使用像元灰度拉伸方法，数字滤波选取适当滤波模板也可以起到图像增强的效果。对于图像增强需要注意的是由于对同一景的各幅影像分别增强处理，一般会改变影像中各类地物的光谱特征，在以后的影像分类识别中，特别是计算机解译中需要注意。为使目视解译方便，增强后的影像一般合成为自然彩色或假彩色影像。对于计算机图像解译，则不必作彩色合成。通常解译图像在计算机屏幕上进行，也有在彩色相纸上进行。

(3)野外概查，建立影像解译标志。所谓影像解译标志是指在影像上具有色调、灰度、纹理、几何形状、阴影以及与周边地物的关系等多种典型判读特征的各类地物图斑，参照这些图斑的特征，可以判别其他影像图斑。为建立这种解译标志,必须到实地进行核实、比对。为此,首先要完成数条路径的野外调查,目的在于建立遥感影像判读特征与实际地物间的对应关系。具体方法是先确定一条断面线,断面线要求穿过尽可能多的地貌类型,在断面线区内进行实地外业调绘,并通过实地地物与相应的影像判读特征的关系,分别就其光谱特征、几何及纹理特征同对应地物的相关关系,建立土地利用各类型的遥感影像解译标志,为室内判读,包括目视解译与计算机自动解译提供依据。

遥感影像解译标志的内容极其丰富和复杂,信息来源不同,地点不同,时间不同都会有所差异。这里从土地利用调查中使用陆地卫星 TM 影像建立判读标志为例说明各个用地类别的标志特征。

①耕地。灌溉水田,边界较为清晰,种植水生作物早期(如水稻)地块呈青蓝暗色,不均匀,作物封垅后呈绿色。水浇地,具有规则的几何形状,纹理平滑细腻,作物生长期且作物生长良好的地块为均匀平滑的绿色,其边界多有路、渠、田间防护林网及田垄等。裸地多呈暗灰色或暗品红色,常位于平原或山区河川两侧。旱地,影像特征同水浇地,但边界不清晰,缺田垄等,常位于平原或位于山区坡上。菜地,有规则的几何形状,影像较暗,多呈绿、黄矩形小斑块,栅栏状图案,主要分布于城镇、村庄边缘附近以及公路两侧。温室大棚多位于耕地图斑之中,成片、白色,呈条带状分布。

②果园。具有绿色植被特征,但与耕地相比纹理较粗。具有明显的行距与株距,有一定的几何特征,周边清晰,但单株树冠阴影不明显。

③林地。有林地树冠连片,纹理较粗,周边有阴影,呈暗绿色,色调均匀,颗粒紧密。迹地地表裸露土壤或岩石,具土壤与岩石光谱与纹理特征,与周围地物植被等区别明显。苗圃地块较小,距居民点较近,具植被光谱信息,但色调不均匀,边界清晰,具有规则几何形状。

④草地。天然草地具绿色植被光谱特征,纹理细腻,分布面积较大,不具有农田地块特征。人工草地,光谱特征与天然草地一样,具绿色植被光谱信息,纹理细腻,但具有农田地块特征,常位于城镇住宅小区内及其边缘。

⑤居民点及独立工矿。城镇房屋密集,道路纵横交错,浅灰色,房屋较规则排列,规模较大,有较大阴影。农村居民点房屋密集,有道路,浅灰色,房屋无规则排列,规模较小,有阴影。新建居民点排列较规则。独立工矿多呈矩形(有围墙)或规则几何形,建筑物体积较大,主体为白色影像,相连有黑色阴影,另有附属建筑、空地,外部有道路相通。

⑥交通用地。铁路线状,灰色,有较长直的延伸,折弯处有较大弧形,两侧有防护林带,还有取土坑引起的不均匀色调,沿线伴有大型车站及货场。公路宽度

相等，呈现有一定曲率半径的条带状，沥青路面呈深色，沙石路面为灰白色，水泥路面为亮白色，路两侧有护路林。农村道路线状，级别较公路低，多呈白色，连接于村庄与村庄及村庄与公路间。

⑦水域。河流水面呈淡蓝或深蓝色线状或条带状，位于山谷间，弯曲自然流畅，边界明显。湖泊水面，淡蓝或深蓝图斑，纹理均匀致密，边界圆滑闭合，有河流相连。水库水面呈淡蓝或深蓝图斑，纹理均匀致密，轮廓清晰，边界圆滑闭合，可见到白色平直规则的坝体。坑塘水面呈淡蓝或深蓝至黑色图斑，纹理均匀，边界圆滑闭合。鱼塘呈有规则几何形状，白色，附近常有浅黄、浅绿色的荒草地、废弃地。苇地呈深绿色或暗绿色，分布在沼泽低洼处，无明显边界。滩涂位于河流湖泊岸线，海滩等处，颜色亮灰，与水体反差很大。沟渠呈线状，深蓝色，与农田相连。水工建筑物的堤坝、水闸等多在水库河流周围，几何形状规则，堤坝经常伴有白色道路及暗色防护林。

⑧未利用地。荒草地多分布在河谷或荒滩，有稀疏植被或呈淡黄绿色，轮廓不清，有极细微的麻点感。盐碱地植被较差，雨季之前时常显见白色盐斑。沼泽地呈条块状，暗色调，深重不均，大致可看出边界，多在河谷低洼处。沙地呈亮品红色，植被较差。裸土地呈深品红色，纹理均匀。裸岩、石砾地的纹理粗糙，呈淡品红色。

(4)室内预判和外业调绘。室内预判是在室内根据遥感图像的成像规律和解译标志以及其他有关的可靠资料(包括地形图、专题用图及实地收集的判读典型样片等)，来确定各种土地类型位置和范围的工作。室内判读的工作做得好，能大量减少外业工作量，提高工作效率。土地调查的室内预判的技术以目视解译为主，计算机自动识别为辅。判读中注意先整体，后局部，先易后难，按照水系、流域判别其植被、农田、城镇、居民点、交通网的细部内容，顺序进行判读。对判读的结果，按规定的图式符号打印在预判图件上，以便外业调绘时进一步检查验证。

外业调绘的一般程序如下：

掌握调绘底图的比例尺，建立实地物体与其在图上反映之间的比例关系。

选好站立点，确定调绘底图的方位。站立点要选在地势高，视野广，前后两次停顿所画的地物联起来的明显地物点上。调绘时使调绘底图的方位和实地方位一致。

调绘填图，主要包括图斑验证、新增地物补测、界线勾绘等工作。新增图斑首先根据测量结果标绘地类边界，图斑边界无变化则直接填写图斑地类、土地所有权性质等。对于新增地物或有变化时应进行补测，将地类界线标绘到图上。对于遥感解译信息与实地有出入的，可以采取膜图与影像图套合的方法、测绘的方法纠正，当天的外业调查工作，应及时整理、转绘。

填写作业手簿，主要是填写外业调查记载表及其相关内容。随着遥感影像质量的逐步提高，外业调绘的任务逐渐减轻，工作程序也相应简化，只是室内判读与制图的补充，对室内判读有疑问，不能确定地类的地块通过外业调绘、实地调查确定。

(5)内业遥感制图。

①影像解译，生成土地利用现状矢量图。在外业调绘基础上，在计算机屏幕上将外业调绘结果结合遥感屏幕影像，逐个图斑进行解译，确定其各种属性，包括用地类别与权属属性。影像解译、遥感制图的方法很多，因地区及本单位技术水平而异。为了取得计算机解译更好的效果，常常使用图像处理系统中的掩模技术，即按流域、地形地貌特点或行政区划，划分一次解译的区域。系统自动将本次不参与解译识别的地块区域"掩盖"起来，仅对需要解译的区域进行识别。一次解译的区域通常不要过大，用地地类不要过分复杂，这样可以提高解译的准确率。

计算机解译主要使用监督分类的地类识别方法。一般首先用计算机的监督分类，一次分类不必类别过多，如：只勾画出耕地、林地、水域、居民工矿用地四类，作为训练区，对计算机系统进行分类。因为这四类比较容易识别，特征较为明显。计算机系统分类以后，使用目视解译技术，对分类结果对照影像解译标识进行修正、核对或进一步分类。解译出的地类图斑边界可以使用专用边界提取软件或人工操纵鼠标，进行矢量化，生成土地利用现状数字化图件。

②土地利用矢量图应用。生成土地利用矢量图以后，图件的应用操作在地理信息系统软件支持下进行，包括地类面积量算、土地统计等。对于各类用地，软件系统支持用户就地块输入相应各种属性，包括地块名称、权属类别、注记标号等，必要时还可制作相应图件。

本着以图幅为基本控制，分幅进行量算，按面积比例平差，自下而上逐级进行汇总的原则，量算地类面积。由于一些线状地物如道路、沟渠、田埂、林带等，往往在遥感图像上难以独立勾绘和量算，而混入耕地中。如果是地类界，要首先将其面积计算入地类面积中，然后输入外业调绘测得的实际宽度和计算机自动测算其长度，分图斑求算面积。线状地物不参加平差，直接从相应地类中扣除。

土地统计一般是按行政区划进行，分省、地区以及县统计各类用地的面积。对于未利用土地，常常还需要进行土地多角度适宜性评价、生态环境评价等。

③成果整理和检查。成果整理包括成果图件的编制，数据整理的汇总和调查报告的编写等。土地调查是一项多层次、多环节的复杂工作，其图件和数据成果都要通过上级部门组织的技术检查和验收。检查的内容包括外业调绘(如判读时

的准确度、地类界线精度、地物的量测和补测等)和内业工作(如转绘的精度,面积精度等)。

12.1.2　土地覆盖调查

1. 土地覆盖概述

土地覆盖是指地球陆地表面和近地表层的自然状态,是自然过程和人类活动共同作用的结果,包括地表植被、冰川、土壤、沼泽、湿地及各种建筑物,具有特定的时间和空间属性,其形态和状态可在多种时空尺度上变化。土地覆盖是随遥感技术发展而出现的一个新概念,其含义与"土地利用"相近,只是研究的角度有所不同。土地覆盖侧重于土地的自然属性,土地利用侧重于土地的社会属性,对地表覆盖物(包括已利用和未利用)进行分类。如对林地的划分,前者根据林地生态环境的不同,将林地分为针叶林地、阔叶林地、针阔混交林地等,以反映林地所处的生境、分布特征及其地带性分布规律和垂直差异;后者从林地的利用目的和利用方向出发,将林地分为用材林地、经济林地、薪炭林地、防护林地等。但两者在许多情况下有共同之处,故在开展土地覆盖和土地利用的调查研究工作中常将两者合并考虑,建立一个统一的分类系统,统称为土地利用/土地覆盖分类体系。

2. 土地覆盖类型研究方法

(1)目视解译分析方法。此法着重于土地类型的遥感图像的分析解译以及相应的光谱特征的描述。通过分类系统的确定、解译标志的建立、图像的判读、专题图的绘制等工作流程,完成土地覆盖的分类与遥感制图。

(2)计算机分类法。遥感图像上不同像元的灰度值,反应不同地物的光谱特征,通过计算机对像元灰度值进行统计、运算、对比和归纳,实现地物的分类和识别。任何物体都具有各自的电磁波特性,然而同一种物体由于外界环境因素的影响,电磁波特征值不是恒定的,总有一定的离散性,这种特征值的离散是符合概率统计规律的,即以某一特征值为中心,有规律地分布于多维空间。因此,运用统计理论,通过计算机对大量数据地处理和归纳,就能从中提取所需要地物的分类和分布。计算机分类法分为监督分类法和非监督分类法。

土地覆盖非监督分类法。其核心是按照地物反射率及其时间变化所形成的空间特征进行划分和聚类。通过计算机分类将数字图像转化为像元集群图像后,再将集群归入相应的土地覆盖和土地利用类型。这些集群有时可能与某些重要的土地覆盖和土地利用类型相对应,如果园,城市内用地。非监督分类所需要输入的初始参数较少,往往仅需要给出所要分出的集群数量、计算迭代次数、分类误差的阈值等。由于分类完全依赖于计算机进行光谱聚类,致使有些集群不一定与土地覆盖/土地利用类型相对应。此外,土地类型的光谱特征往往随时间和空间变化,即使同一土地类型的光谱特征也有可能随季节和地区而不同。这种"同物异谱"及"异物同谱"的现象增加了将非监督分类集群归入相应土地覆盖类型的难度。正因为以上的原因,对非监督分类的结果往往需要进行大量的分析解译以及后处理,才能得到可靠的分类结果。

土地覆盖监督分类法。它是利用对地面样区的实地调查资料,从已知训练样区得出实际地物的统计资料(如均值、方差和协方差矩阵等),然后再用这种统计资料作为图像分类的判别依据,按照一定的判别准则对未知地区进行计算机自动分类。训练样区的选择对于分类结果的好坏影响很大,样区选取应与分类地区的特点和分类系统相适应,选择有足够代表性的样区,划分出目标类型。

由于事先人为确定分类的数量和类别,从而会间接影响所要参与分类的数据结构。另外,训练区的选取有时不一定能够代表整体地区的状况,特别是当分类地区土地覆盖类型复杂并且会有某些预先未知的特征类型。基于以上这些限制,有时可采用非监督与监督分类相结合的方法,如先利用光谱数据进行非监督聚类以取得光谱特征较为均一的集群,在此基础上再对集群进行监督分类以获得所需要的土地类型图。

(3)用于土地覆盖检测的遥感分类新方法。

——多源信息分类。将多种传感器获取的遥感数据同时运用并结合非遥感数据,特别是结合地理信息系统技术进行分类是遥感图像分类的一个发展趋势。

——分类法的优化组合和改进。对已有的遥感分类方法进行改进和将多种分类方法优化组合进行分类是近年来一直努力的研究区域。比如,采用主成分分析法改善土地利用变化监测精度;通过上下文校正技术进行最大似然分类结果的后处理工作,以区分混合像元,提高分类精度;通过非参数光谱分类器对最大似然分类法进行改造;为解决混合像元的问题提出的多种模糊分类方法;进行土地覆盖的决策树分类;将多种数据和分类方法分别进行并相互结合的混合分类法;等等。

——面向对象的图像分类。面向对象的分类方法是一类新的适用于高空间分辨率遥感图像分类的方法。与传统的低空间分辨率的遥感影像相比,高空间分辨率影像在提供丰富的地物光谱信息同时,提供了更加丰富的空间信息,即地物的几何结构、纹理等细节信息,尤其是能够清晰获得地物景观结构方面的信息。因此1994年面向对象分类的概念一经提出,立即得到了广泛的认同。对象作为像素的集合体(类似于图斑),将它看成遥感图像的构成基元,对应于中低空间分辨率图像的像素单元,更能清晰地表达高空间分辨率遥感图像在地物结构方面的特性，也更能清晰地表示高空间分辨率遥感图像体现出的景观结构特性。基于对象的分类技术首先将影像按照某种相似性准则分割为一个个同质的、在空间上连续并且具有特定专题意义的对象，然后构建每个地物对象描述特征集，进一步进行分类得到地物类别。

12.1.3　土地利用/土地覆盖变化动态监测

20 世纪 70 年代，以全球气候动态研究为开端，全球变化研究成为学术界研究的热点领域之一，作为引起全球环境变化的两大基本因素之一的土地利用/土地覆盖变化(LUCC)发挥着重要的作用，引起了人们的极大的关注。它作为全球环境的下垫面影响因子，其变化对全球环境带来最直接的影响，并且是产生生态灾害(如水灾、森林火灾、土地退化等)最主要的原因之一。因此，做好土地利用/土地覆盖变化的研究显得尤为重要。此外，随着遥感技术的发展，土地利用/土地覆盖基础信息已经基本涵盖全球各个角落，因此人们更感兴趣于变化信息的获取，变化信息具有更为重要的实用意义。

遥感动态监测是利用遥感的多传感器、多时相的特点，通过同一地区、不同时相的遥感数据，进行变化信息的提取。近年来，随着遥感技术提供影像质量的不断提高，直接从影像提取土地利用变化信息成为可能，并得到越来越广泛的应用。

1. 遥感图像的预处理

(1)校正和配准。数据图像的校正包括两个过程，一是图像坐标的空间变换，二是灰度重采样。图像配准实质就是使同一地区的不同时相、不同类型的图像具有相同的空间坐标系和像元覆盖地面的大小。配准方式可分为相对配准和绝对配准。相对配准是以某一图像为基准，经过坐标变换和插值，使其他图像与之配准。绝对配准是将所有的图像校正到统一的坐标系，那么图像间自然就相互配准了。由于从地形图上选择控制点比从两景图像上选择控制点要难，所以多采用相对配准的方法。图像配准精度应当达到 0.3 个像元以内。需要指出，对于低空间分辨率的两景影像，要做到精确图像配准是相对较难的，因为此时地球曲面效应带来更复杂的几何校正问题。

(2)影像镶嵌。当一景图像不能覆盖整个监测区时，尽量选取时相接近的卫星图像进行镶嵌。根据工作区的具体情况，镶嵌的方法采用先镶嵌后校正或先校正后镶嵌。先镶嵌后校正采用图像对图像配准技术，以其中一景图像为基准，从相邻图像重叠区选择控制点，将相邻的图像进行相对配准，然后将两景图像镶嵌起来，以此类推将工作区所有图像镶嵌到一起。再利用地形图对镶嵌好的图像统一选取控制点进行几何精校正，最终得到带有地理坐标的镶嵌图。

(3)多源多时相遥感数据的融合。数据融合的目的是通过将监测区内两个或多个时相的不同种类遥感影像多光谱数据的融合与集成，以提高卫星影像数据的空间分辨率和光谱分辨率，增强影像判读的准确性。同时两个时段影像的交叉融合又会突出变异，有助于检测出变化信息。融合影像的光谱特征主要来自低空间分辨率的多光谱数据。由于该种数据对于不同地块、不同时相像元在色调上会存在差异，在融合之前进行了色彩调整，使主要地类(水体、耕地、建筑区等)的光谱特征分离开来，以突出不同地类色彩差异。融合影像的纹理特征主要来自高空间分辨率的全色数据，融合前要对这种数据与低空间分辨率的多光谱数据进行灰度直方图的匹配调整(参见第6章)，以获得最佳融合效果。

2. 变化信息提取方法

变化信息提取方法有多种，但是直到目前为止，一般软件只能做到将用地类别发生变化的地块提取出来，至于从什么地类变化到什么地类，还需另行处理，绝大多数仍然依靠目视解译与实地调查。通常，变化信息的提取方法如下。

(1)图像差值法。差值法就是将两个时相的遥感图像相减。其原理是：图像中未发生变化的地类在两个时相的遥感图像上一般具有相等或相近的灰度值，而当地类发生变化时，对应位置的灰度值将有较大差别。因此在差值图像上发生地类变化部分灰度值会与背景值有较大差别，从而使变化信息从背景影像中显现出来。

(2)图像比值法。对于两个时相多谱段数据中对应像元的光谱灰度值施加以除法运算。比值法可以部分地消除阴影影响，突出某些地物间的反差。一方面，比值图像可供直接判读使用，提取其中的专题信息；另一方面，只要稍加逻辑变换，便可用以直接检测明显变化的环境要素，如生态环境。

(3)植被指数法。它综合利用植被在红光的强吸收与在近红外波段的强反射的特点，进行土地覆盖研究常用的指数有：比值植被指数、归一化植被指数、垂直植被指数等。这些指数在各种遥感动态监测，特别是大尺度的监测中被广泛使用。对于两个时相多谱段数据中对应像元的植被指数进行差值或比值比较，可以提高与植被相关的变化信息的提取效果。

(4)主成分分析法。它是用于减少光谱波段数目的主成分分析技术。在动态监测中，将两监测时相的波段数据组成一个波段组。通过主成分分析后，土地覆盖变化信息在较次要的分量中出现。

(5)K-T法。又称“缨帽变换”，通过对图像的各波段建立相应的线性变换方程，变换后产生分别反映地表土壤、植被等信息的相应分量。对于两个时相多谱段数据分别实施缨帽变换，再进行差值或比值比较，也有助于提高变化信息，特别是有关土地利用变化信息的提取效果。

(6)阈值法。遥感图像中，每类地物在灰度空间中都对应特定的灰度域。在变化信息特征增强的图像上，变化区域的灰度向量与非变化区域的灰度向量一般是有明显不同。因此，可以根据这种不同，确定适当的阈值，利用这一阈值将变化区域从图像中提取出来。

(7)分类法。由于变化信息往往呈多态分布，单纯用阈值法很难准确地将变化区域从背景影像中分离开来，这时可以采用分类法。分类方法有多种，通常采用监督分类。利用监督分类提取变化信息时，训练样区的选择最为关键。首先要分析变化信息在图像上的特点，如果各类变化信息的影像特征差别明显，就将每类的变化信息分别选出一个样区进行分类。但是当图像中不同类型变化信息影像特征差别不明显时，须将变化类型做适当的合并，以保证分类精度。

(8)人机交互解译法。即通过人机交互解译，从变化信息特征增强的图像中手工描绘出变化区域，并结合土地利用现状图和实地调查确定变化类型。解译的基本要素包括色调/颜色、大小、形状、纹理、图案、高度、阴影、组合构型和所处的地理位置等。人机交互解译最大优点是灵活，并且由于加入了解译者思维和判断，信息提取精度相对较高。在目前计算机自动分类精度尚不能完全满足工作需要时，人机交互解译仍是一种非常重要的方法。

12.2　海洋污染监测

12.2.1　海洋污染概述

海洋是陆地水的主要供给源泉，又是陆地水的汇集场所。地球表面积约为5.1亿 km^2，而被海洋覆盖约有3.6亿 km^2，占地球表面积的71%。沿海地区是地球上人口最密集的地带，目前全世界有50%的人口居住在离海岸50 km的范围内，这里也成为了各国城市和工业最集中、经济最发达的地区。然而，人们把越来越多的废水、垃圾排入海中，造成了严重的海洋污染。

海洋环境保护的核心是海洋污染的防止和控制，它涉及包括政治、经济、法律在内的方方面面，而海洋污染监测是海洋环境保护的基础。20世纪70年代初，遥感技术开始成功地应用于海洋污染监测，特别是应用在油污染、热污染以及能影响海水水色、浊度的污染物质的监测中，成为监测海洋污染的有力手段。国外具有代表性的航空遥感设备是美国NOAA研制的专门用于海洋石油污染监测“空中慧眼”系统。我国的海洋航空遥感技术起步于20世纪70年代初，机载激光浪高计和红外测温计都是直接为监测浪高和表面温度而研制的。

航天遥感中的海洋水色遥感卫星用于海洋污染监测和环境评估、赤潮的监测与预报等海洋环境监测领域。20世纪90年代，海洋水色遥感卫星的水平以美国的SeaSTAR卫星为代表，整个卫星只安装一台海洋水色扫描仪。SeaSTAR有很高的光谱分辨率，配置8个水色波段，波段窄，灵敏度高，时间分辨率由6天缩短为2天，覆盖范围由局部海域改变为全球性海洋。我国第一颗海洋探测卫星“海洋一号”(HY-1)与“风云-1D”气象卫星，于2002年5月15日同时发射送入太空。“海洋一号”卫星载有一台10波段海洋水色扫描仪和一台4波段CCD成像仪(表12-1)，以可见光、红外探测水色、水温为主，为海洋环境监测、海洋生物资源开发利用等提供基础数据和科学依据，同时也可用来监测与检测内陆湖泊等水体的污染状况。

表12-1 HY-1卫星海洋遥感器的波段与应用领域

COCTS海洋水色扫描仪		CCD成像仪	
波段/μm	主要应用领域	波段/μm	主要应用领域
0.402～0.422	黄色物质、水体污染	0.42～0.50	污染、植被、水色、冰、水下地
0.433～0.453	叶绿素吸收	0.52～0.60	悬浮泥沙、潮间带、污染、冰、涂
0.480～0.500	叶绿素、测水、污染、浅海地形	0.61～0.69	悬浮泥沙、潮间带、污染、冰、涂
0.510～0.530	叶绿素、水深、污染、泥沙	0.76～0.89	大气校正、水汽总量、土壤
0.555～0.575	叶绿素、植被、低含量泥沙		
0.660～0.680	高含量泥沙、大气校正、污染、气溶胶		
0.745～0.785	大气校正、高含量泥沙、植被		
0.845～0.885	大气校正、水汽总量		
10.30～11.40	水温、测冰、地表温度、云顶温度、卷云		
11.40～12.50	水温、测冰、地表温度、云顶温度、卷云		

遥感海洋污染所用的仪器主要有各种光学照相机、红外辐射计或扫描仪、多

谱段扫描仪、微波辐射计及侧视雷达等。

1. 红外传感器

利用红外辐射计、扫描仪可以监视海面上漂浮的油膜等污染物质。红外辐射计是根据有油污染的水面比无油污染水面的热惯量大的原理制成。通过监测两者海面白天与夜间温度的差异，就可以监测海中的油溢。美国海岸警备队利用海水表面的红外光谱反射率在波长 3 μm 区附近出现波峰波谷特征，而油膜覆盖海水却无此特征，从而识别出油膜污染。当水面形成 0.1 μm 以上厚度的油膜时，仪器能够自动报警。

2. 多谱段扫描仪

多谱段扫描和摄影是探测海面石油污染的较好方法。美国已研制成多谱段海岸带海色遥感扫描仪。它通过测定海洋的颜色，识别海洋所含有机物和浮游生物的种类，还能测定海洋中叶绿素含量及悬浮物的浓度和分布。这种遥感卫星传感器的特点是具有较高光谱分辨率与辐射分辨率。

3. 雷达

雷达是一种灵敏的系统。它对海面发射微波，在雷达的荧光屏上可以看到从海面反射回来的微波所产生的一种密集光型。如果海面上有油膜时，在荧光屏的黑背景上就会出现白色的闪光。当采用极化天线时，能同时发现船只和溢油。

4. 微波辐射计

微波辐射计接收的是地球表面（海面、陆面）物质在微波波段的热辐射亮度数据，通过这一数据反演海面温度、绘制等温线图、研究海面温度场等。德国研制成的第三代海上侦察机 Do-288，机内载有微波辐射仪可以透视 10 m 深的海水，全天时、全天候地辨别和测量水面与水下的污染物。

12.2.2　海洋污染遥感监测

1. 污染水面反射光谱特征

水的光谱特征主要是由水本身的物质组成决定，同时又受到水的状态的影响。在可见光波段 0.6 μm 之前，水的吸收少，反射率较低，大量透射。其中，水面反射率约5%，并随太阳高度角的变化而变化。水体可见光反射包括水面反射，水体底部物质反射及水中悬浮物的反射三方面的贡献。总的看来，清洁水体比无浊水反射率较低，水体对光有较强的吸收性能，而较强的分子散射性仅存在于光谱区较短的波段上。因而在一般遥感影像上，水体表现为暗色色调，在红外谱段上尤其明显。

水体里浮游植物大量繁生是水质富营养化的显著标志，由于浮游植物体内含的叶绿素对可见光和近红外光具有特殊的“陡坡效应”，又称作红沿效应，使那些浮游植物含量大的水体兼有水体和植物的反射光谱特征。随浮游植物含量的增高，其光谱曲线与绿色植物的反射光谱越近似。

石油污染是一种经常见到的水体污染现象。水体里污油浓度越高，散射光越强。城市大量排放的工业废水和生活用水中带有许多有机物，它们在分解时耗去大量溶解氧，使水体发黑发臭。当有机物严重污染水体时，水色漆黑，污染程度较轻的呈现各种灰黑色色调。在可见光-多光谱遥感影像上，这些水体的反射率很低，呈现为浊黑色条带。

2. 海洋污染监测

海洋中污染物种类繁多，为了便于遥感监测，需先将海洋污染分类。海洋污染的类型可分为液态污染与固态污染两大类，见表12-2。遥感在石油污染，热污染，废水污染，水体富营养化，泥沙污染，固体漂浮物污染等方面的监测效果显著。对于以上各类污染监测简介如下。

表12-2 水体污染分类

污染类型	污染物	生态环境变化	遥感影像特征
液态污染	热水污染	水温变化	在热红外影像上呈白色调
	石油污染	油膜	在紫外、红外、微波影像上呈浅色调
	工业废水污染	水色水质变化	酸性污染在TM5波段上呈浅色调
	农药化肥污染	藻类繁殖	在TM7波段上呈白色调
固态污染	泥沙污染		在TM5波段上呈浅色调
	工业垃圾污染	水质变腐	在可见光波段上呈暗色调
	枯枝落叶污染	水质变腐	水面有漂浮物的形态
	动物尸骸污染	水质变腐	水面有漂浮物的形态

(1)石油污染。石油污染是海上或港口最常见的一种水体污染，如船舶漏油、海洋石油开采等，都会造成严重的危害。利用遥感技术能有效地探测出海洋石油

污染的位置和范围，估算污染石油的含量，并可追踪污染源。目前，探测石油污染的方法很多，一种是利用0.3～0.4 μm的波段影像进行调查；另外，也可利用位于0.28～0.38 μm的紫外光波段影像进行调查，在这个波段内，被石油污染的海水面由于表面覆盖油一层油膜，会产生荧光效应，产生的荧光的波长要比上面的波长长，比未污染的海水在这个波段内的反射率高，所以在紫外像片上，覆有油膜的海水会呈现白色调；在可见光的蓝色光波段范围内，石油的反射率也比纯净的海水高，有闪烁现象，在伪彩色图像上能很清楚的显示排油源和油污范围。另外，用13.6 GHz频率(即2.2 cm波长)的微波辐射计成像也能监测石油污染，因为油膜的辐射亮度温度比海水高出5～60 K。

(2)热污染。海洋热污染是由于含热废水如发电厂排放出的冷却水，大量排入水体中而造成，这种水会危及到水中生物的生长。热污染的调查一般利用热红外影像进行，在热红外影像上，受热污染的水体温度高，辐射的能量多，影像亮温高，相应地，在热红外影像上呈现浅色调，而未受污染的水由于温度低则呈深色调。对热红外影像进行伪彩色密度分割即可有效地定性、定量地确定出热污染范围、热污染的等级以及热污染源，即色调最浅的中心区域即为污染源，周围水域的色调则随污染程度的降低而不断加深。

(3)废水污染。废水由于水色与悬浮物性状千差万别，特征曲线上的反射峰位置和强度也大不一样。废水污染一般用多光谱合成图像进行监测。有些污水和清洁水温度也不一样，可以用热红外方法测定。污水的排放口一般与污染源(如工厂等)相距不远，或与渠道相通，并且排放口周围污染水体的浓度较高。在静止水中，图像上显示以排放口为中心，呈半圆或喇叭形逐渐过渡到未受污染水中。在流动水中，图像上显示的污染区位于排污口下游，且面积不大。例如：酸、碱水、农药污水等在近红外假彩色片上呈现淡蓝绿色。通过拍摄航空假彩色像片，很容易发现污染源。

(4)水体富营养化。生物体所需的磷、氧、钾等营养物质在湖泊、海湾等水体中大量富集，引起藻类及其他浮游生物迅速繁殖，水体溶解氧含量下降，水质恶化，严重威胁淡水水产和养殖业的发展，这就是水体富营养化。当水体出现富营养化时，由于浮游植物导致水中的叶绿素增加，使富营养化的水体反射光谱特征发生变化：水体叶绿素浓度增加，其反射光谱向植被光谱接近，这时的水体在假彩色图像上呈现红褐或紫红色，富营养化越严重，红褐或紫红色的色调越深。

(5)泥沙污染。浑浊水体的反射光谱特性曲线整体高于清水，随着悬浮泥沙浓度的增加，可见光对水体的透射能力减弱，反射能力加强。在近岸的浅水区，水体浑浊度与水深呈一定的对应关系，浅水区的波浪和水流对水底泥沙的扰动作用比较强烈，使水体浑浊，故遥感影像上色调较浅。而深水处扰动作用较弱，水体较清，遥感影像上色调较深。这种情况下，遥感影像的色调间接地反映了水体的相对深度。

(6)固体浮游物污染。固体浮游物污染是由于生活垃圾丢弃在水中，或者洪水带来的各种动植物的残骸漂浮在水中，并在回水区或静水区聚集，腐烂发酵使水变质造成污染。假彩色遥感影像上垃圾呈现灰白色，十分明显，不难用目视解译或计算机识别出垃圾聚集地区的分布面积，并估算垃圾的数量。

12.3 遥感地质灾害监测

12.3.1 地质灾害

地质灾害监测是为了保障经济社会可持续发展，减少人民群众生命财产损失，实现全面建设小康社会目标而开展的一项重要的基础性、公益性工作。地质环境监测以地下水环境和地质灾害的监测为主。地下水环境监测包括水位、水质、流量和水温等，地质灾害监测包括缓变性的地面沉降和地裂缝，突发性的滑坡、泥石流、崩塌和地面塌陷等。在地质灾害调查与长期监测的基础上，从 2003 年 6 月 1 日起，国土资源部和中国气象局联合开展了汛期(6～9 月份)地质灾害预报预警工作，在中央电视台和中国地质环境信息网发布。

1. 地质灾害遥感调查内容分析

(1)孕灾背景调查与研究。地质灾害的孕灾背景主要有如下因子：时、日降水量，多年平均降水量，地面坡度，松散堆积厚度及分布，构造发育程度，植被发育状况，岩土体构造，人类工程活动程度。气象卫星可以实时监测降水强度与降水量；陆地资源卫星不仅具有全面系统调查地表地物的能力，其红外波段及微波波段还具有调查分析地下浅部地物特征的作用；激光雷达遥感技术(LIDAR)可以检测小区域三维地表微变形，从而判断地质孕灾构造发育程度。因此，上述几种孕灾背景因子都可以通过遥感技术结合实地踏勘资料得以查明。

(2)地质灾害调查内容。

①地震调查。活动性构造是地震灾害的起因，是影响场地稳定性的重要潜在危险因素。地震是地壳内部应力累积的突然释放，地壳破裂活动的一种表现形式。对从卫星影像上获取的活动性线形构造及环形构造信息进行分析，并与实地

调查相结合，从构造的规模、活动程度、与其他构造的交接关系等方面来分析地震发生的可能性及危险程度，是目前较常用的遥感地震长期预报方法。

据历史记载和现代文献资料，地震震中多位于一条活动断裂的拐弯处、分叉处和末端，两组或多组主干断裂的交汇处和复合处，以及环形构造的边缘或与其他构造的交切部位，垂直运动和水平错动的强烈部位。而这种表象在中空间分辨率遥感影像，如 TM 影像上表现十分明显。对影像实施多次方向滤波，分析地质构造的断裂的拐弯处、分叉处和末端，可以确定可能的地震震中位置。

此外，利用气象卫星和红外遥感技术，高频率、周期地扫描地表气体运动和变化，地表温度的异常，结合大气气象科学和大地构造科学的解释，可以作出地震较准确的短期临震预报。

②滑坡、泥石流灾害调查。滑坡和泥石流是地质灾害中最为频繁，而且造成损失最直接的地质灾害，它们大多发生在地形条件复杂、交通不便的山区，具有突发性，历时短暂，来势凶猛，破坏力巨大，灾后的实地调查有一定难度。遥感技术的发展则为灾情调查提供了方便。由于这类灾害发生的面积一般较小，通常多选择高空间分辨率遥感影像，无人驾驶飞机遥感摄像也是经常使用的获取信息的技术手段，影像数据获取后可以采用以下处理方法：

——直接判读法与类比法。滑坡在影像上常用灰度、形态和滑坡表面特征进行识别。滑坡多呈围椅状并较陡立，其周界一般呈簸箕形；滑坡体下方由于土体挤压，有时可见到高低不平的地貌，低洼处形成封闭洼地，常积水形成封闭洼地，呈深色调；滑体前沿呈舌状，有时表层有翻滚现象而出现反向坡；滑坡裂缝，包括拉张裂缝、剪切裂缝、鼓胀裂缝、扇形裂缝，滑体上的树有时呈“醉汉林”或“马刀树”，甚至有枯死现象。

而对于泥石流，近期的泥石流沟谷色调多呈白色线状，早期泥石流沟谷多呈灰暗的粗糙条带状或沟口处有扇状堆积体。根据影像特点，可进行下列判读：确定泥石流沟并圈划流域边界；初步判读泥石流沟的整个流通路径长度、堆积扇体大小与形状；圈划源头触发或两侧山体补给泥石流的崩塌或塌滑体。实地调查泥石流沟背景条件，包括土层厚度、植被种类与盖度、山体坡度和岩石破碎状况。

——对比法。滑坡、泥石流的发生虽然具有突发性，但均与物质状况、动力环境和触发诱因等多方面条件都有关系，大多都有一个难以为人们所察觉的缓慢发展过程。运用不同时相遥感资料的对比解译能够识别这种变化的信息，从中发现灾害的现状和活动规律。例如，北京地质研究所利用 20 世纪 50 年代以来摄制的多期航空像片，结合实地调查资料，对北京山区近50年中发生的较大规模的灾害性泥石流进行了系统分析，解译出泥石流沟584条(其中包括几乎无人知晓的1959年形成的近50条泥石流沟)；确定这一期间共发生过10期灾害性泥石流；基本查清了这一地区泥石流发生的时空分布规律、活动频率、重现特点、强度和危害状况。

③煤层自燃。我国是煤存储量与采煤量大国，已探明的煤矿存储量居世界第一，68%的煤矿集中在山西、陕西以及内蒙古3个省区。地下煤层自燃是中国北方煤田分布普遍的严重地质灾害。煤层自燃除自燃直接烧失量较大外，还会造成涌水、矿井破坏，并释放二氧化碳和二氧化硫等有害气体，破坏生态环境，形成大气污染等危害。利用遥感技术监测煤层自燃、发现自燃区域可以减少这一自然灾害的损失。

地下煤层燃烧主要表现为：

——燃烧后的煤层地表光谱反射率较正常煤系地表降低5%～10%；

——地下煤层燃烧，热量向上逸出，煤层燃烧前的增温预热区地表辐射温度高于地表正常温度5～10℃，煤层燃烧区地表高于正常地表10～300℃；

——煤层自燃区岩石破裂变质，地表常常裂缝纵横，并形成叠瓦状塌陷，植被烧焦或消失。

这些特征在气象NOAA卫星4、3、2波段合成的图像上会有所反映。利用TM6波段数据进行处理效果会更好。

2. 灾情实时调查与损失评估

一次强烈的地质灾害的发生给社会带来极大的损失，因此，需要及时了解灾害的破坏情况，及时准确评估灾害造成的损失，遥感灾情评估对于减少灾害损失，组织救灾、减灾有重要意义。国内外对于大型地质灾害特别是地震后，大多利用卫星遥感技术实时收录灾情，进行灾情调查。

采用航空遥感对灾害进行评估，是机动、直观、快速而经济的方法。通过航片上显示的崩塌、滑坡的后壁、侧壁、堆积壁、裂缝、凹地等要素识别崩塌、滑坡、并圈定其边界，确定其类型、活动状态及其周围的地质地貌环境与邻近滑坡、崩塌的关系。航片上崩塌、滑坡较易识别，特别是滑坡体，因为总是比四周稳定山坡要低，这使得滑坡地区遥感图像的灰阶与稳定山体之间有着一定色差，尤其沿滑坡周界总是有一个与滑坡平面特征相似的深色色环，从而可以较明显地显示滑坡的存在。泥石流的解译主要根据航空图像上的堆积扇及流域的形态、规模、色调等图像特征，通常的做法是将其判读以后通过转绘叠置到数字地形图上，在地理信息系统支持下计算流域及堆积扇面积、主沟道长度、比降等。

12.3.2　地质灾害遥感监测的应用与发展

遥感技术应用地质灾害调查，开展较好的国家有美国、日本等。我国利用遥感技术开展灾害调查起步比较晚，但进展比较快，应用范围不断扩大。20世纪80年代，我国先后在雅砻江二滩电站、红水河龙滩电站、长江三峡工程、黄河龙羊峡电站、金沙江下游落渡、白鹤滩及乌东清电站库区开展了大规模的区域性滑坡、泥石流遥感调查。从20世纪80年代中期起，又分别在宝成、宝天、成昆铁路等沿线进行了大规模的航空摄影，为调查地质灾害分布及其危害提供了信息源。90年代起，在主干公路及铁路选线也使用了地质灾害遥感调查技术。例如：川藏公路巴塘至林芝段位于我国青藏高原东南部，该地区是现今地壳运动十分强烈的地区之一，地形起伏强烈，气候变化多样，因此地质灾害十分发育。为查明公路沿线的地质灾害分布情况，90年代初，原地质矿产部航空物探遥感中心沿川藏公路进行了彩色红外航空摄影，比例尺为1∶6万。通过彩色红外航片的解译及野外实地观测，圈定出滑坡、泥石流及崩塌等灾害现象，并对这些灾害的强度、活动性及其对公路的影响进行分析，最后对灾害成因及治理方法提出了重要建议。

遥感技术应用于地质灾害的研究在不断的完善，并涌现出许多新的技术支持，尤其干涉雷达技术在地质灾害调查与监测中的巨大应用潜力已经引起了高度关注，许多国家投入了大量的资金和人力从事干涉雷达技术在地质灾害调查与监测中的应用方法技术研究，干涉雷达的第一次应用是在1992年美国加利福尼亚发生的一次较大的地震中。当地的空间局收集了灾区的ERS-1卫星可以提供的所有雷达图像，并将在灾前获取的图像和灾后的大致同一位置上获取的另一幅图像组合起来成功地形成了雷达干涉图，然后借助于数字高程地图，计算并消除了地形的影响。这样得到了一幅理想的反映地震过程中地面位移的雷达干涉条纹图像，并探测到了离地震发生地点100多千米远的一条断层有7 mm的位移。

目前世界上正在运行的4颗雷达遥感卫星，它们是加拿大的Radarsat、欧洲的ERS-1和ERS-2以及日本的JERS-1，这4颗雷达卫星都可用于雷达干涉测量和地面位移监测，精度理论上可以达到毫米量级，这对解决大面积的地面滑坡、崩塌等地质灾害的监测，无疑是一项快速、经济、精确和易于推广的技术，也为处理复杂地质过程的描述与现象的模拟再现提供了可能。

12.4 土地荒漠化遥感监测

12.4.1 土地荒漠化遥感监测概述

1. 土地荒漠化

20世纪全球的十大环境问题中，土地荒(石)漠化首当其冲。我国西北地区多发生荒漠化，南方云贵、广西等地区多有石漠化。荒漠化被视为地球的“皮肤病”，是目前国际社会高度关注的重大环境问题之一。它不仅威胁到整个人类的生存环境，而且已成为制约全球经济和社会稳定的障碍因素。

荒(石)漠化是由于气候变化和人类活动等因素所造成的干旱及半干旱和干燥半湿润地区的土地退化。荒(石)漠化按照土地退化的成因和表现，可分为风蚀化、水蚀化、融冻化、盐渍化和其他因素形成的荒(石)漠化类型。我国荒(石)漠化危害严重，据估算，每年造成的直接经济损失达540亿元，而间接经济损失是直接经济损失的2～8倍，甚至10倍。荒(石)漠化的发生不只是造成可利用土地减少，生物和经济生产力衰退，生物多样性下降，还使得生态环境更加恶劣，并引起沙尘暴等恶劣的气候，给人类的生存带来了威胁。

2. 土地荒(石)漠化监测

荒(石)漠化监测是防治荒漠化的一项基础工作，主要是通过定期调查，掌握荒(石)漠化土地的现状、动态及控制其发展所必需的信息。在监测方法上，需要采用先进的技术手段，提高监测水平，扩展监测内容；多种监测信息源相结合，航天航空遥感和地面调查相结合，宏观监测和微观监测相结合，点和面相结合。在遥感信息源的选用上，多数采用TM、MODIS等大尺度、低空间分辨率遥感影像数据。MODIS高光谱分辨率成像光谱仪系统的出现，由于光谱分辨率大幅度提高，使得精细分析和地物参数的定量化反演成为可能。

3. 荒(石)漠化监测指标

荒漠化是在自然因素、人为因素和社会因素的共同作用下发生的具有不同空间尺度的环境问题。表现为生态系统退化、植被退化、生物多样性降低、景观破碎和土地生产力下降的统一，这种复杂性决定了其评价监测指标的多样性。国内外荒(石)漠化评价指标体系的研究经历了20多年的时间，处于不断完善之中。

1977年联合国荒漠大会后，提出用于全球范围的4级监测指标体系，指标以气候因子为主体。之后，考虑到自然和人为因素的相互联系，提出由物理、生物、社会等众多指标组成的指标体系。国内也有众多研究者对荒漠化评价监测指标做过探索，有人根据地理景观及土地沙漠化发展变化，提出判断沙漠化程度的指标为荒漠化土地扩大率的指标；从生态角度出发，以植被覆盖度大小作为荒漠化现状的评价指标；从地表形态发展阶段划分荒（石）漠化发展状况，综合遥感手段和地面调查，区别各种程度的荒（石）漠化类型。

不难看出，由于对荒（石）漠化概念理解的不同，指标选取也不同，但大多都要遵守可测性、代表性、可靠性、现实性和实用性等原则。例如，可以选取植被、土壤、水资源状况，地表特征以及反射率和土地覆盖类型作为监测指标。其中，土地覆盖类型是宏观因子，包括农林草等覆盖类型；植被因子包括植被覆盖度和生物量的测定；土壤除土壤类型外，还包括土壤质地，有机质含量等；水资源可以包括地表水和地下水；地表特征主要指裸露地表面在遥感图像上的反映。

12.4.2 土地荒(石)漠化专题信息特征提取与分析

1. 信息提取方法

（1）植被指数提取法。植被覆盖率降低是土地荒漠化的一个直接后果，因此地面植被覆盖率是影响土地荒（石）漠化的一个极其重要的指标。利用遥感图像提取区域植被信息是土地荒（石）漠化研究的一个重要手段。通过红光波段与近红外波段反射率的比值或线性组合可以实现对植被信息的表达，这些信息包括植被叶面积指数、植被覆盖度、生物量和植物种类等。植被指数有多种不同的表达方式，其中归一化植被指数 *NDVI* 被广泛应用于植被覆盖的定量研究，进而用于土地荒（石）漠化测定。

（2）K-T变换法（即樱帽变换）。运用K-T变换具有有效分离土壤与植被信息的特点，对变换后的第一主成分KT1（反映土壤亮度的信息）和第二主成分KT2（反映植被分量的信息）分别进行再分类或阈值分割，从而可以得到像元对应地域的具体划分数据。

（3）混合像元分析法。采用线性光谱混合模型，获得像元基本组分——土壤（包括沙地、风蚀裸地等）与植被等在各像元所占比例的分量图和相应数据。

2. 分析与评价

通过不同时相遥感数据的专题提取，在 GIS 支持下进行变化检测和模型分析，如可以用时间序列预测、趋势外推预测、回归分析预测等，建立荒(石)漠化发展、荒(石)漠化灾害预测模型，或运用模糊数学、系统动力学理论等，建立荒(石)漠化灾害评价模型；研究该区土地荒(石)漠化的现状、总体分布规律、时空变化趋势，以保证实时动态监测和快速评价，为进一步规划和提出防治、改造方案提出科学依据。由于荒(石)漠化是一个长期的自然演化过程，因此以上这些分析评价方法需要多年大量数据，只根据几年数据就想得出的结果往往不可靠。

3. 构建荒(石)漠化动态监测信息系统

随着荒(石)漠化研究的不断深入，用遥感、计算机等现代技术对荒(石)漠化动态监测和评价势在必行。把荒(石)漠化环境参数按空间分布特点，输入计算机，来建立荒(石)漠化数据库，以便有效地存储和管理数据，进行信息的查询、检索、更新、分布和预测，为荒(石)漠化综合治理、全面规划、管理决策以及动态监测与评价模型提供即时资料和动态信息。对于荒(石)漠化背景数据库的建立，一般是和遥感、地理信息系统相联系，并建立荒(石)漠化灾害数据库管理系统。

遥感技术与地理信息系统相结合进行荒(石)漠化灾害监测，特点是将荒(石)漠化灾害遥感信息获取、处理、分类，专题图更新与制图进行一体化研究，利用不同数据接口与地理信息系统相链接，实现与各种专题要素的复合、匹配和更新，进行荒(石)漠化灾害动态监测与评价。

荒(石)漠化监测跨越的时空尺度，荒(石)漠化涉及的自然环境和社会经济的方方面面，决定了监测信息处理具有容量大、层次多、内容广、关系复杂、空间分布和动态变化的特点。地理信息系统的运用促使数据的全面综合，促使专业空间数据库的建立，这些都为荒(石)漠化评价提供了必要的条件。

12.5 沙尘暴遥感监测

12.5.1 沙尘暴概述

沙尘暴是风蚀荒漠化中的一种天气现象，它是强风把地面大量沙尘卷入空中，使空气特别浑浊，水平能见度低于 1 km 的天气现象，强烈的沙尘暴可能使地面水平能见度低于 50 m,破坏力极大,俗称“黑风”。它的形成受自然因素和人类活动因素的共同影响。自然因素包括大风、降水减少及存在沙源;人类活动因素指人类在发展经济过程中对植被大面积的破坏。

沙尘暴会对人类产生极大的危害,我国每年都会因沙尘暴的影响造成各种损失。如 1993 年 5 月 5 日发生在西北的黑风暴造成数百人死伤,直接经济损失达数亿元。2000 年春天北方各地沙尘暴频繁发生,3 月 21 日,甘肃省武威市出现沙尘天气时大气总悬浮颗粒物浓度最高达 13.84 mg/m^3,超过国家二级标准 45 倍。受这次沙尘暴影响,3 月 22 日北京可吸入颗粒物全市平均浓度最大值高达 1.49 mg/m^3 。3 月 26 日内蒙古自治区阿拉善盟出现沙尘暴,平均风力达 8～11 级,能见度不足 300 m ,空气含尘量最高达 74.89 mg/m^3。北方各地的沙尘暴不断影响江南地区,3 月 28 日南京市受北方沙尘暴影响,成为一座灰城,污染指数超过 300,形成重度污染。沙尘暴产生的沙尘对人类的健康也会造成危害。大气中高的沙尘浓度容易引起呼吸系统的疾病。例如风沙尘肺病就是在干旱、半干旱环境中因严重的大气沙尘造成的地方病。

12.5.2 沙尘暴卫星遥感监测

沙尘暴的监测方法中,传统的地面监测方法受到许多因素的制约,不能很好地刻画沙尘暴过程。利用遥感技术从空间对沙尘暴进行监测是目前最为有效的手段,随着遥感技术的不断发展,它在沙尘暴研究中发挥越来越重要的作用,利用多种遥感数据监测沙尘暴,提取沙尘暴信息,定量分析沙尘暴的有关参数,已成为沙尘暴研究的热点。

1. 卫星遥感监测沙尘暴原理

沙尘中含有大量的矿物质(沙尘气溶胶),它通过吸收和散射太阳辐射及地面和云层长波辐射来影响地球辐射收支和能量平衡,同时影响着大气的浑浊度(能见度),在 AVHRR 的各通道上表现出了光谱特征的差异。由于沙尘的光谱特性与下垫面背景是有区别的,这为沙尘暴的监测提供了可能。

沙尘粒子的辐射特性主要体现在沙尘粒子的粒径大小、形状、质地上。随着沙尘性天气强度的不同,沙尘的粒径差异也较大,从浮尘天气到沙尘暴,其沙粒半径可以从 0.01～100 μm 及以上。其中在沙尘暴天气中,5 μm 以上半径的沙尘粒子占绝大多数。粒子半径越大,散射能量越集中在入射光的前向方向,吸收消光也同时增加,散射比下降。即当天空中大粒子沙尘增多时,光线被强烈吸收,地面能见度急剧下降。根据不同光谱波段上沙尘粒子的散射和辐射特性,可以有效地将沙尘层、云、地面等遥感目标物和干扰因素加以区分。

在遥感数据中,可见光和近红外通道可用来测算大气下垫面的反射率,对地表植被、云和水体较为敏感。在遥感数据,如AVHRR,的可见光通道,大气沙尘对它的影响往往要高于其他地物对近红外通道的影响,尤其在地表植被盖度较高时更为明显。热红外通道可以用来测算下垫面的亮度温度。由于沙尘与云系、地表在反射率和温度上均有较大幅度的提高,利用这些特征可以从遥感数据中将沙尘暴信息分离出来。

2. 卫星遥感监测的方法

(1)单通道数据监测方法。国外对沙尘暴的遥感监测方法进行了大量研究,基本上都是使用气象卫星数据。主要受计算机处理设备能力和卫星数据本身的制约,20世纪90年代以前的沙尘暴研究工作仅局限于单通道信息的处理和分析。研究表明:在可见光卫星云图上,陆地表面有水体、雨迹、森林覆盖的地方可见光通道的反照度最小,所以呈黑色;有植被覆盖的地区为深灰色或灰色;在干燥地区的沙漠由于植被稀少反照率较大,呈现灰色或淡灰色;云系和高山积雪反照率最大,为灰色或白色;浮尘、扬沙、沙尘暴所形成的"沙尘羽"和低云相似,呈灰白色。

由于在同一通道上,沙尘暴、地表和云的探测数值比较接近,使用单一通道数据判识这些信息有较大的局限性。

(2)多通道数据组合的监测方法。随着卫星探测器性能的不断改进,卫星光谱分辨率提高,通道数增加,加之计算机处理能力的提高,图像处理和模式识别等理论和技术的突破,为利用多通道遥感数据进行沙尘暴的研究创造了有利条件。悬浮在空中的沙尘粒子的反射光谱特性既与粒子的直径分布有关,也与粒子的浓度有关。在可见光和短波红外通道,卫星遥感影像像元的灰度值中,既有沙尘粒子因本身温度辐射的"贡献"部分,也有沙尘粒子对太阳辐射后向散射的"贡献"部分。在实际应用中,常利用沙尘暴和其他目标物在反射率和亮温上的差异进行多通道(多波段)影像合成,静止轨道与太阳同步轨道卫星遥感数据合成,以检测沙尘暴的发生及其走向轨迹。

2000年美国执行了旨在研究非洲沙尘的辐射、传输和微物理特性的PRIDE(Puerto Rico Dust Experiment)试验。他们在试验中使用了MODIS的3个通道资料合成出RGB彩色图,0.65 μm数据赋予红色,0.86 μm数据赋予绿色,0.47 μm数据赋予蓝色,合成后的彩色图像很好地反映了空中沙尘的细微纹理结构。

在我国也有不少类似的研究:根据光谱波长对沙尘暴的反应特征,分别建立了 0.63 μm 和 1.06 μm 波长反射率同 3.75 μm 和 11.0 μm 波长亮温的统计关系。其中以 1.06 μm 波长的关系更好，形式如下：

$$R[1.06] = F(T[3.75], T[11.0]) = a(T[3.75]/T[11.0]) + b \quad (12\text{-}1)$$

二者有显著的线性关系（0.001 水平）。利用 $F(T[3.75], T[11.0])$ 也可以将高、低云，地面与沙尘暴很清楚地加以甄别，同时发现地面因素在沙尘暴监测识别中的干扰作用是不容忽视的。如果从遥感探测到的反射率中剔除地面反射部分，就可以得出沙尘层的反射率，可用于相应的沙尘暴遥感定量参数的确定。剔除地面反射部分的方法是利用没有沙尘暴且相近时相的同一地区影像数据，经过与有沙尘暴影像的灰度直方图匹配处理，经两景影像对应像元灰度相减处理，即得到剔除地面反射部分后、突出沙尘暴信息的影像数据。通过与地面气象观测资料进行对比分析，证明了这种方法的可行性。有人利用此方法对 2000 年 3 至 4 月份北方沙尘暴过程进行了监测，证明可以取得较好的实用效果。

(3)用遥感的光学厚度分析沙尘暴。沙尘暴光学厚度(τd)是定量研究沙尘暴的重要参数，通过它可以计算扬尘或沙尘暴天气过程的大气含沙量。许多研究表明，利用遥感数据的可见光和近红外通道反演沙尘暴光学厚度是可行的。

Norton 利用静止气象卫星的可见光波段资料，计算了撒哈拉沙尘的光学厚度。研究中使用的多散射模式由 3 个层面构成：空气层、沙尘层和反照率变化的低空边界层。辐射传输计算使用了平面平行理论。经过大量实验与计算得到光学厚度值与这些相关参数的数值关系表。利用查询表方法，用卫星的辐射值可以查找计算的光学厚度值(Norton et al, 1980)。

Carson 使用极轨卫星资料计算的光学厚度值，定量分析了撒哈拉沙尘爆发的状况。利用光学厚度 τd 和沙尘总质量浓度 M 的关系：

$$M = 3.75\tau d \quad (12\text{-}2)$$

利用此关系，可以计算沙尘暴爆发从地表带走的沙尘总量。计算表明，一次典型的撒哈拉沙尘暴过程可携带大于 800 万 t 的沙尘。在 1974 年夏季，沙尘暴每月向西输送了 34 万～44 万 t 的沙尘(Carlson, 1979)。

(4)关于下垫面对沙尘暴形成、演化的贡献研究。沙尘暴的形成、加强以及时空分布，受到很多因素的影响，其中下垫面因素是主要因素之一。近年来趋向于通过遥感技术反演沙尘暴途经区域下垫面的有关参数，分析其与沙尘天气形成和演化间的关系。

许多人(张增祥等，2001；张国平等，2001；顾卫等，2002)进行了这方面的研究，主要借助于 TM 和 NOAA/ AVHRR 数据，对下垫面的一些参数进行了提取或反演，这些参数主要包括土地利用/覆盖、植被指数、植被覆盖度、土壤含水量等，同时结合 GIS 的土壤质地和 DEM 等数据，对沙尘暴形成、发展和尘降的下垫面贡献率给予较为系统的分析；同时分析了我国北方沙尘暴沙源区的空间分布。结果证明，下垫面状况是沙尘天气产生与发展的关键因素。比如，我国北方农田因无植被覆盖形成裸地，成为沙源，助长了沙尘暴的形成。研究认为对下垫面状况进行长期的综合性动态监测与分析，不仅有助于分析沙尘天气发生的条件，而且有利于制定合理的防治规划，从而减轻沙尘天气的影响。

3. 沙尘灾害遥感监测研究展望

(1)利用多种遥感数据监测沙尘暴是今后沙尘暴研究的主要方向。当前已经针对不同平台的卫星数据发展出来了许多沙尘暴监测方法，对这些方法的优化和完善是今后一段时间沙尘暴监测研究的主要任务，其中建立定量的沙尘暴信息提取遥感模型尤为重要。

(2)目前，沙尘暴光学厚度、含沙量和强度等的定量计算离实际需要相差甚远，但从方法上已经有了一些积累。主要的制约因素是缺乏地面实际测量数据以及对下垫面条件的复杂多样性的表达，应该从这方面进行有针对性的研究和试验。

(3)沙尘暴过程与下垫面状况之间关系的研究需要进一步深入，目前还没有建立起二者间的定量关系模型，尚停留在定性的描述阶段。应该利用遥感技术，提取沙尘暴途经区域下垫面的各种参数(土地利用、土壤含水量、植被组成与结构、覆盖度等)，在 GIS 的支持下，建立我国北方戈壁、沙漠、沙漠化土地和潜在沙漠化土地的空间数据库，结合与沙尘暴形成有关的气象要素(温度、降水、风等) 和地形条件，建立相应模型，定量分析有关下垫面因子与沙尘暴强度变化间的关系。

12.6 遥感在景观生态研究的应用

12.6.1 景观生态学概念及研究的主要内容

景观(landscape)主要反映地形、地貌、景色(如草原、森林等)，或反映某一地理区域的综合地形、地貌特征。自从 20 世纪 30 年代景观生态一词由德国生物地理学家 Troll 首先提出以来，景观的概念被引入生态学，作为在生态系统之上的一种尺度单元，Troll 希望一门把地理学家采用的表示空间的“水平”分析方法和生态学家使用的表示功能的“垂直”分析方法结合起来的新学科能够得到发展，这就是景观生态学（landscape ecology）。景观生态学是研究景观的空间结构与形态特征对生物活动与人类活动影响的科学，是一门新兴的交叉学科，根植于生态学和地理学，具有多向性和综合性特征。在国际景观生态学会的定义中更是将其定位于自然科学与人文科学的交叉。对空间格局与过程相互关系研究是其主要特色和理论核心之一，加之它在解决各种宏观生态环境和社会经济现实问题中明晰的应用前景，近十几年内，已经引起国内外越来越多的地理、生态、环境、农业及各种管理部门学者们的重视和参与。

景观结构是指景观的组分结构及其空间分布形式。它包括要素结构和空间结构：斑块、廊道、基质和过渡带是要素结构的 4 个基本元素；对空间结构的分析可以分 3 个不同的等级层次进行，一是宏观尺度的整体空间构架，二是中观尺度几种典型的空间组合型，三是空间元素的基本形态特征。景观结构特征是景观性状的最直观表现方式，也是景观生态学研究的核心内容之一。不同的景观结构是不同动力学发生机制的产物，同时还是不同景观功能得以实现的基础。景观生态研究一般需要大量的空间定位信息，在缺乏系统的景观发生和发展的历史资料记录情况下，从现有的景观结构出发，通过对不同组分构成和空间分布格局进行归纳和总结，探讨其内在动力学机制，进而建立景观结构与景观功能之间的对应关系，成为景观生态研究的主要思路。因此，景观结构分析是所有其他景观生态研究的基础。景观结构问题、景观格局问题、景观异质性问题和景观的尺度效应问题是景观结构研究的几个重点领域。

景观动态是景观生态学核心研究内容之一，通过景观动态研究，可以了解景观发生和发展的历史，自然环境的演变进程，人地关系的协调特征，以及景观格局在自然和人为作用双重影响下的动态变化规律。从时间尺度看，景观动态研究可以分成百年以上尺度和几年几十年尺度两大类；从研究内容看，除了专门的方法论探讨外，现有的景观动态变化研究主要集中在 3 个主体上：景观结构变化研究、景观干扰研究和动力学机制研究。

12.6.2　景观遥感分类制图

1. 景观分类制图综述

景观生态分类既是景观结构与功能研究的基础，又是景观生态规划、评价及管理等应用研究的前提条件。景观是一个镶嵌体，可以划分为不同的景观类型。景观分类制图就是通过景观要素分析、应用景观生态学的观点，对土地进行分类制图,它以图形方式客观、概括地反映自然界景观类型的空间分布形式和面积比例关系,景观类型又反映特定的结构、功能和动态特征,它们是由于人类、自然干扰、地貌形成过程、生物过程而决定的。因此在制图中,需根据景观生态学原理、应用综合分析方法加以概括,将组成景观的诸要素(即斑块)的空间分布规律、特征和成因形象地表现出来。景观生态图主要用于景观的评价、规则和管理,物种的保护以及开发。

应用遥感技术进行景观制图,首先必须按景观生态学的观点对遥感图像进行特征信息提取,使其充分反映景观要素的外部形态特征,然后根据各组成因素在各地段的组合方式、相互作用程度来研究由此而形成的外部总体形态以及内部本质相一致的个体,并将这些个体根据参数法、主导因素法或主导指标法进行分级划分和种群归类。所划分的基础单元应具有相同的地貌、地质条件、气候条件、土壤条件和水文条件,具有相同的植被类型和土地利用方式,以及相近似的形成历史。

2. 景观分类制图的途径

在景观分类制图中,划分景观类型一般有 3 种途径,即地貌类型、植被和土地利用类型、斑块—走廊—本底结构类型。

地貌类型途径——可以按照形成地貌的作用力来划分地貌类型,同时也就划分了景观类型。形成地貌的外营力主要有 3 种因素:水、风和冰。每种因素都产生不同的侵蚀和沉积组合。按照地面的高度和形态可将地貌划分为平原、丘陵、山地、高原和盆地 5 大类型。

植被和土地利用途径——按照一个景观中占有优势地位的植被类型来区分景观类型也是常见的。按照占优势的土地利用种类来划分景观类型更为常见,如划分森林景观、农业景观、郊区景观和城市景观等。上述的每一类又可以细分为若干亚类型。

斑块—走廊—本底的结构类型途径——Forman 划分了 6 类景观类型:大斑块景观、小斑块景观、枝状景观、直线网状景观、棋盘状景观和交错景观。

3. 遥感景观制图的工作步骤

(1)景观研究尺度确定,信息源选择和制图比例尺的确定。景观生态研究范围有大、中、小 3 种尺度,大尺度研究的是大范围的景观结构特征,一般针对一个地区,大的流域,由于其范围大,一般编制 1∶10 万～1∶20 万的图件,信息源选择上多采用 MSS,TM/ETM+或中巴资源卫星等遥感影像数据。中尺度一般是研究县级、某个较大的山区，它需要较详细地研究该类地区的景观结构特征，一般作 1∶5 万～1∶10 万的景观图，信息源的选择多为 TM、ETM+或 SPOT，抑或 TM 与 SPOT 的融合图像。当研究更小范围的景观时，如乡镇级，信息源应选择航空像片或 IKONOS、QuickBird 等高空间分辨率的卫星遥感影像。

(2)景观结构特征识别能力分析。在景观结构图的编制中，需要进行分类和相应类别的识别和构图。在信息源选择和确定前，必须对景观结构特征在遥感影像上的反映能力进行实事求是地分析，如果能满足编图中分类的基本需要，则可选择该类信息源。

(3)景观结构类型分类系统的确定。遥感分类制图一定要有分类系统，景观结构类型的分类应反映自然、人为干扰作用的特点，而这种特征主要反映在土地利用现状上，因而一般应用土地利用现状的分类系统，但必须考虑景观生态学的分类原则，尤其应考虑干扰因素，以及干扰所造成的景观结构特征。对于反映干扰特征的某些类型即使面积小且所占比重不大，也应在分类系统中反映出来。

(4)遥感图像分类成图。根据遥感影像的解译标志，以景观生态观点，使用分类系统中的类别进行识别，在勾绘成图中应考虑每个图斑应具有一定面积，能反映干扰所形成的镶嵌分布规律性特征，对于太小而又不具特色的图斑应进行适当合并，勾绘成复合图斑，供勾绘的图像应根据不同尺度的制图要求选取。制图所用图像应是经过精几何纠正的图像，使生成的景观生态结构图能与其他专题图叠置，以供空间分析和提取其他信息。

12.6.3　景观格局分析中数量化指标

目前，用于刻画景观格局的数量化指标很多。以目前最为常用的景观格局指数计算软件 FRAGSTATS 为例，它可以计算 50 多种景观指标，但许多指标之间都是高度相关的。有学者发现，用 55 种景观指数中的 6 种景观指数，就能解释景观格局(landscape pattern)的 87%。这 6 个景观指数是：景观分类的数目(number of attribute classes)、平均面积周长比(average perimeter-area ratio，P/A)、平均斑块面积(average patch area)、聚集度指数(contagion index)、平均斑块形状指数(mean patch shape)和分维数(fractal dimension)。尽管景观指数很多，但在实际应用中，为广大研究者所普遍采用的并不多，也只有 10 余个。这主要是由于景观生态学研究的目的性很强，仅这些少量的指标(大多是综合指标)也能反映格局的特点。

1. 景观格局量化指标的定义及其基本意义

(1)景观多样性指数。景观多样性指数(SDI)反映景观要素的多少及各景观要素所占比例的变化。当景观由单要素构成时,景观是匀质的,其多样性指数为0;如果一个地区由两个以上的要素构成的景观,当各景观类型所占比例相等时,其景观多样性最高;各景观类型所占比例差异增大,则景观的多样性下降,其计算是基于 Shannon-Weaner 指数(Shannon's diversity index,SDI),公式如下:

$$SDI = -\sum_{i=1}^{m} P_i \times \ln P_i \tag{12-3}$$

式中:P_i 为第 i 景观要素面积占景观研究区域总面积的比例;m 为研究区景观要素的类型总数。

SDI 为多样性指数,其值越大,表示景观的多样性越大。这一指数实际是基于自然对数的信息熵指数,理论与实验都表明,一个系统熵值越大,系统越趋向稳定。

(2)优势度指数。优势度(dominance,D)指数是指多样性指数(*SDI*)的最大值与实际计算值之差。其计算公式如下:

$$D = SDI_{\max} + \sum_{i=1}^{m} P_i \times \ln P_i \tag{12-4}$$

式中:$SDI_{\max}$为最大多样性指数。

这里 $SDI_{\max}=\ln m$,其原因是:根据式(12-3)可知,当有 m 个景观要素,且每一景观要素面积都相等时,熵值最大。这样,此时 $P_i = 1/m$,将此式代入式(12-3),根据对数的性质,经运算可得到 $SDI_{\max}=\ln m$。

优势度 *D* 主要描述景观由少数几个主要的景观要素控制的程度。其值越大,则说明景观中某一要素或少数要素占优势;该值越小,则表示景观中各景观要素所占比例大致相当,特别地,当 *D* 为零时,表示景观中各景观要素所占比例相等,景观完全均质。

(3)均匀度指数。均匀度指数(Shannon's evenness index,SEI)描述景观研究区中不同景观要素的分配均匀程度,通常以多样性指数 *SDI* 和其最大值的比值来表示。

$$SEI = \frac{SDI}{SDI_{\max}} = \frac{-\sum_{i=1}^{m} P_i \times \ln P_i}{\ln m} \tag{12-5}$$

SDI 和 SDI_{max} 分别是 Shannon 多样性指数及其最大值。当 SEI 趋近于1时，景观斑块分布的均匀程度亦趋于最大。

(4)聚集度指数。聚集度指数($CONT$)描述的是景观内不同景观要素的团聚程度。由于该指数包含空间信息，因而被广泛应用于景观生态学领域。其计算公式为：

$$CONT = \left[1 + \sum_{i=1}^{m}\sum_{j=1}^{n}\frac{P_{ij}\ln P_{ij}}{2\ln m}\right] \times 100 \quad (12\text{-}6)$$

式中：m、n 分别为两类景观要素的斑块类型总数；P_{ij} 为遥感影像随机选择的两个相邻像元分别属于类型 i 与 j 的概率。聚集度通常度量同一类型斑块的聚集程度，此时，$m = n$。但其取值还受到类型总数及其均匀度的影响。取值范围：$0 \leqslant CONT \leqslant 100$。

(5)边界密度指数。边界密度(edge density，ED)是指景观中所有斑块边界总长度 E(m)除以景观总面积 A(m^2)，再换算成公顷(hm^2)(除以 10^4)。取值范围：$ED \geqslant 0$，无上限；单位是 m/hm^2。计算公式如下：

$$ED = \frac{E}{A} \times 10^4 \quad (12\text{-}7)$$

边界密度指数常常可以用来表达一个地区的人工开发力度。试想如果一个地区完全是自然状态，每一个景观斑块，即遥感影像上的每一图斑边界总是十分曲折，即长度较长，而面积却不大，边界密度指数相对会较大；而如果人工开发力度较大，人工建筑物一般都是边界呈直线或折线形状，相对长度不长，而囊括的面积却较大，即边界密度指数相对会较小。这样，比较同一地区、两个不同历史时期的遥感影像，或者两个面积基本接近、土地利用类型基本接近的地区遥感影像，影像对应的边界密度指数小，其总体上人工开发力度大；反之，边界密度指数大，其总体上人工开发力度小，自然状态保留较多。

(6)斑块边界平均长度。斑块边界平均长度(mean patch edge，MPE)，是指各类景观要素的所有斑块的边界长度(total edge，TE)与其斑块数(number of patches，N)的之比。取值范围：$MPE \geqslant 0$，无上限，单位是 m/patch。计算公式如下：

$$MPE = \frac{TE}{N} \quad (12\text{-}8)$$

斑块边界平均长度与边界密度指数，两者的表征意义基本相同。

(7)平均斑块形状指数。平均斑块形状指数(mean shape index，MSI)是指景观中每一斑块的周长 E_{ij}(m)除以面积 a_{ij}(m^2)的平方根，再乘以正方形校正常数，式中常数为0.25；而后对所有的斑块相加，其和再除以斑块总数 N。取值范围：$MSI \geqslant 1$，无上限。当景观中所有斑块为正方形时，$MSI=1$，当斑块的形状偏离正方形时，MSI 增大。计算公式如下：

$$MSI = \frac{\sum_{i=1}^{m}\sum_{j=1}^{n}\left(\frac{0.25E_{ij}}{\sqrt{a_{ij}}}\right)}{N} \tag{12-9}$$

平均斑块形状指数与边界密度指数，两者的表征意义基本相同。相对于边界密度指数，平均斑块形状指数更能够反映一个地区土地利用规划的合理与利用强度。正方形在任何几何图形中，其周长与面积开方数值比是较小的一种，仅次于圆。如果一个地区，所有建筑单位都接近于正方形，而且密集分布，其平均斑块形状指数很小，接近于"1"，土地利用强度较大。景观是否最为合理，则不一定，平均斑块形状指数需要有一个恰当合理的数值。

(8)平均斑块分维数。平均斑块分维数(MPFD)主要用于测定指定区域形状的复杂程度，其数学表达如式(12-10)所示，即用"2"乘以景观中每一斑块的斑块周长 E_{ij}(m)的对数，"0.25"为校正常数，除以斑块面积 a_{ij}(m^2)的对数，对所有斑块加和，再除以斑块总数 N。取值范围：$1 \leqslant MPFD \leqslant 2$。也就是说，$MPFD$ 是景观中各个斑块的分维数相加后再取算术平均值。分数维是表征几何体，即这里的指定区域形状，其复杂的程度：分数维数值越大，几何体的复杂程度越高。$MPFD$ 越接近于"1"，则表明指定区域各个人工建筑体的自我相似性越强，指定区域内各斑块形状越有规律，同时亦表明，指定区域受人为干扰的程度越大；当 $MPFD$ 越接近于"2"，则表示指定区域内斑块具有越为复杂的形状结构。显然，一个地区的平均斑块分维数越接近于"1"，从景观角度考察，则过于单调，并非是理想的景观。

$$MPFD = \frac{\sum_{i=1}^{m}\sum_{j=1}^{n}\left[\frac{2\ln(0.25E_{ij})}{\ln(a_{ij})}\right]}{N} \tag{12-10}$$

2. 景观格局量化指标使用需注意的几个问题

(1)景观格局量化指标只是从数学角度对于景观格局给出的一种客观判断。前面已经叙述，景观学是自然科学与人文科学的交叉，人文科学中的问题有些是不能单纯用数学计算解决问题的，因为数学不是万能的。对于特定地区、特定条件的景观格局评价，需要有大量的社会经验因素、美学理念参加到评价之中，对各个量化指标都不能绝对化、简单化。

(2)以上8个景观格局量化指标中,有些指标是相关的,比如,斑块边界平均长度、平均斑块形状指数与边界密度指数,三者之间就有相关性,使用时用其一个就可以说明问题,对于一个特定地区的景观评价,不必将所有指标都加以计算与分析。

(3)景观格局量化指标是基于遥感影像景观结构类型分类系统进行测算的,因而影像分类的合理性十分重要。在分类中,遥感影像只是分类的一个依据,并不是惟一的依据,需要景观学研究专业人员到实地进行景观考察,最后才能将景观结构类型分类确定下来。

12.7 林业遥感监测

森林被称为地球之肺,是地球生物圈的主体,是生态环境的重要组成部分。遥感技术自20世纪70年代开始应用以来,因其具有宏观性、综合性、可重复性和准确性的特点,又加上全球定位系统、地理信息系统集成为“3S”技术,这一集成技术自然成为研究森林资源现状及其动态变化的理想手段。世界上许多国家,特别是林业发达国家,在林业生产中都采用遥感技术进行森林资源清查及病虫害监测、灾后评估等。遥感在空间分辨率和光谱分辨率方面的提高以及雷达遥感和航空遥感的发展为林业遥感提供了丰富的信息源,拓宽了林业遥感应用的深度和广度,给传统的森林资源清查和监测工作带来了新的契机。

12.7.1 林业基础信息遥感获取

1. 树种识别

在自然资源管理、环境保护、生物多样性和野生动物栖息地研究中,正确识别森林树种非常重要。在过去二三十年里,大面积的应用遥感数据(如TM、SPOT)进行的树种识别实践只能分到树种组合或简单地将树种分为针叶、阔叶两大类。这主要是因为:一是缺少高光谱分辨率和大量的光谱波段,不同的树种经常有十分相似的光谱特性,即所谓“异物同谱”现象,它们细微的光谱差异用宽波段遥感数据是无法探测的;二是光学遥感所依赖的光照条件无常,可能引起相同的树种具有显著不同的光谱特性,即所谓的“同物异谱”现象。另外树种的混交也为树种分类识别带来困难。高光谱遥感能够探测到具有细微光谱差异的各种物体,选择合理的特征波段或波段组合能够有效改善对植被的识别和分类精度。

2. 森林郁闭度

森林郁闭度信息对于森林生态系统研究和森林经营管理，都是非常重要的。常规的森林郁闭度信息可以通过野外调查和航片判读技术获得。这种常规获取方法劳动强度大，且费时费钱。卫星遥感技术的推广应用特别是成像光谱学的出现给地区尺度以至大区域进行森林郁闭度估测提供了有力的工具。但是，在空间分辨率较低时(>20 m)，由于像元光谱混合的问题，利用宽波段遥感数据提取的郁闭度信息精度不会太高。利用高光谱数据实行的混合光谱分解方法可以将郁闭度这个最终光谱单元信息提取出来，合理而较真实地反映其在空间上的分布。如果利用宽波段遥感数据，实行这种混合像元分解技术效果不会太好，其原因是波段太宽、太少，不能代表某一成分光谱的变化特征；而高光谱的每个图像像元均可以区分植物种类细微的反射光谱特征，因此用它分解混合像元诸成分光谱分量精度可以较高，许多线性光谱混合模型求解结果证明了这一点。近年来有人在定标的 CASI 高光谱图像上选择“纯”的最终单元，以用于定标的 AVIRIS 图像光谱进行混合像元分解，由此方法提取的森林郁闭度信息分量图像比红外航片判读值正确率高出 2%～3%，说明从高光谱图像数据中用光谱混合模型方法提取森林郁闭度信息是可靠的。

3. 森林蓄积量

直接利用卫星遥感数据和少量地面样地信息进行森林蓄积定量估测，在国内外已有不少学者作过研究，研究包括从林分模型、地物反射亮度值以及反映林木生物量的波谱密度值之比等途径估测森林蓄积量的可行性，并取得了一定的研究成果，其中具有代表性的方法是多元估测方法。

卫星遥感数据的多元估测方法的基本思想是用地面样地在卫星影像上对应像元的灰度值及其比值，及样地对应的树种组、坡向、坡度、海拔、地类、土壤、土壤厚度、郁闭度、林龄等作为影响蓄积估测的自变量，以现地取得的样地蓄积为因变量，按式(12-11)，在获取一定数量数据基础上采用最小二乘法建立蓄积估测线性模型，进行森林蓄积定量估测。

$$V_i = b_0 + \sum_{j=1}^{m}\sum_{k=1}^{r_j}\delta_i(j,k)b_{jk} + \varepsilon_i \qquad (i=1,2,3,\cdots,n) \qquad (12\text{-}11)$$

式中：m 为模型中所含自变量的项目数；r_j 为自变量中定性因子的类目数据(如坡向包括东、南、西、北等)；$\delta_i(j,k)$ 为第 i 个样地 j 项目第 k 类目的观测值，若 j 项目

的 r_j 为1,则该自变量为定量因子,否则为定性因子; b_0 , b_{jk} 为估测模型中的待定参数;ε_i 为误差。

在估测蓄积量过程中,影响蓄积量的因子大体有3类,即林分特征因子、环境特征因子、图像上能判读的特征因子,这3类因子见表12-3。

表12-3　影响林分蓄积量的因子分类

林分特征因子	环境特征因子	图像特征因子
林型、优势树种	坡向、坡位	特征波段像元灰度
郁闭度、树龄级	坡度、海拔	特征波段间的代数运算值
胸径、树高	土壤类型	
	土壤厚度	

使用结合地面调查数据的多元回归方法估测蓄积,把卫星遥感图像像元灰度值及其同一景而不同幅影像对应像元灰度的比值作为自变量是可行的方法,它发挥了遥感数据的作用。

12.7.2　森林资源管理遥感应用

1. 林业资源调查和规划

从20世纪80年代后期,我国已利用遥感技术进行森林分布调查,编制了林业区划图,估算森林蓄积量,为林业生产和改善生态环境提供了重要数据资料。林业遥感应用的主要数据源是可见光-红外多光谱遥感数据,如TM和SPOT等,但TM的空间分辨率(30 m)的精度并不令人满意。如在一幅TM精加工的图像上,林分面积量测平均精度为90%,易判读地类判对率在90%～95%,而不易判读地类的平均判对率一般为80%～85%。因此,如何提高分类和面积的估测精度,改善蓄积量估测的稳定性、可靠性,满足生产需要,是林业遥感面临的艰巨任务。要实现这一点,最根本的出路是遥感数据本身几何与光谱分辨率的提高。

进行宏观森林资源监测时,通常采用NOAA等中低分辨率数据,因为NOAA数据经济,待处理的信息量少,而且来源有保证。但随之而来的问题是在使用这种信息源时如何保持其精度。当前世界上普遍采用的方法是用高分辨率的卫星数据对低分辨率卫星数据进行校正,这些研究工作对全球性监测是一个强有力的支持,会使全球性、大区域的监测变成可操作、有一定精度、有使用价值的方法。

2. 森林病虫害监测

植物受到病虫害侵袭，会导致植物在各个波段上的波谱值发生变化。如在植物受到病虫害侵害但人眼还不能感觉到时，其红外波段的光谱值就已发生了较大的变化。从遥感资料中提取这些变化的信息，分析病虫害的源地、灾情分布、发展状况，可为防治病虫害提供适时信息。如安徽省全椒县国营孤山林场1988年、1989年发生的马尾松松毛虫害，用TM卫星遥感影像进行了波谱亮度值分析和提取灾情信息的图像处理，掌握了虫情分布、危害状况，并统计出了重害、轻害和无害区所占的面积，有效地指导了松毛虫害的防治和灾后评估。

高光谱遥感森林健康监测主要通过测定植物生活力，如叶绿素含量、植物体内化学成分变化来完成。判断临界光谱区的窄波段的反射率是遥感应用于森林冠层受害监测的基础。一些研究工作指出，可以用机载传感器携带的窄波段监测森林衰落中的针叶树种的早期损害；在混合针叶林分中用远视场窄波段光谱仪能成功地监测不可见的除草剂导致的植物胁迫；通过叶反射光谱可以监测叶化学成分百分比，如木质素、蛋白质和氮等。由于木质素含量与有效氮密切相关，因此植物体中氮循环速率就能够用遥感手段间接测定。虽然由于胁迫引起的叶中木质素含量不会急剧变化，但这种方法可以用来长期测定森林胁迫和变化情况。

3. 森林火灾的遥感监测预报及灾害损失评估

利用AVHRR数据、MODIS数据和TM图像能够适时、准确定位森林火灾，包括火头位置、火势发展方向、各种救火措施的实际效果等重要信息，可为森林救火提供可靠依据。如1987年我国大兴安岭原始森林发生的特大火灾，遥感图像不但显示了它的火头、火灾范围，而且还发现火势有向内蒙古原始森林逼近的可能。救火指挥部根据这一信息，及时采取了有效措施，加以防范，减少了火灾损失。

遥感技术能及时、准确地评估森林灾害所造成的损失。在1987年大兴安岭特大火灾的损失评价中，利用卫星资料统计出的过火面积为124万 hm^2，其中重度、轻度、居民点、道路的过火面积分别为104.3万 hm^2、19.3万 hm^2、0.24万 hm^2、0.15万 hm^2，其精度为96%。

4. 遥感造林工程质量监测

近几年，随着国家对生态建设的重视，启动了许多生态建设和造林工程，其中退耕还林工程是我国涉及面最广、政策性最强、群众参与度最高的大规模生态建设系统工程。为了确保把这项功在当代，利在千秋的大事抓紧抓好，用遥感手段准确、及时地对各地的退耕还林还草工程年度计划任务完成情况和历年退耕地还林还草保存情况进行监测和验收是非常必要的。但由于退耕还林初期栽种的一般都是幼苗，这在一般中低分辨率的卫星影像上是很难识别的，而高分辨率卫星数据的出现给遥感监测退耕还林的实施带来了希望。目前研究用以IKONOS为代表的高分辨率的卫星影像监测退耕还林工程效益已经成了林业遥感界的一个热点。遥感在退耕还林中的应用研究目前主要集中在两个方面：

(1)退耕还林前，根据遥感影像对退耕还林区域做出客观科学的规划；

(2)退耕还林后，根据遥感影像及时客观地对各地的退耕还林还草工程年度计划任务完成情况和历年退耕地还林还草保存情况进行验收和监测。

12.7.3　土壤侵蚀调查监测

土壤侵蚀是指土壤在内外力(如水力、风力、重力、人为活动等)的作用下被分散、剥离和搬运的过程。水土流失是指由水作为营运力造成水土资源和水土生产力的破坏和损失，它直接反映土壤侵蚀的危害程度。从农业生产角度，土壤侵蚀不仅造成土壤及其养分的流失，也造成土壤水分和水资源的流失或损失。因此土壤流失模型是衡量土壤侵蚀的重要模型。

1. 土壤流失模型概述

目前，土壤流失量计算应用比较成熟和广泛的公式是通用土壤流失方程(USLE)，该方程可以对一定面积的土地，在一定时期内，估算出土壤流失的具体数量。通用土壤流失方程式是美国学者史密斯(Smith)、威斯奇迈尔(Wischmeier)等人，将美国21个州36个地区所获得的8 000多个小区一年的土壤侵蚀研究资料进行汇编，对各种影响土壤流失量的因子重新评价后，推导出的土壤流失量预报方程(1958年)：

$$A = 0.224 \times R \times K \times L \times S \times C \times P \quad (12\text{-}12)$$

式中：A为土壤流失量，kg/(m^2·年)；R为降雨侵蚀力因子；K为土壤可蚀性因子；L为坡长因子；S为坡度因子；C为作物经营管理因子；P为土壤侵蚀控制措施因子。下面分别对这些因子的测算方法加以说明。

2. 降雨侵蚀力因子 *R* 求算

R因子表示降雨分离土壤及雨水对土壤的搬移能力。这一因子采用一定时间系列的降雨量和降雨强度数据来计算。它定义为降雨动能和最大 30 min 降雨强度的乘积，其表达式为：

$$R = \sum EI_{30} \tag{12-13}$$

式中：R 为降雨侵蚀力，MJ·mm/(hm^2·h)；E 为一次降雨总动能，MJ/(hm^2·h)；I_{30} 为该次降雨中最大 30 min 降雨强度，mm/h。E 是将该次降雨过程中各时段单位降雨动能 e(MJ/hm^2·mm)与该时段降雨量 P(mm)乘积的累加。

$$E = \sum_{j=1}^{n} (e_j \cdot P_j) \tag{12-14}$$

式中：e_j 为第 j 时段的单位降雨动能，MJ/(hm^2·mm)；P_j 为第 j 时段的降雨量，mm；n 为将一次降雨过程按雨强分为 n 段。

$$e_m = 0.29[1 - 0.72\exp(-0.05 i_m)] \tag{12-15}$$

式中：e_m 为某时段的单位降雨动能，MJ/(hm^2·mm)；i_m 为时段雨强，mm/h。

计算 EI_{30} 得到降雨侵蚀力的方法常被称为经典算法。由于在经典计算中，必须用断点雨强计算降雨动能，其工作量大，而且所需降雨过程资料的获得受到限制，因而国内外的一些学者提出了一些简便算法，即用易于获得的降雨资料代替降雨动能的计算。

通过上述公式可以计算出气象站等地面降雨观测站的 R 因子值，需要借助 GIS 软件的空间分析模块进行空间插值，生成整个区域的栅格 R 因子图。

3. 土壤可蚀性因子 *K* 求算

土壤可蚀性是一种十分复杂的土壤特性。可蚀性反映土壤在雨滴击溅、径流冲刷或者两者共同作用下，被分散、搬运的难易程度。如果从侵蚀发生过程的基本原理考虑，土壤可蚀性应被看作是在单位外营运力或侵蚀力作用下，土壤或其剖面发生变化的程度。USLE 将土壤可蚀性因子 K 定义为：标准小区上单位降雨侵蚀力引起的土壤流失率，单位是 t·hm^2·h/(hm^2·MJ·mm)[吨·公顷·小时/(公顷·兆焦耳·毫米)]。所谓标准小区，是指长为 22.13 m，坡度为 9%，连续保持休闲状态，并且实施顺坡上下耕作的小区。小区宽度一般不小于 1.8 m。影响 K 因子有多方面因素，但一般情况下，质地越粗或越细的土壤有较低 K 值，而质地适中的土壤反而有较高的 K 值。

对 K 值的求取方法，国内外主要有长年小区实测法、查诺模图法、公式计算法和查表法。在天然小区上直接测定是确定 K 因子的最好方法，但是这必须有足够大且观测历时较长的数据库资料，需要大量的时间和昂贵的仪器费用。利用土壤可蚀性诺模图(Nomograph)确定 K 值大小，是应用较为广泛的一种方法。该方法是由 Wischmeier 等(1971)提出，对于那些预先不能确定 K 值的土壤，使用该图，就能获得可蚀性因子 K 值。

4. 坡长因子 L 求算

在 RUSLE 模型中，地形对土壤侵蚀的影响用坡长因子 L 和坡度因子 S 计算。土壤侵蚀随坡长和坡度的增加而增加。坡长定义为从地表径流源点到坡度减小直至有沉积出现地方之间的距离，或到一个明显的渠道之间的水平距离。坡长因子 L 是在其他条件相同的情况下，特定坡长的坡地土壤流失量与标准小区坡长(在 RUSLE 中为 22.13 m)的坡地土壤流失量之比值。

根据 Wischmeier 和 Smith(1978)利用获得坡长因子 L 的小区资料的研究表明，坡长为 λ(m)坡地上的平均侵蚀量按如下公式变化：

$$L = (\lambda/22.13)^m \tag{12-16}$$

式中：L 为坡长因子；λ 为坡长；m 为坡长指数。坡长指数 m 与细沟侵蚀(由水流引起)和细沟间侵蚀(主要由雨滴打击引起)的比率 β 有关，由下式计算：

$$m = \beta/(1+\beta) \tag{12-17}$$

其中细沟侵蚀和细沟间侵蚀的比率 β 由下式计算：

$$\beta = (\sin\theta/0.0896)/[3.0(\sin\theta)^{0.8}+0.56] \tag{12-18}$$

式中：θ 是坡度。给定一个 β 值，就可以求算出坡长指数 m。通常情况下，m 的取值范围如表 12-4 所示。另外，由于目前坡长因子一般都是通过 DEM 计算得出，因此在实际工作中，使用的往往是基于遥感图像像元的坡长算式，其计算表达式如式(12-19)所示。

表 12-4　坡长指数 m 的取值

坡度角 θ	m
$\theta \geqslant 5.14°$	0.5
$5.14° > \theta \geqslant 1.72°$	0.4
$1.72° > \theta \geqslant 0.75°$	0.3
$\theta < 0.75°$	0.2

$$L=\frac{\sum_{i=1}^{n}(\lambda_i^{m+1}-\lambda_{i-1}^{m+1})}{\lambda_e(22.13)^m} \qquad (12\text{-}19)$$

式中：λ_i 为由坡顶沿流水线到第 i 个像元末端的距离，m；λ_{i-1} 为由坡顶沿流水线到第 i 个像元上端的距离，m；λ_e 为总坡长，m。

5. 坡度因子 S 求算

土壤侵蚀随坡度的增加而增加，且增加速率加快。坡度因子 S 反映了坡度对土壤侵蚀的影响，坡度因子 S 定义为在其他条件相同的情况下，特定坡度的坡地土壤流失量与坡度为 9% 或 5°（即标准径流小区的坡度）的坡地土壤流失量之比值。

在 USLE 中，S 因子与坡面坡度角函数 $\sin\theta$ 呈抛物线关系，算式为：

$$S=65.41\sin^2\theta+4.56\sin\theta+0.065 \qquad (12\text{-}20)$$

式中：S 为坡度因子；θ 为坡度角。

USLE 的开发者主要是根据美国的耕地坡度（大多小于 20%，即 11.3°）推导出的式(12-20)，不太适合坡度较陡的地区使用。为此，一些学者提出了改进的 S 因子算式。在 RUSLE 中，如 McCool 等(1987)提出的坡度因子 S 公式：

$$S=10.8\sin\theta+0.03 \qquad \theta<5.14° \qquad (12\text{-}21)$$

$$S=16.8\sin\theta-0.50 \qquad 5.14°\leqslant\theta\leqslant10° \qquad (12\text{-}22)$$

同时，Liu(1994)对陡坡提出了相应的公式：

$$S=21.91\sin\theta-0.96 \qquad \theta\geqslant10° \qquad (12\text{-}23)$$

6. 作物覆盖与管理因子 C 求算

植被冠层和地表覆盖可以保护地表土壤免受雨滴直接打击，减弱径流冲刷作用，从而减少土壤侵蚀。USLE 和 RUSLE 中的 C 因子和 P 因子主要反映植被或作物及其管理措施对土壤流失、总量的影响。作为土壤侵蚀动力的抑制因子，它们被用于产生一项指标来表明土地利用是如何影响土壤流失以及覆盖管理或水土保持措施在多大程度上抑制土壤侵蚀。作物覆盖与管理因子 C 是指一定条件下有植被覆盖或实施田间管理的土地土壤流失总量与同等条件下实施清耕的连续休闲地土壤流失总量的比值，为无量纲数值，介于 0～

1 之间。

对于作物覆盖与管理因子 C，很多学者进行了一些研究。卜兆宏等(1997)利用自然植被区的实测资料建立了 C 因子算式：

$$\begin{cases} C = 0.4149 - 0.0052c_1 \\ C = 0.4399 - 0.0058c_2 \\ C = 0.4500 - 0.0079c_3 \end{cases} \tag{12-24}$$

式中：c_1，c_2，c_3 分别为七八月份和年平均的植被覆盖度或为一个地区植被生长期最大、次大和平均的覆盖度，以百分数表示。按照式(12-24)，C 值与植被覆盖度成反比，其变化范围随植被覆盖度在 76.1%～0%内在 0～0.45 之间变动。当 $c_1 > 79.7\%$、$c_2 > 76.1\%$、$c_3 > 57.2\%$ 时，可作为高覆盖度取 C 值为 0.001。当地表裸露时，3 个算式分别取最大值为 0.42，0.44，0.45，这与 USLE 查表所得的 C 值为 0.45 相一致。

7. 土壤保持措施因子 *P* 求算

USLE 中土壤保持措施因子 P，是指特定保持措施下的土壤流失量与相应的顺坡耕作地块的土壤流失量之比值。土壤保持措施主要通过改变地形和汇流方式减少径流量，降低径流速率等措施以减轻土壤侵蚀。通常水土保持措施主要有：等高程耕作、等高程带状种植、修梯田以及相应合理排水措施等。P 值变化于 0～1 之间，0 值代表未发生土壤侵蚀的地区，1 值代表了未采取任何土壤保持措施的地区。在自然植被区和坡耕地的 P 因子一般取值为 1，凡修了水平梯田的为 0.01，介于两者之间的治理措施的坡耕地则取值于 0.02～0.7。

8. 土壤侵蚀量的计算

依据以上土壤侵蚀方程，首先根据当地的降雨数据、土壤数据、DEM 数据和适当分辨率的遥感影像分别得到各因子网格数据，将求算的各因子相乘，获得各像元的土壤流失量，并以此数据制作土壤流失量图。

9. 土壤侵蚀强度分级

土壤侵蚀强度为地壳表层土壤在自然营运力(水力、风力、重力及冻融等)和人类活动综合作用下，单位面积和单位时段内的土壤流失量，通常用土壤侵蚀模数作为衡量侵蚀强度大小的指标。根据中华人民共和国行业标准《土壤侵蚀分类分级标准》(SL190-96)，土壤侵蚀强度分级见表 12-5。

表 12-5 土壤侵蚀强度分级标准表

级别	侵蚀模数/[t/(km^2·a)]	平均流失厚度/(mm/a)
微度	< 200	< 0.15
轻度	200~2 500	0.15~1.9
中度	2 500~5 000	1.9~3.7
强度	5 000~8 000	3.7~5.9
极强	8 000~15 000	5.9~11.1
剧烈	>15 000	>11.1

10. 基于 3S 技术土壤侵蚀遥感快速调查

美国的 USLE 和 RUSLE 土壤侵蚀监测模型包含降雨、土壤、植被、地形(坡度和坡长)和管理方式等 6 个因子,缺一不可,对资料的完备性和准确性要求比较高,所以实际具体实施仍有一定难度。为此,美国从 1986 年开始研究水蚀预报过程模型 WEPP(water erosion prediction project),但从研究现状看,仍处于试验和完善阶段,目前还不可能真正替代 USLE 和 RUSLE 模型。目前常用的一种定性方法是采用如表 12-6 所示的水力侵蚀强度分级指标对照表。

表 12-6 水力侵蚀强度分级指标

地类	非耕地植被覆盖度/%	地面坡度						水域、城镇居民点
		<5°	5°~8°	8°~15°	15°~25°	25°~35°	>35°	
	60~75	微度	轻度	轻度	轻度	中度	中度	
	45~60	微度	轻度	轻度	中度	中度	强度	
	30~45	微度	轻度	中度	中度	强度	极强度	微度
	<30	微度	中度	中度	强度	极强度	剧烈	
坡耕地		微度	轻度	中度	强度	极强度	剧烈	

根据水利部 2000 年《全国土壤侵蚀动态遥感调查与数据库更新技术规程》和中华人民共和国行业标准,土壤侵蚀强度调查可以通过植被覆盖度、坡度、植被结构、地表组成物质、海拔高度、地貌类型等间接指标进行侵蚀强度划分,这些间接指标均可以通过陆地卫星(TM)影像、地形图结合相关成果资料等判读分析获取。面蚀强度分级指标土壤侵蚀强度等级和侵蚀模数、平均流失厚度对应关系见《土壤侵蚀分类分级标准》(SL190-96)表(12-7)。

表 12-7　土壤侵蚀强度分级表

土壤侵蚀强度等级	侵蚀强度	平均侵蚀模数/[t/(km² · a)]	平均流失厚度/(mm/a)
1	微度	＜200	＜0.37
2	轻度	200～2 500	0.37
3	中度	2 500～5 000	1.9～3.7
4	强度	5 000～8 000	3.7～5.9
5	极强	8 000～15 000	5.9～11.1
6	剧烈	＞15 000	＞11.1

土壤侵蚀强度分级主要通过植被覆盖度、坡度、植被结构、坡向、地表组成物质、海拔高度、地貌类型等间接指标进行综合分析而实现。

(1)微度侵蚀。无土壤侵蚀或者土壤流失不明显，植被覆盖度＞75%，成片的林、灌，海拔在 1 000 m 以上而坡度小于 25°的高覆盖度草地和坡度＜5° 的平地，包括山间、山前平地，河流阶地以及水体、水田、沼泽地等。

(2)轻度侵蚀。土壤流失比较明显。坡度在 5°～8°的坡耕地，或者植被覆盖度 60%～75%且坡度为 5°～25°的坡地，或者覆盖度 45%～60%且坡度在 5～1 505 的坡地，或者覆盖度 30%～45%且坡度在 5°～8°的坡地。

(3)中度侵蚀。土壤侵蚀十分明显。坡度 8°～15°的坡耕地，或者坡度 5°～8°且植被覆盖度＜30%的坡地，或者坡度 15°～35°且植被覆盖度为 45%～60%的坡地，或者坡度 ＞25°且植被覆盖度为 60%～75%的坡地。紫色页岩、变质岩以及花岗岩等为主的高-低丘山地上。

(4)强度侵蚀。土壤侵蚀强烈。植被覆盖度为 45%～60%且坡度 35°的坡地，或者植被覆盖度为 30%～45%且坡度为 25°～35°的坡地，或者植被覆盖度＜30%但坡度在 15°～25°的坡地，坡度为 15°～25°的坡耕地。

(5)极强度侵蚀。土壤侵蚀十分强烈，植被覆盖度 30%～45%且坡度＞35°的坡地，或者坡度 25°～35°但植被覆盖度＜30%的坡地。

(6)剧烈侵蚀。土壤侵蚀极为强烈，植被覆盖度＜30%且坡度大于 35°的地段及大于 35°的耕地。地形破碎，植被稀少，植被覆盖度＜10%的地区，如陡坡地段的裸土、裸岩等。

小　结

国土资源被定义为土地资源、矿产资源、海洋资源以及水资源，林业资源这里也被纳入国土资源的范畴。国土资源是遥感技术应用的重要领域，又是遥感技术应用十分宽广的领域，涉及遥感的全部技术。由于国土资源自身的特点，对于遥感技术提出了严峻的挑战：首先，遥感技术在需求信息的空间跨度上覆盖了很大的范围，既需要百米甚至千米尺度的大范围区域的宏观信息，如土地覆盖信息，又需要米级甚至厘米级精度的小范围区域的微观信息，如地质灾害监测。其次，在信息识别上，既需要获取土地利用类别这样的表象信息，也需要获取环境污染、土壤侵蚀、景观生态这样的深层次潜在信息。第三，国土资源信息是多种信息的集成与整合，其中，既有空间信息，也有多类型的属性信息，这些信息的时间维跨度也有很大的不同，对于土地覆盖，时间步长可设定在几年甚至10年以上，而对于泥石流灾害监测，时间步长需要设定在1天甚至1小时。

本章国土资源遥感监测包括土地利用与土地覆盖、海洋污染、地质灾害、土地荒(石)漠化、沙尘暴、景观生态以及林业等遥感监测内容，为了高效、准确而又经济地实现遥感监测，需要做到：

(1)对监测目标有一个深刻、透彻的理解，特别是对目标物及其相关现象的发生、发展演化物理机制的深刻理解，从而选定科学合理的遥感技术手段以及适当分辨率的影像数据。

(2)图像处理是检测与监测必不可少的技术手段，采用合理的图像处理技术是能否实现国土资源遥感成功监测的关键。监测的含义就是获取监测目标的动态信息，因此从多时相影像中获取变化信息成为图像处理在国土资源遥感监测中的一个核心内容。

(3)国土资源遥感监测数据直接用来实施执法行政管理，监测结果的实地检验必不可少。用计算机先进软件实现某一种遥感监测过程并不复杂，得到某一组数据也不难，但是必须在每次监测过后要有相应的实地检验，以校正数据误差。

(4)遥感监测是国土资源管理的一个技术手段，监测数据要结合相应模型才能发挥其功效，辅助管理部门进行管理决策。

思 考 题

1. 土地利用调查中，如何选择遥感影像资料？
2. 简述外业调绘的程序和内容。
3. 试比较土地利用和土地覆盖的区别。
4. 土地覆盖类型研究有哪些分类方法？
5. 提取土地利用变化信息有哪些方法？各有哪些优缺点？
6. 土地利用/土地覆盖变化动态监测的主要步骤是什么？

7. 海洋污染包括哪几种？试分析它们各自的反射光谱特征。

8. 遥感技术如何进行海洋污染监测？

9. 地质灾害的特点是什么？地质灾害监测对于遥感有什么特殊技术需求？遥感如何应对这些需求？

10. 用直接判译法进行滑坡、泥石流判读的影像标志是什么？

11. 地下煤层燃烧在遥感影像上主要有哪些信息特征？

12. 试介绍与展望在地质灾害遥感检测中的新技术方法。

13. 在利用植被指数提取荒漠化信息时应如何选择波段？

14. 沙尘粒子的辐射特性主要有哪些？

15. 介绍与分析利用卫星遥感进行沙尘暴监测的技术方法。

16. 生态遥感监测原理与具体内容是什么？

17. 衡量一个地区生态系统有哪些主要的具体指标？获取这些指标数据各需要使用何种遥感影像？

18. 利用遥感技术如何检测与监测土壤侵蚀？有哪些因素影响遥感监测土壤侵蚀数据的可靠性？

19. 林业管理对于遥感有哪些技术需求？目前的遥感技术能够满足哪些需求？

20. 总体来看，国土资源管理对于遥感有哪些技术需求？为满足这些需求，遥感技术在这一应用领域应当向哪些方面发展？

参考文献

[1] 邓良基. 遥感基础与应用. 北京：中国农业出版社，2002.

[2] 王万茂. 土地资源管理学，北京：高等教育出版社，2003.

[3] 赵英时，等. 遥感应用分析原理与方法，北京：科学出版社，2003.

[4] 刘黎明，张凤荣，等. 土地资源调查与评价，北京：科学技术文献出版社，1994.

[5] 常庆瑞，等. 遥感技术导论，北京：科学技术出版社，2004.

[6] 许肖梅. 海洋技术概论，北京：科学出版社，2000.

[7] 郑新江，陆文杰，罗敬宁. 气象卫星多通道信息监测沙尘暴的研究. 遥感学报. 2001，5(4)：300-305.

[8] 张增祥，周全斌，刘斌，等. 中国北方沙尘灾害特点及其下垫面状况的遥感监测，遥感学报，2001，5(5)：377-382.

[9] 张国平，张增祥，赵晓丽，等. 2000 年华北沙尘天气遥感监测，遥感学报，2001，5(6)：466-471.

[10] 顾卫，蔡雪鹏，谢峰，等. 植被覆盖与沙尘暴日数分布关系的探讨——以内蒙古中西部

地区为例,地球科学进展,2002,17(2):273-277.
[11] 沈芳,程东,黄润秋,等.3S技术在国土资源调查、环境保护及地质灾害评价与预测中的应用展望,成都理工学院学报,2000,11(27):235-238.
[12] 钟颐,余德清.遥感在地质灾害调查中的应用及前景探讨,中国地质灾害与防治学报,2004,15(1):134-136
[13] 王瑞雪.遥感图像在地质灾害调查中的应用.昆明理工大学学报,1997,22(2):17-21.
[14] 韦京莲,董桂芝.遥感技术在泥石流灾害勘查中的应用.北京地质,2001,13(2):18-23.
[15] 王圆圆,李京.遥感影像土地利用/覆盖分类方法研究综述. 遥感信息,2004,1:53-59.
[16] 马克伟.中国土地资源调查技术.北京:中国大地出版社,2000.
[17] 牛宝茹.滑坡灾害遥感调查与分析.公路,2002,10:15-17.
[18] 陈云浩,冯通,史培军,等.基于面向对象和规划的遥感影像分类研究院.武汉大学学报,2006,32(4):316-319.
[19] 杜凤兰,田庆久,夏学齐,等.面向对象的地物分类法分析与评价.遥感技术与应用,2004,19(1):20-23.
[20] 杨晓晖,张克斌,慈龙骏.中国荒漠化评价的现状、问题及其解决途径,中国水土保持科学,2004,2(1):22-28.
[21] 范一大,史培军,罗敬宁.沙尘暴卫星遥感研究进展,地球科学进展,2003,18(3):367-373.
[22] 李海萍,熊利亚,庄大方.中国沙尘灾害遥感监测研究现状及发展趋势.地理科学进展,2003,22(1):45-22.
[23] 游先祥,遥感原理与在资源环境中的应用.北京:中国林业出版社,2003.
[24] 刘宝元,谢云,张科利.土壤侵蚀预报模型,北京:中国科学技术出版社,2001.
[25] 董玉祥,全洪,张庆年,等.大比例尺土地利用更新调查技术与方法.北京:科学出版社,2004.

附　　录

附录 1　遥感图像处理软件 ENVI 介绍

遥感图像处理软件 ENVI(Environment for Visualizing Images)是美国 RSI 公司的产品,它是用交互式数据语言 IDL 开发的一套功能较为齐全的遥感数字影像处理软件,包括数据输入/输出、常规影像处理、几何校正、大气校正及定标、多光谱数据分析、高光谱数据分析、雷达数据分析、地形地貌分析、矢量分析、GPS 连接、正射影像图生成、三维景观生成、制图等,这些功能连同底层开发语言 IDL,组成了较全面的图像处理系统。

附 1.1　ENVI 文件读取与显示

ENVI 默认的图像格式为无格式的二进制图像格式,矢量格式为 ENVI Vector File(.evf)。

ENVI 支持的输入文件格式除了常用的遥感图像格式 BSQ、BIL 和 BIP 外,还支持各种格式的 Landsat TM/ETM+影像,支持法国 SPOT 系列的数据文件,支持 IKONOS、QuickBird、OrbView 卫星的 GeoTIFF、NITF 格式数据;另外还支持 IRS、AVHRR、SeaWiFS、EOS、EROSA、ENVISAT 等观测系统的数据格式,支持各种地理信息系统和遥感图像处理软件的图像格式,如 ARCGIS GRID、ArcView Raster(.bil)、ERDAS 8.x(.img)、ERDAS 7.5(.lan)、PCI(.pix)以及 ECW 和 ER Mapper 格式的图像数据;支持一些通用图像数据格式,如 ASCII、PICT、BMP、PNG、HDF、SRF、JPEG、JPEG2000、MrSID、TIFF/GeoTIFF 等格式的图像数据;能够打开 ARC/INFO Interchange Format、MapInfo Interchange、ArcView Shape、DXF 等格式的矢量文件。ENVI 软件不用导入,可以直接打开上述格式的图像文件。

输出图像文件格式除了 BSQ、BIL 和 BIP 外,还可以输出为通用图像格式,如 ASCII、PICT、BMP、PNG、HDF、SRF、JPEG、JPEG2000、TIFF/GeoTIFF 等格式;还有遥感图像处理格式,包括 ArcView Raster(.bil)、ER Mapper、ERDAS 7.5(.lan)、PCI(.pix)、NITF 等。此外,输出的矢量格式主要包括:ArcView Shape、

DXF 和 ENVI Vector File(. evf)等格式。

附 1.2 ENVI 的交互功能

ENVI 有许多交互功能，主要包括链接显示与动态覆盖、多重动态覆盖、制作剖面和波谱图(profiles and spectral plots)等。这些有助于对遥感波谱分析和遥感分类。

附 1.3 ENVI 基本工具介绍

Basic Tools 菜单提供对多种 ENVI 实用功能的访问，如 Cursor Location 可显示当前光标对应像元的信息，Regions of Interest 是对遥感图像辐射定标和分类必不可少的辅助工具，Band Math 功能用于对图像进行一般的运算处理，Stretch Data 功能可对图像文件进行交互式拉伸。以下为 ENVI 软件遥感图像处理与分析常用的工具。

- 感兴趣区域(Region of Interest)；
- 掩膜(Masking)；
- 统计(Statistics)；
- 3-D 曲面飞行(3-D Surface View)；
- 波段运算(Band Math)；
- 拉伸数据(Stretch Data)。

附 1.4 变换

变换(transforms)模块包含将遥感数据进行各种转换的方法集，通常用线性或非线性函数来实现。大多数变换的目的是提高信息的表达。变换后的图像通常比原始图像更易于解译。从 ENVI 主菜单里选择 Transform 下拉菜单，对图像数据进行变换。

附 1.4.1 波段比

波段比(band ratios)就是用一个波段除以另一个波段生成一幅能提供相对波段强度的图像，这一图像增强了波段之间的波谱差异，从而减少了地形的影响。ENVI 能用浮点型数据格式或字节型数据格式输出波段比，默认输出为浮点型数据格式。具体操作为：

选择 Transforms>Band Ratios。

附 1.4.2 归一化植被指数

归一化植被指数(normalized difference vegetation index,NDVI)是应用较广泛的一种植被指数。NDVI 是近红外和红色波段的归一化比。由于绿色植被在近红外有较高的反射率,在红色波段由于光合作用而反射率低,所以 NDVI 值指示着像元对应地面单元中绿色植被的数量与长势。NDVI 计算可以用于 AVHRR、MODIS、Landsat MSS、Landsat TM、SPOT 或 AVIRIS 数据,也可以输入其他数据类型的相应近红外和红色波段来计算 NDVI。在 ENVI 软件中 NDVI 计算具体操作为:

选择 Transforms>NDVI(Vegetation Index)。

附 1.4.3 主成分分析

主成分分析(principal components analysis),PCA)是对多波段遥感数据的一个线性变换,变换后,各主成分独立,且第一主成分信息含量最多,其余主成分信息含量逐渐减少。主成分分析用于减少数据维数、使各主成分相对独立。主要包括以下几部分:

——Forward PC Rotation(正向的 PC 旋转)。正向的 PC 旋转用一个线性变换使数据差异达到最大。当运用正向的 PC 旋转时,ENVI 允许计算新的统计值,或将已经存在的统计项进行旋转。具体操作为:

选择 Transforms>Principal Components>Forward PC Rotation。

——Inverse PC Rotation (反向 PC 旋转)。将主成分数据变换回到原始遥感图像数据空间,具体操作为:

选择 Transforms>Principal Components>Inverse PC Rotation。

附 1.4.4 缨帽变换

缨帽变换(tasseled cap)是针对 Landsat MSS 或 Landsat TM 数据的一种经验变换。对于 Landsat MSS 数据,缨帽变换将原始数据进行近似正交变换,变换后取出前 4 个分量,变成四维空间(包括土壤亮度指数 SBI、绿色植被指数 GVI、黄色成分指数 YVI,以及与大气影响密切相关的 non-such 指数 NSI)。对于 Landsat TM 数据,变换后取出前 3 个分量,分别为"亮度"、"绿度"与"第三"。其中的亮度和绿度相当于 MSS 缨帽的 SBI 和 GVI,第三分量与土壤特征有关,包括水分状况。具体操作为:

选择 Transforms>Tasseled Cap。

附 1.4.5 最小噪声分离变换

最小噪声分离变换(minimum noise fraction rotation,MNF)用于判定图像数据内在的维数,隔离数据中的噪声,减少随后处理的工作量。Green 等 1988 年对 MNF 进行了修改,然后在 ENVI 中得到应用。MNF 本质上是两次层叠的主成分变换。第一次变换,基于估计的噪声协方差矩阵,分离和重新调节数据中的噪声,使变换后的噪声数据方差最小且波段间不相关。第二步是对白化噪声数据(noise-whitened)的标准主成分变换。为了进一步进行波谱处理,通过检查最终特征值相关图像来判定数据的内在维数。数据空间可被分为两部分:一部分与较大特征值相对应的特征图像,其余部分为与近似相同的特征值对应的噪声占主导地位的图像。只用相关部分,就可以将噪声从数据中分离,这将提高波谱处理的效率。

——Forward MNF Transform(正向的 MNF 变换)。

正向的 MNF 变换有 3 个选项,用于估计第一次旋转中用到的噪声统计。3 个选项包括从输入的数据中估计噪声;运用以前计算的噪声统计;用与数据集相关的数据计算噪声统计。

——Inverse MNF Transform(反向的 MNF 变换)。

用于将 MNF 波段变换为原始数据空间。首先平滑以噪声为主导的高波段数,或排除掉,再进行 MNF 的逆变换。平滑或消除这些噪声波段将减少原始数据空间中的噪声。具体操作为:

选择 Transforms>MNF Rotation>Inverse MNF Transform。

附 1.4.6 彩色图像处理

1. 颜色变换

颜色变换(color transforms)是将 3 个波段的红(R)、绿(G)、蓝(B)图像变换成一个特定色度空间,并且可进行从选择的色度空间逆变换到 RGB 彩色空间。两次变换之间,通过对特定色度空间的对比度拉伸,可以生成一个色彩增强的彩色合成图像。此外,为实施图像数据融合,亮度波段值可以被另一个波段代替(通常是具有较高空间分辨率的全色波段),生成一幅合成图像,将一幅图像的光谱特征与另一幅图像的空间特征相结合,生成光谱信息与空间信息都很丰富的遥感图像。这可以用 IHS 锐化自动完成。由 ENVI 支持的彩色空间包括"色调,饱和度,数值(HSV)"变换,"色调,亮度,饱和度(HLS)"变换和"USGS Munsell"变换。USGS Munsell 彩色系统是由土壤和地质学家根据土壤和岩石的颜色特征构建的

HSV 彩色系统。

——Forward-to Color Space(向前到彩色空间)。

——RGB to HSV。

选择 Transforms＞Color Transforms＞Forward to Color Space＞RGB to HSV。

——RGB to HLS。

选择 Transforms＞Color Transforms＞Forward to Color Space＞RGB to HLS。

——Reverse- to RGB(反向到 RGB)。

——HSV to RGB。

选择 Transforms＞Color Transforms＞Reverse to RGB＞HSV to RGB。

——HLS to RGB。

选择 Transforms＞Color Transforms＞Reverse to RGB＞HLS to RGB。

2. 图像锐化

图像锐化(image sharpening)利用一定的算法，将一幅低分辨率的多波段图像与一幅高分辨率的图像融合，得到优势互补的图像，同时具备多光谱特性和高空间分辨率特性。ENVI 有几种图像锐化技术，下面介绍几种方法。

——HSV Sharpening

这一功能进行 RGB 到 HSV 的变换，用高空间分辨率的图像代替亮度数据子集，并用最近邻域、双线内插或三次卷积等对色调和饱和度数据子集重采样，以便和高几何分辨率图像具有相同分辨率，再重新将 HSV 变换成 RGB 色度空间。这样输出的 RGB 图像中具有高空间分辨率的特性。具体操作为：

选择 Transforms＞Image Sharpening＞HSV。

——Color Normalized(Brovey)Sharpening(彩色标准化锐化)

彩色标准化锐化方法是对彩色图像和高分辨率数据进行数据融合，使图像锐化。将彩色图像的每一个波段像元灰度值乘以高空间分辨率图像像元灰度，并与彩色波段图像像元灰度值总和相比。自动地用最近邻域、双线内插的或三次卷积对彩色图像进行重采样，具备高空间分辨率图像相同的空间分辨率。输出的 RGB 图像具备高空间分辨率数据空间特性。具体操作为：

选择 Transforms＞Image Sharpening＞Color Normalized(Brovey)。

——Gram-Schmidt Spectral Sharpening(Gram-Schmidt 波谱锐化)

Gram-Schmidt 方法是利用高空间分辨率数据对多光谱数据进行波谱锐化。首先利用低空间分辨率多光谱图像对高空间分辨灰度图像进行模拟，之后利用模拟的高空间分辨率波段影像作为第 1 分量，低空间分辨率的波段影像作为后续分量，进行 Gram-Schmidt 变换。通过调整高空间分辨率波段影像的统计值来匹配 Gram-Schmidt 变换后的第 1 分量。然后将经过修改的高空间分辨率波段影像替换 Gram-Schmidt 变换后的第 1 分量，产生一个新的数据集。最后，将新的数据集进行 Gram-Schmidt 逆变换，即可产生空间分辨率增强的多光谱影像。具体操作为：

选择 Transform>Image Sharpening>Gram-Schmidt Spectral Sharpening。

——Using PC Spectral Sharpening(主成分分析法波谱锐化)

首先对多光谱数据进行主成分变换，以主成分变换后的第一分量为参照修正高空间分辨率的数据，然后用修正后的高空间分辨率波段数据替换主成分变换后的第一分量。最后进行主成分逆变换。在 ENVI 软件，具体操作为：

选择 Transform>Image Sharpening>PC Spectral Sharpening。

3. 去相关拉伸

RGB 彩色合成时，各波段数据被组合显示，因而高度相关的多波谱数据集一般常生成十分“柔和”的彩色图像，有时不利于图像的地物识别。去相关拉伸(decorrelation stretch)功能模块提供了一种消除这些数据中高度相关部分的一种手段。具体操作为：

选择 Transforms>Decorrelation Stretch。

4. 饱和度拉伸

饱和度拉伸(saturation stretch)变换对输入的一景 3 波段图像进行彩色增强。输入的数据由红、绿、蓝变换成色调、饱和度和亮度值，即 RGB 转换到 HSV。对饱和度波段进行了高斯拉伸，因此数据填满了整个饱和度范围。然后，HSV 数据变换到 RGB 空间。这一功能生成的输出波段包含有较饱和的色彩。饱和度拉伸需要输入 3 个波段。或选择打开的彩色显示。具体操作如下：

选择 Transforms>Saturation Stretch。

5. 合成彩色图像

合成彩色图像(synthetic color image)变换，可以将一幅灰阶图像变换成一幅彩色合成图像。ENVI 通过对图像进行高通和低通滤波，将高频和低频信息分开，使灰度图像变换成彩色图像。低频信息被赋予色调，高频信息被赋予强度或亮度值，饱和度为一个恒定的值。这些色调、饱和度和亮度值(HSV)数据被变换为红、绿、蓝(RGB)空间，生成一幅伪彩色图像。这一变换经常用于雷达数据。具体操作为：

选择 Transforms>Synthetic Color Image。

附 1.5　滤波

ENVI 软件提供多种形式的滤波(filtering):Convolution、Morphological、Texture、Adaptive 和 FFT 滤波,这些都可以通过 ENVI 主菜单的 Filters 下拉菜单得到。

附 1.5.1　卷积滤波

卷积滤波(convolution filtering)是一种空间滤波方法,在输出图像上,一个给定像元的亮度值是其周围像元亮度值加权平均。通过选择卷积核对图像进行操作,生成一个新的空间滤波图像。在 ENVI 中具体操作为:

选择 Filter>Convolutions>一种滤波类型。

卷积滤波的主要类型有:High Pass Filter(高通滤波器)、Low Pass Filter(低通滤波器)、Laplacian Filter(拉普拉斯滤波器)、Directional(方向滤波)、Gaussian Filter(高斯滤波器)、Median Filter(中值滤波器)、Sobel 滤波器、Roberts 滤波器、User Defined Convolution Filters(用户自定义的卷积滤波器)。

附 1.5.2　形态滤波

使用 Convolutions and Morphology 选项对图像数据进行形态滤波(morphological filtering)。ENVI 中的形态滤波包括以下类型:膨胀、侵蚀、开放、封闭滤波。ENVI 具体操作为:

选择 Filters>Morphology。

附 1.5.3　纹理滤波

使用 Texture 选项可以应用基于一阶概率统计或二阶概率统计的纹理滤波(texture filtering)。图像不但包含像元的亮度值信息,还包含亮度变化信息。纹理指图像在局部区域内呈现不规则性,而在整体上表现出某种规律性。

1. 概率测度(occurrence measures)

ENVI 有 5 个不同的基于概率统计的纹理滤波。概率统计运用处理窗口中每一个灰阶出现的次数作为纹理计算。概率统计滤波包括分析窗口内像元灰度最大值、最小值、平均值、变化、熵和偏移。具体操作为:

选择 Filters>Texture>Occurrence Measures。

2. 灰度共生测度

灰度共生测度(co-occurrence measures)用一个灰度空间相关性矩阵(gray-tone spatial dependence matrix)计算纹理值。这是一个相对频率矩阵,两个像元值同时出现在特定距离和方向的概率。显示了一个像元和它的特定邻域同时出现的次数。ENVI 有 8 个基于灰度共生矩阵的纹理滤波。这些滤波包括平均值、变异、协同性、对比度、相异性、熵、二阶矩等。要实现基于灰度共生测度的纹理滤波,具体操作为:

选择 Filters>Texture>Co-occurrence Measures。

附 1.5.4 自适应滤波

自适应滤波(adaptive filtering)运用每个像元邻域内像元的标准差来替换该像元值。不同于典型的低通平滑滤波,自适应滤波器在压制噪声的同时保留了图像的尖锐和细节。

ENVI 提供了 6 个滤波器,可以通过选择 Filters>Adaptive Filters 得到。包括:

Lee 滤波器,Frost 滤波器,Gamma 滤波器,Kuan 滤波器,Local Sigma 滤波器,Bit Error 滤波器。

附 1.5.5 频率域滤波(Frequency Filtering)

傅立叶变换将空间域图像变换为频率为自变量的数据,快速傅里叶变换(FFT)是傅立叶变换的一种改进算法。ENVI 中 FFT 滤波(从 Filters 下拉菜单中选择)包括图像正向的 FFT、频率滤波器的交互式建立、滤波器的应用,以及 FFT 向原始数据空间的逆变换。当前,FFT 处理没有用到 ENVI 的分块处理程序,因此处理的图像大小受到系统可用内存限制。

附 1.6 分类

分类(classification)菜单包括监督分类,非监督分类,波谱端元收集,对已有规则图像的分类,类别统计信息计算,混淆矩阵计算,对分类结果进行 majority 和 minority 分析,集群或筛选处理,类别合并,对灰度图像的叠加分类,生成缓冲区图像,图像分割以及将分类输出到矢量层等功能。

附 1.6.1 监督分类

监督分类(supervised classification)根据用户定义的训练样本(training classes)，聚集数据集中的像元。不同类别的训练样本是像元的集合。在分类过程中，可以用不同类别的训练样本计算判别函数的参数，所以不同类别的训练样本要有代表性。

ENVI 实现监督分类采用的方法有：平行六面体、最短距离、马氏距离、最大似然法、波谱角度制图、二进制编码法以及人工神经网络等。监督分类的具体步骤为：

(1)用 Endmember Collection 对话框，或用感兴趣区定义不同类别的训练样本。

(2)选择 Classification＞Supervised＞需要的分类方法，或从 Endmember Collection 对话框中对分类初始化。

(3)出现 Classification Input File 对话框时，执行标准 ENVI 文件选择程序，选择文件、子集和/或掩模。

附 1.6.2　非监督分类

非监督分类(unsupervised classification)仅用统计方法对数据集中的像元进行聚类，它不需要用户定义训练样本。ENVI 的 Unsupervised Classification 菜单提供了 Isodata 和 K-Means 等非监督分类方法。

1. ISODATA

ISODATA 非监督分类计算数据空间中的类均值，然后用最小距离技术将剩余像元迭代聚集。每次迭代重新计算类的均值，且用这一新的均值对像元进行再分类。迭代过程根据输入的阈值参数进行类别分裂、合并和删除等。除非设定了标准差和距离的阈值，所有像元都被归到与其最临近的一类里。这一过程持续到每一类的像元数变化少于选择的像元变化阈值或已经到了预先设定的迭代次数。

执行 ISODATA 非监督分类的具体操作为：

选择 Classification＞Unsupervised＞ISODATA。

2. K-Means

K-Means 非监督分类计算数据空间上均匀分布的最初类均值，然后用重复地把像元聚集到距离最近的类。每次迭代重新计算了均值，且用这一新的均值对像元进行再分类。除非预先设定了标准差和距离的阈值，所有像元都被归到与其最临近的一类里。这一过程持续到每一类的像元数变化少于设定的阈值或已经到了预先设定的迭代次数。

执行 K-Means 非监督分类的具体操作为：

选择 Classification＞Unsupervised＞K-Means。

附 1.6.3 其他分类方法

1. 决策树分类(decision tree)

用户可以根据图像的实际情况,同时利用 NDVI、DEM、Slope、Aspect 等数据,设计决策树专家系统分类器,对图像进行分类。

2. 直接由 ROIs 生成分类图

直接由 ROIs 生成分类图(create class image form ROIs)的功能可以将不同类的 ROIs 直接生成分类图像。

附 1.6.4 Post Classification

ENVI 有许多 post 分类选项,包括规则图像分类,分类结果统计,混淆矩阵,集群、筛选和合成分类,在一幅图像上将类叠置,输出分类结果到矢量层等。

1. 规则分类器

ENVI 的规则分类器(rule classifier)允许运用先前保存的规则图像根据不同阈值生成新的分类图像。分类方法包括匹配数、距离以及似然度等,具体操作如下:

(1)首先类似"监督分类"生成规则图像。

(2)选择 Classification>Post Classification>Rule Classifier。

2. 分类统计

分类统计(class statistics)包括在每个类中的像元个数、最小值、最大值、平均值以及类中每个波段的标准差等。每类中的最小值、最大值、平均值以及标准差均可以成图显示。因此,可以看到每类的直方图,以及计算出的协方差矩阵、相关矩阵、特征值和特征矢量。具体操作如下:

选择 Classification>Post Classification>Class Statistics。

3. 过滤类(sieve classes)

对于分类图像中小图斑现象,可以用低通滤波或其他类型的滤波来消除这些小区域。然而用滤波方法,分类信息将会被邻近的分类代码干扰。Sieve Classes 可消除这些孤立的类别单元。这一方法需要对比像元周围的 4 邻域或 8 邻域,判定一个像元是否与周围的同类相连。如果在像元的邻域窗口内,同组的像元数少于输入的值,则该像元就会被从类中删除。当用过滤从一类中删除像元时,将过滤掉的像元将变成黑色(未分类)。要对分类结果进行过滤的具体操作为:

选择 Classification>Post Classification>Sieve Classes。

4. 类别集群

分类图像经常出现斑点或洞的现象，低通滤波可以用来平滑这些斑点或洞，但是，用滤波方法，分类信息将会被邻近的分类代码干扰。类别集群(Clump Classes)运用形态学算法来填补这些斑点和洞的现象。被选的类别首先进行形态学膨胀运算，然后进行侵蚀运算。具体操作为：

选择 Classification＞Post Classification＞Clump Classes。

5. 合并类

合并类(combine classes)用于对分类图像进行选择性地类的结合，即把指定的类别合并成一类。在 ENVI 软件中，具体操作为：

选择 Classification＞Post Classification＞Combine Classes。

6. 叠置类

叠置类(overlay classes)是用一幅彩色合成图或灰度图像作为背景，将分类结果叠置其上，生成一幅影像地图。在显示窗口，用叠置类功能把分类结果叠加到灰度图像或者彩色图像上，可以对分类结果进行一系列操作，如编辑类的颜色和名称，交互式的对每类进行添加和删除、合并类等。这些是非常实用的分类后处理功能。

7. 混淆矩阵

使用 Confusion Matrix 工具可以把分类结果的精度显示在一个混淆矩阵(confusion matrix)里。ENVI 可以使用一幅地表真实图像或已知类别感兴趣区来计算混淆矩阵，记录结果包括：总体分类精度、制图精度、用户精度，Kappa系数，混淆矩阵以及错分误差和漏分误差。

8. 类到矢量层(classes to vector layers)

该功能将选择的类输出到矢量图层，输出矢量数据的格式为 ENVI Vector file(.evf)格式。具体操作为：

选择 Classification＞Post Classification＞Classes to Vector Layers。

附 1.7　配准和镶嵌(Registration and mosaicking)

附 1.7.1　配准与几何校正

ENVI 的图像配准与几何校正(registration)工具使将图像具有一定的地理坐标，并且校正后部分消除遥感图像的几何畸变。图像可以用 Rotate/Flip Data 菜单项在配准以前进行旋转。利用主图像窗口和缩放窗口选择地面控制点(GCPs)，来进行图像—图像和图像—地图的配准。GCPs 在基准图像的地理坐标和被校正图像上的图像坐标被显示，同时还包括各个 GCPs 误差项。重采样方法包括最近邻像元、双线性内插法和三次卷积法。用 ENVI 的动态透明覆盖显示功能，对基准图像和纠正图像进行比较，可以快速评价配准精度。

ENVI 可以对 SPOT、IKONOS 和 QuickBird 等高空间分辨率卫星遥感影像以及航空像片进行正射校正。对于 AVHRR、MODIS 等数据，利用数据本身的信息进行地理坐标定位。

附 1.7.2 图像镶嵌

图像镶嵌(mosaicking)可以将多幅相邻的图像按照像元位置以及地理坐标拼接到一起。独立图像或多波段图像文件被输入，根据图像行列号、地理坐标或用鼠标确定图像的具体位置。用 ENVI 可以进行虚拟镶嵌，这样不必将数据的两个副本存到磁盘上。羽化技术(feathering)能用于重叠图像区域，实现无缝镶嵌。镶嵌模板可以被存储，用于其他图像。图像镶嵌主要有两种方式：基于像元的镶嵌(Pixel-Based Mosaics)和基于地理坐标的镶嵌(Georeferenced Mosaics)。

附 1.8 波谱工具

ENVI 为多波谱、高波谱图像以及其他的波谱数据分析提供了专用工具。这些波谱工具(spectral tools)包括波谱库的构建、重采样和浏览，抽取波谱分割，波谱运算，波谱端元的判断，波谱数据的 N 维可视化，波谱分类，线性波谱分离，匹配滤波，包络线去除以及波谱特征拟合。这些工具可以用 ENVI 主菜单中 Spectral Tools 菜单来实现。

附 1.8.1 波谱库

ENVI 包括许多公共用的波谱库(spectral libraries)及其附属工具。一个是由喷气推进实验室(jet propulsion laboratory)建立的波谱库，包括 3 种不同粒径的 160 种纯矿物 0.4～2.5 μm 的波谱。美国地质勘察波谱库包括近 500 个矿物波谱和几个植被波谱，波段范围是 0.4～2.5 μm。Johns Hopkins University 提供的波谱库包含 0.4～14 μm 的矿物波谱。IGCP 264 波谱是 1990 年作为 IGCP 项目的一部分收集的，该波谱库由 5 个子库组成，这些波谱库是由 5 个波谱仪测量 26 个质优样品得到的。植被波谱的波谱库由 Chris Elvidge，DRI 提供的干植被和绿色植被的光谱，波谱范围是 0.4～2.5 μm。ENVI 波谱库以图像格式储存，图像中的波段数等于测量样本数，图像的行数等于波谱库中的波谱个数。ENVI 波谱库可用 ENVI 图像显示和分析程序进行显示和增强。

运用ENVI的波谱库工具和处理程序，选择Spectral Tools>Spectral Libraries。

附1.8.2　波谱分析

ENVI的波谱分析(spectral analyst)可以根据材料的波谱特征进行识别。波谱分析运用如二进制编码、波谱角度制图以及波谱特征拟合等技术，对未知材料的波谱和波谱库中的波谱按相似程度进行排序。用户也可以定义自己的波谱类似方法，并将其添加到波谱分析中。波谱分析的输出是一张材料的波谱列表，该波谱表按和被识别物体的波谱相似程度由最好到最差排列，记录了一个总体的类似度，每个波谱根据与物体的波谱相似程度，取值在0～1之间。运用波谱分析的具体操作为：

选择Spectral Tools>Spectral Analyst。

附1.9　雷达遥感图像处理工具

ENVI为分析探测雷达图像以及高级的SAR系统提供了不同的雷达遥感图像处理工具(radar tools)。ENVI可以处理ERS-1、JERS-1、RADARSAT、SIR-C、X-SAR和AIRSAR数据以及其他方式探测到的SAR数据集。此外，ENVI也能处理来自其他雷达遥感系统的数据。

多数标准ENVI处理功能模块本身已具有对雷达遥感数据的处理能力，如所有的显示功能、拉伸、颜色处理、分类、配准、滤波、几何纠正等。还有另外的专门工具能分析极化雷达数据。雷达专用工具可以从Radar Tools菜单里选择。

附录2　遥感主要名词术语

1. 遥感，remote sensing　以电磁波为媒介，远距离、快速、大面积自动获取地球或宇宙星体表面影像信息的技术。

2. 被动遥感，passive remote sensing　以自然光，如阳光、地物自身辐射的电磁波，作为光源的遥感称作被动遥感。

3. 主动遥感，active remote sensing　以人工发射的电磁波，主要是微波或激光，作为光源的遥感称作主动遥感。

4. 航空遥感，aero remote sensing　以飞机作为载荷遥感传感器的平台，获取地面影像信息的技术。

5. 卫星遥感，satellite remote sensing　以卫星作为载荷遥感传感器的平台，获取地面影像信息的技术。

6. 低空遥感，low-altitude remote sensing 载荷遥感传感器的平台，如航模飞机、飞艇等，在 1 000 m 以下飞行作业，获取地面影像信息的技术。这种遥感成像范围小，但是机动性强，成本较低，适于对于突发事件，如泥石流、山体滑坡等，获取现场信息。

7. 可见光-多光谱遥感，multi-spectral remote sensing 在可见光到红外的波长范围内，分波段获取地面影像信息的技术。这种遥感影像的空间分辨率有多种，如 1 m、10 m、30 m、1 000 m 等等，如果空间分辨率越高，影像的地面覆盖范围就随之越小。这种遥感成像传感器一般置于人造卫星上，影像数据自动传输到特设的卫星遥感地面站，在地面站经过一定处理后供各种应用用户使用。

8. 雷达遥感，radar remote sensing 使用波长在 1～1 000 mm 范围内人工发射的电磁波为工作电磁波，以获取地面影像信息的技术。

9. 激光雷达遥感，简称激光雷达，laser radar remote sensing(LIDAR) 是一种较新的、尚不成熟的遥感技术，使用激光波束按照雷达遥感工作方式从空中测试地面各地物的三维数据，激光的波长一般有 532 nm，1 064 nm，1 550 nm，11 047 nm 等，数据精度可达米数量级，数据集获取后经计算机相应软件处理可生成遥感影像，也可生成各种地物的高程数据集。目前激光雷达遥感传感器多设置在飞机或无人驾驶飞机上。

10. 遥感卫星，remote sensing satellite 载荷遥感传感器，包括可见光-多光谱遥感与雷达遥感，并实施遥感作业的人造地球卫星。

11. 遥感飞机，remote sensing airplane 载荷遥感传感器，包括可见光-多光谱遥感与雷达遥感，并实施遥感作业的飞机。

12. 农业遥感，agricultural remote sensing 以获取农业生产、农业资源以及农业生态环境影像信息为工作目标的遥感技术。

13. 海洋遥感，sea-remote sensing 以获取海洋资源以及海洋生态环境影像信息为工作目标的遥感技术。

14. 气象遥感，meteorological remote sensing 以获取地球环球气象影像信息为工作目标的遥感技术。

15. 遥感模型，remote sensing model 遥感获取地面影像信息的原理性模型，即光源（包括太阳或人造光源）穿越大气，经大气的透射、散射、吸收等作用，加上大气自身的辐射，射向地面；又经地面物体表面的反射（散射）、吸收，加上物体自身的辐射，再次穿越大气；又经大气的透射、散射、吸收等作用，再加上大气自身的辐射，被遥感传感器接收，形成物体图像，对于这一过程的表述叫做遥感模型。

16. 地球资源遥感卫星，简称地球资源卫星，earth resource satellite 以获取地球资源信息为工作目标的遥感卫星。

17. 卫星参数,satellite parameter 是指表述卫星,包括遥感卫星运行的各种参变量,如航高,近地点,远地点,运行周期,轨道倾角等。

18. 近极地轨道,near polar satellite 卫星运行轨道平面与地球自转轴的交角在90°～100°之间的轨道。在这种轨道上运行的卫星飞临地球的南北极圈以内的上空,但不经过地球南北极点。

19. 太阳同步轨道,sun-synchronous satellite 地球卫星在跟随地球围绕太阳旋转过程中,卫星轨道平面始终与太阳光的入射角保持固定角度,这样的卫星飞行轨道称作太阳同步轨道。多数遥感卫星在太阳同步轨道上运行,其原因可以保证卫星按一定周期飞临各地上空,每次都在同一地方时。

20. 地球同步轨道,geostationary satellite 卫星运行轨道平面与地球赤道平面重合,而且围绕地球自转轴飞行的角速度与地球自转角速度相同,这样的卫星飞行轨道称作地球同步轨道。地球同步轨道上的卫星,地球表面上观看卫星,卫星看似"静止"。少数遥感卫星采用地球同步轨道,以保证遥感卫星对地球一部分地区可以随时成像。

21. 星下点,nadir 遥感卫星与地球球心的连线同地球表面的交点,即在这一点,卫星正处于人们的头顶正上方。

22. 成像周期,imaging period 在同一地点重复获取同一遥感卫星影像的最短时间间隔。一般来讲,成像周期取决于遥感卫星的运行参数,但是高空间分辨率的遥感卫星采取斜视成像技术以后,对于同一个地区,成像周期可以大为缩短。

23. 太阳高度角,solar elevation angle 太阳光入射线与地平面的交角,太阳升起时太阳高度角接近0°,而后逐渐增大,到中午最大,然后又逐渐减小,直到落山又接近0°。

24. 太阳天顶角,solar zenith angel 太阳光射向遥感目标物的射线与目标物上空天顶平面(平行于目标物所在水平面)法线的夹角称为天顶角。

25. 太阳方位角,solar azimuth angle 太阳光入射线在水平面的投影线与正南(或正北)方向线的交角。

26. 入射角,incident angle 入射线与反射平面法线的交角。

27. 俯角,angel of depression 雷达遥感电磁波束射向目标物的射线与雷达天线所在的天顶平面(平行于天线正下方的地面)的夹角称为俯角。该角用在雷达遥感空间分析中。

28. 立体角,solid angle 三维空间的角度,度量定义为:角的顶点投向一个面的光束在一个球面的投影面积与整个球面面积的比,再乘以系数4π;按此定义经数学式化简，定义进一步可表述为：在球面的投影面积(S)与球面半径平方(R^2)的比。立体角的单位为球面度(sr)。

29. 反射，reflection 物体表面将一部分入射电磁波返回到入射空间的物理现象，可以看作对于入射电磁波的再发射。

30. 透射，transmission 入射电磁波穿越物体的物理现象。

31. 吸收，absorption 物体将入射电磁波能量转化为其他能量形式的物理现象。

32. 镜面，specular 对入射电磁波能够产生全反射，即能够严格遵从入射线与反射线在一个平面、入射角等于反射角，具有以上效应的物体表面称为镜面。镜面是一种相对光滑的表面，而要求光滑的程度与入射电磁波波长、入射角有关。

33. 朗伯面，Lambertian 对入射电磁波向物体表面以外半球的各个方向均匀散射，散射能量均匀分布，具有以上效应的物体表面。朗伯面是一种相对粗糙的表面，构成条件也与入射电磁波波长、入射角有关。

34. 准镜面，semi-specular 对入射电磁波基本上能够产生全反射，即反射电磁波能量的大部分集中在反射角方向，具有以上效应的物体表面。准镜面是介乎镜面与朗伯面之间的物体表面。

35. 双向反射，bi-directional reflection 又称二向反射，大多数物体具有的一种反射特性，即物体的反射率不仅与入射电磁波的入射角与方位角有关，而且还与反射的方向角与方位角有关，这样一种反射现象称为双向反射。

36. 反射率，reflectance 物体反射的电磁波能量与入射电磁波能量之比，通常反射率用百分数表示。

37. 反射光谱，reflected spectrum 物体的反射率是入射电磁波波长的函数，表达这种函数关系一种方法称之为反射光谱。

38. 同物异谱，different spectrum with same object 同一种地物因其所处在的状态与位置不同，如自身湿度不同，处于坡向不同等，而具有不同反射光谱的物理现象。

39. 同谱异物，same spectrum with different objects 不同地物具有基本相同反射光谱的物理现象。比如，大多数植被就具有基本相同的反射光谱。这里的“同谱”是一个相对概念。

40. 粗糙度，roughness 遥感技术中表征以一个波长的尺度衡量地物表面高低起伏状况特征的物理量，这一物理量在特定的入射电磁波波长与入射角条件下，决定该物体表面能否产生镜面反射。

41. 瑞利判据，Rayleigh criterion 在特定的入射电磁波波长与入射角条件下,判断地物表面能否产生镜面反射的数学判别式。由此判据表明,在可见光条件下,自然地物不存在形成镜面反射的条件;而对于雷达遥感,一些地物表面可以满足镜面反射的条件,对雷达波能够产生镜面反射。

42. 散射,scattering 对于入射电磁波,物体表面除了在与入射线对称的方向有再发射电磁波能量外,在其他方向也有能量分布,这一物理现象称为散射。物体表面如果再发射电磁波能量在各个方向均匀分布,则称其为朗伯散射。

43. 后向散射,backscattering 物体表面对于入射电磁波向着光源方向的返回散射(再发射)电磁波的现象,这种现象一般用于包括雷达遥感在内的雷达技术中。

44. 后向散射系数,backscattering factor 地面单位面积对于雷达电磁波的后向散射截面,该系数是一个无量纲的物理量,由雷达波入射角、雷达波波长、极化方式、地物的物质组成、地物表面的粗糙度等多种因素共同决定地物后向散射系数的数值。

45. 多面反射体,multi-surface-reflecting object 简称多面体,对于入射雷达电磁波波束,由两个或两个以上满足镜面反射的物体表面组成,并且能够向雷达天线产生回波,这些物体的组合称为多面反射体。对于这一雷达遥感中特有的反射现象称之为多面反射体反射,简称多面体反射。多面体反射的结果使该物体或物体组合在雷达遥感影像中产生对应的亮度较强的图像。

46. 辐射,radiation 一切温度在绝对零度以上的物体自发向外发射电磁波的物理现象。

47. 反照度,albedo 遥感传感器接收到的目标物反射及辐射电磁波能量与入射电磁波能量之比。遥感影像实际是地面各个地物反照度的记录。

48. 黑体辐射,blackbody radiation 对于外界射入电磁波能量全部吸收、不产生任何反射的物体称为黑体,黑体是一种理想化的物体,自然界有多种物体的性质接近于黑体,黑体理论上产生的辐射称为黑体辐射。

49. 程辐射,path radiation 在电磁波穿越大气整个路程中,由大气以及在大气中浮游的物质自身产生的辐射及其对阳光的散射叫做程辐射。程辐射能量随同遥感目标地物的信号电磁波能量一起被传感器接收。

50. 普朗克辐射定律,Plank's law 揭示黑体辐射规律的定律,指出黑体表面单位面积、单位波长段辐射的功率是黑体表面温度与电磁波波长的函数,定律给出了函数表达式。由于自然界有多种物体,如太阳、土壤等,其辐射性质接近于黑体,因而这一定律对于研究自然辐射现象以及利用这一现象获取地物信息的多种测试技术都具有重要的理论与实际意义,是遥感技术的基础理论之一。

51. 维恩位移定理，Wien's displacement law 该定理是普朗克辐射定律的推论，指出物体表面温度（绝对温标）与该温度下辐射功率峰值对应波长值的乘积是一个常数。该定理可以用于遥感传感器工作波段的选择、计量光谱分析等应用场合。

52. 波段，band / channel 遥感技术中按电磁波波长划分的工作区域，在这些诸多的区域，遥感使用相应的电磁波作为采集信息的媒介，以获取影像信息。

53. 红外，infrared(IR) 波长大于 0.78 μm 又小于 1 200 μm 的电磁波，包括了近红外、中红外、远红外等波长的电磁波，有时也指这一波长范围。

54. 热红外，thermal infrared(TIR) 通常是指波长在 8～12 μm 的电磁波，有时也指这一波长范围，在这个范围，常温下物体辐射能量达到峰值。

55. 成像光谱仪，imaging spectrometer 一种能够远距离分波段摄影成像的遥感仪器。

56. 辐射计，radiometer 一种测量物体光谱辐射的计量仪器，光谱分辨率可高达 3 nm 左右。

57. CCD 扫描仪，charge couple device 一种遥感传感器设备，设置有数以千计的光电管形成一个阵列，能够相应地对地面数以千计的单元在同一瞬间数字化成像，生成一个影像条带；随着遥感平台的飞行运动，成像条带更换在地面的位置，从而生成遥感数字影像。目前该种扫描仪用作高空间分辨率卫星遥感的成像设备。

58. 光谱分辨率，spectral resolution 通常是卫星遥感影像的一种技术参数，表示影像成像的工作波段宽度，单位为 nm 或 μm。

59. 辐射分辨率，radiometric resolution 通常是卫星遥感影像的一种技术参数。表示在遥感传感器接收到的最小与最大电磁波功率之间，能够区分的最多功率级别的数目，通常以“2”的整数次幂表示，如 2^8（TM 影像）、2^{12}（MODIS 影像）。

60. 空间分辨率，又称几何分辨率 spatial resolution，通常是卫星遥感影像的一种技术参数，在可见光-多光谱遥感中是指遥感影像星下点像元对应的地面单元的尺度，在雷达遥感中是指影像像元对应地面单元的最小尺度。

61. 时间分辨率，temporal resolution 卫星遥感影像的一种技术参数，指对于同一地区能够重复成像的最短时间间隔。在中、低空间分辨率卫星遥感中，这一参数取决于卫星运行轨道参数，而对于高空间分辨率卫星遥感，由于使用了斜视成像技术，时间分辨率不受卫星运行轨道参数的限制，重复成像的时间间隔可以缩短至 1～4 d。

62. 大气窗口，atmospheric window 指大气对于电磁波透射率大于 80％的波长范围。在可见光范围，波长大于 3 cm 的微波范围，都是大气窗口；近红外、中红外以及远红外也有多个波长范围不等的大气窗口。可见光-多光谱遥感成像只能在大气窗口内工作。

63. 瑞利散射，Rayleigh scattering　大气中微小直径的颗粒，如大气分子、带电离子等，产生的散射效应，其散射率与电磁波波长的四次方成反比，即只对于短波长的电磁波散射，因此这种散射对于电磁波具有很强的选择性，这种散射效应致使晴天天空看上去呈现蔚蓝色。

64. 米氏散射，Mie scattering　大气中中等直径的颗粒，如水蒸气分子、细小灰尘等，产生的散射效应，这种散射对于电磁波波长选择性不强，致使从地面向天空看上去，天空呈现灰白色。

65. 非选择性散射，nonselective scattering　大气中大直径的颗粒，如沙尘等，产生的散射效应，这种散射对于电磁波波长没有选择性，从地面向天空看上去，天空呈现昏暗的橙红色，昏暗的程度取决于大气中沙尘浓度。

66. 遥感噪声，noise of remote sensing　遥感数据中非目标信号对应的数据称为遥感噪声。在实际工作中，随着遥感目标的变化，目标信号与非目标讯号常常是可以转化的，比如在探测沙尘暴时，被通常认为背景噪声的大气非选择性散射信号就转换为目标信号。

67. 植被指数，vegetation Index(VI)　通常是指在一景可见光-多光谱遥感影像中，用多幅同一像元的灰度按一定的算式计算，用以判别与测算植被生物量的指数，具体指数的数学表达式多达二十几种，而且随着遥感技术的发展而发展，其中重要的植被指数有：归一化植被指数（*NDVI*）、比值植被指数（*RVI*）等。植被指数是解译遥感影像的重要根据之一。

68. 雷达遥感极化方式，polarization model　雷达遥感发射的电磁波是极化（偏振）波，不同地面物质对于发射来的极化电磁波产生不同方向的极化方向旋转，于是产生了雷达发射电磁波极化方向与接收的地面散射回波极化方向的组合，这种组合称作雷达遥感极化方式。通常极化方式有 HH、HV、VH、VV 4 种，H 代表水平极化，V 代表垂直极化。每一种极化方式都对应一幅雷达影像。根据应用目标选择适当极化方式的雷达遥感影像或不同极化方式影像的组合是雷达遥感应用需要考虑的问题之一。

69. 雷达遥感影像分辨率，resolution of radar image　雷达遥感影像分辨率分为 X 向分辨率与 Y 向分辨率两种，即影像像元对应地面单元在 X 向（雷达遥感平台飞行航迹方向）的最小尺度与 Y 向（与雷达遥感平台飞行航迹垂直的方向）的最小尺度。由于雷达遥感特殊的成像方式，这两种尺度有可能不同。

70. 叠掩,reduplicating 由于雷达遥感以斜距投影成像,在横向(Y 向)产生特殊效应,即山坡某一单元的方位如果满足特定的几何条件,与山下某一单元在影像上构成同一像元,该像元的灰度是这两个单元后向散射系数的函数。这种特殊现象称作叠掩。

71. 顶点位移,zenith-shift 与叠掩产生的机理基本相同,在雷达遥感影像上,山顶与山下各一单元在影像上的对应像元在 Y 向的左右位置关系发生互换错位,这种特殊的成像现象称作顶点位移。

72. 雷达盲区,radar-blind-area 由于雷达遥感斜视成像,在山体或高建筑物的背离雷达天线的另一侧产生"盲区",即这一区域在影像上没有对应图像,雷达影像上的这一区域称作雷达盲区。事实上,在可见光-多光谱遥感影像中也有"盲区",只不过区域很小,对于获取信息的影响不严重而已。

73. 真实孔径雷达,real aperture radar(RAR) 早期雷达遥感成像的一种技术,以增大雷达天线的直径来提高 X 向分辨率,采用这种技术成像的影像空间分辨率较低,一般 100 m 以上。

74. 合成孔径雷达,synthetic aperture radar(SAR) 当代雷达遥感成像的一种技术,运用电磁波多普勒效应以提高 X 向分辨率,采用这种技术成像的影像相比真实孔径雷达影像,其空间分辨率要高出一两个数量级。

75. 中心投影,centre projection 一种投影成像的方式,即物体各点经过空间中一个定点(投影中心)引出的直线(投影线)被一个平面(投影面)所截,引出直线与该平面的交点集合形成物体的构象,这种投影成像的方式称作中心投影。

76. 多中心投影,multi-centre projection 可见光-多光谱卫星遥感一般采取的成像投影方式,即一景影像由多条扫描带组成,每一扫描带都是用中心投影方式生成,有一个投影中心,一幅影像上有多个投影中心,这种成像投影方式称作多中心投影。

77. 正射投影,orthography projection 一种没有投影误差的理想投影方式,即投影线与地物基准平面垂直,投影面与基准面平行,再将投影面上形成的投影构象按比例尺缩小,这种投影成像的方式称作正射投影。

78. 斜距投影,range projection 雷达遥感采取的成像投影方式。这种投影影像的特点是地物象点在遥感平台飞行方向(x 向)按照雷达波掠过地物的先后顺序排列;而在遥感平台飞行方向的垂直方向(y 向)按照雷达波被地物散射返回天线的先后顺序排列,即与雷达天线到地物的斜向距离成正比。斜距投影对于高低起伏的山区产生十分复杂的投影误差,对于山区影像精确判读十分不利。

79. 投影误差,projection error 由于投影机制原因产生的像点在影像上的位移。随着投影种类的不同,在影像上的投影误差分布规律不同。

80. 遥感立体测量,remote sensing stereophotogrammetry 使用按照特定成像条件摄制的一对同一地区的影像,即立体像对,借助光学仪器或在计算机系统的支持下,对地物进行三维测量,获取三维坐标信息数据,这种作业称为遥感立体测量。

81. 干涉雷达遥感,interferometric radar remote sensing(INSAR) 利用电磁波干涉现象,进行三维测量的遥感技术,实施中在一个遥感平台上设置两个雷达接收天线、同时获取同一地区地物雷达回波,分别成像,分析这两幅影像的相干现象,从而获取三维信息。干涉雷达对于技术条件要求较高,目前尚处于研究阶段。

82. 遥感图像处理,remote sensing image processing 对于遥感图像(影像),包括数字图像或模拟图像,借助光学仪器或计算机系统,使用人工、计算机以及两者相结合的方法,对遥感图像进行校正、增强、解译和识别等工作程序,协助人们从遥感图像中提取信息的一系列处理手段,称作遥感图像处理。

83. 数字图像,digital image 用数字阵列表达遥感目标物信息的一种图像(影像)。

84. 模拟图像,analog image 使用光化学原理在乳剂胶片上成像的图像(影像)。

85. 像元,pixel 数字图像(影像)中,独立的、不可分割的最小网格单位。

86. 混合像元,mixed pixel 遥感影像中的一种像元,其对应的一个地面单元覆盖两个以上的地物种类,比如建筑与道路,水体、农田以及道路等,其灰度是对应的两个以上地物反照度或后向散射系数的函数。

87. 灰度,grayness,digital number(DN) 表示影像像元的亮(灰)度数字化的数值,反映遥感影像像元对应地面辐射与反射到达传感器电磁波的能量等级,具体数值与传感器辐射分辨率有关,同时与遥感成像环境也有关。

88. 灰度直方图,histogram of grayness 用直方图形式,表示一幅黑白影像各个灰度下像元出现的百分比(频数)统计值,这种直方图称为灰度直方图。

89. 影像灰度拉伸,stretch of grayness 以牺牲一部分信息数据为代价,对于遥感影像像元的灰阶做重新划分,借以突出表示某一部分信息、增强与其他信息灰度的对比度(反差)。影像灰度拉伸有多种方法,包括线性拉伸,非线性拉伸,以及直方图均衡化等。

90. 色度学,chromatics 研究正常人眼睛彩色视觉的定性、定量规律及其应用的科学。

91. 格拉斯曼定律,Glassman's law 定量描述色光相加合成规律的定律。格拉斯曼定律指出，自然界任意一种颜色都可由构成颜色空间的三基色按照一定配比合成。格拉斯曼定律是包括遥感制图在内的各种影像彩色合成的理论基础。

92. 色度空间，chromatical space 借助空间坐标形式，定量表示色光光强、色彩的一种数学方法。在色度学中，定义了两种色度空间，即 RGB 空间和 HIS 空间。

93. RGB 色度空间，RGB chromatical space 以归一化以后的标准红(R)、绿(G)、蓝(B)色光光强度为三维色彩数据坐标，构成的一种特殊的数据空间，借以定量化地表示一种颜色。这种颜色表示方法有利于计算机进行影像数据处理。

94. HIS 色度空间，HIS chromatical space 以色调(H——hue)、光强(I——intensity)、饱和度(S——saturation)为三维色彩数据坐标，构成的一种特殊的数据空间，借以定量化地表示一种颜色。这种颜色表示方法与人眼睛视觉感受接近。

95. CIE 色度图，CIE chromatic diagram RGB 与 H(色调)、S(饱和度)相互转换的函数曲线图，1931 年国际色度学学术会议上确定了国际标准色度图，称作 CIE1931 系统色度图，一般使用这一图进行计算机数字配色。

96. 彩色合成，color composite 对于一景遥感影像中的 3 幅影像或同一地区在影像精确配准后的 3 幅不同来源的遥感影像分别赋以红(R)、绿(G)、蓝(B)，生成彩色影像的过程。彩色合成的种类分为真彩色合成、假彩色合成与伪彩色合成 3 种。

97. 真彩色合成，又称自然色合成，quasi-natural color composite 在一景遥感影像中使用红、绿、蓝波段对应的三幅影像分别赋以红(R)、绿(G)、蓝(B)，生成彩色影像的过程。生成这种影像的颜色接近人们看到地面实际场景的颜色。

98. 假彩色合成，false color composite 在一景遥感影像中用近红外影像代替红波段影像，其他两幅使用可见光波段影像，分别赋以红(R)、绿(G)、蓝(B)，生成彩色影像的过程。生成这种影像的颜色除植被呈现红色以外，其他地物也还接近人们看到地面实际场景的颜色。采用假彩色合成生成影像的目的在于突出植被信息。

99. 伪彩色合成，pseudo-color composite 对于一景遥感影像中的三幅影像或同一地区在影像精确配准后的三幅不同来源影像，包括雷达遥感影像，甚至仅使用一幅影像，根据某种显示意图，人为地将影像按灰度配赋某种颜色生成彩色影像的过程。通常影像呈现地物的色彩与真实地物显示的色彩不同。

100. 几何校正，geometric correction 由于遥感成像的投影误差以及大气扰动等多种原因，遥感影像的像元(像点)位置与实际对应地面单元(点)的相对位置产生偏移,采用计算机数字图像处理或光学仪器设备多种处理方法,校正这种几何偏移的过程。

101. 灰度重采样,resampling 根据原始影像像元灰度分布数据,逐个对几何校正以后的影像像元灰度进行测算,重新赋予像元灰度值的过程。这是遥感影像几何校正以后必须采取的数据处理步骤,通常算法有 3 种:最近邻域法、双线内插法,以及三次卷积法。

102. 辐射校正,radiometric correction 由于遥感成像过程中大气各种干扰噪声以及遥感传感器自身产生的噪声等多种原因,遥感影像像元(像点)灰度与实际对应地面单元(点)的反射率、辐射率或后向散射系数产生不正常的对应关系,采用计算机数字图像处理或光学仪器设备多种处理方法,使其恢复正常对应关系的过程。

103. 掩膜,masking 遥感图像处理软件系统的一种功能或功能模块,即由用户操纵鼠标任意在屏幕图像上划定闭合区域,指令系统将其“掩盖”,掩盖区域不参与以后所有的图像处理,从而排除这些区域对图像数据分析的干扰,减少数据处理工作量。

104. 影像增强,image enhancement 使用计算机数字图像处理方法或者光学设备,使各种地物之间的色调反差增大,以便于人们的地物识别,这一影像处理过程称为影像增强。

105. 影像融合,image merge 一般采用计算机图像处理方法,使同一地区、不同来源、不同几何分辨率的遥感影像统一像元几何尺度、像元相互配准,能够一体化分析与处理的工作过程。

106. 影像镶嵌,image mosaics 将多幅影像拼合在一起的过程。为使镶嵌接边不留痕迹,需要对参与镶嵌的影像进行几何校正、调整影像的直方图,使之在几何、色调上相互匹配。

107. 影像数据同化,image assimilation 将同一地区的不同几何、光谱、辐射分辨率的多源遥感影像数据统一在同一尺度下,甚至不同时相的数据经适当处理,使之相互匹配,能够进行综合分析,这一数据处理的过程称之为数据同化。数据同化需要使用多种图像处理技术,并需要对于同化处理对结果的影响进行误差分析。

108. 数字滤波,digital filtering 计算机图像处理的一类方法。该类方法根据影像数字信号傅立叶分析原理,在计算机软件支持下,使用特定的数字滤波器(数字滤波模板),对数字影像实施滤波处理,筛选凸显某种图像信息、达到某种特定效果的工作过程。数字滤波的方法有多种,效果各异。

109. 纹理，texture 影像中像元灰度按照某种几何规律重复出现的现象，此种现象与对应地物表面物理特征存在一定联系。根据这种联系，可以用来作为影像地物识别的一种线索。

110. 共生矩阵，co-occurrence matrix 定量存储数字影像纹理信息的数据阵列，是定量分析影像，包括局部区域图像纹理特征的重要数学工具。

111. 影像判读，又称影像解译，image interpretation 根据地物影像的光谱特征与几何特征（包括纹理特征），运用计算机图像处理方法或人工方法，在影像上识别地物及其地物性状的工作过程。影像解译一般分为计算机解译与人工目视解译两种，实际工作中常常将这两种方法结合使用。

112. 主成分分析，principal components analysis 是一种线性变换，将经过几何匹配处理后的 $N(N\geqslant 3)$ 幅遥感影像做这种变换后，仍然得到 N 幅影像，此时称作 N 个分量，变换后的分量像元灰度值都是变换前的原始影像像元灰度值的线性组合。主成分分析的目的在于将 N 幅影像分散包含的信息集中表达在前几个分量之中，即前几个分量的像元灰度均方差占有 N 幅影像总均方差的绝大多数，使用时一般只取前 3 个分量即可。

113. 缨帽变换，tasseled cap transforms 专门为 MSS 或 TM 影像设计的一种线性变换，对于 MSS 数据，缨帽变换后实际使用前 4 个分量，即表征土壤亮度的指数 SBI、表征植被绿度的指数 GVI、表征黄色成分的指数 YVI，以及与大气影响密切相关的 non-such 指数 NSI。对于 TM 数据，实际取出前 3 个分量，构成缨帽植被指数，该指数由 3 个因子组成——“亮度”、“绿度”与“第三”。其中的亮度和绿度相当于 MSS 缨帽的 SBI 和 GVI，第三分量与土壤特征有关，包括水分状况。

114. 监督分类，supervised classification 人工干预计算机图像分类、从一景遥感影像中自动提取地物信息的一类方法。通常需要操作员在计算机屏幕显示的遥感影像图上，操纵鼠标划出典型的分类类别图斑，即训练样区，对计算机系统进行“训练”，系统分析训练样区中像元灰度分布特征；然后系统根据这些特征逐个对每个像元进行判断分类，得出分类结果。监督分类的方法有多种，至今仍在发展中。

115. 非监督分类，unsupervised classification 不需人工干预的计算机图像分类，只需操作员给出分类类别数目，计算机图像处理系统根据灰度空间的聚类结果，自动从一景遥感影像中进行像元分类，以协助操作员提取地物信息的一类方法。系统做出这种分类以后，需要操作员对分出的每一类别进行判别，解译属于何种地物。监督分类与非监督分类各有优缺点，在一些情况下，可以结合使用。

116. Kappa 系数，Kappa coefficient 表征影像各类地物识别总体正确率的指数。通常,这种系数在生成地物识别结果的误差矩阵基础上计算而得。

117. 农情监测,agricultural condition monitoring 使用遥感手段,获取监测区域的农情信息,包括水涝、干旱、作物长势、病虫害等,以指导农业生产的工作过程或技术。

118. 土地利用监测,land use monitoring 使用遥感手段,获取监测区域土地利用现状信息,借以作为国土资源管理、执法行政根据的工作过程或技术。

119. 国土资源遥感调查,land resources survey 使用遥感手段,获取调查区域国土资源状况,包括土地利用、土地质量、土地荒漠化、矿产资源、水资源等多方面信息,借以作为国土资源管理、制定国民经济相关政策依据的工作过程。

120. 遥感作物估产,crop yield estimation 使用遥感手段,对大面积区域进行某一种作物的当年产量进行预测与估算,估产结果包括作物单位面积产量、总产,以及相比去年增减产百分比,从而为制定国民经济相关政策提供数据的工作过程或技术。我国遥感作物估产从对北方各省冬小麦估产开始,已经发展到玉米、大豆、水稻、棉花等主要农作物,遥感作物估产已成为农业部门常规性的业务工作之一。

121. 遥感灾情监测,disaster monitoring 利用遥感的大面积、快速、准确获取多种地面信息的技术特点,对于地面多种灾害,包括水灾、旱灾、森林或草原火灾、虫灾以及多种地质灾害,实施实时监测与检测,并包括灾后评估的工作过程与技术。

122. 遥感土壤普查,soil survey 使用遥感技术,获取全国或大面积范围的土壤信息,包括质地、类型、侵蚀、退化、荒漠化等,这样的一个工作过程与技术称为遥感土壤普查。

123. 遥感病虫害监测,pest and disease monitoring 使用遥感技术,获取大面积范围的农作物、森林、草原的病虫害等多种信息的工作过程与技术。

图书在版编目(CIP)数据

遥感技术与农业应用/严泰来，王鹏新主编. —北京：中国农业大学出版社，2008.7

ISBN 978-7-81117-435-9

Ⅰ. 遥… Ⅱ. ①严…②王… Ⅲ. 遥感技术-应用-农业 Ⅳ. S127

中国版本图书馆 CIP 数据核字(2008)第 025871 号

书　　名　遥感技术与农业应用

作　　者　严泰来　王鹏新　主编

策划编辑　席　清　　　**责任编辑**　洪重光

封面设计　郑　川　　　**责任校对**　王晓凤　陈　莹

出版发行　中国农业大学出版社

社　　址　北京市海淀区圆明园西路2号　　　**邮政编码**　100193

电　　话　发行部　010-62731190,2620　　　读者服务部　010-62732336

编辑部　010-62732617,2618　　　出　版　部　010-62733440

网　　址　http://www.cau.edu.cn/caup　　　**e-mail** cbsszs@cau.edu.cn

经　　销　新华书店

印　　刷　北京时代华都印刷有限公司

版　　次　2008年7月第1版　　2008年7月第1次印刷

规　　格　787×980　16开本　28.75印张　514千字

印　　数　1～1 300

定　　价　40.00元